高等学校电子与通信工程类专业系列教材

电子系统设计

(第二版)

王加祥　曹闹昌
王　瑛　魏　斌　编著

U0379292

西安电子科技大学出版社

内 容 简 介

本书是在作者多年教学实践与科研设计的基础上编写的。全书共9章，通过三个实例，详细介绍了电子系统设计过程中各种常见模块的设计方法与技巧。其中第1、2章为基础知识，简要介绍了电子系统设计的步骤及常用设计软件；第3～8章介绍了各种常见模块的设计及使用方法，这些模块的实例典型实用、易学易懂，几乎涵盖了单片机类的所有开发技术和部分DSP、FPGA的使用方法；第9章通过三个完整产品的开发案例，详细介绍了电子系统的开发步骤及各个模块具体应用于实例设计的方法。

本书可作为高等院校电子类专业本科生的教学用书，也可作为从事电子系统应用研究的工程技术人员的参考书，还可作为大学生电子设计竞赛的培训教材。

图书在版编目(CIP)数据

电子系统设计 / 王加祥等编著. —2版. —西安：西安电子科技大学出版社，2019.10(2024.1重印)

ISBN 978-7-5606-5385-3

Ⅰ.① 电…　Ⅱ.① 王…　Ⅲ.① 电子系统—系统设计—高等学校—教材
Ⅳ.① TN02

中国版本图书馆CIP数据核字(2019)第129875号

策　　划　戚文艳
责任编辑　雷鸿俊　吴祯娥
出版发行　西安电子科技大学出版社(西安市太白南路2号)
电　　话　(029)88202421　88201467　　邮　　编　710071
网　　址　www.xduph.com　　电子邮箱　xdupfxb001@163.com
经　　销　新华书店
印刷单位　陕西天意印务有限责任公司
版　　次　2019年10月第2版　　2024年1月第4次印刷
开　　本　787毫米×1092毫米　1/16　印　张　24.5
字　　数　581千字
定　　价　57.00元

ISBN 978-7-5606-5385-3 / TN

XDUP 5687002-4

如有印装问题可调换

前　言

本书是作者在多年从事教学实践与科研设计的基础上编写的，书中总结了多年工程应用的经验和教训，并针对学生在学习使用过程中遇到的困难和提出的问题进行讲解。自本书第一版出版以来，经过 8 年的教学使用，部分内容需要进行优化。为更好地满足教学需求，根据读者建议及教学实践，作者对本书第一版进行了认真的修订，删去了一些不必要的内容，增加了多旋翼飞行器相关的新内容。本书的特点是：通俗易懂，适于自学；由浅入深，便于理解；概念明确，语言简洁；实例丰富，内容全面；重点突出，难点详解。

本书较全面、系统地讲述了模块化设计电子系统的基本方法。通过学习本书，读者能够对工程设计中的常用模块进行组合拼接，基本掌握电子系统的设计方法，并且可以进行简单电子产品的设计。

此次修订继承了第一版的章节结构，共 9 章。第 1 章主要介绍电子系统设计的方法步骤，并提出三个系统案例的设计要求；第 2 章简要介绍电子系统设计常用的工具软件；第 3 章介绍常用人机交互系统涉及的模块设计；第 4 章介绍各种物理量的电信号转换与采集；第 5 章介绍对采集到的信号进行处理所涉及的各种方法；第 6 章介绍各种电子设备之间进行数据通信的模块设计；第 7 章介绍常用的输出模块、机电控制、数据存储等；第 8 章介绍电源模块设计和系统供电管理；第 9 章讲解三个系统案例的设计实现。全书的结构安排主要以读者学习、实践的需要为线索，由浅入深、由易到难，按模块划分，有助于读者快速掌握电子系统设计的一般方法。在书末列出了部分参考文献和各公司网址，以便于读者深入学习时参考使用。

此次修订删除了部分章节中不结合工程实例无法理解的程序；修改了部分电路图中标注错误的参数；结合近年来电子竞赛的题目，增加了多旋翼飞行器所涉及的部分元器件的用法，并给出了网上开源飞控板的电路图及其 CPU 程序源码的加载方法，以便于读者学习、使用。

本书内容突出了先进性、工程性、实用性，知识点涉及全面，内容翔实，案例丰富。由于受编者学识水平所限，书中难免存在疏漏，敬请读者提出宝贵意见，以便于再次修订时做进一步改进。

编　者

2019 年 5 月于西安

前言

第一版前言

电子系统设计的好坏直接决定了电子产品的生命周期，一个产品的好坏不仅取决于产品的品牌、外观、价格，还取决于电子系统设计的可靠性、实用性、易用性。怎样设计出性价比高的电子系统，对于缺少电子系统设计经验的学生来说，是一个重点关注的问题。为了帮助相关专业的学生尽快掌握其方法和技巧，作者根据多年从事电子系统设计和产品研发的经验，搜索、整理大量的资料，编写了本书。

本书具有如下特点：

(1) 从应用领域角度出发，突出理论联系实际，面向广大工程技术人员，具有很强的工程性和实用性。书中有大量的应用实例，为读者提供了有益的借鉴。

(2) 全面系统地讲述了电子系统设计中常用的模块系列，如人机界面、信号采集、信号处理、数据通信、电机控制、数据存储、系统供电等，有助于工程设计人员全面了解和掌握电子系统的各种组成部件。

(3) 每个模块系列下有多种子模块，如人机界面有独立式按键、矩阵键盘、触摸屏、LED 显示、字符 LCD、LCM 点阵液晶等，有助于工程设计人员直接将该模块作为电子系统的子模块应用到设计之中。

(4) 程序全部由工程设计案例中分解而来，编写时按照一定的规范，有助于读者学习体会，从而进一步编写出高质量的程序代码，提高系统的软件可靠性。

(5) 介绍了常用的工程设计软件，有助于初学者分门类学习。

(6) 以 TI 公司的 MSP430FXX 系列单片机为主控器件，书中涉及的程序均根据该单片机编写，书中所述器件绝大部分亦为 TI 公司生产，有助于参加各种电子设计竞赛特别是参加 TI 杯大学生电子设计竞赛的学生学习使用。

(7) 完整地讲解了三个系统设计实例，包含其方案论证、电路原理和程序设计，有助于电子类学生毕业设计时学习参考。

全书共 9 章。第 1 章主要介绍电子系统设计的方法步骤，并提出三个电子系统规划案例；第 2 章简要介绍电子系统设计常用的工具软件；第 3 章介绍常用人机交互系统涉及的模块设计；第 4 章介绍各种物理量的电信号转换与采集；第 5 章介绍对采集到的信号进行处理所涉及的各种方法；第 6 章介绍各种电子设备之间进行数据通信的模块设计；第 7 章介绍常用的输出模块、机电控制、数据存储等；第 8 章介绍电源模块设计和系统供电管理；第 9 章讲解三个系统案例的设计实现。全书的结构安排合理，由浅入深、由易到难，按模块划分，有助于读者快速掌握电子系统设计的一般方法。书末列出了部分参考文献和各公司网址，以便于读者深入学习时参考使用。

本书内容突出了先进性、工程性、实用性，知识点全面，内容翔实，案例丰富。由于编者水平所限，书中难免存在不足之处，敬请读者提出宝贵意见，以便于再版时做进一步改进。

为了便于学习，读者可加编者的 QQ 号(2422115609)，提供在线网络辅导答疑，书中的错误更正也将在 QQ 空间中给出。如有其他疑问，亦可发邮件(2422115609@.qq.com)咨询。

编　者
2012 年 5 月于西安

目　录

第 1 章　概　　述

随着科学技术的进步，电子系统的设计变得越来越复杂。现在系统中模拟技术与数字技术的使用界限划分不再严格，但是，无论多复杂的系统总可划分为模拟型、数字型及两者兼而有之的混合型三种。通常，把规模较小、功能单一的电子系统称为单元电路，实际应用中的电子系统多是由若干单元电路构成的。

一般，电子系统由采集电路、输出电路、信号处理、数据通信和电源五大部分组成，用来实现对信息的采集处理、变换与传输功能。图 1-1 为电子系统基本组成方框图。

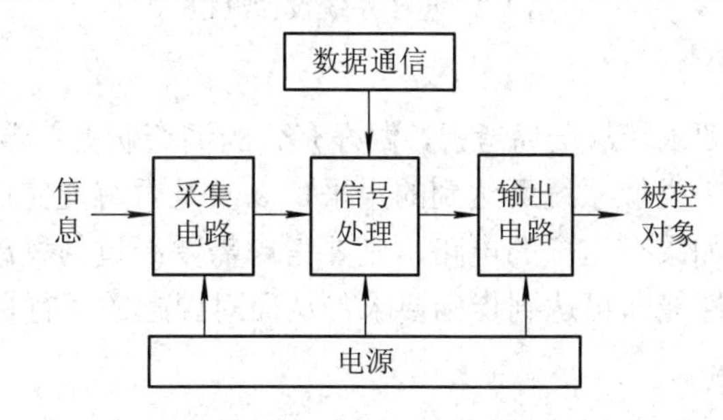

图 1-1　电子系统方框图

从系统的角度看，电子系统是能采集所需的信号，根据要求执行所设想的功能，并由一组元器件(通常是电子元器件)连成的一个整体。从单级放大器到复杂的计算机等很多设备都可以称为一个电子系统。

对于模拟电子系统，输入电路主要起到系统与信号源的阻抗匹配、信号的输入与输出、连接方式的转换、信号的综合等作用；输出电路主要解决与负载或被控对象的匹配和输出足够大的功率去驱动负载的问题。而对于数字电子系统，输入与输出电路主要解决与现场信号和控制对象的接口问题，输入电路往往由放大滤波电路和 A/D 转换电路组成，而输出电路则由脉宽调制电路或 D/A 转换电路加功率驱动电路组成。

1.1　电子系统的设计步骤

对于电子系统设计而言，不同的设计团队有不同的设计方法。它往往与团队的文化、环境、经验、兴趣、爱好密切相关，为了便于读者理解，这里把总的设计过程简要归纳为以下几个技术环节，相应的设计流程如图 1-2 所示。

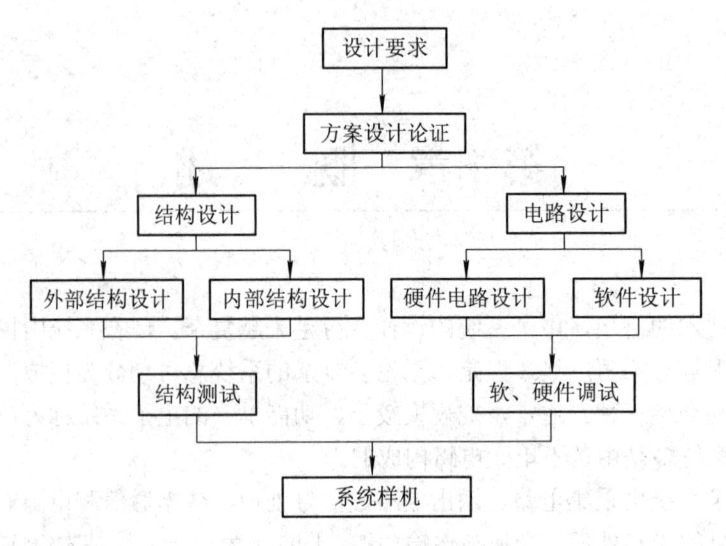

图 1-2　电子系统设计流程

1．设计要求

依据设计任务书的要求，从全局考虑，做好充分的调查研究，弄清系统所要求的功能、性能指标，目前该领域中类似系统所达到的水平，以及是否有能完成技术指标所要求功能的类似电路可供借鉴。如果有这样的电路，则要考虑需要经过何种改动或电路参数需要进行哪些设计计算，电路性能即可达到指标要求，从而对课题的可行性做出正确的判断。

2．方案设计论证

按照系统的总体要求，把电路划分成若干个功能模块，从而得到系统方框图，每个方框对应一个单元电路。按照系统性能指标要求，规划出各单元电路所要完成的任务，确定输出与输入的关系，决定单元电路的结构。

为了实现总的任务要求，由系统方框图到单元电路的具体实现方法多种多样，这就需要对具体电路进行具体分析，对各种方案进行论证，在论证过程中要敢于探索、勇于创新，争取做到方案设计合理、可靠、经济、功能齐全、技术先进，并且对方案要不断进行可行性和优缺点的分析，最后设计出一个完整框图。

3．结构设计和结构测试

无论何种电子产品，结构设计非常重要，它不单涉及产品最终的附加值，还涉及产品的生命周期。通常来说，结构设计主要分为外部结构设计和内部结构设计。外部结构设计主要考虑产品在市场上要与同类产品有所区别，一个好的外观可增加产品不少卖点，一个实用的设计可使产品在市场同类产品中脱颖而出；内部结构设计主要考虑电路板的安装、系统结构的稳固等。

结构设计不单要考虑到产品的实用性和外观等外部结构，还需要考虑到由于实用性设计和外观设计带来的产品内部结构设计的改变，以及内部电路板布局的变化，从而提升系统性能。

外部结构设计和内部结构设计完成后，应进行必要的结构测试，以检测其是否满足设计要求。

4. 电路设计

1) 硬件电路设计

(1) 单元电路设计。单元电路是整机的一部分，只有把各单元电路设计好才能提高整体设计水平。每个单元电路设计前都应明确本单元电路的任务，详细拟定出单元电路的性能指标、与前后级之间的关系，分析电路的组成形式。具体设计时，可以模仿成熟、先进的电路，也可以结合部分单元的电路实验、计算机仿真实验进行创新或改进，但都必须保证性能要求。而且不仅单元电路本身要设计合理，各单元电路之间也要相互配合，注意各部分的输入信号、输出信号和控制信号的关系。

(2) 参数计算。为保证单元电路达到功能指标要求，需要对电路参数进行计算，例如放大电路中各电阻值、放大倍数，振荡器中各电阻、电容、振荡频率等参数。只有充分理解电路的工作原理，正确运用计算公式计算参数才能满足设计要求。参数计算时，同一个电路可能有几组可选的数据，注意选择一组既能完成电路设计功能又能实现性能的最优参数。在参数计算中要学会合理利用现有设计软件，通过软件计算、仿真，进一步提高设计的效率和成功率。

(3) 元器件选择。市场上的元器件众多，根据市场流通特点可分为全新件(厂家生产的原包装未拆开的元件，批号一致)、散新件(包装已拆开的元件，批号可能不一致)、旧件(包装已拆开，批号不一致，存放时间较长的零散元件)、拆机件(从废旧电路板上拆下的元件)、翻新件(从废旧电路板上拆下的，经测试未损坏，重新安装管脚、打磨外观的元件)等。怎样选择合适的元器件是工程设计人员必须考虑的问题。批量生产必须选择知名企业生产的全新件，而对于散新件和旧件可在设计时调试电路用，拆机件和翻新件最好不用。

除了需要考虑器件流通特点外，还需要考虑器件的性能参数，如对于电容需要考虑容量、耐压、介质特性、封装形式、使用场合等；电阻需要考虑阻值、功率、精度、封装形式、使用场合等；电感需要考虑电感量、阻抗、电流、封装形式、使用场合等；二极管需要考虑电流、速度、耐压、封装形式、使用场合等；三极管和场效应管需要考虑速度、放大倍数、功率、耐压、类型、频率、封装形式、使用场合等。对于集成元件，需要根据用途具体选择。

(4) 电路图的绘制。要注意布局合理、排列均匀、图面清晰、便于看图以及有利于对图的阅读和理解。对于一个比较复杂的电路，可将其分成总图与子图结构，总图绘制各子图之间的连接关系，子图绘制各个具体模块的功能，每一个具体模块单元电路的元件应集中布置在一起，并尽可能按工作顺序排列。

注意信号的流向。一般从输入端或信号源画起，从左至右或由上至下按信号的流向依次画出各单元电路，而反馈通路的信号流向则与此相反。

图形符号要标准，图中应加适当的标注。电路图中的中、大规模集成电路器件一般用方框表示，在方框中标出它的型号，在方框的边线两侧标出每根管脚的功能名称和管脚号。除中、大规模器件外，其余元器件符号应当标准化。

连接线应为直线，并且交叉和折弯应最少。通常连接线可以水平布置或垂直布置，一般不画斜线。互相连通的交叉线，应在交叉处用圆点表示。根据需要，可以在连接线上加注信号名或其他标记，表示其功能或去向。

(5) 电子电路的仿真。对于已设计好的电路，方案的选择是否合理，电路设计是否正确，方案能否再优化，这些问题还有待研究。传统的设计方法只能通过实验来解决以上问题，这样不仅延长了设计时间，而且需要测试设备和大量元器件。实验中因为设计不当和工作失误烧坏元器件的事件时常发生，因此会增加设计成本。而利用 EDA 仿真技术，可对设计的电路进行分析、仿真、虚拟实验，不仅提高了设计效率，而且可以通过反复仿真得到一个最佳设计方案，以降低设计风险和成本。

(6) 印刷电路板的设计。借助计算机对印刷电路板进行辅助设计已经取代了传统的手工设计，它不仅可以使底图更整洁、标准，而且能够解决手工布线、印刷导线不能过细和较窄的间隙不易布线等问题，同时可彻底解决多层焊盘严格的一一对应问题。

2) 软件设计

(1) 单片机程序设计。单片机程序通常用汇编语言或 C 语言编写，汇编语言与单片机的类型密切相关，不同的单片机其汇编语言大致相同但也有不同之处。因此，汇编语言几乎不可能在不同厂商生产的单片机之间移植，都需要加以修改，且汇编语言不利于阅读，即使是自己编写的汇编代码，隔一段时间后要想读懂也必须花费一定的时间，故在程序设计时通常建议使用 C 语言。

C 语言因其可阅读性、可复用性、可移植性较好，在单片机程序中得到大范围的应用，但在应用中还需要遵守一定的规范，才可进一步提高其可靠性。具体的建议和规则将在第 2 章中介绍。

汇编语言虽难，但因其多种优点而得到广泛的应用，我们建议单片机初学者先学会汇编语言的使用方法，因为汇编语言直接与底层硬件相关，有利于初学者掌握单片机的内部结构特点。在一定的场合必须使用汇编语言，如在需要高效编程时(提高代码效率)，必须使用汇编语言，因为 C 语言的效率无法与汇编语言相比(即使很多厂商都宣扬其 C 语言的代码效率非常高)；在一些低端单片机中，由于平台的限制，不支持 C 语言，只支持汇编语言。

(2) DSP 程序设计。DSP 程序的编写语言与单片机的一样，通常也用汇编语言或 C 语言编写，当然也可用 C++ 或 VC 编写，C++ 和 VC 在此不做介绍。在程序设计时通常使用 C 语言。因为 DSP 的工作速度要比单片机的快，即使 C 语言的代码效率没有汇编语言的高，在一般算法处理场合还是可以满足需要的，除非用价格低的低速 DSP 实现复杂运算时才采用汇编语言。

(3) FPGA/CPLD 程序设计。通常采用硬件描述语言对 FPGA/CPLD 进行编程，在硬件描述语言中用得最广泛的是 VHDL 和 Verilog HDL 这两种语言。这两种语言都被列入 IEEE 的标准，目前，大多数的 CAD 厂商出品的 EDA 软件都兼容这两种语言。

在进行系统设计时，需要考虑一个硬件系统、一块单板如何进行模块划分与任务分配，什么样的算法和功能适合放在 FPGA 里面实现，什么样的算法和功能适合放在 DSP、CPU 里面实现，以及 FPGA 的规模估算、数据接口设计等；具体到 FPGA 设计就要求对设计的全局有个宏观上的合理安排，比如时钟域、模块复用、约束、面积、速度等问题。

在具体编程设计时，采用同步时序设计是 FPGA/CPLD 设计的一个重要原则，在其设计中涉及乒乓操作、串并转换、流水线操作、数据接口的同步方法的具体设计，需要读者自己学习体会。

5．软、硬件调试

在完成硬件 PCB 设计制作及建立程序框架后，就需要将元器件焊接到电路板上并将程序加载入 IC，联机调试电路性能，检测是否达到设计要求。若达到要求，设计任务阶段即可结束，可以进入样机研制阶段；若未达到要求，则需要查找原因，从而决定返回以上哪个步骤重新进行设计，直到达到预期目的。

1.2 电子系统的设计方法

设计电子系统的常用方法有以下几种。

1．自顶向下设计方法

自顶向下设计方法是电子系统设计的主要方法。它由设计者按照设计要求和系统的工作方式、结构特点等对系统进行划分，分解为规模较小、功能较简单且相对独立的子系统，并确立它们之间的相互关系，形成总体系统框图。根据设计要求规划出每个子系统的技术指标和具体性能，再对每一个子系统的实现划分出更细致的部件级框图，最后对每个部件单元可以映射到具体的器件、电路和元件的物理实现。这种方法是一个不断细化分解的过程，在设计初期常常使用这种方法，完成理论框图的方案设计。

2．自底向上设计方法

传统的系统设计采用自底向上的设计方法。这种设计方法采用“分而治之”的思想，在系统功能划分完成后，利用所选择的元器件进行逻辑电路设计，完成系统各独立功能模块设计，然后将各功能模块按搭积木的方式连接起来构成更大的功能模块，直到构成整个系统，完成系统的硬件设计。这个过程从系统的最底层开始设计，直至完成顶层设计，因此将这种设计方法称为自底向上的设计方法。用自底向上的设计方法进行系统设计时，整个系统的功能验证要在所有底层模块设计完成之后才能进行，一旦不满足设计要求，所有底层模块都可能需要重新设计，反而会延长设计时间。

3．层次式设计方法

层次式设计方法的基本策略是将一个复杂系统按功能分解成可以独立设计的子系统，子系统设计完成后，将各子系统拼接在一起完成整个系统的设计。一个复杂的系统分解成子系统进行设计可大大降低设计复杂度。由于各子系统可以单独设计，因此具有局部性，即各子系统的设计与修改只影响子系统本身，而不会影响其他子系统。利用层次性可以将一个系统划分成若干个子系统，然后子系统可以再分解成更小的子系统，重复这一过程，直至子系统的复杂性达到了在细节上可以理解的适当的程度。模块化是实现层次式设计方法的重要技术途径，模块化将一个系统划分成一系列的子模块，对这些子模块的功能和物理界面明确地加以定义。模块化可以帮助设计人员阐述或明确解决问题的方法，还可以在模块建立时检查其属性的正确性，从而使系统设计更加简单明了。将一个系统的设计划分成一系列已定义的模块还有助于进行集体间共同设计，使设计工作能够并行开展，从而缩短设计时间。

4. 嵌入式设计方法

现代电子系统的规模越来越复杂，而要求的产品上市时间却越来越短，即使采用自顶向下的设计方法和更好的计算机辅助设计技术，对于一个百万门级规模的应用电子系统，完全从零开始自主设计也是难以满足上市时间要求的。嵌入式设计方法在这种背景下应运而生。嵌入式设计方法除继续采用自顶向下设计方法和计算机综合技术外，它的最主要的特点是大量知识产权(Intellectual Property，IP)模块的复用，这种IP模块可以是RAM、CPU以及数字信号处理器等。设计者在系统设计中引入IP模块，可以只设计实现系统其他功能的部分以及与IP模块的互连部分，从而简化设计，缩短设计时间。一个复杂的系统通常既包含硬件，又包含软件，因此需要考虑哪些功能用硬件实现，哪些功能用软件实现，这就是硬件/软件协同设计的问题。硬件/软件协同设计要求硬件和软件同时进行设计，并在设计的各个阶段进行模拟验证，缩短设计时间。硬件/软件协同是将一个嵌入式系统描述划分为硬件和软件模块以满足系统的功耗、面积和速度等约束的过程。嵌入式系统的规模和复杂度逐渐增长，其发展的另一趋势是系统中软件实现功能增加，并用软件区分不同的产品，增加灵活性、快速响应标准的改变，降低升级费用和缩短产品上市时间。

注意：优秀的电路实现方案应该是简洁、可靠的，要以最少的社会劳动消耗获得最大的劳动成果。这里所说的社会劳动，包括在产品设计、产品生产、产品维护以及元器件的生产中所付出的劳动。为了控制产品成本，常常采用目标价格反算法，也就是先根据市场调查对相应的技术指标制定目标价格，然后在设计实施中找出影响产品经济指标的关键因素，并采取针对性较强的措施。

1.3 电子系统的具体开发流程

一个项目一般由几个大的部分组成。以电机控制系统为例，一般由电气控制平台、机械设计、外围控制模块等组成，其中电气控制平台为核心模块。在项目开发前期需要根据项目的组成模块规划项目人员、时间、资源等，可以将项目具体分成几个组，如电气平台研发组、机械设计研发组、传感器研发组、产品开发组等，同时给不同的工作组分配不同的工作任务，并指定相应的负责人；然后由各个项目组提交项目初期计划、项目时间表、项目开发经费、所需器材等；再进行讨论验证，由项目总监或公司上层领导决定项目的启动，项目研发人员根据项目计划中指定的项目任务以及项目时间节点进行工作；完成最后的研发后，测试人员对项目产品进行测试(如ISO 9001标准等)，产品测试通过后，向外部发布产品，这时项目研发就成功完成。

作为一个项目，只有高素质的研发人员是不够的，还需要有管理能力强的项目管理人员。如果缺乏好的管理，整个项目的开发就会产生很多问题(如资源分配、时间节点制定、人员协调等方面)，所以项目管理对于项目开发来说至关重要。纵观国内外IT企业，最不能缺少的就是项目经理。

下面详细地介绍嵌入式项目的具体开发流程。

项目流程是指一个项目研发过程中每个阶段所必须做的工作，项目流程管理是指每个阶段所需的时间合理管理、资源合理分配、人员合理配备等。一般项目流程可以分为项目启动、项目计划、项目研发和项目结束四个阶段。

1.3.1 项目启动

某个开发项目的提出往往源自市场需求调查、用户反馈、客户要求，或对招标进行的投标。在项目启动阶段，项目负责人需要归纳总结对项目的要求，然后对整个项目进行考察。具体的考察内容包括以下几个方面：

(1) 项目的市场需求；

(2) 项目的具体实现目标；

(3) 项目需要完成的相关任务；

(4) 项目需要解决的问题；

(5) 目前的项目经费；

(6) 项目组的人员配备。

在考察完成后，召集相关人员讨论项目目标能否实现，项目中可能遇到的问题，项目目标是否需要修改等问题。项目负责人将相关意见分类汇总，并反馈给用户及上级部门，最终确定新的项目目标。项目目标的制订至关重要，它是指导整个项目的指挥棒，所以在制订项目目标时一定要谨慎、细心。项目目标既要满足用户或市场的要求，又要能很好地利用现有的资源。最终，项目负责人要提交项目启动总结书，宣布项目正式启动。

具体的项目启动总结书的内容包括：

(1) 项目的总体目标；

(2) 项目的要求，以及市场上竞争者的情况和各种资源分析等；

(3) 项目时间的估算、风险的估计等。

1.3.2 项目计划

项目启动之后，项目负责人需要为整个项目制订详细、周密的计划。

项目计划的制订可以采用中国传统的“分而治之”的方式。首先将整个项目划分为几个大块，每个大块再分解成小一点的工作范围，然后在现有的基础上再进行下一步分解，直至每个工作变成不能再分解的具体的任务。项目分解可以将复杂的大型项目分解成具体的可以由单个人执行和完成的具体工作，这样可以有效地帮助制订项目时间计划表。在制订项目时间计划表之前需要先将项目分解，尽量分解到以天或小时计算的工作量，从而保证项目按时完成。

项目时间表对项目的整体进度有很大影响，如果对时间的预算可以做比较，那么整个项目的进度就会处在掌控之中，项目管理自然变得容易多了。但是这偏偏也是项目管理中最难做到的，在项目开发中往往有许多意想不到的情况出现，从而导致项目计划不能顺利实施。这就要求项目负责人能够对项目现状有充分的认识，能够及时处理现状，并做出相应的计划变更，以达到预期的效果。

在制订项目时间表时，一定要将预期的困难考虑进去，留出相应的时间。

在完成项目任务分解和时间表的制订后，项目负责人需要完成项目开发书(草案)，将

整个项目的计划详尽地描述出来，然后提交主管领导审核，需要变更的部分也要做出相应的工作记录。

1.3.3 项目研发

项目研发阶段是整个项目的核心和重要环节，也是项目中占用时间最多的。项目研发既包括技术难关的攻克，也包括完善的运作流程和良好的项目管理，只有按照项目计划中制订的流程及流程时间进行，才能保证项目的整体进度，才能实现最终的项目目标。所以，项目流程管理是项目开发环节中至关重要的部分。

例如，嵌入式开发项目从技术上主要可以分为硬件和软件两部分。研发人员分为底层研发工程师和顶层系统软件工程师，底层研发工程师主要负责硬件以及相应的调试程序的开发，顶层系统软件工程师主要负责实现系统的功能和开发相关顶层软件。

在研发过程中需要重点考虑以下几个方面的问题：

(1) 资源的分配。其主要包括研发人员的调配、软硬件资源的准备情况等。在项目开发过程中，应根据项目的整体进度、每个模块的开发难度以及研发人员的特点，合理配备研发人员。

(2) 各个模块时间表的制订。在项目计划阶段对项目的整体进度有了一个简单的阐述，在研发阶段，需要根据项目的整体进度，制订每个模块的具体时间表。这个时间表至关重要，关系到整个项目的进度，只有每个项目做到合理的衔接，才能保证整个项目顺利地进行。在时间表的制订过程中要充分考虑外部客观因素，尽量留有一定的时间，防止意外风险的发生。

1.3.4 项目结束

项目结束阶段主要完成的是对产品的测试验收，根据产品要达到的标准，由专门的测试人员进行相关测试，如电磁兼容性测试，高温、高压环境测试等。具体的测试方案以及测试仪器、场所需要由测试人员提交，并将结果反馈给项目研发人员。研发人员根据测试结果对设计的系统进行相关修改和完善，以达到预期的标准。可以使用 PC-LINT 软件进行软件性能测试，在 PC-LINT 软件中可以设置测试的标准，如汽车工业软件可靠性协会(MISRA)制定的协议等。软件测试主要是测试软件的健壮性、安全性、可更新性、稳定性等方面。在开发过程中，研发人员也可以根据 PC-LINT 软件提示的信息进行相关的修改。为了提高程序的可读性，应在必要的程序段处添加相关的解释说明。

产品测试完成即标志产品相关研发完成，剩下的工作就是文档总结和相关文件归档等。

如上所述，项目研发的整体流程包括项目启动、项目计划、项目研发、项目结束等阶段，每个阶段都至关重要，项目管理人员需要统筹规划、合理管理，以提高项目的开发效率。

1.4 电子系统规划案例

任何一个电子系统，在设计之前都必须对设计目标提出要求。通常，如果市场上有同类产品，则依据该类产品提出相应要求，并在此基础上提出改进的要求：如果市场上没有同类产品，则需要通过市场调研、用户群分析、问卷调查等提出设计要求，并在设计过程中适当加以完善。下面以三个完整案例介绍电子系统的设计步骤及方法。

1.4.1 超声波流量计、热量计系统

超声波流量计、热量计是计量各种流体流量、热量的系统，它可应用于各种需要测量流体流量、热量的场合，其系统设计要求如下：

(1) 系统应具有高采样率，以保证测量结果稳定，满足绝大多数清水和污水以及多种化学液体的流量测量需求，甚至含有大量悬浮物的纸浆也可以测量。

(2) 系统应具有市电和 24 V 供电功能，对于现场无电源的情况，可以选用 15 W 的太阳能电池板配接 12 V/30 AH 铅酸电池组实现持续一周阴天条件下的连续供电。

(3) 系统应具有标准的隔离 RS-485 接口，能够同时支持 MODBUS、M-BUS 两种标准协议，并完全兼容海峰以及汇中等公司生产的多种流量计水表的协议。

(4) 系统应具有一个串行扩展总线接口，用户可以选用具有各种扩展功能的模块进行功能扩展。可扩展功能有 4～20 mA 电流环输出、频率信号输出、大容量数据记录、热敏打印机等。

(5) 系统可以使用不同接口的键盘显示器进行操作及设参。例如，对于插接在主板并口上的并行键盘显示器或挂接在 RS-485 上的串口键盘显示器，当使用挂接在 RS-485 接口的键盘显示器时，测量主机可以安装或者放置在测量现场，而 RS-485 上的串口的键盘显示器可以安装在距测量现场 1 km 之外的仪表控制室中，这样做具有抗干扰性强、工作可靠、节省传感器信号电缆等优点。另外，RS-485 上的串口键盘显示器还能够为现场主机提供工作电源。

(6) 系统具有一个 96 段 LCD 数段式显示器，能够显示数十个常用测量数值及仪表参数。参数设置完成以后，主板可以单独工作，不再需要键盘显示器。

(7) 系统具有两路三线制 PT1000 铂电阻输入电路，接入铂电阻后增加了温差灵敏度功能，可以防止长期低流速或者低温差时热量的无效累积。

(8) 系统具有三路模拟输入回路，可以输入压力、液位等物理量，也可作为简易的 RTU(远程终端控制系统)使用。

(9) 系统具有中英文语言界面，可供用户选用。

(10) 系统适用任何类型的传感器，包括外缚式、插入式、Π形管段式和标准管段式。用户只需输入相应参数，接通电源流量计就可以工作了。

1.4.2 智能小车系统

智能小车系统设计是 2011 年全国大学生电子设计竞赛中的一道设计题，其题目任务为：甲车车头紧靠起点标志线，乙车车尾紧靠边界，甲、乙两辆小车同时启动，先后通过起点标志线，在行车道同向而行，实现两车交替超车领跑功能。智能小车跑道如图 1-3 所示。

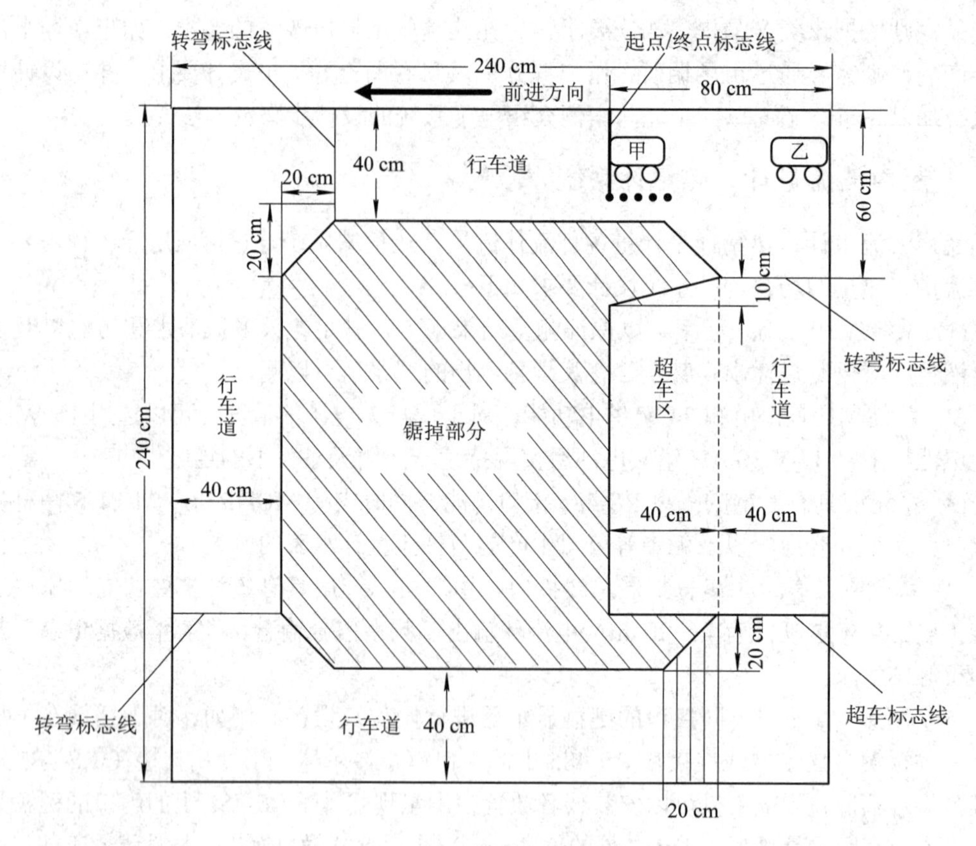

图 1-3　智能小车跑道示意图

要求如下：

(1) 甲车和乙车分别从起点标志线开始，在行车道各正常行驶一圈。

(2) 甲、乙两车按图 1-3 所示位置同时启动，乙车通过超车标志线后在超车区内实现超车功能，并先于甲车到达终点标志线，即第一圈实现乙车超过甲车。

(3) 甲、乙两车在完成(2)时的行驶时间要尽可能短。

(4) 在完成(2)后，甲、乙两车继续行驶第二圈，要求甲车通过超车标志线后要实现超车功能，并先于乙车到达终点标志线，即第二圈完成甲车超过乙车，实现了交替领跑。甲、乙两车在第二圈行驶的时间要尽可能短。

(5) 甲、乙两车继续行驶第三圈和第四圈，并交替领跑，且两车行驶的时间要尽可能短。

(6) 在完成上述功能后，重新设定甲车起始位置(在离起点标志线前进方向 40 cm 范围内任意设定)，实现甲、乙两车四圈交替领跑功能，行驶时间要尽可能短。

1.4.3　多旋翼自主飞行器

随着电子技术的发展，全国大学生电子设计竞赛题目的难度也越来越大，由早期常见的智能小车类的题目，更改为多旋翼自主飞行器类的题目，如 2015 年的多旋翼自主飞行器、2017 年的四旋翼自主飞行器探测跟踪系统。下面给出 2017 年的竞赛题目，其任务为：设计并制作四旋翼自主飞行器探测跟踪系统，包括设计制作一架四旋翼自主飞行器，飞行器上安装一个向下的激光笔；制作一辆可遥控小车作为信标。飞行器飞行和小车运行区域俯视图和立体图分别如图 1-4 和图 1-5 所示。

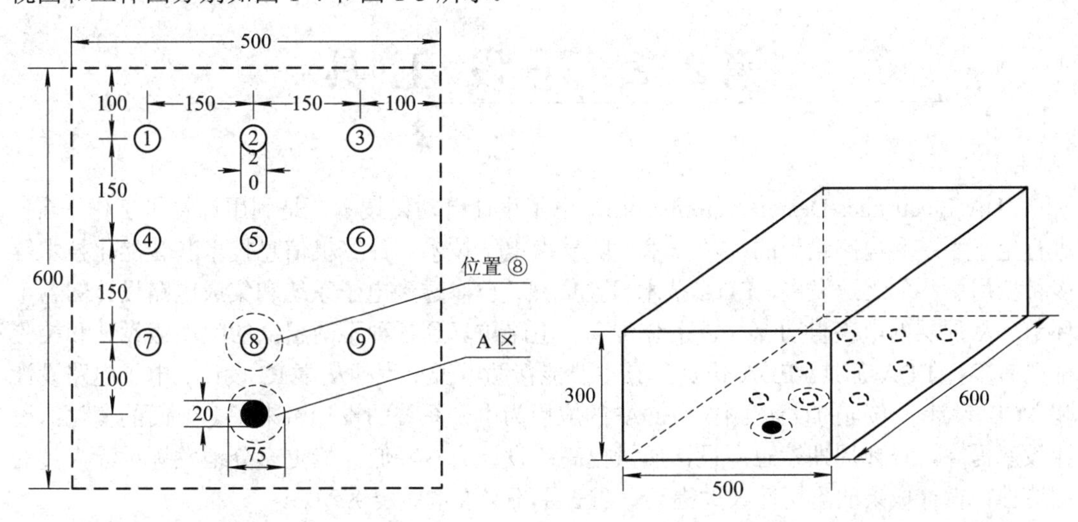

图 1-4　飞行区域俯视图(图中单位：cm)　　图 1-5　飞行区域立体图(图中单位：cm)

要求如下：

(1) 四旋翼自主飞行器(以下简称飞行器)摆放在图 1-4 所示的 A 区，一键式启动飞行器，起飞并在不低于 1 m 的高度悬停，5 s 后在 A 区降落并停机。悬停期间激光笔应照射到 A 区内。

(2) 手持飞行器靠近小车，当两者距离在 0.5～1.5 m 范围内时，飞行器和小车发出明显声光指示。

(3) 小车摆放在位置⑧。飞行器摆放在 A 区，一键式启动飞行器，飞至小车上方且悬停 5 s 后择地降落并停机；悬停期间激光笔应照射到位置⑧内且至少照射到小车一次，飞行时间不大于 30 s。

(4) 小车摆放在位置⑧。飞行器摆放在 A 区，一键式启动飞行器，飞至小车上方后，用遥控器使小车到达位置②后停车，期间飞行器跟随小车飞行；小车静止 5 s 后飞行器择地降落并停机。飞行时间不大于 30 s。

(5) 小车摆放在位置⑧。飞行器摆放在 A 区，一键式启动飞行器。用遥控器使小车依次途经位置①～⑨中的四个指定位置，飞行器在距小车 0.5～1.5 m 范围内全程跟随；小车静止 5 s 后飞行器择地降落并停机。飞行时间不大于 90 s。

(6) 其他。

第2章　开 发 工 具

EDA(Electronics Design Automation)即电子设计自动化技术，是利用计算机工作平台，进行电子系统和电路设计的一项技术。随着微电子技术、计算机信息技术和智能化技术等多种应用学科的迅速发展，EDA 技术日益成熟，已渗透到电子系统和集成电路设计的各个环节。从顶层的电路自动综合、系统仿真、电路仿真到各种不同层次的版图级设计和校验都已有多种 EDA 工具。EDA 仿真工具主要能帮助电子工程师从事 IC 设计、电子电路设计和 PCB 设计三方面的设计工作。EDA 的应用为电子系统的设计带来了多方面的变化：设计效率提高，设计周期缩短；设计质量提高；设计成本降低；能更充分地发挥设计人员的创造性；设计成果的重用性大大提高，省去了不必要的重复劳动。

目前比较流行的或应用广泛的 EDA 软件有 Altium Designer、Cadence、PSPICE、System View、Electronics Workbench、MATLAB、PCAD、PADS 等。关于软件包的使用可参考其他相关书籍。下面结合传统电子设计中的要求简要介绍一下各类设计软件。

2.1　电路板设计软件

电路板设计软件主要用于原理图输入、逻辑仿真、电路分析、自动布局布线、PCB 后分析等，它是工程开发人员必须掌握的工程应用软件之一。电路板设计软件有多种，常用的有 Altium Designer、Cadence、PowerPCB 这几种，工程人员只需掌握其中一种即可。

2.1.1　Altium Designer

Altium Designer 是业界第一款完整的板级设计解决方案。其设计集成了原理图输入、基于原理图的 FPGA 设计、XSPICE 混合信号电气仿真、前布线及后布线信号完整性分析、规则驱动电路板布线及编辑等功能。Altium Designer 的 Protel 拓宽了板级设计等的传统界限，集成了 FPGA 设计功能，将流程设计、集成化 PCB 设计、可编程器件 FPGA 设计等和基于处理器设计的嵌入式软件开发功能整合在一起。Altium Designer 的 Protel 具有强大的设计输入功能，在 FPGA 和板级设计中，同时支持原理图输入和 HDL 硬件描述输入模式。

Altium Designer 的特点如下：

(1) 支持 VHDL 的设计仿真、混合信号电路仿真、布局前/后信号完整性分析。Altium Designer 的 Protel 的布局布线采用完全规则驱动模式，并且在 PCB 布线中采用了无网格的 SitusTM 拓扑逻辑自动布线功能。

(2) 基于 Altium 公司新推出的支持 Live design 的 DXP 平台，Altium Designer 的 Protel 在整个系统设计流程中充分发挥其卓越的性能。

(3) 完全兼容 Protel 98/Protel 99/Protel 99se/Protel DXP，并提供 Protel 99se 下创建的 DDB 文件的导入功能。

(4) 提供完善的混合信号仿真、布线前后的信号完整性分析功能，为设计实验原理图电路中某些功能模块的正确与否提供了方便。

(5) 提供了全新的 FPGA 设计的功能，以及 PCB 与 FPGA 设计的系统集成。

(6) Altium Designer 的 Protel 将传统的 PCB 设计与数字逻辑电路设计集成起来，突破了传统板级设计的界限，从而使系统电路设计、验证及 CAM 输出功能结合在一起。Altium Designer 的 Protel PCB 与 FPGA 引脚的双向同步功能，充分诠释了 Altium 公司为主流设计人员提供易学、易用的 EDA 设计工具的一贯理念。

(7) 与 Protel DXP 版本相比，Altium Designer 新增了很多当前用户较为关心的 PCB 设计功能，如支持中文字体、总线布线、差分对布线等，并增强了推挤布线的功能，这些更新极大地增强了对高密板设计的支持。

(8) 通过设计文档包的方式，将原理图编辑、电路仿真、PCB 设计及打印这些功能有机地结合在一起，提供了一个集成开发环境。

(9) 提供了丰富的原理图组件库和 PCB 封装库，并且为设计新的器件提供了封装向导程序，简化了封装设计过程，提供了对高密度封装(如 BGA)的交互布线功能。

(10) 提供了层次原理图的设计方法，支持“自上向下”的设计思想，使大型电路设计的工作组开发方式成为可能。

(11) 提供了强大的查错功能。原理图中的 ERC(电气法则检查)工具和 PCB 的 DRC(设计规则检查)工具能帮助设计者更快地查出和改正错误。

最新版本 Altium Designer 10 提供了一个强大的高集成度的板级设计发布过程，它可以验证并将设计和制造数据进行打包，并简化了发布管理系统，规范了发布设计项目的流程，还可使项目中定义的配置更加直观、简洁、稳定。更重要的是，该系统可以被直接链接到后台版本控制系统。

2.1.2 Allegro SPB

Cadence 公司是世界上最大的 EDA 公司之一，产品众多。其中，PSD 和 SPB 是其 EDA 产品的一部分，具有功能强大、性能卓越等特点。

Cadence 公司的 Allegro SPB 15.5 软件对 PCB 板级的电路系统设计流程，包括原理图输入、数字、模拟及混合电路仿真、FPGA 可编程逻辑器件设计、自动布局、布线，印制电路板图及生产制造数据输出以及针对高速 PCB 板电路的信号完整性分析等，提供了完整的输入、分析、版图编辑和制造的全线 EDA 辅助设计工具。

整个软件系统主要分为 18 个功能模块。

(1) Design Editor 和 Design Entry HDL。Design Editor 是采用多种方法灵活设计的 Design Capture 环境，Design Entry HDL 提供了基于 Design Capture 环境的原理图设计。

(2) Design Entry CIS。它是 Cadence 公司收购原 OrCAD 公司的产品，是国际上通用的、标准的原理图输入工具，其设计快捷方便、图形美观，与 Allegro 实现了无缝链接。

(3) Design Entry HDL Rules Checker。它是 Design Entry HDL 的规则检查工具。

(4) Layout Plus。它是原 OrCAD 公司的 PCB 设计工具。

(5) Layout Plus Smart Route Calibrate。它是 Layout Plus 的布线工具(Smart Route)。

(6) Library Explorer。它包含 Part Developer 和 Library Explorer 两个功能，可以进行数字设计库的管理，可以调用建立元件符号和模型的工具包括 Part Developer、Part Table Editor、Design Entry HDL、Packager-XL 和 Allegro。

(7) Online Documentation。它是在线帮助文档。

(8) Model Integrity。它是模型查看与验证工具。

(9) Package Designer。它是高密度 IC 封装设计和分析工具。

(10) PCB Editor。它是 PCB 设计工具，包括 Allegro PCB Design 220、Allegro PCB Performance 220、Allegro PCB Design 610。

(11) PCB Librairan。它是 Allegro 库开发，包括焊盘、自定义焊盘 Shape、封装符号、机械符号、Format 符合、Flash 符号的开发。

(12) PCB Router。它是 CCT 布线器。

(13) PCB SI。它是建立数字 PCB 系统和集成电路封装设计的集成高速设计和分析环境，能够解决电气性能的相关问题，包括时序、信号完整性、串扰、电源完整性和 EMI。

(14) Allegro Physical Viewer。它是 Allegro 浏览器模块。

(15) Project Manager。它是 Design Entry HDL 的项目管理器。

(16) Sigxplorer。它是网络拓扑的提取和仿真工具。

(17) Analogy Workbench(PSPICE A/D)。它是收购原 OrCAD 公司的产品，是工业标准的模拟、数字及模拟/数字混合信号仿真系统，其仿真速度快、精度高、功能强大。仿真库内所包含器件种类丰富、数量众多。

(18) PCB Editor Utilities。它包括 Pad Designer、DB Doctor 和 Batch DRC 等工具。

上述模块不仅提供了强大的 PCB 设计功能，还提供了一些特有功能：

① 混合设计输入工具支持从结构到电路的模拟/数字设计，框图编辑工具可以自动按 HDL 语言描述生成模块框图，或由高端框图生成 HDL 语言文本。

② 自顶向下设计可以由混合级的设计直接生成 Verilog 或 VHDL 网络表，这样用户在仿真时就不需要进行数据转换工作。

③ 可以在原理图中驱动物理设计的属性和修改约束条件，包括 PCB 设计所必需的布线优先级、终端匹配规则等。

④ 可以检查终端不匹配、电流不足、短路、未连引脚、DRC 错误等。

⑤ 自动高亮、自定义检查规则。

⑥ 电气物理规则驱动设计。

⑦ 自动/交互式布局，自动/交互式布线。

⑧ 用有布线长度的设计规则来满足电路的时序要求。

⑨ 在线分析工具可以完成物理设计规则检查，如信号噪声、时序分析，可靠性、可测试性、可生产性、热学分析，对于高速系统可以计算走线的传输时延、寄生电容、电阻、电感和特征阻抗等电气参数。

⑩ 可以计算网络的串扰、电源/地、电磁兼容、热漂移，信号的上升沿和下降沿、过

冲及其前向、后向的串扰等。

2.1.3 PowerPCB

PowerPCB是美国Innoveda公司的软件产品。PowerPCB能够使用户完成高质量的设计，其约束驱动的设计方法可以减少产品的完成时间。在PowerPCB中，可以对每一个信号定义安全间距、布线规则以及高速电路的设计规则，并将这些规划层次化地应用到板上、每一层上、每一类网络上、每一组网络上、每一个网络上甚至每一个管脚对上，以确保布局布线设计的正确性。PowerPCB包括了丰富多样的功能，包括簇布局工具、动态布线编辑、动态电性能检查、自动尺寸标注和强大的CAM输出能力。它还有集成第三方软件工具的能力，如SPECCTRA布线器。

1. 图形用户界面(GUI)

PowerPCB的用户接口具有非常易于使用和有效的特点。PowerPCB在满足专业用户需要的同时，还考虑到一些初次使用PCB软件的用户需求。其主要包含以下内容：

(1) 使用PowerPCB进行交互操作；

(2) 工作空间的使用；

(3) 设置栅格(Grids)；

(4) 使用取景(Pan)和缩放(Zoom)；

(5) 面向目标(Object Oriented)的选取方式。

2. 建立元件(Part)

使用PowerPCB的库管理器(Library Manager)以及PCB封装编辑器(PCB Decal Editor)定义库中的元件类型(Part Type)。其主要包含以下内容：

(1) 理解PADS的元件类型(Part Type)；

(2) 建立PCB封装(PCB Decal)；

(3) 使用封装工具(Decal Wizard)建立PCB封装(PCB Decal)；

(4) 建立新的元件类型(Part Type)。

3. 设计准备 Design Preparation

在PowerPCB中进行PCB设计的下一个步骤是建立板子的边框(Board Outline)和一些基本设计参数。

(1) 建立板子边框(Board Outline)；

(2) 修改板子边框(Board Outline)；

(3) 保存设计。

4. 输入设计数据

设计数据可以从外部输入到PowerPCB中来。最常用的输入设计数据到PowerPCB的方式为从原理图工具中输入数据，如PADS-Power Logic和View logic的View draw。PowerPCB的输入工具允许用户有选择地从Autodesk的AutoCAD或者Parametric Technologies的Pro/ENGINEER产品中输入网络(Nets)、设计规则(Design Rules)和设计数据(Design Data)。

5. 定义设计规则(Defining Design Rules)

一旦输入了网络和元件后，就可以指定设计规则(Design Rules)和各层的定义(Layer Arrangements)，包含安全间距(Clearance)、布线(Routing)和高速电路(High Speed)冲突等。这些规则分配作为默认的条件、网络(Nets)、层(Layers)、类(Class)、组(Groups)或者管脚对(Pin Pairs)。另外，还可以指定条件的设计规则(Conditional Design Rules)和不同网络或管脚对(Differential Pairs)的规则。

6. 元件(Parts)的布局(Placement)

一般来说，元件的放置是通过选中元件，然后移动它们到板框内部的某个位置进行布局的。PowerPCB 具有各种各样的功能和特点，使得元件的布局只需要简单的几步就可完成，这大大地节约了布局的时间。PowerPCB 中有各种各样的布局方法，如移动(Move)、90 度旋转(Rotate 90)、翻面(Flip Side)、任意角度旋转(Spin)和元件的成组操作。常用的操作有：

(1) 设置通过原点移动(Move)；

(2) 使用移动(Move)命令移动元件(Move Components)；

(3) 使用移动(Move)命令动作方式(Verb Mode)移动元件(Move Components)；

(4) 使用 90 度旋转(Rotate 90)命令旋转元件(Rotate Components)；

(5) 使用任意角度旋转(Spin)命令旋转元件(Rotate Components)；

(6) 使用翻面(Flip Side)命令将元件翻面(Flip Components)；

(7) 结合使用移动(Move)、90 度旋转(Rotate 90)和翻面(Flip Side)命令；

(8) 对于同时选中的多个元件使用移动(Move)、90 度旋转(Rotate 90)和翻面(Flip Side)命令；

(9) 使用查询/修改(Query/Modify)命令改变元件(Part)的放置状态(Placement Status)。

7. 元件布局(Placement)操作

PowerPCB 具有簇布局(Cluster Placement)功能。主要包含以下内容：

(1) 进行预处理过程；

(2) 建立和布放元件组合(Unions)；

(3) 采用 PowerLogic 进行原理图驱动布局(Schematic Driven Placement)；

(4) 采用查找(Find)命令放置元件；

(5) 放置晶体管(Transistors)和去耦电容(Filter Capacitors)；

(6) 进行元件的极坐标方式布局(Radial Placement)。

8. 布线编辑(Route Editing)

PowerPCB 具有几个交互式的和半自动的布线工具，用于缩短设计时间。这些工具包括动态布线编辑(Dynamic Route Editing)、用于两根或多根导线同时布线的总线布线(Bus Routing)、圆弧导线(Curved Traces)、直角导线倒角(Mitered Trace Corners)、T 形布线(T-Routing)、在线设计规则检查(On-line DRC)和拷贝布线(Copy Routines)。其内容包括以下几个部分：

(1) 布线前准备工作；

(2) 使用手工布线编辑器(Manual Route Editor)；

(3) 在线设计规则检查(On-line DRC)；

(4) 拷贝布线(Copy Routines)；

(5) 动态布线编辑(Dynamic Route Editing)；

(6) 总线布线(Bus Routing)。

9. SPECCTRA 布线器(Route Engine)

SPECCTRA 布线器(Route Engine)最好地结合了基于形状的(Shaped-based)技术和高级(High-End)功能特点，提供了一个全自动布线器(Auto Router)，它不具备并行操作能力。PADS SPECCTRA 传输转换接口(Translator Interface)用于在 PADS 和 SPECCTRA 之间进行双向的数据转换，包括层次化的设计规则；通过该转换接口可以将文件转换为 SPECCTRA 的格式，启动 SPECCTRA，从 SMD 器件引脚处 Fanout，基于输入的规则，运行 Cleanup Routine，执行多遍全自动布线器(Auto Route)，使电路板自动布线(Passes)。

10. 定义分隔平面(Defining Split Planes)

有些设计的地电层(Power Plane)需要分隔成几个不同的独立区域，每一块平面分配一个网络属性。PowerPCB 提供了一个自动的工具可以快速地定义和分隔这些平面。为了定义分隔平面(Split Planes)，可以为这些网络指定与其他网络不同的显示颜色，然后在整个平面上，为各个网络定义各个独立的孤岛。

11. 覆铜(Copper Pouring)

许多印制电路板(Printed Circuit Board)设计系统支持各种类型的覆铜(Copper Pouring)或区域填充方式，但是很少能够达到 PowerPCB 的覆铜(Copper Pouring)效果。Power PCB 的功能强大且具有很大的灵活性，可以快速地建立并编辑用于屏蔽(Shielding)的绝缘铜皮区域、电源和地线层的应用以及热的发散(Dissipation)。

12. 自动尺寸标注(Automated Dimensioning)工具

PowerPCB 提供了一个 PCB 设计外形、物理尺寸及标注的工具。当需要在标准和数据标注方法之间做出选择时，可以在标注的格式上进行完全的控制。只要遵守公司或工业的相关标准，就可以使用这些自动尺寸标注工具盒中的各种工具进行设计。

13. 验证(Verifying)设计

验证设计(Verify Design)命令可以检查设计中的安全间距(Clearance)、连续性(Connectivity)、高速电路(High Speed)和平面层(Plane)的错误。先进的空间检查可以进行快速的检查，且精度为 0.000 01。可以对所有的网络(Nets)、相同的网络(Same Net)、导线宽度(Trace Width)、钻孔到钻孔(Drill to Drill)、元件到元件(Body to Body)和元件外框之间进行设计安全间距(Design Clearance)规则检查，也可以对整个板子是否已经全部完成布线进行连续性(Connectivity)检查。平面层(Plane)网络检查主要验证热焊盘(Thermals)是否在平面层(Plane)都已经产生，动态电性能检查(Electro-dynamic Checking)主要针对平行(Parallelism)、树根(Stub)、回路(Loop)、延时(Delay)、电容(Capacitance)、阻抗(Impedance)和长度(Length)冲突(Violations)，避免在高速电路设计中产生问题。

14. 目标连接与嵌入(OLE)

PowerPCB 的目标嵌入(Object Embedding)功能允许设计工程师嵌入(Embed)一个外部

目标到 PowerPCB 的设计文件框架(Framework)中，它允许 PCB 设计文件像一个文件夹一样装载这些工程数据。进一步地，嵌入(Embed)功能允许工程师在 PowerPCB 中，使用目标应用程序编辑这些被嵌入(Embedded)的目标。PowerPCB 的目标连接(Object Linking)功能允许被嵌入(Embedded)的目标连接到它们的源，当 PowerPCB 的设计文件打开，并且每次源目标改变时，这些被嵌入(Embedded)的目标将自动地更新。目标连接与嵌入的自动化过程使工程师可以进一步开发客户化的应用方式，使用面向目标的对象(Object Oriented Programming(OOP))技术，添加(Plug-in)用户自动的应用工具，如采用 MS Visual Basic、MS Excel 和 MS Visual C++等编制的应用程序。

2.2 编程软件

在现代电子系统设计中，编程是一项必备技能，一个程序编写的好坏直接决定了所设计系统的性能。下面简要介绍单片机 C 语言编写中的一些技巧和 MSP430 单片机编程环境 IAR Workbench。

2.2.1 单片机 C 语言编程技巧

在项目的开发过程中，许多问题其实原理上都是非常成熟的东西，从一些资料上都可以找到。在开发项目时，要做的也就是将原理表述的东西在特定的平台上实现就可以了。因此，开发工作本身没有多少创造性，也没有多少高深的知识，要具备的仅是对 C 语言的熟练掌握，以及学会解决遇到的问题。下面介绍单片机 C 语言编程的一些技巧。

1. 头文件的定义

【规则 1-01】尽量使用含义直观的常量来表示在程序中多次出现的数字或字符串。

【规则 1-02】如果某一常量与其他常量密切相关，应在定义中包含这种关系，而不应给出一些孤立的值。

【规则 1-03】标识符应当直观且可以拼读，可望文知意，不必进行“解码”。

【规则 1-04】标识符应用尽量少的字符表达最完整的信息，但必须保证能够读懂。

【规则 1-05】程序中不要出现仅靠大小写区分的相似的标识符。

【规则 1-06】程序中不要出现标识符完全相同的局部变量和全局变量，尽管两者的作用域不同也不会发生语法错误，但会使人误解。

【规则 1-07】变量的名字应当使用“名词”或者“形容词 + 名词”。全局函数的名字应当使用“动词”或者“动词 + 名词”(动宾词组)。

【规则 1-08】用正确的反义词组命名具有互斥意义的变量或相反动作的函数等。

【规则 1-09】类名和函数名用大写字母开头的单词组合而成。变量和参数用小写字母开头的单词组合而成。常量全用大写的字母，用下划线分割单词。

【建议 1-01】程序中出现引脚功能设置的部分应在头文件中定义，以减轻程序的维护难度。

【建议 1-02】尽量避免名字中出现数字编号，如 Value1，Value2 等，除非逻辑上的确

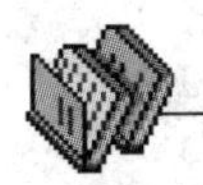

需要编号。

【建议 1-03】局部用的静态变量应定义在子程序中。整个程序中需要的变量定义为全局变量，一般能够用传递参数实现的，不要用全局变量定义。

【建议 1-04】任何名称都不可以用汉语拼音。

【建议 1-05】尽可能在定义变量的同时初始化该变量(就近原则)。

2．程序

【规则 2-01】在每个类声明之后、每个函数定义结束之后都要加空行。

【规则 2-02】在一个函数体内，逻辑上密切相关的语句之间不加空行，其他地方应加空行分隔。

【规则 2-03】一行代码只做一件事情，如只定义一个变量，或只写一条语句。这样的代码容易阅读，并且方便于写注释。

【规则 2-04】if、for、while、do 等语句自占一行，执行语句不得紧跟其后。不论执行语句有多少都要加{}。这样可以防止书写失误。

【规则 2-05】关键字之后要留空格。如 const、virtual、inline、case 等关键字之后至少要留一个空格，否则无法辨析关键字。如 if、for、while 等关键字之后应留一个空格再跟左括号“(”，以突出关键字。

【规则 2-06】函数名之后不要留空格，紧跟左括号“(”，以便与关键字区别。

【规则 2-07】“(”向后紧跟，“)”、“,”、“;”向前紧跟，紧跟处不留空格。

【规则 2-08】“,”之后要留空格，如 Function(x, y, z)。如果“;”不是一行的结束符号，其后要留空格，如 for (initialization; condition; update)。而对于表达式比较长的 for 语句和 if 语句，为了紧凑起见可以适当地去掉一些空格，如 for (i=0; i<10; i++)和 if ((a<=b) && (c<=d))。

【规则 2-09】赋值操作符、比较操作符、算术操作符、逻辑操作符、位域操作符，如“=”、“+=”、“>=”、“<=”、“+”、“*”、“%”、“&&”、“||”、“<<”、“^”等二元操作符的前后应当加空格。

【规则 2-10】一元操作符如“!”、“~”、“++”、“--”、“&”(地址运算符)等前后不加空格；“[]”、“.”、“->”这类操作符前后不加空格。

【规则 2-11】程序的分界符“{”和“}”应独占一行并且位于同一列，同时与引用它们的语句左对齐。{ }之内的代码块在“{”右边数格处左对齐，IAR 平台系统会自动空格排列。

【规则 2-12】代码行最大长度宜控制在 70～80 个字符以内。代码行不要过长，否则阅读困难，也不便于打印。

【规则 2-13】长表达式要在低优先级操作符处拆分成新行，操作符放在新行之首(以便突出操作符)。拆分出的新行要进行适当的缩进，使排版整齐，语句可读。

【规则 2-14】应当将修饰符“*”和“&”紧靠变量名。

【规则 2-15】如果代码行中的运算符比较多，用括号确定表达式的操作顺序，避免使用默认的优先级。

【规则 2-16】不要编写太复杂的复合表达式。不要有多用途的复合表达式。不要把程

序中的复合表达式与“真正的数学表达式”混淆。

【规则 2-17】应当将整型变量用“==”或“!=”直接与 0 比较。不可将浮点变量用“==”或“!=”与任何数字比较。应当将指针变量用“==”或“!=”与 NULL 比较。

【规则 2-18】不可在 for 循环体内修改循环变量，防止 for 循环失去控制。

【规则 2-19】每个 case 语句的结尾不要忘记加 break，否则将导致多个分支重叠(除非有意使多个分支重叠)。不要忘记最后的 default 分支，即使程序真的不需要 default 处理，也应该保留语句“default: break;”。这样做并非多此一举，而是为了防止别人误以为程序进行 default 处理。

【规则 2-20】避免数组或指针的下标越界，特别要注意发生“多 1”或者“少 1”操作。

【建议 2-01】在多重循环中，如果有可能，应当将最长的循环放在最内层，最短的循环放在最外层，以减少 CPU 跨切循环层的次数。同时应注意在一些单片机中，由于堆栈层数有限，程序的嵌套调用次数应进行相应控制。

【建议 2-02】如果循环体内存在逻辑判断，并且循环次数很大，宜将逻辑判断移到循环体的外面。

【建议 2-03】建议 for 语句的循环控制变量的取值采用“半开半闭区间”写法。

3．注释

【规则 3-01】注释是对代码的“提示”，而不是文档。程序中的注释不可喧宾夺主，注释太多了会让人眼花缭乱。注释的花样要少。

【规则 3-02】如果代码本来就是清楚的，则不必加注释。否则多此一举，令人厌烦。

【规则 3-03】边写代码边注释，修改代码的同时修改相应的注释，以保证注释与代码的一致性。不再有用的注释要删除。

【规则 3-04】注释应当准确、易懂，防止注释有二义性。错误的注释不但无益反而有害。

【规则 3-05】尽量避免在注释中使用缩写，特别是不常用的缩写。

【规则 3-06】注释的位置应与被描述的代码相邻，可以放在代码的上方或右方，不可放在下方。

【规则 3-07】当代码比较长，特别是有多重嵌套时，应当在一些段落的结束处加注释，便于阅读。

4．函数

【规则 4-01】参数的书写要完整，不要为了省事只写参数的类型而省略参数名字。如果函数没有参数，则用 void 填充。

【规则 4-02】参数命名要恰当，顺序要合理。

【规则 4-03】如果参数是指针，且仅作输入用，则应在类型前加 const，以防止该指针在函数体内被意外修改。

【规则 4-04】如果输入参数以值传递的方式传递对象，则宜改用“const &”方式来传递，这样可以省去临时对象的构造和析构过程，从而提高效率。

【规则 4-05】不要省略返回值的类型。

【规则 4-06】函数名字与返回值类型在语义上不可冲突。

【规则 4-07】不要将正常值和错误标志混在一起返回。正常值用输出参数获得，而错误标志用 return 语句返回。

【规则 4-08】在函数体的“入口处”，对参数的有效性进行检查。

【规则 4-09】在函数体的“出口处”，对 return 语句的正确性和效率进行检查。

【规则 4-10】使用断言捕捉不应该发生的非法情况。不要混淆非法情况与错误情况之间的区别，后者是必然存在的并且是一定要进行处理的。

【规则 4-11】在函数的入口处，使用断言检查参数的有效性(合法性)。

【建议 4-01】避免函数有太多的参数，参数个数尽量控制在 5 个以内。如果参数太多，在使用时容易将参数类型或顺序搞错。

【建议 4-02】尽量不要使用类型和数目不确定的参数。

【建议 4-03】有时候函数原本不需要返回值，但为了增加灵活性如支持链式表达，可以附加返回值。

【建议 4-04】函数的功能要单一，不要设计多用途的函数。

【建议 4-05】函数体的规模要小，尽量控制在 50 行代码之内。

【建议 4-06】尽量避免函数带有“记忆”功能。相同的输入应当产生相同的输出。

【建议 4-07】不仅要检查输入参数的有效性，还要检查通过其他途径进入函数体内的变量的有效性，例如全局变量、文件句柄等。

【建议 4-08】用于出错处理的返回值一定要清楚，以使使用者不容易忽视或误解错误情况。

【建议 4-09】程序出错时，要保证第一时间对硬件进行保护，特别是在大功率驱动场合，如电机驱动、太阳能逆变电源。

5．其他

【规则 5-01】不要一味地追求程序的效率，应当在满足正确性、可靠性、健壮性、可读性等质量因素的前提下，设法提高程序的效率。

【规则 5-02】以提高程序的全局效率为主，提高局部效率为辅。

【规则 5-03】在优化程序的效率时，应当先找出限制效率的“瓶颈”，不要在无关紧要之处优化。

【规则 5-04】先优化数据结构和算法，再优化执行代码。

【规则 5-05】有时候时间效率和空间效率可能对立，此时应当分析哪个更重要，做出适当的折中。

【规则 5-06】不要追求紧凑的代码，因为紧凑的代码并不能产生高效的机器码。

【建议 5-01】一般汇编程序的代码效率高，C 语言因要转换为汇编程序，所以其代码效率略低于汇编的，在重要场合应用汇编语言编写。

【建议 5-02】注意那些视觉上不易分辨的操作符的书写错误。我们经常会把“==”误写成“=”，“||”、“&&”、“<=”、“>=”这类符号也很容易发生“丢 1”失误，然而编译器却不一定能自动指出这类错误。

【建议 5-03】变量(指针、数组)被创建之后应当及时进行初始化，以防止把未被初始化的变量当成有值使用。

【建议 5-04】注意变量的初值、默认值错误，或者精度不够。

【建议 5-05】注意数据类型转换的错误。尽量使用显式的数据类型转换(让人们知道进行了什么操作)，避免让编译器进行隐式的数据类型转换。

【建议 5-06】注意变量发生上溢、下溢及数组的下标越界。

【建议 5-07】注意忘记编写错误处理程序，注意错误处理程序本身可能有误。

【建议 5-08】避免编写技巧性很高的代码。

【建议 5-09】不要设计面面俱到、非常灵活的数据结构。

【建议 5-10】如果原有的代码质量比较好，尽量复用它。但是不要修补质量很差的代码，应当重新编写。

【建议 5-11】尽量使用标准库函数，不要“发明”已经存在的库函数。

【建议 5-12】单片机的 RAM 有限，防止 C 语言 RAM 溢出。

2.2.2 IAR Workbench For MSP430

IAR Systems 是全球领先的嵌入式系统开发工具和服务的供应商。它提供的产品和服务涉及嵌入式系统的设计、开发和测试的每一个阶段，包括带有 C/C++编译器和调试器的集成开发环境(IDE)、实时操作系统和中间件、开发套件、硬件仿真器以及状态机建模工具。国内普及的 MSP430 开发软件种类不多，主要有 IAR 公司的 Embedded Workbench for MSP430(简称为 EW430)和 AQ430。目前 IAR 的用户居多，IAR EW430 软件提供了工程管理、程序编辑、代码下载、调试等所有功能，并且软件界面和操作方法与 IAR EW for ARM 等开发软件一致。因此，学会了 IAR EW430，就可以很顺利地过渡到另一种新处理器的开发工作。下面简单介绍 IAR EW430 软件的设置与调试：

(1) 运行 IAR Embedded Workbench 会出现一个工程建立向导，选第一个选项就可以在现有的 Workspace 中建立一个 New Project，再单击 OK 按钮即可。如果不使用向导，还可以按以下步骤进行设置：

① 选择主菜单的 File→New→Workspace 命令，然后开启一个空白工作区窗口。

② 选择主菜单的 Project→Create New Project 命令，在弹出的生成新项目窗口中选择 Empty Project。单击 OK 按钮，选择保存路径后，单击保存按钮，新工程建立完毕。

(2) 加入文件。可以建立一个空白的文件并且写好代码，然后选择主菜单的 File→Save 命令，文件名可以自己命名，但后面一定要加“.c”，再将写好的程序通过 Add→Add Files 命令添加到工程中。如果工程很庞大，需要添加的文件很多，可以选择 Add→Add Group 命令，增加新的组，即可将加入的文件分组管理。

(3) 软件的设置。工程建好后，往往需要先进行设置，才能正常地使用一些常用的设置。右键单击工程名，选择 Option，首先在 General Option 中修改 Device、在 Debugger 中修改 Driver。Simulator 用软件仿真，FET Debugger 用 Jtag 调试。接下来在 FET Debugger 中修改 Connection，第一项是 TI 的 USB-Jtag，可以用 U 口调试；第二项是普通的 Jtag，要用到计算机的并口调试；第三项是 J-link，在新版本的 IAR EW430 软件中没有这一项，后面的几项不常用。选择第二项后，如果计算机有多个并口，还需选择并口号。

(4) 程序的调试。添加好文件后，就可以在工程下选择需要调试的文件。如果在信息

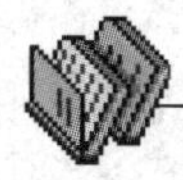

窗口中显示没有错误，就可以进行调试，若已经用下载器和开发板相连，此时程序就能烧入芯片并进入调试界面。

2.3 模拟电路设计软件

模拟电路设计软件非常多，本节只介绍运放电路设计时使用的设计软件和仿真软件。本节以TI公司提供的FilterPro和Tina TI软件为例讲解，其他半导体厂商的软件读者可根据实际需要自行到其相应网站下载学习。

2.3.1 FilterPro

FilterPro是一种低通滤波辅助设计工具，采用多反馈(MFB)电路结构。TI的FilterPro工具简化了有源低通滤波设计。因为Sallen-key滤波器电路是较好的一种选择，所以该工具也支持Sallen-key低通滤波器设计。

理想的低通滤波器可以完全抑制高于截止频率的信号，而使低于截止频率(通带内)的信号完全无损地通过。在实际设计中，常常通过各种各样的折中方式使滤波器特性尽量接近于理想情况。有些滤波器的通带较平坦；有些滤波器的滚降较快，而通带起伏较大；还有些滤波器在这两方面都做了折中。FilterPro支持三种常用的全极点滤波器：巴特沃斯(Butterworth)、切比雪夫(Chebyshev)和贝塞尔(Bessel)。

2.3.2 Tina TI

Tina TI是一个强大的电路仿真工具，适用于对模拟电路和开关模式电源(SMPS)电路的仿真，它是帮助设计师和工程师们进行电路开发与测试的理想选择。Tina TI同时具有强大的分析能力，简单和直观的图形界面，并且易于使用，可以在最短的时间内启动并运行。如果读者熟悉其他的SPICE仿真器，那么尽快适应Tina TI将会是一个很容易和直接的过程。尽管Tina TI是更加强大的Design Soft仿真产品中的一个有限版本，但它仍能轻松处理极为复杂的电路。

选择Windows的“开始”菜单或单击桌面上在软件安装过程中所创建的Tina TI图标可以启动该软件。软件启动后空白的工作区是设计窗口，可在其中搭建测试电路。原理图编辑器标题栏的下面是一个可操作的菜单行选项，如文件操作、分析操作、测试及测量设备的选择等；在菜单行下方的位置是一行与不同的文件或Tina任务相关联的快捷图标；在最后一行图标中可以选择一个特定的元件组，这些元件组包括基本的无源元件、半导体以及精密器件的宏模型，可以利用这些元件组来搭建电路原理图。

2.4 FPGA、CPLD常用软件

全球最大的FPGA、CPLD生产厂商所提供的设计软件有Quartus Ⅱ和ISE等，ModelSim是业界优秀的HDL语言仿真软件，配合Quartus Ⅱ和ISE软件可得到最优的设计。

2.4.1　Quartus Ⅱ

Quartus Ⅱ设计软件可提供完整的多平台设计环境，它可以满足特定设计的需要，是单芯片可编程系统(SOPC)设计的综合性环境。Quartus Ⅱ软件拥有 FPGA 和 CPLD 设计的所有阶段的解决方案。其具有以下的功能：

1．设计输入

Quartus Ⅱ软件中的工程由所有设计文件和与设计有关的设置组成。可以使用 Quartus Ⅱ Block Editor、Text Editor、MegaWizard Plug-InManager(Tools 菜单)和 EDA 设计输入工具建立包括 Altera 宏功能模块、参数化模块库(LPM)函数和知识产权(IP)函数在内的设计，也可以使用 Settings 对话框(Assignments 菜单)和 Assignment Editor 设定初始设计和约束条件。

2．综合

可以使用 Compiler 的 Quartus Ⅱ Analysis & Synthesis 模块分析设计文件和建立工程数据库。Analysis & Synthesis 使用 Quartus Ⅱ Integrated Synthesis 综合 VHDL 设计文件(.vhd)或 Verilog 设计文件(.v)，也可以使用其他 EDA 综合工具、综合 VHDL 或 Verilog HDL 设计文件，然后生成与 Quartus Ⅱ软件配合使用的 EDIF 网表文件(.edf)或 VQM 文件(.vqm)。

3．仿真

可以使用 EDA 仿真工具或使用 Quartus Ⅱ仿真器进行设计与时序仿真。Quartus Ⅱ软件提供以下功能，用于在 EDA 仿真工具中进行设计仿真：

(1) Native Link 集成 EDA 仿真工具；

(2) 生成输出网表文件；

(3) 功能与时序仿真库；

(4) Power Gauge 功耗估算；

(5) 生成测试台模板和内存初始化文件。

4．布局布线

Quartus Ⅱ Fitter 也称为 Power Fit Fitter，执行布局布线，这在 Quartus Ⅱ软件中也称为“布局布线”。Fitter 使用由 Analysis & Synthesis 建立的数据库，将工程的逻辑和时序要求与器件的可用资源相匹配。它将每个逻辑功能分配给最好的逻辑单元位置，进行布线和时序，并选择相应的互连路径和引脚分配。

5．基于块的设计

Quartus Ⅱ LogicLock 功能支持基于块的设计流程，允许建立模块化设计、单独设计和优化每个模块，然后将每个模块融合到最高层设计中。

LogicLock 区域是灵活且可重复使用的约束条件，能够提高在目标器件上进行逻辑布局的能力。可以将目标器件上物理资源的任意矩形区域定义为一个 LogicLock 区域。将节点或实体分配给 LogicLock 区域就是指示 Fitter 在布局布线期间将这些节点或实体放置在该区域内。

LogicLock 区域支持面向团队、基于块的设计，能够单独优化逻辑块，然后将它们及

其布局约束条件导入到更大的设计中。LogicLock还能够促进模块的重复使用，因为可以单独开发模块，然后将其约束在LogicLock区域之内，可供其他设计使用，不会出现性能损失，使用户能够充分利用资源和缩短设计周期。

6．时序分析

Quartus Ⅱ Timing Analyzer允许用户分析设计中所有逻辑的性能，并协助引导Fitter满足设计中的时序分析要求。默认情况下，Timing Analyzer作为全编译的一部分自动运行，并观察和报告时序信息，例如建立时间、保持时间、时钟至输出延时、引脚至引脚延时、最大时钟频率、延缓时间以及设计的其他时序特性。可以使用Timing Analyzer生成的信息分析、调试和验证设计的时序性能，还可以使用Timing Analyzer进行最少的时序分析、报告最佳时序结果，验证驱动芯片外信号的时钟至管脚延时。

7．时序逼近

Quartus Ⅱ软件提供完全集成的时序逼近流程，可以通过控制综合和设计的布局布线来达到时序目标。使用时序逼近流程可以对复杂的设计进行更快的时序逼近，减少优化迭代次数并自动平衡多个设计约束。时序逼近流程可以执行初始编译、查看设计结果以及有效地对设计进行进一步优化。在综合之后以及在布局布线期间，可以在设计上使用网表优化，使用时序逼近布局图分析设计并执行分配，以及使用LogicLock区域分配进一步优化设计。

8．编程与配置

使用Quartus Ⅱ软件成功编译工程之后，就可以对Altera器件进行编程或配置。Quartus Ⅱ Compiler的Assembler模块生成编程文件，Quartus Ⅱ Programmer与Altera编程硬件一起可对器件进行编程或配置，还可以使用Quartus Ⅱ Programmer的独立版本对器件进行编程和配置。

9．调试

Quartus Ⅱ SignalTap Ⅱ逻辑分析器和SignalProbe功能可以分析内部器件节点和I/O引脚，同时在系统内以系统速度运行。SignalTap Ⅱ逻辑分析器使用嵌入式逻辑分析器，将信号数据通过JTAG端口送往SignalTap Ⅱ逻辑分析器、外部逻辑分析器或示波器。SignalProbe功能使用未用器件路由资源上的递增式路由，将选定信号送往外部逻辑分析器或示波器。

10．工程更改管理

Quartus Ⅱ软件允许在全编译之后对设计进行少量修改，通常称为工程更改记录(ECO)。可以直接在设计数据库上做这些ECO更改，而不是在源代码或设置和配置文件上做，这样就无需运行全编译来实施这些更改。

11．系统级设计

Quartus Ⅱ软件支持SOPC Builder和DSP Builder的系统级设计流程。系统级设计流程使工程师能够以更高水平的抽象概念快速地设计和评估单芯片可编程系统(SOPC)体系结构和设计。SOPC Builder是自动化系统开发工具，可以有效简化建立高性能SOPC设计的任务，并能够完全在Quartus Ⅱ软件中使系统定义和SOPC开发的集成阶段实现自动化。SOPC Builder允许选择系统组件、定义和自定义系统，并在集成之前生成和验证系统。

12．软件开发

Quartus Ⅱ Software Builder 是集成编程工具，可以将软件源文件转换为用于配置 Excalibur 器件的闪存编程文件或无源编程文件，或包含 Excalibur 器件的嵌入式处理器的存储器初始化数据的文件。可以使用 Software Builder 处理 Excalibur 设计的软件源文件，包括使用 SOPC Builder 和 DSP Builder 系统级设计工具建立的设计。

2.4.2 ISE

Xilinx 作为当前最大的 FPGA/CPLD 生产商之一，长期以来一直推动着 FPGA/CPLD 技术的发展。其开发的软件也不断升级换代，由早期的 Foundation 系列逐步发展到目前的 ISE11.x 系列。

ISE 是集成综合环境的缩写，它是 Xilinx FPGA/CPLD 的综合性集成设计平台，该平台集成了设计、输入、仿真、逻辑综合、布局布线与实现、时序分析、芯片下载与配置、功率分析等几乎所有设计流程所需的工具。

ISE 系列软件分为四个系列：WebPACK、BaseX、Foundation 和 Alliance。ISE WebPACK 系列可以在www.xilinx.com网站上直接下载，是一个免费软件，支持一些常用的器件族；ISE BaseX 系列的器件最大规模不超过 700k 系统门；ISE Foundation 系列是最早期 Foundation 系列的延伸；ISE Alliance 系列支持的器件族最全，其功能强大，是 Xilinx 的主推设计平台。

另外，ISE 的 Core Generator 和 LogiBLOX 工具可以方便地生成 IP Core(IP 核)和高效模块，从而大大减少了设计者的工作量，提高了设计效率与质量。其设计性能比其他解决方案平均快了 30%，它集成的时序收敛流程整合了增强性物理综合优化，提供了最佳的时钟布局、更好的封装和时序收敛映射，从而获得更高的设计性能。先进的综合和实现算法将动态功耗降低了 10%。ISE 具有如下功能：

1．设计输入(VHDL)

ISE 使用 VHDL 语言描述模块，在新建工程时有不同器件用于选择和设计流程。在设计过程中可以对模块进行修改以实现新的功能，同时能够减少程序的开发时间。

2．仿真行为模型(功能仿真)

创建 Testbench 波形用以定义模块所应有的功能。Testbench 用于与 ModelSim 仿真器连接，用来验证设计模块是否达到设计要求的功能和时延需求。在其他工程项中，可以使 Testbench 波形与其他源文件关联。可以指定仿真所需的时间参数，可以初始化模块输入并生成预期的输出响应。

3．设计输入(顶层为原理图)

将若干个模块连接成一个原理图，连线命名，总线命名以及添加输入输出管脚标记；创建 VHDL 模块并生成原理图符号，创建新的顶层原理图，例化 VHDL 模块。在连接元件符号时，原理图中的一些连线可以悬空，而另一些连线端需和元件符号相连。可为连线添加网络名。

4．设计实现

实现在工程项导航器中运行设计实现进程，在资源分配工具中查看设计在布局布线后的结果。可查看设计完成后的结果，可独立观察信号状态。

5．对顶层文件进行仿真(时序仿真)

对顶层文件进行时序仿真。使用 HDL Bencher 为顶层设计创建一个测试矢量波形，然后可以用 ModelSim 对顶层设计进行仿真。

2.4.3 ModelSim

Mentor 公司的 ModelSim 是业界优秀的 HDL 语言仿真软件，它能提供友好的仿真环境，是单内核支持 VHDL 和 Verilog 混合仿真的仿真器。它采用直接优化的编译技术、Tcl/Tk 技术和单一内核仿真技术，编译仿真速度快，且编译的代码与平台无关，便于保护 IP 核。其个性化的图形界面和用户接口，为用户加快调错提供强有力的手段，是 FPGA/ASIC 设计的首选仿真软件。ModelSim 具有如下功能：

1．代码仿真

在完成一个设计的代码编写工作之后，可以直接对代码进行仿真，检测源代码是否符合功能要求。这时，仿真的对象为 HDL 源代码，比较直观，速度也比较快，可以进行与软件相类似的多种手段的调试(如单步执行等)。在设计的最初阶段发现问题，可以节省大量的精力。代码仿真需要的文件如下：

(1) 设计 HDL 源代码：可以使用 VHDL 语言或 Verilog 语言。

(2) 测试激励代码：根据设计要求输入/输出的激励程序。由于不需要进行综合，因此代码书写具有很大的灵活性。

(3) 仿真模型/库：根据设计内调用的器件供应商提供的模块而定，如 FIFO(Altera 常用的 FIFO 有 lpm_fifo / lpm_fifo_dc 等)、DPRAM 等。

2．门级仿真和时序仿真

使用综合软件综合后生成的门级网表或者是实现后生成的门级模型进行仿真，不加入时延文件的仿真就是门级仿真。可以检验综合后或实现后的功能是否满足功能要求，其速度比代码功能仿真的速度要慢，但是比时序仿真的要快。

在门级仿真的基础上加入时延文件(“.sdf“文件)的仿真就是时延仿真。其优点是比较真实地反映逻辑的时延与功能；缺点是速度比较慢，如果逻辑比较大，那么仿真会需要很长的时间。

利用经过综合布局布线的网表和具有时延信息的反标文件进行仿真，可以比较精确地仿真逻辑的时序是否满足要求。

2.5 MATLAB

MATLAB 是一种高级科学计算软件，提供了高性能的数值计算和可视化功能，并提供了大量的内置函数，广泛应用于科学计算、控制功能、信号处理等领域的分析、仿真和设计工作。MATLAB 这个词代表“矩阵实验室”(Matrix Laboratory)，它是以线性代数软件包

LINPACK 和特征值计算软件包 EISPACK 为基础发展起来的一种开放型程序设计语言。

MATLAB 的核心是数组和矩阵，MATLAB 中所有的数据都是以数组的形式表示和存储的。MATLAB 包括一套程序扩展系统和一组工具箱子系统。工具箱是 MATLAB 函数的子程序库，每一个工具箱都是为某一类学科专业和应用而定制的，主要包括信号处理、控制系统、神经网络、模糊逻辑、小波分析和系统仿真等方向的应用。

MATLAB 的基本功能和特点有以下几点。

1. 数值计算

数学计算是 MATLAB 的基础，包括数值计算和矩阵计算等。具体的 MATLAB 计算内容主要如下：

(1) 线性代数矩阵分析与计算；

(2) 线性方程与微分方程的求解；

(3) 稀疏矩阵计算；

(4) 三角函数和其他初等函数的计算；

(5) Bessel、Beta 和其他特殊函数的计算；

(6) 数据处理和基本统计；

(7) 傅里叶变换及相关、协方差的分析。

2. 开发工具

MATLAB 提供了用于算法开发的工具主要有以下几种：

(1) MATLAB Editor(MATLAB 编辑器)提供了标准的编辑调试 M 文件的基本环境；

(2) M-Lint Code Checker(M-Lint 代码检查器)：分析 M 文件，并向开发人员提供改善代码性能和增强维护性的建议；

(3) MATLAB Profiler(Profiler 分析器)：计算 M 文件代码执行的时间；

(4) Directory Reports(目录报告)：扫描当前目录下的 M 文件，报告文件的代码效率及文件的相关性。

3. 数据可视化

(1) 绘制二维和三维图形，如直线图、直方图、拼图及极坐标图等；

(2) 图形标注及处理功能，包括图像对齐、连接注释及数据点的箭头等；

(3) 支持动画和声音；

(4) 数据探测，可以在图形窗口中查询图形上某一点的坐标；

(5) 具有多种光源设置、照相机和透视控制等。

4. 工具箱功能函数

MATLAB 利用 M 文件开发的专业工具箱可以被用户直接使用。工具箱具有扩展性和开放性，用户可以修改现有算法，还可以开发新算法扩充自己的工具箱。MATLAB 的一些工具箱如下：

(1) 信号处理；

(2) 控制系统；

(3) 图像处理；

(4) 金融财政分析；

(5) 科学计算；

(6) 生物遗传工程。

5. Simulink仿真工具

Simulink可以用来对各种动态模型进行建模、分析和仿真。Simulink可以用鼠标布置模块建立系统框图模型，它提供了多种功能模块和专业模块，可以对任何能用数学描述的系统建模。Simulink的一些应用领域如下：

(1) 控制系统的仿真；

(2) 航空航天动力学系统的仿真；

(3) 卫星控制、制导系统的仿真；

(4) 通信系统。

6. 图形用户接口界面开发环境

图形用户接口是用户和计算机程序之间的交互方式，用户可以通过输入设备实现和计算机间的通信。用户接口具有以下一些特点：

(1) 支持多种界面元素，如按钮复选框、文本编辑框和滚动条等；

(2) 下拉式菜单及弹出式菜单；

(3) 用户可以直接访问ActiveX控件。

第3章　人 机 界 面

一个好的电子系统，通常要有优秀的人机交互接口。本章将主要介绍与人机接口有关且常见的键盘、触摸屏、LED 显示、字符 LCD、LCM 等的相关知识及其控制方法。

3.1　键　　盘

常用的键盘有独立式按键键盘和矩阵式按键键盘两种。独立式按键键盘接口简单，适合于输入简单的参数及功能设置；矩阵式按键键盘则适合于输入参数较多、功能复杂的系统，该键盘使用较少的 I/O 口实现尽量多的按键功能。

3.1.1　键盘概述

键盘是在人机交互系统中用来输入控制信号或参数的接口。其中，人机交互系统是一个完整的电子系统的组成部分，用来识别不同的输入信号，并做出不同的响应。

一个优秀的人机交互接口设计需要占用合理的单片机资源，并能够及时、准确地响应用户的输入信息。在进行系统键盘接口设计的时候，需要注意以下几个方面。

1. 按键编码

按键编码就是每个按键在单片机程序设计时对应的键值。一般情况下，每个按键对应唯一的键值。当按键按下的时候，键盘将向单片机发送该按键对应的键值，单片机程序对不同的键值做出不同的响应。在特殊场合，需要一个按键实现不同的功能，则按键的每一个功能都应对应唯一的键值。

键盘按键通过单片机的 I/O 口与其 CPU 进行通信。其中单片机 I/O 口接收的是高低逻辑电平信号，因此，键盘输入的不同键值可以表示为 I/O 口上不同的高低电平的组合。键盘编码设计的主要任务就是选择合理的键盘结构，为每个按键分配不同的 I/O 输入信号，以供单片机识别并响应。

2. 输入的可靠性

输入的可靠性即使单片机程序能够准确无误地响应按键操作。由于目前的键盘按键一般为机械式接触点，触点具有机械弹性效应，在按键闭合和断开的时候，接触点会出现抖动，这样可能导致误响应或多次响应等。键盘的可靠性输入是键盘接口设计的关键点，对于键盘的可靠性输入需要在程序中做如下五方面的处理。

(1) 去抖动。由于机械特性的不同，按键的抖动时间长短不等，为 5～10 ms。这种抖动可以通过对硬件或软件进行相应的处理来消除。

(2) 一次按键处理。由于人工操作按键闭合一般需要 0.1～5 s，当按键按下之后，相应的按键编码才以高低电平的方式输入到单片机的 I/O 口。因为单片机的执行速度很快，有可能导致单片机程序对该按键操作响应多次。通常来说，采用延时程序可以同时达到去抖动和一次按键处理。采用这种方法时，当程序检测到有按键按下时，便执行一个 20 ms 的延时程序，然后再检测一次，看该键是否仍然闭合。如果仍然闭合，则可以确认该按键确实被按下，从而可以消除抖动的影响，并执行相对应的操作。但该方法采用硬延迟，在这 20 ms 时间不处理其他程序，存在一定的缺陷。另一种方法是每隔 2 ms 检测一次按键，如有按键按下则记下按键值，返回处理其他程序，连续 10 次检测到同一按键则认为该键被按下。这种方法程序处理实时，编写相对复杂，建议使用该方法。采用延时程序的方法简单实用，而且成本低。当然也可以采用硬件防抖，在每个按键旁并联一个 47 μF/6.3 V 的电容即可。一般来说，硬件处理成本较高，因此不推荐使用。

(3) 多次按键处理。在某些场合可能需要长时间按住按键，按键实行多次处理，就像计算机的键盘处理一样，短时间敲击一次则处理一次，长时间按住，达到一定时间则处理两次或两次以上。这种处理需在程序中通过编程实现，第一次处理完成后，延迟一段较长时间(该时间一般为 2～3 s)，如按键处于按下状态，则再处理一次。

(4) 同一按键不同功能处理。在一些特殊场合，按键较少，但需设置的项目较多，这时同一按键在不同条件下就需要作为不同的功能处理。一般通过按下时间的长短来确定，如短时间按下作为一种功能，长时间按下作为另一种功能；或在某种程序条件下作为一种功能，在另一种程序条件下作为另一种功能。

(5) 复合按键处理。当总键数较少而需要定义的操作命令较多时，可以定义一些复合按键来扩充键盘功能。复合按键的优点是操作安全性好，对一些重要操作，用复合按键来完成可以减少误碰键盘引起的差错(如洗衣机的童锁功能)。复合按键利用两个以上按键同时按下时产生的按键效果，但实际情况中不可能做到真正的“同时按下”，它们的时间差可以长到 50 ms 左右，这对单片机来说是足够长了，完全可能引起错误后果。例如，K1 为动作 1 的功能键，K2 为动作 2 的功能键，复合按键 K1 + K2 为动作 3 的功能键。当要执行动作 3 时，“同时按下 K1 和 K2”，结果 K1(或 K2)先闭合，微机系统先执行动作 1(或动作 2)，然后 K2(或 K1)才闭合，这时才执行所希望的动作 3，从而产生了额外的动作。因此，要使用复合按键必须解决这个问题。将按键最短存在时间定义为 50 ms，当 K1 先闭合时，只要在 50 ms 时间内闭合 K2，则 K1 键存在时间达不到 50 ms，程序自动认为是干扰，不做处理，当然也不会引起额外的动作。

3. 程序检测及响应

单片机对键盘输入的检测可以采用查询和中断两种方式。查询方式需要在程序中反复查询每一个按键的状态，因此会占用大量的 CPU 处理时间，且不实时，只有在查询时间到时才会被发现，这种方法适用于一般用途的程序。中断方式是当有按键按下时向 CPU 申请中断，平时不会占用 CPU 的处理时间，这种方式适用于一些对实时性要求较高的复杂系统。

在程序中，对键盘的处理应该包括以下几个方面：

(1) 检测按键是否按下；

(2) 如果检测到按键被按下，则执行延时程序，用来实现软件去抖动，消除抖动的影响；

(3) 扫描按键，准确判断按键的键值；

(4) 转向相应的程序处理子程序。

为了满足系统实时性的要求，程序对键盘输入的响应应该准确、迅速。在按键对应的处理子程序中，不能执行过于繁重的任务，避免延误对下一次按键动作的响应。

3.1.2　独立式按键键盘

键盘有很多种类型，对于简单的系统，如果按键个数比较少、单片机资源比较宽裕，则可以使用独立式按键结构，这样可以简化程序设计。

1. 独立式按键结构

独立式按键采用每个按键单独占有一个 I/O 口的结构，这是最简单的键盘输入设计。当按下和释放按键时，输入到 I/O 端口的电平是不一样的，单片机程序根据不同端口电平的变化判断是否有按键按下并及时响应按键操作程序。

MSP430 单片机外接独立式按键的电路结构如图 3-1 所示。其中，按键和单片机引脚直接使用上拉电阻，当没有按键按下时，I/O 端口输入的是高电平；当按键按下时，I/O 端口输入的是低电平，从而实现端口电平的变化来达到按键输入的目的。

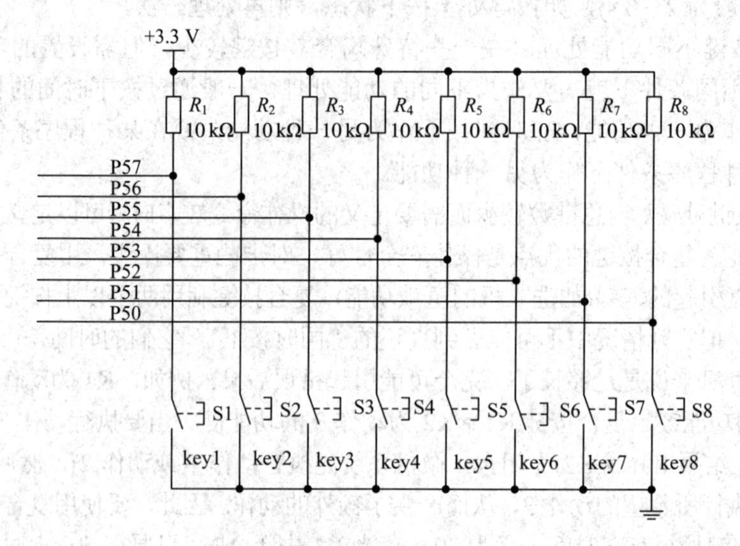

图 3-1　独立式按键的电路结构

这种独立式按键的电路结构简单，方便程序处理。但是，由于每个按键都要单独占用一个单片机 I/O 引脚，因此不适用于按键输入较多的场合，因为这样会占用很多的单片机 I/O 端口资源。

2. 独立式按键的程序设计

独立式按键的程序设计比较简单，一般采用查询方式即可，在一些特殊场合亦可用中断方式实现。

预定义：编程设计时建议将涉及端口的程序进行预定义处理，这样在以后其他产品的设计中，只需要更改预定义文件即可实现程序的复用。同样的，在同一项目中由于种种原因需更改原先分配的 I/O 口时，只需更改预定义文件即可，而不需要到源程序中到处查找、更改。

```
#define KEY_All_IN        P5DIR = 0x00
#define READ_KEY          P5IN
```

按键扫描函数：该函数需设置一个 2 ms 的中断程序。如设置看门狗中断，在中断程序中设置需按键检测标志位，并在 main 主函数中检测该标志位，如存在则清除该标志位并调用下面的按键检测子函数。

```
int ScanKey(void)
{
    static unsigned int counter;    // 将其设置为静态变量，因为程序处理时需要上次的值
    unsigned int key;
    unsigned int KeyData = 0;

    KEY_All_IN;
    _NOP():                         // 两个时钟延迟，用于读入按键时，硬件电路已稳定输入
    _NOP():
    key = READ_KEY;
    if(key != 0)
    {   counter++;
        if(counter == 10)
        {   switch (key)
            {
                case 0xfe:  KeyData = 8;  break;   // 按键 key8 按下(1111 1110)
                case 0xfd:  KeyData = 7;  break;   // 按键 key7 按下(1111 1101)，下同
                case 0xfb:  KeyData = 6;  break;
                case 0xf7:  KeyData = 5;  break;
                case 0xef:  KeyData = 4;  break;
                case 0xdf:  KeyData = 3;  break;
                case 0xbf:  KeyData = 2;  break;
                case 0x7f:  KeyData = 1;  break;
                default:  break;
            }
        }
    }
    else counter = 0;
    return(KeyData);
}
```

这里需要注意的是，根据查询顺序的不同，各个按键之间优先级的顺序会不同，即当两个按键同时按下时，优先处理哪一个按键的问题。同样，如果按键扫描函数需要具有复合键处理功能，则必须先判定复合键是否存在。

3.1.3 矩阵式按键键盘

矩阵式键盘接口是由行线、列线和按键组成的，按键位于行、列线的交叉点上。按键

的连线引到行、列线的交叉点处，行、列线分别连接到按键开关的两端，行线通过下拉电阻接到地上。以 4×4 矩阵式键盘为例(如图 3-2 所示)，其由 4 根行线和 4 根列线交叉构成，按键位于行列的交叉点上，这样便构成 16 个按键。交叉点的行列线是不连接的，当按键按下的时候，此交叉点处的行线和列线导通。

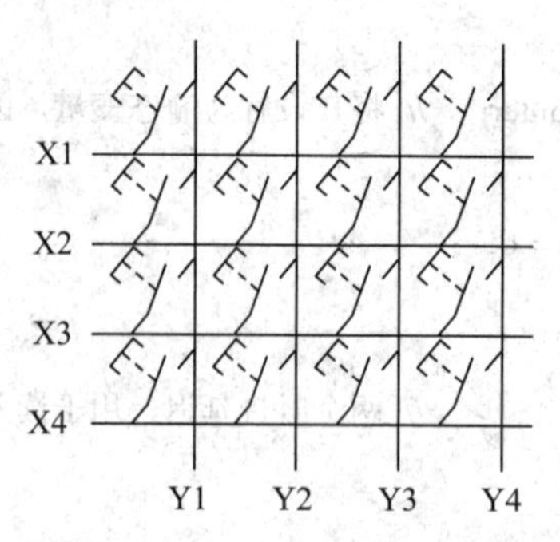

图 3-2　4×4 矩阵式键盘结构

在电路结构上，一般将行(X1～X4)和列(Y1～Y4)分别接到单片机的一个 8 位的并行端口上，程序中分别对行线和列线进行不同的操作便可以确定按键的状态。这样，只占用一个 8 位的并口便可以实现 16 个按键，因此矩阵式键盘对端口的利用率很高。

在矩阵式键盘接口中，按键识别的方法有三种，即扫描法、线反转法和中断法。

1. 扫描法及程序设计

扫描法是在程序中反复扫描查询键盘接口，根据端口的输入情况，调用不同的按键处理子程序。由于在执行按键处理子程序的时候，单片机不能再次响应按键请求。因此，单片机的按键处理子程序应该尽可能少占用 CPU 的运行时间，并且尽可能将键盘扫描安排在程序空余的时候，以满足实时、准确地响应按键请求的目的。

1) *扫描法的原理*

在使用扫描法时，应将矩阵式键盘的行线通过下拉电阻接地，如图 3-3 所示。此时如果无按键按下，则对应的行线输出为低电平；如果有按键按下，则对应交叉点的行线和列线短接，行线的输出依赖于与此行连接的列的电平状态。由此可以实现矩阵式键盘的编码处理。键盘扫描法的流程图如图 3-4 所示。

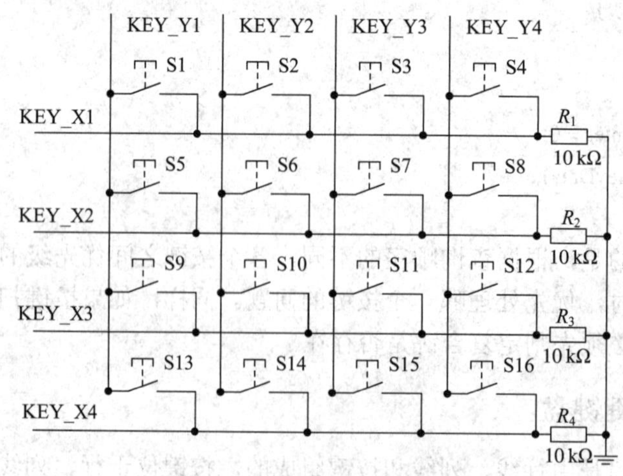

图 3-3　扫描法的电路结构

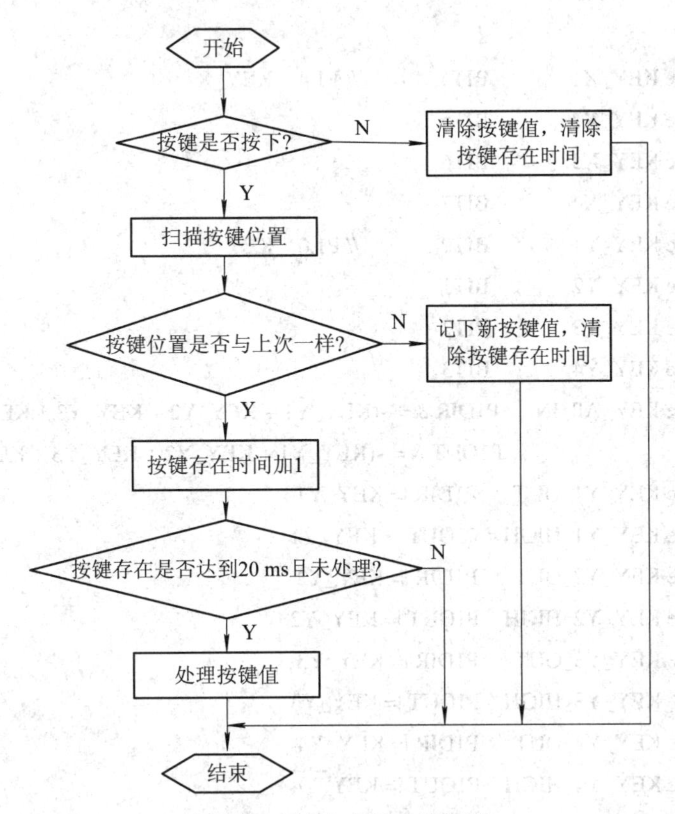

图 3-4　键盘扫描法的流程图

键盘扫描的一般步骤如下：

(1) 判断键盘上有无按键按下。将列线(Y1～Y4)全部输出为 1，此时读行线(X1～X4)的状态，如果行线全为 0，则表示此时没有任何按键按下；如果行线不全为 0，则表示此时有按键按下，进而继续执行下面的步骤。

(2) 按键软件去抖动。当判断有按键按下之后，程序通过下面扫描按键的位置方法确定按键，下次再进行键盘扫描时该键还存在，则按键存在时间加 1，当达到一定时间后则可以肯定有按键按下，否则当作按键的抖动来处理。

(3) 扫描按键的位置。先令列线 Y1 为高电平 1，其余三根列线均为低电平 0，此时读取行线的状态。如果行线(X1～X4)均为低电平，则 Y1 这一列上没有按键按下；如果行线(X1～X4)不全为低电平，则其中为高电平的行线与 Y1 相交的按键被按下。如果列 Y1 没有按键按下，则可以按照同样的方法依次检查列 Y2、Y3 和 Y4 有没有按键按下。这样逐列逐行扫描便可以找到按键按下的位置(x，y)。

(4) 一次按键处理。有的时候，为了保证一次按键只进行一次按键处理，可以判断按键是否释放，如果按键释放则开始执行按键操作。当然，这种方法存在缺陷，即如果一直按住该键则一直不处理，这会让使用者感觉已按下按键却没有反应。还有一种更科学的方法，就是按下按键去抖动后立即处理，处理完毕则不再重复处理，直至按键放开。

2) 扫描法程序设计

这里假定矩阵式键盘的 Y1～Y4 接单片机的 P1.0～P1.3，而 X1～X4 接 P1.4～P1.7。示例如下：

预定义：

```
#define KEY_X1          BIT4        // P1.4   KEY_X
#define KEY_X2          BIT5
#define KEY_X3          BIT6
#define KEY_X4          BIT7
#define KEY_Y1          BIT0        // P1.0   KEY_Y
#define KEY_Y2          BIT1
#define KEY_Y3          BIT2
#define KEY_Y4          BIT3
#define KEY_All_IN      P1DIR &= ~(KEY_Y1 + KEY_Y2 + KEY_Y3 + KEY_Y4);
                        P1OUT &= ~(KEY_Y1 + KEY_Y2 + KEY_Y3 + KEY_Y4)
#define KEY_Y1_OUT      P1DIR |= KEY_Y1
#define KEY_Y1_HIGH     P1OUT |= KEY_Y1
#define KEY_Y2_OUT      P1DIR |= KEY_Y2
#define KEY_Y2_HIGH     P1OUT |= KEY_Y2
#define KEY_Y3_OUT      P1DIR |= KEY_Y3
#define KEY_Y3_HIGH     P1OUT |= KEY_Y3
#define KEY_Y4_OUT      P1DIR |= KEY_Y4
#define KEY_Y4_HIGH     P1OUT |= KEY_Y4
#define READ_KEY_IN     P1DIR &= ~(KEY_X1 + KEY_X2 + KEY_X3 + KEY_X4)
#define READ_KEY        (P1IN & (KEY_X1 + KEY_X2 + KEY_X3 + KEY_X4))
```

按键扫描检测子函数：用于逐行扫描按键，当检测到按键后即返回，不再检测下一行。因此，该函数按键存在响应级别，需要注意。

返回参数：按键位置。

```
int ScanKey(void)
{    unsigned int i = 0x0001;
     unsigned int key = 0x0000;
     unsigned char k, m;
     char j;

     for(j=0; j<4; j++)
     {
          if(j == 0) {KEY_All_IN; KEY_Y1_OUT; KEY_Y1_HIGH;}
          else if(j == 1) {KEY_All_IN; KEY_Y2_OUT; KEY_Y2_HIGH;}
          else if(j == 2) {KEY_All_IN; KEY_Y3_OUT; KEY_Y3_HIGH;}
          else if(j == 3) {KEY_All_IN; KEY_Y4_OUT; KEY_Y4_HIGH;}
          READ_KEY_IN;
          for(m=0; m<8; m++);
          k = READ_KEY;
```

```
            k = k & 0x00f0;
            if (k != 0)
            {
                key = key + i;
            }
            i = i << 1;
        }
        return(key);
    }
```

按键处理子函数：当按键检测定时到时，需调用该函数，该函数内部再调用上面的按键扫描检测子函数。该函数用于比较按键延时到否，如延时到，则处理按键。

```
    void KeyDeal(void)
    {
        static unsigned int counter;
        unsigned int key;

        Flag.Key.bit.ScanKey = 0;       // 将在定时中断中设置的需检测按键标志位清除
        key = ScanKey();
        if(key != 0)
        {
            counter++;
            if(counter == 10)
            {
                switch (key)
                {
                    case 0x0011:  key_0();  break;
                    case 0x0012:  key_1();  break;
                    case 0x0014:  key_2();  break;
                    case 0x0018:  key_3();  break;
                    case 0x0021:  key_4();  break;
                    case 0x0022:  key_5();  break;
                    case 0x0024:  key_6();  break;
                    case 0x0028:  key_7();  break;
                    case 0x0041:  key_8();  break;
                    case 0x0042:  key_9();  break;
                    case 0x0044:  key_a();  break;
                    case 0x0048:  key_b();  break;
                    case 0x0081:  key_c();  break;
                    case 0x0082:  key_d();  break;
```

```
                    case 0x0084:   key_e();   break;
                    case 0x0088:   key_f();   break;
                    default:   break;
                }
            }
        }
        else counter = 0;
    }
```

2. 线反转法及程序设计

线反转法从本质上来说也是一种扫描法。在实际使用过程中，扫描法需要逐列扫描查询，根据按键的位置不同，每次查询的次数也不一样。如果按下的键位于最后一列，则要经过多次扫描查询才能获得该按键的位置。而采用线反转法，无论按键处于第一列还是最后一列，都只需要经过两步便可以获得此按键的位置。因此，线反转法更加方便。

1) 线反转法的原理

线反转法的原理图如图 3-5 所示。线反转法的流程图与扫描法的流程图类似，只有在扫描按键位置时，扫描法采用逐行扫描，即将 Y1 设置为输出高电平，Y2～Y4 设置为输入高阻，读取 X1～X4 的值，看是否不为 0，如不为 0 则有按键，记下按键值返回，如无按键则将 Y2 设置为输出高电平，Y1、Y3、Y4 设置为输入高阻，读取 X1～X4 的值，看是否不为 0，如不为 0 则有按键，记下按键值返回，如无按键则继续扫描 Y3、Y4。而线反转法则将 Y1～Y4 都设置为输出高电平，读取 X1～X4 的值，如不为 0，则将 X1～X4 设置为输出高电平，读取 Y1～Y4 的值，记下 X1～X4 的值和 Y1～Y4 的值即为按键位置。线反转法比扫描法耗时短。

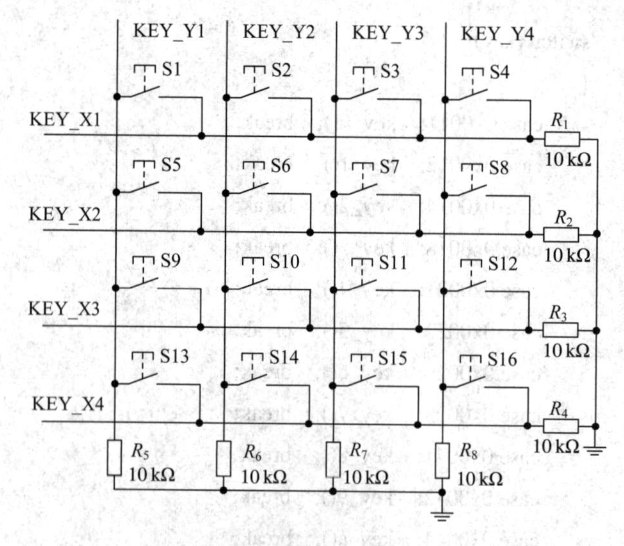

图 3-5　线反转法电路图

利用线反转法的具体操作步骤如下：

(1) 将行线作为输出线，列线作为输入线。置输出线全部为 1，此时列线中呈高电平 1

的为按键所在的列，如果全部都是0，则没有按键按下。

(2) 将第(1)步反过来，即将列线作为输出线，行线作为输入线。置输出线全部为1，此时行线中呈高电平1的为按键所在的行。至此，便确定了按键的位置(x，y)。

(3) 一次按键处理。具体处理方法与扫描法一致。

同样，在实际应用中也应该采用软件延时的方法进行去抖动处理。此时可以在第(1)步和第(2)步之间加上延时语句，在第(2)步中既判断了是否抖动，又可以直接得到按键的位置。

2) 线反转法程序设计

这里假定矩阵式键盘的Y1～Y4接单片机P1.0～P1.3，而X1～X4接P1.4～P1.7。下面给出采用C语言的键盘扫描子程序，示例如下：

预定义：

```
#define KEY_X1              BIT4          // P1.4   KEY_X
#define KEY_X2              BIT5
#define KEY_X3              BIT6
#define KEY_X4              BIT7
#define KEY_Y1              BIT0          // P1.0   KEY_Y
#define KEY_Y2              BIT1
#define KEY_Y3              BIT2
#define KEY_Y4              BIT3
#define KEY_All_IN          P1DIR = 0x00
#define KEY_Y_ALL_OUT       P1DIR |= (KEY_Y1 + KEY_Y2 + KEY_Y3 + KEY_Y4)
#define KEY_Y_ALL_HIGH      P1OUT |= (KEY_Y1 + KEY_Y2 + KEY_Y3 + KEY_Y4)
#define READ_X_KEY          (P1IN & (KEY_X1 + KEY_X2 + KEY_X3 + KEY_X4))
#define KEY_X_ALL_OUT       P1DIR |= (KEY_X1 + KEY_X2 + KEY_X3 + KEY_X4)
#define KEY_X_ALL_HIGH      P1OUT |= (KEY_X1 + KEY_X2 + KEY_X3 + KEY_X4)
#define READ_Y_KEY          (P1IN & (KEY_Y1 + KEY_Y2 + KEY_Y3 + KEY_Y4))
```

线反转法按键检测函数：用于线反转法按键检测。该函数按键不存在响应级别，可实时响应任意一个或多个按键(复合键)。

返回参数：按键位置。

```
int ScanKey(void)
{
    unsigned int key = 0x0000;

    KEY_All_IN;
    KEY_Y_ALL_OUT;
    KEY_Y_ALL_HIGH;
    _NOP();
    _NOP();
    key = READ_X_KEY;
    KEY_All_IN;
```

```
        KEY_X_ALL_OUT;
        KEY_X_ALL_HIGH;
        _NOP();
        _NOP();
        key = key + READ_Y_KEY;
        return(key);
    }
```

3. 中断法及程序设计

中断法是将键盘扫描程序放置在单片机的中断服务例程中的方法。扫描法和线反转法都是利用定时扫描查询的方式来获得按键信息，CPU 总是要不断地扫描键盘，需要占用很多 CPU 处理时间；而中断法则只有当按键按下的时候，才触发中断，进而扫描键值。因此，采用中断法进行键盘设计可以提高 CPU 的工作效率，特别适合于复杂的系统或对实时性要求比较高的场合。

1) 中断法的原理

中断法的原理图如图 3-6 所示。其中，4×4 矩阵式键盘的列线与单片机 P1 口的低 4 位相连，行线与单片机 P1 口的高 4 位相连。P1.4～P1.7 作为输入端，P1.0～P1.3 作为输出端。键盘的 4 根行线对应的 P1.4～P1.7 设置为中断口。

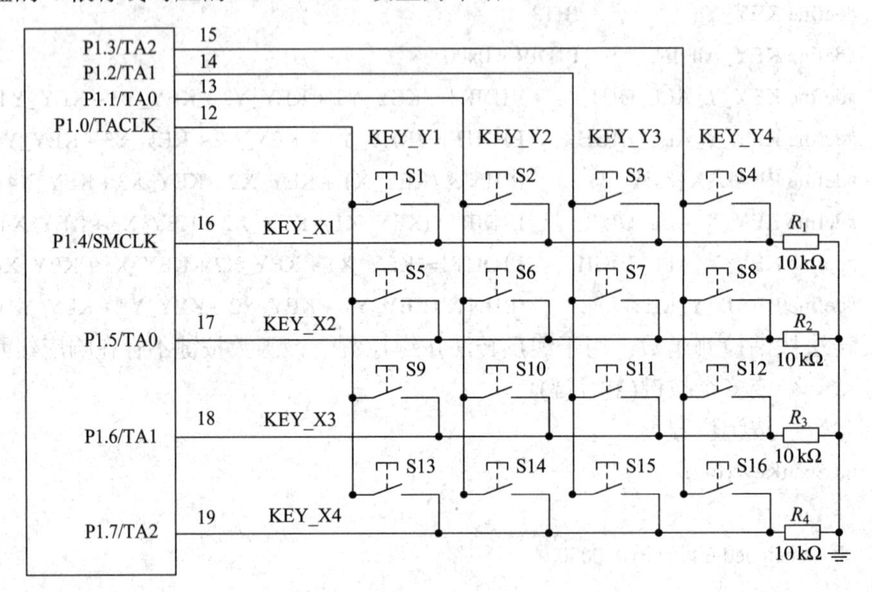

图 3-6 中断法电路图

系统初始化的时候，将键盘的输出端口(P1.0～P1.3)全部设置为输出高电平 1，将端口(P1.4～P1.7)全部设置为输入。无按键时 P1.4～P1.7 输入为 0，当有按键按下的时候，P1.4～P1.7 中有一 I/O 口将变为高电平，此时向 CPU 发出中断请求，CPU 响应中断并进入中断服务程序。在中断服务程序中，可以按照前面的扫描查询的方法来获得按键的位置信息(x，y)。

2) 中断法程序设计

按照中断法的原理，只有在键盘上有键按下的时候，才发出中断请求。CPU 响应中断请求后，在中断服务程序中进行键盘扫描，获得按键信息。下面给出C语言编写的中断法键盘扫描程序，示例如下：

预定义：

```
#define KEY_X1            BIT4          // P1.4   KEY_X
#define KEY_X2            BIT5
#define KEY_X3            BIT6
#define KEY_X4            BIT7
#define KEY_Y1            BIT0          // P1.0   KEY_Y
#define KEY_Y2            BIT1
#define KEY_Y3            BIT2
#define KEY_Y4            BIT3
#define KEY_All_IN        P1DIR &= ~(KEY_Y1 + KEY_Y2 + KEY_Y3 + KEY_Y4);
                          P1OUT &= ~(KEY_Y1 + KEY_Y2 + KEY_Y3 + KEY_Y4)
#define KEY_Y1_OUT        P1DIR |= KEY_Y1
#define KEY_Y1_HIGH       P1OUT |= KEY_Y1
#define KEY_Y2_OUT        P1DIR |= KEY_Y2
#define KEY_Y2_HIGH       P1OUT |= KEY_Y2
#define KEY_Y3_OUT        P1DIR |= KEY_Y3
#define KEY_Y3_HIGH       P1OUT |= KEY_Y3
#define KEY_Y4_OUT        P1DIR |= KEY_Y4
#define KEY_Y4_HIGH       P1OUT |= KEY_Y4
#define READ_KEY_IN       P1DIR &= ~(KEY_X1 + KEY_X2 + KEY_X3 + KEY_X4)
#define READ_KEY              (P1IN & (KEY_X1 + KEY_X2 + KEY_X3 + KEY_X4))
#define KEY_X_All_IN          P1DIR &= ~(KEY_X1 + KEY_X2 + KEY_X3 + KEY_X4)
#define KEY_X_IE              P1IE |= KEY_X1 + KEY_X2 + KEY_X3 + KEY_X4
#define KEY_X_IES             P1IES |= KEY_X1 + KEY_X2 + KEY_X3 + KEY_X4
#define KEY_Y_ALL_OUT         P1DIR |= (KEY_Y1 + KEY_Y2 + KEY_Y3 + KEY_Y4)
#define KEY_Y_ALL_HIGH        P1OUT |= (KEY_Y1 + KEY_Y2 + KEY_Y3 + KEY_Y4)
```

按键I/O口初始化函数：用于初始化按键I/O口，设置按键输入/输出端口和中断端口。

```
void Init_KEY_IO(void)
{
    KEY_X_All_IN;
    KEY_X_IE;
    KEY_X_IES;
    KEY_Y_ALL_OUT;
    KEY_Y_ALL_HIGH;
}
```

P1端口中断处理：在初始化按键端口时将P1端口设置为中断，当有按键按下时，该中断发生，程序进入该处处理，并在该处调用按键处理子程序，在KeyDeal子程序中调用

的按键扫描或按键反转子程序中不可再用连续 10 次检测到按键则认为按键存在的键抖动消除方法，因为此处用的是中断，而不是定时，在该处可以用硬延迟的方法去除键抖动。该方法存在占用中断时间过长的缺点，有可能使其他低级别中断得不到实时响应，因此一般情况下不提倡使用该方法。

```
#pragma vector = PORT1_VECTOR
_interrupt void PORT1_ISR(void)
{
    KeyDeal();  // 调用扫描法及程序设计部分的按键处理子函数
    P1IFG = 0x00;
}
```

3.2 触 摸 屏

触摸屏以其优异的控制性能和使用效果，广泛应用于手机、PDA、MP5、电子书等高档电子设备中。触摸屏不仅可实现按键的功能，而且可实现按键无法实现的使用效果，适合于输入参数较多、功能复杂、操作方便、使用灵活的系统，可以最大限度地节省单片机的引脚资源。触摸屏分为电阻式和电容式两种，本节以控制方式较简单的电阻式触摸屏为例讲解其工作原理和使用方法。

3.2.1 触摸屏的工作原理

电阻式触摸面板是由两层极薄的电阻面板组成的(如图 3-7 所示)，两层面板之间有一个很小的间距，当有外力在面板上的某一点压下去时，会在施力点造成两层电阻接触，也就是短路(Short)，而两层电阻面板的端点都各有电极，如图 3-8 中的 YU、YD、XL、XR，因此配合一些开关就可侦测出面板上哪一个相对位置被触摸(或按下)。(注：为更形象地表示两层电阻的关系，图 3-8 中的电阻未采用国标符号。图 3-9、图 3-11 同此。)

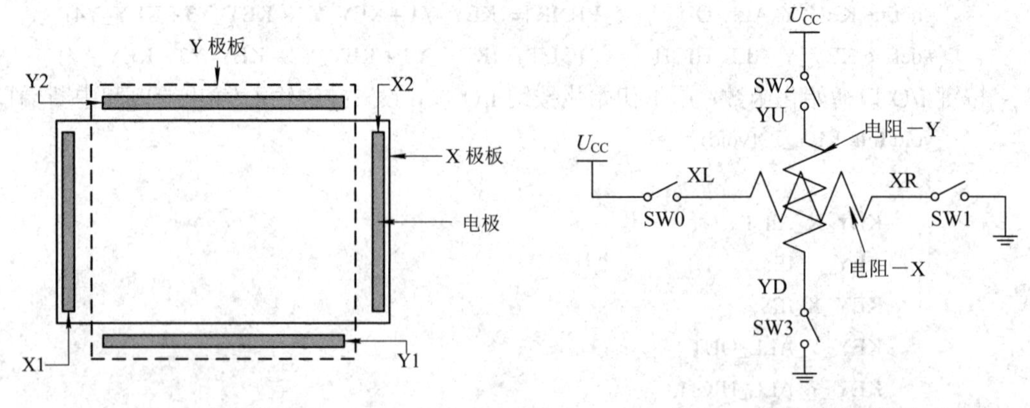

图 3-7　触摸面板　　　　图 3-8　触摸面板与侦测开关

在图 3-9 中，设定开关 SW2 与 SW3 是 OFF(Open)，SW0 与 SW1 是 ON(Close)，当有外力在面板上的某一点压下去时，由 YU 点取得电压接到 ADC(Analog to Digital Converter)，

就可以得到被触摸(或按下)点的 X 坐标相对位置。

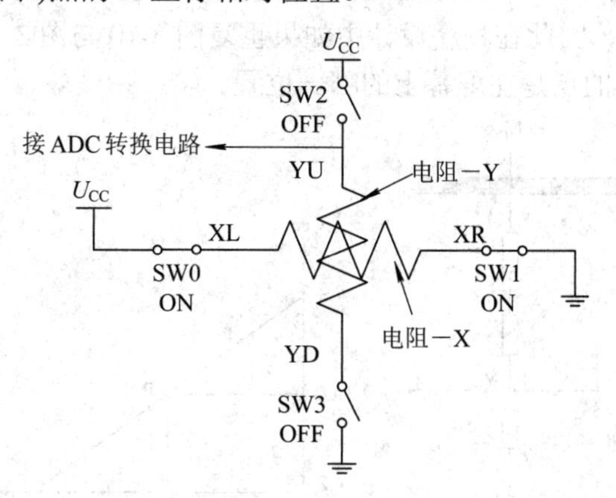

图 3-9 读取 X 坐标

在图 3-9 中，由于开关 SW2 与 SW3 是 OFF，因此 YD 点是悬空的(未接地)。所以当有外力在面板上的某一点压下去时，YU 上的电压事实上就是 X 轴向上的分压结果，压在面板上的不同点，就会得到不同的分压值，如图 3-10 所示。

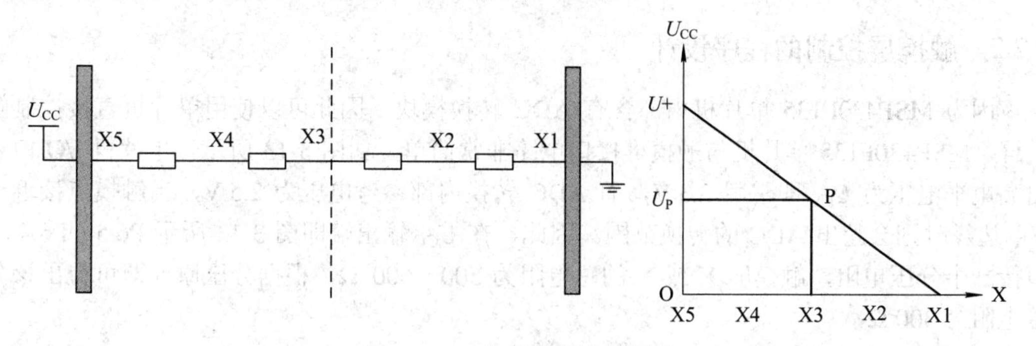

图 3-10 X 方向上电阻的分压

同理，在图 3-11 中，设定开关 SW0 与 SW1 是 OFF(Open)，SW2 与 SW3 是 ON(Close)，当有外力在面板上的某一点压下去时，由 XL 点取得电压接到 ADC，就可以得到被触摸(或按下)点的 Y 坐标相对位置。

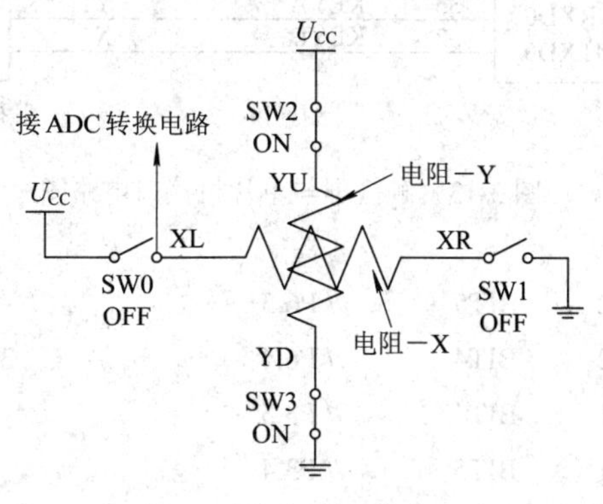

图 3-11 读取 Y 坐标

在图 3-11 中，因为开关 SW0 与 SW1 是 OFF，因此 XR 点是悬空的(未接地)，所以当有外力在面板上的某一点压下去时，XL 上的电压事实上就是 Y 轴向上的分压结果，压在

面板上的不同点，就会得到不同的分压值，如图 3-12 所示。一般说来，许多触摸面板都是贴在 LCD 面板上面的，因此在程序设计中如果重复图 3-10 与图 3-12 的读取步骤就可以顺利得知被触摸(或按下)的点是在屏幕上的哪一位置。

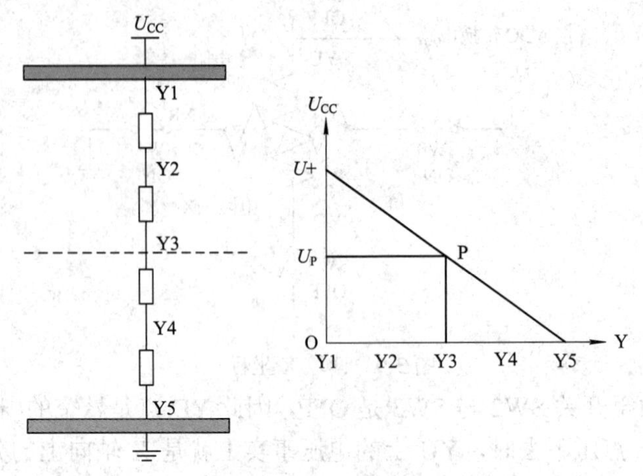

图 3-12　Y 方向上电阻的分压

3.2.2　触摸屏控制的程序设计

因为 MSP430F135 单片机内部含有 ADC 转换模块，因此可以使用单片机直接控制触摸屏。MSP430F135 单片机与触摸屏接口电路非常简单，如图 3-13 所示。单片机 I/O 口输出高电平电压为 U_{CC} 即常用 3.3 V，而 ADC 转换内部参考电压为 2.5 V，当触摸点接近于 U_{CC} 边缘时则会超出 ADC 的转换范围。因此，在 U_{CC} 输出端即图 3-13 所示 P6.5、P6.4 端口接一个分压电阻，触摸屏 X 或 Y 的总电阻为 500～600 Ω，根据分压原理即可得出该分压电阻为 300 Ω。

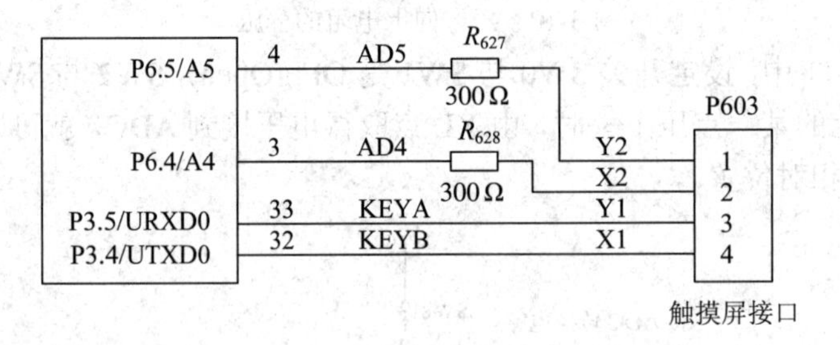

图 3-13　触摸屏与单片机接口电路图

预定义：

```
#define TOUCH_Y2          BIT5          // P6.5
#define TOUCH_X2          BIT4          // P6.4
#define TOUCH_Y1          BIT4          // P3.5
#define TOUCH_X1          BIT5          // P3.4
#define ModuleTOUCH_Y2                  P6SEL |= TOUCH_Y2
#define PortTOUCH_Y2                    P6SEL &= ~TOUCH_Y2
#define OutTOUCH_Y2                     P6DIR |= TOUCH_Y2
```

```
#define InTOUCH_Y2              P6DIR &= ~TOUCH_Y2
#define WriteHighTOUCH_Y2       P6OUT |= TOUCH_Y2
#define WriteLowTOUCH_Y2        P6OUT &= ~TOUCH_Y2
#define ModuleTOUCH_X2          P6SEL |= TOUCH_X2
#define PortTOUCH_X2            P6SEL &= ~TOUCH_X2
#define OutTOUCH_X2             P6DIR |= TOUCH_X2
#define InTOUCH_X2              P6DIR &= ~TOUCH_X2
#define WriteHighTOUCH_X2       P6OUT |= TOUCH_X2
#define WriteLowTOUCH_X2        P6OUT &= ~TOUCH_X2
#define OutTOUCH_Y1             P3DIR |= TOUCH_Y1
#define InTOUCH_Y1              P3DIR &= ~TOUCH_Y1
#define WriteHighTOUCH_Y1       P3OUT |= TOUCH_Y1
#define WriteLowTOUCH_Y1        P3OUT &= ~TOUCH_Y1
#define OutTOUCH_X1             P3DIR |= TOUCH_X1
#define InTOUCH_X1              P3DIR &= ~TOUCH_X1
#define WriteHighTOUCH_X1       P3OUT |= TOUCH_X1
#define WriteLowTOUCH_X1        P3OUT &= ~TOUCH_X1
```

数据存储寄存器结构定义：

```
struct WORK{
  unsigned int    TouchKeyXAD[16];          // 触摸屏 XAD 值
  unsigned int    TouchKeyYAD[16];          // 触摸屏 YAD 值
};
volatile struct WORK Work;
```

触摸屏检测函数：该子函数中存在错值剔除程序，即在程序加载入电路板调试时发现即使在没有按键按下时也能检测到一个值，只不过通过 16 次连续检测发现，如未触摸时，这 16 个值差距较大，而当按下触摸屏时，这 16 个值相差非常小。因此，在下面程序中加入了在 16 个值中找出最大、最小值的语句，比较这两个值的差距，如差距过大则认为未按下触摸屏，如差值较小则处理触摸屏。在触摸屏处理时需根据显示器显示的值的位置确定触摸屏的相应值。在如下的程序中根据检测的 ADC 值确定坐标，再根据坐标位置确定需处理的按键。

```
int ScanTouchKey(void)
{
    unsigned int key = 0x0000;
    unsigned int KeyX = 0;
    unsigned int KeyY = 0;
    unsigned int KeyXmax = Work.TouchKeyXAD[0];
    unsigned int KeyXmin = Work.TouchKeyXAD[0];
    unsigned int KeyYmax = Work.TouchKeyYAD[0];
    unsigned int KeyYmin = Work.TouchKeyYAD[0];
```

```
int i;
// 找出最大、最小值并比较
for(i=1; i<16; i++)
{
    if(KeyXmax < Work.TouchKeyXAD[i]) KeyXmax = Work.TouchKeyXAD[i];
    if(KeyXmin > Work.TouchKeyXAD[i]) KeyXmin = Work.TouchKeyXAD[i];
    if(KeyYmax < Work.TouchKeyYAD[i]) KeyYmax = Work.TouchKeyYAD[i];
    if(KeyYmin > Work.TouchKeyYAD[i]) KeyYmin = Work.TouchKeyYAD[i];
}
if((KeyXmax - KeyXmin) > 500) return(0);
if((KeyYmax - KeyYmin) > 500) return(0);
// 如触摸屏被触摸则查找触摸位置
for(i=0; i<15; i++)
{
    KeyY = KeyY + Work.TouchKeyXAD[i];
    KeyX = KeyX + Work.TouchKeyYAD[i];
}
KeyX = KeyX >> 4;
KeyY = KeyY >> 4;
if(KeyX < 0x0160) return(0);
// 先查 X 轴，再查 Y 轴
else if(KeyX < 0x01c0)
{
    if(KeyY < 0x0480) return(0);
    else if(KeyY < 0x0740) key = 0x0202;
    else if(KeyY < 0x0a20) key = 0x0402;
    else if(KeyY < 0x0cc0) key = 0x0120;
}
else if(KeyX < 0x0300)
{
    if(KeyY < 0x0110) return(0);
    else if(KeyY < 0x0290) key = 0x0204;     // Enter
    else if(KeyY < 0x0400) key = 0x0210;     // Backspace
    else if(KeyY < 0x0510) key = 0x0104;     // 9
    else if(KeyY < 0x05ee) key = 0x0110;     // 8
    else if(KeyY < 0x06b0) key = 0x0108;     // 7
    else if(KeyY < 0x07a0) key = 0x0804;     // 6
    else if(KeyY < 0x0870) key = 0x0810;     // 5
    else if(KeyY < 0x0940) key = 0x0808;     // 4
```

```
            else if(KeyY < 0x0a30) key = 0x0404;     // 3
            else if(KeyY < 0x0b00) key = 0x0410;     // 2
            else if(KeyY < 0x0ba0) key = 0x0408;     // 1
            else if(KeyY < 0x0cc0) key = 0x0208;     // 0
        }
        else if(KeyX < 0x0560)
        {   if(KeyY < 0x0750) return(0);
            else if(KeyY < 0x0cc0) key = 0x0140;     // 预置响应时间
        }
        else if(KeyX < 0x0730)
        {   if(KeyY < 0x0750) return(0);
            else if(KeyY < 0x0cc0) key = 0x0240;     // 预置时间
        }
        else if(KeyX < 0x0860)
        {   if(KeyY < 0x0110) return(0);
            else if(KeyY < 0x0750) key = 0x0801;     // 刺激幅度
            else if(KeyY < 0x0cc0) key = 0x0101;     // 刺激频率
        }
        else if(KeyX < 0x09a0)
        {   if(KeyY < 0x0750) return(0);
            else if(KeyY < 0x0cc0) key = 0x0401;     // 输出强度
        }
        else if(KeyX < 0x0ac0)
        {
            if(KeyY < 0x0750) return(0);
            else if(KeyY < 0x0cc0) key = 0x0201;
        }
        return(key);
    }
```

触摸屏处理函数：该子函数与按键扫描函数类似，同样采用定时检测，达到一定时间检测一次，连续检测到多次(消除抖动或干扰)则认为触摸屏被触摸。该函数需调用触摸屏检测子函数，根据触摸屏检测子函数返回的值做相应处理。该程序是射频治疗仪的部分代码，未作更改。

```
    void TouchKeyDeal(void)
    {
        static unsigned int counter;
        unsigned int key;

        key = ScanTouchKey();
```

```
    if(key != 0)
    {
        counter++;
        if(counter == 2)
        {
            switch (key)
            {
                case 0x0208:   key_0();   break;
                case 0x0408:   key_1();   break;
                case 0x0410:   key_2();   break;
                case 0x0404:   key_3();   break;
                case 0x0808:   key_4();   break;
                case 0x0810:   key_5();   break;
                case 0x0804:   key_6();   break;
                case 0x0108:   key_7();   break;
                case 0x0110:   key_8();   break;
                case 0x0104:   key_9();   break;
                case 0x0210:   key_backspace();   break;
                case 0x0204:   key_enter();   break;
                case 0x0120:   key_cure_suspend();   break;
                case 0x0820:   key_up();   break;
                case 0x0420:   key_down();   break;
                case 0x0220:   key_reset();   break;
                case 0x0102:   key_Sound_Out();   break;
                case 0x0802:   key_PreplaceTime();   break;
                case 0x0402:   key_Provoke_Out();   break;
                case 0x0202:   key_RF_Out();   break;
                case 0x0101:   key_ProvokeFrequency();   break;
                case 0x0801:   key_ProvokeAmplitude();   break;
                case 0x0401:   key_OutStrength();   break;
                case 0x0201:   key_CureTemperature();   break;
                case 0x0140:   key_PreplaceHeatingupTime();   break;      // 预置响应时间
                case 0x0240:   key_PreplaceTime();   break;               // 预置时间
                default:   break;
            }
        }
    }
    else counter = 0;
}
```

3.2.3　ADS7843触摸屏控制芯片

ADS7843是一款触摸屏控制芯片，它需要外部提供参考电压，参考电压的范围是1 V～U_{CC}，参考电压值的选择决定了转换电压的范围。如果使用的参考电压是 U_{CC}(5.0 V)，ADS7843可输出12位的ADC转换数据，具有4096个电压等级。数字量1对应的电压值为 $5 \times 1/4096 = 0.001\,221$ V。如果参考电压减小，这个值也会相应减小。因此参考电压为5 V时，1.221 mV的干扰就可以导致数字量1的偏差，如果取参考电压为2.5 V，相同的干扰将导致数字量2的偏差。ADS7843有4根线接到触摸屏，它们传来屏上感知的触摸信息，这些信息是与触摸位置唯一对应的电信号。该芯片引脚如图3-14所示。

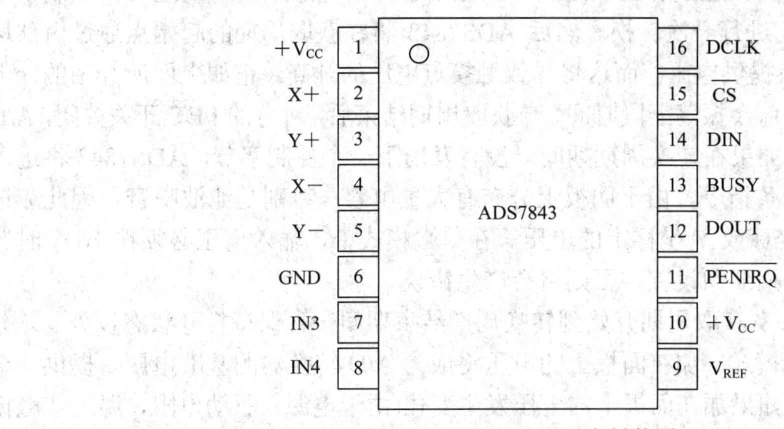

图3-14　ADS7843引脚封装图

ADS7843的引脚功能如下：

$+V_{CC}$：电源供电端，2.7～5 V；

X+：触摸屏X+极输入，ADC输入通道1；

Y+：触摸屏Y+极输入，ADC输入通道2；

X−：触摸屏X−极输入；

Y−：触摸屏Y−极输入；

GND：电源地；

IN3：辅助输入端1，ADC输入通道3；

IN4：辅助输入端2，ADC输入通道4；

V_{REF}：参考电源输入；

$\overline{\text{PENIRQ}}$：PEN中断，开阳极输出(需外接10～100 kΩ的上拉电阻)；

DOUT：串行数据输出端；

BUSY：忙标识输出端；

DIN：串行数据输入端；

$\overline{\text{CS}}$：片选端；

DCLK：外部串行时钟。

ADS7843是一个典型的逐渐逼近型A/D(模/数)转换器。可通过连接触摸屏X+将触摸信号输入到A/D转换器，同时打开Y+和Y− 驱动，然后数字化X+的电压，从而得到当前Y位置的测量结果。同理也可得到X方向的坐标。具体设置和使用方法可查阅TI公司的ADS7843

数据手册，下面主要介绍ADS7843的模式设置、PEN中断引脚的使用和软件编程方法。

1．模式设置

ADS7843有差分和单端两种工作模式，这两种模式对转换后的精度和可靠性有一些影响。如果将A/D转换器配置为读绝对电压(单端模式)方式，那么驱动电压的下降将导致转换输入数据的错误；如果配置为差分模式，则可以避免上述错误。当触摸屏被按下时，有两种情况可影响接触点的电压：一种是当触摸到显示屏时，会导致触摸屏外层振动；另一种是触摸屏顶层和低层之间的寄生电容引起的电流振荡以及在ADS7843的输入引脚上引起的电压振荡。这两种情况都可导致触摸屏上的电压发生振荡以及增加DC值稳定的时间。

在单端模式中，一旦在触摸屏上检测到一次触摸事件，电路系统将发送一串控制字节给ADS7843，并要求它进行一次转换。然后ADS7843将在获取周期的起始点通过内部场效应管FET开关给面板提供电压，而这将导致触摸点电压的升高。正如上面所介绍的，上升的电压在最终稳定之前会振荡一段时间。当获取周期结束后，所有的FET开关关闭，A/D转换器进入转换周期。如果在转换周期期间，没有发出下一个控制字节，ADS7843将进入低功耗模式并等待下一条指令。由于面板上分布有大量电容，特别是滤波噪音，因此应该注意设置好对应于X坐标或Y坐标上的电压。在单端模式中，输入电压必须在16个时钟周期的最后3个时钟周期期间设置，否则将会产生错误。

除了内部FET开关从获取周期开始到转换周期结束期间一直保持打开状态以外，差分模式的操作类似于单端模式。加在面板上的电压将成为A/D转换器的基准电压，提供一个度量比操作。这意味着如果加在面板上的电压发生变化(由于电源、驱动电阻、温度或触摸屏电阻等原因)，A/D转换器的度量比操作将对这种变化进行补偿。如果在当前转换周期发向ADS7843的下一个控制字节所选择的通道与前一个控制字节的相同，那么在当前转换完成后开关仍然不会关闭。

在这两种模式中，ADS7843只有3个时钟周期可以从触摸屏上获取(取样)输入模拟电压，因此，为了获取正确的电压，输入电压必须在3个时钟周期的时间范围内设置好。打开驱动将引起触摸屏的电压快速升高到最终值，为了得到正确的转换数据，获取必须在触摸屏完全设置好时完成。获取的方式有两种：一种是采用单端模式，即采用相对较慢的时钟扩展获取时间(3个时钟周期)；二是采用差分模式，即用相对较快的时钟在第一个转换周期内设置电压，在第二个转换周期获取准确电压。该方式的两个控制字节相同，且内部X/Y开关在首次转换后不会关闭。由于首次转换期间电压还不稳定，因此应当丢弃首次转换的结果。另外，采用差分模式的另一个优点是功耗低。因为在转换完成后，ADS7843会进入低功耗模式等待下一次取样周期；差分模式还能够在不扩展转换器获取时间的条件下用很长的设置时间处理触摸屏，即触摸屏电压可以有足够的时间稳定下来。

2．PEN中断引脚的使用

PEN中断引脚的主要作用是让设计者可以完全控制ADS7843的低功耗操作模式。图3-15所示是其模式操作连接示意图。图3-15中，I/O1和I/O2是通用目的输入/输出口。当电源加入系统且转换器的控制位PD1、PD0被设为00之后，器件进入低功耗模式。当未触摸面板时，ADS7843内部的二极管没有偏压，因此没有电流流过(忽略漏流)；当触摸面板时，Y–将提供一条电流通路，这时Y+、X–和X+处于高阻状态，电流经过100 kΩ电阻和中断二极管，PENIRQ 被拉低，从而通过 I/O2 上一个不超过 0.65 V 的电压唤醒 CPU，然后微处理器再拉低 I/O1 和 I/O2 上的电位，同时 ADS7843 控制寄存器写一个字节以进行转换初始化。为了转换 PENIRQ 二极管上的偏置电压，微处理器必须拉低 I/O1 和 I/O2 上的电压。否则，如果在转换期间二极管上有一个前向偏压，那么附加的电流将引起错误的输入数据。

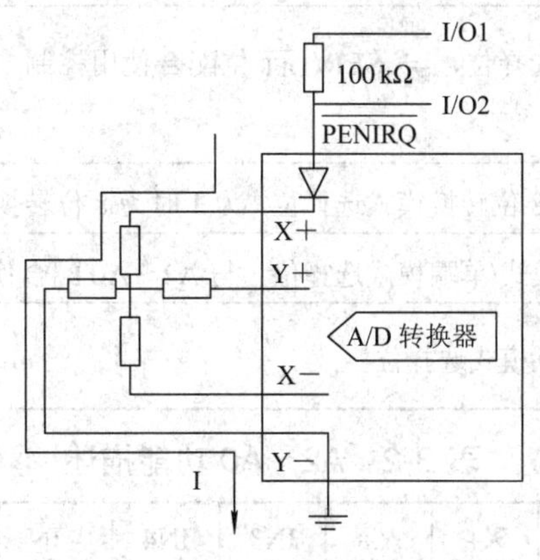

图 3-15　PEN 中断引脚操作连接图

3. ADS7843 的程序控制

ADS7843 与 MCU 的每一次通信由 8 个时钟周期组成，完成一次完整的转换需要 3 个连续的通信，一次 DCLK 输入需要 24 个时钟周期。

起始的 8 个时钟周期是通过 DIN 输入控制位。当有适当的 V_{REF} 输入，并且其转换方式已经得到定义时，ADS7843 进入接收模式，如果需要，内部开关将被打开。在接着的 3 个时钟周期内，控制位已经完成，ADS7843 进入转换模式。此时，输入的触摸信息进入保持状态，内部开关可能被关闭。在接着的 12 个时钟周期内，完成真正的模/数转换。当 SER/$\overline{DFR}$ 位设置为低时，在转换的同时，内部开关仍然是开着的，此时需要第 13 个时钟周期来完成转换结果的末位，并且还需要 3 个时钟周期来完成最后的字节(DOUT 为低)。ADS7843 的控制时序如图 3-16 所示，其控制字的各控制位功能如表 3-1 所示，通道选择位 A2～A0 的功能描述如表 3-2 所示，低功耗模式选择位设置如表 3-3 所示。

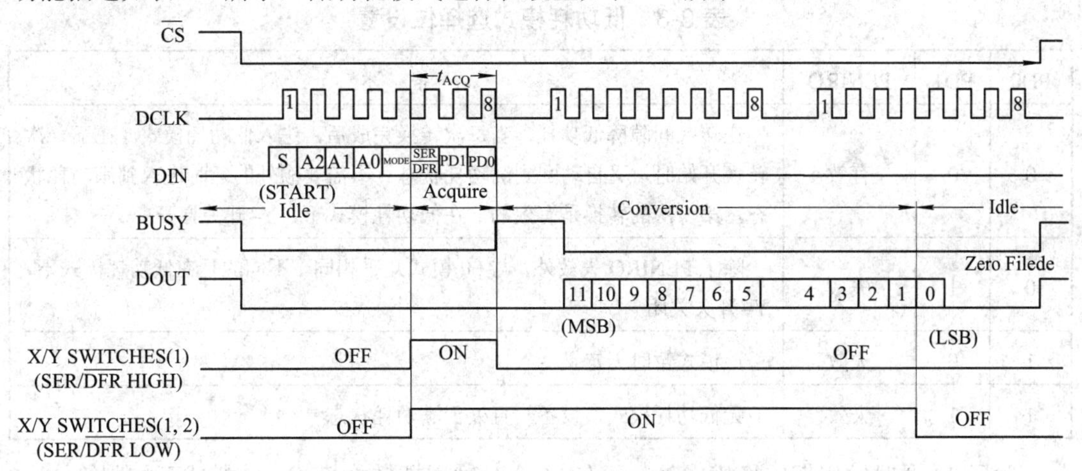

图 3-16　24 个时钟周期转换时序图

表 3-1　控制字的各控制位功能

控制位	名　称	功 能 描 述
7	S	起始位，控制字由 DIN 输入的一个高电平开始，一个新的控制字可处于 12 位转换模式的第 15 个时钟周期或 8 位转换模式的第 11 个时钟周期
6 5 4	A2 A1 A0	通道选择位，与 SER/$\overline{DFR}$位配合使用控制多路输入器、内部开关和偏压的设置
3	MODE	12 位/8 位转换模式选择位，为 1 时为 8 位转换模式；为 0 时为 12 位转换模式
2	SER/$\overline{DFR}$	差分模式/单端模式选择位，与 A2～A0 配合使用，见 A2～A0 功能描述
1 0	PD1 PD0	低功耗模式选择位

表 3-2　A2～A0 功能描述

	A2	A1	A0	X+	Y+	IN3	IN4	−IN	X 开	Y 开	+REF	-REF
单端模式 SER/$\overline{DFR}$ = 1	0	0	1	+IN				GND	关	关	+REF	GND
	1	0	1		+IN			GND	关	开	+REF	GND
	0	1	0			+IN		GND	开	关	+REF	GND
	1	1	0				+IN	GND	关	关	+REF	GND
									关	关		
差分模式 SER/$\overline{DFR}$ = 0	A2	A1	A0	X+	Y+	IN3	IN4	−IN	X 开	Y 开	+REF	−REF
	0	0	1	+IN				−Y	关	关	+Y	−Y
	1	0	1		+IN			−X	关	开	+X	−X
	0	1	0			+IN		GND	开	关	+REF	GND
	1	1	0				+IN	GND	关	关	+REF	GND
									关	关		

表 3-3　低功耗模式选择位设置

PD0	PD1	PENIRQ	描　述
0	0	有效	在转换间隙降低功耗，当每次转换完成后，进入低功耗模式。在下一次转换开始时，又自动回到满功耗状态。不需要额外的延时进入到满功耗状态，第一次的转换是有效的。在低功耗模式下，Y–开关打开
0	1	失效	除了 PENIRQ 失效外，与 00 模式几乎相同。不同的是在低功耗模式下，Y–开关关闭
1	0	失效	该模式暂时无定义
1	1	失效	无低功耗模式，设备一直处于满功耗状态

除了 24 个时钟周期转换模式外，还有 16 个时钟周期转换模式，该模式下控制第 $n+1$ 次转换的控制位可以与控制第 n 次转换的控制位重叠一部分，这样一次转换只需要 16 个时

钟周期，其时序图如图 3-17 所示。

该时序图每次转换实际还需 24 个时钟周期，只不过有部分重叠，串行接口不需要专门的 DCLK 延时。该时序图也展示了在字节传输间隔与其他串口外围设备之间可能进行的连续通信。需要指出的是，在转换的同时如果有其他连续的通信发生，ADS7843 是满功耗运行。

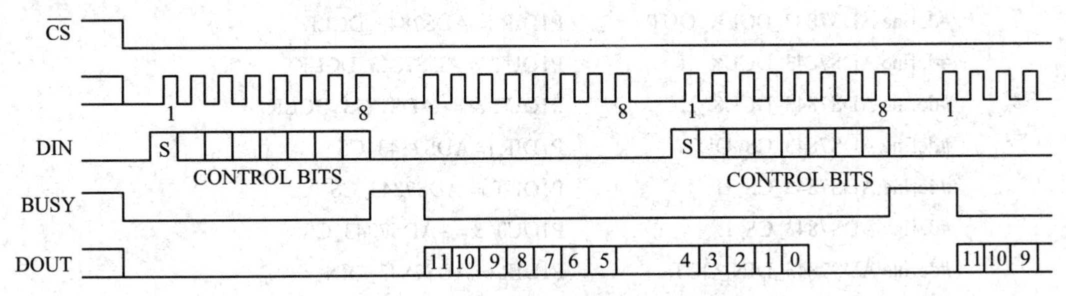

图 3-17　16 个时钟周期转换时序图

4．8 位转换方式

ADS7843 提供了一种 8 位转换模式，当追求更快的转换效率，而且对结果精度要求不是很高时可以采用此工作方式。转换到 8 位转换方式后，可以提前 4 个时钟周期完成转换工作。在时钟频率不变的情况下，转换速度提高了 50%。加快时钟频率，可以得到更高的转换速度。

3.2.4　ADS7843 触摸屏控制芯片程序设计

ADS7843 与单片机的接口电路如图 3-18 所示，在该电路中如不用考虑低功耗问题则 PENIRQ 引脚可以不接。通信过程中，适当在 BUSY 信号返回时加入延时程序，即可不使用 BUSY 引脚。U_{CC} 电压用单片机供电电压 3.3 V，有利于 I/O 口电平匹配。单片机与 ADS7843 通信协议可参考芯片手册。

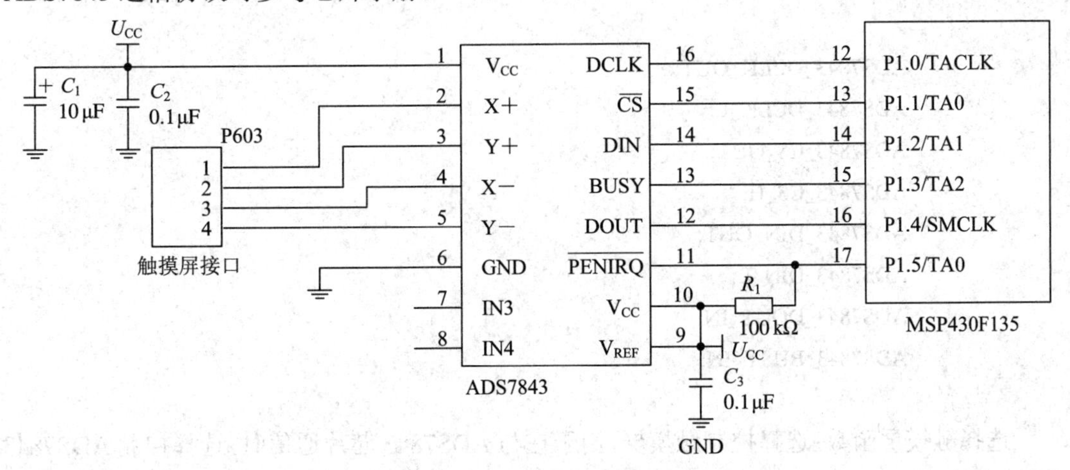

图 3-18　单片机与 ADS7843 接口电路图

示例程序如下：

预定义：

```
#define ADS7843_DCLK              BIT0
```

```
#define ADS7843_CS              BIT1
#define ADS7843_DIN             BIT2
#define ADS7843_BUSY            BIT3
#define ADS7843_DOUT            BIT4
#define ADS7843_PENIRQ          BIT5
#define ADS7843_DCLK_OUT          P1DIR |= ADS7843_DCLK
#define ADS7843_DCLK_H            P1OUT |= ADS7843_DCLK
#define ADS7843_DCLK_L            P1OUT &= ~ADS7843_DCLK
#define ADS7843_CS_OUT            P1DIR |= ADS7843_CS
#define ADS7843_CS_H              P1OUT |= ADS7843_CS
#define ADS7843_CS_L              P1OUT &= ~ADS7843_CS
#define ADS7843_DIN_OUT           P1DIR |= ADS7843_DIN
#define ADS7843_DIN_H             P1OUT |= ADS7843_DIN
#define ADS7843_DIN_L             P1OUT &= ~ADS7843_DIN
#define ADS7843_DOUT_IN           P1DIR &= ~ADS7843_DOUT
#define READ_ADS7843_DOUT         (P1IN & ADS7843_DOUT)
#define ADS7843_BUSY_IN           P1DIR &= ~ADS7843_BUSY
//#define READ_ADS7843_BUSY       (P1IN & ADS7843_BUSY)
// A/D 通道选择命令字和工作寄存器
#define CHX     0x90     // 通道 X+的选择控制字
#define CHY     0xd0     // 通道 Y+的选择控制字
```

初始化 ADS7843 的 I/O 口函数：设置单片机与 ADS7843 连接端口的传输方向和输出端口的初始电平。

```
void ADS7843_Init(void)
{
    ADS7843_DCLK_OUT;
    ADS7843_DCLK_L;
    ADS7843_CS_OUT;
    ADS7843_CS_H;
    ADS7843_DIN_OUT;
    ADS7843_DIN_L;
    ADS7843_DOUT_IN;
    ADS7843_BUSY_IN;
}
```

选择触摸屏函数：选择控制触摸屏，用于在与 ADS7843 芯片通信时，选择控制 ADS7843 芯片。

```
void start_touch(void)
{
    ADS7843_DCLK_L();
```

```
        ADS7843_CS_H();
        ADS7843_DIN_H();
        ADS7843_DCLK_H();
        ADS7843_CS_L();
    }
```

写命令函数：通过 DIN 端口写入 8 位的控制字节，具体的命令代码可参考 ADS7843 芯片手册。

输入参数：cmd，ADS7843 芯片的控制代码。

```
    void WR_CMD (unsigned char cmd)
    {
        unsigned char i = 0x80;
        unsigned char j;

        for(j=0; j<8; j++)
        {
            if((cmd & i) != 0)
            {
                ADS7843_DIN_H();
            }
            else
            {
                ADS7843_DIN_L();
            }
            ADS7843_DCLK_H();
            delay_us(20);
            ADS7843_DCLK_L();
        }
    }
```

读 ADS7843 返回的数据函数：通过 DOUT 端口读出 8 位或 12 位的数据。下面的程序是读出 12 位数据，如要读出 8 位数据，则需要设置相应的控制寄存器，具体设置方法请参考 3.2.3 节说明。

```
    unsigned int RD_AD(void)
    {
        unsigned int buf = 0;
        unsigned char i;

        ADS7843_DIN_L();
        ADS7843_DCLK_H();
```

```
        for(i=0; i<12; i++)
        {
            buf <<= 1;
            ADS7843_DCLK_H();
            delay_us(5);
            ADS7843_DCLK_L();
            if(READ_ADS7843_DOUT)
            {
                buf |= 1;
            }
            delay_us(5);
        }
        ADS7843_CS_H();
        return(buf);
    }
```

读数据并处理函数：该子函数多次(次数由 ReadLoop 决定)读取 ADS7843 的值，并将读取的值进行排序，排序完成后剔除最小的几个(剔除个数由 LOSS_DATA 决定)值，将剩余值取平均处理。该程序可有效防止由于干扰而引起的误检测。

```
    #define ReadLoop      13              // 必须大于 2
    #define LOSS_DATA     5               // 前后丢掉数据个数
    unsigned int Read_XY(unsigned char xy)
    {
        unsigned int i, j;
        unsigned int buf[ReadLoop];
        unsigned long sum;
        unsigned int val;

        for(i=0; i<ReadLoop; i++)
        {
            WR_CMD(xy);
            delay_us(5);
            buf[i]=RD_AD();
        }
        //排序
        for(i=0; i<ReadLoop-1; i++)
        {
            for(j=i+1; j<ReadLoop; j++)
            {
```

```
                if(buf[i] > buf[j])
                {
                    val = buf[i];
                    buf[i] = buf[j];
                    buf[j] = val;
                }
            }
        }
        sum = 0;
        for(i=LOSS_DATA; i<ReadLoop-1-LOSS_DATA; i++)
        {
            sum += buf[i];
        }
        val = sum/(ReadLoop-2*LOSS_DATA);
        return (val);
    }
```

读取触摸屏触点的 x、y 值函数：该子函数用于读取触摸屏触点的 x、y 值，即按下触摸屏时，触摸屏内部分压电阻产生的分压值的 ADC 转换的数字量。

输入参数：*x，*y，读取 x，y 值的指针；

输出参数：0 = 无效坐标，1 = 有效坐标。

```
    unsigned int TP_GetAdXY(unsigned int *x, unsigned int *y)
    {
        *y = Read_XY(CHX);
        *x = Read_XY(CHY);
        if(*x<100 || *y<100) return(0);
        else return(1);
    }
```

读取触摸屏坐标函数：该子函数用于读取触摸屏坐标，该坐标未做转换，不能直接使用。本函数连续采样 2 次，2 次采样结果±5 范围内才算有效，这样可有效防止误触发。

输入参数：*x，*y，读取 x，y 值的指针；

delay，两次采样的间隔时间，单位为 μs。

输出参数：0 = 无效坐标，1 = 有效坐标。

```
    unsigned int TP_GetAdXY2(unsigned int *x, unsigned int *y, unsigned long delay)
    {
        unsigned int x1, y1;
        unsigned int x2, y2;
        unsigned char flag;
```

```
        flag = TP_GetAdXY(&x1, &y1);
        if(flag == 0) return(0);
        delay_us(delay);                                    // 延时一段时间再进行一次采样
        flag = TP_GetAdXY(&x2, &y2);
        if(flag == 0) return(0);
        if(((x2<=x1 && x1<x2+50)||(x1<=x2 && x2<x1+50))
            &&((y2<=y1 && y1<y2+50) || (y1<=y2 && y2<y1+50)))  // 前后两次采样在±5 内
        {
            *x = (x1+x2)/2;
            *y = (y1+y2)/2;
            return(1);
        }
        else return(0);
    }
```

3.3 LED 显示

对于人机交互式系统来说，不仅需要响应用户输入，同时也需要显示输出信息。这些显示信息可以提供实时的数据或图形结果，以便于掌握系统的状态并进行分析处理。目前，在单片机系统中常用 LED 数码管显示，其成本低廉、使用方便，可以显示数字或特定的字符。

3.3.1 LED 数码管概述

LED(Light Emitting Diode)即发光二极管。单独的发光二极管便是一个最简单的 LED，通过控制其亮灭来作为信号指示，一般用于电源指示灯、工作状态指示等，使用比较简单。

LED 数码管是由若干个发光二极管组成的可显示字段的显示器件，一般简称为数码管。当数码管中的某个发光二极管导通的时候，相应的一个字段便发光，不导通的则不发光。LED 数码管可以根据控制不同组合的二极管导通，来显示各种数据和字符。将 LED 数码管放置在不同的模具外壳中，还可以显示各种图形。

单片机应用系统中使用最多的是 7 段 LED，其可以显示十进制数字及一些英文字符。7 段 LED 显示模块又可以分为共阴极和共阳极两种。

1. 7 段共阳极 LED 结构及显示段码

7 段共阳极 LED 数码管是由 7 个条形发光二极管和一个小数点位构成的，其引脚配置如图 3-19 所示，其内部结构如图 3-20 所示。从图 3-19 中可以看出，其中 7 个发光二极管构成“8”字形，可以用来显示数字，另一个发光二极管构成小数点。因此，这种数码管有

时也被称为8段LED数码管显示器。

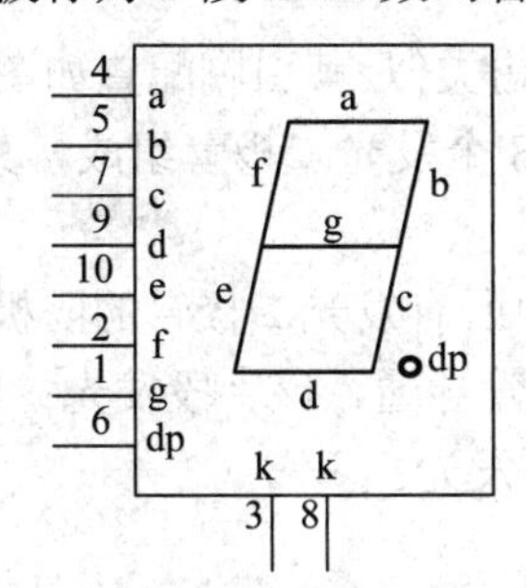

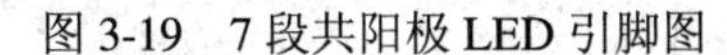

图3-19 7段共阳极LED引脚图

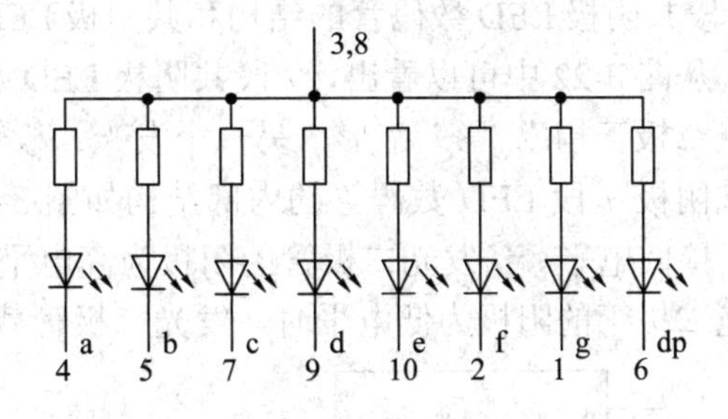

图3-20 7段共阳极LED内部结构

在7段共阳极LED数码管中，发光二极管的阳极为公共端，接高电平，当某个发光二极管的阴极为低电平时，发光二极管导通，该字段发光；反之，当某个发光二极管的阴极接高电平时，发光二极管截止，则该字段不发光。

由于7段LED数码管加上小数点位dp，共有8个发光单元，正好组合成一个整8位字节。这种结构使其和单片机的接口十分方便，可以直接将8个显示字段引脚接到单片机的一个8位并行I/O端口上。

7段共阳极LED数码管和字节的对应关系如图3-21所示。可以直接从单片机并口输出数据，通过控制字段的亮灭来显示不同的数据和字符等。7段共阳极LED数码管显示字符和单片机并口输出数据的关系如表3-4所示。

D7	D6	D5	D4	D3	D2	D1	D0
dp	g	f	e	d	c	b	a

图3-21 LED数码管的字节对应关系

表3-4 7段共阳极LED显示字符及段码

显示字符	共阳极LED段码	显示字符	共阳极LED段码
0	C0H	C	C6H
1	F9H	D	A1H
2	A4H	E	86H
3	B0H	F	8EH
4	99H	P	8CH
5	92H	U	C1H
6	82H	R	CEH
7	F8H	Y	91H
8	80H	H	89H
9	90H	L	C7H
A	88H	全亮	00H
B	83H	全灭	FFH

2. 7 段共阴极 LED 结构及显示段码

7 段共阴极 LED 数码管的结构和共阳极 LED 数码管的结构类似，其引脚配置如图 3-22 所示。从图 3-22 中可以看出，7 段共阴极 LED 数码管同样由 8 个发光二极管组成，其中 7 个发光二极管构成“8”字形，另一个发光二极管构成小数点。

共阴极 7 段 LED 数码管的内部结构如图 3-23 所示。其中所有发光二极管的阴极为公共端，接低电平。当发光二极管的阳极为高电平时，发光二极管导通，该字段发光；反之，当发光二极管的阳极为低电平时，发光二极管截止，该字段不发光。

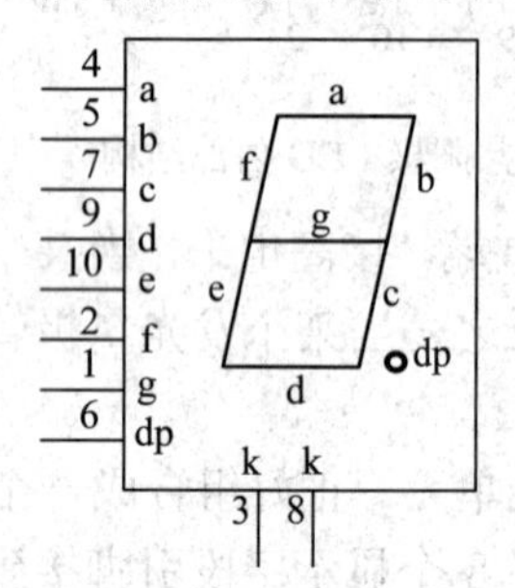

图 3-22　7 段共阴极 LED 引脚图

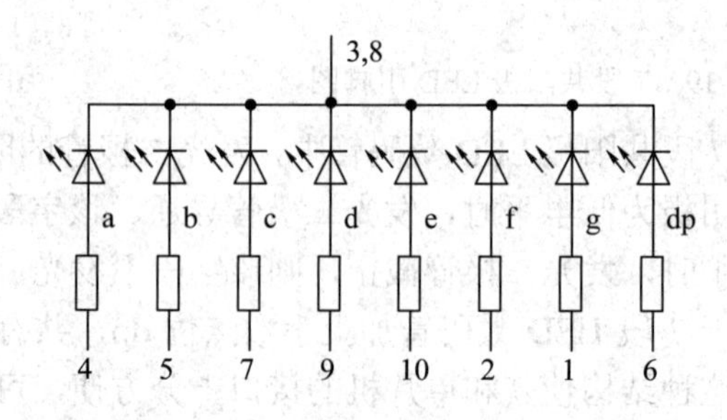

图 3-23　7 段共阴极 LED 内部结构

7 段共阴极 LED 数码管显示字符和单片机并口输出数据的关系如表 3-5 所示。可以直接从单片机并口输出数据，通过控制字段的亮灭来显示不同的数据和字符等。

表 3-5　7 段共阴极 LED 显示字符及段码

显示字符	共阴极 LED 段码	显示字符	共阴极 LED 段码
0	3FH	C	39H
1	06H	D	5EH
2	5BH	E	79H
3	4FH	F	71H
4	66H	P	73H
5	6DH	U	3EH
6	7DH	R	31H
7	07H	Y	6EH
8	7FH	H	76H
9	6FH	L	38H
A	77H	全亮	FFH
B	7CH	全灭	00H

从表 3-5 中可以看出，7 段共阴极 LED 数码管的段码和共阳极 LED 数码管的段码是互为补数的。

3.3.2　单个 LED 数码管驱动接口

前面介绍了 LED 数码管的结构及其显示方式。LED 数码管主要用于显示数字和一些特定的字符，下面介绍如何使用 MSP430F 系列单片机进行数字和字母的显示。

1. 电路图

本例主要用共阴极 LED 数码管显示数字或字符，读者可以从中掌握 LED 数码管的基本操作方法。完整的单个 LED 数码管驱动电路原理图如图 3-24 所示。在 3-24 所示的电路中，共阴极 LED 数码管的公共端接 GND，其余分别与 P5 端口通过一个限流电阻相连。如果 P5 端口某个引脚输出高电平，则该段发光；如果输出低电平，则该段不发光。

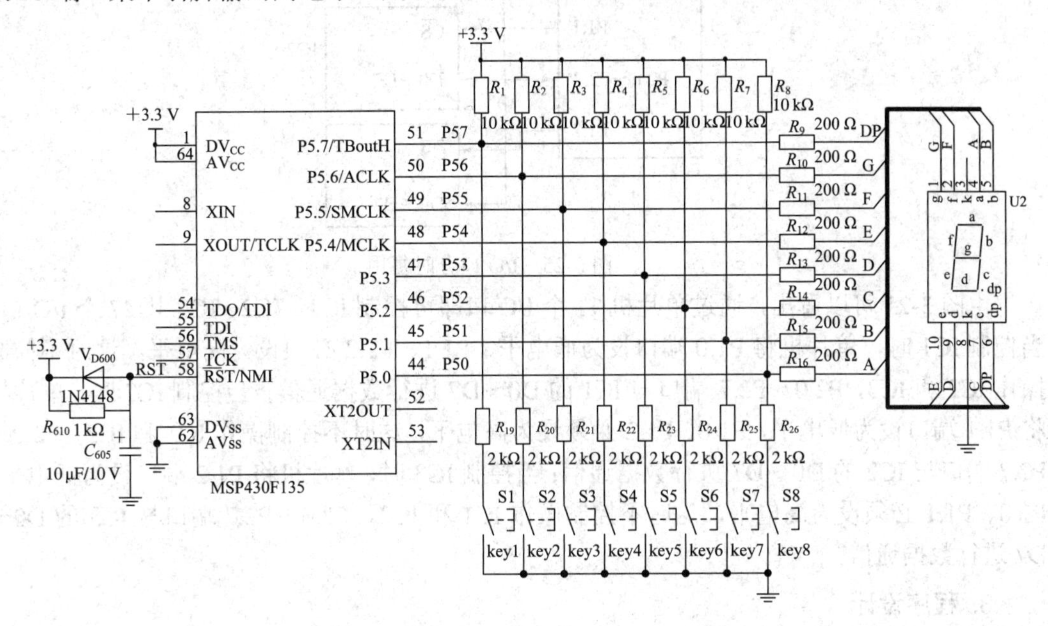

图 3-24　单个 LED 数码管驱动电路图

2. 分时复用接口

单片机的 I/O 口资源非常宝贵，怎样利用有限的资源，发挥单片机最强大的功能，一直是工程开发人员努力的目标。分时复用技术是一种提高 I/O 口资源利用率的好方法。

图 3-24 就是利用分时复用技术实现的按键 I/O 口与数码管 I/O 口共用的原理图。在图 3-24 中，按键 I/O 口作为输入端口，而数码管 I/O 口作为输出端口，在不同时刻只要设置 I/O 口的输入/输出方向即可实现分时复用。在程序设计时，只需将 I/O 口设置为输入端口，然后检测按键，检测完毕后再将 I/O 口设置为输出端口，并输出 LED 需显示数值相对应的 I/O 口电平信号。由于在按键检测时一般最多约需要 100 条指令，如果单片机时钟为 8 MHz，则需要 12.5 μs，如果 2 ms 检测一次按键，则相对于显示输出时间(2 ms−12.5 μs)，按键检测几乎可以忽略不计。这样既不影响 LED 正常显示又可以进行按键检测，达到节省 I/O 口资源的目的。

在图 3-24 中需注意电阻的配比关系，如 R_1、R_9、R_{19}，R_1 为上拉电阻 10 kΩ，R_9 为限流电阻 200 Ω，R_{19} 为分流分压电阻 2 kΩ。当按键 S1 按下时，如正在检测按键，则 R_1 与 R_{19} 分压，I/O 口电平为 $U_{CC}/6$，如果 $U_{CC} = 3.3$ V，则 I/O 口电平为 0.55 V，单片机检测为低电平，检测到按键信号；如正在输出 LED 显示，则输出电流一路经 R_9 流入 LED，一路经

R_{19}、S1 到地，由于 R_{19} 是 R_9 的 10 倍，则约 10/11 的输出电流流入 LED，不会影响 LED 的正常显示。

除了 LED 与按键的分时复用外，还有芯片引脚的分时复用，如图 3-25 所示。

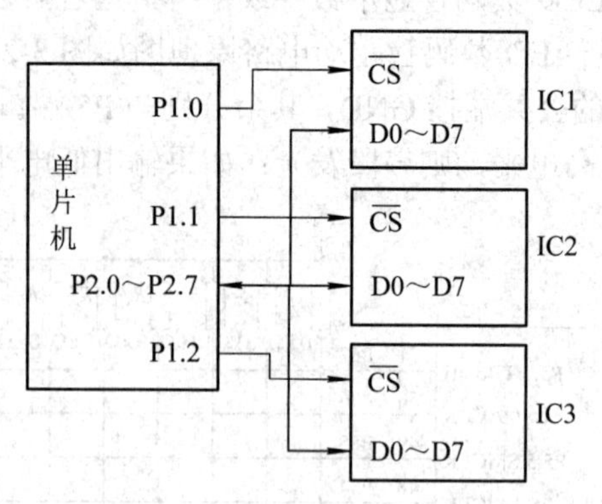

图 3-25　I/O 口分时复用

由图 3-25 可以看出，通过单片机 11 个 I/O 口即可控制 IC1、IC2、IC3 共 27 个 I/O 口。当控制 IC1 时，单片机将 P1.0 端口设为低电平，P1.1、P1.2 必须设为高电平，这时不控制操作 IC2 和 IC3，P2.0～P2.7 端口与 IC1 的 D0～D7 进行数据通信；当控制 IC2 时，单片机将 P1.1 端口设为低电平，P1.0、P1.2 必须设为高电平，这时不控制操作 IC1 和 IC3，P2.0～P2.7 端口与 IC2 的 D0～D7 进行数据通信；当控制 IC3 时，单片机将 P1.2 端口设为低电平，P1.0、P1.1 必须设为高电平，这时不控制操作 IC1 和 IC2，P2.0～P2.7 端口与 IC3 的 D0～D7 进行数据通信。

3. 程序设计

该子程序为一简单示例程序，目的是使读者进一步掌握单片机的编程。这里采用 LED 静态显示方式，根据按键值的不同，使 LED 显示不同的数字。

预定义：

```
#define KEY_All_IN          P5DIR = 0x00
#define READ_KEY            P5IN
#define SET_LED_OUT         P5DIR = 0xff
#define LED_OUT             P5OUT
// 变量、结构体定义
int Key;
int LED;
struct   KEY_BITS{
    unsigned char ScanKey:1;                 // 2 ms 定时时间到，用于按键检测
    unsigned char ScanLED:1;                 // 10 ms 定时时间到，用于刷新显示
};
union   KEY{
    unsigned int             all;
    struct KEY_BITS          bit;
```

```
};
struct FLAG{
    union KEY Key;
};
volatile struct FLAG    Flag;
```

按键扫描子程序与前面独立式按键扫描子程序相同，在此不再重写，只写出 LED 显示子程序和主程序。同样，需要在定时中断程序中置定时刷新 LED 显示标志位，在主程序中检测该标志位。

```
main()
{
        if(Flag.Key.bit.ScanKey == 1)
        {
                Flag.Key.bit.ScanKey = 0;
                Key = ScanKey();
                if(Key != 0)                        // 如有按键，则将按键值送 LED 显示寄存器
                {
                        LED = Key;
                }
        }
        if(Flag.Key.bit. ScanLED == 1)
        {
                Flag.Key.bit. ScanLED = 0;
                VisionLed(LED);
        }
}
```

LED 显示函数：将需显示数值按 4 线 7 段译码方式译码后的数据送入 LED 端口。

输入参数：Data，需显示数值译码后的数据。

```
void ScanLED(int Data)
{
    SET_LED_OUT;
    LED_OUT = Data;
}
```

3.3.3 多个 LED 数码管驱动接口

在实际的单片机应用系统中，使用单个 LED 数码管的情况非常少，经常需要同时使用多个 LED 数码管来显示大于一位的数据或字符串。图 3-26 为 8 个 LED 数码管并列使用示例。这 8 个数码管可以同时显示 8 个字符构成的字符串或 8 位数字，亦可显示 n 位字符和 $(8-n)$位数字。可见，使用多个 LED 数码管可以大大扩展显示的信息量。

对于使用单个 LED 数码管的场合，直接用单片机的一个并行口便可以控制显示。如果

仍用这种方法来控制显示 *N* 个 LED 数码管显然是不太可能的，因为单片机的 I/O 口有限，而且有些 I/O 口还需要用做其他用途。此时便需要根据系统资源占用情况，来选用合理的显示方式。

对于多个 LED 数码管并用的场合，一般有静态显示、动态显示和 LED 驱动器三种显示驱动方式。下面对这三种方式分别进行说明。

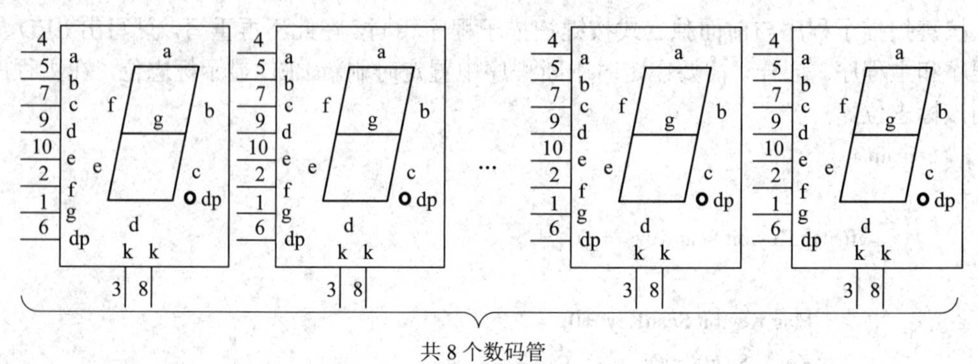

图 3-26　多个 LED 数码管并行使用

1. 静态驱动显示

LED 数码管静态显示方式是指当数码管显示某个字符的时候，相应字段的发光二极管恒定导通或截止，即亮灭是完全不变的。在这种情况下，多个 LED 是同时发光的。

这里以 4 个共阴极 LED 数码管为例，如图 3-27 所示。其公共端接 GND，每个 LED 数码管字段引脚分别接单片机的 P1、P2、P3、P4 端口，这样便可以为每个数码管单独进行赋值。

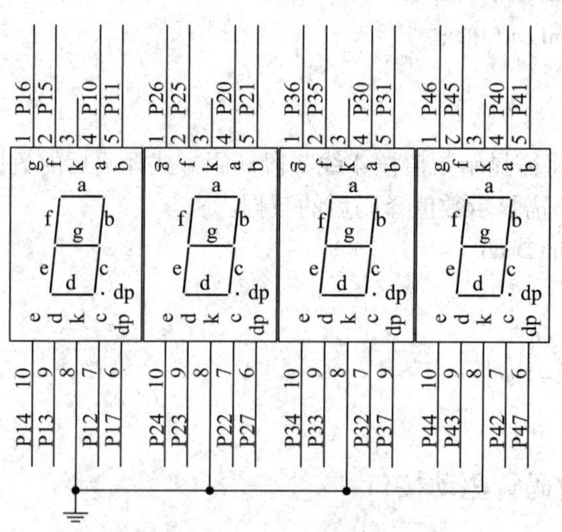

图 3-27　4 个 LED 静态驱动图

这种显示方式的优点是：接口操作简单，只需将显示字符相应的字段码发送到 LED 并保持即可；静态显示字符时，只需较小的驱动电流便可以获得较高的显示亮度；其缺点是 LED 数量比较多的时候，需要很多的 I/O 线，对硬件资源的要求比较苛刻。

对于上面的控制显示方式，显然整个系统基本上没有引脚资源用于其他操作了。因此，一般不能直接使用单片机有限的并行 I/O 接口，实际应用中往往采用外部扩展并行接口的方法。外部扩展并行 I/O 接口可以使用移位寄存器和缓存器两种方法，下面分别进行介绍。

1) 通过移位寄存器扩展 LED 显示

通过外接串入/并出的移位寄存器，可以扩展出多个 8 位并行 I/O 接口，如图 3-28 所示。其中使用了 4 个串入/并出移位寄存器 MC14094BCL，STROBE 为数据输出允许控制端，当 STROBE = 1 时，将接收到的串行数据转换成并行数据输出；当 STROBE = 0 时，MC14094BCL 输出保持不变，对接收到的数据不处理。

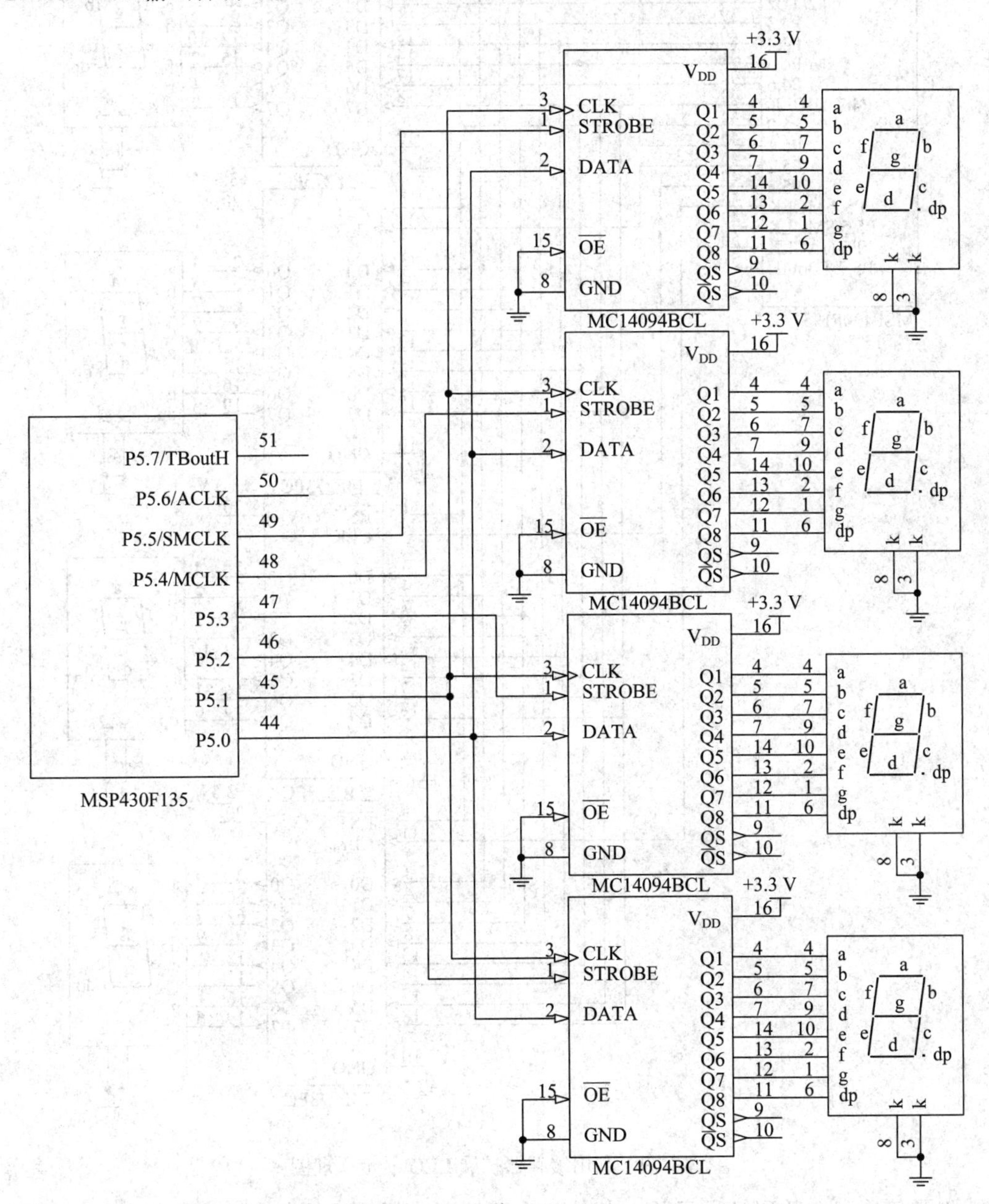

图 3-28　串行接口扩展 LED 显示原理

2) 通过缓存器扩展 LED 显示

通过外部缓存器扩展 LED 显示的原理是使用外缓存器作为扩展并行 I/O 输出接口，用来控制显示 LED 数码管，其原理如图 3-29 所示。单片机将数据送入 74F273PC 并将数据锁存，则数码管将显示锁存数据直至数据再次修改。

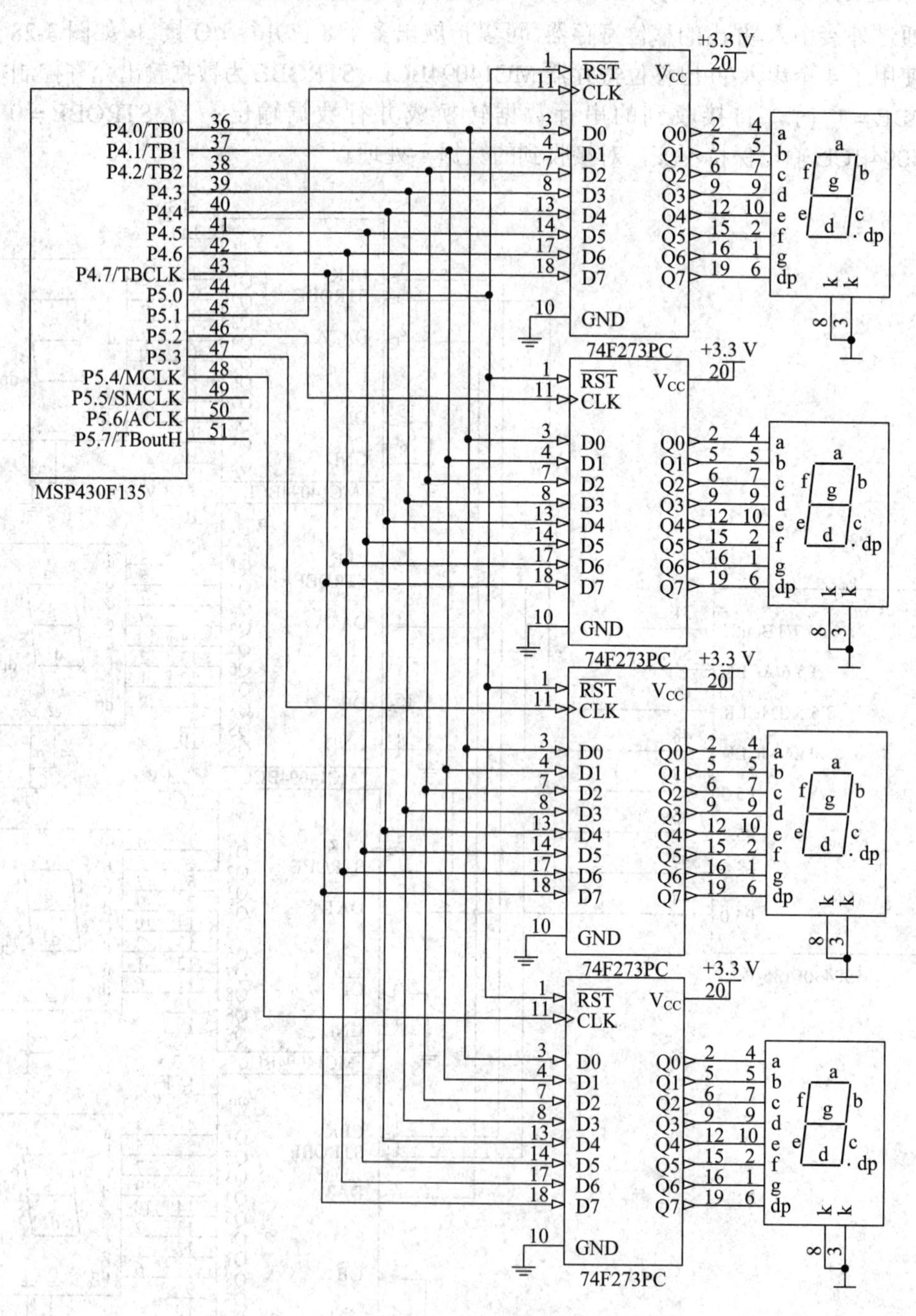

图 3-29　利用缓存器扩展 LED 显示原理图

除了使用一个数码管显示外，其他静态驱动方法都需要外接芯片，该方法增加了硬件成本，因此较少使用，一般采用动态驱动方法。

2. 动态驱动显示

动态显示是指每隔一段时间循环点亮每个LED数码管，每次只有一个LED数码管发光。根据人的视觉暂留效应，当循环点亮的速度很快的时候，可以认为各个LED是稳定显示的。

动态显示的硬件连接比较简单，如图3-30所示。这里使用了8个LED数码管，将所有的8段引脚并联在一起，连接到8位的I/O数据总线上。而各个LED的共阴极引脚或共阳引脚分别由另一组I/O口控制。从图3-30中可以看出，使用两个8位的I/O端口便可以驱动8个LED数码管，其中一个并口作为LED数码管的控制引脚，另一个并口作为公共数据总线。

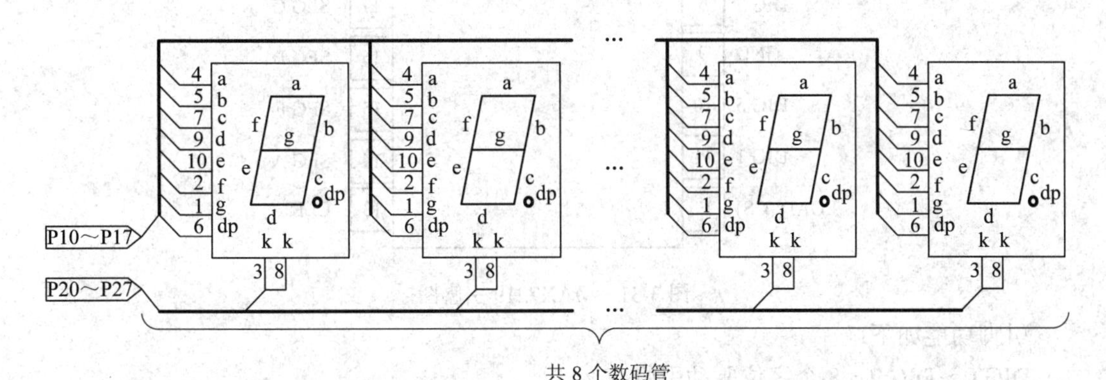

图3-30 8位LED动态显示原理图

程序中采用扫描显示的方式，即在同一时刻，只使用一个LED显示数据。通过将共阴极(或共阳极)LED的公共引脚置低电平(或高电平)，从而选择某个LED显示。如此循环，使每个LED显示该LED应显示的数据，并进行适当的延时，形成视觉暂留效果，这样便可以达到动态显示的目的。

动态显示情况下，LED数码管显示的稳定性与点亮时间和循环的间隔时间有关，而LED的亮度与导通电流、点亮时间和间隔时间有关。如果使用200 Ω的限流电阻，每2 ms轮换显示一个LED数码管，则驱动10个数码管可保证没有视觉闪烁现象。

3. LED驱动芯片

前面介绍的LED动态驱动显示在程序设计上比较复杂，实际上可以将相应的LED扫描动态显示电路交由特定功能的芯片来完成。目前，市场上有多种LED数码管显示驱动芯片，如MAXIM公司生产的MAX7219显示驱动器。

1) LED驱动器MAX7219简介

MAX7219是7段共阴极LED显示驱动器，采用三线串行方式与单片机通信，电路结构十分简单。MAX7219片内集成了BCD码到B码的译码器、多路复用扫描电路、LED字段和字位驱动电路及RAM存储器；可以驱动8个7段共阴极LED显示器，通过一个10 kΩ左右的外接电阻可以设置所有 LED 的段电流；具有低电压保持功能，只要外接电压超过2 V便可以保存数据。

典型的 DIP 封装的 MAX7219 引脚如图 3-31 所示。

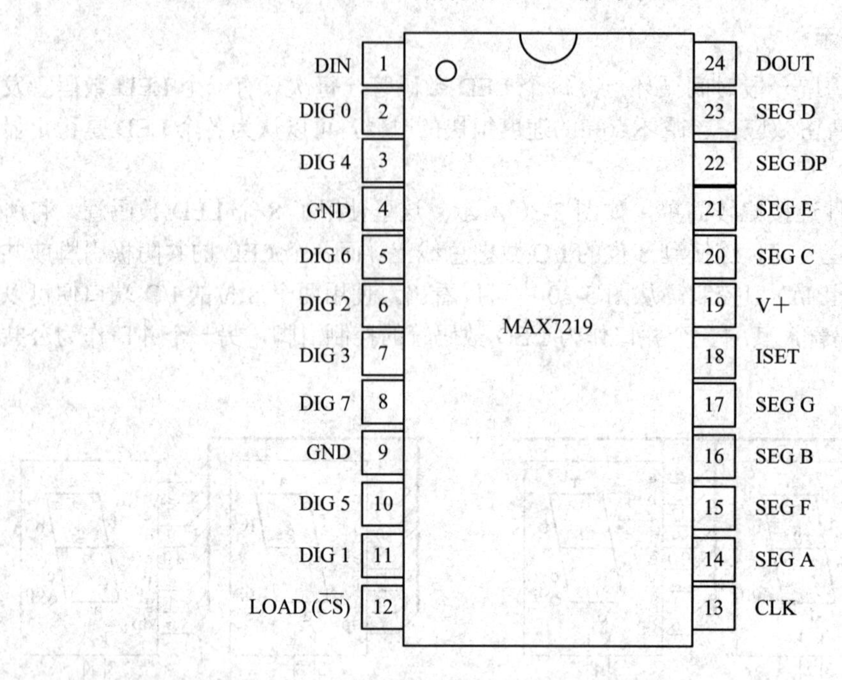

图 3-31　MAX7219 引脚图

引脚功能如下：

DIG 0～DIG 7：8 个字位驱动引脚。

SEG A～SEG G：7 段驱动输出。

SEG DP：小数点驱动输出。

CLK：时钟输入，最高时钟频率为 10 MHz。

DIN：串行数据输入。在 CLK 时钟的上升沿，串行数据被移入 MAX7219 内部移位寄存器，移入时最高位在前；

DOUT：串行数据输出。输入到 DIN 的数据经过 16.5 个时钟周期后，在 DOUT 端有效。在 CLK 的下降沿数据移出。

ISET：峰值段电流设置。可以通过一个 10 kΩ 的上拉电阻 RSET 来设置峰值段电流。

LOAD：加载输入数据。LOAD 信号必须在第 16 个上升沿同时或之后，但在下一个时钟上升沿之前变高，否则将会丢失数据。

V+：+5 V 外接电源。

GND：接地。两个 GND 引脚必须相连。

2) MAX7219 数据传输方式

MAX7219 采用串行数据传输方式，串行数据以 16 位为一帧，如表 3-6 所示。其中 D7～D0 为寄存器数据，D11～D8 为内部寄存器地址，D15～D12 可以任意。

表 3-6　MAX7219 的串行数据格式

D15	D14	D13	D12	D11	D10	D9	D8	D7	D6	D5	D4	D3	D2	D1	D0
X	X	X	X	内部寄存器地址				寄存器数据							

16位的数据帧在每个CLK的上升沿通过DIN引脚被移入到内部16位移位寄存器中，然后在LOAD的上升沿将数据锁存到MAX7219片内数字或控制寄存器中，而DOUT端的数据在CLK的下降沿输出。MAX7219的数据传输时序如图3-32所示。

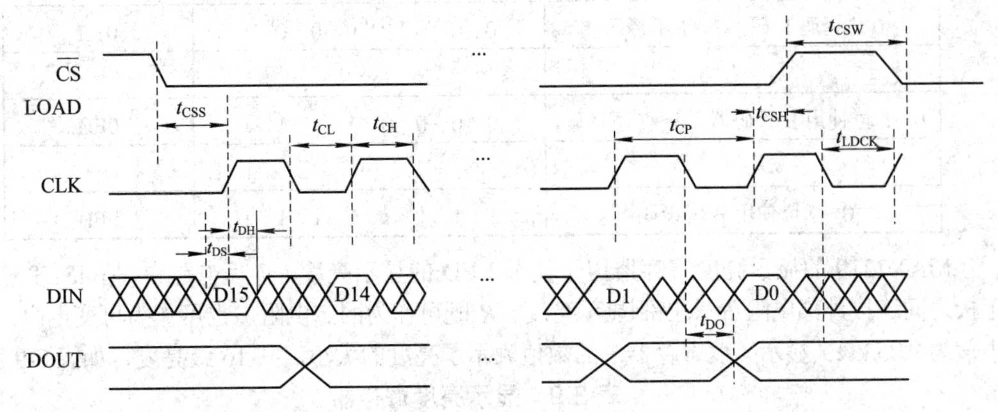

图3-32　MAX7219的数据传输时序

3) MAX7219的内部寄存器

MAX7219片内具有14个内部数字和控制寄存器，如表3-7所示。其中，控制寄存器有5个，分别是译码方式寄存器、显示亮度寄存器、扫描界限寄存器、停机寄存器和显示测试寄存器。数字寄存器共8个，由一个片内8×8双端口SRAM实现。另外还有一个NO-OP寄存器，用于多个MAX7219级联使用，可以在不改变显示或影响任意控制寄存器的条件下，将数据从DIN端传送到DOUT端。

表3-7　MAX7219内部寄存器及其地址

寄存器	D15～D12	地址				十六进制代码
		D11	D10	D9	D8	
NO-OP寄存器	×	0	0	0	0	×0H
数字0	×	0	0	0	1	×1H
数字1	×	0	0	1	0	×2H
数字2	×	0	0	1	1	×3H
数字3	×	0	1	0	0	×4H
数字4	×	0	1	0	1	×5H
数字5	×	0	1	1	0	×6H
数字6	×	0	1	1	1	×7H
数字7	×	1	0	0	0	×8H
译码方式寄存器	×	1	0	0	1	×9H
显示亮度寄存器	×	1	0	1	0	×AH
扫描界限寄存器	×	1	0	1	1	×BH
停机寄存器	×	1	1	0	0	×CH
显示测试寄存器	×	1	1	1	1	×FH

MAX7219的译码方式寄存器中，每一位与一个数字位相对应，如果对应位为逻辑高电平，表示该位使用B码译码，而逻辑低电平则表示该位不译码，如表3-8所示。

表 3-8　译码方式寄存器

含　义	D7 D6 D5 D4 D3 D2 D1 D0	十六进制代码
0～7 位不译码	0 0 0 0 0 0 0 0	00H
0 位译码 B 码，7～1 不译码	0 0 0 0 0 0 0 1	01H
…	…	…
0～3 位使用 B 译码器，4～7 不译码	0 0 0 0 1 1 1 1	0FH
…	…	…
0～7 位使用 B 码译码	1 1 1 1 1 1 1 1	FFH

MAX7219 的显示亮度寄存器用于调节 LED 的显示亮度。实际电路中，在 ISET 和电源正极之间连接外部电阻 R 来控制显示亮度。R 既可作为固定电阻，也可作为可变电阻，其最小值为 9.25 kΩ。显示亮度寄存器中的数值表示了亮度的大小，共 16 级亮度，如表 3-9 所示。

表 3-9　显示亮度寄存器

亮　度	D7 D6 D5 D4 D3 D2 D1 D0	十六进制代码
1/32(最小亮度)	× × × × 0 0 0 0	×0H
3/32	× × × × 0 0 0 1	×1H
5/32	× × × × 0 0 1 0	×2H
…	…	…
29/32	× × × × 1 1 1 0	×EH
31/32(最大亮度)	× × × × 1 1 1 1	×FH

MAX7219 的扫描界限寄存器用于设置需要显示的数字位，其取值范围为 1～8。扫描界限寄存器数据的含义如表 3-10 示。

表 3-10　扫描界限寄存器

显示数字位	D7 D6 D5 D4 D3 D2 D1 D0	十六进制代码
第 0 位数字显示	× × × × × 0 0 0	×0H
第 0～1 位数字显示	× × × × × 0 0 1	×1H
第 0～2 位数字显示	× × × × × 0 1 0	×2H
…	…	…
第 0～6 位数字显示	× × × × × 0 1 1	×6H
第 0～7 位数字显示	× × × × × 1 1 1	×7H

一般来说，显示的位数对 LED 数码管的亮度也有影响。当显示位数少的时候，相同的亮度寄存器设置也会造成亮度的提高。因此，设置 LED 数码管的亮度应该同时考虑 ISET 和电源之间的电阻、亮度寄存器值及扫描界限寄存器值。

MAX7219 的停机寄存器用于停止 LED 显示。当 MAX7219 处于停机工作方式时，扫描振荡器停止工作，LED 所有的段都截止，此时 LED 不显示任何数据，而保存在各个寄存器中的数据将保持不变。MAX7219 停机寄存器的含义如表 3-11 所示。

表3-11 停机寄存器

工作方式	D7 D6 D5 D4 D3 D2 D1 D0	十六进制代码
停机工作	× × × × × × × 0	×0H
正常工作	× × × × × × × 1	×1H

MAX7219的显示测试寄存器用于测试LED的好坏，它有两种工作方式，即正常工作和显示测试。正常工作模式即一般的扫描显示模式，在显示测试方式下，8位LED数码管将按占空比31/32扫描，而此时所有控制寄存器和数据寄存器中的值不起作用。MAX7219显示测试寄存器的含义如表3-12所示。

表3-12 显示测试寄存器

工作方式	D7 D6 D5 D4 D3 D2 D1 D0	十六进制代码
正常工作	× × × × × × × 0	×0H
显示测试	× × × × × × × 1	×1H

MAX7219的数字寄存器用于设置LED数码管的显示数字。8个数字寄存器由一个片内8×8双端口SRAM实现，可以直接寻址，因此可以对单个数字进行更新。

MAX7219的数字寄存器受译码方式寄存器的控制，可以选择B译码或不译码。如果不译码，则数字寄存器中数据的D0～D6位分别对应7段LED显示器的A～G段，D7位对应LED的小数点位DP。某位数据为1则点亮与该位对应的LED段，而如果数据为0则该段熄灭。如果使用B译码，数字寄存器可将BCD码译成B码(0～9、-、E、H、L、P)，如表3-13所示。其中，小数点位DP由D7位控制。当D7 = 0时，熄灭小数点；当D7 = 1时，则点亮小数点。

表3-13 数字寄存器

显示字符	寄存器数据 D7 D6 D5 D4 D3 D2 D1 D0	点亮段 DP A B C D E F G
0	× × × × 0 0 0 0	1 1 1 1 1 1 0
1	× × × × 0 0 0 1	0 1 1 0 0 0 0
2	× × × × 0 0 1 0	1 1 0 1 1 0 1
3	× × × × 0 0 1 1	1 1 1 1 0 0 1
4	× × × × 0 1 0 0	0 1 1 0 0 1 1
5	× × × × 0 1 0 1	1 0 1 1 0 1 1
6	× × × × 0 1 1 0	1 0 1 1 1 1 1
7	× × × × 0 1 1 1	1 1 1 0 0 0 0
8	× × × × 1 0 0 0	1 1 1 1 1 1 1
9	× × × × 1 0 0 1	1 1 1 1 0 1 1
-	× × × × 1 0 1 0	0 0 0 0 0 0 1
E	× × × × 1 0 1 1	1 0 0 1 1 1 1
H	× × × × 1 1 0 0	0 1 1 0 1 1 1
L	× × × × 1 1 0 1	0 0 0 1 1 1 0
P	× × × × 1 1 1 0	1 1 0 0 1 1 1
暗	× × × × 1 1 1 1	0 0 0 0 0 0 0

4) MAX7219 的级联

MAX7219 的级联是指多个 MAX7219 一起使用。实际电路中，可以将所有级联器件的 LOAD 端连在一起，而将 DOUT 端连接到相邻 MAX7219 的 DIN 端。在对 MAX7219 进行写操作时，需要使用 NO-OP 寄存器。例如将三个 MAX7219 组合使用，在对第三个 MAX7219 写入数据时，首先发送所需要的 16 位数据，其后跟两个空操作代码(×0××)。当 LOAD 引脚变为高电平时，数据将被锁存到所有器件中，而此时第三个芯片将接收到预期的数据，前两个芯片则只接收了空操作指令。

MAX7219 的所有功能可通过价位低的单片机编程实现，如使用台湾仪隆公司生产的 EM78P447 单片机即可实现。具体程序编程由读者自己体会实现。

3.3.4　LED 点阵驱动接口

LED 常见的除了制作成“8”字形和“米”字形的数码管外，还可制作成点阵形的显示器，如图 3-33 所示即为 8×8 点阵的显示器。

点阵型 LED 显示器不但可以显示字符，还可以显示汉字，只需要在汉字对应笔画上点亮 LED 即可。点阵型 LED 驱动与 LED 数码管驱动类似，在此不再复述。点阵型 LED 引脚较多，驱动时通常需扩展，如需显示汉字，则需要存储字库，这对 FLASH 存储器空间要求较大。

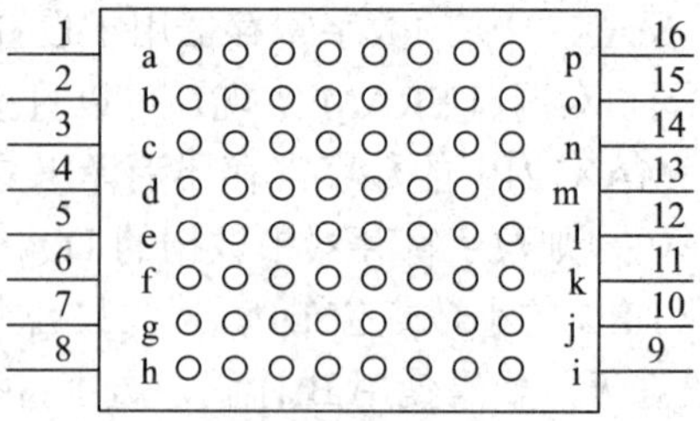

图 3-33　点阵 LED 显示器

LED 大屏幕显示器应用十分广泛，在商店、车站、广场等都能见到各种类型的大屏幕显示装置，不仅有单色的，还有彩色的，不仅能显示文字，还可以显示图形、图像，而且能产生各种动画效果。LED 大屏幕显示器是广告宣传、新闻传播的有力工具，其应用也越来越广泛。

从显示方式来分，LED 大屏幕显示也可分为静态显示和动态显示两种。

静态显示是每一个像素需要一套驱动电路，如果显示屏为 $n \times m$ 个像素，则需要 $n \times m$ 套驱动电路；动态扫描显示则采用多路复用技术，如果采用 p 路复用，则每 p 个像素需要一套驱动电路，$n \times m$ 个像素仅需 $n \times m/p$ 套驱动电路。对动态扫描显示而言，p 越大驱动电路就越少，成本也就越低，引线也大大减少，更有利于高密度显示屏的制造，但复用的路数越多，扫描显示一个周期的时间就越长，而人眼的视觉暂留效应的时间是有限的，因此存在一个最合适的 p 值。在实际使用的 LED 大屏幕显示器中，很少采用静态驱动。下面以图 3-34 为例，简单介绍 LED 大屏幕显示器的工作原理。

图 3-34 中，LED 显示器为 8×64 点阵，由 8 个 8×8 点阵的 LED 显示块拼装而成。8 个块的行线相应地并接在一起，形成 8 路复用，经 P1 端口输出的行扫描信号进行驱动。8 个块的列线分别经由各 74LS164 的输出进行驱动。而 74LS164 为 8 位串入并出移位寄存器，8 个 74LS164 串接在一起，形成 8×8 = 64 位串入并出的移位寄存器，其输出对应 64 点列。串行数据的输入由 URXD 和 UTXD 控制，URXD 发送串行数据，而 UTXD 输出移位时钟。

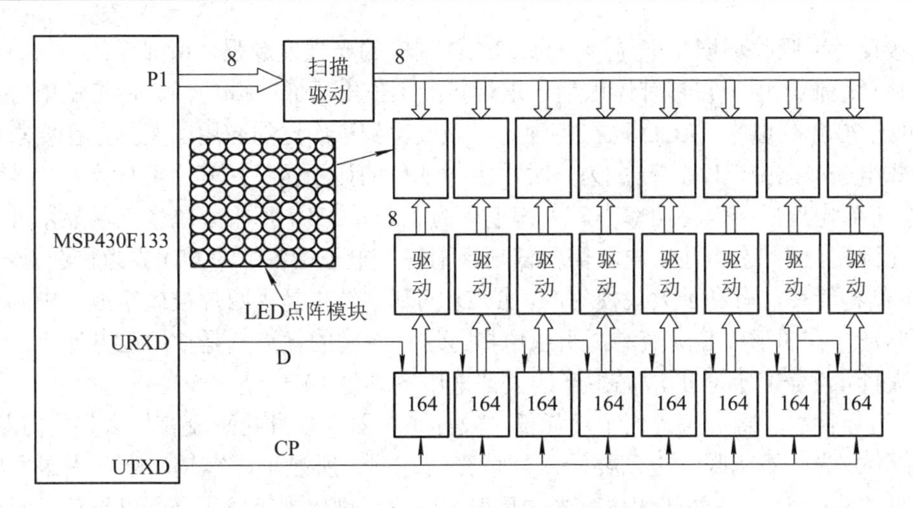

图3-34 8位8×8点阵LED大屏幕显示器

这种LED大屏幕显示器的编程要点为：

(1) 从串行口输出8字节共64位的数据到74LS164中，形成64列的列驱动信号；

(2) 从P1端口输出相应的行扫描信号，与列信号在一起，点亮行中有关的点；

(3) 延时1～2 ms。此延时时间受50 Hz闪烁频率的限制，不能太大，应保证扫描所有8行(即一帧数据)所用时间之和在20 ms以内；

(4) 从串行口输出下一组数据，从P1端口输出下一列扫描信号并延时1～2 ms，完成下一行的显示；

(5) 重复上述操作，直到所有8行全部扫描显示一次，即完成一帧数据的显示；

(6) 重新扫描显示的第一行，开始下一帧数据的扫描显示工作，如此不断循环，即可完成相应的画面显示；

(7) 当要更新画面时，只需将新画面的点阵数据输入到显示缓冲区中即可；

(8) 通过控制画面的显示，可以形成多种显示方式，如左平移、右平移、开幕式、合幕式、上移、下移及动画等。

以上简要地介绍了大屏幕LED显示器的工作原理，实际的大屏幕显示器的工作原理还要复杂得多，要考虑很多问题，如采用多少路复用为好、选择什么样的驱动器，当显示像素很多时，是否要采用DMA传输等。但不论LED大屏幕显示器的实际电路如何复杂，其显示原理是相同的，即用动态扫描显示。对更具体的内容感兴趣的读者，可参考相关资料。

3.4 字符LCD

液晶显示器(Liquid Crystal Display，LCD)是一种功耗很低的显示器，其以优越的性能、低廉的价格越来越受到各方面的重视。LCD的应用领域也越来越广泛，在电子表、计算器、MP4、数码相机、手机上都可以看到它的身影。

3.4.1 LCD概述

LCD是一种利用液晶材料的电光效应制成的新型显示器件。LCD本身并不主动发光，

而是通过反射或吸收环境光来显示信息。LCD 周围的光强度越强，所显示的字符越清晰，因此其功耗很低。由于它具有体积小、重量轻、工作电压低、微功耗、价格低廉等特点，自 20 世纪 70 年代以来，LCD 已在各种显示领域得到了广泛的应用，尤其是在要求低功耗的袖珍式电子产品中，LCD 已成为一种占主导地位的显示器件。其主要优点有：

(1) 工作电压低、消耗功率小。工作电压为 1.5～12 V，每平方厘米液晶显示屏工作电流只有几微瓦。因此在电池供电等需要低功率消耗的电子设备中，LCD 成为首选显示器件。

(2) 结构简单，有利于大规模生产。LCD 的基本结构是由两片玻璃组成，中间刻上需显示的图形，在图形中装满液晶，引出电极。这种结构的优点一是使用上方便，二是工艺上适于大批量生产。目前的液晶生产线大都采用集成化生产工艺。

(3) 可靠性高、寿命长。由于功耗低、发热小，器件本身几乎没有什么劣化问题。

(4) 不发光、不刺眼、被动显示。环境光线越强，所显示内容越清晰。人眼所感受的外部信息的 90% 以上是外部物体对光的反射，而不是物体本身发光，所以被动显示更适合人的视觉习惯，不会引起疲劳，这在大信息量、高密度显示、长时间观看时尤为重要。

(5) 显示信息量大、清晰度高。与 CRT 相比，LCD 没有荫罩限制，像素可以做得很小，在笔记本计算机、台式计算机、高清晰度电视中得到了广泛的应用。

(6) 电磁辐射低。CRT 工作时会产生电磁辐射，这种辐射不仅会污染电磁环境，而且会产生信息泄漏；而 LCD 由于采用被动发光，对人体安全和信息保密都比较理想。

1. LCD 的结构及原理

LCD 主要利用液晶的扭曲-向列效应制成，这是一种电场效应。下面首先介绍 LCD 的结构和原理以及它的技术和工艺特点，这样才能在选购时有的放矢，更加科学合理地使用和维护。

液晶是一种有机复合物，由长棒状的分子构成。在自然状态下，这些棒状分子的长轴大致平行。将液晶灌入两个列有细槽的平面之间，这两个平面上的槽互相垂直(90° 相交)。也就是说，如果一个平面上的分子南北向排列，则另一平面上的分子东西向排列，而位于两个平面之间的分子被强迫进入一种 90° 扭转的状态。由于光线顺着分子的排列方向传播，所以光线经过液晶时也被扭转 90°。但当液晶上加一个电压时，分子便会重新垂直排列，使光线能直射出去，而不发生任何扭转。

液晶显示依赖极化滤光片和光线本身。在实际生活中，自然光线是朝四面八方随机发散的。极化滤光片是一系列越来越细的平行线，这些线形成一张网，可以阻断不与这些线平行的所有光线，极化滤光片的线正好与第一个垂直，所以能完全阻断那些已经极化的光线。只有两个滤光片的线完全平行，或者光线本身已扭转到与第二个极化滤光片相匹配，光线才得以穿透。

LCD 正是由这样两个相互垂直的极化滤光片构成的，所以在正常情况下应该阻断所有试图穿透的光线。但是，由于两个滤光片之间充满了扭曲液晶，所以在光线穿出第一个滤光片后，会被液晶分子扭转 90°，最后从第二个滤光片中穿出。另一方面，若为液晶加一个电压，分子又会重新排列并完全平行，使光线不再扭转，所以正好被第二个滤光片挡住。这样，便可以实现加电时将光线阻断，不加电时则使光线射出，从而实现了 LCD 液晶的显示。

2. 液晶显示模块的种类

液晶显示模块是以LCD液晶屏为核心，配合一定的控制电路，以达到方便使用显示组件的目的。根据LCD液晶屏可显示内容的不同，液晶显示模块可以分为以下两种。

1) 字符液晶模块

字符液晶模块中的显示部件是段位 LCD 液晶显示器件，只能显示数字及一些标识符号，如图3-35所示。该液晶价格低廉，驱动简单，适用于工业、民用场合的大部分电子产品，在制作时加入一定的颜色，就可以在不增加成本的条件下起到与彩色液晶类似的色彩效果。

2) 点阵液晶模块

点阵液晶模块的液晶显示器件是由连续的点阵像素构成的，因此不仅可以显示字符而且可以显示连续、完整的图形，如图3-36所示。该液晶集成有专用的行、列驱动器和控制器及必要的连接件、结构件等，其价格较贵，驱动相对复杂，适用于工业、民用场合的高档电子产品。

图3-35　字符液晶模块

图3-36　点阵液晶模块

3.4.2　单片机直接驱动LCD字符液晶

通常，在各个厂家生产的单片机中，必有一个系列内部带有LCD驱动模块，常见的是4个COM端口加24个SEG端口或8个COM端口加16个SEG端口，根据液晶的端口模式选择驱动单片机类型。

MSP430F4xx 系列的 LCD 模块所采用的驱动方法有静态驱动方式、2MUX(1/2 占空比)1/2偏压动态驱动方式、3MUX(1/3 占空比)1/3偏压动态驱动方式、4MUX(1/4 占空比)1/4偏压动态驱动方式4种驱动方法，其中静态方式需要1个引脚作为公共极(COM0)，每1段需要一个引脚；2MUX方法需要2个引脚作为公共极(COM0、COM1)，每2段需要一个引脚；3MUX方法需要3个引脚作为公共极(COM0、COM1、COM2)，每3段需要一个引脚；4MUX方法需要4个引脚作为公共极(COM0、COM1、COM2、COM3)，每4段需要一个引脚。可见，增加公共极数能减少所需单片机的引脚数。显示点数、引脚数、公共极数之间的关系为：

$$N_{\text{引脚数}}=\frac{D_{\text{点数}}}{d_{\text{公共极数}}}+d_{\text{公共极数}}$$

MSP430F4xx系列单片机的不同型号器件所能够驱动的最大段线(SEG)数目有所不同，

MSP430F41x 系列单片机为 24 × 4、MSP430F43x 系列单片机为 32 × 4(或 40 × 4)、MSP430F44x 系列单片机为 40 × 4，读者可根据所驱动 LCD 的点数(段数)选择不同的单片机。

1. 单片机内部 LCD 驱动模块

1) LCD 控制寄存器

MSP430Fxxx 系列单片机的 LCD 模块由 LCD 控制寄存器定义。LCD 控制寄存器为字节结构，只可以用字节指令访问，所有的控制位在上电清除后复位。LCD 控制寄存器(LCDCTL)的各位定义如下：

7　6　5	4　3	2	1	0
LCDP2～LCDP0	LCDMX1～LCDMX0	LCDSON	(未使用)	LCDON

LCDON：定时发生器使能位。为 0 时，关闭定时发生器，COM 输出端和 SEG 输出引脚输出为“低”，但用做通用 I/O 口的输出不受影响；为 1 时，COM 线、SEG 线按显示存储器的数据输出脉冲信号，用做通用 I/O 口的输出不受影响。

LCDSON、LCDMX1～LCDMX0：显示模式选择控制位。

LCDP2～LCDP0：选择输出 LCD 段信息或端口信息的组合。选为端口功能的输出端不再作为 LCD 段线，由显存各数据位驱动，上电时 LCDP2、LCDP1、LCDP0 复位。

2) LCD 时序发生器控制寄存器

LCD 控制器使用基础时钟产生的 f_{LCD} 作为 COM 和 SEG 所需的时序信号。f_{LCD} 的频率信号来自辅助时钟。假如使用 32 768 Hz 的晶振，则 f_{LCD} 的频率可设置为 1024、512、256 Hz 或 128 Hz。使用 BTCTL 控制寄存器中的 FRFQ1 和 FRFQ0 位来选择所需的帧频。f_{LCD} 频率由 LCD 每帧的字符的公共电极数与 LCD 扫描重复速率之积。计算公式如下：

$$f_{LCD} = 2\text{MUX} \times \text{rate} \times f_{Framing}$$

如果要 LCD 的刷新频率 $f_{Framing}$ 为 30～100 Hz，LCD 共有 3 个公共电极，振荡器使用 32 768 Hz 的晶振，试确定数据位 FRFQ1 和 FRFQ0 的值。

$$f_{LCD} = 2\text{MUX} \times \text{rate} \times f_{Framing} = 2 \times 3 \times f_{Framing}$$

当 LCD 的刷新频率为 100 Hz 时，

$$f_{LCD} = 6 \times 100\ \text{Hz} = 600\ \text{Hz}$$

当 LCD 的刷新频率为 60 Hz 时，

$$f_{LCD} = 6 \times 30\ \text{Hz} = 180\ \text{Hz}$$

在 f_{LCD} 可选择的 1024、512、256、128 Hz 中，f_{LCD} 可以选择 180～600 Hz 中的 256 Hz，也可以选择为 512 Hz。

因此，选择 FRFQ1 = 1、FRFQ0 = 0 或 FRFQ1 = 0、FRFQ0 = 1。

3) LCD 电压发生器

LCD 模块由外部提供模拟电压，加于单片机的 R33、R23、R13、R03 引脚上，并由这几个引脚内部的电阻网络组成电压发生器。R33 和 R03 引脚的电压可选，当不用 R33 和 R03 时，V1 应接 V_{CC}，V5 应接 V_{SS}。但使用 R33 和 R03 引脚有两个优点：其一是 R33 可

作为 V_{CC} 的输出切换开关，以控制流入电阻网络的电流；其二可通过 R03 来控制 LCD 电压的偏移量以进行温度补偿。不同型号的单片机可能略有差别，使用时应查阅相关器件的数据手册。

4) LCD 显示存储器

LCD 显示存储器(简称显存)中各字节的各个数据位与 LCD 段对应。LCD 模块的内部自行将 BCD 码或二进制码转换成各组 SEG/COM 的显示信息。显存的每一位数据与一条 SEG 线和一条 COM 线对应。如果该位数据为 1，则其对应的 LCD 段显示；如果该位数据为 0，则其对应的 LCD 段不显示。

2. 单片机直接驱动 LCD 字符液晶的程序设计

常用 4MUX－1/4 偏压驱动方法驱动液晶，因此液晶常见的为 4 个 COM 端口，根据液晶显示字符的段位数即可计算出需要的 SEG 端口。图 3-37 为 LCD 字符液晶显示器，该液晶由厂家定制用于热能表系统，前 7 个“8”字形字符用于显示数值，后面几个字符用于显示所需单位。其驱动电路如图 3-38 所示。

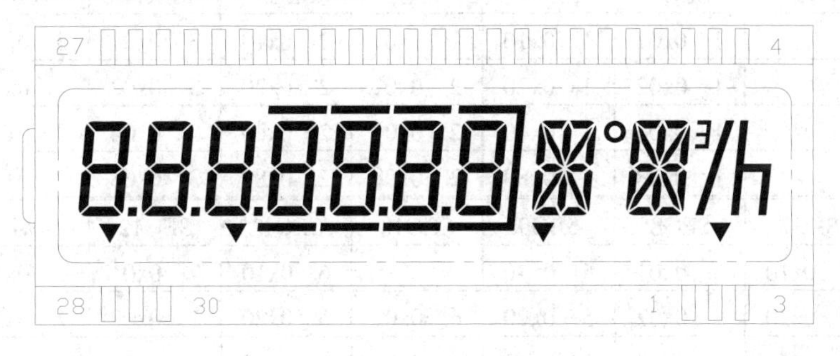

图 3-37　LCD 字符液晶显示器

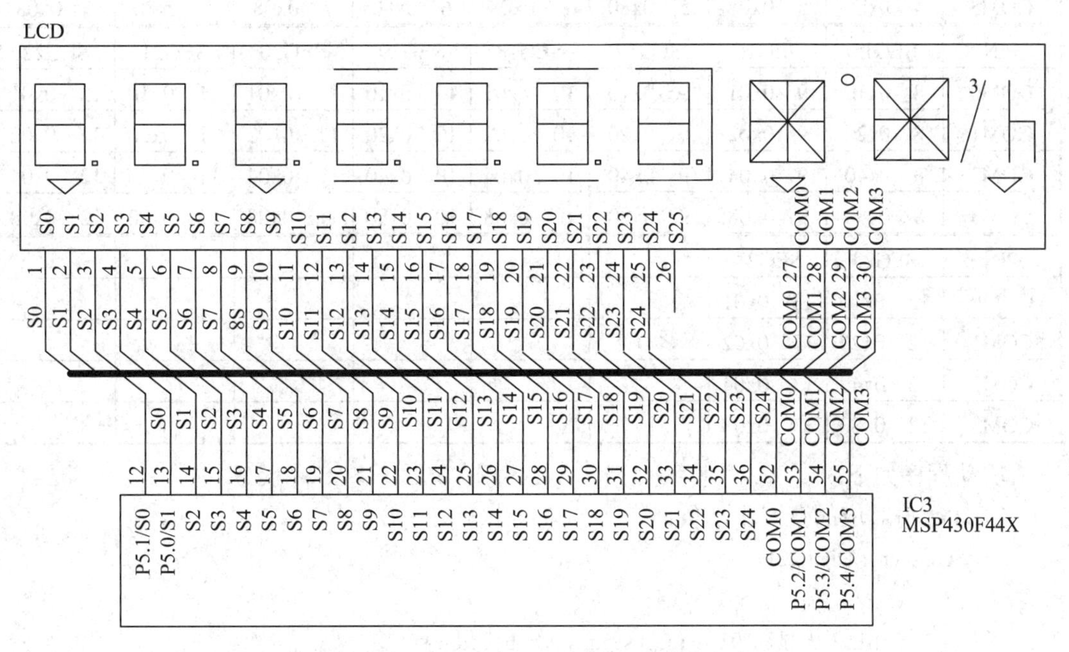

图 3-38　MSP430F449 驱动 LCD 液晶电路

在编写驱动程序时，编程人员需要知道液晶具体的各段定义，如图 3-39 所示，对应到具体引脚如表 3-14 所示。

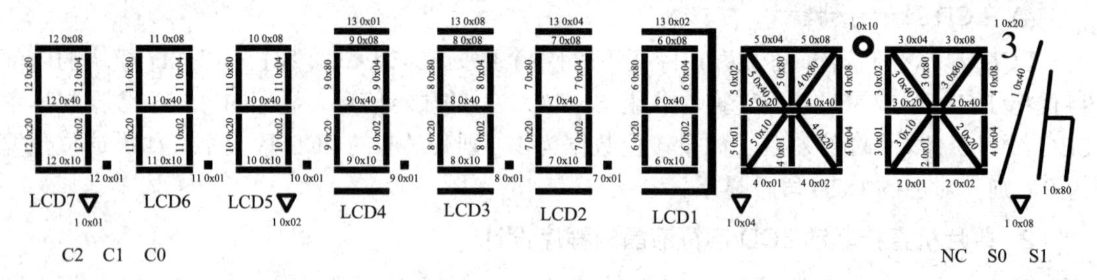

图 3-39　液晶具体各段位的定义图

表 3-14　液晶具体各段位与引脚关系表

PIN	NC	SEG0	SEG1	SEG2	SEG3	SEG4	SEG5	SEG6
COM0		1 0x01	1 0x10	2 0x01	2 0x10	3 0x01	3 0x10	4 0x01
COM1		1 0x02	1 0x20	2 0x02	2 0x20	3 0x02	3 0x20	4 0x02
COM2		1 0x04	1 0x40	2 0x04	2 0x40	3 0x04	3 0x40	4 0x04
COM3		1 0x08	1 0x80	2 0x08	2 0x80	3 0x08	3 0x80	4 0x08
PIN	SEG7	SEG8	SEG9	SEG10	SEG11	SEG12	SEG13	SEG14
COM0	4 0x10	5 0x01	5 0x10		6 0x10	7 0x01	7 0x10	8 0x01
COM1	4 0x20	5 0x02	5 0x20	6 0x02	6 0x20	7 0x02	7 0x20	8 0x02
COM2	4 0x40	5 0x04	5 0x40	6 0x04	6 0x40	7 0x04	7 0x40	8 0x04
COM3	4 0x80	5 0x08	5 0x80	6 0x08	6 0x80	7 0x08	7 0x80	8 0x08
PIN	SEG15	SEG16	SEG17	SEG18	SEG19	SEG20	SEG21	SEG22
COM0	8 0x10	9 0x01	9 0x10	10 0x01	10 0x10	11 0x01	11 0x10	12 0x01
COM1	8 0x20	9 0x02	9 0x20	10 0x02	10 0x20	11 0x02	11 0x20	12 0x02
COM2	8 0x40	9 0x04	9 0x40	10 0x04	10 0x40	11 0x04	11 0x40	12 0x04
COM3	8 0x80	9 0x08	9 0x80	10 0x08	10 0x80	11 0x08	11 0x80	12 0x08
PIN	SEG23	SEG24						
COM0	12 0x10	13 0x01						
COM1	12 0x20	13 0x02						
COM2	12 0x40	13 0x04						
COM3	12 0x80	13 0x08						

驱动程序如下：

LCD 数值对应的查表驱动值：

```
const char Digit[22]=
{
    0xBE,  // 显示"0"    LCD segments a+b+c+d+e+f
    0x06,  // "1"
```

```
        0x7C,   // "2"
        0x5E,   // "3"
        0xC6,   // "4"
        0xDA,   // "5"
        0xFA,   // "6"
        0x0E,   // "7"
        0xFE,   // "8"
        0xDE,   // "9"
        0xee,   // "A"    10
        0xf2,   // "b"    11
        0xb8,   // "C"    12
        0x76,   // "d"    13
        0xf8,   // "E"    14
        0xe8,   // "F"    15
        0x40,   // "-"    16
        0x00,   // "空"   17
        0xec,   // "p"    18
        0x32,   // "u"    19
        0xb0,   // "L"    20
        0xda    // "S"    21
    }
```

初始化LCD函数：用于设置LCD显示的段数、振动频率等。单片机内部LCD模块设置寄存器具体的设置方法应参考MSP430单片机的使用手册。

```
    void Init_LCD(void)
    {
        int i ;

        LCDCTL = LCDON+LCD4MUX+LCDSG0_4 ;          // STK LCD 4Mux, S0-S27
        BTCTL = BT_fLCD_1K ;                       // STK LCD freq
        P5SEL = 0xFF;                              // Common and Rxx all selected
        for(i = 0; i<20; i++)
        {
            LCDMEM[i] = 0 ;
        }
        return ;
    }
```

LCD显示函数：用于显示LCD的7位数值和单位。该函数具有可控灭零功能，在一些不需要显示最前端零的场合灭零。该函数用于流量计的数值显示，需显示的单位较多。

注：该段程序比较繁琐，且需要与具体工程应用结合才比较容易理解，在此不再给出。

对于液晶驱动的基本思路是：如果需要液晶中哪一段亮(显示)，则只需在 LCDMEM[]寄存器中对应的位置 1 即可。例如需要 LCD7(第一个“8”字形字符)最上面的一横(a 段)显示，通过查看图 3-39 可知是 12 0x08，对照表 3-14 发现是 COM3 和 SEG22 对应的段位，对于单片机来说，则对应于 LCDMEM[11]寄存器的 D3 位。读者只需要将该位置 1，LCD7 最上面的一横显示，置 0 则灭。

3.4.3 字符液晶驱动芯片 HT1621

在某些场合，由于单片机内部不具有液晶驱动模块或驱动模块段位数不够，可选择外接液晶驱动芯片实现。目前，市场上有多种 LCD 段位驱动芯片，如 HOLTEK 公司生产的 HT1621 即是常用的字符液晶驱动芯片。

1. HT1621 概述

HT1621 是一款 128 个位元的 LCD 控制器件，其内部 RAM 直接对应 LCD 的显示单元，使它适用于包括 LCD 模块和显示子系统在内的多功能应用，而内置的省电模式也极大地降低了功耗。主控制器与 HT1621 接口只需 4～5 根线。其主要特性如下：

(1) 工作电压为 2.4～5.2 V；

(2) 内嵌 256 kHz RC 振荡器；

(3) 可外接 32 kHz 晶片或 256 kHz 频率源输入；

(4) 可选 1/2 或 1/3 偏压和 1/2、1/3 或 1/4 的占空比；

(5) 片内时基频率源；

(6) 蜂鸣器可选择两种频率；

(7) 节电命令可用于减少功耗；

(8) 内嵌时基发生器和看门狗定时器 WDT；

(9) 时基或看门狗定时器溢出输出；

(10) 8 个时基/看门狗定时器时钟源；

(11) 一个 32 × 4 的 LCD 驱动器；

(12) 一个内嵌的 32 × 4 位显示 RAM 内存；

(13) 四线串行接口；

(14) 片内 LCD 驱动频率源；

(15) 软件配置特征；

(16) 数据模式和命令模式指令；

(17) 3 种数据访问模式；

(18) 提供 VLCD 管脚用于调整 LCD 操作电压。

HT1621 内部框图如图 3-40 所示，包含显示内存、系统振荡器、时基发生器和看门狗定时器、声音输出、LCD 驱动器和偏压电路几部分。

显示内存 RAM：静态显示内存 RAM 以 32 × 4 位的格式存储所显示的数据，RAM 的数据直接映射到 LCD 驱动器，可以用 READ、WRITE 和 READ-MODIFY-WRITE 命令访问。

系统振荡器：HT1621 系统时钟用于产生时基/看门狗定时器、WDT 时钟频率、LCD 驱动时钟和声音频率。片内 RC 振荡器(256 kHz)、晶振(32 768 Hz)或一个外接的由软件设定的 256 kHz 时钟来作为时钟源。

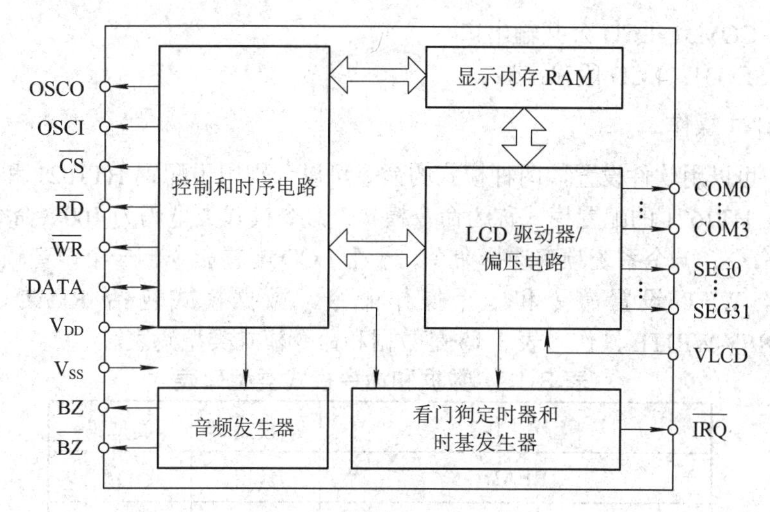

图 3-40　HT1621 内部框图

时基发生器和看门狗定时器：时基发生器是一个 8 态增值尖峰计数器，可以产生准确的时基。WDT 由时基发生器和一个 2 态增值尖峰计数器组成，它可以在主控制器或其他子系统处于异常状态时产生中断。WDT 溢出时产生片内 WDT 溢出标志，可用命令选项使时基发生器和 WDT 溢出标志输出到 $\overline{IRQ}$ 管脚。

声音输出：HT1621 内嵌一个简单的声音发生器，可以在管脚 BZ 和 $\overline{BZ}$ 上输出一对驱动信号，用于产生一个单音执行 TONE 4K 或 TONE 2K 命令，该命令可以输出两种频率的声音(4 kHz 和 2 kHz)，TONE ON 或 TONE OFF 命令用于打开或关闭声音输出。

LCD 驱动器：HT1621 是一个 128(32 × 4)点的 LCD 驱动器，它可由软件配置成 1/2 或 1/3 的 LCD 驱动器偏压和 2、3 或 4 个公共端口，这一特性使 HT1621 适用于多种 LCD 应用场合。LCD 驱动时钟由系统时钟分频产生，其频率值保持为 256 Hz，由频率为 32 768 Hz 的晶振、片内 RC 振荡器或外部时钟产生。

引脚功能如下：

$\overline{CS}$：片选输入接一上拉电阻。当 $\overline{CS}$ 为高电平时，读写 HT1621 的数据和命令无效，串行接口电路复位；当 $\overline{CS}$ 为低电平和作为输入时，读写 HT1621 的数据和命令有效。

$\overline{RD}$：READ 脉冲输入接一上拉电阻。在 $\overline{RD}$ 信号的下降沿，HT1621 内存的数据被读到 DATA 线上，主控制器可以在下一个上升沿时锁存这些数据。

$\overline{WR}$：WRITE 脉冲输入，接一上拉电阻。在 $\overline{WR}$ 信号的上升沿，DATA 线上的数据写到 HT1621。

DATA：外接上拉电阻的串行数据输入/输出。

V_{SS}：负电源，地。

OSCI、OSCO：OSCI 和 OSCO 外接一个 32.768 kHz 晶振用于产生系统时钟。若用另一个外部时钟源，应接在 OSCI 上；若用片内 RC 振荡器，则 OSCI 和 OSCO 应悬空。

VLCD：LCD 电源输入。

V_{DD}：正电源。

$\overline{IRQ}$：时基发生器或看门狗定时器溢出标志，NMOS 开漏输出。

BZ、$\overline{BZ}$：声音频率输出。

COM0～COM3：LCD 公共输出口。

SEG0～SEG31：LCD 段输出口。

2. HT1621 操作

HT1621 可以用软件设置，两种模式的命令可以分别用于配置 HT1621 和传送 LCD 所显示的数据。HT1621 的配置模式称为命令模式，命令模式类型码为 100。命令模式包括一个系统配置命令、一个系统频率选择命令、一个 LCD 配置命令、一个声音频率选择命令、一个定时器 WDT 设置命令和一个操作命令。数据模式包括 READ、WRITE 和 READ-MODIFY-WRITE 操作，表 3-15 是数据和命令模式类型码表。

表 3-15　数据和命令模式类型码表

操　作	模式	类型码
READ	数据	110
WRITE	数据	101
READ-MODIFY-WRITE	数据	101
COMMAND	命令	100

模式命令应在数据或命令传送前运行，如果执行连续的命令，命令模式代码(即 100)将被忽略。当系统在不连续命令模式或不连续地址数据模式下，管脚 $\overline{CS}$ 应设为“1”，而且先前的操作模式将复位。当管脚 $\overline{CS}$ 返回“0”时，新的操作模式类型码应先运行。HT1621 具体的命令如表 3-16 所示。

表 3-16　HT1621 命令一览表

命令名称	命 令 代 码	功 能 描 述
READ	110 a5 a4 a3 a2 a1 a0 d0 d1 d2 d3	读 RAM 数据
WRITE	101 a5 a4 a3 a2 a1 a0 d0 d1 d2 d3	写数据到 RAM
READ-MODIFY-WRITE	101 a5 a4 a3 a2 a1 a0 d0 d1 d2 d3	读和写数据
SYS DIS	100　0 0000 000x	关闭系统振荡器和 LCD 偏压发生器
SYS EN	100　0 0000 001x	打开系统振荡器
LCD OFF	100　0 0000 010x	关闭 LCD 偏压发生器
LCD ON	100　0 0000 011x	打开 LCD 偏压发生器
TIMER DIS	100　0 0000 100x	时基输出失效
WDT DIS	100　0 0000 101x	WDT 溢出标志输出失效
TIMER EN	100　0 0000 110x	时基输出使能
WDT EN	100　0 0000 111x	WDT 溢出标志输出有效
TONE OFF	100　0 0001 000x	关闭声音输出
TONE ON	100　0 0001 001x	打开声音输出
CLR TIMER	100　0 0001 1xxx	时基发生器清零
CLR WDT	100　0 0001 11xx	清除 WDT 状态

续表

命令名称	命令代码	功能描述
XTAL 32K	100 0 0010 1xxx	系统时钟源晶振
RC 256K	100 0 0011 0xxx	系统时钟源片内 RC 振荡器
EXT 256K	100 0 0011 1xxx	系统时钟源外部时钟源
BIAS 1/2	100 0 010a bx0x	LCD 1/2 偏压选项 ab=00：2 个公共口 ab=01：3 个公共口 ab=10：4 个公共口
BIAS 1/3	100 0 010a bx1x	LCD 1/3 偏压选项 ab=00：2 个公共口 ab=01：3 个公共口 ab=10：4 个公共口
TONE 4K	100 0 10xx xxxx	声音频率 4 kHz
TONE 2K	100 0 11xx xxxx	声音频率 2 kHz
$\overline{\text{IRQ}}$ DIS	100 1 00x0 xxxx	使 $\overline{\text{IRQ}}$ 输出失效
$\overline{\text{IRQ}}$ EN	100 1 00x1 xxxx	使 $\overline{\text{IRQ}}$ 输出有效
F1	100 1 01xx 000x	时基 WDT 时钟输出 1 Hz
F2	100 1 01xx 001x	时基 WDT 时钟输出 2 Hz
F4	100 1 01xx 010x	时基 WDT 时钟输出 4 Hz
F8	100 1 01xx 011x	时基 WDT 时钟输出 8 Hz
F16	100 1 01xx 100x	时基 WDT 时钟输出 16 Hz
F32	100 1 01xx 101x	时基 WDT 时钟输出 32 Hz
F64	100 1 01xx 110x	时基 WDT 时钟输出 64 Hz
F128	100 1 01xx 111x	时基 WDT 时钟输出 128 Hz
TOPT	100 1 1100 000x	测试模式
TNORMAL	100 1 1100 011x	普通模式

HT1621 只有 4 根管脚用于接口。管脚 $\overline{\text{CS}}$ 用于初始化串行接口电路和结束主控制器与 HT1621 之间的通信。管脚 $\overline{\text{CS}}$ 设置为“1”时，主控制器和 HT1621 之间的数据和命令无效并初始化，在产生模式命令或模式转换之前，必须用一个高电平脉冲初始化 HT1621 的串行接口。管脚 DATA 是串行数据输入/输出管脚，读/写数据和写命令通过管脚 DATA 进行。管脚 $\overline{\text{RD}}$ 是读时钟输入管脚，在 $\overline{\text{RD}}$ 信号的下降沿时数据输出到管脚 DATA 上，在 $\overline{\text{RD}}$ 信号的上升沿和下一个下降沿之间，主控制器应读取相应的数据。管脚 $\overline{\text{WR}}$ 是写时钟输入管脚，在 $\overline{\text{WR}}$ 信号上升沿时，管脚 DATA 上的数据、地址和命令被写入 HT1621。可选的管脚 $\overline{\text{IRQ}}$ 可用做主控制器和 HT1621 之间的接口，$\overline{\text{IRQ}}$ 可用软件设置作为定时器输出或 WDT 溢出标志输出。主控制器与 HT1621 的 $\overline{\text{IRQ}}$ 相连接后，可以实现时基或 WDT 功能。HT1621 的具体操作时序如下。

1) 读操作

HT1621 的数据既可以以单半字节(4 位)的模式读取，也可以连续读取。当以单半字节

模式读取时，MCU 先向 HT1621 写入需读取数据的地址，然后 HT1621 会在 $\overline{\text{RD}}$ 端口来上升沿脉冲时从 DATA 端口送出数据，其操作时序如图 3-41 所示；当以连续模式读取时，MCU 先向 HT1621 写入需读取数据的首地址，然后 HT1621 会在 $\overline{\text{RD}}$ 端口来上升沿脉冲时从 DATA 端口送出数据，只需在 $\overline{\text{RD}}$ 端口产生上升沿脉冲，HT1621 就会连续送出下一寄存器的数据，其操作时序如图 3-42 所示。

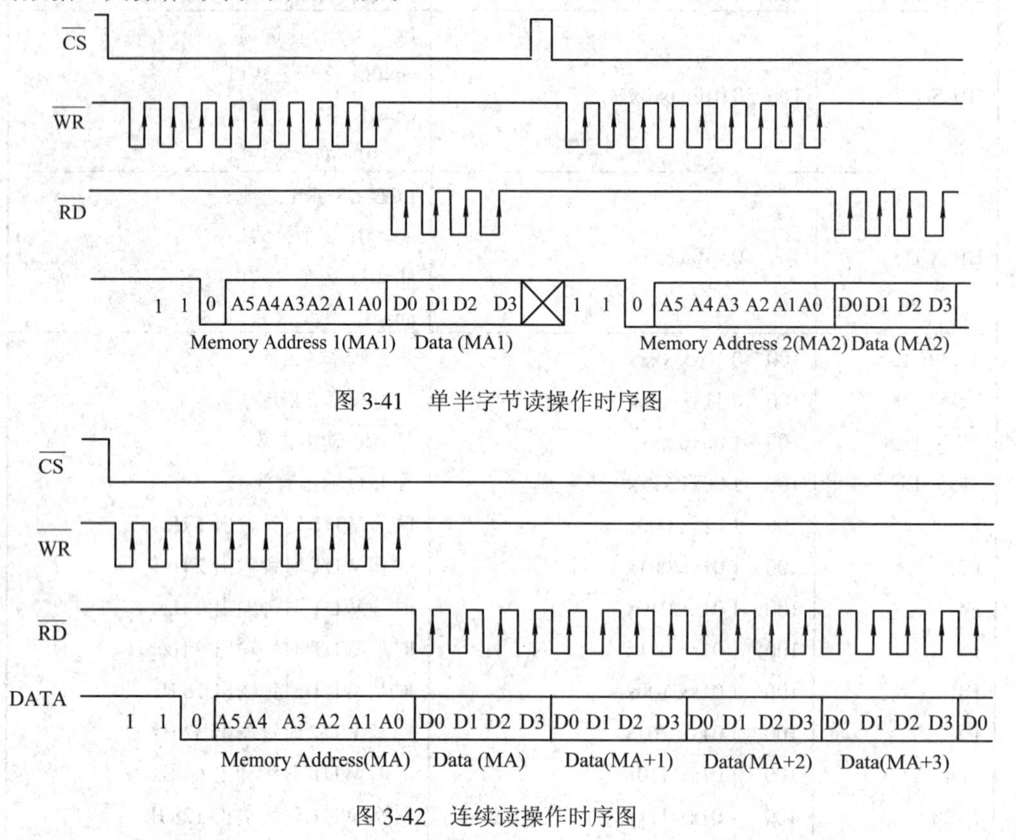

图 3-41　单半字节读操作时序图

图 3-42　连续读操作时序图

2) 写操作

写操作模式和读操作相似，也有单半字节写入模式和连续写入模式。当以单半字节模式写入时，MCU 先向 HT1621 写入需写入数据的地址，然后写入数据即可，其操作时序如图 3-43 所示；当以连续模式写入时，MCU 先向 HT1621 写入需写入数据的首地址，然后写入需写入的数据，只需不断地写数据，即可将数据写入下一寄存器，其操作时序如图 3-44 所示。

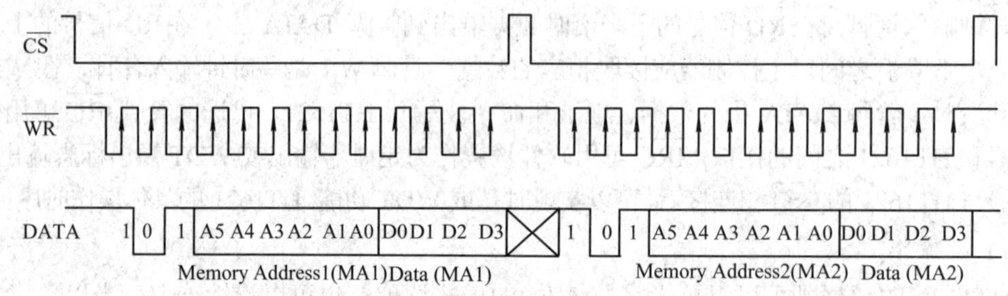

图 3-43　单半字节写入操作时序图

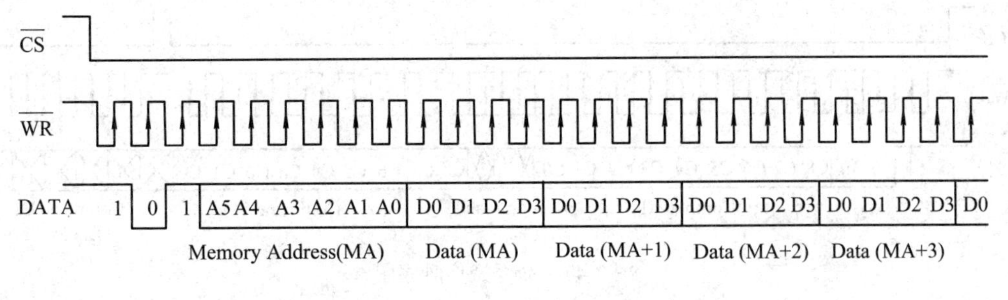

图 3-44 连续写入操作时序图

3) 边读边写操作

边读边写操作与写操作和读操作相似，也有单半字节边读边写模式和连续边读边写模式。当以单半字节模式边读边写时，MCU 先向 HT1621 写入需读取数据的地址，然后读取数据，读完数据后接着写入即可，其操作时序如图 3-45 所示；当以连续模式边读边写时，MCU 先向 HT1621 写入需读取数据的首地址，然后读取数据、写入数据，只需不断地读取数据、写入数据，即可将数据边读边写入下一寄存器，其操作时序如图 3-46 所示。

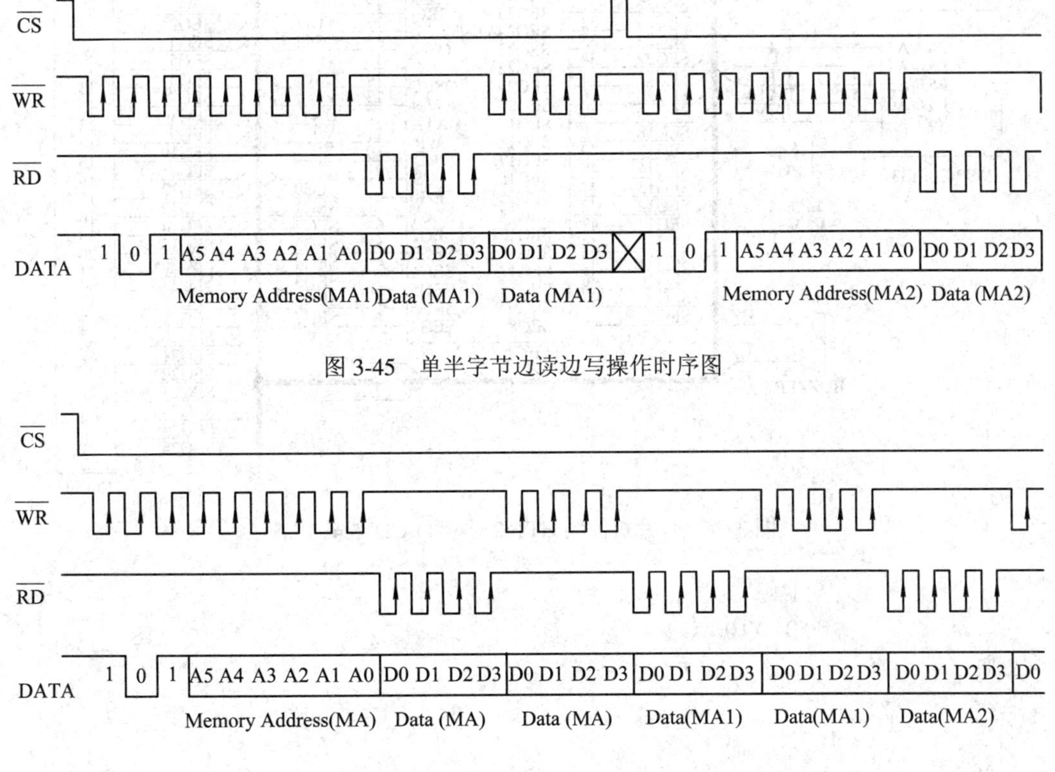

图 3-45 单半字节边读边写操作时序图

图 3-46 连续边读边写操作时序图

4) 命令操作

命令操作与写操作相似，写入命令代码 100，然后写入命令即可。当然，命令也可连续写入，其操作时序如图 3-47 所示。

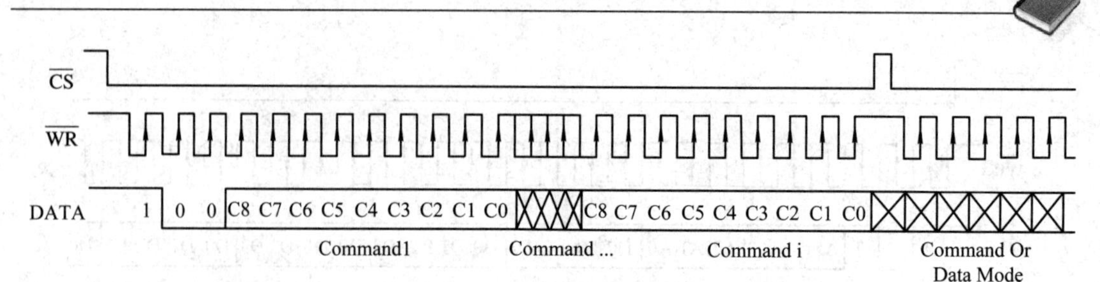

图 3-47 命令操作时序图

3. 字符液晶驱动芯片 HT1621 的程序设计

图 3-48 为 PMSM 电机控制系统的液晶驱动电路，该电路由 MSP430F133 控制 HT1621 驱动 LCD 液晶，而不使用 MSP430F413 内部驱动模块驱动 LCD 液晶的原因是该单片机 SEG 段过少，驱动该液晶段位不够；不使用 MSP430F447 的原因是该单片机价格较高，应用于该电路，性价比较低。该液晶显示器如图 3-49 所示，引脚定义如表 3-17 所示。

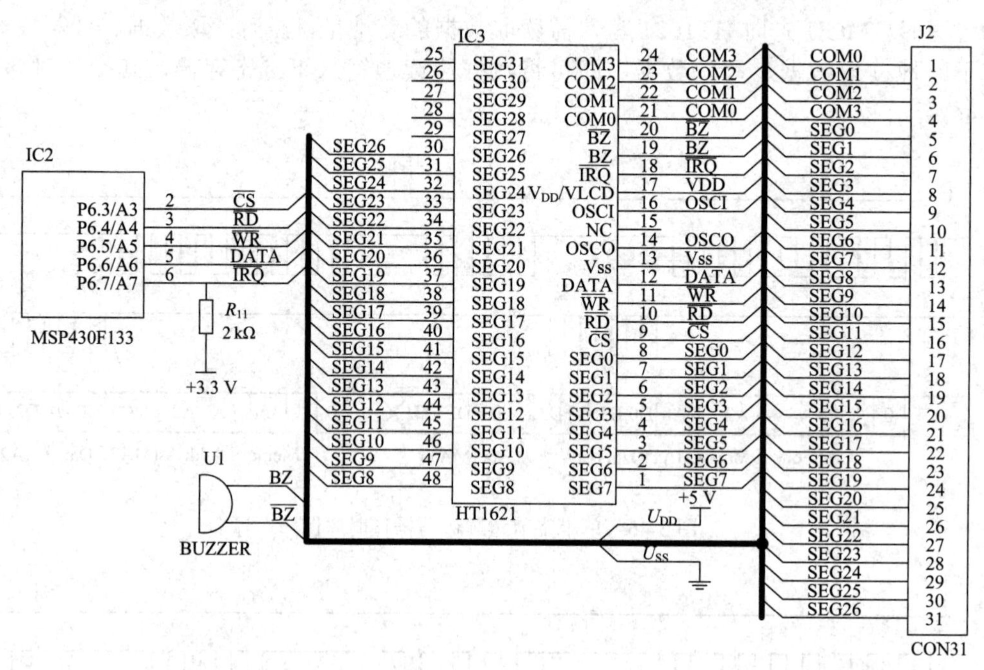

图 3-48 单片机控制 HT1621 驱动 LCD 液晶电路

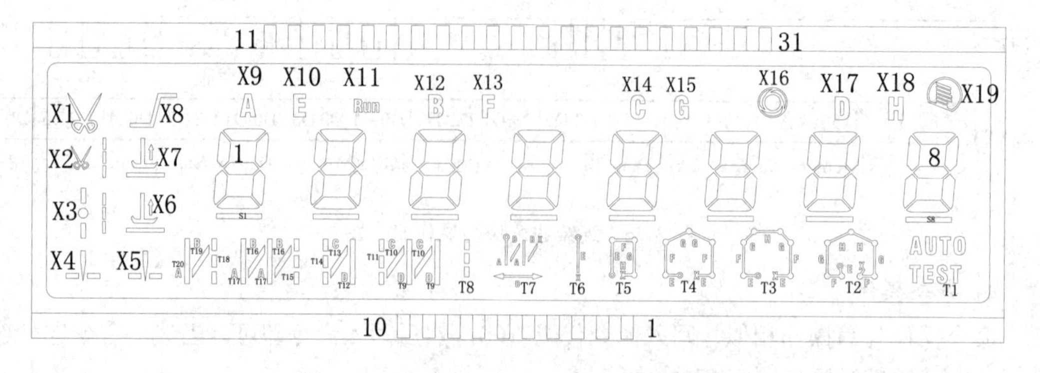

图 3-49 PMSM 电机控制系统液晶显示器

表 3-17 PMSM 电机控制系统液晶显示器对应段定义

PIN	1	2	3	4	5	6	7	8	9	10	11	12	13	14	15	16
COM1	COM1	—	—	—	T1	T5	—	—	—	—	X4	X5	1D	S1	2D	S2
COM2	—	COM2	—	—	T2	T6	T9	T12	T15	T18	X3	X6	1G	1B	2G	2B
COM3	—	—	COM3	—	T3	T7	T10	T13	T16	T19	X2	X7	1E	1C	2E	2C
COM4	—	—	—	COM4	T4	T8	T11	T14	T17	T20	X1	X8	1F	1A	2F	2A
PIN	17	18	19	20	21	22	23	24	25	26	27	28	29	30	31	—
COM1	X12	3D	S3	4D	S4	5D	S5	X16	6D	S6	7D	S7	8D	S8	—	—
COM2	X11	3G	3B	4G	4B	5G	5B	X15	6G	6B	7G	7B	8G	8B	X18	—
COM3	X10	3E	3C	4E	4C	5E	5C	X14	6E	6C	7E	7C	8E	8C	X19	—
COM4	X9	3F	3A	4F	4A	5F	5A	X13	6F	6A	7F	7A	8F	8A	X17	—

预定义：定义 HT1621 的操作端口。

```
#define  HT1621CS              BIT3      // P6.3
#define  HT1621RD              BIT4      // P6.4
#define  HT1621WR              BIT5      // P6.5
#define  HT1621DATA            BIT6      // P6.6
#define  HT1621IRQ             BIT7      // P6.7
#define  OUT_HT1621CS          P6DIR |= HT1621CS
#define  HIGH_HT1621CS         P6OUT |= HT1621CS
#define  LOW_HT1621CS          P6OUT &= ~HT1621CS
#define  OUT_HT1621RD          P6DIR |= HT1621RD
#define  HIGH_HT1621RD         P6OUT |= HT1621RD
#define  LOW_HT1621RD          P6OUT &= ~HT1621RD
#define  OUT_HT1621WR          P6DIR |= HT1621WR
#define  HIGH_HT1621WR         P6OUT |= HT1621WR
#define  LOW_HT1621WR          P6OUT &= ~HT1621WR
#define  OUT_HT1621DATA        P6DIR |= HT1621DATA
#define  IN_HT1621DATA         P6DIR &= ~HT1621DATA
#define  HIGH_HT1621DATA       P6OUT |= HT1621DATA
#define  LOW_HT1621DATA        P6OUT &= ~HT1621DATA
#define  READ_HT1621DATA       (P6IN & HT1621DATA)
#define  IN_HT1621IRQ          P6DIR &= ~HT1621IRQ
#define  READ_HT1621IRQ        (P6IN & HT1621IRQ)
```

HT1621 初始化函数：用于初始化 HT1621 通信端口和 HT1621 内的寄存器。在本设计中不返回 $\overline{\text{IRQ}}$ 中断信号，直接将 $\overline{\text{IRQ}}$ 端口悬空，可减少使用 MCU 的 I/O 口。

```
void Init_LCD_HT1621(void)     // 初始化液晶显示器
```

```
{
    OUT_HT1621CS;
    OUT_HT1621RD;
    OUT_HT1621WR;
    OUT_HT1621DATA;
    command_write_HT1621_byte(0x01c6);      // TNORMAL        111000110B
    command_write_HT1621_byte(0x0100);      // IRQ DIS        100000000B
    command_write_HT1621_byte(0x0030);      // RC 256K        000110000B
    command_write_HT1621_byte(0x0052);      // BIAS 1/3,4COM  001010010B
    command_write_HT1621_byte(0x0080);      // TONE 4K        010000000B
    command_write_HT1621_byte(0x0012);      // TONE ON        000010010B
    command_write_HT1621_byte(0x000a);      // WDT DIS        000001010B
    command_write_HT1621_byte(0x0008);      // TIMER DIS      000001000B
    command_write_HT1621_byte(0x0002);      // SYS EN         000000010B
    command_write_HT1621_byte(0x0006);      // LCD ON         000000110B
    return;
}
```

LCD 清屏函数：用于清除 LCD 显示器上的显示值。

```
void clear_all_LCD_vision(void)
{   int i ;

    OUT_HT1621CS;
    OUT_HT1621DATA;
    HIGH_ HT1621WR;
    LOW_ HT1621CS;
    write_data_HT1621(1);          // 101
    write_data_HT1621(0);
    write_data_HT1621(1);
    for(i=6; i>0; i--)
    {
        write_data_HT1621(0);      // address = 000000
    }
    for(i=124; i>0; i--)
    {
        write_data_HT1621(0);
    }
    HIGH_ HT1621CS;
    return;
}
```

LCD 全亮测试函数：将 LCD 所有段位点亮，用于测试 LCD 显示器。

```
void test_vision_all_lcd(void)
{    int i;

     OUT_HT1621CS;
     OUT_HT1621DATA;
     HIGH_ HT1621WR;
     LOW_ HT1621CS;
     write_data_HT1621(1);                    // 101
     write_data_HT1621(0);
     write_data_HT1621(1);
     for(i=6; i>0; i--)
     {    write_data_HT1621(0);               // address = 000000
     }
     for(i=124; i>0; i--)
     {
          write_data_HT1621(1);
     }
     HIGH_ HT1621CS;
     return;
}
```

向 HT1621 写命令函数：用于向 HT1621 写入控制命令，具体的控制命令代码可参考相关数据手册或表 3-16。

输入参数：data，控制命令代码。

```
void command_write_HT1621_byte(int data)
{
     int i;

     OUT_HT1621CS;
     OUT_HT1621DATA;
     HIGH_ HT1621WR;
     LOW_ HT1621CS;
     write_data_HT1621(1); // 100
     write_data_HT1621(0);
     write_data_HT1621(0);
     for(i=BIT8; i>0; i>>1)
     {
          if((i & data) != 0)   {write_data_HT1621(1);}
          else   {write_data_HT1621(0);}
     }
```

```
        HIGH_ HT1621CS;
        return;
    }
```

向 HT1621 写 1 位数据位函数：向 HT1621 数据输入端送入一位数值，该函数是写入字节数据的子函数。

输入参数：data，1 位待写入的数值。

```
    void write_data_HT1621(char data)
    {
        unsigned char i;

        for (i=2; i>0; i--);
        if(data == 0)
        {
            LOW_HT1621WR;
            LOW_HT1621DATA;
            for (i=4; i>0; i--);
            HIGH_HT1621WR;
        }
        else
        {   LOW_HT1621WR;
            HIGH_HT1621DATA;
            for (i=4; i>0; i--);
            HIGH_HT1621WR;
        }
        for (i=2; i>0; i--);
        return;
    }
```

向 HT1621 写寄存器函数：向 HT1621 数据输入端送入一个字节数据，该函数重复调用向 HT1621 写 1 位数据位子函数即可实现。

输入参数：data，待写入的字节。

```
    void write_HT1621_byte(int data)
    {
        int i;

        LOW_HT1621WR;
        HIGH_HT1621DATA;
        HIGH_HT1621WR;
        LOW_HT1621CS;
        write_data_HT1621(1);                    // 101
```

```
    write_data_HT1621(0);
    write_data_HT1621(1);
    for(i=BIT9; i>0; i>>1)
    {
        if((i & data) != 0)   write_data_HT1621(1);     // 测试位，以判断送 0 或 1
        else   write_data_HT1621(0);
    }
    HIGH_HT1621CS;
    return;
}
```

显示数据函数：在 LCD 显示器 8 个字符的位置显示 LCD[]数组中的数值。

```
void vision_LCD_number(void)
{
    vision_LCD_one_number(LCD[0], 0x0080);
    vision_LCD_one_number(LCD[1], 0x00a0);
    vision_LCD_one_number(LCD[2], 0x00d0);
    vision_LCD_one_number(LCD[3], 0x00f0);
    vision_LCD_one_number(LCD[4], 0x0110);
    vision_LCD_one_number(LCD[5], 0x0140);
    vision_LCD_one_number(LCD[6], 0x0160);
    vision_LCD_one_number(LCD[7], 0x0180);
    return;
}
```

显示一个数字函数：在 LCD 显示器上需要的位置显示需要的数值。该函数中的地址数据由单片机连接 LCD 的端口配置寄存器决定，具体寄存器应参考数据手册。

输入参数：data，需显示的数据；

address，数据显示的地址。

```
void vision_LCD_one_number(unsigned char data, int address)
{   int i=0;
    int j=0;

    if(data > 21) data = 0 ;
    i = TAB(data);                                  // 查出对应的 7 段译码
    j = (i & 0x000f) + address + 0x0010 ;           // 高 4 位
    write_HT1621_byte(j);
    i = i >> 4 ;
    write_HT1621_byte(( i & 0x000f) + address);  // 低 4 位
    return;
}
```

```
// 数据译码表
const char TAB[22]=                         // ----数字显示-----------
{
    BIT0+BIT2+BIT1+BIT7+BIT5+BIT4,          // "0"          a+b+c+d+e+f    // 段位显示
    BIT2+BIT1,                              // "1"          b+c
    BIT0+BIT2+BIT6+BIT5+BIT7,               // "2"          a+b+g+e+d
    BIT0+BIT2+BIT6+BIT1+BIT7,               // "3"          a+b+g+c+d
    BIT4+BIT6+BIT2+BIT1,                    // "4"          f+g+b+c
    BIT0+BIT4+BIT6+BIT1+BIT7,               // "5"          a+f+g+c+d
    BIT0+BIT4+BIT5+BIT7+BIT1+BIT6,          // "6"          a+f+e+d+c+g
    BIT0+BIT2+BIT1,                         // "7"          a+b+c
    BIT0+BIT2+BIT1+BIT7+BIT5+BIT4+BIT6,     // "8"          a+b+c+d+e+f+g
    BIT0+BIT2+BIT1+BIT7+BIT6+BIT4,          // "9"          a+b+c+d+g+f
    BIT6,                                   // "10" "-"     g
    0,                                      // "11" "空"
    BIT0+BIT2+BIT5+BIT4+BIT6,               // "12" "P"     a+b+e+f+g
    BIT0+BIT5+BIT4+BIT6,                    // "13" "F"     a+e+f+g
    BIT2+BIT1+BIT5+BIT4+BIT6,               // "14" "H"     b+c+e+f+g
    BIT7+BIT5+BIT4,                         // "15" "L"     d+e+f
    BIT0+BIT7+BIT5+BIT4+BIT6,               // "16" "E"     a+d+e+f+g
    BIT5+BIT6,                              // "17" "r"     e+g
    BIT0+BIT2+BIT1+BIT5+BIT4+BIT6           // "18" "A"     a+b+d+e+f+g
    BIT1+BIT7+BIT5,                         // "19" "v"     c+d+e
    BIT0+BIT1+BIT7+BIT4+BIT6,               // "20" "S"     a+c+d+f+g
    0
};
```

3.5 LCM液晶显示

由于普通的液晶显示器(LCD)在显示汉字或图形时驱动较复杂，因此，将驱动模块和LCD相结合的液晶显示模块应运而生。液晶显示模块是一种集成度比较高的显示组件，其英文名称为LCD Module，可以简称为LCM。液晶显示模块将液晶显示器件、控制器、PCB电路板、背光源和外部连接端口等组装在一起，可以方便地用于需要液晶显示的场合。在现代的电子设计中，液晶显示模块的应用也越来越广泛。

3.5.1 点阵LCM

点阵式液晶显示模块(LCM)一般都内置LCD驱动器，其采用控制指令集来进行显示控制。这类 LCM 和单片机的接口比较简单，控制也比较容易，因此得到了广泛的应用。一般来说，掌握一种液晶显示模块，便可以熟悉采用同类型驱动器的其他液晶显示模块的使用。下面以 KYDZ320240D 图形液晶显示器为例，重点介绍点阵图形液晶模块的使用，它可以显示数字、字符、汉字和图形等，功能比较全面。

液晶显示最主要的优势是可以显示多行的汉字及图形。除这一点外，使用液晶显示模块作为显示设备还具有其他很多优势，主要表现在如下几个方面。

(1) 体积小、重量轻。液晶显示模块通过显示屏上的电极控制液晶分子状态来达到显示目的，在重量上比相同显示面积的传统显示器件要轻得多。

(2) 功率消耗小。液晶显示模块的功耗主要消耗在其内部的电极和驱动芯片上。因此，对于相同的显示面积，液晶显示模块的耗电量比其他显示器件要小得多。

(3) 显示质量高。由于液晶显示模块每一个点在收到信号后就可以保持稳定的色彩和亮度，恒定发光，不需要刷新，因此液晶显示模块画质高而不会闪烁，可将眼睛疲劳降到最低。

(4) 无电磁辐射。液晶显示模块的先天特点决定了其没有电磁辐射，这个优点使得液晶电视和计算机的液晶显示器都得到广泛推广。

(5) 简单方便的数字式接口。液晶显示模块都是数字式的，和单片机的接口十分简单，操作也十分方便。

(6) 应用范围广。液晶显示模块特别是点阵图形液晶模块，可以显示数字、字符、汉字和图形等，可适用于各种场合。

1. KYDZ320240D 液晶显示器概述

KYDZ320240D 是一款图形点阵液晶显示器，采用动态驱动原理由行驱动器和列驱动器两部分组成了 320 列×240 行的全点阵液晶显示。该显示器内含硬件字库，编程模式简洁方便；采用 COB 的软封装方式，通过导电橡胶和压框连接 LCD，使其寿命长、连接可靠。其主要特点有：

(1) 工作电压为 3～5 V，自带驱动 LCD 所需的负电压；

(2) 内建 7602 个常用简体字库(国家标准 GB 码字库)；

(3) 内建对比度调节电路，可软件设置对比度；

(4) 内建多组半宽字符(ASCII 码)，方便编程；

(5) 内建粗体字型和行距设定；

(6) 提供显示屏幕水平卷动和垂直拖动功能；

(7) 提供单个字符反白显示和 *N* 行反白显示；

(8) 提供简单 4 级灰度显示功能；

(9) 提供中英文对齐/不对齐功能；

(10) 提供触摸屏控制功能；

(11) 全屏幕点阵，点阵数为 320 列×240 行，可显示 20 列×15 行 16×16 点阵的汉字，也可完成图形、字符的显示；

(12) 与 CPU 接口采用 5 条位控制总线和 8 位并行数据总线输入/输出，可适配 Intel8080 时序或者 M6800 时序；

(13) 内部有显示数据锁存器；

(14) 简单的操作指令，每个指令为一个寄存器，写入数值即相当于输入指令。

2. 引脚功能说明

KYDZ320240D 液晶显示器的引脚功能如表 3-18 所示。需注意，该显示器可以通过软件调节正压来实现对比度的软件调节，外部同时可以使用可调电阻来调节。在 V_{EE} 和 GND 引脚之间接一可调电阻，可调端接到 V0 引脚上，先调节电位器到一个合适值，再通过软件调节来实现调节对比度。

显示器在上电之后要先对整个模块进行一次复位，即在 $\overline{RES}$ 引脚加一个低电平并维持一段时间，320240D 需要较长的复位时间，建议为 500 ms，然后拉高到高电平，再开始对模块进行初始化等操作。

A0 为“L”时表示对缓存器发送命令，也就是对 320240D 的指令寄存器进行读/写操作，而 A0 为“H”时表示对显示器 RAM 进行数据读/写操作，$\overline{RD}$ 为 L 时进行读取操作，$\overline{WR}$ 为 L 时进行写入操作，至于读/写的目的地则由 A0 决定。

表 3-18　液晶显示器引脚说明

引脚	符号	电平	功　能
1	GND	0 V	电源地
2	V_{DD}	+5 V	提供内部逻辑电路的正电源
3	V0	—	LCD 亮度调节电压输入端
4	$\overline{WR}$	L	写控制端
5	$\overline{RD}$	L	读控制端
6	$\overline{CS}$	L	芯片选择端
7	A0	H/L	H：读/写指令寄存器；L：读/写数据寄存器
8	$\overline{RES}$	L	复位端
9	DB0	H/L	数据线 0 位
10	DB1	H/L	数据线 1 位
11	DB2	H/L	数据线 2 位
12	DB3	H/L	数据线 3 位
13	DB4	H/L	数据线 4 位
14	DB5	H/L	数据线 5 位
15	DB6	H/L	数据线 6 位
16	DB7	H/L	数据线 7 位
17	LED+	+5 V	LED 背光正电源
18	V_{EE}	−20 V	输出负压用于 LCD 亮度调节
19	INT	H/L	中断信号
20	BUSY	H/L	显示器忙信号
21	LED+	+5 V	背光电源
22	LED−	0 V	

3. 操作方式

320240D 的操作时序如图 3-50 所示。对显示器的操作步骤如下：

(1) 将 $\overline{CS}$、$\overline{RD}$、$\overline{WR}$ 引脚接高电平，即不对显示器操作时这些端口都为高电平；DB0～DB7 引脚设置为输入端口。

(2) 控制 $\overline{CS}$ 引脚接低电平，选择操作显示器。

(3) 控制 A0 引脚电平，如要对指令寄存器操作则接高电平，对数据寄存器操作则接低电平。

(4) 控制 $\overline{RD}$、$\overline{WR}$ 引脚电平，如要读取数据，则 $\overline{RD}$ 引脚接低电平；如要写入数据，则 $\overline{WR}$ 引脚接低电平。

(5) 控制 DB0～DB7，如写入数据则将 DB0～DB7 引脚设置为输出端口，并将数据送入 DB0～DB7 端口；如读出数据则从 DB0～DB7 端口读出。

当对 320240D 的指令寄存器进行读取动作时，MCU 必须透过数据总线先送出缓存器的地址，然后才能在数据总线上读取缓存器的数据；如果是对缓存器进行写入动作，则 MCU 必须通过数据总线先送出缓存器的地址，然后送出要写入的数据。

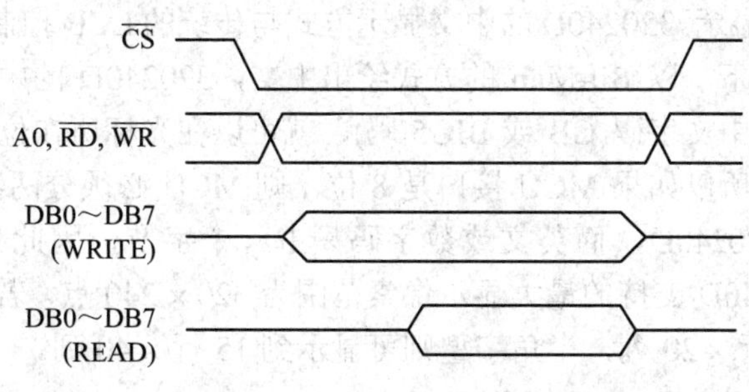

图 3-50　320240D 操作时序图

4. 指令寄存器功能说明

➢ REG [00h] Whole Chip LCD Controller Register (WLCR)

位	功 能 描 述	默认值	操作方式
7～6	电源模式(Power Mode)： 11：正常模式(Normal Mode)。RA8803/8822 的所有功能都可以使用(Available)； 00：关闭模式(Off Mode)。除了唤醒(Wake-Up)电路工作外，其他功能都被禁止。当 Wake-Up 电路被触发时，将恢复至正常模式	3h	R/W
5	软件重置：所有缓存器回到初始值，但是 RAM 的内容不会被清除。 1：重置所有缓存器； 0：正常模式，平常应保持为“0”	0h	R/W
4	保留	0h	R/W
3	选择显示工作模式： 1：文字模式，写入的数据会被视为 GB/BIG/ASCII 等字码； 0：绘图模式，写入的数据会被视为 Bit-Map 的模式	1h	R/W

续表

位	功 能 描 述	默认值	操作方式
2	设定屏幕显示为开启或关闭，此位用来控制连接到LCD 驱动器接口的“DISPOFF”信号： 1：“DISPOFF”信号输出High(屏幕开启)； 0：“DISPOFF”信号输出Low(屏幕关闭)	0h	R/W
1	闪烁模式选择： 1：整个屏幕闪烁，闪烁时间可由缓存器BTMR来设定； 0：正常显示，不闪烁	0h	R/W
0	屏幕反白模式选择： 1：正常显示，不反白； 0：屏幕全反白，DDRAM里的内容全部反相	1h	R/W

320240D 的文字模式可以支持全角(中文或英文)及半角(英文)的显示，全角文字是以 16×16 的点矩阵组成的，半角文字是以 8×16 的点矩阵组成的，且支持全角(中文)及半角(英文)文字的混合显示。320240D 的中文显示方式与传统的LCD控制器不同，传统的LCD控制器是在绘图模式下，以 Bit-Map 的方式绘出中文，320240D 的中文显示方式则是在文字模式下，直接输入中文字码(GB 或 BIG5 码)，就可以在光标所在位置显示中文。因为中文字码占两个字节，所以如果 MCU 接口是 8 位，则 MCU 必须分两次将中文字内码(高字节和低字节)写入 320240D，而英文或数字码只占一个字节，因此只要将内码一次写入320240D 即可。320240D 支持的最大显示像素范围为 320×240 点，若以显示文字为例，全角字型可显示到 15 行×20 列，半角字型则可显示到 15 行×40 列。

➢ REG [01h] Misc. Register (MISC)

位	功 能 描 述	默认值	操作方式
7	保留	1h	R/W
6	CLK_OUT 使能控制： 1：使能； 0：禁能(此功能与使用无关，可禁止掉)	1h	R/W
5	保留	1h	R/W
4	设定中断(INT)/BUSY 的触发位： 1：设定高电位触发动作； 0：设定低电位触发动作	1h	R/W
3～2	保留	0h	R/W
1～0	系统时钟选择： 00：3 MHz；01：4 MHz； 10：8 MHz；11：12 MHz	0h	R/W

系统时钟一般选择 4 MHz 或 8 MHz，CLK_OUT 对用户没有作用。

➢ REG [02h] Advance Power Setup Register (APSR)

位	功能描述	默认值	操作方式
7～6	保留	1h	R/W
5～4	设定 ROM/RAM 的读取速度： 00：Speed0(30ns@V_{DD}=3.3 V)； 01：Speed1(60ns@V_{DD}=3.3 V)； 10：Speed2(90ns@V_{DD}=3.3 V)； 11：Speed3(120ns@V_{DD}=3.3 V)	1h	R/W
3	字型 ROM 的直接读取： 1：使能； 0：禁能	0h	R/W
2	保留	0h	R/W
1	滚动复位启动： 1：使能； 0：禁能	0h	R/W
0	保留	0h	R/W

➢ REG [03h] Advance Display Setup Register (ADSR)

位	功能描述	默认值	操作方式
7～4	保留	8h	R/W
3	设定 Display Data 的顺序，以 Byte 为单位： 1：反转整个 Byte 内容； 0：正常状态，不反转内容	0h	R/W
2	设定 Common 的自动卷动： 1：使能； 0：禁能	0h	R/W
1	设定 Segment 的自动平移： 1：使能； 0：禁能	0h	R/W
0	设定选择 Common 的卷动或 Segment 的平移模式： 1：Segment 的平移； 0：Common 的卷动	0h	R/W

➢ REG [10h] Whole Chip Cursor Control Register (WCCR)

位	功能描述	默认值	操作方式
7	设定当数据读出 DDRAM 时光标是否自动移位： 1：使能(自动移位)； 0：禁能(不自动移位)	0h	R/W
6	中/英文字对齐：此功能仅在文字模式时有效，可以将全角与半角混合显示时作对齐调整。 1：使能(对齐)； 0：禁能(不对齐)	1h	R/W
5	将从 MCU 传送来的数据(正相/反相)存储于 DDRAM 中： 1：直接将数据存储于 DDRAM 中； 0：将相反的数据存储于 DDRAM 中	1h	R/W
4	设定粗体字型(仅文字模式适用)： 1：粗体字型； 0：正常字型	0h	R/W
3	设定当数据写入 DDRAM 时光标是否自动移位： 1：使能(自动移位)； 0：禁能(不自动移位)	1h	R/W
2	光标显示 On/Off 设定： 1：设定光标 On； 0：设定光标 Off	1h	R/W
1	光标闪烁控制： 1：光标闪烁，闪烁时间由缓存器 BTMR 来决定； 0：光标不闪烁	1h	R/W
0	设定光标宽度模式： 1：会随着输入的数据而变动光标宽度。当数据为半型时，光标为一个字节宽度(8 个 Pixel)；当数据为全型时，光标为两个字节宽度(16 个 Pixel)； 0：光标固定为一个字节宽度(8 个 Pixel)	1h	R/W

➢ REG [11h] Distance of Words or Lines Register(DWLR)

位	功能描述	默认值	操作方式
7～4	设定光标高度	2h	R/W
3～0	设定行与行的距离	2h	R/W

➢ REG [12h] Memory Access Mode Register (MAMR)

位	功能描述	默认值	操作方式
7	图形模式时，光标自动移位的方向选择： 1：先水平移动再垂直移动； 0：先垂直移动再水平移动	1h	R/W
6～4	设定选择 Display Data RAM 的图层显示模式： 001：只有显示 Page1 的图层(单一上层显示模式)； 010：只有显示 Page2 的图层(单一下层显示模式)； 011：同时显示 Page1 和 Page2 的图层(双层模式)； 000：灰阶显示(Gray Mode)，此模式下每一个点的灰度决定于 DDRAM Page1 与 Page2 相对应的值	1h	R/W
3～2	设定在双层模式下图层的逻辑关系： 00：Page1 RAM “OR” Page2 RAM； 01：Page1 RAM “XOR” Page2 RAM； 10：Page1 RAM “NOR” Page2 RAM； 11：Page1 RAM “AND” Page2 RAM	0h	R/W
1～0	设定读/写要在哪一个图层运行： 00：存取 Page0(512B SRAM)的 Display Data RAM； 01：存取 Page1(9.6KB SRAM)的 Display Data RAM； 10：存取 Page2(9.6KB SRAM)的 Display Data RAM； 11：同时存取 Page1 和 Page2 的 Display Data RAM	1h	R/W

➢ REG [20h] Active Window Right Register (AWRR)

位	功能描述	默认值	操作方式
7～6	保留	0h	R
5～0	设定工作窗口(Active Window)右边位置 Segment-Right	27h	R/W

➢ REG [30h] Active Window Bottom Register (AWBR)

位	功能描述	默认值	操作方式
7～0	设定工作窗口(Active Window)底边位置 Common-Bottom	EFh	R/W

➢ REG [40h] Active Window Left Register (AWLR)

位	功能描述	默认值	操作方式
7～6	保留	0h	R
5～0	设定工作窗口(Active Window)左边位置 Segment-Left	0h	R/W

➢ REG [50h] Active Window Top Register (AWTR)

位	功 能 描 述	默认值	操作方式
7～0	设定工作窗口(Active Window)顶边位置 Common-Top	0h	R/W

REG [20h, 30h, 40h, 50h]4 个指令寄存器可作为换行/换页的功能，使用者可以利用这 4 个寄存器自行设定一个区块为工作窗口。当数据超过窗口的右边界 REG [20h, 30h, 40h, 50h]所设定的值时，光标会自动换行(也就是光标会回到工作窗口的左边界 REG[40h]所设定的值)，继续将数据写入。当数据写入到工作窗口的右下角时(REG[20h, 30h]所设定的值)，会自动把光标移到工作窗口的左上角(REG[40h, 50h]所设定的值)，继续将数据填入窗口。

➢ REG [21h] Display Window Right Register (DWRR)

位	功 能 描 述	默认值	操作方式
7～6	保留	0h	R/W
5～0	设定显示窗口(Display Window)右边位置 Segment-Right。 Segment_Right = (Segment Number / 8) – 1，KYDZ320240D 此参数设置为 (320 / 8) – 1 = 39 = 27h	27h	R/W

➢ REG [31] Display Window Bottom Register (DWBR)

位	功 能 描 述	默认值	操作方式
7～0	设定显示窗口(Display Window)底边位置 Common_Bottom。 Common_Bottom = LCD Common Number –1，KYDZ320240D 参数设置为 240 – 1 = 239 = EFh	EFh	R/W

➢ REG [41] Display Window Left Register (DWLR)

位	功 能 描 述	默认值	操作方式
7～0	设定显示窗口(Display Window)左边位置 Segment-Left。通常将此缓存器的值设定为“0h”	0h	R/W

➢ REG [51] Display Window Top Register (DWTR)

位	功 能 描 述	默认值	操作方式
7～0	设定显示窗口(Display Window)顶边位置 Common-Top。通常将此缓存器的值设定为“0h”	0h	R/W

REG[21h, 31h, 41h, 51h]用来设定显示窗口。

➢ REG [60h] Cursor Position X Register (CPXR)

位	功能描述	默认值	操作方式
7-6	保留	0h	R
5-0	设定光标 Segment 地址	0h	R/W

➢ REG [70h] Cursor Position Y Register (CPYR)

位	功能描述	默认值	操作方式
7～6	保留	0h	R
5～0	设定光标 Common 地址	0h	R/W

➢ REG [61h] Begin Segment Position Register (BGSG)

位	功能描述	默认值	操作方式
7～6	保留	0h	R/W
5～0	显示 Segment 开始的位置	0h	R/W

➢ REG [71h] Shift Action Range, Begin Common Register (BGCM)

位	功能描述	默认值	操作方式
7～0	在水平移动模式下，设定区块移动的起始 Common 位置	0h	R/W

➢ REG [72h] Shift Action Range END Common Register (EDCM)

位	功能描述	默认值	操作方式
7～0	在水平移动模式下，设定区块移动的结束 Common 位置	0h	R/W

➢ REG [80h] Blink Time Register (BTMR)

位	功能描述	默认值	操作方式
7～0	光标闪烁时间设定。闪烁时间 = [80h]Bit[7..0] × (1/Frame_Rate)，Frame Rate 的设定通常依照 LCD 面板所提供的最佳值	33h	R/W

➢ REG [81h] Frame Rate Polarity Change at Common_A Register (FRCA)

位	功能描述	默认值	操作方式
7～0	在 N_line inversion 模式下，可设定 FRM 要变换极性的起始 Common 位置	0h	R/W

➢ REG [91h] Frame Rate Polarity Change at Common_B Register (FRCB)

位	功 能 描 述	默认值	操作方式
7～0	在 N_line inversion 模式下，可设定 FRM 要变换极性的结束 Common 位置	0h	R/W

➢ REG [90h] Shift Clock Control Register (SCCR)

位	功 能 描 述	默认值	操作方式
7～0	设定 XCK 信号周期。 SCCR = (SCLK × DW) / (Seg × Com × FRM)： SCLK：KYDZ320240D 系统频率(System Clock)，单位：Hz； DW：LCD 驱动器的 Data Bus 宽度(单位：Bit)； Seg：LCD 面板的 Segment 大小(单位：Pixel)； Com：LCD 面板的 Common 大小(单位：Pixel)； FRM：LCD 面板的 Frame Rate(单位：Hz)； 限制条件：LCD 的 Data Bus 为 4 位，SCCR≥4	4h	R/W

3.5.2　KYDZ320240D 液晶显示器操作程序设计

利用 MSP430F135 驱动 KYDZ320240D 的电路如图 3-51 所示。在该电路中，LCM 显示器的 BUSY、INT、RD 引脚未使用。BUSY 引脚用于 LCM 忙碌时不可接收单片机信号标志位，如不使用 BUSY 端口，则在单片机发送数据时保持适当间隔即可；RD 引脚为读 LCM 数据控制端口，在不需要读 LCM 数据时，可不使用该端口。

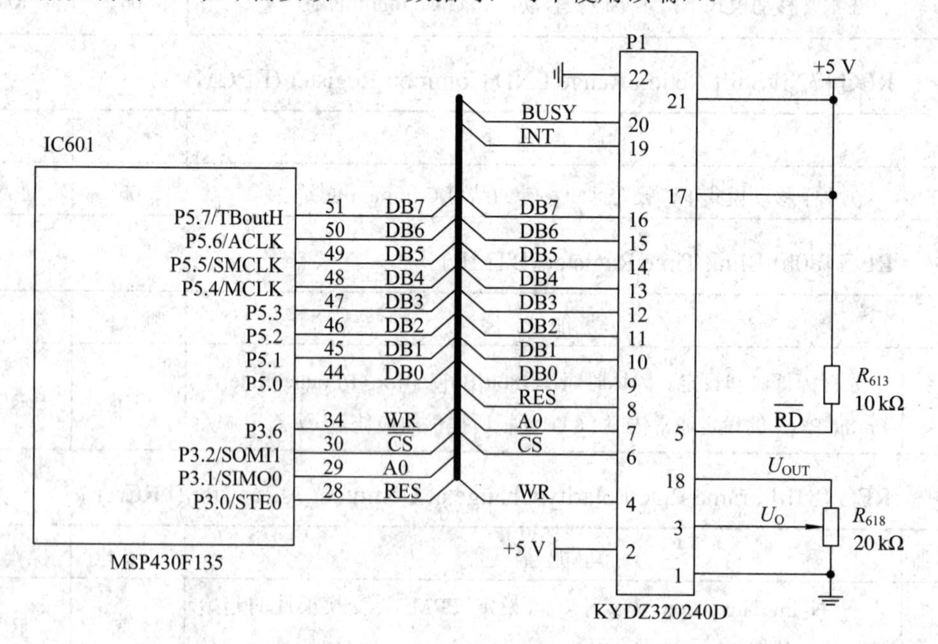

图 3-51　KYDZ320240D 驱动电路图

预定义：定义液晶显示器操作端口。

```
#define LCD_RES             BIT0          // P3.0   L: Reset signal
#define LCD_RS              BIT1          // P3.1   H: Data; L: Instruction Code
#define LCD_CS              BIT2          // P3.2   L: Chip enable signal
#define LCD_W               BIT6          // P3.6   L: Write
#define READ_WRITE_LCD                    P5DIR
#define READ_LCD_DATA                     P5IN
#define WRITE_LCD_DATA                    P5OUT
#define OUT_ RESET_LCD                    P3DIR |= LCD_RES
#define RESET_LCD                         P3OUT &= ~LCD_RES
#define STOP_RESET_LCD                    P3OUT |= LCD_RES
#define OUT_WRITE_DATA                    P3DIR |= LCD_RS
#define WRITE_DATA                        P3OUT |= LCD_RS
#define WRITE_CODE                        P3OUT &= ~LCD_RS
#define OUT_LCD_CHIP_SELECT               P3DIR &= ~LCD_CS
#define LCD_CHIP_SELECT                   P3OUT &= ~LCD_CS
#define LCD_CHIP_NOT_SELECT               P3OUT |= LCD_CS
#define OUT_WRITE_LCD                     P3DIR &= ~LCD_W
#define WRITE_LCD                         P3OUT &= ~LCD_W
#define NOT_WRITE_LCD                     P3OUT |= LCD_W
```

显示器初始化函数：用于初始化液晶通信端口和液晶显示器内的寄存器。在本设计中不读取显示器内部数据，直接将$\overline{\text{RD}}$端口上拉成高电平，可减少使用 MCU 的 I/O 口。

```
void init_LCD_vision(void)
{
    OUT_ RESET_LCD;
    OUT_WRITE_DATA;
    OUT_LCD_CHIP_SELECT;
    OUT_WRITE_LCD;
    READ_WRITE_LCD = 0xff;      // 写 LCD
    NOT_WRITE_LCD;
    LCD_CHIP_SELECT;
    RESET_LCD;
    delay_ms(500);
    STOP_RESET_LCD;
    delay_ms(200);
    LCD_CHIP_NOT_SELECT;
    NOT_WRITE_LCD;
    delay_ms(200);
```

```
WriteCommond(0x00, 0xcd);
WriteCommond(0x01, 0xF3);
WriteCommond(0x02, 0x10);
WriteCommond(0x03, 0x80);
WriteCommond(0x10, 0x2B);
WriteCommond(0x11, 0x00);
WriteCommond(0x12, 0x91);
WriteCommond(0x21, 0x27);
WriteCommond(0x31, 0xEF);
WriteCommond(0x41, 0x00);
WriteCommond(0x51, 0x00);
WriteCommond(0x20, 0x27);
WriteCommond(0x30, 0xEF);
WriteCommond(0x40, 0x00);
WriteCommond(0x50, 0x00);
WriteCommond(0x60, 0x00);
WriteCommond(0x61, 0x00);
WriteCommond(0x70, 0x00);
WriteCommond(0x71, 0x00);
WriteCommond(0x72, 0xEF);
WriteCommond(0x80, 0xAA);
WriteCommond(0x81, 0x00);
WriteCommond(0x91, 0x00);
WriteCommond(0x90, 0x06);
WriteCommond(0xA0, 0x11);
WriteCommond(0xA1, 0x00);
WriteCommond(0xA2, 0x00);
WriteCommond(0xA3, 0x00);
WriteCommond(0xB0, 0x27);
WriteCommond(0xB1, 0xEF);
WriteCommond(0xC0, 0x00);
WriteCommond(0xC1, 0x0A);
WriteCommond(0xC8, 0x80);
WriteCommond(0xC9, 0x80);
WriteCommond(0xCA, 0x00);
WriteCommond(0xD0, 0x80);
WriteCommond(0xE0, 0x00);
WriteCommond(0xF0, 0xA0);
```

```
    WriteCommond(0xF1, 0x0F);
}
```

写指令函数：用于向显示器写各种操作指令，即向显示器指令寄存器写入参数，具体指令可参考指令寄存器说明或该LCM的数据手册。

输入参数：adress，写入的指令寄存器地址；

commond，写入的操作指令。

```
void WriteCommond(unsigned char adress,unsigned char commond)
{
    WRITE_LCD_DATA = adress;
    LCD_CHIP_SELECT;
    WRITE_CODE;
    WRITE_LCD;
    delay_us(10);
    NOT_WRITE_LCD;
    LCD_CHIP_NOT_SELECT;
    WRITE_LCD_DATA = commond;
    LCD_CHIP_SELECT;
    WRITE_CODE;
    WRITE_LCD;
    delay_us(10);
    NOT_WRITE_LCD;
    LCD_CHIP_NOT_SELECT;
}
```

清除显示函数：用于清除显示器上部分不需要再显示的内容。

输入参数：byte，清除显示的字节数；

adressX、adressY，清除字符首地址。

```
void clr_LCM(unsigned int byte,unsigned char adressX,unsigned char adressY)
{
    unsigned int i;

    WriteCommond(0x10,0x2B);
    WriteCommond(0x60,adressX);
    WriteCommond(0x70,adressY);
    WRITE_DATA;
    for (i=0; i<byte; i++)
    {
        WRITE_LCD_DATA = 0x00;
        LCD_CHIP_SELECT;
        WRITE_LCD;
```

```
            delay_us(10);
            NOT_WRITE_LCD;
            LCD_CHIP_NOT_SELECT;
        }
    }
```

写数据函数：用于向显示器写入数据，该子程序不写入地址，即根据显示器内部的当前地址接着写入。

输入参数：chn[]，需写入的数据数组；

　　　　　byte，需写入的数据个数。

```
void WriteData(unsigned char chn[], unsigned char byte)
{
    unsigned char i;

    WRITE_DATA;
    for(i=0; i<byte; i++)
    {
        WRITE_LCD_DATA = chn[i];
        LCD_CHIP_SELECT;
        WRITE_LCD;
        delay_us(10);
        NOT_WRITE_LCD;
        LCD_CHIP_NOT_SELECT;
    }
}
```

写数据函数：用于向显示器写入数据，该子程序先写入地址，在地址后显示出写入数据。

输入参数：chn[]，需写入的数据数组；

　　　　　byte，需写入的数据个数；

　　　　　adressX、adressY，显示字符首地址。

```
void chn_disp_number(unsigned char chn[],unsigned char byte, unsigned char adressX,
unsigned char adressY)
{
    WriteCommond(0x60, adressX);
    WriteCommond(0x70, adressY);
    WriteData(chn, byte);
}
```

显示欢迎界面函数：在仪器开机时通常需显示一个欢迎界面，下面的程序为某仪器显示的欢迎界面。

```
void WelcomeVision(void)
{
```

```
    int i;

    chn_disp_number("您好：", 6, 0x00, 0x00);
    chn_disp_number("      欢迎使用黄河医电生产的"HF-0380"系 ", 40, 0x00, 0x20);
    chn_disp_number("列射频治疗仪！ ", 14, 0x00, 0x40);
    chn_disp_number("      该射频治疗仪符合国标"GB9706.1-95" ", 40, 0x00, 0x60);
    chn_disp_number("“GB9706.15-95”、"GB9706.16-95"要求。", 40, 0x00, 0x80);
    chn_disp_number(" 系统初始化 ", 12, 0x00, 0xc0);
    WriteCommond(0x10,0x0B);                            // 反白显示
    chn_disp_number(" 黄河医电 ", 10, 29, 0xe0);        // 显示字符、字符个数及字符首地址
    chn_disp_number(" ", 1, 0x0c, 0xc0);
    delay_ms(100);
    for(i=0; i<27; i++)
    {
        WriteData(" ", 1);
        delay_ms(200);                        // 延迟子程序，用于反白显示初始化进度条
    }
    WriteCommond(0x10, 0x2B);                 // 正常显示
}
```

第4章　信号采集

电子系统通常情况下需测量一些非电信号物理量，这就需要对这些信号进行电信号转换和采集，常采用传感器进行电信号转换。本章主要介绍常见的温度测量、压力测量、电压检测、电流检测、速度检测、霍尔集成电路的原理和应用以及加速度传感器和气压计。

4.1　温度测量

温度是表征物体冷热程度的物理量，它可以通过物体随温度变化的某些特性(如电阻、电压变化等特性)来间接测量。常用的温度测量元件有热电偶温度传感器、铂电阻温度传感器、集成温度传感器。

热电偶具有构造简单、适用温度范围广、使用方便、承受热、机械冲击能力强以及响应速度快等特点，常用于高温区域、振动冲击大等恶劣环境以及适合于微小结构测温场合；但其信号输出灵敏度比较低，容易受到环境干扰信号和前置放大器温度漂移的影响，因此不适合测量微小的温度变化。

金属铂(Pt)的电阻值随温度变化而变化，并且具有很好的重现性和稳定性，利用铂的这种物理特性制成的传感器称为铂电阻温度传感器，通常使用的铂电阻温度传感器零度阻值为 100 Ω(Pt100)，电阻变化率为 0.3851 Ω/℃。铂电阻温度传感器精度高，稳定性好，应用温度范围广，是中低温区(−200～650℃)最常用的一种温度检测器，不仅广泛应用于工业测温，还被制成各种标准温度计供计量和校准使用。

集成温度传感器通常内部已集成部分电路，用于将温度转换为电流信号或电压信号，如将温度转换为 4～20 mA 的电流输出的温度传感器；将温度转换为串行数据输出的数字温度传感器，如 DS18S20、AD7416、TMP100 等。

4.1.1　铂电阻温度传感器

金属铂(Pt)的电阻值随温度变化的曲线如图 4-1 所示。由图可看出，只要测量出传感器

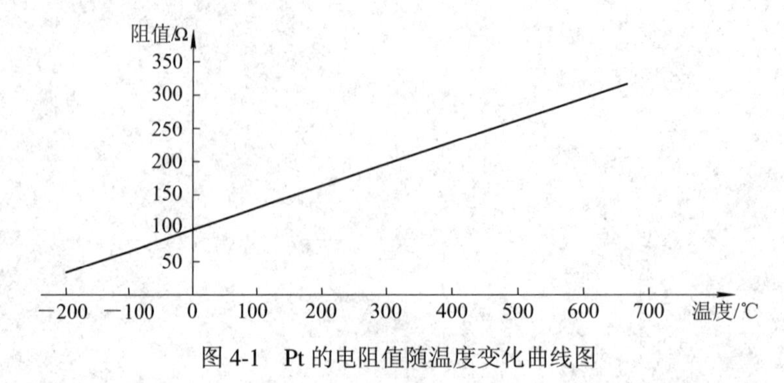

图 4-1　Pt 的电阻值随温度变化曲线图

的电阻值即可计算出相应的温度，而电路中最容易测量的是电压信号，要将电阻值转换为电压信号，只需让一个恒流源输出的恒定电流流过金属铂电阻就可得到相应的电压信号。

金属铂的温度-阻值表如表 4-1 所示，在已知电阻阻值的情况下通过查表即可计算出温度。

表 4-1　Pt 温度-阻值表

标称阻值/Ω	100	500	1000
TCR 10^{-6}/K		3851	
温度/℃		电阻值/Ω	
–50	80.31	401.53	803.07
0	100.00	500.00	1000.00
50	119.40	596.98	1193.95
100	138.51	692.50	1385.00
150	157.33	786.57	1573.15
200	175.86	879.20	1758.40
250	194.10	970.37	1940.74
300	212.05	1060.09	2120.19
350	229.72	1148.37	2296.73
400	247.09	1235.19	2470.38
450	264.18	1320.56	2641.12
500	280.98	1404.48	2808.96
550	297.49	1486.95	2973.90
600	313.71	1567.97	3135.94
650	329.64	1647.54	3295.08

常用的恒流源有集成的恒流源芯片，如 BB 公司的 REF200，也有用运放组成的恒流源。

1. REF200 恒流源芯片

REF200 恒流源芯片内含有两个 100 μA 的恒流源和一个镜像电流源。该芯片的精度非常高，提供的电流精度为(100 ± 0.5) μA，并且低温度系数为 $\pm2.5\times10^{-5}$/℃。该芯片使用也非常简单，只要在 7 管脚或 8 管脚加上 2.5～40 V 之间的任何一个电压，就可以在 1 管脚和 2 管脚上分别输出 100 μA 电流，具体的电路图如图 4-2 所示。

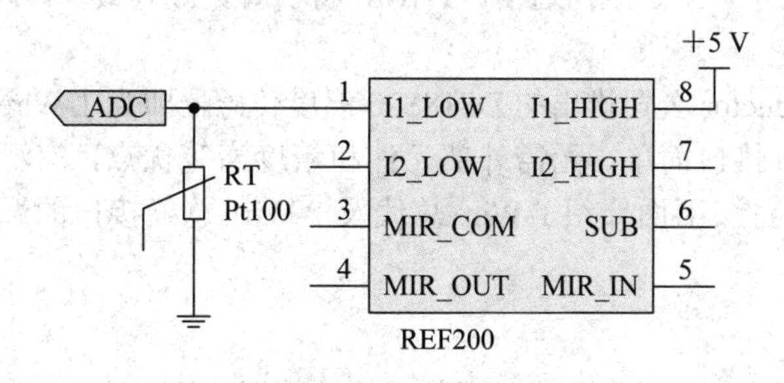

图 4-2　REF200 电路图

由图 4-2 可以看出，该电路非常简单。由于该芯片能提供两个 100 μA 的电流和一个镜像电流，因此适当修改电路还可以实现 200 μA 电流的输出。

2. 运放组成的恒流源

利用运放组成恒流源的方法也较多，在此介绍一种利用运放组成的恒流源，如图 4-3 所示。该电路的电流为

$$I = \frac{5\ \mathrm{V} - 2.5\ \mathrm{V}}{R_1}$$

由上式可以看出，+5、+2.5 V 电压和电阻 R_1 决定了恒流源的精度，通过调节 R_1 阻值的大小即可调整恒流源的电流。

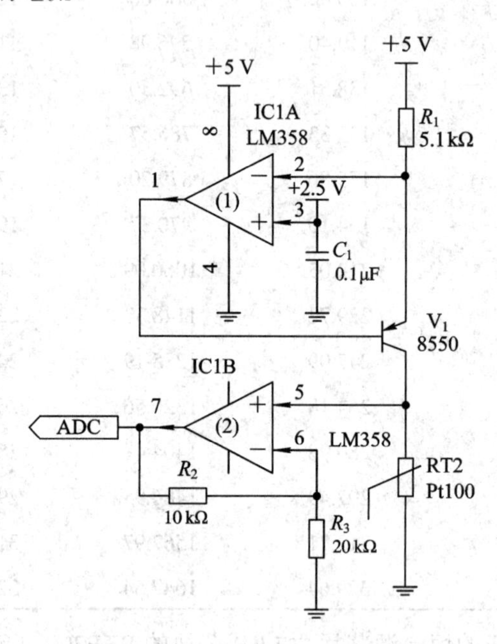

图 4-3　运放组成的恒流源电路

4.1.2　单总线温度传感器 DS18S20

数字温度传感器种类较多，但引脚最少的应是 Dallas Semiconductor 公司推出的单总线(1-Wire 总线)结构的温度传感器 DS18S20。1-Wire 可以通过一条公共数据线实现主机与一个或多个从机之间的半双工、双向通信。1-Wire 将引脚数减到最少，因此特别适合应用于单片机系统中。

Dallas Semiconductor 公司推出的 DS18S20 温度传感器即为 1-Wire 总线接口，其具有所需的引脚数最少、接口简单、无需外部元件和精度高等优点，广泛应用于单片机系统中进行测温及温度监控。下面介绍 1-Wire 总线及 1-Wire 总线接口的温度传感器 DS18S20 的应用。

1. 单总线概述

单总线即 1-Wire 总线，是只需要一根数据线的数据传输方式。典型的 1-Wire 总线结构

如图 4-4 所示。其中，1-Wire 主机包括一个开漏极 I/O 端口，并通过上拉电阻上拉至 3.3 V 或 5 V 电源。外部 1-Wire 设备可以包含一个或多个，除了公共的地线外，所有 1-Wire 设备共用一根数据总线。1-Wire 总线结构中主机为数据传输的控制器，主动和 1-Wire 设备通信，而 1-Wire 设备只能被动和 1-Wire 主机通信。因此，1-Wire 总线结构是一种半双工的双向数据传输结构。

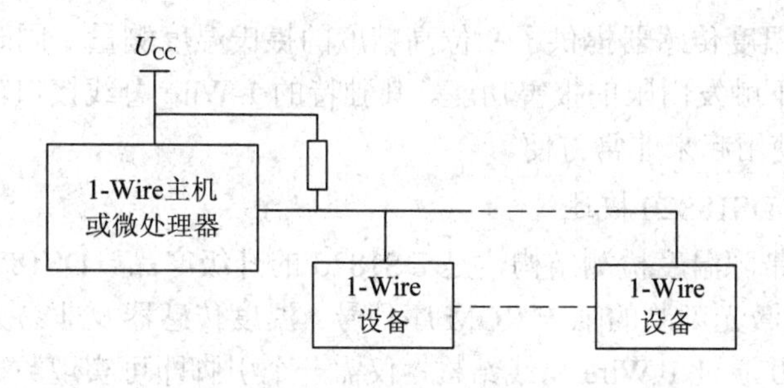

图 4-4　1-Wire 总线结构

所有的 1-Wire 设备在出厂时均有一个唯一的、不能更改的 64 位 ROM 序列号。这个序列号由激光刻制，永远不会与另一个器件重复。这个唯一的 ROM 序列号用于识别器件类型，以及从同一条纵向上的多个 1-Wire 设备中选择一个进行通信。

1-Wire 主机和 1-Wire 设备之间的通信格式如图 4-5 所示。其中，SS 为 1-Wire 设备采样，MS 为 1-Wire 主机采样。1-Wire 总线的通信波形与脉宽调制类似，因为在数据位传输期间是通过宽脉冲(逻辑 0)和窄脉冲(逻辑 1)发送数据的。当 1-Wire 主机发出一个预定宽度的“复位”脉冲时，启动通信过程，并通过该脉冲同步整个总线系统，所有从机都会以一个逻辑低“应答”脉冲来响应复位脉冲。写数据时，1-Wire 主机首先拉低 1-Wire 总线以启动一个时隙，然后保持总线为低(宽脉冲)来发送逻辑 0，或释放总线(窄脉冲)使总线返回逻辑 1 状态。读数据时，1-Wire 主机以窄脉冲方式拉低总线，重新启动一个时隙；然后从机可以通过导通开漏极输出并保持线路为低来延长该脉冲，从而返回逻辑 0；或保持开漏极的关闭状态以允许总线恢复，从而返回逻辑 1。

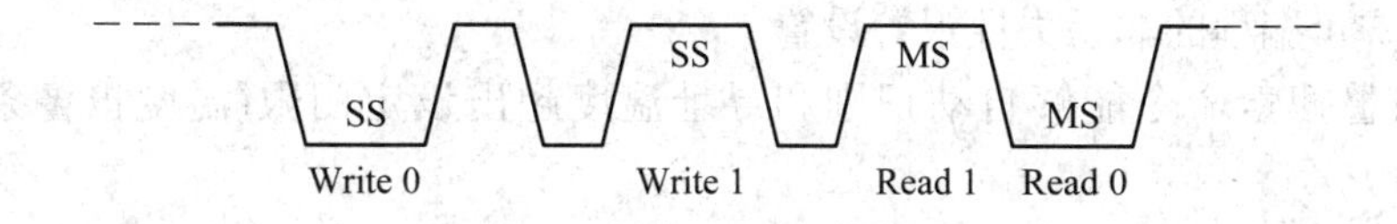

图 4-5　1-Wire 通信格式

大多数 1-Wire 器件都支持两种数据速率，即 15 kb/s 标准速率和 111 kb/s 高速速率。1-Wire 总线协议为自同步，并可接受数据位之间的较长延迟，从而确保了中断在软件环境下的正常工作。

目前，市场上提供了多种 1-Wire 总线器件，包括 1-Wire 主机、1-Wire 存储器、1-Wire 温度传感器、1-Wire 可编码开关，以及 1-Wire 接口的 A/D 转换器等。使用 1-Wire 总线器件可以为系统带来多方面的好处，主要包括如下几点：

(1) 通过单线接口提供器件控制及操作，减少了 I/O 接口的使用；

(2) 每个 1-Wire 器件具有唯一的工厂光刻 ID，便于识别和选择器件；

(3) 可以选择使用“寄生电源”供电方式，而无需外加电源；

(4) 可以在单根数据线上挂接多个 1-Wire 器件；

(5) Wire 器件提供了额外的 ESD 保护。

2. 单总线温度传感器 DS18S20

DS18S20 数字温度传感器提供了 9 位高精度的摄氏温度测量，同时具有非易失性，还具有用户可编程上下触发门限的报警功能。其独特的 1-Wire 总线接口，使得其只占用极少的 I/O 引脚资源，使用起来非常方便。

1) 温度传感器 DS18S20 概述

DS18S20 采用带隙温度检测结构，是 DS1820 的升级产品。DS18S20 内部有三个主要部件，分别为 64 位激光刻制的唯一 ROM 序列号、温度传感器及非易失性温度报警触发器 TH 和 TL。DS18S20 通过 1-Wire 总线结构，仅需一个引脚即可实现数据的发送或接收。另外，用于 DS18S20 的供电电源可以从数据线本身获得，无需外部电源。每个 DS18S20 在出厂时都有唯一的一个 ROM 序列号，可以将多个 DS18S20 同时连在一根单总线上，从而实现多点分布温度测量。

DS18S20 以其简单方便的接口，广泛应用于温度测量、温度控制、数字温度计及热感测系统中。DS18S20 的主要特点如下：

(1) 单总线接口，通信仅需要一个 I/O 端口引脚；

(2) 每个器件具有唯一的、存储在片内 ROM 的 64 位序列码；

(3) 多节点检测功能简化了分布式温度检测应用；

(4) 使用简单方便，无需外部元件；

(5) 电源电压范围为 3.0～5.5 V，可选择由数据线供电；

(6) 可测量温度范围为 −55～+125℃；

(7) 9 位数字温度计分辨率；

(8) 在 −10～+85℃温度范围内具有 ± 0.5℃的高精度；

(9) 最大温度转换时间为 750 ms；

(10) 用户可编程的非易失性报警设置；

(11) 报警搜索命令能够自动识别和寻址温度超出设定门限(温度报警条件)之外的器件；

(12) 应用于温度测量、温度调节装置控制、工业系统、消费类产品、温度计及任何温度敏感系统中的应用。

DS18S20 采用简单的 TO-92 封装，占用极少的电路板空间。DS18S20 的引脚排列与 DS1820 的一样，如图 4-6 所示。

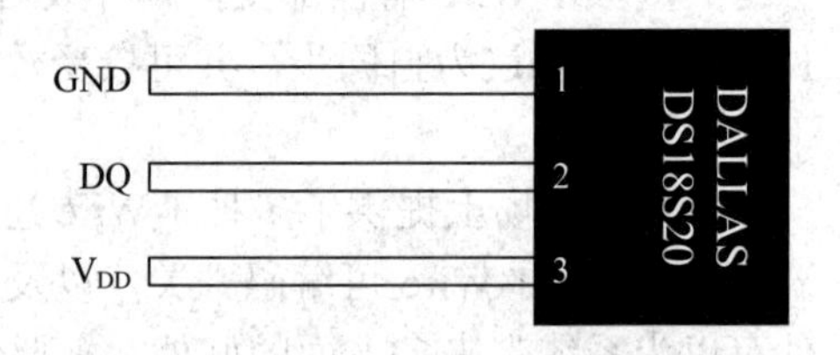

图 4-6　DS18S20 的引脚排列

DS18S20 各引脚功能如下：

GND：接地引脚；

DQ：1-Wire 总线的数据输入/输出引脚；

V_{DD}：外部供电电源引脚。

2) DS18S20的供电方式

DS18S20可以采用两种供电方式，即外部供电方式和寄生电源供电方式。如果采用外部供电方式，如图4-7所示，此时DS18S20可以外接3.3 V或5 V的电源，而GND引脚必须接地。

如果采用寄生电源供电方式，如图4-8所示，此时，DS18S20的V_{DD}引脚必须接地。另外，为了得到足够的工作电流，应给1-Wire线提供一个强上拉，一般可以使用一个场效应管将I/O线直接拉到电源上。DS18S20从1-Wire单总线上吸取能量，在信号线DQ处于高电平期间把能量存储在内部电容里，在信号线DQ处于低电平期间消耗电容上的电量并工作，直到高电平到来，再给DS18S20内部的寄生电源充电。

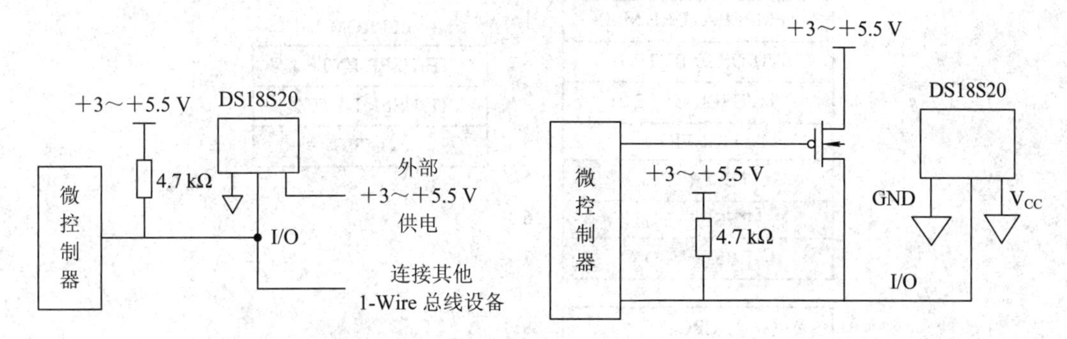

图4-7　DS18S20的外部供电方式　　图4-8　DS18S20的寄生电源供电方式

在使用DS18S20时需要注意，如果温度高于100℃，则不推荐使用寄生电源供电方式，而应采用外部电源供电方式。

3) DS18S20的数据操作

1-Wire总线将通信时使用的引脚数减少到只有一根，在数据传输时需要满足特定的格式才能进行。1-Wire总线通信的第一步是选择1-Wire设备，然后1-Wire主机发送各种命令来进行数据传输。

(1) ROM操作命令。1-Wire总线协议选择1-Wire设备，主要是读取其内部的64位ROM序列号。在实际的通信过程中，1-Wire主机通过如下5个ROM操作命令来进行操作。

· 读出ROM序列号命令(代码为33H)，用于读出DS18S20的64位激光ROM序列号。

· 匹配ROM序列号命令(代码为55H)，用于识别(或选中)某一特定的DS18S20并进行后续操作。

· 搜索ROM序列号命令(代码为F0H)，用于确定1-Wire总线上的节点数，以及所有节点设备的ROM序列号。

· 跳过ROM序列号命令(代码为CCH)，用于等命令发出后，系统将对所有DS18S20进行操作，通常用于启动所有DS18S20进行温度转换之前，或1-Wire总线中仅有一个DS18S20时。

· 温度报警搜索命令(代码为ECH)，用于识别和定位系统中超出用户设定的报警温度界限的节点设备。

1-Wire主机通过这些命令，对每个DS18S20的激光ROM部分进行操作。如果1-Wire总线上连接有多个器件，可以区分出每个1-Wire器件，同时可以向总线上的1-Wire主机报

告有多少个 1-Wire 器件及 1-Wire 器件的类型。

(2) 存储器操作命令。当通过 ROM 操作命令获取并选择特定的 1-Wire 从机后，1-Wire 主机便可以发出与该器件相关的操作命令，实现数据的读写。对于没有选定的 1-Wire 从机，均忽略该通信过程，直到 1-Wire 主机发出下一个复位脉冲。

DS18S20 内部存储器由一个高速暂存器和一个非易失性电可擦除 EEPROM 组成。DS18S20 的内部存储器映像如图 4-9 所示。其中，高速暂存器用来保持数据的完整性，EEPROM 用来存储高低温报警触发值 TH 和 TL。

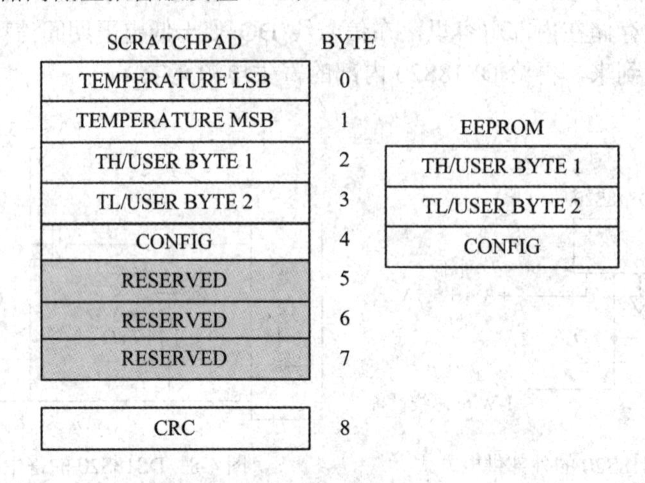

图 4-9 DS18S20 的内部存储器映像

DS18S20 可以采用如下的存储器操作命令：

• 温度转换命令(代码为 44H)，用于启动 DS18S20 进行温度测量。温度转换命令被执行后，DS18S20 进行温度测量和转换。如果使用外部电源供电，在 DS18S20 处于温度转换中，主机发送读时间隙，DS18S20 将在 1-Wire 总线上输出“0”；如果温度转换完成，则输出“1”。如果使用寄生电源供电，1-Wire 主机在发出温度转换命令后，必须立即启动强上拉并保持 750 ms，在这段时间内 1-Wire 总线上不允许进行任何其他操作。

• 复制暂存器命令(代码为 48H)，用于将高速暂存器中的内容复制到 DS18S20 的 EEPROM 中，即把温度报警器触发字节复制到非易失性存储器中。如果使用外部电源供电，DS18S20 在执行这条命令的过程中，主机发送读时间隙，DS18S20 将在 1-Wire 总线上输出一个“0”；复制过程结束，DS18S20 输出“1”。如果使用寄生电源供电，1-Wire 主机必须在发出复制暂存器命令后，立即启动强上拉并最少保持 10 ms，在这段时间内 1-Wire 总线上不允许进行任何其他操作。

• 写暂存器命令(代码为 4EH)，用于将数据写入到 DS18S20 高速暂存器的地址 2(TH 字节)和地址 3(TL 字节)中。当 DS18S20 执行写暂存器命令时，可以通过复位命令来中止写入。

• 读电源命令(代码为 B4H)，用于读取 DS18S20 的供电方式。读电源命令执行后，通过读命令，将返回其供电模式，“0”表示使用寄生电源，“1”表示使用外部电源。

• 重读 EEPROM 命令(代码为 B8H)，用于将存储在非易失性 EEPROM 中的内容重新读入到暂存器中。该命令在 DS18S20 上电时会自动执行，这样器件一开始工作，暂存器里便存在有效数据了。重读 EEPROM 命令执行后，如果执行读时间隙，DS18S20 会输出温度转换忙的标志。如果返回“0”表示忙，返回“1”表示温度转换完成。

· 读暂存器命令(代码为BEH)，用于读取高速暂存器中的内容。从高速暂存器字节0开始，最多读取9个字节。在读暂存器命令执行过程中，1-Wire主机可以在任何时间发出复位命令来中止读取。

当DS18S20在1-Wire总线上通信时，高速暂存器用于确保数据的完整性。数据先被写入高速暂存器，并可被读回。数据经过CRC校验后，用一个复制暂存器命令将数据复制到非易失性EEPROM中。

通过1-Wire总线端口访问DS18S20的流程图如图4-10所示。DS18S20需要严格的时序协议才能实现1-Wire总线通信。1-Wire总线协议包括几种典型的信号类型，分别为复位脉冲、存在脉冲、写0、写1、读0和读1。其中，存在脉冲由1-Wire从机发出，其余均由1-Wire主机发出。1-Wire主机与DS18S20之间的任何操作都需要从初始化开始。初始化时，1-Wire主机发出复位脉冲，1-Wire从机紧跟其后发出存在脉冲。存在脉冲通知1-Wire主机DS18S20在总线上已准备好，可以进行后续的ROM命令和存储器操作命令。

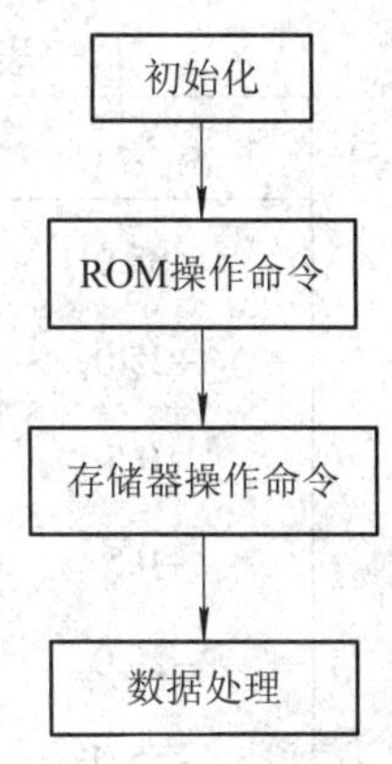

图4-10 通过总线端口访问DS18S20的流程图

1-Wire主机和DS18S20的直接数据读写是通过前面介绍的ROM操作命令、存储器操作命令及时间隙处理来实现的。时间隙包括写时间隙和读时间隙。

(1) 写时间隙：当1-Wire主机把数据线DQ从逻辑高电平拉到逻辑低电平的时候，写时间隙便开始。DS18S20需要写0时间隙和写1时间隙两种写时间隙。当写时间隙开始后，DS18S20在15～60 μs的时间窗口内对数据线DQ采样。如果DQ是低电平，就写0；否则，就写1。1-Wire主机要发出一个写1时间隙，必须把数据线DQ拉到低电平然后释放，在写时间隙开始后的15 μs内，允许数据线DQ拉到高电平。1-Wire主机要生成一个写0时间隙，必须把数据线拉到低电平并保持60 μs。

(2) 读时间隙：从DS18S20读取数据时，当1-Wire主机把数据线DQ从逻辑高电平拉到逻辑低电平时，读时间隙开始。数据线DQ必须至少持续1 μs；从DS18S20输出的数据在读时间隙的下降沿出现后15 μs内有效。此时，1-Wire主机必须在这15 μs内停止把DQ引脚驱动为低电平，以读取数据线DQ状态。在读时间隙的结尾，数据线DQ将被外部上拉电阻拉到高电平。

从上面的介绍可以看出，所有写时间隙必须至少持续60 μs，包括两个写周期及至少1 μs的总线恢复时间；所有读时间隙最少必须为60 μs，包括两个读周期和至少1 μs的恢复时间。

4) 温度转换操作

DS18S20的分辨率为9位数字，精度为0.5℃，其温度数据格式如图4-11所示。DS18S20的温度与数据对应关系如表4-2所示，所有数据都是以最低有效位(LSB)在前的方式进行读写的。

	D7	D6	D5	D4	D3	D2	D1	D0
LS Byte	2^6	2^5	2^4	2^3	2^2	2^1	2^0	2^{-1}

	D15	D14	D13	D12	D11	D10	D9	D8
MS Byte	S	S	S	S	S	S	S	S

图 4-11　DS18S20 的温度存储器的数据格式

表 4-2　DS18S20 的温度与数据对应关系

温度/℃	数字输出(二进制)	数字输出(十六进制)
+85.0	0000 0000 1010 1010	00AAH
+25.0	0000 0000 0011 0010	0032H
+0.5	0000 0000 0000 0001	0001H
−0.5	1111 1111 1111 1111	FFFFH
−25.0	1111 1111 1100 1110	FFCEH
−55.0	1111 1111 1001 0010	FF92H

DS18S20 通过温度转换命令启动一次温度测量，测量结果存放在高速缓存器中，占有暂存器的字节 0(LSB)和字节 1(MSB)。由于 DS18S20 可以测量正负温度，因此测量数据是以 16 位带符号位扩展的二进制补码形式存放的。1-Wire 主机使用读暂存器命令可以把高速暂存器中的测量结果读出。

DS18S20 的温度报警触发器 TH 和 TL 各由一个 EEPROM 字节构成。1-Wire 主机对 TH 和 TL 的读取需要通过高速暂存器，而对 TH 和 TL 的写操作则直接使用写存储器命令即可。

虽然 DS18S20 的精度为 ±0.5℃，但是其提供了另外一种方法可以得到更高的精度。首先从高速暂存器读取字节 0 和字节 1 中的温度值，并去除最低有效位，即从读取的值中舍弃 0.5℃位，将该值记为“TEMP_READ”；然后读取高速暂存器的字节 6，记为“COUNT_REMAIN”；最后读取高速暂存器的字节 7，记为“COUNT_PER_C”，则扩展精度的温度值为

$$\text{TEMPERATURE} = \text{TEMP\_READ} - 0.25 + \frac{\text{COUNT\_PER\_C} - \text{COUNT\_REMAIN}}{\text{COUNT\_PER\_C}}$$

完成一次温度转换后，DS18S20 将测量的温度值和温度报警限 TH 和 TL 中的值进行比较。如果温度值超出范围，则置位其内部的报警标志。当报警标志被置位时，DS18S20 会响应 1-Wire 主机的报警搜索命令，这样便可以实现多个 DS18S20 并联分布式测温。

3. DS18S20 程序设计

(1) 预定义：

```
#define DS18S20DQ              BIT5       // P6.5
#define OUT_DS18S20DQ          P6DIR |= DS18S20DQ
#define HIGH_DS18S20DQ         P6OUT |= DS18S20DQ
#define LOW_DS18S20DQ          P6OUT &= ~DS18S20DQ
```

```
#define IN_DS18S20DQ P6DIR &= ~DS18S20DQ
#define READ_DS18S20DQ (P6IN & DS18S20DQ)
unsigned char DS18S20ROM[8];          // DS18S20 ROM 位
unsigned char LastData = 0;
unsigned char EndFlag = 0;
unsigned char ROMFound[5][8];         // DS18S20 的 ROM 代码表
unsigned char numROMs;
unsigned char CRCdsc;                 // 用于 CRC 校验
```

(2) 复位函数：用于完成 1-Wire 总线的复位操作。程序中首先将数据线 DQ 拉低并保持一段时间来实现 1-Wire 总线上所有器件的复位；接着主机等待 DS18S20 返回的存在脉冲，并返回存在信号。如果返回 0，则表示器件存在；如果返回 1，则表示无器件。

```
unsigned char Reset(void)
{
    unsigned char presenceSignal;
    OUT_DS18S20DQ;
    LOW_DS18S20DQ;                            // 拉低数据线 DQ
    delay_us(30);                             // 延时
    HIGH_DS18S20DQ;                           // 置数据线 DQ 为高电平
    delay_us(3);                              // 延时，等待时间隙结束
    IN_DS18S20DQ;
    PresenceSignal = READ_ DS18S20DQ;         // 返回存在信号
    delay_us(30) ;
    return presenceSignal;
}
```

(3) 位写入函数：用于向 1-Wire 总线上的器件写入一位值。程序中首先拉低数据线 DQ 开始写时间隙，然后向 DQ 写入数据。如果写入 1，则数据线 DQ 置 1；如果写入 0，则数据线 DQ 置 0。

```
void WriteBit(char val)
{
    OUT_DS18S20DQ;
    LOW_DS18S20DQ;                        // 拉低数据线 DQ 开始写时间隙
    if(val == 1)
    {
        HIGH_DS18S20DQ;                   // 数据线 DQ 置 1，写 1
    }
    else
    {
        LOW_DS18S20DQ;                    // 数据线 DQ 置 0，写 0
    }
```

```
        delay_us(5);                    // 延时，在时间隙内保持电平值
        HIGH_DS18S20DQ;                 // 拉高数据线 DQ
    }
```

(4) 字节写入函数：用于向 1-Wire 总线上的器件写入一个字节数据。程序中采用循环移位的方式，每次调用位写入函数 WriteBit 写入一位。

```
void WriteByte(char val)
{
    unsigned char i, temp;

    for(i=0; i<8; i++)
    {
        temp = val >> i;
        temp &= 0x01;
        WriteBit(temp);
    }
    delay_us(5);
}
```

(5) 位读取函数：用于 1-Wire 总线上读取从器件返回的一位值。程序中首先拉低数据线 DQ 开始读时间隙，然后将 DQ 置 1，再延时一段时间，读取并返回数据总线上的位数据。

```
unsigned char ReadBit(void)
{
    unsigned char i;

    OUT_DS18S20DQ;
    LOW_DS18S20DQ;
    _NOP();
    HIGH_DS18S20DQ;
    NOP();
    IN_DS18S20DQ;
    for(i=0; i<3; i++);
    return READ_DS18S20DQ;
}
```

(6) 字节读取函数：用于从 1-Wire 总线上读取从器件返回的一个字节数据。程序中采用循环移位的方式，每次调用位读取函数 ReadBit 读取一位。

```
unsigned char ReadByte(void)
{
    unsigned char i;
    unsigned char value = 0;
```

```
        for(i=0; i<8; i++)
        {
            if(ReadBit())
            {
                value |= 0x01 << i;
                delay_us(7);
            }
        }
        return(value);
    }
```

(7) 读取温度函数：用于读取 DS18S20 测量的温度。如果 1-Wire 总线上只有一个 DS18S20，可以使用该函数来获取测量温度。程序中首先复位 1-Wire 总线，然后启动温度转换命令(代码为 44H)，接着通过读暂存器命令(代码为 BEH)来读取温度数据，最后通过处理输出对应的摄氏温度值及华氏温度值。

```
void ReadTemperature(void)
{
    char get[10];
    char temp_1sb, temp_msb;
    int k;
    char Ftemperature, Ctemperature;

    Reset();
    WriteByte(0xcc);
    WriteByte(0x44);
    delay_ms(5);
    Reset();
    WriteByte(0xcc);
    WriteByte(0xbe);
    for(k=0; k<9; k++)
    {
        get[k] = ReadByte();
    }
    temp_msb = get[1];
    temp_lsb = get[0];
    if(temp_msb <= 0x80)
    {
        temp_lsb = temp_lsb >> 1;
    }
    temp_msb = temp_msb & 0x80;
```

```
        if(temp_msb >= 0x80)
        {
            temp_lsb = (~temp_lsb) + 1;
        }
        if(temp_msb >= 0x80)
        {
            temp_lsb = temp_lsb >> 1;
        }
        if(temp_msb >= 0x80)
        {
            temp_lsb = ((-1)*temp_lsb);
        }
        Ctemperature = temp_lsb;
        Ftemperature = (((int)Ctemperature) * 9)/5 + 32;
    }
```

4.2 压力测量

压力和压差是工业生产中常见的过程参数之一。在许多场合需要直接测量、控制一些压力参数，如锅炉的气包压力、烟道压力、炉膛压力，化学生产中的反应釜压力、加热炉压力等。此外，还有一些不易直接测量的参数，如液位、流量等，在各类工业生产中可以通过压力和差压进行间接测量。

在国际单位制和我国法定计量单位中，压力的单位采用牛顿/米^2(N/m^2)，通常称为帕斯卡，简称帕(Pa)。其他在工程上使用的压力单位还有工程大气压(at)、标准大气压、毫米汞柱(mmHg)、Bar(巴)和毫米水柱(mmH$_2$O)等单位。

在工程上，被测压力通常有绝对压力、表压和负压(真空度)之分。绝对压力是指作用在单位面积上的全部压力，用来测量绝对压力的仪表称为绝对压力表。地面上空气柱所产生的平均压力称为大气压力。高于大气压的绝对压力与大气压力之差称为表压。低于大气压力的被测压力称为负压或者真空度，其值为大气压力与绝对压力之差。由于各种工艺设备和检测仪表通常处于大气中，本身就承受着大气压力，因此，工程上通常采用表压或者真空度来表示压力的大小，一般压力检测仪表所指示的压力也是表压或真空度。

4.2.1 压力测量原理

目前，工业上采用的压力检测方法很多，根据敏感元件和转换原理的不同，一般分为4类，即液柱式压力检测法、弹性式压力检测法、活塞式压力检测法和电器式压力检测法。在此，以弹性式压力检测法中常用的膜片式应变片压力传感器为例讲解压力测量的原理。膜片式应变片压力传感器的结构和工作原理如图4-12所示。

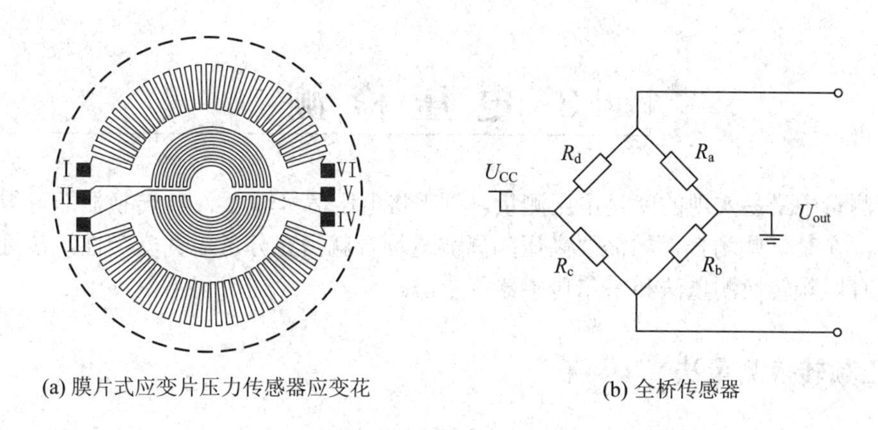

(a) 膜片式应变片压力传感器应变花 (b) 全桥传感器

图 4-12 膜片式应变片压力传感器

膜片式应变片压力传感器可以直接把应变片贴到金属框架上，只要外力作用于金属框架就会产生应变片形变，从而改变应变片的电阻值，通过测量应变片的电阻值则可计算出压力。

应变片上的 4 个应变花相当于应变电阻，4 个应变花组成全桥传感器，如图 4-12(b)所示。在应用中，当未承受外界压力时，即 $R_d \times R_b = R_a \times R_c$ 时，满足电桥平衡条件，这时输出的电压 U_{out} 为 0。当受到压力或者拉伸时，金属框架产生形变，这样就会引起电阻的变化，当 4 个桥臂都发生变化时，即为全桥电路，此时 $U_{out} = (\Delta R_d/R_d) \times U_{CC}$，因此，测量出输出电压即可通过相应的运算处理实现压力或重量的测量。

4.2.2 压力测量示例

在图 4-13 所示的电路中，传感器的负电压端直接接地，正电压端接激励电压，在本系统中，通过单片机提供激励电压。采用这样的方法在测量期间，或在电子秤工作于待机状态的情况下，就可以不用为电桥提供激励电压，从而降低功耗。传感器的电桥电阻为 1200 Ω (典型值)，电源电压为 3 V，激励状态下耗电 2.5 mA。传感器的两个输出端分别与单片机的 A0+ 和 A0− 连接，也可与仪用放大器连接将信号进一步放大后接入单片机，从而实现电压的测量。

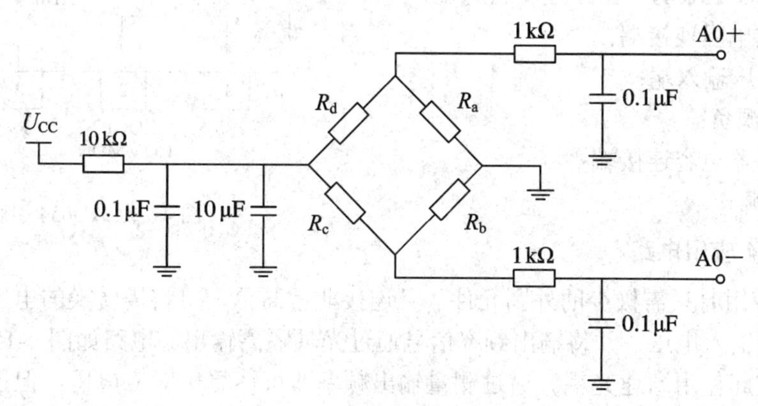

图 4-13 全桥传感器电路图

4.3 电压检测

电子测量中最易实现的就是电压测量，只需将电压信号输入 A/D 转换器即可得到其数字量值。但在某一些场合，如需要高压隔离测量场合就需充分考虑其安全性，常见的高压测量方式有压频转换测量法和霍尔传感器测量法。

4.3.1 压频转换测量法

压频转换测量法是最简单的电压测量方法，常用的压频转换器有 LM231、LM331、TC9401、AD654 等，在此以 AD654 为例介绍压频转换器的用法。

1. AD654 概述

AD654 是一款带有输入放大器的完整的压频转换器，只需外接一个电容即可形成精确振荡器系统，最高输出频率可达 500 kHz，在 250 kHz 时线性误差仅有 0.03%，其主要特性如下：

(1) 超低价格；

(2) 单电源 5～36 V 或双电源供电 ±5～±18 V；

(3) 频率输出最高可达 500 kHz；

(4) 只需很少的外围器件即可工作；

(5) 通用输入放大器；

(6) 正或负极性电压模式；

(7) 负极性电流模式；

(8) 高阻抗输入，低漂移；

(9) 低功耗，2 mA 静态电流；

AD654 采用 SO-8 封装，其引脚如图 4-14 所示。

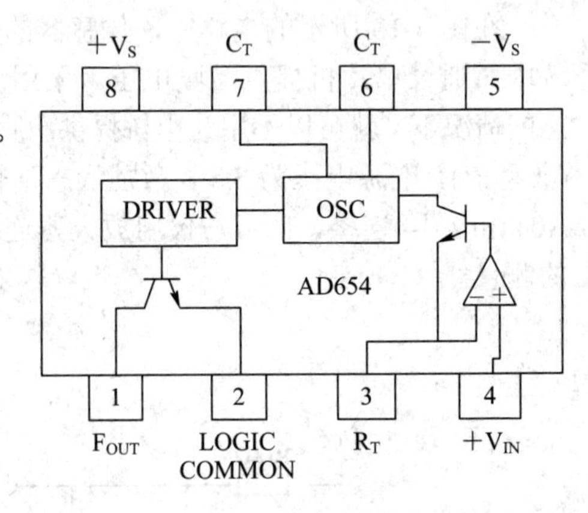

图 4-14　AD654 引脚封装

AD654 引脚说明：

F_{OUT}：频率输出引脚；

LOGIC COMMON：数字逻辑公共端；

R_T：运放电阻连接端；

$+V_{IN}$：电压输入端；

$-V_S$：电源负；

C_T：振荡器电容连接端；

$+V_S$：电源正。

2. AD654 应用电路

AD654 应用时只需极少的外围元件，且连接非常简单，只将需转换的电压通过分压电阻降压到所需输入电压，并将输出频率信号通过光耦隔离输出。电路如图 4-15 所示，由于频率较高，在此使用高速光耦。通过测量输出频率即可计算出对应电压，但该电路存在无法测量较窄的脉冲电压的缺点。当需实时测量出窄脉冲电压时，可选择基于霍尔传感器制作的电压传感器。

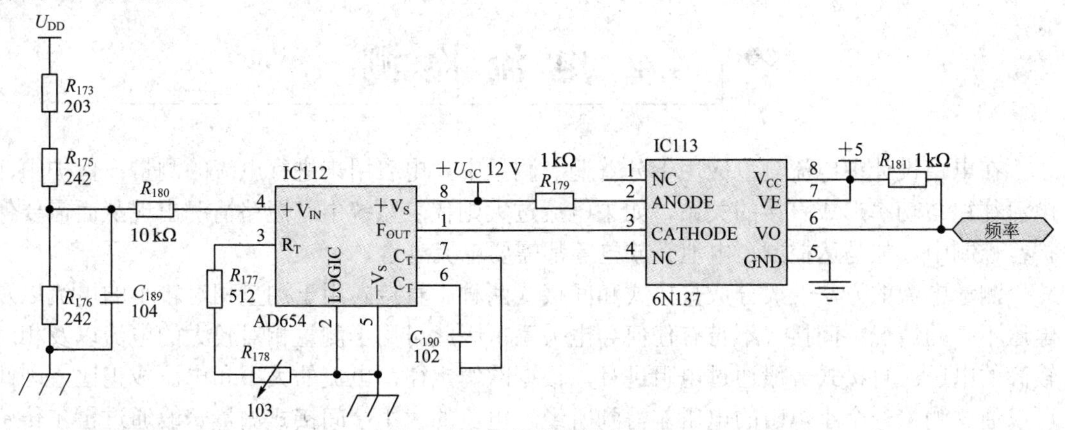

图 4-15 压频转换隔离电路

4.3.2 霍尔传感器测量法

南京中旭生产的 HNV500D 型电压传感器是应用霍尔效应和磁平衡原理研制成的新一代电压传感器，能在电隔离条件下测量交流、脉冲以及各种不规则波形的电压。

它的工作原理是用磁检测器磁芯中次级电流所产生的磁场补偿初级电流所产生的磁场的程度，使之在零磁通状态下工作，因此有等式

$$N_p \times I_p = N_s \times I_s$$

式中：I_p 为初级电流；N_p 为初级匝数；I_s 为次级电流；N_s 为次级匝数。其特性如下：

(1) 工作电源：±12～±15 V；

(2) 额定输入电压：500 V(AC)；

(3) 输入电压范围：0～600 V(AC)；

(4) 测量电阻：250～350 Ω；

(5) 最大误差：±0.5% FS；

(6) 额定输出电压：20 mA(DC)；

(7) 匝数比：4000∶1000；

(8) 绝缘电压：2.5 kV/50 Hz/1 min；

(9) 失调电流：±0.02～±0.05 mA；

(10) 线性度：±0.2%～±0.4% FS；

(11) 带宽：DC～10 kHz(−3 dB)。

传感器按图 4-16 所示连接图接线，将待测电流从模块穿芯孔中穿过，即可从输出端取样测得电压大小。最大测量电压为额定电压的 1.5 倍。

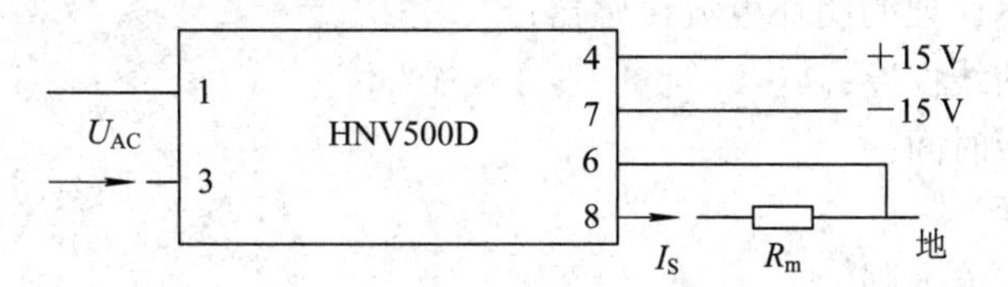

图 4-16 HNV500D 连接图

4.4 电流检测

在电路设计中电流测量应用十分普遍。测量中，电表用来进行电流的测量；保护中，电流往往与功率形成直接的关系，如果电流过大则代表系统中有短路情况出现从而需要保护；控制中，如马达控制、电池充放电等都需要电流测量。

测量电流的方法一般分成直接式和间接式两种。直接式用于测量相对较小的电流以及电压不高的情况；间接式不带有任何导电关系，因此可用于测量相对较大的电流以及相对较高的电压。直接式一般通过电阻进行，根据欧姆定律，电流的大小和电压成正比，因此可以通过测量一个小电阻的电压差得到所经过电流的大小；间接式测量一般通过霍尔传感器监控电流产生的磁场得到，由于电流周围本身会产生磁场，而电流的大小和磁场成正比，因此可以通过测量磁场的大小得到经过电流的大小。

4.4.1 直接测量法

直接测量最简单的方法就是将电流直接流入电阻 R，可得到电压 $U = I \times R$，将该电压通过跟随器处理后送入 ADC 处理电路即可得到电流的数字信号，再将该信号送入单片机即可计算出电流值。直接测量法的电路如图 4-17 所示。

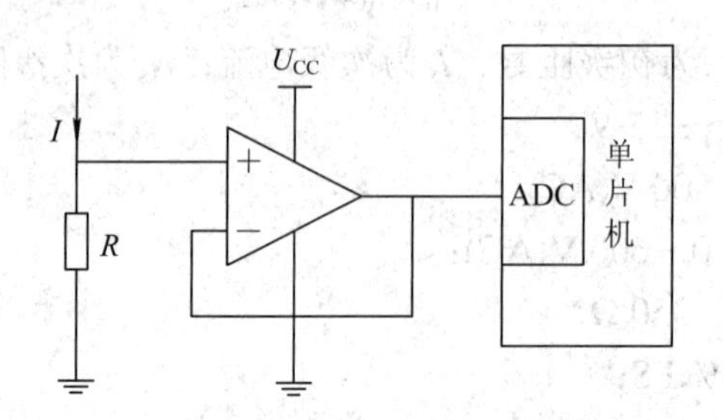

图 4-17　直接测量电流电路

4.4.2 间接测量法

1. 霍尔传感器测量

南京中旭公司生产的 HNC-1000LF 系列霍尔电流传感器是应用霍尔效应原理的新一代电流传感器，能在电隔离条件下测量直流、交流、脉冲以及各种不规则波形的电流，可应用于通信电源、不间断电源、变频调速系统、电焊机电源、电池电源。其特点如下：

(1) 为应用霍尔原理的闭环电流传感器；

(2) 具有良好的线性度；

(3) 优化的响应时间；

(4) 无插入损耗；

(5) 抗外界干扰能力强。

霍尔电流传感器按图 4-18 所示接线，将被测电流从传感器穿芯孔中穿入，即可从输出端取样测得与被测电流相对应的电压值。当被测电流沿传感器箭头方向流动时，在输出端可获得同相电压。

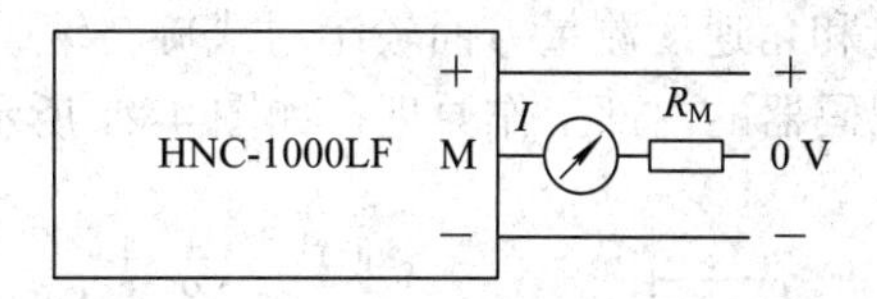

图 4-18 霍尔电流传感器连接示意图

2. FHS40-P/SP600 测量

FHS40-P/SP600 是 LEM 公司生产的隔离型霍尔电流传感器，该传感器可测量 0～100 A 的直流、交流、脉冲电流。该芯片采用 SO-8 封装，其引脚如图 4-19 所示。

引脚说明如下：

V_{REF}：内部参考电压输出端；

V_{OUT}：电压输出端；

0 V：接电源地；

V_{CC}：接电源；

STANDBY：备用端；

$V_{OUTFAST}$：电压高速输出；

NC：未连接。

该芯片内部含有霍尔传感器，可将需要测量电流的导线从该芯片下方或上方通过，流过的电流在空间形成磁场，检测该磁场的大小即可计算出电流。FHS40-P/SP600 的应用电路如图 4-20 所示。

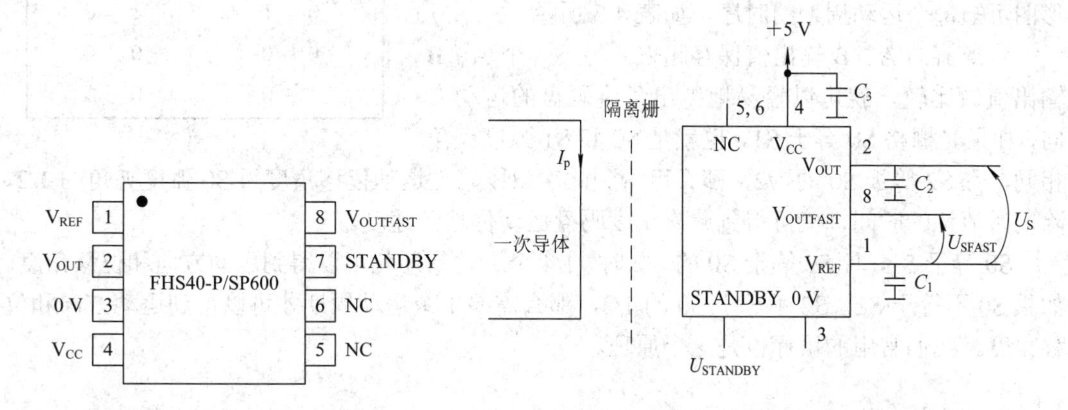

图 4-19 FHS40-P/SP600 引脚　　图 4-20 FHS40-P/SP600 应用电路图

4.5 速 度 检 测

速度检测的方法较多，如测出物体在一定时间内的位移则可计算出速度，而最常用的方法是测量电机的转速，再根据车轮的大小计算出位移量。测量电机转速最常用的方法就是采用增量式旋转编码器。

增量式旋转编码器通过内部两个光敏接收管转化其角度码盘的时序和相位关系，得到其角度码盘角度位移量增加(正方向)或减少(负方向)。在结合数字电路特别是单片机后，增量式旋转编码器在角度测量和角速度测量方面较绝对式旋转编码器更具有廉价和简易的优势。下面介绍增量式旋转编码器的内部工作原理，如图 4-21 所示。

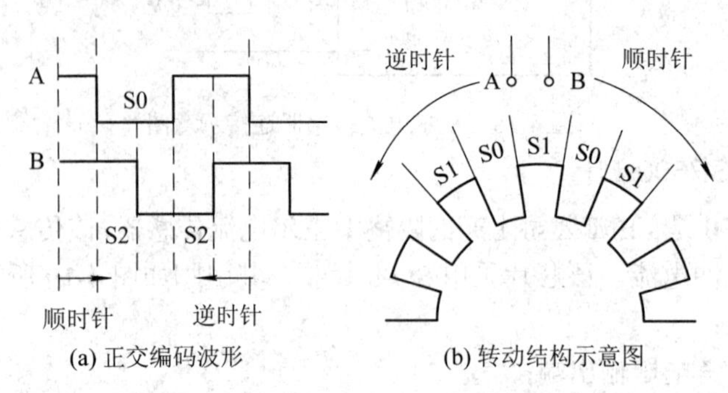

图 4-21 增量式旋转编码器示意图

A、B 两点对应两个光敏接收管，A、B 两点间距为 S2，角度码盘的光栅间距分别为 S0 和 S1。当角度码盘以某个速度匀速转动时，可知输出波形图中的 S0∶S1∶S2 比值与实际图的 S0∶S1∶S2 比值相同。同理，角度码盘以其他的速度匀速转动时，输出波形图中的 S0∶S1∶S2 比值与实际图的 S0∶S1∶S2 比值仍相同。如果角度码盘做变速运动，把它看成为多个运动周期(在下面定义)的组合，那么每个运动周期中输出波形图中的 S0∶S1∶S2 比值与实际图的 S0∶S1∶S2 比值仍相同。通过输出波形图可知每个运动周期的时序，如表 4-3 所示。

表 4-3 每个运动周期的时序

顺时针运动		逆时针运动	
A	B	A	B
1	1	1	1
0	1	1	0
0	0	0	0
1	0	0	1

将当前的 A、B 输出值保存起来，与下一个 A、B 输出值做比较，就可以轻易地得出角度码盘的运动方向，如果光栅格 S0 等于 S1，也就是 S0 和 S1 弧度夹角相同，且 S2 等于 S0 的 1/2，那么可得到此次角度码盘运动位移角度为 S0 弧度夹角的 1/2，除以所消耗的时间，就可得到此次角度码盘运动位移角速度。

S0 等于 S1，且 S2 等于 S0 的 1/2 时，1/4 个运动周期就可以得到运动方向和位移角度。如果 S0 不等于 S1，S2 不等于 S0 的 1/2，那么需要 1 个运动周期才可以得到运动方向和位移角度。我们常用的鼠标也是这个原理。

4.6 霍尔集成电路的原理和应用

外界信号一般通过各种传感器进行采集，而在各种传感器中，霍尔传感器可通过霍尔集成电路将许多非电、非磁的物理量，例如力、力矩、压力、应力、位置、位移、速度、加速度、角度、角速度、转数、转速以及工作状态发生变化的时间等，转变成电量来进行检测和控制。本节讲解霍尔集成电路的原理和应用，便于读者在工程设计中应用。

霍尔集成电路是一种磁敏传感器，可以检测磁场及其变化，可在各种与磁场有关的场合中使用。霍尔集成电路是以霍尔效应原理为基础工作的。霍尔集成电路具有许多优点，它们的结构牢固、体积小、重量轻、寿命长、安装方便、功耗小、频率高(可达 1 MHz)，耐震动，不怕灰尘、油污、水汽及盐雾等的污染或腐蚀。

按照霍尔集成电路的功能，可将它们分为霍尔线性集成电路和霍尔开关集成电路。前者输出模拟量，后者输出数字量。

霍尔线性集成电路的精度高、线性度好；霍尔开关集成电路无触点、无磨损、输出波形清晰、无抖动、无回跳、位置重复精度高(可达微米级)。霍尔线性集成电路采用了各种补偿和保护措施，工作温度范围较宽，可达 −55～150℃。

4.6.1 霍尔传感器的分类

霍尔线性集成电路由霍尔元件、差分放大器和射极跟随器组成。其输出电压和加在霍尔元件上的磁感强度 B 成比例，它的功能框图和输出特性示意图如图 4-22 和图 4-23 所示。这类电路有很高的灵敏度和优良的线性度，适用于各种磁场检测。

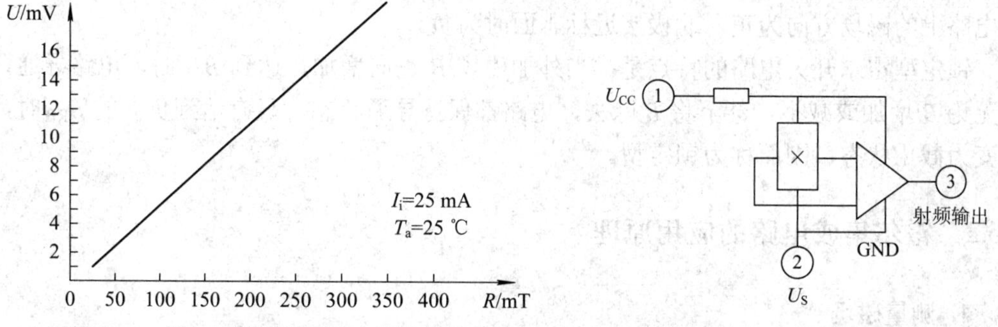

图 4-22 霍尔线性电路的磁电转换特性曲线　　图 4-23 功能框图

霍尔开关集成电路又称霍尔数字电路，由稳压器、霍尔片、差分放大器、施密特触发器和输出级组成。在外磁场的作用下，当磁感应强度超过导通阈值 B_{OP} 时，霍尔电路输出管导通，输出低电平。之后，B 再增加，仍保持导通态。当外加磁场的 B 值降低到 B_{RP} 时，输出管截止，输出高电平。我们称 B_{OP} 为工作点，B_{RP} 为释放点，$B_{OP} - B_{RP} = B_H$ 称为回差。回差的存在使开关电路的抗干扰能力增强。霍尔开关电路的功能框如图 4-24 所示。图 4-24(a)表示集电极开路(OC)输出，图 4-24(b)表示双 OC 输出。它们的输出特性图如图 4-25 所示，图 4-25(a)表示开关型霍尔开关的输出特性，图 4-25(b)表示锁定型霍尔开关的输出特性。

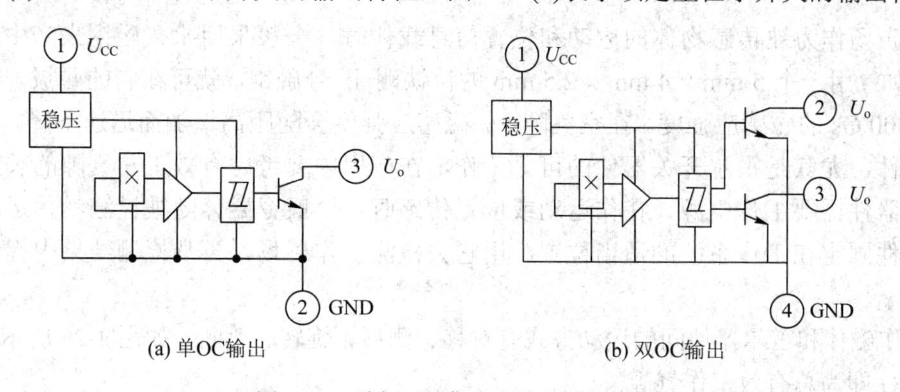

图 4-24 霍尔开关集成电路的功能框图

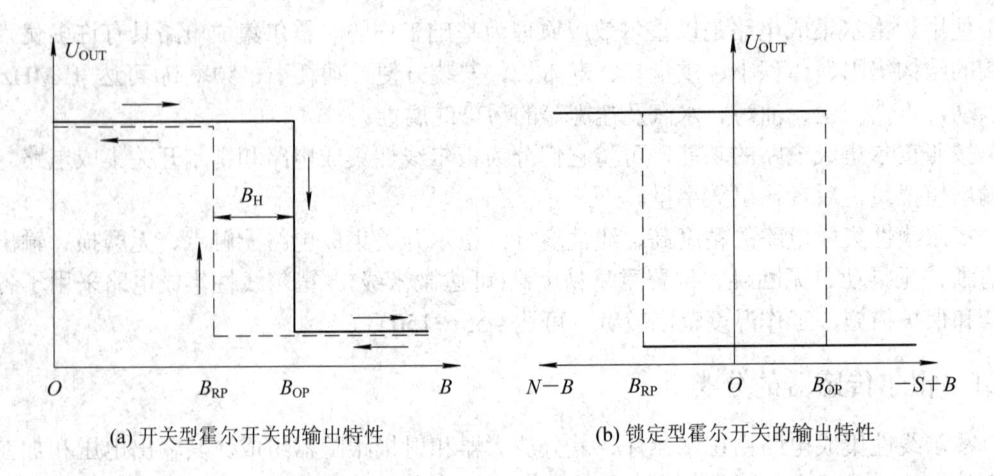

图 4-25　霍尔开关集成电路的输出特性

一般规定，当外加磁场的南极(S 极)接近霍尔电路外壳上打有标志的一面时，作用到霍尔电路上的磁场方向为正，北极接近标志面时为负。

锁定型霍尔开关电路的特点是：当外加磁场 B 正向增加，达到 B_{OP} 时，电路导通，之后无论 B 增加或减小，甚至将 B 除去，电路都保持导通状态，只有达到负向的 B_{RP} 时，才改变为截止状态，因而称为锁定型。

4.6.2　霍尔集成电路的应用原理

1. 测量磁场

使用霍尔器件检测磁场的方法极为简单，将霍尔器件做成各种形式的探头放在被测磁场中，因霍尔器件只对垂直于霍尔片表面的磁感应强度敏感，因而必须令磁力线和器件表面垂直，通电后即可由输出电压得到被测磁场的磁感应强度。若不垂直，则应求出其垂直分量来计算被测磁场的磁感应强度值。此外，因霍尔元件的尺寸极小，还可以进行多点检测，由计算机进行数据处理，可以得到场的分布状态，并可对狭缝、小孔中的磁场进行检测。

2. 工作磁体的设置

用磁场作为被传感物体的运动和位置信息载体时，一般采用永久磁钢来产生工作磁场。例如，用一个 5 mm × 4 mm × 2.5 mm 的钕铁硼 II 号磁钢，就可在它的磁极表面上得到约 2300 Gs 的磁感应强度。在空气隙中，磁感应强度会随距离增加而迅速下降。为保证霍尔器件，尤其是霍尔开关器件的可靠工作，在应用中要考虑有效工作气隙的长度。因为霍尔器件需要工作电源，在作运动或位置传感时，一般令磁体随被检测物体运动，将霍尔器件固定在工作系统的适当位置，用它去检测工作磁场，再从检测结果中提取被检信息。

工作磁体和霍尔器件间的运动方式有对移、侧移、旋转、遮断，如图 4-26 所示，图中的 TEAG 即为总有效工作气隙。

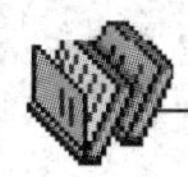

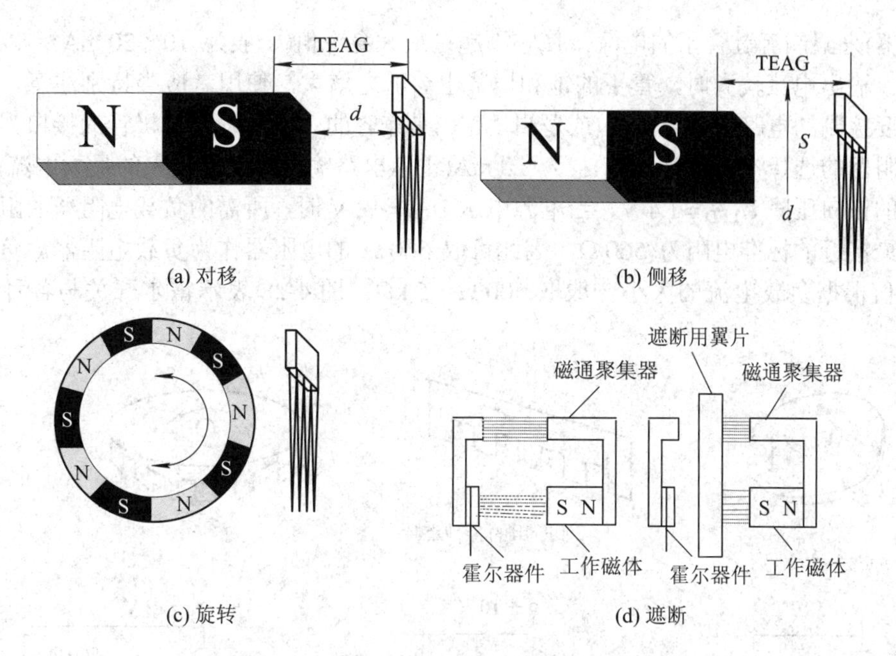

图 4-26 霍尔器件和工作磁体间的运动方式

在遮断方式中，工作磁体和霍尔器件以适当的间隙相对固定，用一软磁(例如软铁)翼片作为运动工作部件，当翼片进入间隙时，作用到霍尔器件上的磁力线被部分或全部遮断，以此来调节工作磁场。被传感的运动信息加在翼片上。这种方法的检测精度很高，在125℃的温度范围内，翼片的位置重复精度可达 50 μm。

也可将工作磁体固定在霍尔器件背面(外壳上没打标志的一面)，如图 4-27 所示，使被检的铁磁物体(例如钢齿轮)从它们近旁通过，检测出物体上的特殊标志(如齿、凸缘、缺口等)，得出物体的运动参数。

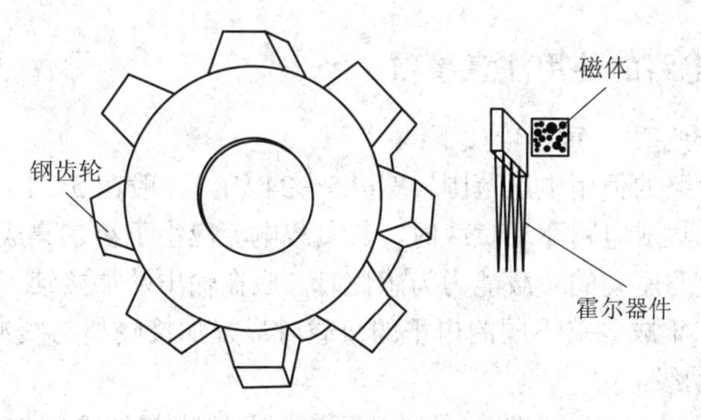

图 4-27 在霍尔器件背面放置磁体

3. 与外电路的接口

霍尔开关电路的输出级一般是一个集电极开路的 NPN 晶体管，其使用规则和任何一种相似的 NPN 开关管的使用规则相同。输出管截止时，输出漏电流很小，一般只有几纳安，可以忽略，输出电压和其电源电压相近，但电源电压最高不得超过输出管的击穿电压(25～30 V)。输出管导通时，它的输出端和线路的公共端短路。因此，必须外接一个电阻器(即负

载电阻器)来限制流过管子的电流，使它不超过最大允许值(一般为 10～20 mA)，以免损坏输出管。输出电流较大时，管子的饱和压降也会随之增大，使用者应当特别注意，仅这个电压和要控制的电路的截止电压(或逻辑“0”)是兼容的。以与发光二极管的接口为例，对负载电阻器的选择作一估计，若 I_o 为 20 mA(霍尔电路输出端允许吸入的最大电流)，发光二极管的正向压降 $U_{LED}=1.4$ V，当电源电压 $U_{CC}=12$ V 时，所需的负载电阻器的阻值和这个阻值最接近的标准电阻为 560 Ω，因此可取 560 Ω 的电阻器作为负载电阻器。负载电阻器的阻值根据负载电流的大小一般取 500 Ω～5 kΩ。图 4-28 表示霍尔开关与各种电路的接口。

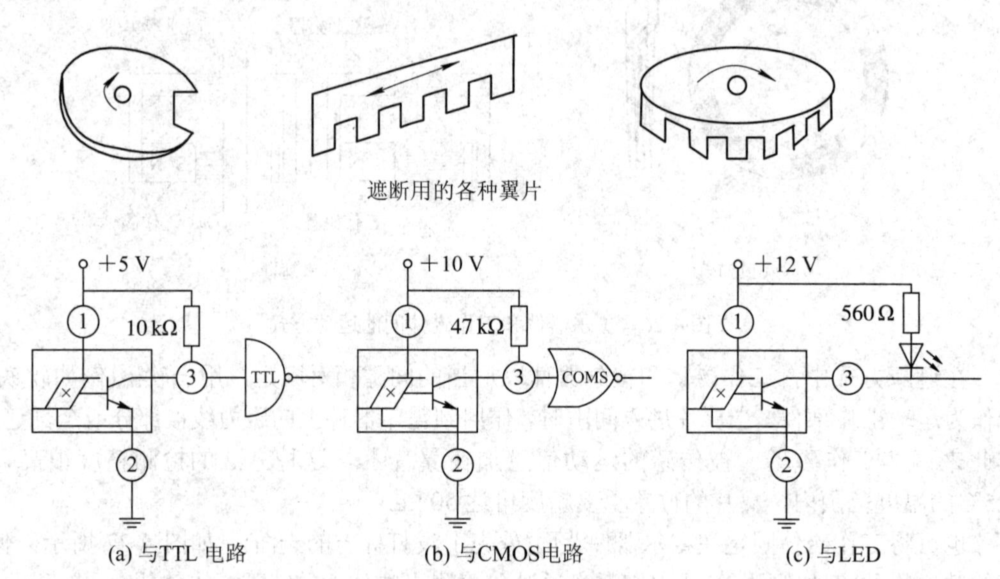

图 4-28　霍尔开关与电路接口举例

4.6.3　霍尔集成电路的使用注意事项

霍尔集成电路的使用注意事项如下：

(1) 霍尔集成电路的使用电压范围较宽(4.5～24 V)，一般在 5～18 V 为宜。

(2) 开关型霍尔集成电路驱动负载时，其负载电流应小于霍尔集成电路的负载能力。

(3) 霍尔集成电路驱动的负载能力为感性时，应在输出端加接续流二极管。

(4) 驱动与霍尔集成电路不同的电平的负载时最好加接隔离与缓冲级，可利用光电耦合器或加三极管驱动级。

(5) 长距离传输霍尔集成电路信号时，可在开关输出与地之间加接一只退耦电容器，以消除干扰脉冲；传送线性霍尔集成电路的输出信号应使用同轴电缆线，但最长不可大于 10 m。

(6) 大多数霍尔集成电路的磁感应距离为 5～10 mm，需在应用时加以注意。在安置磁钢时应与霍尔集成电路的感应点对正，减小磁路磁阻，使信号检测可靠准确。

(7) 为了增强开关或线性霍尔集成电路的磁感应灵敏度，使用时亦可利用小磁钢增强磁偏置或加大磁钢的面积。

4.7　加速度传感器

加速度传感器是将运动或重力转化成电信号的传感器，主要用于倾斜角、惯性力、冲击及振动等参数的测量。目前加速度传感器已经取得了广泛的应用，绝大多数中高端智能手机和平板计算机内置了加速度传感器，如苹果的系列产品 iPhone 和 iPad、Android 系列手机等。实际上加速度传感器在进入到消费电子市场之前，已经被广泛应用于汽车、军事、航天航空和电子领域中。

加速度传感器利用了其内部由于加速度造成晶体变形的特性。由于晶体变形会产生电压，因此只需计算出产生电压和所施加的加速度之间的关系，就可以将加速度转化成电压输出。当然还有利用其他物理效应，比如电容效应、热气泡效应、光效应来制作的加速度传感器，但是其最基本的原理都是由于加速度使某个介质产生形变，通过测量其变形量并用相关电路转化成电压输出。

4.7.1　CMA3000-D01 概述

VTI 的 CMA3000-D01 是针对小尺寸、低价格、低功耗的需求而设计的，它是由 3D-MEMS 传感元件和信号调节专用芯片组成的晶片级的加速度传感器，如图 4-29 所示。CMA3000-D01 是 VTI 于 2009 年推出的一款划时代的加速度传感器，以 2.0 mm × 2.0 mm × 0.95 mm 的封装、10 μA 的工作电流、简单的寄存器设置、精简的引脚数量，成为了消费类电子厂家的宠儿，大量应用于手机、计步器、运动产品、MP3 等。其主要特点如下：

(1) 极小的尺寸：2.0 mm × 2.0 mm × 0.95 mm。

(2) 宽范围的供电电压：1.7～3.6 V。

(3) 极低的功耗：测量模式在输出频率为 400 Hz / 100 Hz / 40 Hz 时的工作电流分别为 70 μA / 50 μA / 11 μA；运动检测模式工作电流低至 7 μA；待机模式电流极小 3 μA。

(4) 支持双量程工作(±2 g，±8 g 可选)。

(5) 可通过校准提高 10%的精度和 100 mg 的漂移。

(6) 多种工作模式下都支持中断功能。

(7) 支持串行通信协议 SPI 和 I^2C。

图 4-29　CMA3000-D01 加速度传感器

CMA3000-D01 的目标主要是使用电池的设备，比如手机、计步器、运动产品、MP3、PND、笔记本计算机、游戏手柄、计算机扩展组件等，其内部结构框图如图 4-30 所示。

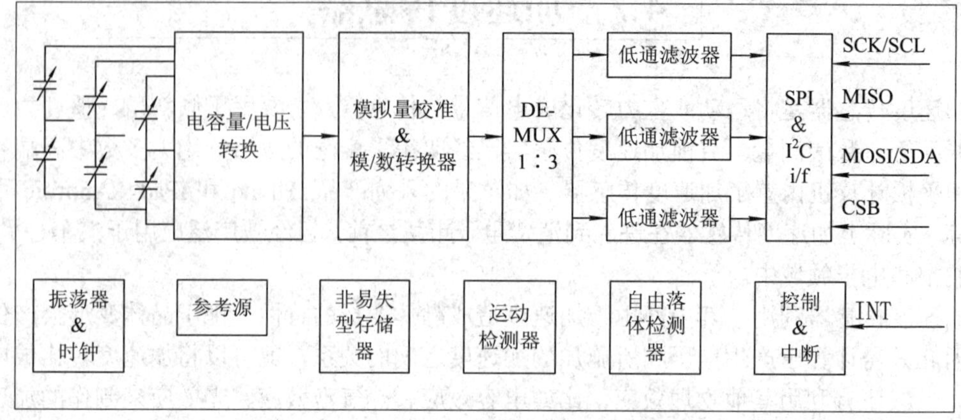

图 4-30　CMA3000-D01 的内部结构框图

VTI 的 CMA3000-D01 三轴加速度传感器主要通过串行通信口和中断引脚(INT)与主控制器通信，它同时支持 SPI 和 I^2C 两种常见的串行通信协议。在使用 SPI 与 I^2C 协议进行通信时，CMA3000-D01 是作为从设备存在的。CMA3000-D01 是通过片选信号引脚来选择 SPI 和 I^2C 通信协议的，另外还可以通过重新配置 CMA3000-D01 的寄存器来禁用 I^2C 接口。可以利用单片机内部的 SPI 模块与三轴加速度传感器进行通信，其程序就是标准的 SPI 通信程序。

4.7.2　CMA3000-D01 程序设计

使用 MSP430 单片机控制 CMA3000-D01 三轴加速度传感器需要使用 HAL_Cma3000.h 头文件，该头文件用于定义 CMA3000-D01 内的各个寄存器，受篇幅所限，在此不具体列出，可从网络上下载。

预定义：

```
#define MCLK                    25000000
#define TICKSPERUS              (MCLK/1000000)
// 端口定义
#define ACCEL_INT_IN            P2IN
#define ACCEL_INT_OUT           P2OUT
#define ACCEL_INT_DIR           P2DIR
#define ACCEL_SCK_SEL           P2SEL
#define ACCEL_INT_IE            P2IE
#define ACCEL_INT_IES           P2IES
#define ACCEL_INT_IFG           P2IFG
#define ACCEL_INT_VECTOR        PORT2_VECTOR
#define ACCEL_OUT               P3OUT
#define ACCEL_DIR               P3DIR
#define ACCEL_SEL               P3SEL
```

```
// 引脚定义
#define ACCEL_INT           BIT5
#define ACCEL_CS            BIT5
#define ACCEL_SIMO          BIT3
#define ACCEL_SOMI          BIT4
#define ACCEL_SCK           BIT7
#define ACCEL_PWR           BIT6
// 三轴加速度传感器寄存器定义
#define REVID               0x01
#define CTRL                0x02
#define MODE_400            0x04       // Measurement mode 400 Hz ODR
#define DOUTX               0x06
#define DOUTY               0x07
#define DOUTZ               0x08
#define G_RANGE_2           0x80       // 2g range
#define I2C_DIS             0x10       // I2C disabled

char accelData;
char RevID;
char Cma3000_xAccel;
char Cma3000_yAccel;
char Cma3000_zAccel;
// 设置三个轴的偏移
char Cma3000_xAccel_offset;
char Cma3000_yAccel_offset;
char Cma3000_zAccel_offset;
```

三轴加速度传感器初始化：利用 SPI 模式实现 MSP430F5529 单片机与三轴加速度传感器的通信，使用以下函数进行 SPI 模式的设置。

```
void Cma3000_init(void)
{
    do{
      // 各个功能管脚的设置
      ACCEL_OUT |= ACCEL_PWR;
      ACCEL_DIR |= ACCEL_PWR;
      ACCEL_SEL |= ACCEL_SIMO + ACCEL_SOMI;
      ACCEL_SCK_SEL |= ACCEL_SCK;
      ACCEL_INT_DIR &= ~ACCEL_INT;
      ACCEL_INT_IES &= ~ACCEL_INT;
      ACCEL_INT_IFG &= ~ACCEL_INT;
```

```
        ACCEL_OUT |= ACCEL_CS;
        ACCEL_DIR |= ACCEL_CS;
        // 设置 SPI 工作模式
        UCA0CTL1 |= UCSWRST;
        UCA0CTL0 = UCMST + UCSYNC + UCCKPH + UCMSB;
        UCA0CTL1 = UCSWRST + UCSSEL_2;
        // 设置波特率
        UCA0BR0 = 0x30;
        UCA0BR1 = 0;
        UCA0MCTL = 0;
        UCA0CTL1 &= ~UCSWRST;
        RevID = Cma3000_readRegister(REVID);
        __delay_cycles(50 * TICKSPERUS);
        // 设置工作模式为 2g/400 Hz
        accelData = Cma3000_writeRegister(CTRL, G_RANGE_2 | I2C_DIS | MODE_400);
        __delay_cycles(1000 * TICKSPERUS);
        ACCEL_INT_IE    &= ~ACCEL_INT;
      // Repeat till interrupt Flag is set to show sensor is working
     } while (!(ACCEL_INT_IN & ACCEL_INT));
}
```

读取三个轴的加速度量：读取加速度传感器中 x、y、z 方向的加速度值。

```
void Cma3000_readAccel(void)
{
    // Read DOUTX register
    Cma3000_xAccel = Cma3000_readRegister(DOUTX);
    __delay_cycles(50 * TICKSPERUS);
    // Read DOUTY register
    Cma3000_yAccel = Cma3000_readRegister(DOUTY);
    __delay_cycles(50 * TICKSPERUS);
    // Read DOUTZ register
    Cma3000_zAccel = Cma3000_readRegister(DOUTZ);
}
```

设置偏置函数：设置 x、y、z 的零点偏移值，用于程序运行过程中自动校准，以消除传感器的偏差影响。

```
void Cma3000_setAccel_offset(int8_t xAccel_offset,   int8_t yAccel_offset, int8_t zAccel_offset)
{   // Store x-Offset
    Cma3000_xAccel_offset = xAccel_offset;
    // Store y-Offset
    Cma3000_yAccel_offset = yAccel_offset;
```

```
    // Store z-Offset
    Cma3000_zAccel_offset = zAccel_offset;
}
```

读取 CMA3000-D01 中某个寄存器的值：使用单片机内部 SPI 通信模块读取 CMA3000-D01 中某个寄存器的值。

```
int8_t Cma3000_readRegister(uint8_t Address)
{
    uint8_t Result;

    Address <<= 2;
    ACCEL_OUT &= ~ACCEL_CS;
    Result = UCA0RXBUF;
    while (!(UCA0IFG & UCTXIFG));
    UCA0TXBUF = Address;
    while (!(UCA0IFG & UCRXIFG));
    Result = UCA0RXBUF;
    while (!(UCA0IFG & UCTXIFG));
    UCA0TXBUF = 0;
    while (!(UCA0IFG & UCRXIFG));
    Result = UCA0RXBUF;
    while (UCA0STAT & UCBUSY);
    ACCEL_OUT |= ACCEL_CS;
    return Result;
}
```

往 CMA3000-D01 中某个寄存器写入数值：使用单片机内部 SPI 通信模块将需要的数据写入 CMA3000-D01 中某个寄存器。

```
int8_t Cma3000_writeRegister(uint8_t Address, int8_t accelData)
{
    uint8_t Result;

    Address <<= 2;
    Address |= 2;
    ACCEL_OUT &= ~ACCEL_CS;
    Result = UCA0RXBUF;
    while (!(UCA0IFG & UCTXIFG));
    UCA0TXBUF = Address;
    while (!(UCA0IFG & UCRXIFG));
    Result = UCA0RXBUF;
```

```
        while (!(UCA0IFG & UCTXIFG));
        UCA0TXBUF = accelData;
        while (!(UCA0IFG & UCRXIFG));
        Result = UCA0RXBUF;
        while (UCA0STAT & UCBUSY);
        ACCEL_OUT |= ACCEL_CS;
        return Result;
    }
```

4.8 气 压 计

常见气压计有水银气压计和无液气压计。水银气压计利用的是托里拆利实验的原理，即大气压强不同支持的水银柱的高度则不同，根据水银面的高度，可读取大气压的值。最常见的无液气压计是金属盒气压计，它的主要部分是一种波纹状表面的真空金属盒。为了不使金属盒被大气压所压扁，用弹性钢片向外拉着它。大气压增加，盒盖凹进去一些；大气压减小，弹性钢片就把盒盖拉起来一些。盒盖的变化通过传动机构传给指针，使指针偏转。从指针下面刻度盘上的读数，可知道当时大气压的值。

4.8.1 BMP180 气压传感器概述

BMP180 是一款高精度、小体积、超低能耗的压力传感器，可以应用在移动设备中。它的性能卓越，绝对精度最低可以达到 0.03 hPa，并且耗电极低只有 3 μA。BMP180 采用强大的 8 引脚陶瓷无引线芯片承载(LCC)超薄封装，可以通过 I^2C 总线直接与各种微处理器相连，常用于 GPS 精确导航(航位推算，上下桥检测等)、室内室外导航、休闲、体育和医疗健康等监测、天气预报、垂直速度指示(上升、下沉速度)等场合。其主要特点如下：

(1) 压力范围：300～1100 hPa(海拔 9000～500 m)。

(2) 电源电压：1.8～3.6 V (VDDA)，1.62～3.6 V(VDDD)。

(3) LCC8 封装：无铅陶瓷载体封装(LCC)。

(4) 尺寸：3.6 mm × 3.8 mm × 0.93 mm。

(5) 低功耗：在标准模式下电流为 5 μA，待机电流为 0.1 μA。

(6) 高精度：低功耗模式下，分辨率为 0.06 hPa (0.5 m)；高线性模式下，分辨率为 0.03 hPa(0.25 m)含温度输出。

BMP180 使用非常方便，无需外部时钟电路，给其提供所需工作电压即可正常工作。BMP180 常用的设计模块如图 4-31 所示，电路如图 4-32 所示。

图 4-31　BMP180 模块实物图

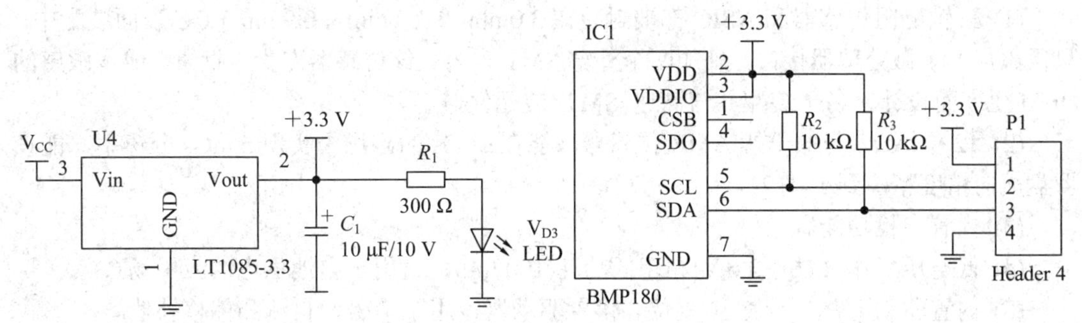

图 4-32 BMP180 模块原理图

4.8.2 BMP180 程序设计

BMP180 通过 I^2C 总线直接与各种微处理器进行通信，I^2C 总线的通信协议将在 7.6 节中详细介绍，此处不再给出详细程序，读者可查看相关章节，并参照编写。

4.9 地磁传感器

地磁传感器是人们常说的指南针，它是一种重要的导航工具，可应用在多种场合中。地磁传感器内部结构固定，没有移动部分，可以简单地和其他电子系统接口，因此可代替旧的磁指南针；它利用磁场传感器的磁阻(MR)技术进行精确测量，并用翻转技术消除信号偏移，用电磁反馈技术来消除温度的敏感漂移；以精度高、稳定性好等特点得到了广泛运用。

常用的地磁传感器主要有飞思卡尔的 MAG 系列和霍尼韦尔的 HMC 系列，下面就以市场上常见的霍尼韦尔的 HMC5883L 的地磁传感器来进行讨论。

4.9.1 HMC5883L 地磁传感器

霍尼韦尔地磁传感器 HMC5883L 是一种表面贴装，并带有数字接口的弱磁传感器芯片，应用于低成本罗盘和磁场检测领域。HMC5883L 包括最先进的高分辨率 HMC118X 系列磁阻传感器，并附带霍尼韦尔专利的集成电路，包括放大器、自动消磁驱动器、偏差校准、能使罗盘精度控制在 1°～2° 的 12 位模/数转换器，简易的 I2C 系列总线接口。HMC5883L 采用无铅表面封装技术，带 16 引脚，尺寸为 3.0 mm × 3.0 mm × 0.9 mm。HMC5883L 的应用领域有手机、笔记本电脑、消费类电子、汽车导航系统和个人导航系统，其外形如图 4-33 所示。

图 4-33 HMC5883L 实物图

HMC5883L 采用霍尼韦尔各向异性磁阻(AMR)技术，该技术领先于其他磁传感器技术。这些各向异性传感器具有在轴向高灵敏度和线性高精度的特点。传感器带有的对于正交轴低敏感性的固相结构能用于测量地球磁场的方向和大小，其测量范围从毫高斯到 8 Gs。霍尼韦尔地磁传感器在低磁场传感器行业中是灵敏度最高和可靠性最好的传感器。其主要特点如下：

(1) 三轴磁阻传感器和 ASIC 都被封装在 3.0 mm × 3.0 mm × 0.9 mm LCC 表面装配中，只需添加一个微处理器接口，外加两个外部 SMT 电容。该传感器专为大批量、成本敏感的 OEM 生产而设计，易于装配并与高速 SMT 装配件兼容。

(2) 12 位 ADC 与低干扰 AMR 传感器，能在±8 Gs 的磁场中实现 5 mGs 分辨率，能使罗盘航向精度精确到 1°～2°。

(3) 内置自检功能。

(4) 低电压工作(2.16～3.6 V)和超低功耗(100 μA)，适用于电池供电的应用场合。

(5) 内置驱动电路，带置位/复位和偏置驱动器，用于消磁、自测和偏移补偿。

(6) I^2C 数字接口。

(7) 无引线封装结构。

(8) 磁场范围广(±8 Oe)。

(9) 有相应软件及算法支持，可获得罗盘航向、硬磁、软磁以及自动校准库。

(10) 最大输出频率可达 160 Hz。

其引脚定义如表 4-4 所示。

表 4-4　HMC5883L 引脚定义

引脚	名称	描　述
1	SCL	串行时钟，I^2C 总线主/从时钟
2	VDD	电源(2.16～3.6 V)
3	NC	无连接
4	S1	连接 VDDIO
5	NC	无连接
6	NC	无连接
7	NC	无连接
8	SETP	置位/复位(连接 S/R 电容 C2 的正端)
9	GND	电源接地
10	C1	存储电容器(C1)连接
11	GND	电源接地
12	SETC	连接 S/R 电容 C2 的负端
13	VDDIO	I/O 电源供应(1.7 V)电压
14	NC	无连接
15	DRDY	数据准备、中断引脚，内部被上拉电阻拉为高电平。该引脚为连接引脚。当数据位于输出寄存器上时，会将该引脚变为低电位，并维持 250 μs
16	SDA	串行数据，I^2C 总线主/从数据

4.9.2　HMC5883L 程序设计

I^2C 程序是 MCU 编程中常用的程序，所有涉及 I^2C 通信的芯片都需要 I^2C 程序，只是不同的MCU在位操作时编写方式有所差异。该程序采用STM32单片机编写，而7.6节的程序采用MSP430单片机编写，且7.6节将具体介绍I²C通信协议，读者可先阅读参考。

这里用到了STM32的位带区操作，方便实现对一个位的操作，PB13配置为OD输出，同时外部给上拉电阻，这样既可输出信号给从机，也能在PB13为漏极开路状态时接收从机的信号(STM32的I/O配置为输出模式时，I/O口的电平也会不断地被捕获到输入寄存器中)，PB14配置为推挽输出，PB15配置为浮空输入。

预定义：

```
#define R_SDA     IPB13          // PB13 输入寄存器
#define W_SDA     OPB13          // PB13 输出寄存器
#define W_SCL     OPB14          // PB14 输出寄存器
#define R_DRDY    IPB15          // PB15 输入寄存器
#define Xmsb 0             // X 轴数字量的高 8 位
#define Xlsb 1             // X 轴数字量的低 8 位
#define Zmsb 2             // Z 轴数字量的高 8 位
#define Zlsb 3             // Z 轴数字量的低 8 位
#define Ymsb 4             // Y 轴数字量的高 8 位
#define Ylsb 5             // Y 轴数字量的低 8 位
```

启动I²C传输：用于控制I²C总线，表示需要占用总线进行数据通信，其他挂在同一总线上的I²C设备不得使用总线。

```
void iic_Start()
{
    W_SCL = 1;
    W_SDA = 1;
    delay();
    W_SDA = 0;      // SCL 高时，拉低 SDA，表示开始 I²C 传输，占用总线
    delay();
    W_SCL = 0;          // 控制 SCL
    delay();
}
```

停止I²C传输：用于控制I²C总线，表示该设备放弃占用总线，其他挂在同一总线上的I²C设备可以开始使用申请总线。

```
void iic_Stop()
{
    W_SCL = 1;      // 释放 SCL(由于没有其他器件，SCL 无须开漏)
    W_SDA = 0;
    delay();
    W_SDA = 1;          // SCL 为高时，拉高 SDA 表示结束 I²C 传输，释放总线
}
```

发送一个字节：将字节dat按位由高至低发送，根据I²C总线速度，加入适当延时。

```
uint8_t iic_SendByte(uint8_t dat)
{
    uint8_t i;                    // uint8_t 需要在宏定义中将其定义为 unsigned char

    for(i=0; i<8; i++)
    {
        delay();
        W_SDA = dat >> 7;         // SCL 拉高之前写 SDA
        dat = dat << 1;
        delay();
        W_SCL = 1;                // 拉高 SCL，从器件开始读取 SDA
        delay();
        W_SCL = 0;                // 重新拉低 SCL
    }
    W_SDA = 1;                    // 释放 SDA
    W_SCL = 1;                    // 拉高 SCL，读取从器件应答信号
    i = 100;
    while(i && R_SDA)   {i--;_delay();}            // 等待应答
    if(i == 0)                    // 无应答
    {
        W_SCL = 0;                // 重新拉低 SCL
        return 0;
    }
    else
    {                             // 有应答
        delay();
        W_SCL = 0;                // 重新拉低 SCL
        return 1;
    }
}
```

接收一个字节：接收来自被访问设备发送的一个字节数据。

```
uint8_t iic_ReadByte(uint8_t Ack)
{
    uint8_t temp,i;

    W_SDA = 1;                              // 释放 SDA
    delay();
    for(i=0; i<8; i++)
    {
```

```
        delay();
        W_SCL = 1;                      // 拉高 SCL，开始读取 SDA
        temp = temp<<1;
        temp |= R_SDA;                  //SCL 拉高之后读取 SDA
        W_SCL = 0;                      // 拉低 SCL，从器件开始放置数据
    }
    // 发送应答信号
    if(Ack)W_SDA = 0;                   // 拉低 SDA 表示应答
    W_SCL = 1;                          // 拉高 SCL，从器件接收应答信号
    delay();
    W_SCL = 0;                          // 重新拉低 SCL
    W_SDA = 1;                          // 释放 SDA
    return temp;
}
```

配置 HMC5883L 模块：使用 I²C 通信协议，配置 HMC5883L 芯片，使之按要求输出测量数据。

```
void HMC5883L_Init()
{
    iic_Start();
    iic_SendByte(0x3c);          // 写操作
    iic_SendByte(0x00);          // 指针指向 00，配置寄存器 A
    iic_SendByte(0x78);          // 数据测量、输出速率 75 Hz
    iic_Start();
    iic_SendByte(0x3c);
    iic_SendByte(0x02);          // 指针定位到 02，模式寄存器
    iic_SendByte(0x00);          // 连续测量模式
    iic_Stop();
}
```

读取角度数据：接收三轴数据，处理 X,Y 轴的数据并计算角度。

```
int16_t HMC5883L_ReadAngle()
{
    static uint8_t i;
    static uint8_t XYZ_Data[6];              // 用来存储三个轴输出的数字量

    iic_Start();
    iic_SendByte(0x3c);                      // 发送 HMC5883L 的器件地址 0x3c，写操作
    iic_SendByte(0x03);                      // 指针指向 03，X msb 寄存器
    iic_Start();
    iic_SendByte(0x3d);                      // 改为读操作
```

```
    // 依次读取三个轴的数字量
    for(i=0; i<5; i++)                    // 前 5 次读取发送应答信号
    {
        XYZ_Data[i] = iic_ReadByte(1);
    }
    XYZ_Data[5] = iic_ReadByte(0);        // 不应答
    iic_Stop();
    // 计算角度，需要包含 math.h 头文件
    atan2( (double)((int16_t)((XYZ_Data[Ymsb]<<8)+XYZ_Data[Ylsb]) ),(double)((int16_t)((XYZ
_Data[Xmsb]<<8)+XYZ_Data[Xlsb])))*(180/3.14159265)+180;
}
```

第5章　信 号 处 理

信号处理是电子系统中必做的一件事情，常见的处理方法有信号的放大、滤波、加减运算、数字化处理、数字滤波等。本章将对常见的信号处理方法进行介绍。

5.1　运算放大器

集成电路运算放大器是模拟集成电路中应用极为广泛的一种器件，它常用于信号的运算、处理、变换、测量和信号产生电路。运算放大器作为基本的电子器件，虽然本身具有非线性的特性，但在很多情况下，它作为线性电路的器件，很容易用来设计各种应用电路。

5.1.1　比例放大器

反相放大器如图 5-1 所示。输入信号加在反相输入端，R_1 和 R_F 组成负反馈网络。通常，为了保持差分放大电路的对称性，在同相端接有电阻 R_p，以使输入电路两端的电阻尽量相等。R_p 的值由下式给出：

$$R_p = \frac{R_1 R_F}{R_1 + R_F} \qquad (5.1.1)$$

闭环增益为

$$A_U = \frac{U_o}{U_i} = -\frac{R_F}{R_1} \qquad (5.1.2)$$

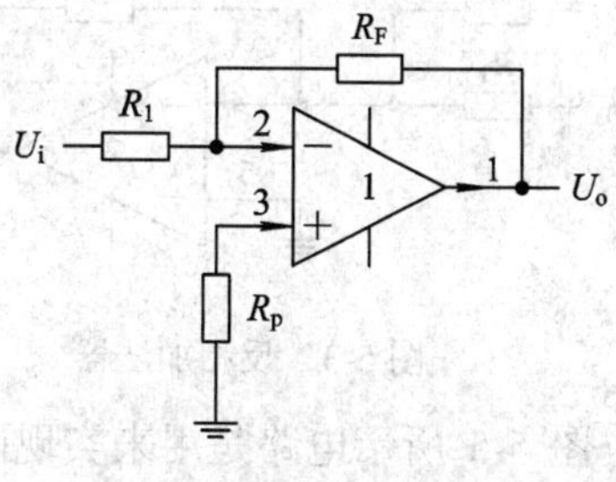

图 5-1　反相放大器

式中：A_U 为负值，表示放大器的输出电压与输入电压反相。式(5.1.2)还表明输出电压与输入电压之间的关系仅与 R_1 和 R_F 组成的负反馈网络的参数有关，而与运放本身无关。反相放大器实质上是一个电压并联负反馈放大器，它有较低的输入阻抗和输出阻抗。输入电阻为 R_1，输出电阻为零。

同相放大器如图 5-2 所示。输入信号加在同相输入端，反馈网络接在反相输入端和输出端之间。

闭环增益为

$$A_U = \frac{U_o - U_i}{R_F} = 1 + \frac{R_F}{R_1} \qquad (5.1.3)$$

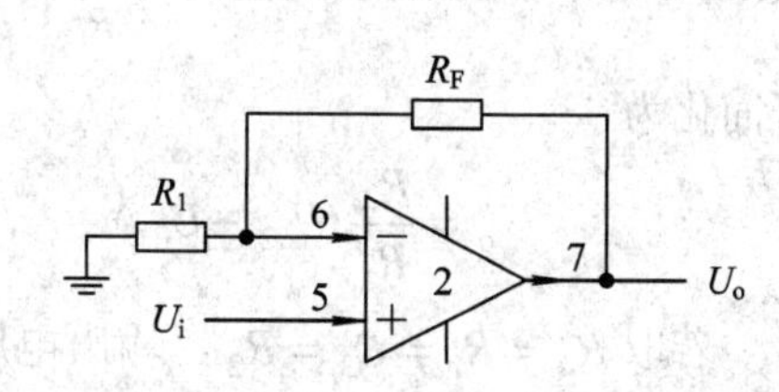

图 5-2　同相放大器

式中：A_U 为正值，表示放大器的输出电压与输入电压同相。同相放大器实质上是一个电压串联负反馈放大器，它有较高的输入阻抗和较低的输出阻抗。对于理想运放来说，其输入阻抗为无穷大，

输出阻抗为零。

5.1.2　加减放大器

完成求和运算的放大器称为加法器。反相加法器如图 5-3 所示。图 5-3 中，U_{i1}、U_{i2}、U_{i3} 为输入电压；R_1、R_2、R_3 为输入电阻；R_F 为反馈电阻。输出电压为

$$U_o = -R_F\left(\frac{U_{i1}}{R_1}+\frac{U_{i2}}{R_2}+\frac{U_{i3}}{R_3}\right) \tag{5.1.4}$$

取 $R_1=R_2=R_3=R_F$，则 $U_o=-(U_{i1}+U_{i2}+U_{i3})$。

同相放大器也可以实现加法运算功能。图 5-4 为一个同相加法器电路，其输出电压为

$$U_o = \left(1+\frac{R_F}{R}\right)\frac{\dfrac{U_{i1}}{R_1}+\dfrac{U_{i2}}{R_2}+\dfrac{U_{i3}}{R_3}}{\dfrac{1}{R_1}+\dfrac{1}{R_2}+\dfrac{1}{R_3}} \tag{5.1.5}$$

取 $R_1=R_2=R_3$，则

$$U_o = \left(1+\frac{R_F}{R}\right)\cdot\frac{1}{3}(U_{i1}+U_{i2}+U_{i3})$$

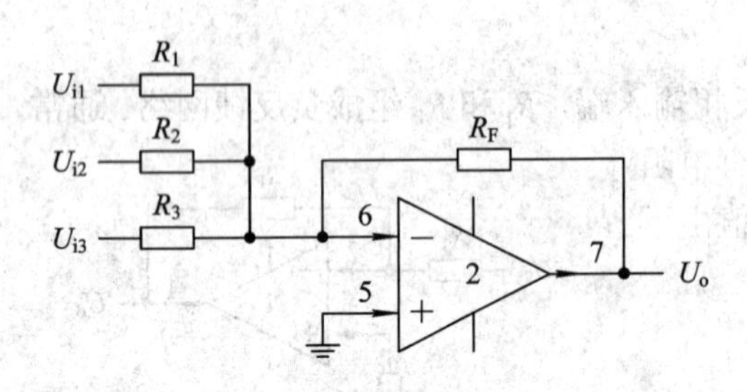

图 5-3　反相加法器

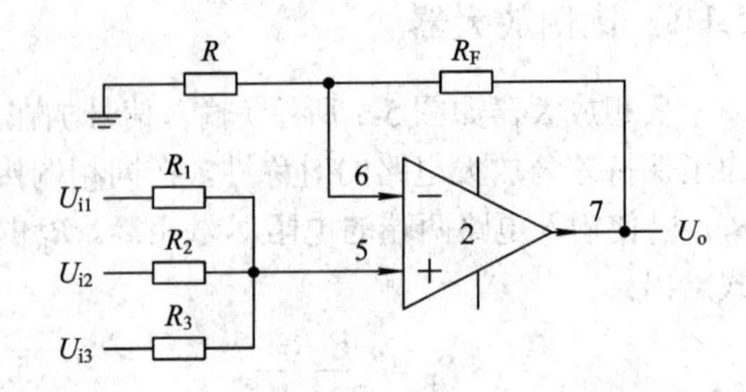

图 5-4　同相加法器

图 5-5 所示电路是用来实现两个电压 U_{i1}、U_{i2} 相减的求差电路，又称差分放大电路。输出电压为

$$U_o = \left(\frac{R_1+R_4}{R_1}\right)\left(\frac{R_3}{R_2+R_3}\right)U_{i2}-\frac{R_4}{R_1}U_{i1} = \left(1+\frac{R_4}{R_1}\right)\left(\frac{R_3/R_2}{1+R_3/R_2}\right)U_{i2}-\frac{R_4}{R_1}U_{i1} \tag{5.1.6}$$

式(5.1.6)中，如果选取阻值满足 $\frac{R_4}{R_1}=\frac{R_3}{R_2}$ 的关系，输出电压可简化为

$$U_o = \frac{R_4}{R_1}(U_{i2}-U_{i1}) \tag{5.1.7}$$

若取 $R_4=R_1=R_3=R_2$，输出电压可简化为

$$U_o = U_{i2}-U_{i1} \tag{5.1.8}$$

可实现减法功能。

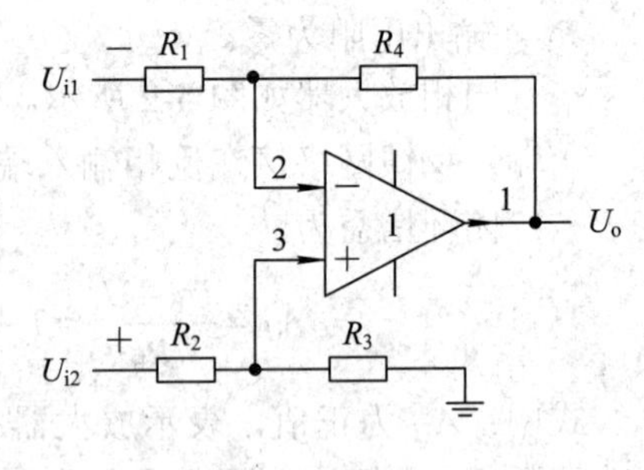

图 5-5　减法电路

5.1.3　仪用放大器

仪用放大器电路如图 5-6 所示。它由运放 A1、A2 按同相输入接法组成第一级差分放大电路，运放 A3 组成第二级差分放大电路。输出电压为

$$U_o = -\frac{R_4}{R_3}\left(1+\frac{2R_2}{R_1}\right)(U_{i1}-U_{i2}) \tag{5.1.9}$$

电路的电压增益为

$$A_U = -\frac{R_4}{R_3}\left(1+\frac{2R_2}{R_1}\right) \tag{5.1.10}$$

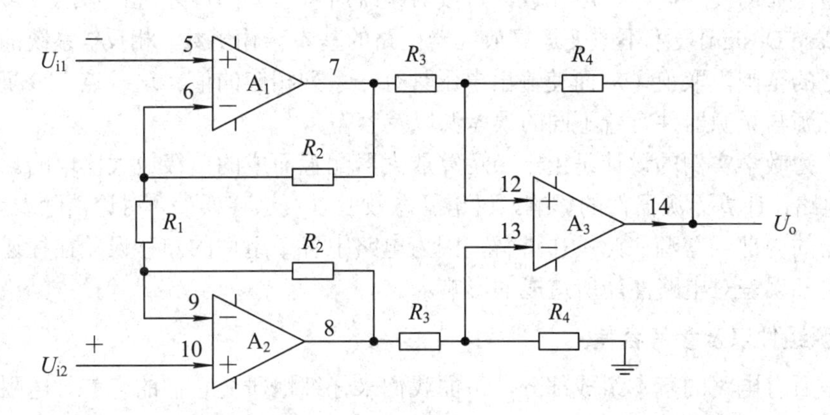

图 5-6　仪用放大器

在设计过程中，通常将 R_2、R_3、R_4 先确定下来，然后将 R_1 用可变电阻代替，调节 R_1 的值，即可改变电压增益。

由于输入信号 U_{i1}、U_{i2} 都是从 A1、A2 的同相端输入的，电路出现虚短和虚断现象，因而流入电路的电流等于 0，输入电阻趋于无穷，故该电路非常适用于微弱信号的放大。

5.1.4　运放的选择

当前市场上的运放种类、型号繁多，根据用途不同可分为比较器、低电压运放、低功耗运放、低失真运放、低噪声运放、高输出电流高驱动能力运放、高速运放、精密运放、可编程运放、宽频带运放、通用运放等。

选择运放时通常要考虑的事项有：

(1) 增益带宽积。根据电路工作带宽和所需的增益选择运放，在选择时要有适当的余量。在 Tina TI 软件中选择的运放已经考虑该事项，如选择的运放在仿真时无法实现所需功能则肯定无法应用。

(2) 工作电压。在某些场合可能要求运放工作电压较低或较高，则需选择特定的运放。

(3) 功耗。在一些要求低功耗供电的场合，如手持设备，则应选择低功耗运放或带关断功能的运放。

(4) 失真和噪声。在一些微弱信号的放大场合，需要选择低失真度、低噪声的运放。

(5) 增益可控。在一些场合信号的大小可能会实时发生变化，如热能表回波信号，这时需对运放的增益进行控制，使最终输出始终维持一定的大小。

(6) 通用性。在满足要求的情况下应选择通用运放，即市场上常见的运放，以有利于生产时购买(或替换)。

(7) 性价比。在满足性能要求的情况下选择价格低廉的运放。

(8) 封装。一般来说，每一款运放均提供了多种封装供选择，使用时需要根据电路板的面积等选择合适封装的运放。

5.1.5　运放电路的最坏情况设计

要建造可靠的硬件电路，应在设计阶段对系统所有组件的容差进行考虑。最坏情况设计(Worst-Case Design)技术不改变运算放大器电路的基本传输函数，相反，系统的组件可以在一个广泛的范围内取值，从而使输出电压具有一系列相应的值。这一点十分复杂，因为系统中的有源与无源器件有着不同的误差源以及容差。

用来作为教学实例的设计是由一个运算放大器配置而成的单级放大器电路。设计流程为：设计电路，计算无源器件的影响，讨论稳态效应以及漂移误差，讨论消除误差的方法。运算放大器的内部误差源在此不作讲解，因为电路中各个组件的漂移误差往往遮盖了运算放大器的内部误差对电路性能所造成的影响。

1. 无源组件以及参考容差

电阻是所有电路的基本组成部分，下面我们来仔细地研究它们的容差。电阻以标定容差(P)来区分，标定容差由百分比来表示。举例来说，0.5%、1%、2%、5%和 10%都是非常常见的标定容差值。标定容差保证在购买时电阻的阻值在它的额定范围之内。从电阻被应用到电路里的那一刻开始，它的值就开始改变。由于电阻的阻值通常接近其容差所标定的限度，因此电阻值的改变量将会超过容差所标示的范围。另外，温度、老化、压力、湿度、安装方式、日晒、灰尘以及焊接状况等外部因素也会使得组件的值随着时间而变化。表 5-1 给出了电阻容差的估算值。需要指出的是，标定容差与漂移容差被分开表示，这是因为标定容差所带来的影响可以通过外部调整来降低，漂移容差却伴随着器件的正常操作而产生，除非在测量前进行必要的校准(Calibration Before Measurement，CBM)，否则它带来的误差很难被消除。

表 5-1　电 阻 容 差

标定容差(P) /%	漂移容差(D) /%	总容差(T) /%
0.5	0.25	0.75
1	2	3
2	2	4
5	5	10
10	15	25

电阻器的制造过程决定了漂移容差的大小。采用更加稳定、控制更精确的生产过程以及具有抑制漂移性能的材料所生产出的电阻具有更小的漂移容差。过度的漂移容差会导致工业废品。严格的生产过程、材料控制技术不但使在工厂生产中所产生的漂移容差最小化，而且也最小化了应用中的漂移容差。

电阻通常可以表示为 R_1 或者 R_2，采用这种命名方法，并且以$(1 \pm 0.01P \pm 0.01D)R_1$来计算标定容差和漂移容差，可获得最坏情况下电阻的阻值。标定容差和漂移容差以百分比的形式给出，在前面的表达式中通过乘以 0.01 这一项来计算出它们的实际取值。根据外部情况、制造时所采用的方法、原料以及内部的应力，标定容差和漂移容差可以为正值或者负值。估算最坏情况时，单个电阻的容差必须为正值或者负值(取决于哪一个可以满足最坏情况)，除非它们的元件参数表特别指定了所有的电阻参数都向一个特定的方向漂移。当计算一个 $5\%R_1$ 等于 $10\ \text{k}\Omega$ 的电阻的最坏情况下的绝对最大值时，采用阻值为

$$(1 + 0.01P + 0.01D)R_1 = (1 + 0.05 + 0.05)R_1 = 1.1R_1 = 11\ \text{k}\Omega$$

这个电阻最坏情况下的绝对最小值为

$$(1 - 0.01P - 0.01D)R_1 = (1 - 0.05 - 0.05)R_1 = 0.9R_1 = 9\ \text{k}\Omega$$

电容的容差可以采用相同的方式计算。由于采用了从根本上不同的方法来制造电容器，因此电容的容差变化范围远大于电阻的容差变化范围。电解电容的标定容差通常在+80%～−20%的范围内，陶瓷电容的容差在 1%左右。一般来说，在没有参考厂家的器件参数表的情况下，电容的容差都会放大三倍来考虑。这样做虽然有些保守，但在没有具体参数的情况下仍然不失为一个好的判断。

基准电压可以来自基准集成电路、齐纳二极管、信号二极管或者电源供应器。基准电压有四个误差：内部容差、温度漂移、负载敏感度以及噪声。内部容差与电阻的标定容差相似，可以采用相同的方式处理。温度漂移、负载敏感度以及噪声必须根据最终设备所运行的环境情况来具体计算。此外，必须假设所有的最坏情况都同时出现。显然，这三种误差源都是可以积累的漂移误差。应记住，基准电压就如同接受输入命令的服务器一样，如果电路运转正常，它将会根据输入的命令以最好的状态运行。

2. 一个标准电路的设计与电阻选择

这个设计需要的放大器应满足

$$U_o = -16U_i + 10.4 \tag{5.1.11}$$

符合这个方程所要求的电路结构如图 5-7 所示。

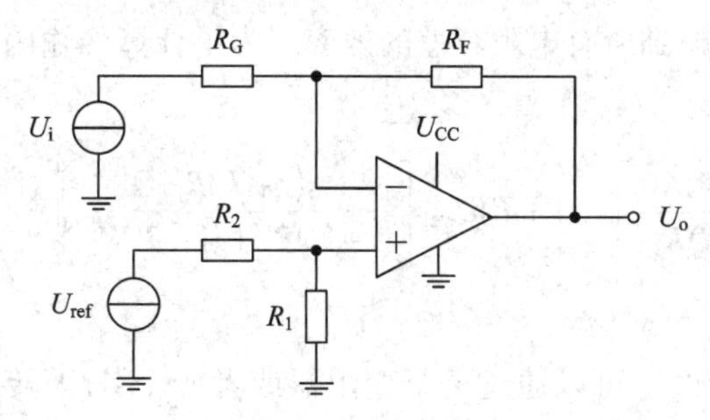

图 5-7 放大电路

式(5.1.11)是一个传输函数的一般表达形式，把运算放大器的电阻作为参数代入式(5.1.11)中，可以得到

$$U_{\mathrm{o}}=-\left(\frac{R_{\mathrm{F}}}{R_{\mathrm{G}}}\right)U_{\mathrm{i}}+U_{\mathrm{ref}}\left(\frac{R_1}{R_1+R_2}\right)\left(\frac{R_{\mathrm{F}}+R_{\mathrm{G}}}{R_{\mathrm{G}}}\right) \tag{5.1.12}$$

对比式(5.1.11)和式(5.1.12)，可以得到

$$16=\frac{R_{\mathrm{F}}}{R_{\mathrm{G}}} \tag{5.1.13}$$

$$10.4=U_{\mathrm{ref}}\left(\frac{R_1}{R_1+R_2}\right)\left(\frac{R_{\mathrm{F}}+R_{\mathrm{G}}}{R_{\mathrm{G}}}\right) \tag{5.1.14}$$

所有用于这个例子的电阻的标定容差为1%，基准电压的值为2.5 V，并且$P=1\%$，$D=2\%$。

根据式(5.1.13)，电阻R_{F}和R_{G}的比值应该为16 : 1。大量分离电阻的阻值都可以满足这个比值，例如16 Ω与1 Ω、160 Ω与10 Ω、1600 Ω与100 Ω、160 kΩ与10 kΩ等。通过选择一个电阻值从而按比例确定其他电阻阻值，可以确定设计中所用到的所有电阻。阻值较小的电阻中可以通过较大的电流，也具有良好的频率特性。相应的，大阻值的电阻会带来更多的噪声以及有可能引起PCB的漏电流。我们选择$R_{\mathrm{G}}=10\,\mathrm{k\Omega}$，$R_{\mathrm{F}}=160\,\mathrm{k\Omega}$。这两个电阻的阻值是一个很好的折中方案，因为它们处于电阻可选阻值的中值部分，如果以后要重新选择电阻，可以适当地降低或者升高它们的值以便于系统的互连。通过数学运算，可以由式(5.1.14)得出

$$R_2=\left[\frac{U_{\mathrm{ref}}\left(R_{\mathrm{F}}+R_{\mathrm{G}}\right)}{bR_{\mathrm{G}}}-1\right]R_1=3.086R_1 \tag{5.1.15}$$

式中：U_{ref}为参考电压，等于2.5 V；R_{G}为10 kΩ；R_{F}为160 kΩ；b为10.4(式(5.1.11)设计要求)。

选择$R_1=12.4\,\mathrm{k\Omega}$、$R_2=38.3\,\mathrm{k\Omega}$。$R_1$选择这个阻值是为了使得$R_1$与$R_2$并联的值等于$R_{\mathrm{F}}$与$R_{\mathrm{G}}$并联的值。选取相等的并联电阻网络作为运算放大器的输入可以得到相同的共模电压，从而获到更好的共模抑制比。另外，1%的标定容差以及选择定标电阻(R_1与R_{G})的机动性允许选择非常精确的电阻比例。因此，根据所选择的电阻阻值重新计算图5-7所示电路的传递函数，可以得到$U_{\mathrm{o}}=-16U_{\mathrm{i}}+10.39$。

最坏情况分析：考虑到所有电阻容差的效应，为了计算传输函数的最大值，式(5.1.12)可以转换为

$$U_{\mathrm{o(maxt)}}=-U_{\mathrm{i}}\left[\frac{(1+T)R_{\mathrm{F}}}{(1-T)R_{\mathrm{G}}}\right]+(1+T)U_{\mathrm{ref}}\left[\frac{(1+T)R_1}{(1+T)R_1+(1-T)R_2}\right]\left[\frac{(1+T)R_{\mathrm{F}}+(1-T)R_{\mathrm{G}}}{(1-T)R_{\mathrm{G}}}\right] \tag{5.1.16}$$

标定容差所产生的误差可以通过一个变阻器或者一个数/模转换器与增益可调的放大器的组合电路来进行调整。为此，需要知道为抵消标定容差的影响应做出多大的调整。将

标定容差带入式(5.1.16)，可以得到

$$U_{o(maxp)}=-U_i\left[\frac{(1+P)R_F}{(1-P)R_G}\right]+(1+P)U_{ref}\left[\frac{(1+P)R_1}{(1+P)R_1+(1-P)R_2}\right]\left[\frac{(1+P)R_F+(1-P)R_G}{(1-P)R_G}\right] \tag{5.1.17}$$

3. 容差以及变阻器阻值的计算

由式(5.1.17)，可以得到传输函数的最大值与最小值为(设 $P=1\%$)

$$U_{o(maxp)}=-16.32U_i+10.86 \tag{5.1.18}$$

$$U_{o(minp)}=-15.68U_i+9.947 \tag{5.1.19}$$

由式(5.1.18)和式(5.1.19)，可以看出，表达式中斜率项的容差值为 2%，是标定容差的两倍，这是因为斜率这一项仅是两个电阻的比值；表达式中截距项是两个电阻比值与参考容差的乘积，它的容差是 3.36%，而不是 4%，这是因为电阻并不只是以比值的形式出现在表达式中的，而是两个电阻比值的乘积与参考电压相乘。标定容差为 $x\%$的电阻组合永远不会得到 $2x\%$的容差，除非它们仅以比值的形式出现。

标定容差的误差有正负之分，所以一个谨慎的设计者在计算所需的变阻器的值时会考虑到变阻器的误差，把容差的误差乘以 3。因此，以上表达式斜率项中的误差可以认为等于 6%。变阻器应该与 R_G 连接，阻值为 $0.06\times10\ \text{k}\Omega=600\ \Omega$。由于很难找到这样大小的变阻器，因此设计中采用了一个 1 kΩ 的器件。R_G 的值应该变为原值减去变阻器阻值的一半，等于 9.53 kΩ。变阻器为 0 时，斜率的值等于−16.79 V；变阻器的值为最大时，斜率的值等于 −15.19 V。通过加入变阻器，可以在取值范围内任意选择需要的斜率。

组合截距(电阻以及参考电压)的容差值为 4.4%，乘以 3 得到 13.2%。变阻器应该与 R_1 连接，阻值为 $R_1=0.132\times12.4\ \text{k}\Omega=1.64\ \text{k}\Omega$。由于很难找到这样大小的变阻器，设计中采用了一个 2 kΩ 的器件。R_1 的值应该变为原值减去变阻器阻值的一半，等于 11.3 kΩ。变阻器为 0 时，截距的值等于 9.68 V；变阻器的值为最大时，截距的值等于 10.95 V。通过加入变阻器，可以在取值范围内任意选择需要的截距。电路的最终设计如图 5-8 所示。

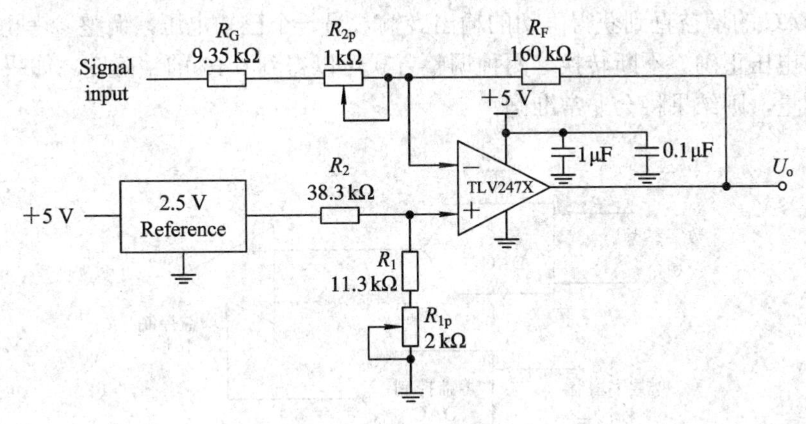

图 5-8 电路的最终设计

以上介绍的可变电阻选择法可以满足大多数设计要求，而把标定容差放大 3 倍保证了

有足够的冗余度来满足最坏情况下的条件。这个方法的缺点是限制了调整的精度，因为一个调整不可能同时满足保证大的取值范围与高精度两个要求。通常，精度都不会成为问题。但是如果要求增加精度，可以采用一个多圈变阻器。如果这个方法达不到要求，则设计者必须重新根据式(5.1.18)和式(5.1.19)算出所允许的极限电阻值，然后选取大小能满足这些极限值的变阻器。

4. 漂移容差及其消除方法

电阻以及参考电压的漂移容差等于 2%。电阻的漂移容差主要由工作环境的温度波动以及自身发热等因素引起的温度变化而产生。因此，在流过电阻的电流幅度不大以及工作环境的温度得到了控制的情况下，认为电阻的漂移容差比较小是合适的。参考电压的漂移容差需要采用它的技术说明根据不同的应用场合计算，并且考虑生产工艺以及寿命的影响。一般来说，标定容差可以调整，但是漂移容差则决定了电路的准确性。漂移容差的影响可以通过最坏情况分析下的方程来计算。

传输函数的最大值与最小值为(设 $D = 2\%$)

$$U_{o(maxd)} = -16.64U_i + 11.3 \tag{5.1.20}$$

$$U_{o(mind)} = -15.37U_i + 9.514 \tag{5.1.21}$$

由于漂移容差的影响，传输函数的改变量约有 15%，电路能保证的精确度是 3 位。选择精确的电阻可以降低漂移容差。如果选择具有温度系数保证的电阻，则可以大幅度降低容差，因为此时所有电阻阻值的漂移方向保持一致。仔细地估计工作环境以及使用寿命等条件有可能可以降低漂移容差。这时，必须承担元件永远不会漂移到最劣值的风险。在电路产量很大的情况下，虽然统计分析表明有一部分会有最劣值出现，但基于成本的考虑还是会允许这种情况出现。对于应用人员来说，漂移问题是最难分辨与解决的。因此，出于谨慎的考虑应该给出误差。

漂移可以通过测量前校准(CBM)的方法来消除，即用一个数/模转换器(DAC)来提供参考电压，将一个可变增益放大器作为放大器件(参考图 5-9)。输入一个已知的电压，增加增益以控制 DAC 的增益直到获得确切的输出。输入另一个已知电压，调整参考电压 DAC 的值直到输出电压正确。不断转换这两种调整方式可以得到 0.1%的精确度。如果在 CBM 后马上开始测量，则结果将会非常准确。

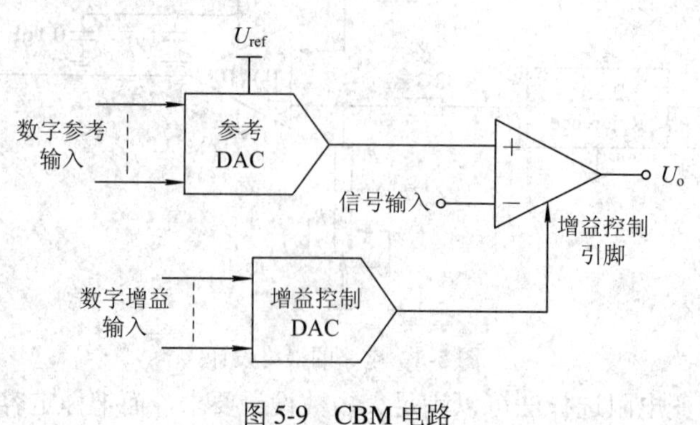

图 5-9　CBM 电路

总体来说，无源器件有标定和漂移两种容差，并且漂移容差比标定容差大。标定容差可以在生产过程的末端进行调整，但是漂移容差只能通过测量前校准的方式进行。假设采用1%容差的电阻，电路的输出电压会产生15%的偏差。采用测量前校准(CBM)技术可以大幅度降低漂移容差。

5.2 无源滤波器

无源滤波器可有多种实现方法，不同的实现方法其特点不同，如巴特沃思型滤波器(Butterworth filter)，它是在现代设计方法设计的滤波器中最有名的滤波器，它设计简单，性能方面又没有明显的缺点，因而得到广泛的应用，又由于它对构成滤波器的元件 Q 值要求较低，因而易于制作和达到设计性能。本节将以巴特沃思型滤波器为例，具体介绍其他滤波器的实现方法。

切比雪夫型滤波器(Chebyshev filter)也称为等起伏滤波器或等纹波滤波器，这一称呼来源于这种滤波器的通带内衰减特性具有等纹波起伏这一显著特点。由于允许通带内特性有起伏，因而其截止特性陡峭，但与之相伴的是其群延迟特性变差，因而当切比雪夫型滤波器作为 ADC/DAC 的前置或后置滤波器，或者作为数字信号的滤波器来使用时，不能只考虑其截止特性是否满足使用要求，还要考虑它是否满足实际输入信号所允许波形失真范围的要求。

贝塞尔型滤波器(Bessel filter)有时也称为汤姆逊滤波器(Thomson filter)。这种滤波器的特点是它的通带内群延迟特性最为平坦。由于群延迟特性平坦，因而这种滤波器能够无失真地传送诸如方波、三角波等频谱很宽的信号。贝塞尔型滤波器与高斯型滤波器在特性上非常相似，但高斯型滤波器的群延迟特性不如贝塞尔型滤波器的群延迟特性平坦。贝塞尔型滤波器也有缺点，即它的衰减特性不好。

高斯型滤波器(Gaussian filter)的特性与贝塞尔型滤波器的特性非常相似。二者的主要差别在于：贝塞尔型滤波器的延迟特性曲线在通带内特别平坦，并且在进入阻带区以后才开始迅速趋近于零值；高斯型滤波器的延迟特性曲线则是在通带内就开始缓慢变化，并且趋近于零值的速度较慢。与贝塞尔型滤波器一样，高斯型滤波器的截止特性也不好。

下面以巴特沃思型滤波器来讲解低通、高通、带通、带阻的实现方法。在此不讲解具体的实现原理，只讲解快速实现方法，至于具体的实现原理，读者可参考相关文献。

5.2.1 无源低通滤波器

在此介绍依据归一化低通滤波器(LPF)来设计巴特沃思型低通滤波器。所谓归一化低通滤波器设计数据，指的是特征阻抗为 1 Ω 且截止频率为 $1/(2\pi)(\approx 0.159\ \text{Hz})$ 的低通滤波器的数据。用这种归一化低通滤波器的设计数据作为基准滤波器，按照图 5-10 所示的设计步骤，能够很简单地计算出具有任何截止频率和任何阻抗的滤波器。

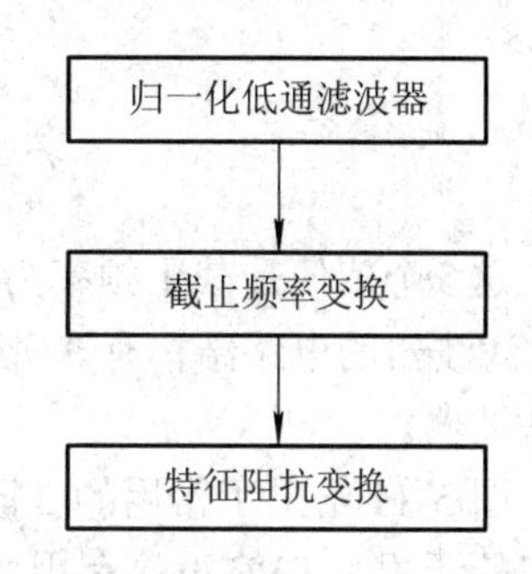

图 5-10 用归一化 LPF 设计数据来设计滤波器的步骤

用归一化 LPF 来设计巴特沃思型低通滤波器时，首

先需要计算出巴特沃思型滤波器的归一化元件值。

1. 衰减量与阶数 n 的关系

下列公式是巴特沃思型滤波器的衰减量计算公式，是由巴特沃思型函数所确定的。

$$\mathrm{Att_{dB}} = 10 \cdot \log\left[1 + \left(\frac{2\pi f_x}{2\pi f_c}\right)^{2n}\right] \tag{5.2.1}$$

式中：f_c是滤波器的截止频率；n是滤波器的阶数；f_x是频率变量。也就是说，当f_c和n确定之后，式(5.2.1)所算得的数值就是滤波器对频率为f_x的信号的衰减量。

2. 归一化巴特沃思型 LPF 的元件值计算公式

这里所说的归一化，当然还是指截止频率为 1/(2π)(≈0.159 Hz)且特征阻抗为 1 Ω。各元件参数值的计算公式为

$$C_k\text{或}L_k = 2\sin\frac{(2k-1)\pi}{2n} \tag{5.2.2}$$

式中：$k=1$，2，…，n。这里，$(2k-1)\pi/(2n)$是用弧度来表示的。在用手持式计算器计算正弦函数时要特别注意，有些计算器的按键采用的不是弧度制，而是角度制。角度与弧度之间的换算关系为

$$\frac{\text{角度值}}{180}\times\pi = \text{弧度值}，\quad \frac{\text{弧度值}}{\pi}\times 180 = \text{角度值} \tag{5.2.3}$$

下面以 5 阶的归一化巴特沃思型 LPF 为例来说明其元件值是如何计算出的。

因为已确定了阶数为 5 阶，所以 $n=5$。根据公式(5.2.2)，可以得到 k 分别为 1～5 的 5 个计算公式，并计算出如下的 C_1(或 L_1)～C_5(或 L_5)5 个元件值。

$$C_1(\text{或}L_1) = 2\sin\frac{(2\times1-1)\pi}{2\times5} \approx 0.618\,03$$

$$C_2(\text{或}L_2) = 2\sin\frac{(2\times2-1)\pi}{2\times5} \approx 1.618\,03$$

$$C_3(\text{或}L_3) = 2\sin\frac{(2\times3-1)\pi}{2\times5} \approx 2.000\,00$$

$$C_4(\text{或}L_4) = 2\sin\frac{(2\times4-1)\pi}{2\times5} \approx 1.618\,03$$

$$C_5(\text{或}L_5) = 2\sin\frac{(2\times5-1)\pi}{2\times5} \approx 0.618\,03$$

这 5 个值便是截止频率为 1/(2π) Hz 且特征阻抗为 1 Ω 的 5 阶巴特沃思型 LPF 的元件值。5 阶滤波器的电路结构有 T 形和Π形两种形式，所以所求出的元件值可分别构成 T 形或Π形滤波器。

图 5-11 给出了常用的 2 阶到 10 阶的归一化巴特沃思型 LPF 设计数据。这些数据不但对巴特沃思型 LPF 设计有用，对于 HPF、BPF、BRF 等所有巴特沃思型滤波器的设计都是有用的。

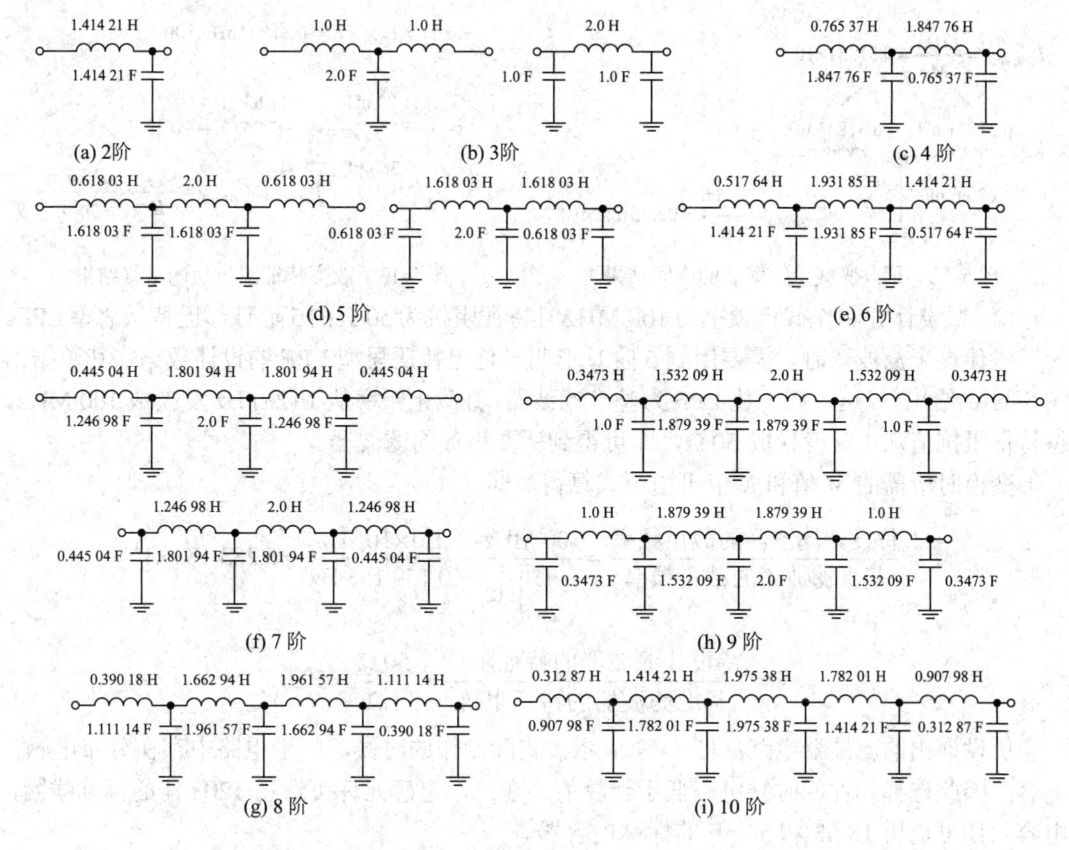

图 5-11 归一化巴特沃思型 LPF(特征阻抗为 1 Ω，截止频率为 1/(2π) Hz)

下面通过两个示例说明在实际工程应用时滤波电路中各个元件参数具体的计算转换方法。

(1) 试设计截止频率为 500 MHz 且特征阻抗为 100 Ω 的 3 阶 T 形巴特沃思型 LPF。

要设计这个滤波器，就要有 3 阶归一化巴特沃思型 LPF 的设计数据。这个数据就是图 5-11(b)所给出的 3 阶 T 形归一化巴特沃思型 LPF 电路，它将作为设计时所依据的基准滤波器。

首先，进行截止频率变换。为此先求出待设计滤波器截止频率与基准滤波器截止频率的比值 M。

$$M=\frac{\text{待设计滤波器的截止频率}}{\text{基准滤波器的截止频率}}=\frac{500\text{ MHz}}{\dfrac{1}{2\pi}}=\frac{5.0\times10^{8}\text{ Hz}}{0.159\,155\text{ Hz}}\approx3.141\,591\,53\times10^{9}$$

然后，将基准滤波器的所有元件值除以 M，从而把滤波器的截止频率从 1/(2π) Hz 变换成 500 MHz。经过这一计算后所得到的滤波器电路如图 5-12 所示。

接着，再进行特征阻抗变换。为此先求出待设计滤波器特征阻抗与基准滤波器特征阻抗的比值 K。

$$K=\frac{\text{待设计滤波器的特征阻抗}}{\text{基准滤波器的特征阻抗}}=\frac{100\ \Omega}{1\ \Omega}=100.0$$

最后，对图 5-12 所示电路的所有电感元件值乘以 K，对其所有电容元件值除以 K。经过这一计算后，即得到最终所设计出的滤波器，其电路如图 5-13 所示。

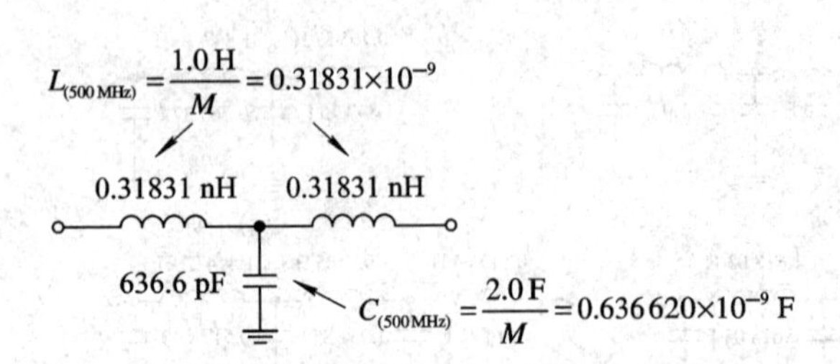

图 5-12　只改变截止频率后的中间结果

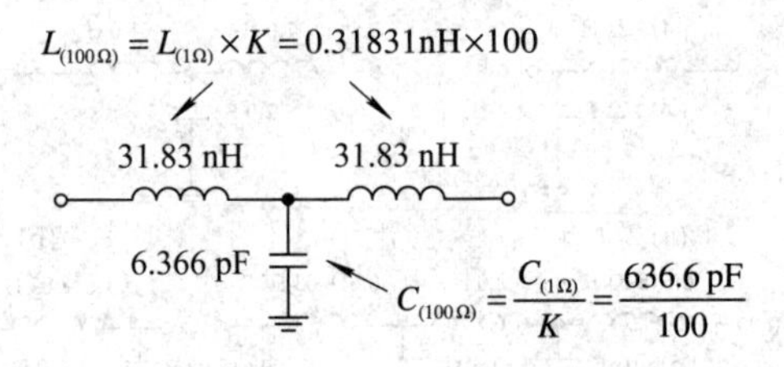

图 5-13　改变特征阻抗后的最终结果

(2) 试设计并制作截止频率为 100 MHz 且特征阻抗为 50 Ω 的 5 阶 Π 形巴特沃思型 LPF。

设计这个滤波器时，需要用到 5 阶 Π 形归一化巴特沃思型 LPF 的设计数据，其数据由图 5-11(d)给出。以这个归一化 LPF 为基准滤波器，将截止频率从 1/(2π) Hz 变换成 100 MHz，将特征阻抗值从 1 Ω 变换成 50 Ω，即可得到所要设计的滤波器。

变换时所需的 M 值和 K 值可由下式算得，即

$$M=\frac{\text{待设计滤波器的截止频率}}{\text{基准滤波器的截止频率}}=\frac{100\text{ MHz}}{\left(\frac{1}{2\pi}\right)\text{Hz}}=\frac{1.0\times10^{8}\text{ Hz}}{0.159\,155\text{ Hz}}\approx6.283\,183\times10^{8}$$

$$K=\frac{\text{待设计滤波器的特征阻抗}}{\text{基准滤波器的特征阻抗}}=\frac{50\,\Omega}{1\,\Omega}=50.0$$

所设计出的滤波器电路如图 5-14 所示。实际制作的时候，由于电路中存在分布电感、电容，因此选择元件的时候可略低于计算值。在此，电感元件可选用 120 nH 的标称线圈，电容元件可选用 18 pF 和 56 pF 的标称电容器。

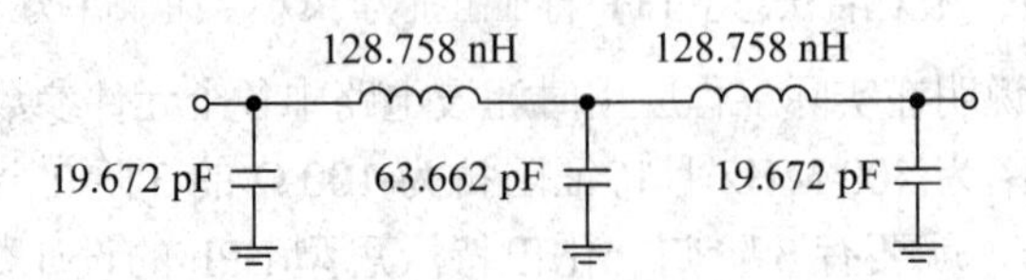

图 5-14　所设计出的 5 阶巴特沃思型 LPF

5.2.2　无源高通滤波器

高通滤波器(High Pass Filter，HPF)的设计其实也很简单，只要按照图 5-15 所示的步骤，就可以设计出高通滤波器。整个设计过程又可分为两个阶段，第一阶段是从归一化 LPF 求出归一化 HPF，第二阶段是对已求得的归一化 HPF 进行截止频率变换和特征阻抗变换。

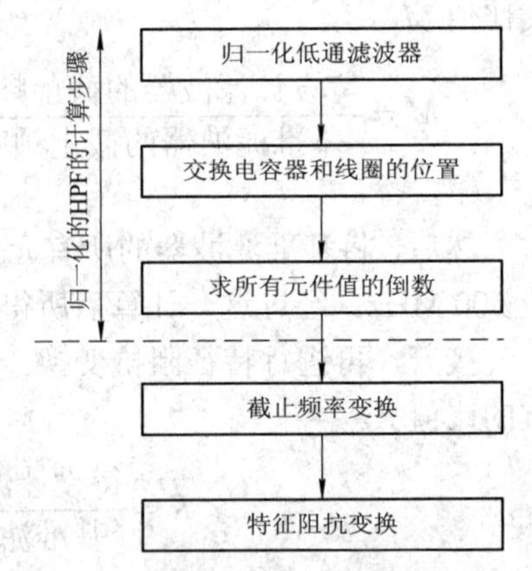

图 5-15　依据归一化 LPF 的设计数据来设计高通滤波器的步骤

之所以能用如此简单的步骤设计高通滤波器，是因为作为基本依据的基准滤波器采用了以截止频率为 1/(2π) Hz 且特征阻抗为 1 Ω 的归一化 LPF 的缘故。如果是基于截止频率由 1 Hz 等数值表示的设计数据来进行设计，则不可能这么简单，需要先进行把截止

频率修正为 1/(2π) Hz 的变换。

为了计算方便，这里给出归一化 LPF 设计数据时，其截止频率特意采用了 1/(2π) Hz = 0.159 154... Hz 这种看似不完整的无理数。这样一来，从归一化 LPF 求取归一化 HPF 就简明得多了，HPF 的设计工作量也就轻松得多了。

下面通过实际例子来解说依据图 5-15 所述方法将巴特沃思型归一化 LPF 转换成 HPF 的过程。

试依据巴特沃思型 5 阶归一化 LPF 的数据，设计并制作截止频率为 100 MHz 且特征阻抗为 50 Ω 的 5 阶 T 形巴特沃思型 HPF。

5 阶 T 形归一化巴特沃思型 LPF 的数据如图 5-11(d)所示，它是设计 5 阶 T 形归一化巴特沃思型 HPF 的依据。

首先，保留 5 阶 T 形归一化巴特沃思型 LPF 各元件的参数数值，把电容器换成电感，把电感换成电容器，然后把所保留的元件参数数值全部取倒数。经过这两个操作后，便得到了 5 阶 T 形归一化巴特沃思型 HPF 的设计数据，如图 5-16 所示。

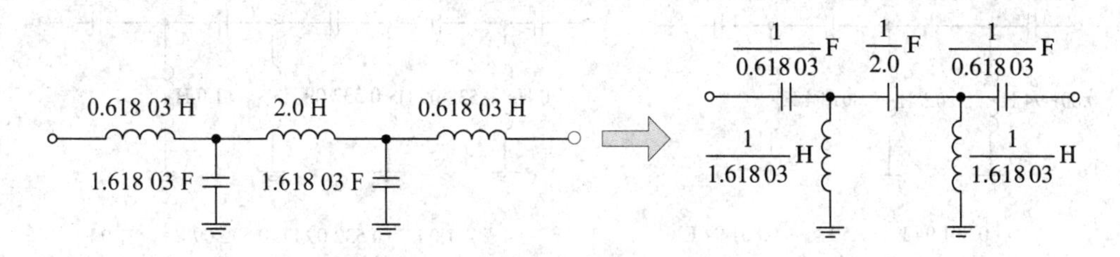

图 5-16 归一化 HPF(T 形，截止频率为 1/(2π) Hz，特征阻抗为 1 Ω)

接着，将这个归一化 HPF 的截止频率 1/(2π) Hz 变换成 100 MHz，将其特征阻抗 1 Ω 变换成 50 Ω。经过这两个变换后，便得到了所要设计的 5 阶 T 形巴特沃思型 HPF，如图 5-17 所示。

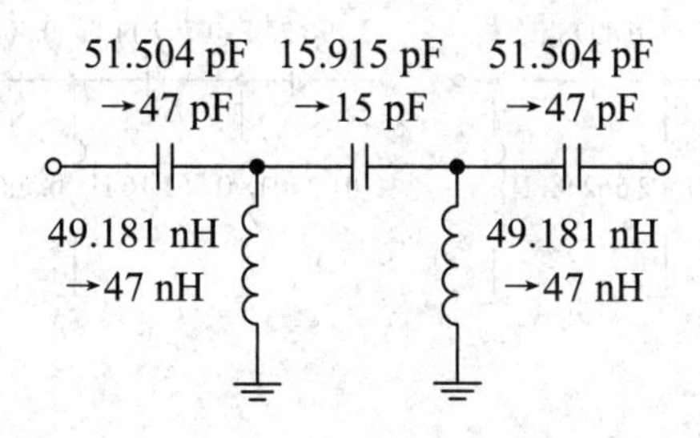

图 5-17 所设计出的 HPF(T 形，截止频率为 100 MHz，特征阻抗为 50 Ω)

实际制作滤波器的时候，各元件的值可选用图中箭头所标注的系列化元件值。应注意，这里所选用的电容器值和电感线圈值都比设计计算出来的值小。这可以说是个选件基本的原则，因为装配当中必然会有分布参数加入而使电路中的实际工作参数加大，尤其是引线孔和铜线的电感量，它们在高频的情况下将是个非常可观的数值。

为了有利于读者设计制作，图 5-18 给出了将图 5-11 所示的归一化 LPF 值进行归一化 HPF 计算得到的电路。

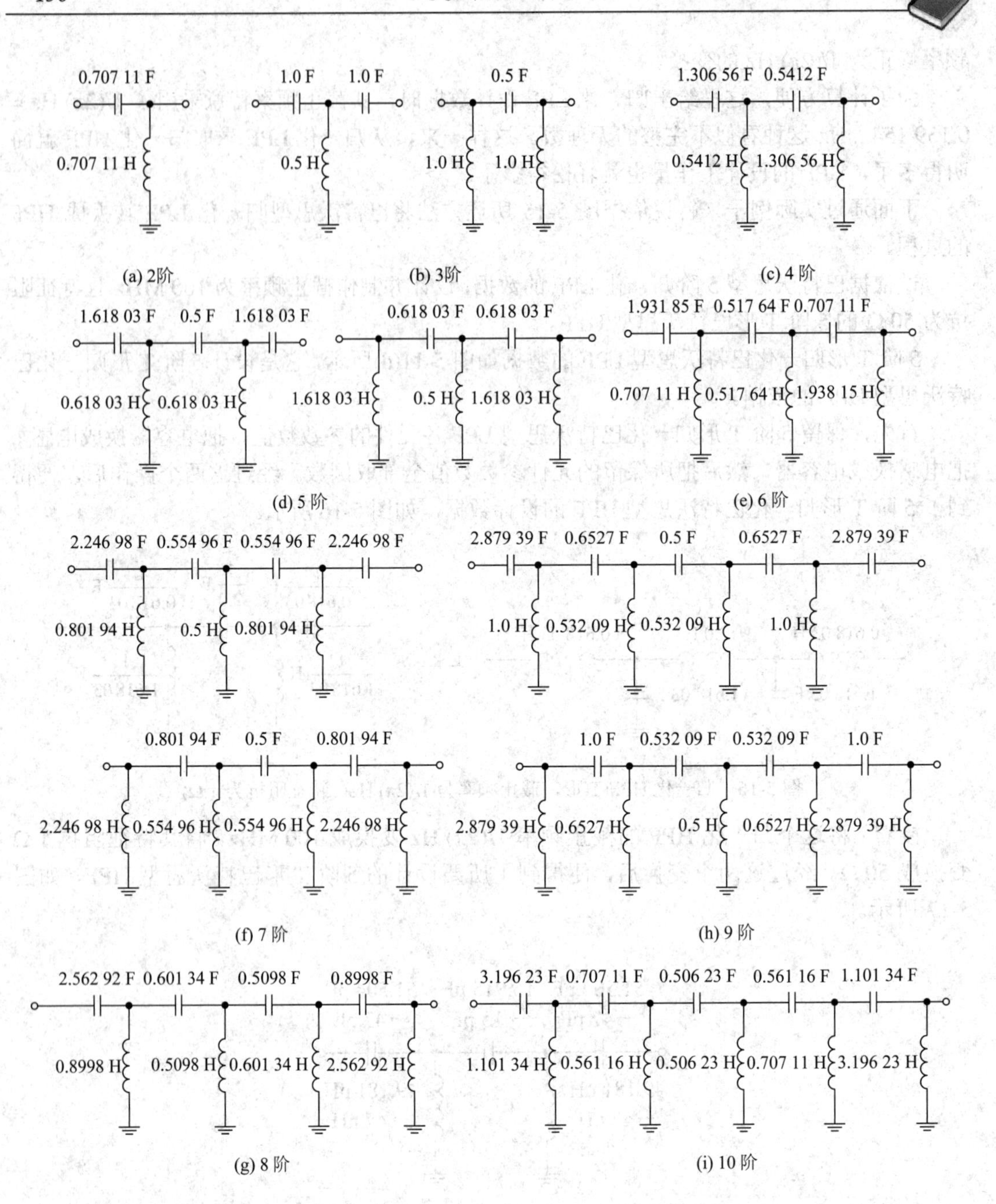

图 5-18　归一化巴特沃思型 HPF(特征阻抗为 1 Ω，截止频率为 1/(2 π) Hz)

5.2.3　无源带通滤波器

带通滤波器(Band Pass Filter，BPF)的设计并不难，只要按照图 5-19 所示的设计步骤去做就可以了。整个设计过程大致可分为两个阶段，前一个阶段是依据归一化 LPF 设计出通带宽度等于待设计 BPF 带宽的 LPF，后一个阶段是把这个通带宽度等于待设计 BPF 带宽的 LPF 变换成 BPF。

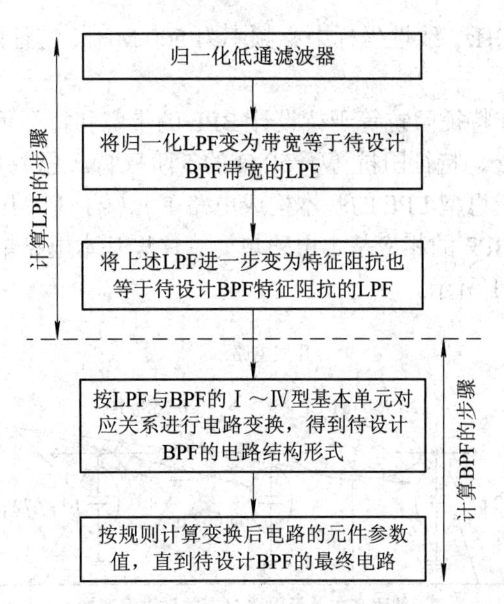

图 5-19 依据归一化 LPF 设计数据设计 BPF 的步骤

设计 BPF 的步骤虽然比设计 HPF 的复杂一些，但也只是在依据归一化 LPF 来设计特定带宽 LPF 时增加了一个简单的电路变换步骤而已。为了便于读者领会，下面将通过实际例子来指明计算步骤。LPF 的 4 种基本构成单元及其与 BPF 基本构成单元的对应关系如图 5-20 所示。

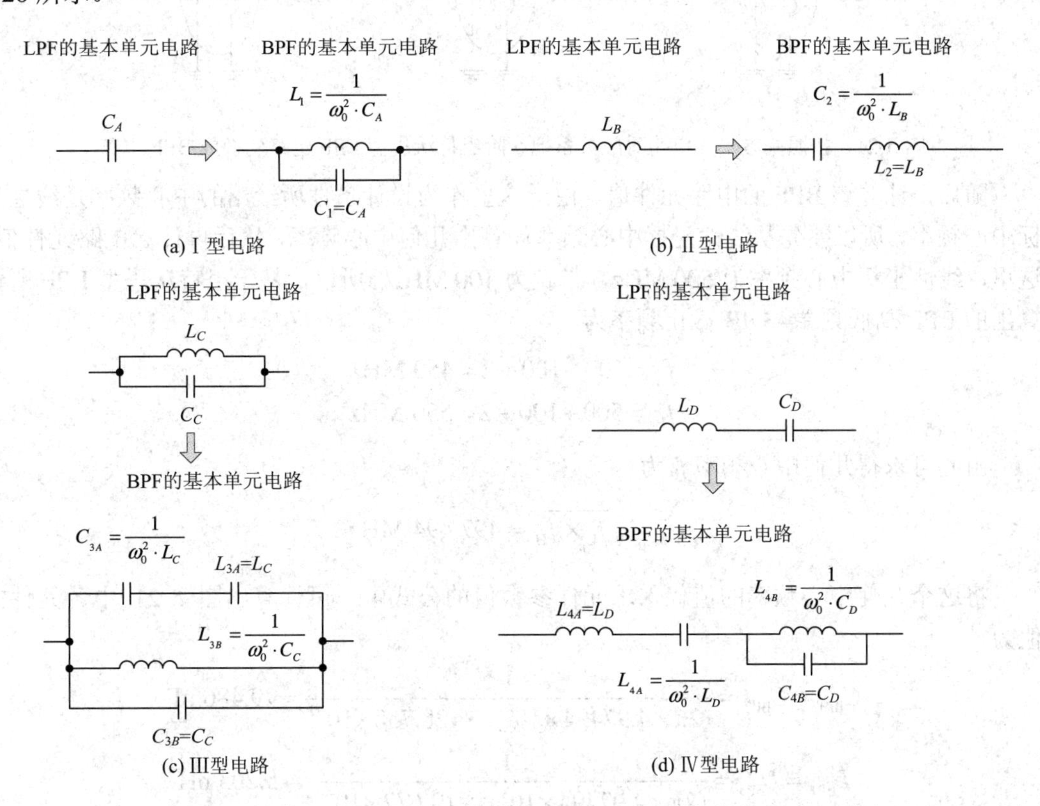

图 5-20 LPF 的 4 种基本构成单元及其与 BPF 基本构成单元的对应关系

试设计带宽为 100 MHz、线性坐标中心频率为 500 MHz、特征阻抗为 50 Ω 的 5 阶巴特沃思型 BPF。

首先，设计其带宽和特征阻抗等于待设计 BPF 的带宽和特征阻抗的 LPF。这里设计的是截止频率等于 100 MHz、特征阻抗等于 50 Ω 的 5 阶巴特沃思型 LPF。

接着，确定该巴特沃思型 LPF 的基本构成电路单元属于Ⅰ～Ⅳ型中的哪种类型，并将其按照对应关系变换成 BPF 的相应基本电路单元。这里基本电路单元属于Ⅰ型和Ⅱ型，变换的过程和结果如图 5-21 所示。

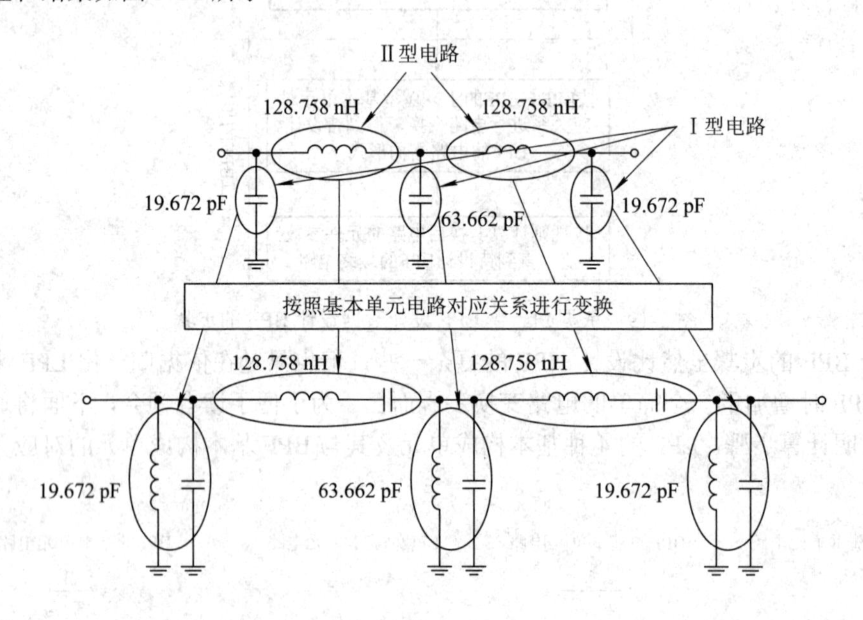

图 5-21　按照基本单元电路对应关系把 5 阶巴特沃思型 LPF 电路变换成 BPF 电路

随后，计算该 BPF 的电路元件值。由于这里作为设计条件所给出的中心频率是线性坐标中心频率，所以要先从线性坐标中心频率计算出几何中心频率，然后再计算电路元件值。这里，线性坐标中心频率为 500 MHz，带宽为 100 MHz，所以，基于巴特沃思型 LPF 所计算出的 BPF 高低频端−3 dB 截止频率为

$$f_{\mathrm{L}} = 500 - 100 \div 2 = 450\ \mathrm{MHz}$$

$$f_{\mathrm{H}} = 500 + 100 \div 2 = 550\ \mathrm{MHz}$$

由此可求得几何中心频率 f_0 为

$$f_0 = \sqrt{f_{\mathrm{L}} \times f_{\mathrm{H}}} \approx 497.494\ \mathrm{MHz}$$

将这个几何中心频率的值代入求元件参数值的公式中，可计算出图 5-21 中各元件的值为

$$C_{\mathrm{BP1}} = C_{\mathrm{BP2}} = \frac{1}{(2\pi \times 4.97494 \times 10^{8})^{2} \times 128.758 \times 10^{-9}} \approx 79.486\ \mathrm{pF}$$

$$L_{\mathrm{BP1}} = L_{\mathrm{BP3}} = \frac{1}{(2\pi \times 4.97494 \times 10^{8})^{2} \times 19.672 \times 10^{-12}} \approx 5.203\ \mathrm{nH}$$

$$L_{\mathrm{BP2}} = \frac{1}{(2\pi \times 4.97494 \times 10^{8})^{2} \times 63.662 \times 10^{-12}} \approx 1.609\ \mathrm{nH}$$

于是便得到了所要设计的 BPF，其电路如图 5-22 所示。

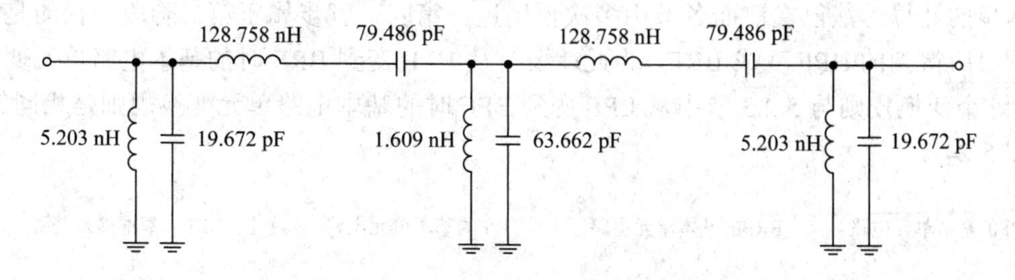

图 5-22　所设计出的 5 阶巴特沃思型 BPF

(几何中心频率为 497.494 MHz，线性坐标中心频率为 500 MHz，带宽为 100 MHz，特征阻抗为 50 Ω)

5.2.4　无源带阻滤波器

带阻滤波器(Band Reject Filter，BRF)的设计实际上也很简单，只要按照设计步骤进行操作，就能设计出想要的 BRF。总体来说，整个设计过程可分为两个阶段，前一个阶段是依据归一化 LPF 求得一个与待设计 BRF 相关联的 HPF，后一个阶段是通过一定的基本单元电路变换规则把所求得的关联 HPF 变换成 BRF。

其具体设计步骤如图 5-23 所示。作为第一阶段的第一步，首先要依据归一化 LPF(截止

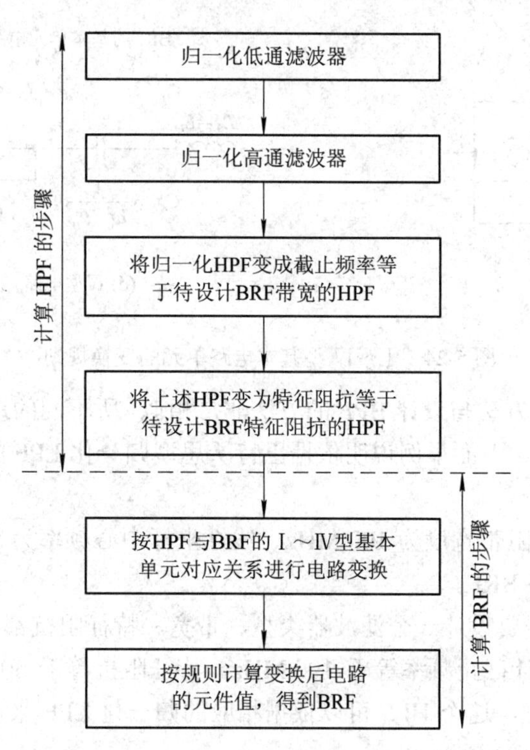

图 5-23　利用归一化 LPF 设计数据设计带阻滤波器的设计步骤

频率为 1/(2π) Hz，特征阻抗为 1 Ω)的数据，设计出归一化 HPF，这一步的计算方法已在 5.2.2 节中讲过；第二、三步是对这个归一化的 HPF 进行截止频率变换和特征阻抗变换，使其成为截止频率等于待设计 BRF 带宽和特征阻抗等于待设计 BRF 特征阻抗的 HPF，这两步的计算方法已在前面各节中多次使用过；第四、五步属于第二阶段，目的是把第一阶段所得到的 HPF 变成 BRF，为此就要有从 HPF 变到 BRF 时的基本电路单元变换规则，这个变换规则与 5.2.3 节中从 LPF 变到 BPF 时的基本电路单元变换规则是相同的(参看图 5-24)。

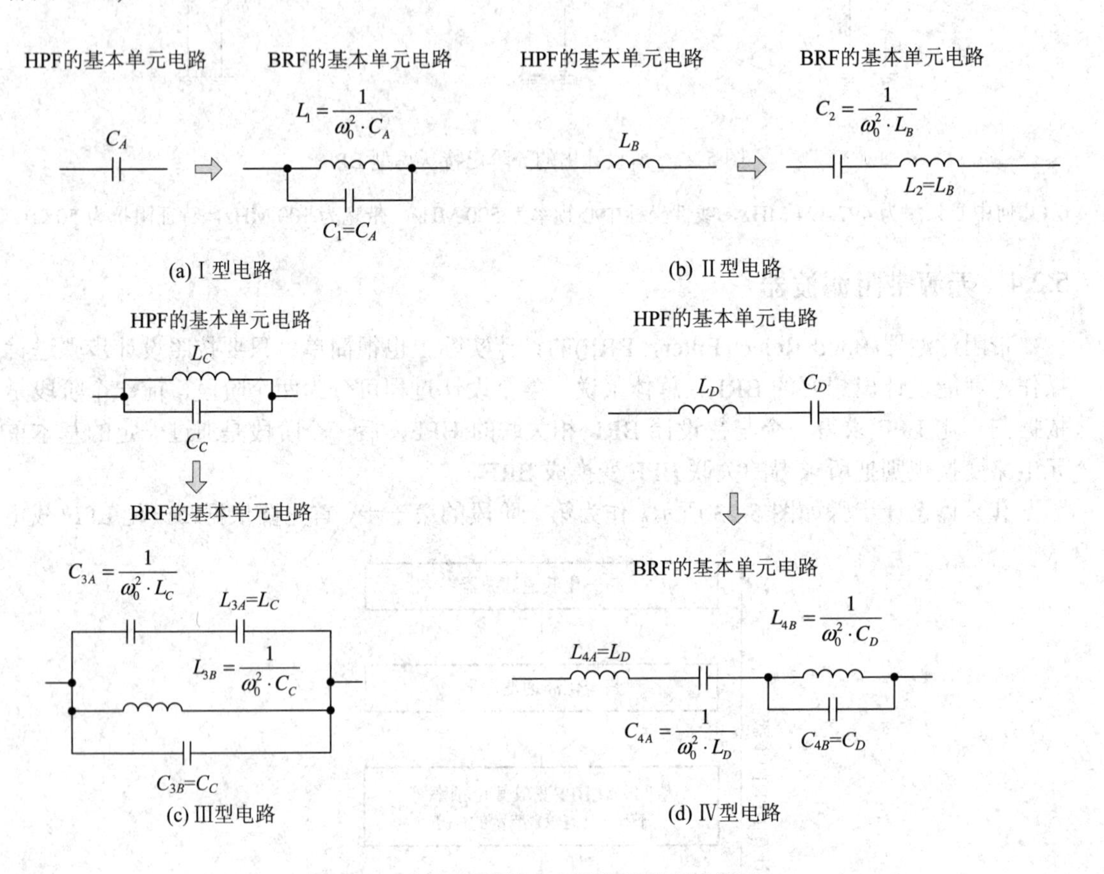

图 5-24　Ⅰ～Ⅳ 型基本电路单元的变换规则

可见，设计 BRF 的方法与设计 BPF 的方法非常相似，所不同的地方主要在于设计 BRF 时要先计算归一化 HPF。下面举例说明依据巴特沃思型归一化 LPF 的数据来设计带阻滤波器的方法。

试设计并实际制作阻带宽度为 100 MHz、线性坐标中心频率为 500 MHz、特征阻抗为 50 Ω 的 5 阶巴特沃思型 BRF。

要设计 BRF，首先要设计一个滤波器类型、带宽、特征阻抗都与待设计 BRF 相同的 HPF，在这里就是要设计截止频率等于 100 MHz、特征阻抗等于 50 Ω 的 5 阶巴特沃思型 HPF。如第 5.2.2 节所述，这个 HPF 可以依据相应的归一化 LPF 来设计，其设计结果为图 5-25 上半部分所示的电路。

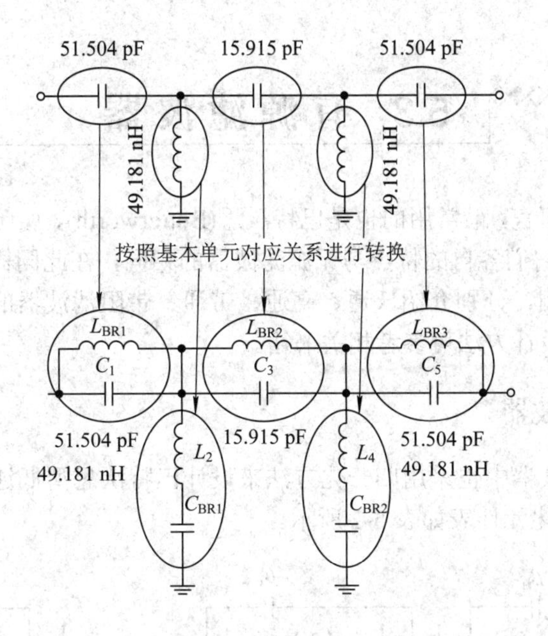

图 5-25　按基本电路单元对应关系将 HPF 电路变换成 BRF 电路

接下来的事就是将这个 HPF 变换成 BRF。为此要先按照图 5-24 所给出的基本电路单元对应关系进行元件置换，由其结果得到图 5-25 下半部分所示的电路的结构形式。随后，将这个电路中的各元件值计算出来。

图 5-24 所给出的元件值计算公式中，ω_0 是几何中心角频率，而题目所给出的是线性坐标中心频率，所以要将其变成几何中心频率。500 MHz ± 50 MHz 的滤波器的几何中心频率 f_0 可按下式算得，即

$$f_L = 500 - 100 \div 2 = 450\ \text{MHz}$$

$$f_H = 500 + 100 \div 2 = 550\ \text{MHz}$$

$$f_0 = \sqrt{f_L \times f_H} \approx 497.494\ \text{MHz}$$

求得几何中心频率之后，就可以利用图 5-24 中的变换公式来计算各元件的值，其计算结果如图 5-26 所示，它就是所要设计的 BRF。

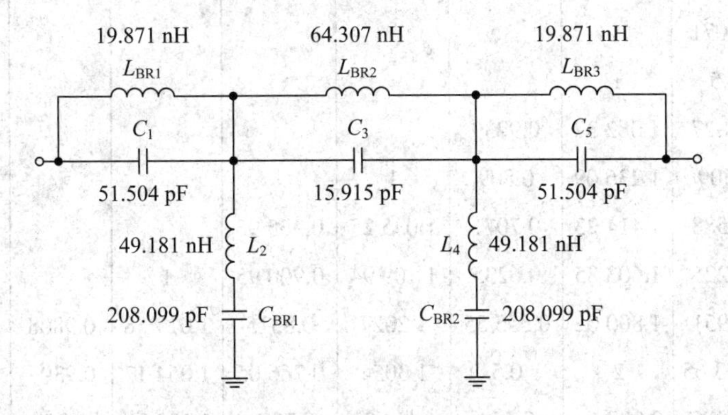

图 5-26　所设计出的 BRF(几何中心频率为 497.494 MHz，阻带宽度为 100 MHz，特征阻抗为 50 Ω)

5.3 有源滤波器

对于有源滤波器而言，最常用的也是巴特沃思(Butterworth)、切比雪夫(Chebyshev)和贝塞尔(Bessel)滤波器，它们各自的特点与无源滤波器的相同，在此同样以滤波电路中用得最多的巴特沃思电路为例，分别介绍低通、高通、带通、带阻滤波器的设计方法，而切比雪夫和贝塞尔滤波器的设计方法可参考相关书籍。

5.3.1 有源低通滤波器

同样，在有源滤波器中也采用归一化方法来设计巴特沃思型低通滤波器，其电路结构如图 5-27 所示，归一化元件表如表 5-2 所示。

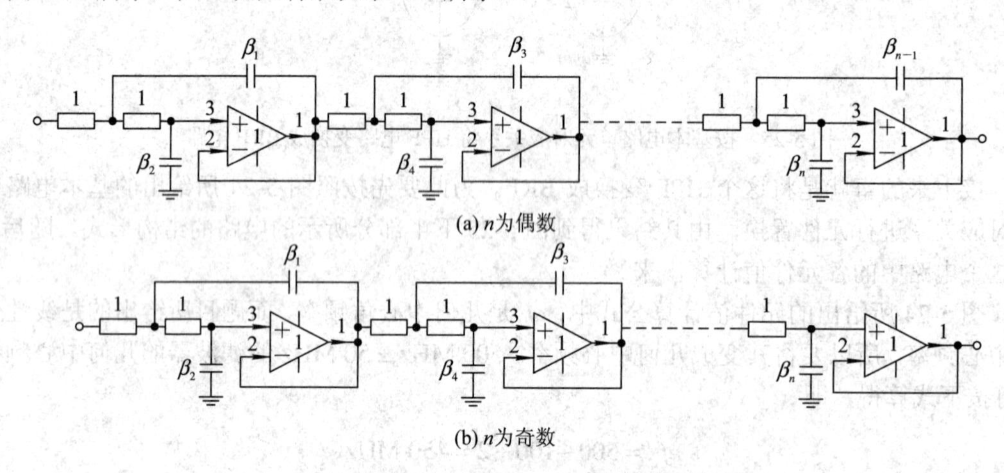

图 5-27　归一化巴特沃思型低通滤波器结构图

表 5-2　归一化低通滤波器元件表

n	β_1	β_2	β_3	β_4	β_5	β_6	β_7	β_8	β_9	β_{10}
1	1									
2	1.414 23	0.7071								
3	2	0.5	1							
4	2.613 01	0.3827	1.082 37	0.9239						
5	3.236 25	0.309	1.236 09	0.809	1					
6	3.863 99	0.2588	1.414 23	0.7071	1.035 25	0.965 95				
7	4.494 38	0.2225	1.603 85	0.6235	1.109 94	0.900 95	1			
8	5.125 58	0.1951	1.800 02	0.555 55	1.2027	0.8315	1.019 58	0.9808		
9	5.758 71	0.173 65	2	0.5	1.3054	0.766 05	1.064 17	0.9397	1	
10	6.391 82	0.156 45	2.202 64	0.454	1.414 23	0.7071	1.122 33	0.891	1.012 45	0.9877

根据归一化参数表，只要对数据进行反归一化即可得到所需设计的滤波器，下面通过一个示例讲解反归一化过程。

设计一个4阶巴特沃思型低通滤波器，要求截止频率为1 kHz，增益为1，并通过Tina TI软件仿真出波特图。

由公式

$$\omega=\frac{1}{RC}=2\pi f \tag{5.3.1}$$

可知，当给定截止频率 f，选取 R 后(R 的选取一般在 kΩ 级别，且以计算出的 C 尽量是标称值为宜)，计算出 C 即可。

已知 $f=1\,\text{kHz}$，如取 $R=10\,\text{k}\Omega$，则

$$\text{归一化电容}\,C=\frac{1}{2\pi fR}=\frac{1}{2\times3.14159\times1000\times10000}\approx15.916\,\text{nF}$$

通过反归一化转换出 C_1、C_2、C_3、C_4，因为设计的滤波器为4阶，因此选择 n 为4时，由表5-2可知 $\beta_1=2.613\,01$，$\beta_2=0.3827$，$\beta_3=1.082\,37$，$\beta_4=0.9239$，将归一化电容 C 乘以 β 则得到反归一化电容值为

$$C_1=C\times\beta_1\approx15.916\,\text{nF}\times2.613\,01\approx41.589\,\text{nF}$$

$$C_2=C\times\beta_2\approx15.916\,\text{nF}\times0.3827\approx6.091\,\text{nF}$$

$$C_3=C\times\beta_3\approx15.916\,\text{nF}\times1.082\,37\approx17.227\,\text{nF}$$

$$C_4=C\times\beta_4\approx15.916\,\text{nF}\times0.9239\approx14.705\,\text{nF}$$

电容有E6、E12、E24这3个标准系列，电阻有E12、E24、E48、E96、E192这5个标准系列。每个系列里的值包括参考值乘以10的 n 次方的值，如对于电容来说，E6系列里有2.2的值，即电容有22 pF、220 pF、2200 pF、22 nF、220 nF、2200 nF、22 μF、220 μF、2200 μF的容值。同样对于电阻E12系列里有2.2的值，即电阻有0.022 Ω、0.22 Ω、2.2 Ω、22 Ω、220 Ω、2.2 kΩ、22 kΩ、220 kΩ、2.2 MΩ的阻值。电容一般选择E12标准，电阻一般选择E24标准，各个系列里的参考值如下：

E6：1，1.5，2.2，3.3，4.7，6.8。

E12：1，1.2，1.5，1.8，2.2，2.7，3.3，3.9，4.7，5.6，6.8，8.2。

E24：1，1.1，1.2，1.3，1.5，1.6，1.8，2，2.2，2.4，2.7，3，3.3，3.6，3.9，4.3，4.7，5.1，5.6，6.2，6.8，7.5，8.2，9.1。

E48：1，1.05，1.1，1.15，1.21，1.27，1.33，1.4，1.47，1.54，1.62，1.69，1.78，1.87，1.96，2.05，2.15，2.26，2.37，2.49，2.61，2.74，2.87，3.01，3.16，3.32，3.48，3.65，3.83，4.02，4.22，4.42，4.64，4.87，5.11，5.36，5.62，5.9，6.19，6.49，6.81，7.15，7.5，7.87，8.25，8.66，9.09，9.53。

E96、E192这两个系列的值较多却很少使用，在此不再列出，如有需要可参考相关手册。

根据上述电容选择规则，选择 $C_1=43\,\text{nF}$，$C_2=5.6\,\text{nF}$，$C_3=18\,\text{nF}$，$C_4=15\,\text{nF}$。

运放应选择增益带宽积满足要求的，关于运放选择的其他注意事项可参考放大器一节，在此选择OP37。

在Tina TI仿真软件下的电路如图5-28所示，图5-29所示为Tina TI软件仿真的波特图。

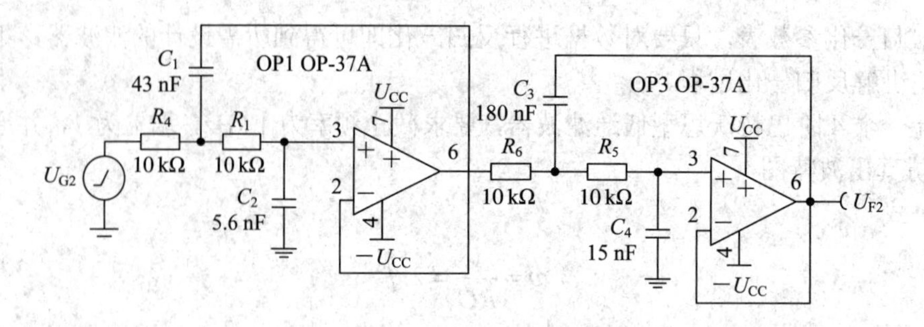

图 5-28　Tina TI 下的仿真电路图

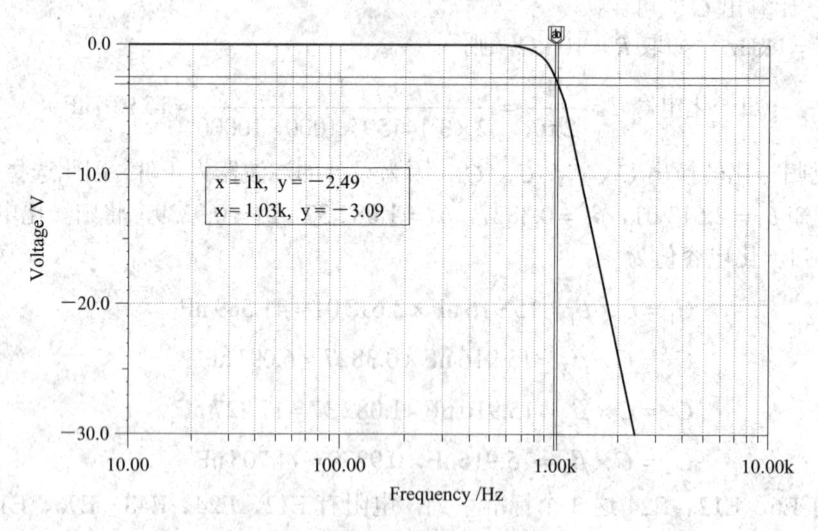

图 5-29　Tina TI 软件仿真波特图

上述滤波器都是在假设增益为 1 的情况下设计的结果，而在实际应用中可能要求各级滤波电路都有不同的增益，设计增益时只需对电路略加改变则可。在此以巴特沃思型低通滤波器 n 为偶数时的电路为例，电路如图 5-30 所示。

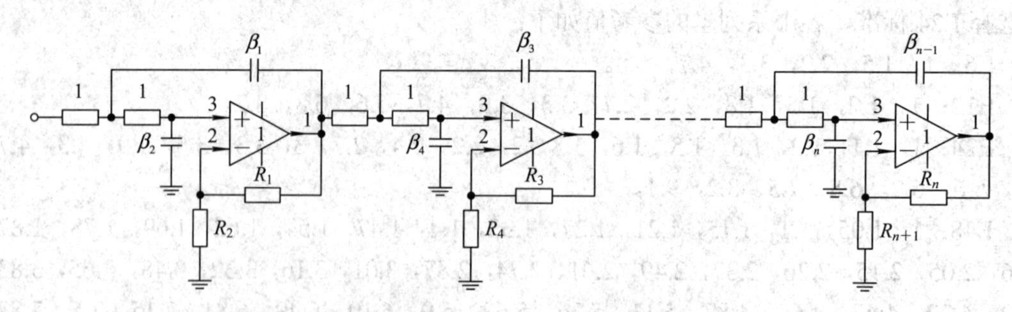

图 5-30　带增益可调的归一化巴特沃思型低通滤波器

通过电路可以看出，第一级滤波器(即 1、2 阶滤波器)的增益为$(R_1 + R_2) / R_2$，第二级滤波器(即 3、4 阶滤波器)的增益为$(R_3 + R_4) / R_4$，最后一级滤波器(即 $n-1$、n 阶滤波器)的增益为$(R_n + R_{n+1}) / R_{n+1}$。

设计一增益为 4，阶数为 3，截止频率为 500 Hz 的巴特沃思型低通滤波器。

已知 $f = 500$ Hz，如取 $R = 10$ kΩ，则归一化电容为

$$C=\frac{1}{2\pi fR}=\frac{1}{2\times 3.1416\times 500\times 10\,000}\approx 31.831\,\text{nF}$$

通过反归一化转换出 C_1、C_2、C_3，因为设计的滤波器为 3 阶，因此选择 n 为 3 时，由表 5-2 可知 $\beta_1=2$，$\beta_2=0.5$，$\beta_3=1$，将归一化电容 C 乘以 β 则得到反归一化电容值为

$$C_1=C\times\beta_1\approx 31.831\,\text{nF}\times 2\approx 63.662\,\text{nF}$$

$$C_2=C\times\beta_2\approx 31.831\,\text{nF}\times 0.5\approx 15.916\,\text{nF}$$

$$C_3=C\times\beta_3\approx 31.831\,\text{nF}\times 1\approx 31.831\,\text{nF}$$

取 $C_1=56$ nF，$C_2=15$ nF，$C_3=33$ nF，要求设计增益为 4，则可分别将两级运放增益各确定为 2，取 $R_1=10$ kΩ，则 $R_2=10$ kΩ，最终的设计电路如图 5-31 所示。

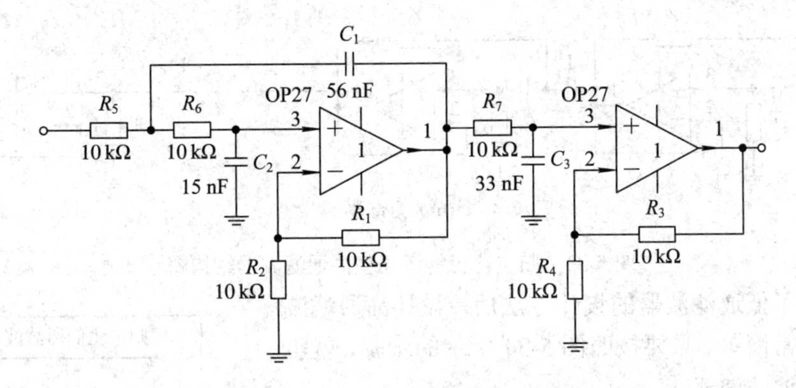

图 5-31　设计出的有源巴特沃思型低通滤波器(增益为 4，阶数为 3，截止频率为 500 Hz)

现在，大部分运放生产商都提供根据其公司生产的运放特性相对应的滤波器设计软件，由于各家企业生产的运放功能大致相同，所以对于工程设计人员来说，只要会使用一种滤波器设计软件即可。在此只以 TI 公司出品的 FilterPro V 2.0 为例进行介绍。

通过 FilterPro V 2.0 软件设计的滤波器各电阻、电容参数与上述利用归一化设计出的参数不同。例如，采用 FilterPro V 2.0 软件设计一个 4 阶巴特沃思型低通滤波器，要求截止频率为 1 kHz，增益为 1。其最终设计出的电路如图 5-32 所示。

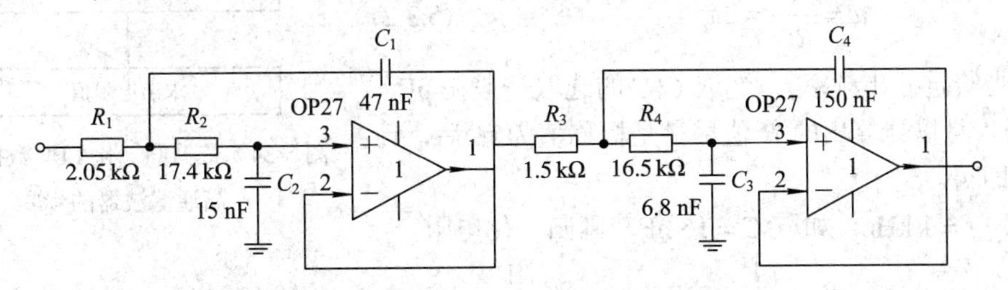

图 5-32　利用 FilterPro V 2.0 软件设计的 LPF
(4 阶巴特沃思型低通滤波器，截止频率为 1 kHz，增益为 1)

由图 5-32 可以看出，对于不同的电阻、电容参数的最终设计结果是一样的，这就与归一化时如果选取的 R 值不同则得到的电阻、电容值也不同是一样的道理。在该软件中，它更合理地选择了电阻、电容的值，这是因为如果通过归一化计算得出的电容值与标准值相差较大，则需重新选取电阻值 R，并重新计算，这样工作量会很大，而软件则可很好地解决了

这个问题。

5.3.2　有源高通滤波器

在此同样采用归一化方法来设计巴特沃思型高通滤波器，其电路结构如图 5-33 所示。

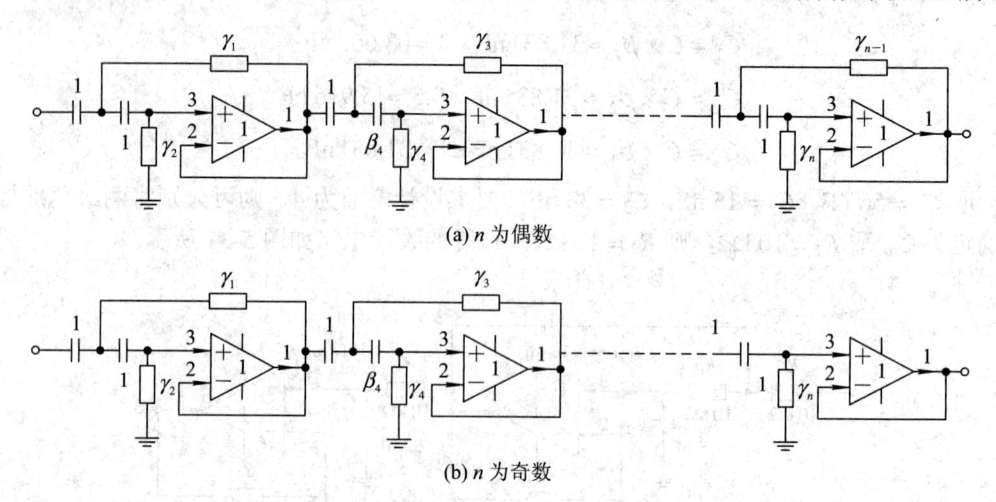

(a) n 为偶数

(b) n 为奇数

图 5-33　归一化巴特沃思型高通滤波器结构图

在掌握了低通滤波器的设计方法后，设计高通滤波器将变得非常简单。只要按照图 5-34 所示的步骤，就可以设计出高通滤波器。

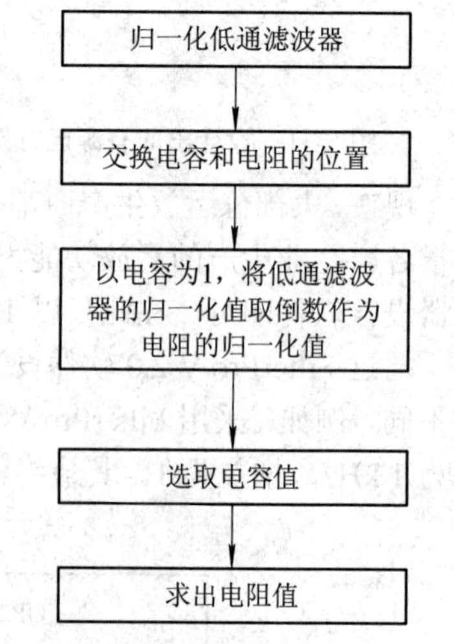

图 5-34　依据归一化 LPF 数据设计高通滤波器的步骤

下面通过实际例子来解说依据图 5-34 所述方法将巴特沃思型归一化 LPF 转换成 HPF 的过程。

设计一个 4 阶巴特沃思型高通滤波器，要求截止频率为 1 kHz，增益为 1，并通过 Tina TI 软件仿真出波特图。

由公式

$$\omega = \frac{1}{RC} = 2\pi f \tag{5.3.2}$$

可知，当给定截止频率 f，选取 C(C 的选取一般在 pF、nF 级别，且以计算出的 R 值尽量是标称值为宜)后，计算出 R 即可。

已知 $f = 1$ kHz，如取 $C = 15$ nF，则归一化电阻

$$R = \frac{1}{2\pi fC} = \frac{1}{2 \times 3.1416 \times 1000 \times 15 \times 10^{-9}} \approx 10.610\,\text{k}\Omega$$

通过反归一化转换出 R_1、R_2、R_3、R_4，因为设计的滤波器为 4 阶，因此选择 n 为 4。由表 5-2 可知 $\beta_1 = 2.613\,01$，$\beta_2 = 0.3827$，$\beta_3 = 1.082\,37$，$\beta_4 = 0.9239$，将低通滤波器的归一化数据转换为高通滤波器的归一化数据(将低通滤波器的归一化数据取倒数则可)，计算如下：

$$\gamma_1 = \frac{1}{\beta_1} \approx \frac{1}{2.613\,01} \approx 0.3827$$

$$\gamma_2 = \frac{1}{\beta_2} \approx \frac{1}{0.3827} \approx 2.613\,01$$

$$\gamma_3 = \frac{1}{\beta_3} \approx \frac{1}{1.082\,37} \approx 0.9239$$

$$\gamma_4 = \frac{1}{\beta_4} \approx \frac{1}{0.9239} \approx 1.082\,37$$

将归一化电阻 R 乘以 γ 则得到反归一化电阻值为

$$R_1 = R \times \gamma_1 \approx 10.610\,\text{k}\Omega \times 0.3827 \approx 4.060\,\text{k}\Omega$$

$$R_2 = R \times \gamma_2 \approx 10.610\,\text{k}\Omega \times 2.613\,01 \approx 27.724\,\text{k}\Omega$$

$$R_3 = R \times \gamma_3 \approx 10.610\,\text{k}\Omega \times 0.9239 \approx 9.803\,\text{k}\Omega$$

$$R_4 = R \times \gamma_4 \approx 10.610\,\text{k}\Omega \times 1.082\,37 \approx 11.484\,\text{k}\Omega$$

根据电阻规格选择电阻，选择 $R_1 = 3.9\,\text{k}\Omega$，$R_2 = 27\,\text{k}\Omega$，$R_3 = 10\,\text{k}\Omega$，$R_4 = 12\,\text{k}\Omega$。

运放应选择增益带宽积满足要求的，关于运放选择的其他注意事项可参考放大器一节，在此选择 OP37。

在 Tina TI 仿真软件下的电路如图 5-35 所示。图 5-36 所示为 Tina TI 软件仿真的波特图。

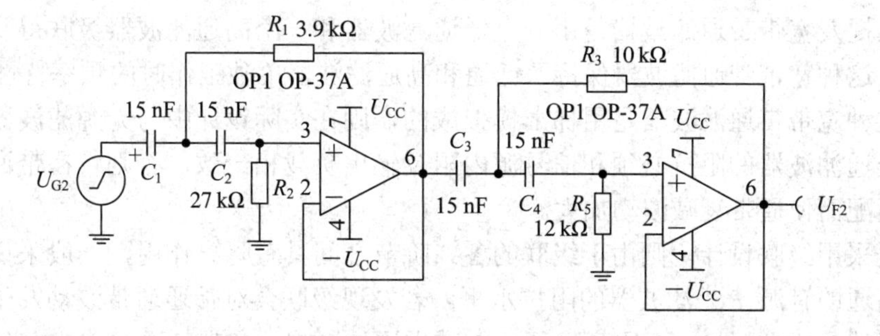

图 5-35 巴特沃思型 HPF 在 Tina TI 下的仿真电路图(4 阶，截止频率 1 kHz，增益 1)

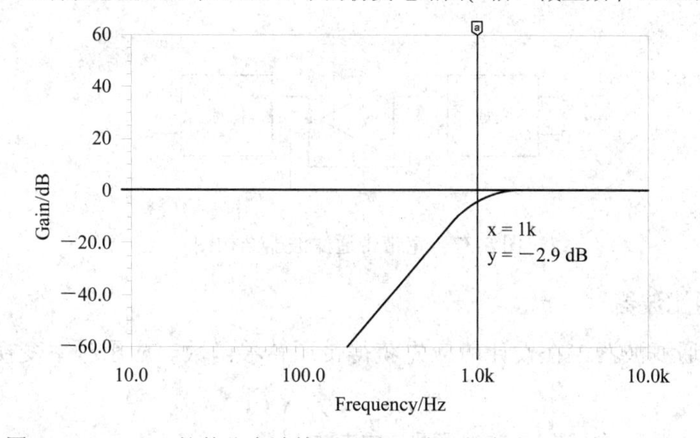

图 5-36 Tina TI 软件仿真波特图(4 阶，截止频率为 1 kHz，增益为 1)

同样，在设计高通滤波器时，通常也要考虑增益不为 1 的情况。在增益不为 1 时的设计方法与低通滤波器增益不为 1 时的设计方法相同，在此不再复述。

利用 FilterPro V2.0 滤波器设计软件设计高通滤波器的方法与设计低通滤波器的方法一

致，读者可自行学习使用。

5.3.3　有源带通滤波器

低通滤波器和高通滤波器相串联即可构成带通滤波器，条件是低通滤波电路的截止频率 f_H 大于高通滤波电路的截止频率 f_L，两者覆盖的通带就提供了一个带通响应。

带通滤波器的设计要比低通滤波器的设计复杂。设计带通滤波器时要特别注意 $f_0/\Delta f$ 的数量界限，这里 f_0 是带通滤波器的中心频率，Δf 是有效通带带宽。

对无源 *LC* 带通滤波器来说，当 $f_0/\Delta f<2$ 时，该滤波器属于宽带带通，这时宜采用高通和低通连接的方法构成；当 $f_0/\Delta f$ 在 2～50 之间时，属于一般带宽的带通，可直接采用频率变换的方法来实现；当 $f_0/\Delta f>50$ 时则属于窄带带通，须采用 k-q 结构即等元件结构来实现，若用一般的无源 *LC* 带通结构，则由于它并联和串联的各元件的值离散范围太大而无法实现。

如果采用级联结构设计有源 *RC* 带通滤波器，一般经验是：当 $f_0/\Delta f$ 比值在 1～1.25 以下时，可用低、高通级联构成；当 $f_0/\Delta f$ 在 1～1.25 以上时，则采用频率变换的方法设计。必须指出，这个界限不十分严格，具体的实现方法可参考相关专业书籍。

1. 宽带带通滤波器

上面已提及宽带带通滤波器是用一个低通滤波器和一个高通滤波器级联得到的，这样处理是基于这种宽带带通滤波器保持了低通和高通滤波器单独工作时的频率特性。

如果这种宽带带通滤波器是用梯形模拟成的，则在实际设计中与无源滤波器一样要考虑高通和低通滤波器的阻抗必须和信号源内阻及输出负载相一致，否则将在带通通带中由于阻抗不匹配而使通带衰减波动加大。

如果是采用级联设计，则由于级联的各二阶节之间具有隔离作用，一般来说可以任意选择低、高通的有源 *RC* 滤波器的阻抗水平。若发现级联会对带通通带波动发生影响，则在低、高通滤波器之间加一个隔离级便可以减少这种影响。宽带带通滤波器电路如图 5-37 所示。

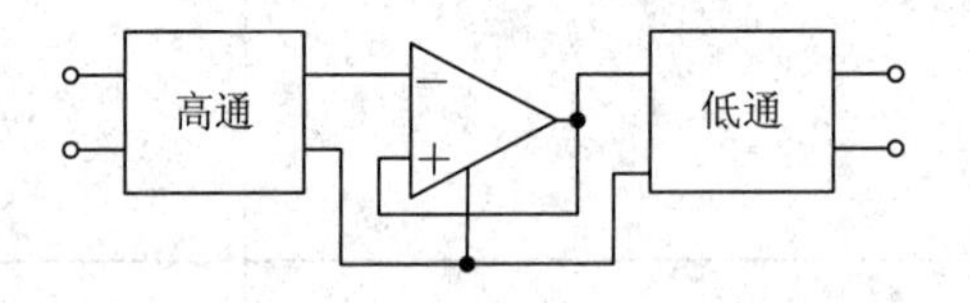

图 5-37　宽带带通滤波器结构图

2. 一般带通滤波器

对于一般带通滤波器，在设计前应先获得带通转移函数。应用频率变换关系式

$$S_L = n\left(\frac{S_B}{\omega_0}+\frac{\omega_0}{S_B}\right) \tag{5.3.3}$$

可以将归一化低通滤波函数变换为带通滤波函数，其中 S_L 和 S_B 分别代表低通和带通复频率变量，ω_0 为带通滤波器中心角频率，$\omega_0=2\pi f_0$，$n=f_0/\Delta f$，Δf 为滤波器通带带宽。当 ω_0

归一化为 1 时，式(5.3.3)变为

$$S_{\mathrm{L}}=n\left(S_{\mathrm{B}}+\frac{1}{S_{\mathrm{B}}}\right) \tag{5.3.4}$$

因此，如果用 $H_{\mathrm{L}}(S_{\mathrm{L}})$ 表示归一化低通函数，$H_{\mathrm{B}}(S_{\mathrm{B}})$ 表示经频率变换后的带通函数，则有

$$H_{\mathrm{B}}(S_{\mathrm{B}})=H_{\mathrm{L}}\left(nS_{\mathrm{B}}+\frac{n}{S_{\mathrm{B}}}\right) \tag{5.3.5}$$

现在我们研究一般具有有限传输零点的低通二阶节转移函数经频率变换为带通转移函数的具体算法。

式(5.3.4)的实频率关系式为

$$\Omega_{\mathrm{L}}=n\left(\Omega_{\mathrm{B}}+\frac{1}{\Omega_{\mathrm{B}}}\right) \tag{5.3.6}$$

式中：Ω_{L} 为低通归一化频率；Ω_{B} 为变换对应的带通归一化频率。式(5.3.6)可以解出

$$\begin{aligned}\Omega_{\mathrm{B2}}&=\sqrt{1+[\Omega_{\mathrm{L}}/(2n)]^2}+\Omega_{\mathrm{L}}/(2n)\\ \Omega_{\mathrm{B1}}&=\sqrt{1+[\Omega_{L}/(2n)]^2}-\Omega_{\mathrm{L}}/(2n)\end{aligned} \tag{5.3.7}$$

式(5.3.7)表明，对应一个 Ω_{L} 频率可以解出两个相应的带通频率。因此，由低通变换到带通的衰减频率特性如图 5-38 所示。

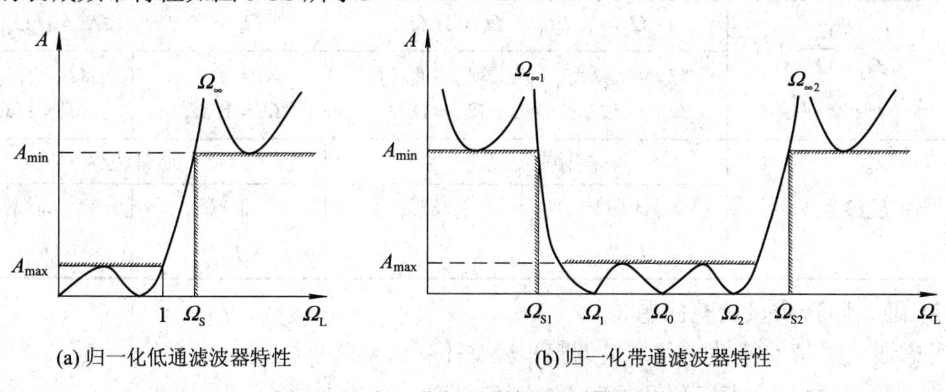

图 5-38　归一化低通到带通的特性变换

显然存在以下关系

$$\Omega_0{}^2=\Omega_1\Omega_2=\Omega_{\mathrm{S1}}\Omega_{\mathrm{S2}}=\Omega_{\infty1}\Omega_{\infty2}=1 \tag{5.3.8}$$

即

$$\omega_0{}^2=\omega_1\omega_2=\omega_{\mathrm{S1}}\omega_{\mathrm{S2}}=\omega_{\infty1}\omega_{\infty2}$$

及

$$n=\frac{f_0}{\Delta f}=\frac{1}{\Omega_2-\Omega_1} \tag{5.3.9}$$

又在归一化低通和带通之间有

$$\Omega_{SL}=\frac{\omega_{S2}-\omega_{S1}}{\omega_2-\omega_1}=\frac{\Omega_{S2}-\Omega_{S1}}{\Omega_2-\Omega_1} \tag{5.3.10}$$

下面讨论带通滤波器设计中要考虑的几个实际问题。

(1) 最佳方案的获得。

通常在给定带通滤波器的设计指标以后，可按式(5.3.10)直接求出归一化低通的 Ω_{SL}，但给定的技术指标往往不满足式(5.3.8)的限制关系，这样就存在修正技术指标的问题。这种技术指标的修正原则上可以有多种方法，但最后应选择由式(5.3.10)求出的 Ω_{SL} 的最大值作为最佳方案，因为 Ω_{SL} 最大时满足技术指标要求的滤波器阶次最少。下面介绍求取 Ω_{SL} 的过程。

根据给定的带通技术指标求出对称系数 A 为

$$A=\frac{f_{S1}f_{S2}}{f_1f_2} \tag{5.3.11}$$

如果 $A=1$，则所给技术指标已满足式(5.3.8)；如果 $A\neq1$，则按表 5-3 进行修正。表 5-3 中带“*”符号的是扩展后的数值，即进行修正指标后的数值。在具体设计时，应从表 5-3 中计算出两个 Ω_S 值，取其中较大的一个作为最佳方案。

表 5-3　带通参考频率和带宽边界的计算

参考频率 f_0	$f_0=\sqrt{f_1f_2}$		$f_0=\sqrt{f_{S1}f_{S2}}$	
对称系数 A	<1	>1	<1	>1
关键频率	f_{S2}	f_{S1}	f_2	f_1
由 $\Omega_{SL}=\dfrac{\Omega_{S2}-\Omega_{S1}}{\Omega_2-\Omega_1}$ 计算 Ω_S 所需的数值	$\Omega_2=f_2/f_0$，$\Omega_1=1/\Omega_2$		$\Omega_{S2}=f_{S2}/f_0$，$\Omega_{S1}=1/\Omega_{S2}$	
	$\Omega_{S2}=f_{S2}/f_0$ $\Omega_{S1}=1/\Omega_{S2}$	$\Omega_{S1}=f_{S1}/f_0$ $\Omega_{S2}=1/\Omega_{S1}$	$\Omega_2=f_2/f_0$ $\Omega_1=1/\Omega_2$	$\Omega_1=f_1/f_0$ $\Omega_2=1/\Omega_1$
扩展部分	阻带边界		通带边界	
	低端 f_{S1}*	高端 f_{S2}*	低端 f_1*	高端 f_2*

(2) 通、阻带余量调整问题。

考虑通、阻带的特性，其余量调整步骤如下：

① 由给定的技术指标和经过表 5-3 计算得到一个较大的 Ω_{SL}。

② 由给定的技术要求 A_{max}、A_{min} 及 Ω_{SL} 定出 n、Ω_{SL}^* 和归一化低通的零、极点数据。通常要求 Ω_{SL}^* 比 Ω_{SL} 小，否则是不会满足技术要求的，因此有

$$\Omega_{SL}^*<\Omega_{SL}，\ A_{min}^*<A_{min}$$

但需注意不能使 Ω_{SL}^* 过小，因为 Ω_{SL}^* 过小将引起极点 Q_P 不必要的升高，从而使制造困难。

③ 对所得的 Ω_{SL}^*，如果希望保持阻带边界不变(即 f_{S1}、f_{S2} 不变)，则从 Ω_{SL}^* 获得的余量可以用来扩展通带，以改善通带质量，从而确定带通变换系数 n* 为

$$n^* = \frac{\Omega_{SL}^*}{\Omega_{S2} - \Omega_{S1}} \tag{5.3.12}$$

经改善后的通带边界为

$$\begin{aligned} \Omega_2^* &= \frac{\sqrt{(1+2n^*)^2+1}+1}{2n^*} \\ \Omega_1^* &= \frac{\sqrt{(1+2n^*)^2+1}-1}{2n^*} \end{aligned} \tag{5.3.13}$$

④ 如果希望保持通带边界不变(即 f_1、f_2 不变)，则从 Ω_{SL}^* 获得的余量可以用来扩展阻带，从而确定带通变换系数 n^* 为

$$n^* = \frac{1}{\Omega_2 - \Omega_1} \tag{5.3.14}$$

经改善后的通带边界为

$$\begin{aligned} \Omega_{S2}^* &= \frac{\sqrt{[\Omega_{SL}^*/(2n^*)]^2+1}+\Omega_{SL}^*}{2n^*} \\ \Omega_{S1}^* &= \frac{\sqrt{[\Omega_{SL}^*/(2n^*)]^2+1}-\Omega_{SL}^*}{2n^*} \end{aligned} \tag{5.3.15}$$

⑤ 当然也可以使通、阻带都得到一定的改善，这要视具体情况而定。

(3) 带通转移函数的获得。

将上述步骤得到的归一化低通转移函数中的 S_L 用式(5.3.4)的 $n\left(S_B + \frac{1}{S_B}\right)$ 代替，即得相应带通的转移函数。下面分别叙述一阶和二阶转移函数的变化情况。

① 对一阶低通转移函数的变换。因为 $H_1(S_L) = \frac{1}{S_L + \sigma_0}$，所以对应的带通转移函数为

$$H(S_B) = \frac{1}{\frac{S_B^2+1}{S_B/n} + \sigma_0} = \frac{\frac{1}{n}S_B}{S_B^2 + \frac{\sigma_0}{n}S_B + 1} \tag{5.3.16}$$

② 对具有有限传输零点的二阶低通转移函数的变换。二阶低通转移函数为

$$H(S_L) = \frac{S_L^2 + \Omega_{NL}^2}{S_L^2 + \frac{\Omega_{PL}}{\Omega_L}S_L + \Omega_{PL}^2} \tag{5.3.17}$$

相应的带通转移函数可将式(5.3.17)的分母、分子分开考虑。

对于分母，因为

$$S_L^2 + \frac{\Omega_{PL}}{\Omega_L}S_L + \Omega_{PL}^2 = S_L^2 + 2\sigma_1 S_L + \sigma_1^2 + \Omega_1^2$$

将式(5.3.3)代入得

$$S_{\mathrm{L}}^{2}+\frac{\Omega_{\mathrm{PL}}}{\Omega_{\mathrm{L}}}S_{\mathrm{L}}+\Omega_{\mathrm{PL}}^{2}=\frac{S_{\mathrm{B}}^{4}+\frac{2\sigma_{1}}{n}S_{\mathrm{B}}^{3}+\left(2+\frac{\Omega_{\mathrm{PL}}^{2}}{n^{2}}\right)S_{\mathrm{B}}^{2}+\frac{2\sigma_{1}}{n}S_{\mathrm{B}}+1}{\frac{1}{n^{2}}S_{\mathrm{B}}^{2}}$$

令

$$\frac{2\sigma_{1}}{n}=D\text{，}\ \Omega_{\mathrm{PL}}^{2}=\sigma_{1}^{2}+\Omega_{1}^{2}=C\text{，}\ 2+\frac{C}{n^{2}}=E \tag{5.3.18}$$

则

$$S_{\mathrm{L}}^{2}+\frac{\Omega_{\mathrm{PL}}}{\Omega_{\mathrm{L}}}S_{\mathrm{L}}+\Omega_{\mathrm{PL}}^{2}=\frac{S_{\mathrm{B}}^{4}+DS_{\mathrm{B}}^{3}+ES_{\mathrm{B}}^{2}+DS_{\mathrm{B}}+1}{\frac{1}{n^{2}}S_{\mathrm{B}}^{2}} \tag{5.3.19}$$

设括号中多项式可分解成两个二阶多项式

$$\begin{aligned}S_{\mathrm{B}}^{4}+DS_{\mathrm{B}}^{3}+ES_{\mathrm{B}}^{2}+DS_{\mathrm{B}}+1&=\left[S_{\mathrm{B}}^{2}+\frac{\Omega_{1}}{Q_{\mathrm{P}}}S_{\mathrm{B}}+\Omega_{1}^{2}\right]\left[S_{\mathrm{B}}^{2}+\frac{\Omega_{2}}{Q_{\mathrm{P}}}S_{\mathrm{B}}+\Omega_{2}^{2}\right]\\&=S_{\mathrm{B}}^{4}+\left(\frac{\Omega_{1}+\Omega_{2}}{Q_{\mathrm{P}}}\right)S_{\mathrm{B}}^{3}+\left[\Omega_{1}{}^{2}+\frac{\Omega_{1}\Omega_{2}}{Q_{\mathrm{P}}}+\Omega_{2}^{2}\right]S_{\mathrm{B}}^{2}\\&\quad+\left[\frac{\Omega_{1}\Omega_{2}^{2}}{Q_{\mathrm{P}}}+\frac{\Omega_{1}^{2}\Omega_{2}}{Q_{\mathrm{P}}}\right]S_{\mathrm{B}}+\Omega_{1}^{2}\Omega_{2}^{2}\end{aligned} \tag{5.3.20}$$

将式(5.3.20)等号两边相应系数进行比较得

$$\left.\begin{aligned}\Omega_{1}\Omega_{2}&=1\\\frac{\Omega_{1}+\Omega_{2}}{Q_{\mathrm{P}}}&=D\\\Omega_{1}^{2}+\Omega_{2}^{2}+\frac{1}{Q_{\mathrm{P}}^{2}}&=E\end{aligned}\right\} \tag{5.3.21}$$

这样，在给出$n=\frac{f_{0}}{\Delta f}$、σ_{1}和Ω_{1}后，便可按照如下顺序计算出带通转移函数的分母。

① $C=\sigma_{1}^{2}+\Omega_{1}^{2}$。

② $D=\frac{2\sigma_{1}}{n}$。

③ $E=\frac{C}{n^{2}}+2$。

④ $G=\sqrt{(E+2)^{2}-4D^{2}}$。

⑤ $Q_{\mathrm{P}}^2=\dfrac{E+2+G}{2D^2}$，$Q_{\mathrm{P}}=\sqrt{\dfrac{E+2+G}{2D^2}}$。

⑥ $H=\dfrac{\sigma_1 Q_{\mathrm{P}}}{n}$。

⑦ $\Omega_1=H+\sqrt{H^2-1}$。

⑧ $\Omega_2=\dfrac{1}{\Omega_1}$，$\Omega_2^2=\dfrac{1}{\Omega_1^2}$。

⑨ $\dfrac{\Omega_1}{Q_{\mathrm{P}}}$，$\dfrac{\Omega_2}{Q_{\mathrm{P}}}$。

将式(5.3.4)代入式(5.3.17)中的分子得

$$S_{\mathrm{L}}^2+\Omega_{\mathrm{NL}}^2=\left(\frac{S_{\mathrm{B}}^2+1}{\frac{1}{n}S_{\mathrm{B}}}\right)^2+\Omega_{\mathrm{NL}}^2=\frac{S_{\mathrm{B}}^4+2\left(\frac{\Omega_{\mathrm{NL}}^2}{2n^2}+1\right)S_{\mathrm{B}}^2+1}{\frac{1}{n^2}S_{\mathrm{B}}^2} \tag{5.3.22}$$

令$\dfrac{\Omega_{\mathrm{NL}}^2}{2n^2}+1=H_1$，式(5.3.22)括号中的多项式可展开如下

$$S_{\mathrm{B}}^4+2H_1S_{\mathrm{B}}^2+1=\left(S_{\mathrm{B}}^2+\Omega_{\infty2}^2\right)\left(S_{\mathrm{B}}^2+\Omega_{\infty4}^2\right)=S_{\mathrm{B}}^4+\left(\Omega_{\infty2}^2+\Omega_{\infty4}^2\right)S_{\mathrm{B}}^2+\Omega_{\infty2}^2\Omega_{\infty4}^2$$

比较等号两边相关项的系数得

$$\Omega_{\infty2}\Omega_{\infty4}=1$$

$$\Omega_{\infty2}^2+\Omega_{\infty4}^2=2H_1=\Omega_{\infty2}^2+\frac{1}{\Omega_{\infty2}^2}$$

因此在给定n及Ω_{NL}^2后，即可求得$\Omega_{\infty2}$和$\Omega_{\infty4}$，计算顺序如下：

① $H_1=1+\Omega_{\mathrm{NL}}^2/(2n^2)$。

② $\Omega_{\infty2}^2=H_1+\sqrt{H_1^2-1}$。

③ $\Omega_{\infty4}^2=1/\Omega_{\infty2}^2$。

因此，当知道归一化低通转移函数后，利用式(5.3.16)及以上步骤计算便可算出相应的带通转移函数。有了带通转移函数，就可以用它来实现各类型带通滤波器的设计。

5.3.4 有源带阻滤波器

与带通滤波器类似，带阻滤波器也是从归一化低通滤波器用适当的变换方法得到的。

在 5.3.3 里，我们已叙述了宽带滤波器用高通和低通滤波器的实现方法。显然，一个宽带带阻滤波器也可用一个低通滤波器和一个高通滤波器的输入端与输出端分别并联的组合方法得到，但要求其中的每一个滤波器在另一个滤波器的通带内必须具有很高的输入和输出阻抗，以防止相互之间的影响。但是，滤波器阻抗之间的影响仍十分严重，除非宽带带阻滤波器的上、下截止频率之比大于 1 个以上倍频程时才可采用，所以通常带阻滤波器广泛使用频率变换的方法设计。

1. 宽带带阻滤波器

如果要求设计的带阻滤波器的技术指标是上、下截止频率之比大于 1 个倍频程，则可以将它的技术指标转换成两个独立的低通和高通滤波器的技术指标，然后分别设计低通和高通滤波器，再将设计好的低、高通滤波器输入端并联，输出端用加法器相加构成带阻滤波器，如图 5-39 所示。这里，在输出端使用加法器是为了使低、高通滤波器之间在阻带里的影响减至最小。

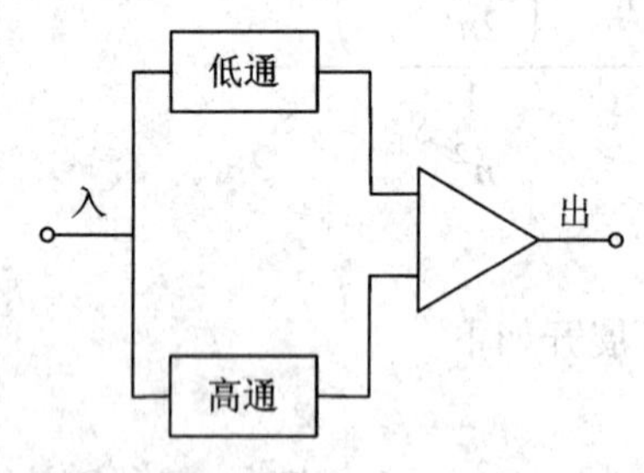

(a) 高、低通滤波器组合构成宽带带阻滤波器

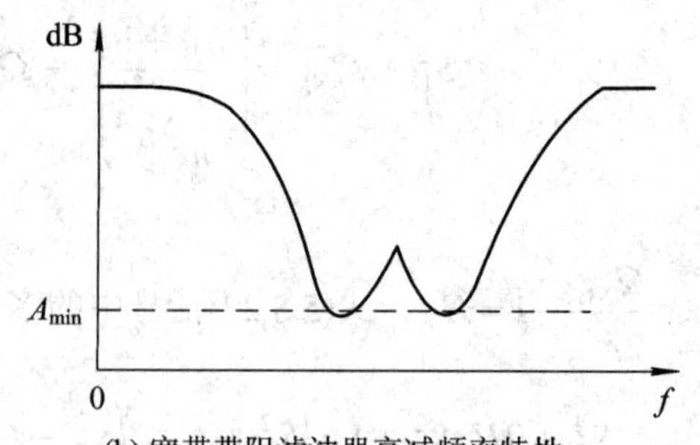

(b) 宽带带阻滤波器衰减频率特性

图 5-39　宽带带阻滤波器

用倒相放大器作加法器，它也能提供一定的增益。组合滤波器的结构如图 5-40(a)所示，其中 R 的取值是任意的，A 为要求的增益。用求和电阻来消除负荷的影响，使低、高通滤波器具有低的输出阻抗。

用电压控制电压源作为有源元件构成的椭圆函数低、高通滤波器，在末级要求提供一个可实现实数极点的 RC 网络，它们的元件值和加法器电阻结合起来如图 5-40(b)所示。图 5-40(c)中，R_a、C_a 为低通滤波器实现实数极点的 RC 网络的反归一化元件值，R_b、C_b 为高通滤波器实现实数极点的 RC 网络的归一化元件值，它们的正确性是显而易见的。

图 5-40(b)所示的低通末节 T 形电路的转移函数为

$$H^{-1}(S)=1+\frac{R}{2}S\frac{2R_aC_a}{R}=1+SR_aC_a \tag{5.3.23}$$

图 5-40(b)所示的高通末节 T 形电路的转移函数为

$$H^{-1}(S)=1+\frac{1}{S\dfrac{R_bC_b}{2R}}\cdot\frac{1}{2R}=1+\frac{1}{SR_bC_b} \tag{5.3.24}$$

式(5.3.23)、式(5.3.24)和由图 5-40(c)导出的低、高通转移函数是一致的。此时滤波器的输出阻抗为 R。当低通、高通之一或二者都是椭圆函数型滤波器时，其最终的衰减由滤波器中较小的 A_{min} 值决定。

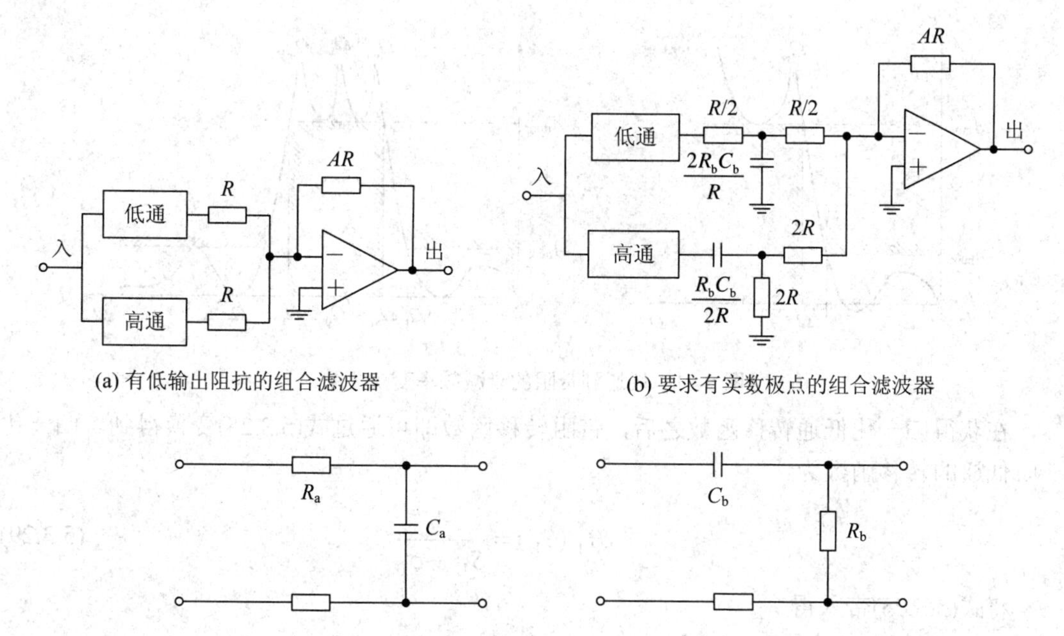

(a) 有低输出阻抗的组合滤波器

(b) 要求有实数极点的组合滤波器

(c) 有实数极点的低通和高通 RC 网络

图 5-40 宽带带阻滤波器

2. 一般带阻滤波器

如果要求设计的带阻滤波器的上、下截止频率之比不满足大于 1 个倍频程的条件，则应按频率变换的方法设计此带阻滤波器。

从低通到带阻的频率变换关系和低通到带通的频率变换过程是完全类似的，不同的只是其频率变换式为

$$S_L = \frac{\frac{1}{n}S}{S^2+1} \tag{5.3.25}$$

式中：$n=\frac{f_0}{\Delta f}$。

式(5.3.25)的关系正好和由低通到带通的频率变换关系式相反，所以它能把低通变换为带阻。

对照图 5-41 和式(5.3.25)有

$$\Omega_0{}^2 = \Omega_1\Omega_2 = \Omega_{S1}\Omega_{S2} = \Omega_{\infty1}\Omega_{\infty2} \tag{5.3.26}$$

$$\Omega_{SL} = \frac{\Omega_2-\Omega_1}{\Omega_{S2}-\Omega_{S1}} \tag{5.3.27}$$

$$n = \frac{f_0}{f_2-f_1} = \frac{1}{\Omega_2-\Omega_1} = \frac{f_0}{\Delta f} \tag{5.3.28}$$

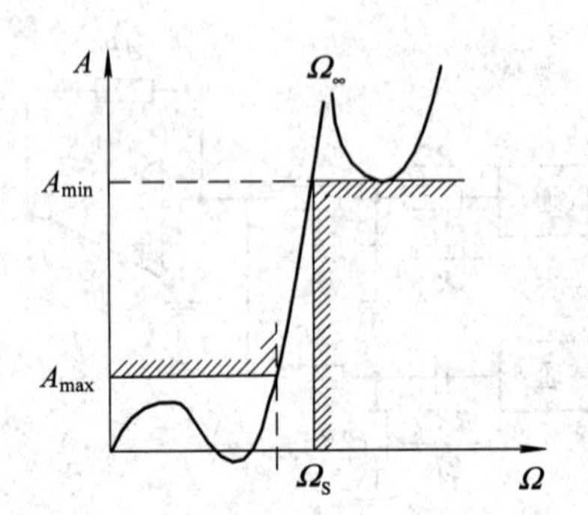

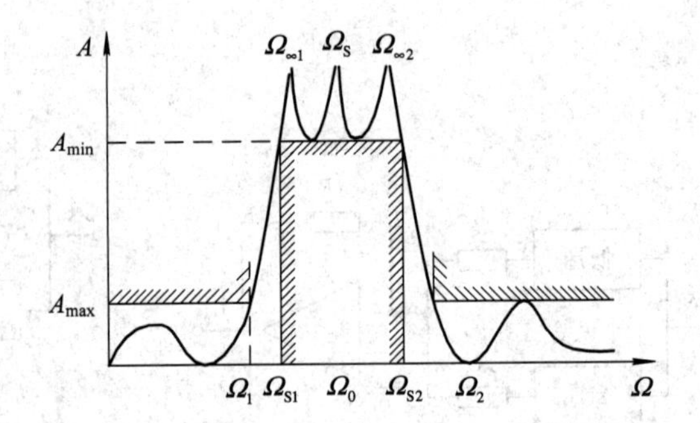

图 5-41　低通到带阻的衰减频率变换关系

在获得归一化低通转移函数之后，带阻转移函数即可通过式(5.3.25)变换得到。归一化一阶低通的转移函数为

$$H_L(S_L)=\frac{1}{S_L+\sigma_0} \tag{5.3.29}$$

将式(5.3.25)带入得

$$H(S)=\frac{\frac{1}{\sigma_0}(S^2+1)}{S^2+\frac{1}{n\sigma_0}S+1} \tag{5.3.30}$$

式(5.3.30)为二阶带阻滤波器的转移函数。

对于具有传输零点的归一化低通二阶节转移函数，可以类似地导出两个带阻二阶节的转移函数，变换结果为：

(1) 确定带阻转移函数 Ω_∞ 的计算顺序。当给定归一化低通的 Ω_{NL}^2 及 $n=f_0/\Delta f$ 时，计算如下：

① $H_1=1+\dfrac{1}{\Omega_{NL}^2 2n^2}$。

② $\Omega_{\infty2}^2=H_1+\sqrt{H_1^2-1}$。

③ $\Omega_{\infty4}^2=\dfrac{1}{\Omega_{\infty2}^2}$。

(2) 确定带阻滤波器的 Ω_i、Q_i 的计算顺序。当给定归一化低通的 σ_i 和 Ω_i 及 $n=f_0/\Delta f$ 时，计算如下：

① $C=\sigma_i^2+\Omega_i^2$。

② $D=\dfrac{2\sigma_i}{nC}$。

③ $E=\dfrac{1}{n^2C}+2$。

④ $G=\sqrt{(E+2)^2-4D^2}$ 。

⑤ $Q_{\mathrm{P}}=\sqrt{\dfrac{E+2+G}{2D^2}}$ 。

⑥ $H=\dfrac{\sigma_1 Q_{\mathrm{P}}}{nC}$。

⑦ $\Omega_i=H+\sqrt{H^2-1}$，$\Omega_{i+2}=1/\Omega_{i+1}$，$i=1$，3，5，…。

因此，一个 n 阶带阻滤波器的转移函数为(由奇数阶次归一化低通转移函数变换到偶数阶次归一化带阻转移函数)

$$H(S)=\frac{\dfrac{1}{\sigma_0}(S^2+1)}{S^2+\dfrac{1}{n\sigma_0}S+1}=\prod_{i=1}^{\frac{n-1}{2}}\frac{S^2+\Omega_{\infty 2i}^2}{S^2+\dfrac{\Omega_i}{Q_i}S+\Omega_i^2} \tag{5.3.31}$$

5.4 ADC

在测控系统中，经常需要对温度、速度、压力、电流、电压等模拟量进行采集或处理，如在车载超载限制系统中就需要对温度、压力两种模拟量进行采集处理。由于单片机只能对数字信号进行处理，因此，需要首先将这些模拟量信号转换成数字量信号，然后采集数据并进行分析。这便需要用到模/数转换器件，也称为 ADC(Analog Digital Converter)。目前，市场上有很多种 ADC，其以体积小、功能强、误差小、功耗低、可靠性高等优点而得到了广泛的应用。

5.4.1 ADC 概述

由于模拟信号在时间上和量值上是连续的，而数字信号在时间上和量值上都是离散的，所以进行模/数转换时，先要按一定的时间间隔对模拟电压值取样，使它变成时间上离散的信号；然后将取样电压值保持一段时间，在这段时间内，对取样值进行量化，使取样值变成离散的量值；最后通过编码，把量化后的离散量转换成数字量输出。这样经量化、编码后的信号就变成了时间和量值都离散的数字信号。显然，模/数转换一般要分取样、保持、量化、编码几步进行。

1. ADC 原理

模/数(A/D)转换器的功能是将输入的模拟信号转换成数字信号的形式输出。其中，输入的模拟信号一般为电压或电流。对于需要采集其他模拟量的场合，例如速度、气压和温

度等，需要首先使用相应的传感器将这些模拟信号转换成电压或电流的模拟信号，然后再选择合适的 A/D 转换器。

目前市场上的 ADC 种类很多，按工作原理的不同，可分成间接 ADC 和直接 ADC。间接 ADC 是先将输入模拟电压转换成时间或频率，然后再把这些中间量转换成数字量，常用的有中间量是时间的双积分型 ADC；直接 ADC 则直接将输入模拟电压转换成数字量，常用的有并行比较型 ADC 和逐次逼近型 ADC，下面分别进行介绍。

1) 并行比较型 ADC 转换原理

3 位并行比较型 ADC 的原理电路如图 5-42 所示，它由电阻分压器、电压比较器、寄存器及编码器组成。图中的 8 个电阻将参考电压 U_{ref} 分成 8 个等级，其中 7 个等级的电压分别作为 7 个比较器 C_1～C_7 的参考电压，其数值分别为 $U_{ref}/15$、$3U_{ref}/15$、…、$13U_{ref}/15$。输入电压为 U_i，它的大小决定各比较器的输出状态。例如，当 $0 \leqslant U_i \leqslant U_{ref}/15$ 时，C_7～C_1 的输出状态都为 0；当 $3U_{ref}/15 \leqslant U_i \leqslant 5U_{ref}/15$ 时，比较器 C_6 和 C_7 的输出 $C_{o6} = C_{o7} = 1$，其余各比较器的状态均为 0。根据各比较器的参考电压值，可以确定输入模拟电压值与各比较器输出状态的关系。比较器的输出状态由 D 触发器存储，经优先编码器编码，得到数字量输出。优先编码器优先级别最高的是 I_7，最低的是 I_1。

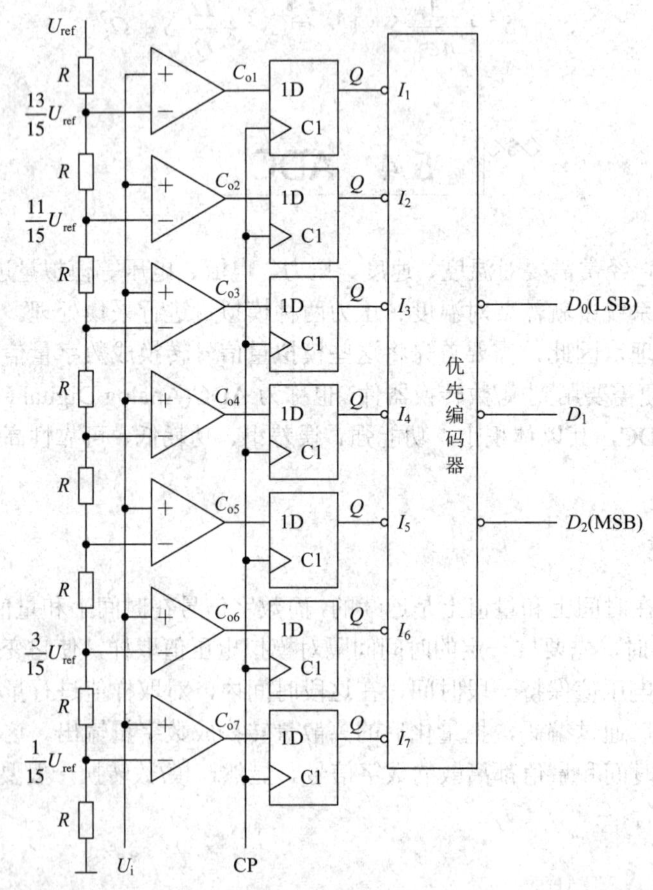

图 5-42 3 位并行比较型 ADC 的原理电路

设 U_i 的变化范围是 0～U_{ref}，输出 3 位数字量为 D_2、D_1、D_0。3 位并行比较型 A/D 转

换器的输入、输出关系如表 5-4 所示。

表 5-4　3 位并行比较型 ADC 输入与输出关系对照表

模拟输入	比较器输出状态							数字输出		
	C_{o1}	C_{o2}	C_{o3}	C_{o4}	C_{o5}	C_{o6}	C_{o7}	D_2	D_1	D_0
$0 \leqslant U_i \leqslant U_{ref}/15$	0	0	0	0	0	0	0	0	0	0
$U_{ref}/15 \leqslant U_i \leqslant 3U_{ref}/15$	0	0	0	0	0	0	1	0	0	1
$3U_{ref}/15 \leqslant U_i \leqslant 5U_{ref}/15$	0	0	0	0	0	1	1	0	1	0
$5U_{ref}/15 \leqslant U_i \leqslant 7U_{ref}/15$	0	0	0	0	1	1	1	0	1	1
$7U_{ref}/15 \leqslant U_i \leqslant 9U_{ref}/15$	0	0	0	1	1	1	1	1	0	0
$9U_{ref}/15 \leqslant U_i \leqslant 11U_{ref}/15$	0	0	1	1	1	1	1	1	0	1
$11U_{ref}/15 \leqslant U_i \leqslant 13U_{ref}/15$	0	1	1	1	1	1	1	1	1	0
$13U_{ref}/15 \leqslant U_i \leqslant U_{ref}$	1	1	1	1	1	1	1	1	1	1

在并行比较型 ADC 中，输入电压 U_i 同时加到所有比较器的输入端，从 U_i 加入到 3 位数字量稳定输出所经历的时间为比较器、D 触发器和编码器延迟时间之和。如不考虑上述器件的延迟，可认为 3 位数字量是与 U_i 输入时刻同时获得的，所以它具有最短的转换时间。

并行比较型 ADC 具有如下特点：

(1) 由于转换是并行的，其转换时间只受比较器、触发器和编码电路延迟时间的限制，因此转换速度最快。

(2) 随着分辨率的提高，元件数目要按几何级数增加。一个 n 位转换器，所用比较器的个数为 2^n-1，如 8 位的并行 A/D 转换器就需要 $2^8-1=255$ 个比较器。由于位数愈多，电路愈复杂，因此制成分辨率较高的集成并行 A/D 转换器是比较困难的。

(3) 为了解决提高分辨率和增加元件数的矛盾，可以采取分级并行转换的方法。

2) 逐次逼近型 ADC 转换原理

逐次逼近型 ADC 主要由 D/A 转换器、电压比较器、锁存器、移位寄存器和逻辑控制单元等部分组成。8 位逐次逼近型 ADC 原理图如图 5-43 所示。

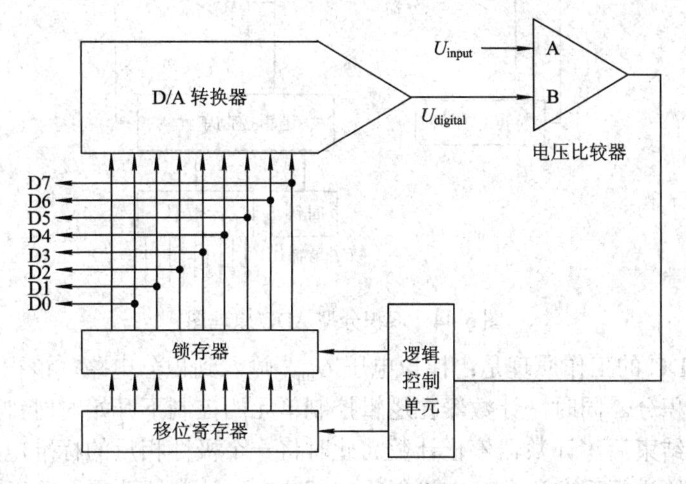

图 5-43　8 位逐次逼进型 ADC 原理图

逐次逼近型 ADC 的工作原理是：待测的模拟电压 U_{input} 输入电压比较器的 A 端口，DAC 输出的电压 $U_{digital}$ 输入电压比较器的 B 端口。A 端口和 B 端口的数据进行比较，根据 B 端口的电压是大于还是小于 A 端口的电压来输出反馈信号，以便使 DAC 输出的模拟电压逐次逼近实际的模拟电压 U_{input}。当 DAC 输出的电压 $U_{digital}$ 和模拟电压 U_{input} 相等的时候，A/D 转换结束，此时 DAC 输入的数字量便是对应模拟电压的数字量。

逐次逼近型 ADC 一般采用二分法，其工作过程如下：

(1) 在开始比较时，首先判断比较数字量的最高位信号。锁存器输出信号的最高位置 1，其余均置 0，并将该数据送入 D/A 转换器。

(2) D/A 转换器按照输入的数字信号输出对应的电压 $U_{digital}$，这个电压和输入模拟电压 U_{input} 送入电压比较器进行比较。

(3) 如果 U_{input} 大于 $U_{digital}$，则电压比较器输出高电平，控制逻辑单元将保持寄存器输出的最高位为 1；如果 U_{input} 小于 $U_{digital}$，则电压比较器输出为低电平，逻辑控制单元将置寄存器输出的最高位为 0。此时，完成对一位数字量的判断。

(4) 对较低的一位进行判断，该位置 1，后面的各位均置 0。重复步骤(2)、(3)完成一位的判断，直至所有的位都比较完为止。

(5) 所有位均比较完后，此时 D/A 转换器输入端的数字信号便是对应的输入模拟电压的数字量。最后将 D/A 转换器输入端的数字信号输出，就完成了 ADC 的转换过程。

逐次逼近型 ADC 转换属于中速 ADC，其成本低，应用十分广泛。对于 n 位的 ADC，只需重复 n 次比较调整过程便可以得到输入模拟量所对应的数字量。

3) 双积分型 ADC 的转换原理

双积分型 ADC 主要由积分器、比较器、逻辑控制单元、时钟、标准电压源和计数器组成。双积分型 ADC 的原理图如图 5-44 所示。

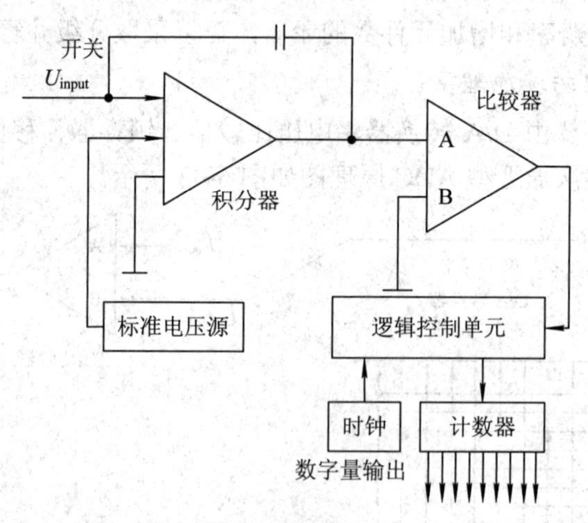

图 5-44　双积分型 ADC 原理图

双积分型 ADC 的工作原理是：模拟电压 U_{input} 输入到积分电路，该积分电路对该电压进行固定时间的积分。同时，计数器在逻辑控制单元的控制下开始对时钟脉冲进行计数统计。当积分时间结束后，计数器停止计数。此时将一个极性相反的标准电压加到积分电路上，积分电路开始进行反向积分。在进行反向积分时，计数器清零并重新开始对时钟脉冲计数，直至积分器输出为零致使计数器停止计数。此时，逻辑控制电路输出“数据有效”的状态信号，从计数器的输出端得到转换后的结果。

在双积分型 ADC 中，“固定积分时间”一般取为整个 A/D 转换周期的三分之一。模拟输入电压 U_{input} 越大，在固定积分时间结束时，积分器的输出电压值也就越大，因而反向积分所需的时间也就越长，如图 5-45 所示。

图 5-45 积分示意图

双积分型 ADC 的精度高、抗干扰性好，但需要两次积分时间，因此转换速度慢、成本低。

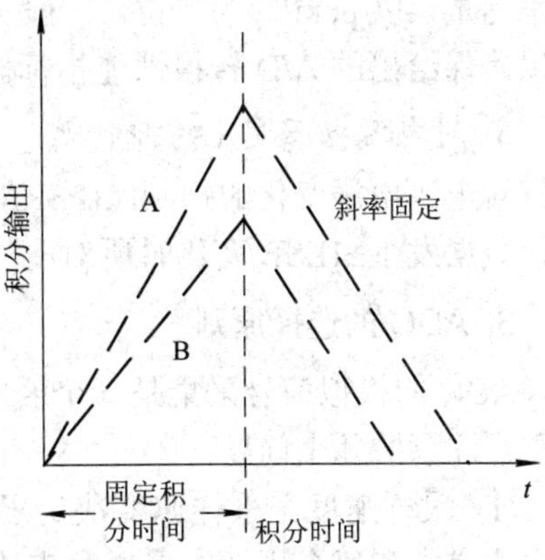

2. ADC 的技术参数

不同的 ADC 具有不同的性能，在选择和使用 ADC 时，需要了解 ADC 的相关性能指标及技术参数。下面列出几个关键的技术参数，供读者参考。

1) 分辨率

分辨率是指 ADC 的最小分辨能力。分辨率通常采用输出数字量的二进制位数来表示，如 8 位、10 位、12 位、14 位和 16 位等。如果 ADC 的分辨率为 N，则表示其可将整个量程分为 2^N 份，最小可以分辨 $1/2^N$ 的增量。例如，对于 12 位的 ADC，最小的分辨能力为

$$1\,\text{LSB} = \frac{1}{2^{12}} \times 100\% = \frac{1}{4096} \times 100\% = 0.0244\%$$

分辨率越高，A/D 转换过程中对输入量的微小变化的反应越灵敏。

2) 量程

量程是 ADC 所测量的模拟量的范围。对于电压型 ADC，典型的量程范围有 0～5 V、0～10 V、−5～5 V、−10～10 V 等。

3) 转换精度

转换精度是 ADC 转换后所得结果相对于实际值的准确度。ADC 的转换精度有绝对精度和相对精度两种，反映了一个实际的 ADC 与理想 ADC 进行 A/D 转换的差值。常用数字量的位数作为度量精度的单位，如精度为 ±1/2LSB，而用百分比来表示满量程时的相对误差，如 ±0.05%。

这里需要指出的是，精度和分辨率是两个不同的概念。精度指的是转换结果与实际值的准确程度，而分辨率是指相对转换结果发生影响的最小输入量。分辨率可以很高，但可能由于系统设计的原因导致温度漂移，进而并不具有很高的精度。

4) 转换时间

转换时间是指 ADC 完成一次 A/D 转换所需要的时间。转换时间的倒数即转换速率。例如，高速电压型 ADC 的转换时间为 20～50 ns，即转换速率可达 20～50 MSPS。

5) 温度系数

温度系数是 ADC 的温度表现能力。ADC 很容易受环境温度影响，其温度系数主要有失调(零点)温度系数和增益温度系数。温度系数一般用每摄氏度温度变化所产生的相对误

差来衡量，以 ppm/℃为单位。一般 ADC 均标有工作温度范围，也就是说在该温度范围内，可以确保给出的 A/D 转换性能指标。

6) 对电源电压变化的抑制比

对电源电压变化的抑制比(PSRR)是指 ADC 对电源电压的依赖性，一般用改变电源电压使数据发生±1LSB 变化时所对应的电源电压变化范围来表示。

3. ADC 的选择原则

ADC 的模拟信号采集是一个要求比较高的工作，需要考虑多方面的问题。下面介绍需要重点注意的几个问题。

(1) 采样速度。采样速度决定了数据采集系统的实时性。采样速度由模拟信号带宽、数据通道数和每个周期的采样数来决定。采样速度越高，对模拟信号复原得越好，即实时性越好。根据奈奎斯特采样定理可知，数据采集系统对源信号无损再现的必要条件是：采样频率至少为被采样信号最高频率的两倍。

(2) A/D 转换精度。对于复杂系统，一般会计算系统中各环节的均方根误差。信号源阻抗、信号带宽、ADC 分辨率和系统的通过率都会影响误差的计算。正常情况下，A/D 转换前向通道的总误差应小于等于 ADC 的量化误差，否则选取高分辨率 ADC 也没有实际意义。

(3) 孔径误差。A/D 转换是一个动态的过程，需要一定的转换时间，而输入的模拟量总是在连续不断变化的，这样便造成转换输出的不确定性误差，即孔径误差。为了确保较小的孔径误差，要求 ADC 具有与之相适应的转换速度，否则就应该在 ADC 前加入采样/保持电路以满足系统要求。

(4) 系统通过率。系统的通过率由模拟多路选择器、输入放大器的稳定时间、采样/保持电路的采集时间及 ADC 的转换时间确定。在模拟信号的数据采集系统中，有正常顺序和重叠两种采集方式。采用低分辨率 ADC、减少模/数转换环节、采用重叠方式采集时，可获得较大的带宽的通过速度。

在设计模拟信号的采集系统时，ADC 的选型是一个重要环节。一般来说，在选择 ADC 时，需要遵循如下原则：

(1) 根据输入模拟信号的变化速率，确定 ADC 的转换速度，从而保证整个模拟信号数据采集系统的实时性。

(2) 选择 ADC 的精度和分辨率时，需要考虑前向系统的总误差，将综合精度在各个环节进行再分配，以确定 ADC 的精度要求。

(3) 根据需要，对变化比较快的模拟信号可以考虑使用采样/保持电路，这样可以在进行 A/D 转换时减少孔径误差。

(4) 根据工作现场环境条件选择 ADC 的一些环境参数要求，如工作温度范围、湿度范围、可靠性等级、电源电压抑制比、功耗等。

(5) 根据采集模拟信号的数量来选择多个通道的 ADC。

(6) 根据 ADC 和单片机或其他微处理器的接口来合理选择 ADC 的输出状态，例如 TTL 或 CMOS 电平、串行输出还是并行输出等。

(7) 一般来说，每一款 ADC 均提供了多种封装供选择。使用时需要根据电路板的面积等来选择合适封装的 ADC。

5.4.2　串行 ADC

目前，各大半导体公司均推出了完善的 A/D 转换产品系列。串行 ADC 的型号繁多，在此介绍一款常用的串行 A/D 转换器 TLV2541。使用串行 ADC 的目的是在需要尽量少 I/O 口资源的情况下得到高分辨率的转换数字量。当然，对数据的采样速率应要求不高。

1. TLV2541 概述

TLV2541 是美国 TI 公司生产的 12 位精度的 A/D 转换芯片。该芯片具有以下特性：

(1) 500 kHz 的带宽。

(2) 140/200 kb/s 的高速数据吞吐量，内部有转换时钟。

(3) 单电源供电，并且有较宽的供电范围，供电电压范围为 2.7～5.5 V。

(4) 采用 SPI 串口与其他芯片接口，并能与 DSP 进行接口。

(5) 低功耗，并且能自动采用较低功耗。在工作电压为 2.7 V 时，电流只有 1 mA。处于低功耗状态下，在工作电压为 2.7 V 时，电流只有 2.2 μA。在工作电压为 5 V 时，工作电流仅为 1.5 mA，静态电流仅为 5 μA。

(6) 采用 8 引脚小封装设计。

TLV2541 的引脚如图 5-46 所示。下面介绍 TLV2541 的引脚功能。

引脚功能说明：

$\overline{CS}$：片选信号，低电平有效。

V_{ref}：外部参考引脚。

GND：接地引脚。

AIN：模拟输入引脚。

SCLK：SPI 串口的串行时钟输入引脚。

V_{CC}：电源。

FS：DSP 帧同步输入引脚。该引脚只是在串行数据帧的开始提供同步信号，如果该引脚不使用，则应该将其通过 10 kΩ 的电阻拉高。

SDO：SPI 串口的数据输出引脚。

TLV2541 芯片的内部结构框图如图 5-47 所示。该芯片内部结构简单，其内部提供振荡

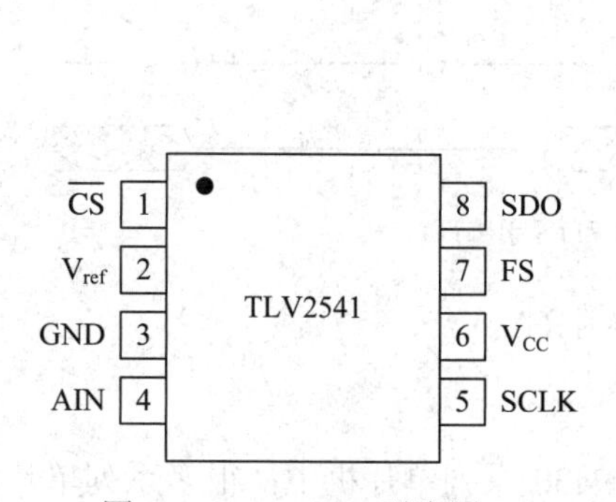

图 5-46　TLV2541 引脚图

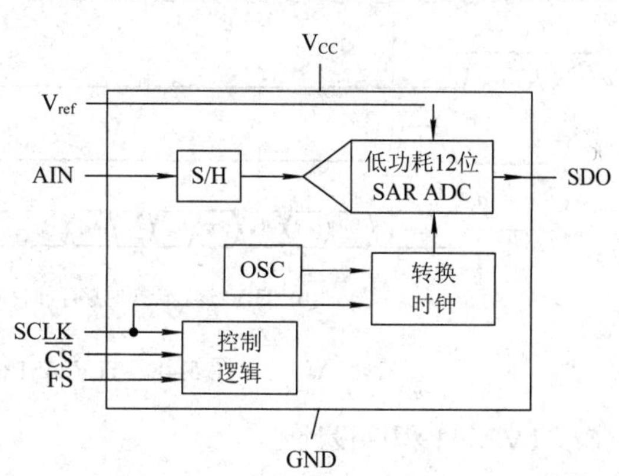

图 5-47　TLV2541 芯片框图

器和转换时钟信号，转换时间为 3.5 μs。该芯片通过 SPI 串口与单片机进行连接。$\overline{CS}$、SCLK、SDO 三个引脚组成 3 线制 SPI 串口通信。FS 引脚为 DSP 帧同步引脚，用于与 TMS320_DSP 通信，最高通信速率可达 20 MHz，该引脚在不使用时应接 10 kΩ 的上拉电阻。

2. TLV2541 数据读取方式

TLV2541 输出数据格式如表 5-5 所示。

表 5-5 TLV2541 输出数据格式

输出数据格式	
MSB	LSB
D15～D4 转换结果(OD11～OD0)	D3～D0 无效

输出为 000h 时电压为 0 V，输出为 FFFh 时电压为 $V_{ref}\pm 1LSB$。

TLV2541 的读取时序如图 5-48 所示。TLV2541 的读取方式有两种，一种不使用帧同步信号(FS = 1)，如图 5-48(a)所示；另一种使用帧同步信号，如图 5-48(b)所示。SCLK 前 16 个时钟周期读出 16 位数据，该 16 位数据中前 12 位为有效数据，后 4 位无效。SCLK 的时钟频率范围为 100 kHz～20 MHz，内部转换器使用振荡器最低频率为 4 MHz，因此最短转换时间为 $16\times(1/(20\times10^6))+14\times(1/(4\times10^6))+1\times SCLK=4.35$ μs。

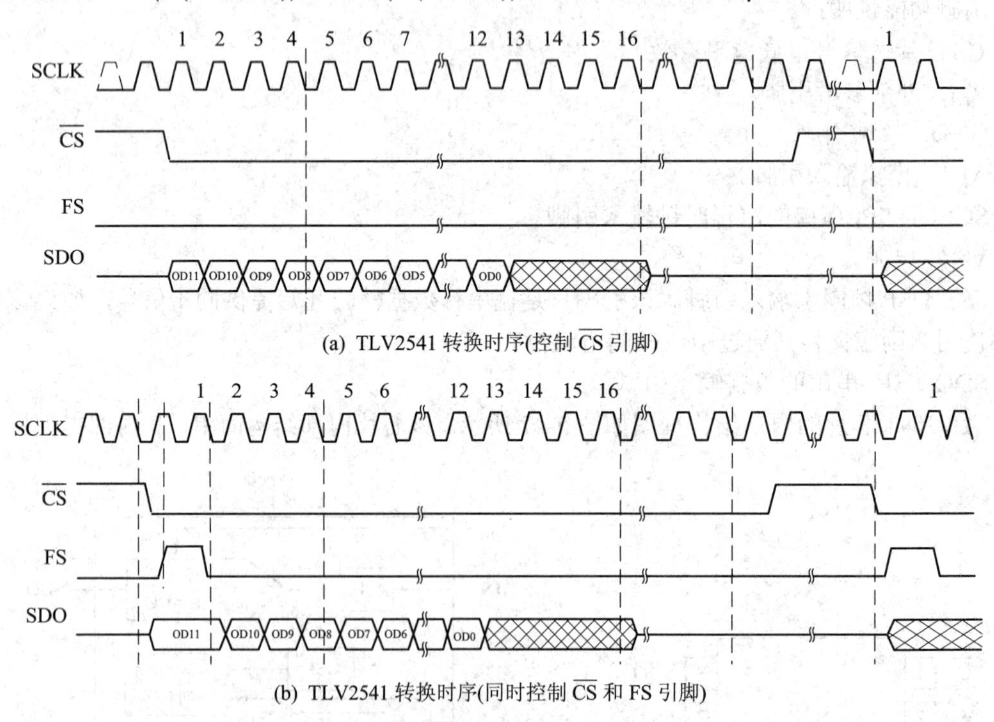

(a) TLV2541 转换时序(控制 $\overline{CS}$ 引脚)

(b) TLV2541 转换时序(同时控制 $\overline{CS}$ 和 FS 引脚)

图 5-48 TLV2451 的转换时序图

3. TLV2541 程序设计

硬件的接口电路主要是 SPI 接口的设计。在 MSP430 系列单片机中，很多系列单片机都有串口模块，并且串口模块都可以工作在 UART 方式和 SPI 方式下，因此 MSP430 单片机很容易通过片内的串口实现与 TLV2541 芯片的接口，其电路如图 5-49 所示。

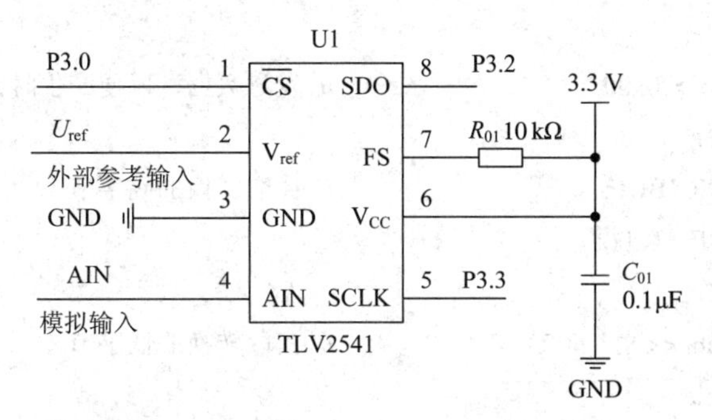

图 5-49 MSP430 单片机与 TLV2541 的接口电路

由图 5-49 可以看出，整个接口电路很简单。单片机的 P3.0 引脚与 TLV2541 的 $\overline{CS}$ 引脚连接，实现片选控制；单片机的 P3.2 引脚和 P3.3 引脚分别与 TLV2541 的 SDO 引脚和 SCLK 引脚进行连接，实现 SPI 口的数据通信功能；TLV2541 的 V_{ref} 引脚外接参考源，TLV2541 的 AIN 引脚接模拟输入信号。

由于该应用中 TLV2541 的 FS 引脚不使用，因此需要通过一个 10 kΩ 的电阻将该引脚拉高。另外，为了减小干扰，需要在电源引脚处外加一个 0.1 μF 的滤波器电容来进行滤波处理。

预定义：

```
#define ModuleTLV2541_CS            P3SEL |= BIT0
#define InTLV2541_CS                P3DIR &= ~BIT0
#define OutTLV2541_CS               P3DIR |= BIT0
#define WriteHighTLV2541_CS         P3OUT |= BIT0
#define WriteLowTLV2541_CS          P3OUT &= ~BIT0
#define ModuleTLV2541_SCLK          P3SEL |= BIT3
#define InTLV2541_SCLK              P3DIR &= ~BIT3
#define OutTLV2541_SCLK             P3DIR |= BIT3
#define WriteHighTLV2541_SCLK       P3OUT |= BIT3
#define WriteLowTLV2541_SCLK        P3OUT &= ~BIT3
#define ModuleTLV2541_SDO           P3SEL |= BIT2
#define InTLV2541_SDO               P3DIR &= ~BIT2
#define OutTLV2541_SDO              P3DIR |= BIT2
#define ReadTLV2541_SDO             P3IN&BIT2
#define CS_Enable               WriteLowTLV2541_CS
#define CS_Disable              WriteHighTLV2541_CS
```

TLV2541 读取函数：该程序主要根据 TLV2541 的时序图来完成读取操作。在该子程序前应先初始化 SPI 端口。初始化 SPI 端口的程序非常简单，可参考 TI 公司的例子程序，此处不再给出。

```
int convert(void)
{
    unsigned int data;
```

```
        unsigned int trash;
        CS_Enable;
        U0TXBUF = 0x00;                    // 发送数据，以便产生时钟信号并送给 TLV2541
        complete();
        data = U0RXBUF;                    // 读取转换的高字节
        U0TXBUF = 0x00;
        complete();
        data = (data << 8) | U0RXBUF;      // 读取转换的低字节
        CS_Disable;
        // 当 TLV2541 选通端无效时，必须保持一个时钟的下降沿
        U0TXBUF = 0x00;
        complete();
        trash = U0RXBUF;                   // 无用数据
        data = data >> 4;                  // 由于 TLV2541 为 12 位采集，因此右移 4 位
        Delay(10);
        Return_us(data);
    }
```

等待传输完成函数：由于使用单片机内部 SPI 传输模块，无需程序通过指令方式来产生时钟信号和读取每一位接收的数据，但程序必须等待传输完成后才能读取接收到的字节数据。因此，程序中检测接收中断标志位，检测到该标志位则表示数据接收完毕。

```
    void complete(void)
    {
        do
        {
            IFG1 &=~ URXIFG0;
        }while (IFG1& URXIFG0);
    }
```

5.4.3 并行 ADC

在一些工程应用中对数据的采样速率要求较高，这时只能使用并行 ADC。并行 ADC 需要较多的 I/O 口，分辨率要求越高，I/O 口需求量也越大。并行 ADC 器件的生产厂家也很多，在此以 ADS8412 为例进行介绍。

1. ADS8412 概述

ADS8412 是 TI 公司生产的 16 位的具有内部 4.096 V 电压参考源的 2 MHz 转换速率的 A/D 转换器。该器件内部含有 16 位电容型 SAR 内部采样/保持 ADC。该芯片具有以下特性：

(1) 采样速率为 2 MHz。

(2) 输入范围宽，为 U_{ref}～$-U_{ref}$。

(3) 具有内部参考源。

(4) 具有高速并行接口。

(5) 在 2 MHz 典型采样速率下功耗为 175 mW。

(6) 总线传输为 8 位或 16 位。

(7) 采用 48 引脚 TQFP 封装。

(8) 内部具有 500 V ESD 保护能力，所有输入引脚具有 1000 V ESD 保护能力。

ADS8412 的引脚封装如图 5-50 所示。

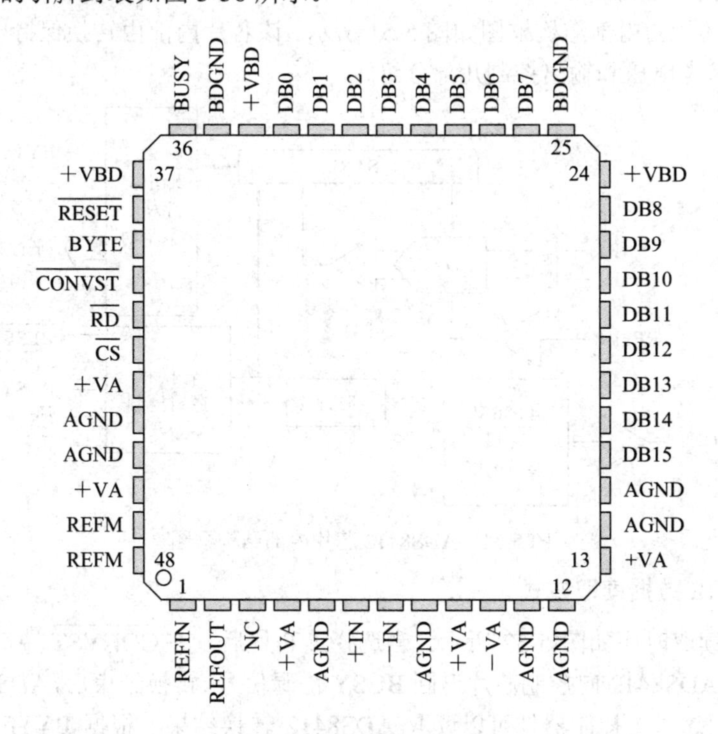

图 5-50 ADS8412 引脚图

引脚功能说明如下：

AGND：模拟地。

BDGND：数字地，为数据总线提供。

BUSY：忙碌状态信号输出端。当芯片正忙于采集转换时，该引脚输出高电平，此时不可读数据。

BYTE：使用 8 位总线还是 16 位总线传输转换结果的选择信号输入端。该引脚为 0 时，DB15～DB8 引脚输出数据 15～8 位，为 1 时输出数据 7～0 位。

$\overline{\text{CONVST}}$：转换开始/保持端口。

$\overline{\text{CS}}$：片选端口。

DB15～DB0：数据总线。具体可参考数据手册。

−IN：反相输入端。

+IN：同相输入端。

NC：未连接端。

REFIN：参考输入端。

REFM：参考地。

$\overline{\text{RESET}}$：复位端。该端口为低电平时复位芯片。

REFOUT：参考输出端。

$\overline{\text{RD}}$：同步输入端。

+VA，–VA：模拟电源端。

+VBD：数字电源端。

ADS8412 芯片的内部结构框图如图 5-51 所示。该芯片内部由转换保持电路、逻辑控制电路、时钟、参考电压和输出控制几部分组成。

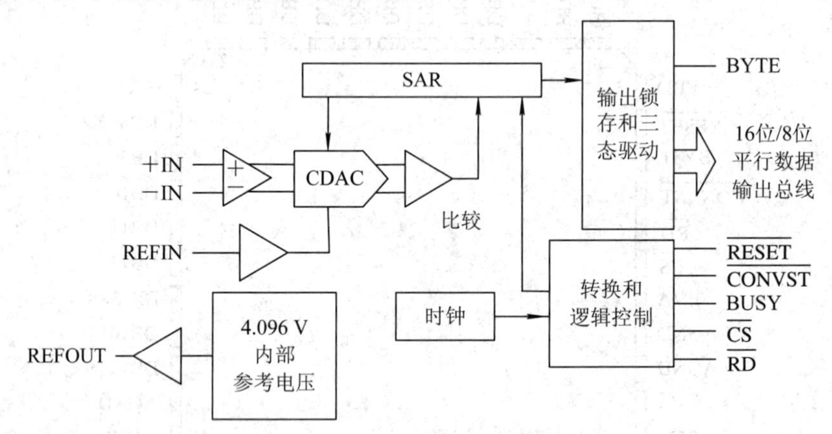

图 5-51　ADS8412 芯片内部结构框图

2. ADS8412 数据读取方式

ADS8412 读取时序如图 5-52 所示。当选择该芯片后，在 $\overline{\text{CONVST}}$ 端口送出低电平信号时启动转换，ADS8412 向控制芯片返回 BUSY 忙碌信号。转换结束后，ADS8412 将 BUSY 忙碌信号置低，这时主控制器件可以读取 ADS8412 转换结果，根据 BYTE 端口的信号，ADS8412 从 DB15～DB0 端口送出 8 位或 16 位数据。

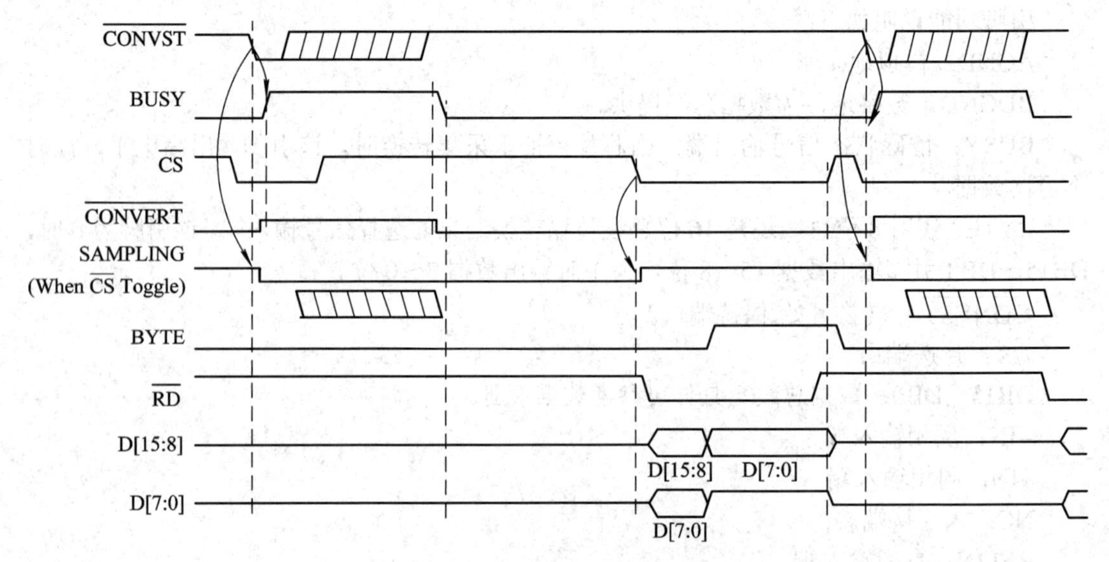

图 5-52　ADS8412 操作时序图

3. ADS8412 程序设计

ADS8412 的采样速率可达 2 MHz。一般情况下，单片机无法使该器件全速工作于 2 MHz。该器件常用 DSP 或 FPGA 进行控制。此处以 MSP430F133 进行示例操作，如需将该芯片用 DSP 或 FPGA 进行控制，对程序进行适当更改即可。单片机控制 ADS8412 的电路如图 5-53 所示。

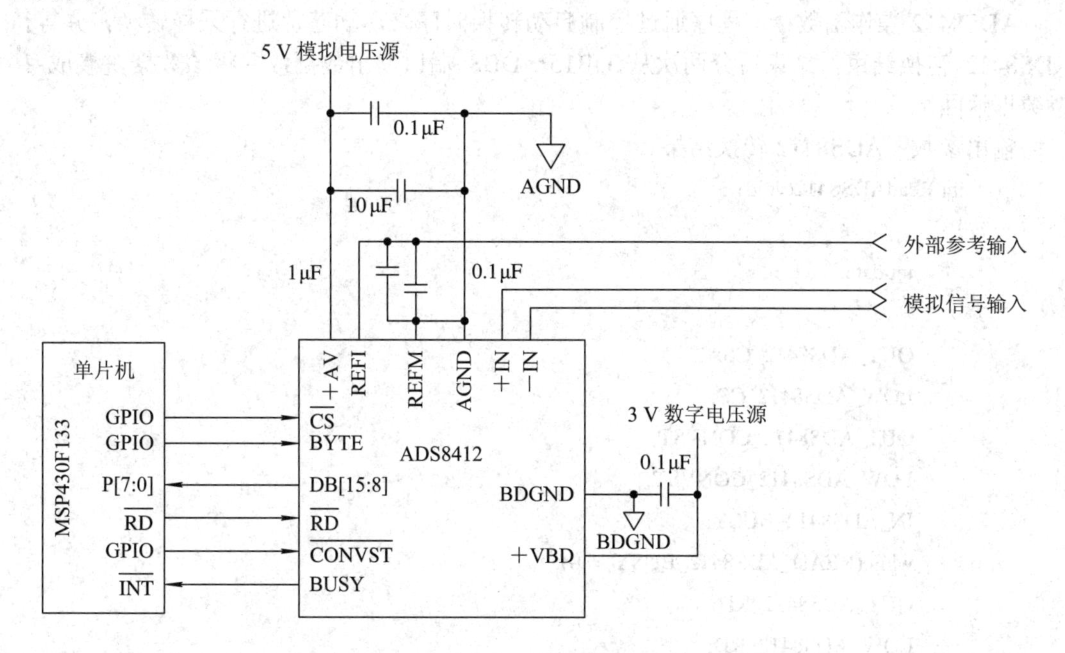

图 5-53　单片机控制 ADS8412 电路

在该示例中为了节省 I/O 口，采用了 8 位数据总线传输转换结果，程序如下：

预定义：

```
#define ADS8412_CS              BIT0
#define ADS8412_BYTE            BIT1
#define ADS8412_RD              BIT2
#define ADS8412_CONVST          BIT3
#define ADS8412_BUSY            BIT4
#define OUT_ADS8412_CS          P1DIR |= ADS8412_CS
#define HIGH_ADS8412_CS         P1OUT |= ADS8412_CS
#define LOW_ADS8412_CS          P1OUT &= ~ADS8412_CS
#define OUT_ADS8412_BYTE        P1DIR |= ADS8412_BYTE
#define HIGH_ADS8412_BYTE       P1OUT |= ADS8412_BYTE
#define LOW_ADS8412_BYTE        P1OUT &= ~ADS8412_BYTE
#define OUT_ADS8412_RD          P1DIR |= ADS8412_RD
#define HIGH_ADS8412_RD         P1OUT |= ADS8412_RD
#define LOW_ADS8412_RD          P1OUT &= ~ADS8412_RD
#define OUT_ADS8412_CONVST      P1DIR |= ADS8412_CONVST
```

```
#define HIGH_ADS8412_CONVST      P1OUT |= ADS8412_CONVST
#define LOW_ADS8412_CONVST       P1OUT &= ~ADS8412_CONVST
#define IN_ADS8412_BUSY          P1DIR &= ~ADS8412_BUSY
#define READ_ADS8412_BUSY        (P1IN & ADS8412_BUSY)
#define READ_ADS8412_DATA        (P2IN)
```

ADS8412 操作函数：该程序通过控制启动转换时序来启动芯片进行采样转换，并等待 ADS8412 转换结束，结束后分两次从 DB15～DB8 端口读出数据，并将该数据拼接成 16 位数据返回。

输出参数：ADS8412 转换结果。

```
int ReadADS8412(void)
{
    int data;

    OUT_ADS8412_CS;
    LOW_ADS8412_CS;
    OUT_ADS8412_CONVST;
    LOW_ADS8412_CONVST;
    IN_ADS8412_BUSY;
    while(READ_ADS8412_BUSY != 0);
    OUT_ADS8412_RD;
    LOW_ADS8412_RD;
    OUT_ADS8412_BYTE;
    LOW_ADS8412_BYTE;
    data = READ_ADS8412_DATA;
    HIGH_ADS8412_BYTE;
    data = (data << 8) + READ_ADS8412_DATA;
    HIGH_ADS8412_CS;
    LOW_ADS8412_BYTE;
    HIGH_ADS8412_RD;
    HIGH_ADS8412_CONVST;
    return(data);
}
```

5.4.4　单片机内部 ADC

目前，各大半导体公司推出的单片机都有一个系列内部自带 ADC 模块，以提高自身单片机的附加值并节省用户成本。本书示例中所用单片机全部为 TI 公司的 MSP430 系列。在该系列产品中有相当一部分单片机都带有 ADC 模块。下面讲解该 ADC 的使用方法。

在使用 ADC 前首先应将其初始化，初始化程序如下所示。该程序用于车载超载限制器测量温度、压力的初始化，各寄存器的具体设置可参考 TI 公司对应单片机系列的使用说明

手册。

```
void Init_ADC12(void)
{
    P6SEL = 0xff;          // P6 端口设置
    P6DIR = 0x00;
    P6OUT = 0x00;
    ADC12CTL0 &= ~ENC;
    // 室外温度传感器 AD0 通道的转换值存入 ADC12MEM[0～3]
    ADC12MCTL0 = INCH_0+SREF_1;
    ADC12MCTL1 = INCH_0+SREF_1;
    ADC12MCTL2 = INCH_0+SREF_1;
    ADC12MCTL3 = INCH_0+SREF_1;
    // 室内温度传感器 AD1 通道的转换值存入 ADC12MEM[4～7]
    ADC12MCTL4 = INCH_1+SREF_1;
    ADC12MCTL5 = INCH_1+SREF_1;
    ADC12MCTL6 = INCH_1+SREF_1;
    ADC12MCTL7 = INCH_1+SREF_1;
    // 称重传感器 AD2 通道的转换值存入 ADC12MEM[8～11]
    ADC12MCTL8 = INCH_2+SREF_1;
    ADC12MCTL9 = INCH_2+SREF_1;
    ADC12MCTL10 = INCH_2+SREF_1;
    ADC12MCTL11 = INCH_2+SREF_1;
    // 另一称重传感器 AD3 通道的转换值存入 ADC12MEM[12～15]
    ADC12MCTL12 = INCH_3+SREF_1;
    ADC12MCTL13 = INCH_3+SREF_1;
    ADC12MCTL14 = INCH_3+SREF_1;
    ADC12MCTL15 = INCH_3+SREF_1 + EOS;
    ADC12CTL0 = REFON+ADC12ON+MSC+REF2_5V+SHT0_15+SHT1_15;
    ADC12CTL1 = SHP+ADC12SSEL_3+ADC12DIV_7+CONSEQ_3;
    ADC12IE = BITF;
    ADC12CTL0 |= ENC;
    ADC12CTL0 |= ADC12SC;
}
```

ADC 中断处理：当 4 个通道(每个通道采集 4 次，共 16 次)采集完成后产生中断信号，进入中断处理。中断中主要读取各寄存器的值，具体值的处理应在主循环程序中，中断程序中不可处理大量复杂的程序，以防止由于程序处理时间过长而无法进入正常循环。

```
#pragma vector = ADC12_VECTOR /* 0xFFEA ADC */
_interrupt void ADC12_ISR(void)
{
```

```
    unsigned char i;

    ADC12CTL0 &= ~ENC;
    ADC12IFG = 0;
    for(i=15; i>3; i--)                             // 剔除最旧的 4 个值
    {
        Work.PTOutAD[i] = Work.PTOutAD[i-4];
        Work.PTInAD[i] = Work.PTInAD[i-4];
        Work.PressureSensorAAD[i] = Work.PressureSensorAAD[i-4];
        Work.PressureSensorBAD[i] = Work.PressureSensorBAD[i-4];
    }
    Work.PTOutAD[0] = ADC12MEM0;                    // 加入刚采集到的 4 个值
    Work.PTOutAD[1] = ADC12MEM1;
    Work.PTOutAD[2] = ADC12MEM2;
    Work.PTOutAD[3] = ADC12MEM3;
    Work.PTInAD[0] = ADC12MEM4;
    Work.PTInAD[1] = ADC12MEM5;
    Work.PTInAD[2] = ADC12MEM6;
    Work.PTInAD[3] = ADC12MEM7;
    Work.PressureSensorAAD[0] = ADC12MEM8;
    Work.PressureSensorAAD[1] = ADC12MEM9;
    Work.PressureSensorAAD[2] = ADC12MEM10;
    Work.PressureSensorAAD[3] = ADC12MEM11;
    Work.PressureSensorBAD[0] = ADC12MEM12;
    Work.PressureSensorBAD[1] = ADC12MEM13;
    Work.PressureSensorBAD[2] = ADC12MEM14;
    Work.PressureSensorBAD[3] = ADC12MEM15;
    ADC12CTL0 |= ENC;
    ADC12CTL0 |= ADC12SC;
}
```

5.5 PID

自从计算机进入控制领域以来，用数字计算机代替模拟计算机调节器组成计算机控制系统，不仅可以用软件实现 PID 控制算法，而且还可以利用计算机的逻辑功能，使 PID 控制更加灵活。在生产过程中数字 PID 控制是一种最普遍采用的控制方法，在机电、冶金、机械、化工等行业中获得了广泛的应用。它将偏差的比例(P)、积分(I)和微分(D)通过线性组合构成控制量，对被控对象进行控制，故称 PID 控制器。

5.5.1　PID 算法原理

在模拟控制系统中，控制器最常用的控制规律是 PID 控制。模拟 PID 控制系统原理框图如图 5-54 所示。该系统由模拟 PID 控制器和被控对象组成。

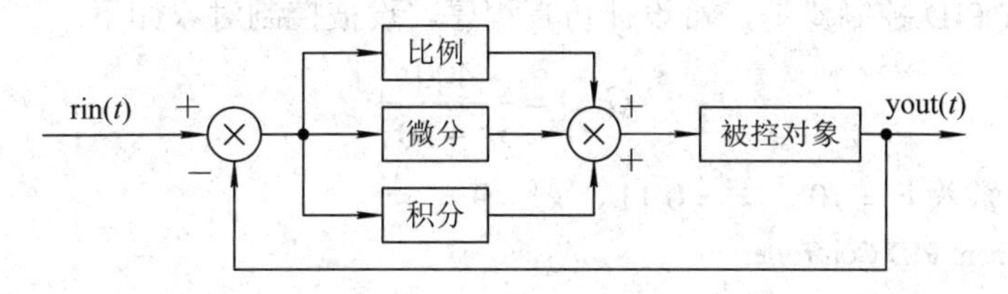

图 5-54　模拟 PID 控制系统原理框图

PID 控制器是一种线性控制器，它根据给定值 rin(t)与实际输出值 yout(t)构成控制偏差：

$$\mathrm{error}(t)=\mathrm{rin}(t)-\mathrm{yout}(t) \tag{5.5.1}$$

PID 的控制规律为

$$u(t)=k_{\mathrm{p}}\left(\mathrm{error}(t)+\frac{1}{T_{\mathrm{I}}}\int_0^t \mathrm{error}(t)\mathrm{d}t+\frac{T_{\mathrm{D}}\,\mathrm{derror}(t)}{\mathrm{d}t}\right) \tag{5.5.2}$$

或写成传递函数的形式

$$G(s)=\frac{U(s)}{E(s)}=k_{\mathrm{p}}\left(1+\frac{1}{T_{\mathrm{I}}s}+T_{\mathrm{D}}s\right) \tag{5.5.3}$$

式中：k_{p} 为比例系数；T_{I} 为积分时间常数；T_{D} 为微分时间常数。

简单来说，PID 控制器各校正环节的作用如下：

比例环节：成比例地反映控制系统的偏差信号 error(t)，偏差一旦产生，控制器立即产生控制作用，以减小偏差。

积分环节：主要用于消除静差，提高系统的无差度。积分作用的强弱取决于积分时间常数 T_{I}，T_{I} 越大，积分作用越弱，反之则越强。

微分环节：反映偏差信号的变化趋势(变化速率)，并能在偏差信号变得太大之前，在系统中引入一个有效的早期修正信号，从而加快系统的动作速度，减少调节时间。

5.5.2　PID 算法 MATLAB 语言仿真

数字式 PID 控制根据控制对象的特点，演变出不同的算法，常见的有位置式 PID 控制算法、增量式 PID 控制算法、积分分离 PID 控制算法、抗积分饱和 PID 控制算法、梯形积分 PID 控制算法、变速积分 PID 算法、不完全微分 PID 控制算法、微分先行 PID 控制算法、带死区的 PID 控制算法、基于前馈补偿的 PID 控制算法、步进式 PID 控制算法等。在此只讲解电机控制常用的一种算法——增量式 PID 控制算法。根据递推原理可得

$$u(k-1)=k_{\mathrm{p}}\left(\mathrm{error}(k-1)+k_{\mathrm{i}}\sum_{j=0}^{k-1}\mathrm{error}(j)+k_{\mathrm{d}}(\mathrm{error}(k-1)-\mathrm{error}(k-2))\right)$$

增量式 PID 控制算法：

$$\Delta u(k) = u(k) - u(k-1)$$

$$\Delta u(k) = k_{\mathrm{p}}(\mathrm{error}(k) - \mathrm{error}(k-1)) + k_{\mathrm{i}}\mathrm{error}(k) + k_{\mathrm{d}}(\mathrm{error}(k) - 2\mathrm{error}(k-1) + \mathrm{error}(k-2))$$

根据增量式 PID 控制算法，可设计仿真程序。设被控制对象如下：

$$G(s) = \frac{400}{s^2 + 50s}$$

PID 控制参数为 $k_{\mathrm{p}} = 10$，$k_{\mathrm{i}} = 0.11$，$k_{\mathrm{d}} = 9$。

```
%Increment PID Controller
clear all;
close all;

ts = 0.001;
sys = tf(400,[1,50,0]);
dsys = c2d(sys,ts,'z');
[num,den] = tfdata(dsys,'v');

u_1 = 0.0; u_2 = 0.0; u_3 = 0.0;
y_1 = 0; y_2 = 0; y_3 = 0;

x = [0, 0, 0]';
error_1 = 0;
error_2 = 0;
for k = 1:1:1000
    time(k) = k *ts;

    rin(k) = 1.0;
    kp = 10;
    ki = 0.11;
    kd = 9;

    du(k) = kp*x(1) + kd*x(2) + ki*x(3);
    u(k) = u_1 + du(k);

    if u(k) >= 10
        u(k) = 10;
    end
    if u(k) <= -10
        u(k) = -10;
```

```
        end
        yout(k) = -den(2)*y_1 - den(3)*y_2 + num(2)*u_1 + num(3)*u_2;
        error = rin(k) - yout(k);
        u_3 = u_2; u_2 = u_1; u_1 = u(k);
        y_3 = y_2; y_2 = y_1; y_1 = yout(k);

        x(1) = error - error_1;                    %Calculating P
        x(2) = error - 2*error_1 + error_2;        %Calculating D
        x(3) = error;                              % Calculating I

        error_2 = error_1;
        error_1 = error;
    end
    plot(time, rin, 'b', time, yout, 'r');
    xlabel('time(s)'); ylabel('rin, yout');
```

增量式 PID 阶跃跟踪结果如图 5-55 所示。

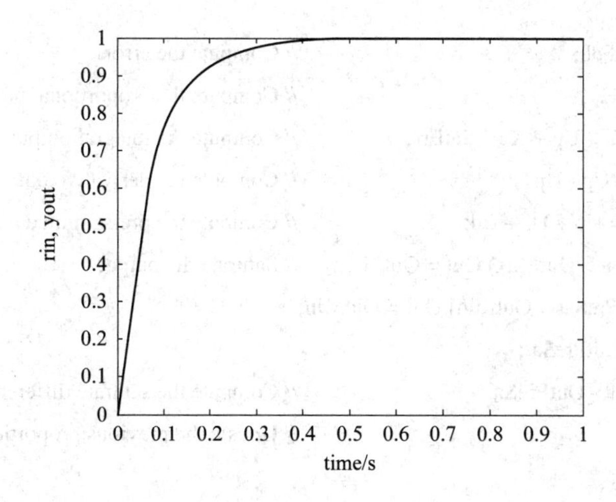

图 5-55 增量式 PID 阶跃跟踪结果

5.5.3 PID 算法程序设计

PID 算法函数不涉及单片机的寄存器操作，因此在各单片机间可通用。在程序中，k_p、k_i、k_d 等参数需根据不同的控制对象进行具体整定。整定方法一般有理论计算整定法和工程整定法。工程整定法主要依赖工程经验，直接在控制系统的试验中进行，且方法简单、易于掌握，因此在工程实际中被广泛采用。

输入参数：Ref，参考输入值；Fdb，反馈输入值；OutMax，最大允许输出值。

```
double PidReg(double Ref, double Fdb, double OutMax)
{
```

```
// double    Ref = 0;                          // Input: Reference input
// double    Fdb = 0;                          // Input: Feedback input
   double    Err = 0;                          // Variable: Error
   double    Kp = 1.3;                         // Parameter: Proportional gain
   double    Up = 0;                           // Variable: Proportional output
   static double    Ui = 0;                    // Variable: Integral output
   double    Ud = 0;                           // Variable: Derivative output
   double    OutPreSat = 0;                    // Variable: Pre-saturated output
// double    OutMax = 1;                       // Parameter: Maximum output
   double    OutMin = 0;                       // Parameter: Minimum output
   double    Out = 0;                          // Output: PID output
   double    SatErr = 0;                       // Variable: Saturated difference
   double    Ki = 0.02;                        // Parameter: Integral gain
   double    Kc = 0.5;                         // Parameter: Integral correction gain
   double    Kd = 1.05;                        // Parameter: Derivative gain
   static double    Up1 = 0;                   // History: Previous proportional

   Err = Ref - Fdb;                            // Compute the error
   Up = Kp * Err;                              // Compute the proportional output
   Ui = Ui + Ki * Up + Kc * SatErr;            // Compute the integral output
   Ud = Kd * (Up - Up1);                       // Compute the derivative output
   OutPreSat = Up + Ui + Ud;                   // Compute the pre-saturated output
   if (OutPreSat > OutMax) Out = OutMax;       // Saturate the output
   else if (OutPreSat < OutMin) Out = OutMin;
   else Out = OutPreSat;
   SatErr = Out - OutPreSat;                   // Compute the saturate difference
   Up1 = Up;                                   // Update the previous proportional output
   return(Out);
}
```

5.6 FIR

有限长单位脉冲响应(FIR)数字滤波器可以做成具有严格的线性相位，同时又具有任意的幅度特性。此外，FIR 滤波器的单位抽样响应是有限长的，因而滤波器一定是稳定的。只要经过一定的延时，任何非因果有限长序列都可以变成因果有限长序列，因而总能用因果系统来实现。FIR 滤波器由于单位冲激响应是有限长的，因而可以用快速傅里叶变换(FFT)算法来实现过滤信号，从而大大提高运算效率。

5.6.1 FIR 算法原理

FIR 网络结构的特点是没有反馈支路，即没有环路，其单位脉冲响应是有限长的。设单位脉冲响应 $h(n)$长度为 N，其系统函数 $H(z)$和差分方程分别为

$$H(z)=\sum_{n=0}^{N-1}h(n)z^{-n}$$

$$y(n)=\sum_{m=0}^{N-1}h(m)x(n-m)$$

按照 $H(z)$或者卷积公式直接画出结构如图 5-56 所示。这种结构称为直接型网络结构，也称为卷积型结构。

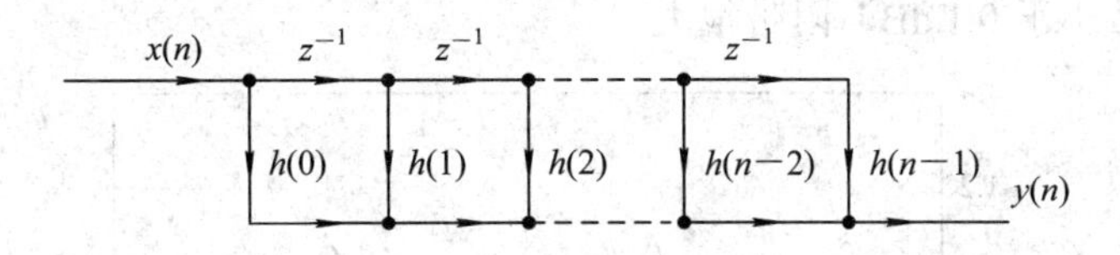

图 5-56　FIR 直接型网络结构

FIR 滤波器主要有以下特点：

(1) 系统的单位冲激响应在有限个 n 值处不为零；

(2) 系统函数 $H(z)$在 $|z|>0$ 处收敛，极点全部在 $z=0$ 处(因果系统)；

(3) 主要是非递归结构，没有输出反馈；

(4) 能够保证精确、严格的线性相位。

5.6.2 FIR 算法 MATLAB 语言仿真

使用 MATLAB 语言下的 FDA 工具箱设计 FIR 滤波器，具体的使用方法可以参考相关书籍，这里给出 FIR 滤波器的程序以及相应的结果。

```
function[des,wt] = taperedresp(order,ff,grid,wtx,aa);
nbands = length(ff)/2;
des = grid;
wt = grid;
for i = 1:nbands
    k = find(grid >= ff(2*i-1) & grid <= ff(2*i));
    npoints = length(k);
    t = 0:npoints - 1;
    des(k) = linspace(aa(2*i-1),aa(2*i),npoints);
    if (i == 1)
        wt(k) = wtx(i)*(1.5 + cos((t)*pi/(npoints-1)));
    elseif (i == nbands)
        wt(k) = wtx(i)*(1.5 + cos(pi+(t)*pi/(npoints-1)));
    else
```

```
            wt(k) = wtx(i)*(1.5 - cos((t)*2*pi/(npoints-1)));
        end
    end
    [b,err,res] = gremez(53,[0 0.3 0.33 0.77 0.8 1],{'taperedresp',[0 0 1 1 0 0]},[2 2 1]);
    [H,W,S] = freqz(b,1,1024);
    S.plot = 'mag';S.yunits = 'linear';
    freqzplot(H,W,S);
```

上述程序实现一个最接近矩形的带通 FIR 滤波器。程序中使用的 MATLAB 内部函数有 linspace、gremez、freqz、freqzplot 等，这些函数的说明可参考 MATLAB 的帮助文件。

程序运行后的结果如图 5-57 所示。从图中可以看出，带通宽度基本上接近矩形，滤波器的最大纹波系数小于 0.1 dB，阻带很大。

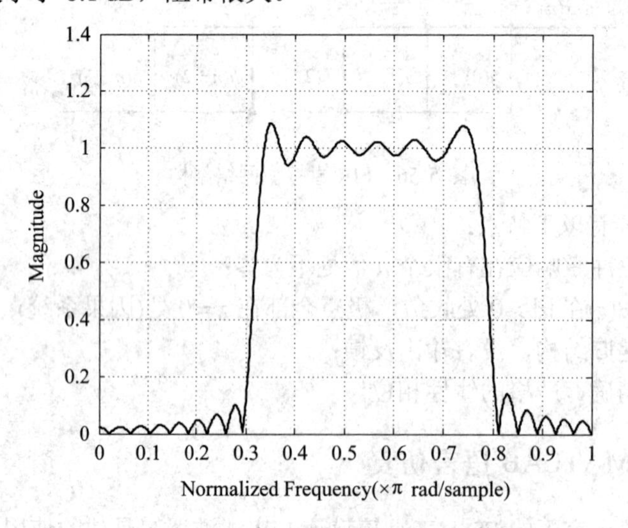

图 5-57　矩形带通 FIR 滤波器的幅频特性

5.6.3　FIR 算法程序设计

将下面程序中 temp[21] 内的数据进行 FIR 滤波算法处理，每次调用程序则送入一个新值，剔除一个旧值，并将运算处理后的结果输出，该程序如果送入的数据为 ADC 转换值，而输出数据送入 DAC 转换输出，则完成了信号的 FIR 滤波。

输入参数：data，最新采样输入值。

输出参数：经 FIR 滤波处理后的值。

```
float FIR(float data)
{
    static float temp[21];
    float val;
    int i;

    temp[20] = data;
```

```
    val = 0.0002*temp[20]-0.0106*temp[19]-0.0181*temp[18]-0.0236*temp[17]
        -0.0189*temp[16]+0.0021*temp[15]+0.0408*temp[14]+0.0919*temp[13]
        +0.1441*temp[12]+0.1832*temp[11]+0.1978*temp[10]+0.1832*temp[9]
        +0.1441*temp[8]+0.0919*temp[7]+0.0408*temp[6]-0.0021*temp[5]
        -0.0189*temp[4]-0.0236*temp[3]-0.0181*temp[2]-0.0106*temp[1]+0.0002*temp[0];
    for(i=0; i<20; i++)
    {
        temp[i] = temp[i+1];
    }
    return (val);
}
```

5.7 常用算法

虽然滤波程序有很多优点，但是由于单片机运行速度较慢，复杂的运算程序无法在单片机运算时保证其实时性，所以很少使用。FIR、FFT、IIR 等算法程序一般用于 DSP、FPGA 的工程设计中，而在单片机中一般用较简单的处理算法程序，这些程序设计简单，所需运行时间短，且在一定应用场合使用时也可达到很好的处理效果。

5.7.1 均值滤波

均值滤波是最简单、有效的滤波方法，它能在一定范围内消除干扰信号对测量数据的影响，且该算法所耗指令周期最短，有利于低速单片机的程序处理。示例程序如下：

均值滤波函数：将 reg 寄存器数组中的数据进行平均计算，建议数组中的数据应为 2^n 个，有利于平均时利用移位来实现，这样所需时钟周期要比除法程序所需时钟周期少得多。

输入参数：reg[]，待计算的数组。

输出参数：均值计算结果。

```
int calculate_average(int reg[16])
{
    long data = 0;
    int i;

    for(i=0; i<16; i++)
    {
        data = data + reg[i];
    }
    data = data >> 4;
    return(data);
}
```

5.7.2 中值滤波

中值滤波是在均值滤波的基础上进行适当改进而成的。均值滤波只是简单地对所有数值进行平均化处理，如果数值中有错值，也将其计算在内，而中值滤波的思想是将数组中的数据 n 个最大值和 n 个最小值同时剔除，将剩余的数据进行均值滤波。这样做的优点是提高了均值数据的可靠性且增加的消耗时钟周期又不多，缺点是有很大的可能性将正确的数据剔除，有较小的可能性将错误的数据未剔除。其示例程序如下：

中值滤波函数：将 reg 寄存器数组中的数据进行排序处理，提取排序后数组中间的 2^n 个数据。

输入参数：reg[]，待计算的数组。

输出参数：均值计算结果。

```
int calculate_average(int reg[32])
{    #define ReadLoop    32
     int buf[ReadLoop];
     int val;
     long data = 0;
     int i, j;
     // 转移 reg 的值，目的是不改变 reg 中值的状态
     for(i=0; i<ReadLoop; i++)
     {
          buf[i] = reg[i];
     }
     // 排序
     for(i=0; i<ReadLoop-1; i++)
     {
          for(j=i+1; j<ReadLoop; j++)
          {
               if(buf[i] > buf[j])
               {
                    val = buf[i];
                    buf[i] = buf[j];
                    buf[j] = val;
               }
          }
     }
     // 将中间数值进行均值滤波
     for(i=8; i<24; i++)
     {
          data = data + buf[i];
```

```
    }
    data = data >> 4;
    return(data);
}
```

5.7.3 3σ 置信区间处理

对于采集的信号，通常在一段短时间内可看做是不变的。因此，在一定时间内采集的数据成正态分布，而正态分布的随机误差落在 [−σ，+σ] 区间的概率为

$$P\{|\delta_i| \leqslant \sigma\} = \int_{-\sigma}^{\sigma} \frac{1}{\sigma \cdot \sqrt{2\pi}} \cdot e^{-\frac{\delta^2}{2\sigma^2}} \mathrm{d}\delta = 0.683 \tag{5.7.1}$$

该结果的含义可理解为：在进行大量等精度测量时，随机误差 δ_i 落在 [−σ，+σ] 区间的测得值的数目占测量总数目的 68.3%，或者说，测得值落在 $[E_x-\sigma, E_x+\sigma]$ 范围(该范围在概率论中称为置信区间)内的概率(在概率论中称为置信概率)为 0.683。

同样可以求得随机误差落在 ±2σ 和 ±3σ 范围内的概率为

$$P\{|\delta_i| \leqslant 2\sigma\} = \int_{-2\sigma}^{2\sigma} \frac{1}{\sigma \cdot \sqrt{2\pi}} \cdot e^{-\frac{\delta^2}{2\sigma^2}} \mathrm{d}\delta = 0.954 \tag{5.7.2}$$

$$P\{|\delta_i| \leqslant 3\sigma\} = \int_{-3\sigma}^{3\sigma} \frac{1}{\sigma \cdot \sqrt{2\pi}} \cdot e^{-\frac{\delta^2}{2\sigma^2}} \mathrm{d}\delta = 0.997 \tag{5.7.3}$$

即当测得值 x_i 的置信区间为 $[E_x-2\sigma, E_x+2\sigma]$ 和 $[E_x-3\sigma, E_x+3\sigma]$ 时的置信概率分别为 0.954 和 0.997。由式(5.7.3)可见，随机误差的绝对值大于 3σ 的概率仅为 0.003，即 0.3%，实际上出现的可能性极小，因此定义

$$\varDelta = 3\sigma \tag{5.7.4}$$

为极限误差，或称为随机不确定度。如果在测量次数较多的等精度测量中，出现了 $|\delta_i| > \varDelta = 3\sigma$ 的情况，则必须予以仔细考虑，通常将 $|v_i| \approx |\delta_i| > 3\sigma$ 的测得值判为坏值，应予以剔除。为了便于读者学习和使用，下面给出判定剔除程序。

3σ 置信区间判断函数：判断 reg 寄存器中 16 个值是否为可靠测量值，即 16 个值的误差是否都在 3σ 区间内，如不在则剔除该值，剔除后重新对剩余值进行再一次 3σ 置信区间判断，如再次有值不在 3σ 置信区间内，则再次剔除，剔除后再重新对剩余值进行再一次 3σ 置信区间判断，如此循环，直至所有值都在 3σ 置信区间内，将剩余值进行均值计算后返回。

输入参数：reg[]，待计算的数组。

输出参数：剔除错值后均值计算结果。

```
double calculate_average (double reg[16])
{
    double Vi[16] ;                         // 寄存器值与平均值的偏差值
    double Viexp2 ;                         // Vi 的平方
    double average ;                        // 平均值
```

```
        double delta3 ;                          // 3delta
        double sigma_Vi ;                        // Vi 的和值应为 0
        char i = 0 ;                             // 有大于 3delta 的坏值标志位
        char j = 0 ;
        char k = 16 ;                            // 寄存器中还有多少有效值
        char l = 0 ;                             // 剔除错值排序

        do{
            i = 0 ;
            average = 0 ;
            for (j=0; j<k; j++)    average = average + reg[j] ;
            average = average/k ;                                    // 计算出均值
            for (j=0; j<k; j++)    Vi[j] = average - reg[j] ;        // 计算出残差
            sigma_Vi = 0 ;
            for (j=0; j<k; j++)    sigma_Vi = sigma_Vi + Vi[j] ;     // 计算出 Vi 的和值
            Viexp2 = 0 ;
            for (j=0; j<k; j++)    Viexp2 = Viexp2 + Vi[j]*Vi[j] ;   // 计算出方差
            if ( k <= 1)    return(0) ;  // average
            delta3 = 2.443 * sqrt(Viexp2/(k-1));                     // 计算出 3delta 的置信区间
            for (j = 0; j < k; j++)
            {
                if ((average - delta3) > reg[j])                     // 排除坏值
                {
                    i = 1;
                    --k;
                    for(l=j; l<k; l++)    reg[l] = reg[l+1];
                    --j;
                }
                else if (reg[j] > (average + delta3))
                {
                    i = 1;
                    --k;
                    for(l=j; l<k; l++)    reg[l] = reg[l+1];
                    --j;
                }
            }
        }while(i);
        return(average);
    }
```

5.7.4 CRC 校验

CRC 校验是数据通信中常用的校验方法。CRC 域是两个字节，包含一个 16 位的二进制值。它由传输设备计算后加入到消息中。接收设备重新计算收到消息的 CRC，并与接收到的 CRC 域中的值比较，如果两值不同，则有误。

CRC 是先调入一值是全“1”的 16 位寄存器，然后调用一过程将消息中连续的 8 位字节各当前寄存器中的值进行处理。仅每个字符中的 8 位数据对 CRC 有效，起始位和停止位以及奇偶校验位均无效。

CRC 产生过程中，每个 8 位字符都单独和寄存器内容相或(OR)，结果向最低有效位方向移动，最高有效位以 0 填充。LSB 被提取出来检测，如果 LSB 为 1，寄存器单独和预置的值或一下；如果 LSB 为 0，则不进行。整个过程要重复 8 次。在最后一位(第 8 位)完成后，下一个 8 位字节又单独和寄存器的当前值相或。最终寄存器中的值是消息中所有的字节都执行之后的 CRC 值。

CRC 添加到消息中时，低字节先加入，然后是高字节。

计算 CRC 校验码函数：计算*pSendBuf 指针指向地址的 nEnd 个字节数据的 CRC 校验码。

输入参数：*pSendBuf，待计算数据指针；nEnd，待计算数据个数。

输出参数：CRC 校验码。

```
int GetCheckCode(const char *pSendBuf, int nEnd)
{
    int wCrc = 0xFFFF;
    for(int i=0; i<nEnd; i++)
    {
        wCrc ^= pSendBuf[i];
        for(int j=0; j<8; j++)
        {
            if(wCrc & 1)
            {
                wCrc >>= 1;
                wCrc ^= 0xA001;
            }
            else
            {
                wCrc >>= 1;
            }
        }
    }
    return wCrc;
}
```

5.7.5 LRC 校验

LRC(纵向冗余错误校验)用于 ASCII 模式。这个错误校验是一个 8 位二进制数，可作为两个 ASCII 十六进制字节传送。把十六进制字符转换成二进制，加上无循环进位的二进制字符和二进制补码，结果生成 LRC 错误校验。这个 LRC 在接收设备进行核验，并与被传送的 LRC 进行比较，冒号(:)、回车符号(CR)、换行字符(LF)和置入的其他任何非 ASCII 十六进制字符在运算时应忽略不计。

LRC 域是包含一个 8 位二进制值的字节。LRC 值由传输设备来计算并放到消息帧中，接收设备在接收消息的过程中计算 LRC，并将它和接收消息中 LRC 域中的值比较，如果两值不等，则说明有错误。

LRC 校验比较简单，它在 ASCII 协议中使用，检测了消息域中除开始的冒号及结束的回车换行号外的内容，它仅仅是把每一个需要传输的数据按字节叠加后取反加 1。

计算 LRC 校验码函数：计算 *pSendBuf 指针指向地址的 nEnd 个字节数据的 LRC 校验码。

输入参数：*pSendBuf，待计算数据指针；nEnd，待计算数据个数。

输出参数：LRC 校验码。

```
char GetCheckCode(const char *pSendBuf, int nEnd)
{
    char byLrc = 0;
    int i;

    for(i=1; i<nEnd; i+=2)
    {
        byLrc += pSendBuf[i];
    }
    byLrc = ~byLrc;
    byLrc++;
    return byLrc;
}
```

第 6 章　数 据 通 信

设备之间的数据通信是产品设计中常见的要求，数据通信的实现方法较多，总体归纳为无线和有线两种。无线通信主要有红外、蓝牙、ZigBee 等，有线通信主要有 RS-232、USB、M_BUS、CAN 等。本章主要介绍设计中常用的几种较易实现的通信方法，如 RS-232、RS-485、红外和 CC1100。对于蓝牙、USB 等可以通过专用的转换芯片将其转换为常见的 UART 通信方式，本章不做具体讲解。

6.1　RS-232 通信

计算机与计算机或计算机与终端之间的数据传送可以采用串行通信和并行通信两种方式。由于串行通信方式具有使用线路少、成本低，特别是在远程传输时，避免了多条线路特性的不一致而被广泛采用。在串行通信时，要求通信双方都采用一个标准接口，使不同的设备可以方便地连接起来进行通信。RS-232-C 接口(又称 EIA RS-232-C)是目前最常用的一种串行通信接口，它是在 1970 年由美国电子工业协会(EIA)联合贝尔系统、调制解调器厂家及计算机终端生产厂家共同制定的用于串行通信的标准，全名是“数据终端设备(DTE)和数据通信设备(DCE)之间串行二进制数据交换接口技术标准”。该标准规定采用一个 25 个引脚的 DB-25 连接器，并对连接器的每个引脚的信号内容加以规定，还对各种信号的电平加以规定。

(1) 接口的信号内容：RS-232-C 的 25 条引线中有许多是很少使用的，在计算机与终端通信中一般只使用 3～9 条引线。

(2) 接口的电气特性：在 RS-232-C 中任何一条信号线的电压均为负逻辑关系，即逻辑“1”，电平为 –5～–15 V；逻辑“0”，电平为 +5～+15 V；噪声容限为 2 V。要求接收器能识别低至 +3 V 的信号作为逻辑“0”，高到 –3 V 的信号作为逻辑“1”。

(3) 接口的物理结构：RS-232-C 接口连接器一般使用型号为 DB-25 的 25 芯插头座，通常插头在 DCE 端，插座在 DTE 端。一些设备与 PC 连接的 RS-232-C 接口，因为不使用对方的传送控制信号，只需三条接口线，即“发送数据”、“接收数据”和“信号地”，所以采用 DB-9 的 9 芯插头座，传输线采用屏蔽双绞线。

(4) 传输电缆长度：由于 RS-232-C 标准规定在码元畸变小于 4%的情况下，传输电缆长度应为 50 英尺，其实这个 4%的码元畸变是很保守的，在实际应用中，约有 99%的用户是按码元畸变 10%～20%的范围工作的，所以实际使用中最大距离会远超过 50 英尺。

6.1.1　RS-232 通信芯片

RS-232 通信芯片较多，几乎每个 IC 厂商都生产，下面以 SIPEX 公司生产的 SP3232E

为例介绍其功能。

SP3232E 接收器满足 EIA/TIA-232 通信协议，包含 SIPEX 系列特有的片内电荷泵电路，可从 3.0～5.5 V 的电源电压产生 $2 \times U_{CC}$ 的 RS-232 电压电平。SP3232E 由 3 个基本电路模块组成：驱动器、接收器和电荷泵。

驱动器是一个反相发送器，它将 TTL 或 CMOS 逻辑电平转换为与输入逻辑电平相反的 EIA/TIA-232 电平。发送器的输出被保护，预防一直短路到地的情况，从而使得其可靠性不受影响。驱动器输出在电源电压低至 2.7 V 时也可满足 EIA/TIA-232 的 ±3.7 V 电平。

接收器是把 EIA/TIA-232 电平转换成 TTL 或 CMOS 逻辑输出电平。

电荷泵需要 4 个外接电容，运用一种 4 相电压转换技术，保持输出对称的 5.5 V 电源。内部电压源由一对可调节的电荷泵组成，即使输入电压 U_{CC} 超过 3.0～5.5 V 的范围，电荷泵仍能提供 5.5 V 输出电压。

SP3232E 的特点如下：

(1) 符合电子工业联合会制定的 EIA/TIA-232 通信协议；

(2) 数据的传输速率为 250 kb/s；

(3) 低功耗芯片，接收数据时的电流为 1 μA；

(4) 有两个发送接收通道。

SP3232E 芯片的引脚封装图如图 6-1 所示。

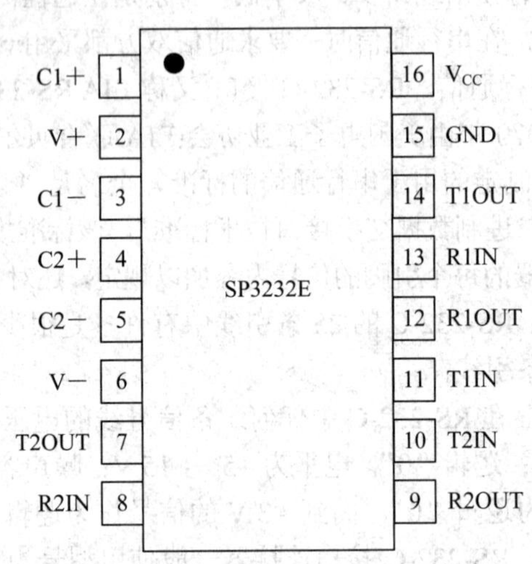

图 6-1　SP3232E 芯片的引脚封装图

SP3232E 芯片的引脚功能说明如下：

V_{CC}：+5 V 供电电源；

GND：电源地；

V+：供给正极输出；

V−：供给负极输出；

R1IN，R2IN：RS-232 接收输入端；

T1OUT，T2OUT：RS-232 发送输出端；

R1OUT，R2OUT：TTL/CMOS 接收输出端；

T1IN，T2IN：TTL/CMOS 发送输入端；

C1+，C1-：连接电容1；

C2+，C2-：连接电容2。

6.1.2 RS-232通信实例

MSP430F133内部自带UART通信模块，因此，只需将SP3232E的TTL/CMOS接收、发送端与单片机的UTXD、URXD相连，即可通过单片机内部UART通信模块将需要传输的数据通过RS-232通信方式实现。MSP430F133与SP3232E接口电路如图6-2所示。

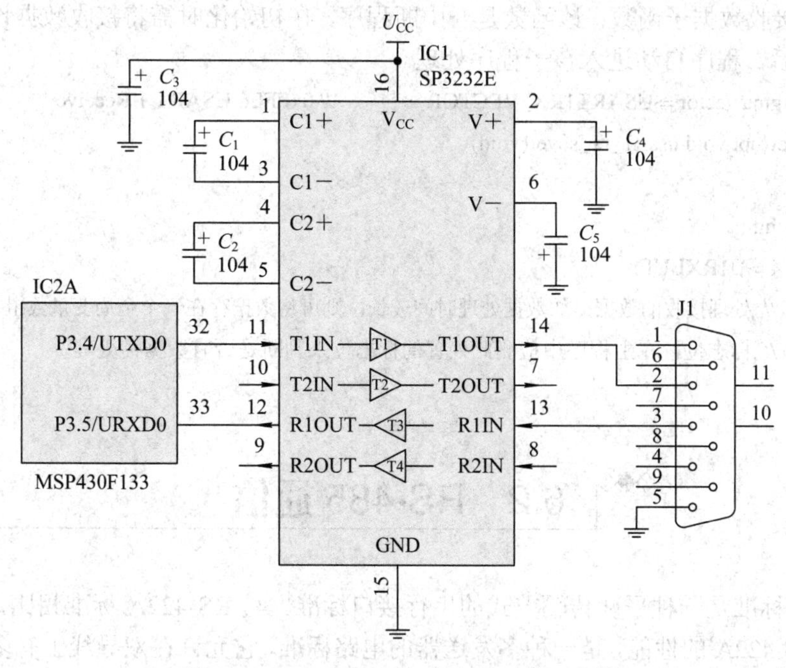

图6-2 MSP430F133与SP3232E接口电路

UART模块初始化子函数：将UART初始化为波特率1200；数据位8位；无奇偶校验；1位停止位。

```
void Init_UART1(void)
{
    U1CTL = CHAR+PEV+PENA;          // 8-bit character
    U1TCTL = SSEL1;                 // UCLK = MCLK
    U1BR0 = 0x0A;                   // 8MHz 1200
    U1BR1 = 0x1A;                   // 8MHz 1200
    U1MCTL = 0x00;                  // 8MHz 1200 modulation
    ME2 |= UTXE1 + URXE1;           // Enable USART0 TXD/RXD
    IE2 |= URXIE1;                  // Enable USART0 RX interrupt
    P3SEL |= 0x30;                  // P3.4,5 = USART0 TXD/RXD
    P3DIR |= 0x10;                  // P3.4 output direction
    return ;
}
```

UART 发送数据子函数：UART 发送一个字节数据，在程序中调用此函数，而不是使用中断。

```
void UART1_TX_byte(unsigned char data)
{
    while ((IFG2 & UTXIFG1) != UTXIFG1);   // USART1 TX buffer ready?
    U1TXBUF = data;
}
```

UART 接收数据子函数：该函数是一中断程序，在初始化时需将接收数据设置为中断，当收到数据后，程序自动进入该子程序处理。

```
#pragma vector = USART1RX_VECTOR              // 0xFFE6 USART 1 Receive
_interrupt void usart1_rx_sever(void)
{
    int i;
    i = U1RXBUF;
    // 处理接收的数据，如数据处理时间较长，则可将数据存在一个全局变量数组中，在此处置
    // 标志位，在主程序中检测此处置的标志位来判断是否有数据需处理
}
```

6.2 RS-485 通信

RS-485 标准是一种平衡传输方式的串行接口标准。与 RS-422A 标准相比，RS-485 标准扩展了 RS-422A 的性能，是一种多发送器的电路标准，它允许在双导线上有多个发送器，也允许一个发送器驱动多个负载设备。

RS-485 接口标准网络的典型应用如图 6-3 所示，由于一对平衡传输的两端都配置了终端电阻，其发送器、接收器及组合收发器都可以挂接在平衡传输线的任意位置，从而实现了数据传输中多个驱动器和接收器公用一条传输线的多点应用。

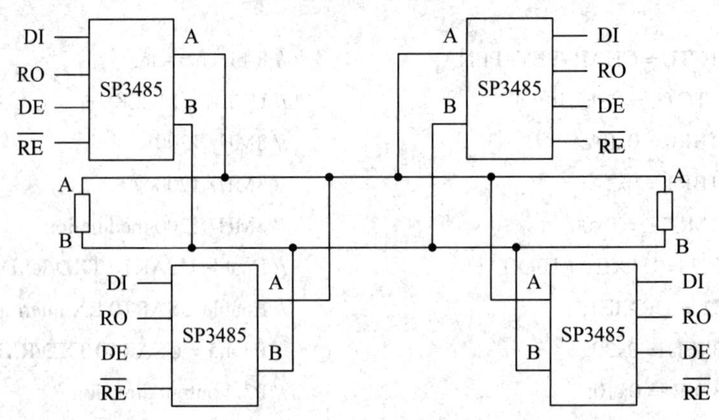

图 6-3　RS-485 接口标准网络的典型应用

虽然 RS-485 标准允许电路中出现多个发送器，但 RS-485 仅能工作于半双工方式，即任一时刻只允许一个发送器发送数据，而其他组件只能处于接收状态。

RS-485 标准的特点是抗干扰能力强、传输距离远、速率高。如果采用双绞线传输信号，最大传输速率为 10 Mb/s，传输距离为 15 m；如果最大传输速率为 100 kb/s，则可以传输 1200 m；如果最大传输速率为 9600 b/s，则传输距离可达 1500 m。

RS-485 标准最多允许在平衡电缆上连接 32 个发送器/接收器，特别适用于工业控制领域进行分布管理、联网检测控制等。

6.2.1　RS-485 通信原理

RS-485 与 RS-232 不一样，其数据信号采用差分传输方式，也称做平衡传输方式，即使用一对双绞线，将其中一线定义为 A，另一线定义为 B。通常情况下，发送驱动器 A、B 之间的正电平为 +2～+6 V，是一个逻辑状态，负电平为 −6～−2 V，是另一个逻辑状态。RS-485 中还有一个“使能”端，用于控制发送驱动器和传输线的切断与连接。当“使能”端起作用时，发送驱动器处于高阻状态，称做“第三态”，即它是有别于逻辑“1”与“0”的第三态。

接收端也作与发送端相对的规定，收、发端通过平衡双绞线将 AA 与 BB 对应相连，当在接收端 A、B 之间有大于 +200 mV 的电平时，输出正逻辑电平；当有小于 −200 mV 的电平时，输出负逻辑电平。接收器接收平衡线上的电平范围为 200 mV～6 V。

6.2.2　RS-485 通信芯片

SP3485 是一款 +3.3 V 低功耗半双工收发器，完全满足 RS-485 和 RS-422 串行协议的要求。其特性如下：

(1) +3.3 V 单电源供电；

(2) 兼容 5 V 系统；

(3) 12 Mb/s 的数据传输速率；

(4) 正常情况下的输入电压范围为 −7～12 V；

(5) 兼容全双工和半双工通信协议；

(6) 具有过载保护功能(当电路电流或热量超过标准时，会自动断开电路)。

SP3485 芯片的引脚封装图如图 6-4 所示。

SP3485 的引脚功能说明如下：

V_{CC}：供电电源(3.0 V < U_{CC} < 3.6 V)；

RO：RS-485 接收输出端；

DI：RS-485 发送输入端；

GND：电源地；

Y：差分发送输出端(+)；

Z：差分发送输出端(−)；

B：差分接收输入端(+)；

A：差分接收输入端(−)。

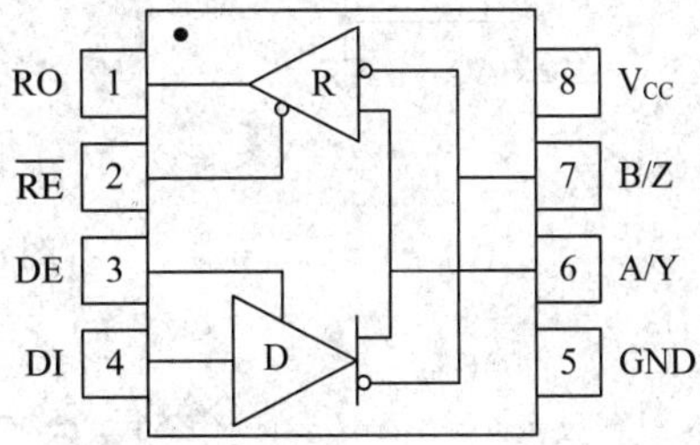

图 6-4　SP3485 芯片的引脚封装图

SP3485 的发送输出端和接收输入端都是差分形式，其中 RO 将接收的数据发送给

MCU，DI 将 MCU 要发送的数据发送给 RS-485。SP3485 发送和接收数据时对应的输入/输出状态如表 6-1 和表 6-2 所示。

表 6-1　SP3485 发送数据时对应的输入/输出状态

输　入	输　出	
DI	Z	Y
1	0	1
0	1	0

表 6-2　SP3485 接收数据时对应的输入/输出状态

输　入	输　出
A、B	RO
≥+0.2 V	1
≤−0.2 V	0
输入开路	1

RS-485 协议一般在工业环境下，特别是噪声干扰比较大的环境下工作，所以外界对系统的影响比较大。为了防止外界环境的突变产生瞬间较大电流烧毁 MCU 芯片，在电子系统设计时，采用光耦隔离的方式，将系统与外界环境隔离，从而很好地保护系统硬件，具体的电路原理图如图 6-5 所示，该电路的光耦只适合应用于低速场合，如通信速率较高，建议使用高速光耦。

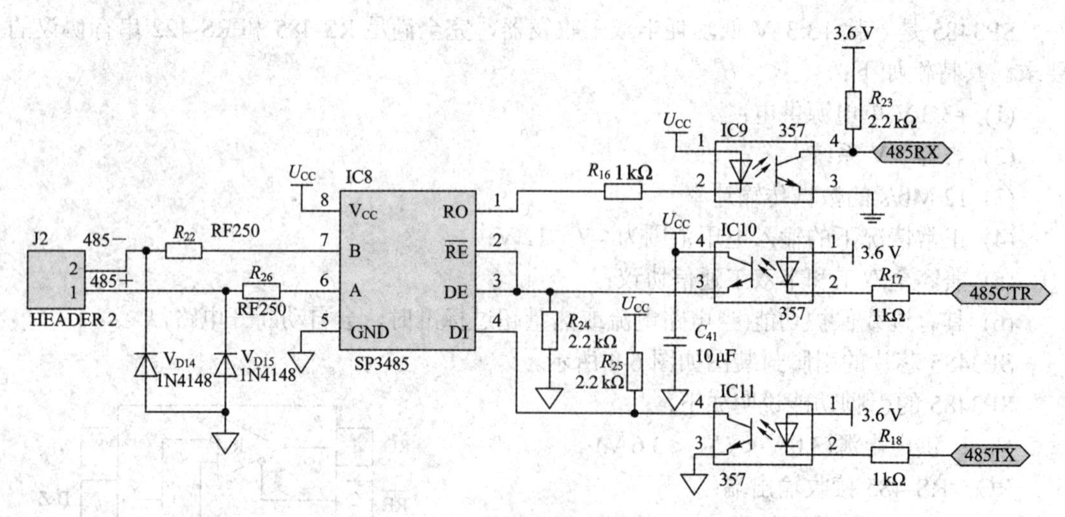

图 6-5　SP3485 隔离通信电路

6.3　红 外 通 信

随着移动计算设备和移动通信设备的日益普及，红外数据通信应用越来越多。红外通信技术由于成本低廉和广泛的兼容性等优点，已在近距离的无线数据传输领域占有重要地位。

6.3.1 IrDA及其通信协议

IrDA即红外数据组织，是1993年6月成立的一个国际性组织，专门制订和推进能共同使用的低成本红外数据互连标准，支持点对点的工作模式。由于标准的统一和应用的广泛，更多的公司开始开发和生产IrDA模块，技术的进步也使得IrDA模块的集成度越来越高，体积也越来越小。IrDA1.0可支持最高115.2 kb/s的通信速率，而IrDA1.1可以支持的通信速率达到4 Mb/s。

IrDA数据通信按发送速率分为三大类：SIR、MIR和FIR。串行红外(SIR)的速率覆盖了RS-232端口通常支持的速率(9.6～115.2 kb/s)；中速红外(MIR)可支持0.576 Mb/s和1.152 Mb/s的速率；高速红外(FIR)通常用于4 Mb/s的速率，有时也可用于高于SIR的所有速率。

在IrDA中，物理层、链路接入协议(IrLAP)和链路管理协议(IrLMP)是必需的三个协议层。除此之外，还有一些适用于特殊应用模式的可选层。

在基本的IrDA应用模式中，设备分为主设备和从设备。主设备用于探测它的可视范围，寻找从设备，然后从那些响应它的设备中选择一个并试图建立连接。在建立连接的过程中，两个设备彼此相互协调，按照它们共同的最高通信能力确定最后的通信速率。以上的“寻找”和“协调”过程都是在9.6 kb/s的速率下进行的。数据速率小于4 Mb/s时，使用RZI(反相归零)调制，最大脉冲宽度是位周期的3/16；而当数据速率为4 Mb/s时，使用4PPM(脉冲位置)调制。IrDA要求的RZI调制的编码效果如图6-6中的IR帧数据所示。

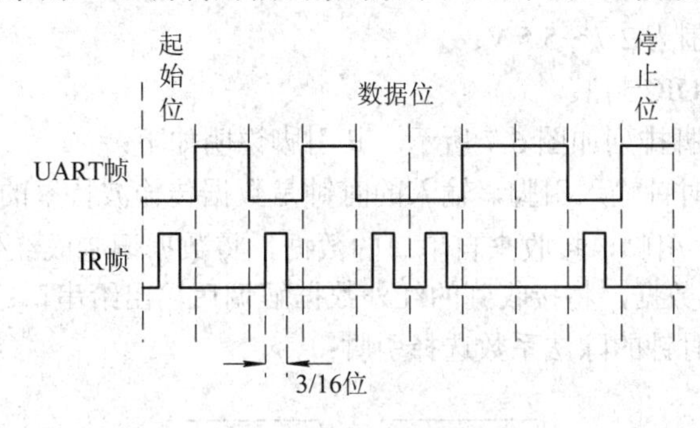

图6-6 IrDA调制(3/16)

IrDA数据通信工作在半双工模式，因为在发射时，接收器会被发射的光芒所屏蔽。这样，通信的两个设备将通过快速转换链路来模拟全双工通信，并由主设备负责控制链路的时序。

IrDA协议按层安排，应用程序的数据逐层下传，最终以光脉冲的形式发出。在物理层上的第一层是链路接入协议(IrLAP)，它是HDLC(高级数据链路控制)协议的改编，以适应红外传输的要求。IrLAP层的工作是进行链路初始化、设备地址寻找和解决冲突、启动连接、数据交换、断开连接和链路关闭等。IrLAP用于指定红外数据包的帧和字节结构，以及红外通信的错误检测方法。IrLAP之上的一层是链路管理协议(IrLMP)，主要用于管理IrLAP所提供的链路连接中的链路功能和应用程序以及评估设备上的服务，并管理如数据速率、BOF的数量(帧的开始)及连接换向时间等参数的协调，以及数据的纠错传输等。

IrDA物理层协议提出了对工作距离、工作角度(视角)、光功率、数据速率等不同品牌设备互联时抗干扰能力的建议。当前红外通信距离最长为3 m，接收角度为30°。

6.3.2 HDSL7001 芯片概述

红外通信的基本原理是发送端将基带二进制信号调制为一系列的脉冲信号，再通过红外发射管发射红外信号。

串行红外传输采用特定的脉冲编码标准，这种标准与 RS-232 串行传输标准不同。若两设备之间进行串行红外通信，就需要进行 RS-232 编码和 IrDA 编码之间的转换。红外通信接口由红外收发器和红外编码解码器构成。

红外收发器包括发送器和接收器两部分。发送器(Transmitter)将从 I/O 或 ENDEC 接收来的位调制后的脉冲转换为红外脉冲发出；接收器(Receiver)检测到红外光脉冲，并将其转换为 TTL 或 CMOS 电脉冲。

Agilent 公司生产的 HSDL7001 芯片可实现 RS-232 编码和 IrDA 编码之间的转换。HSDL7001 红外编码解码芯片的特性如下：

(1) 适应 IrDA1.0 物理层规范；
(2) 接口与 SIR 收发器相兼容；
(3) 可与标准的 16550UART 连接使用；
(4) 可发送/接收 1.63 μs 或 3/16 脉冲形式；
(5) 内部或外部时钟模式；
(6) 波特率可编程；
(7) 工作电压范围为 2.7～5.5 V；
(8) 采用 16 脚 SOIC 封装。

HSDL7001 的引脚排列如图 6-7 所示。其引脚说明如下：

16XCLK：外部时钟输入引脚，输入的时钟是数据传输波特率的 16 倍；

$\overline{\text{TXD}}$：串口输入引脚，接收来自串口的数据，将数据调制成红外发送数据；

RCV：串口输出数据，将接收到的红外数据解调后输出给串口；

A0、A1、A2：时钟的除法系数选择引脚；

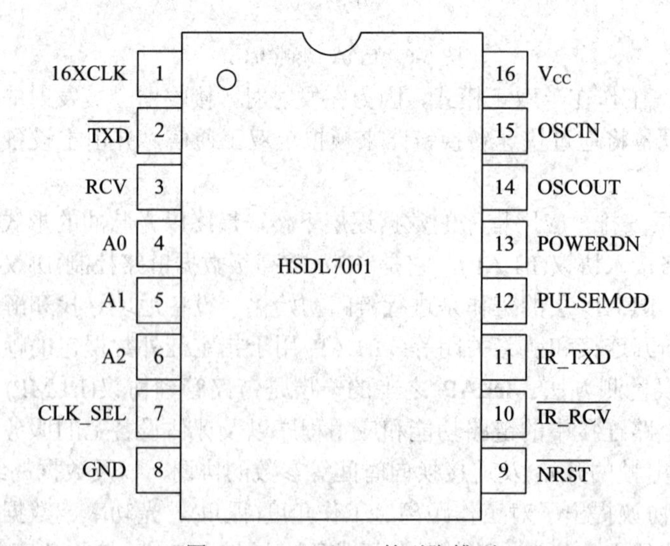

图 6-7 HSDL7001 的引脚排列

CLK_SEL：时钟选择引脚，该引脚输入为高电平，选择外部时钟，即时钟为16XCLK引脚输入的时钟；

GND：电源地引脚；

V_{CC}：电源引脚；

$\overline{\text{NRST}}$：复位引脚；

$\overline{\text{IR\_RCV}}$：红外数据接收引脚；

IR_TXD：红外数据发送引脚；

PULSEMOD：脉冲模式选择引脚；

POWERDN：低功耗选择引脚，如果该引脚输入高电平，芯片进入低功耗模式；

OSCIN、OSCOUT：晶体振荡电路的输入、输出引脚。

6.3.3 HDSL3201芯片概述

HSDL3201是一种廉价的红外收发器模块，其工作电压为2.7～3.6 V。由于发光二极管的驱动电流是内部供给的恒流32 mA，因此确保了连接距离符合IrDA1.2(低功耗)物理层规范。HSDL3201的特性如下：

(1) 超小型表面封装；

(2) 最小高度为2.5 mm；

(3) 发光二极管的电压范围为2.7～6.0 V；

(4) 温度范围为-25～85℃；

(5) 发光二极管的驱动电流为32 mA；

(6) 边缘检测输入，避免发光二极管的开启时间过长。

HSDL3201的引脚排列如图6-8所示。其引脚说明如下：

V_{CC}：电源引脚；

GND：电源地引脚；

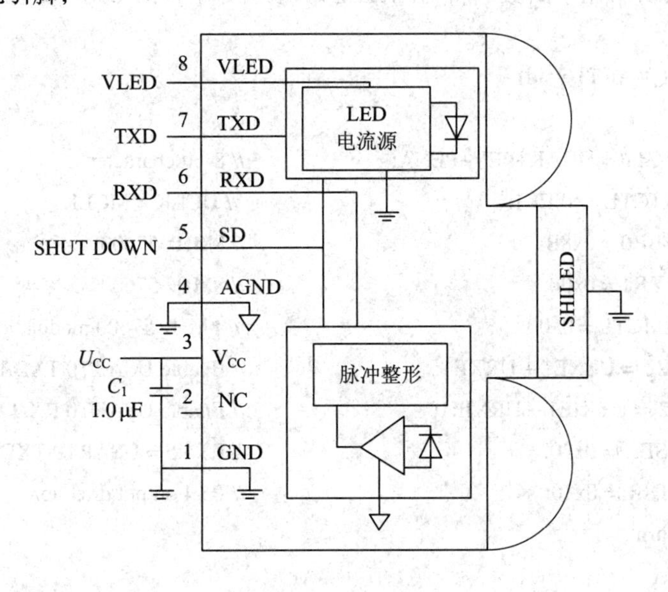

图6-8 HSDL3201的引脚排列

AGND：模拟接地引脚；

SD：低功耗引脚，如果该引脚接入高电平，则芯片进入低功耗状态；

TXD：传输数据输入引脚；

RXD：接收数据输出引脚；

VLED：LED 的电源引脚。

6.3.4　红外通信实例

本例主要是将单片机串口发送的数据由 HDSL7001 芯片按照红外传输的格式进行编码，将编码后的数据由 HDSL3201 芯片进行发送。HDSL3201 芯片接收另一个红外设备发送的数据，将接收到的红外数据交给 HDSL7001 芯片进行解码处理，解码后的数据再传给单片机。红外通信电路如图 6-9 所示。

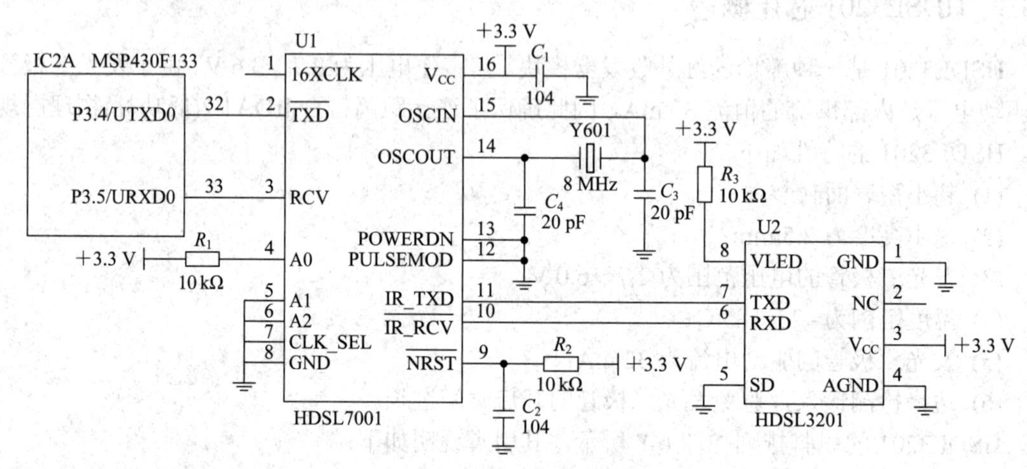

图 6-9　红外通信电路

UART 模块初始化子函数：将 UART 初始化为波特率 57 600；数据位 8 位；无奇偶校验；1 位停止位。

```
void Init_UART1(void)
{
    U1CTL = CHAR+PEV+PENA;            // 8-bit character
    U1TCTL = SSEL1;                   // UCLK = MCLK
    U1BR0 = 0x8B;                     // 8MHz 57600
    U1BR1 = 0x00;                     // 8MHz 57600
    U1MCTL = 0x00;                    // 8MHz 57600 modulation
    ME2 |= UTXE1 + URXE1;             // Enable USART0 TXD/RXD
    IE2 |= UTXIE1 + URXIE1;           // Enable USART0 RX TX interrupt
    P3SEL |= 0x30;                    // P3.4,5 = USART0 TXD/RXD
    P3DIR |= 0x10;                    // P3.4 output direction
    return ;
}
```

UART 发送数据子函数：该函数是一中断程序，在初始化时需将发送数据设置为中断，当有数据需发送时，程序自动进入该子程序处理。

```
#pragma vector = USART1TX_VECTOR        // 0xFFE4 USART 1 Transmit
_interrupt void usart1_tx_sever(void)
{
    int i;
    if(point != 0)
    {   // 缓冲区中有数据待发送
        U1TXBUF = UART1_TX_BUF[i];
        i++;
        if(i > point)
        {
            Point = 0;
        }
    }
}
```

UART 接收数据子函数：该函数是一中断程序，在初始化时需将接收数据设置为中断，当收到数据后，程序自动进入该子程序处理。

```
#pragma vector = USART1RX_VECTOR        // 0xFFE6 USART 1 Receive
_interrupt void usart1_rx_sever(void)
{
    int i;
    i = U1RXBUF;
    // 该处处理接收的数据
}
```

6.4 无线通信

6.4.1 无线通信概述

无线通信应用非常广泛，常用于极低功率 UHF 无线收发器、315/433/868 和 915 MHz ISM/SRD 波段系统、AMR-自动仪表读数、电子消费产品、RKE-两路远程无键登录、低功率遥感勘测、住宅和建筑自动控制、无线警报和安全系统、工业监测和控制、无线传感器网络等。

1. CC1100 无线通信芯片概述

CC1100 是一种低成本、真正单片的 UHF RF 收发器，为低功耗无线应用而设计。该电路主要设定为 315、433、868 MHz 和 915 MHz 的 ISM(工业、科学和医学)和 SRD(短距离设备)频率波段，也可以容易地设置为 300～348 MHz、400～464 MHz 和 800～928 MHz 的其他频率。RF 收发器集成了一个高度可配置的调制解调器。这个调制解调器支持不同的调

制格式，其数据传输率可达 500 kb/s。通过开启集成在调制解调器上的前向误差校正选项，能使性能得到提升。CC1100 为数据包处理、数据缓冲、突发数据传输、清晰信道评估、连接质量指示和电磁波激发提供了广泛的硬件支持。CC1100 的主要操作参数和 64 位传输/接收 FIFO 可通过 SPI 接口控制。在一个典型系统里，CC1100 和一个微控制器及若干被动元件一起使用。

CC1100 的主要特性如下：

(1) 体积小(QLP 4 mm × 4 mm 封装，20 引脚)；

(2) 真正单片的 UHF RF 收发器；

(3) 频率波段为 300～348 MHz、400～464 MHz 和 800～928 MHz；

(4) 高灵敏度(1.2 kb/s 下 −110 dBm，1%数据包误差率)；

(5) 可编程控制的数据传输率，可达 500 kb/s；

(6) 较低的电流消耗(RX 中 15.6 mA，2.4 kb/s，433 MHz)；

(7) 可编程控制的输出功率，对所有的支持频率可达 +10 dBm；

(8) 优秀的接收器选择性和模块化性能；

(9) 极少的外部元件，芯片内频率合成器，不需要外部滤波器或 RF 转换；

(10) 可编程控制的基带调制解调器；

(11) 理想的多路操作特性；

(12) 可控的数据包处理硬件；

(13) 快速频率变动合成器带来的合适的频率跳跃系统；

(14) 可选的带交错的前向误差校正；

(15) 单独的 64 字节 RX 和 TX 数据 FIFO；

(16) 高效的 SPI 接口，所有的寄存器能用一个“突发”转换器控制；

(17) 数字 RSSI 输出；

(18) 与遵照 EN 300 220(欧洲)和 FCC CFR47 Part15(美国)标准的系统相配；

(19) RX 电路上拉后，自动从低功耗状态进入激活状态；

(20) 许多强大的数字特征，使得使用廉价的微控制器就能得到高性能的 RF 系统；

(21) 集成模拟温度传感器；

(22) 自由引导的“绿色”数据包；

(23) 对数据包导向系统的灵活支持，即对同步词汇侦测的芯片支持，地址检查，灵活的数据包长度及自动 CRC 处理；

(24) 可编程信道滤波带宽；

(25) OOK 和灵活的 ASK 整型支持；

(26) 2-FSK、GFSK 和 MSK 支持；

(27) 自动频率补偿可用来调整频率合成器到接收中间频率；

(28) 对数据的可选自动白化处理；

(29) 对现存通信协议的向后兼容的异步透明接收/传输模式的支持；

(30) 可编程的载波感应指示器；

(31) 可编程前导质量指示器及在随机噪声下改进的针对同步词汇侦测的保护；

(32) 支持传输前自动清理信道访问(CCA)，即载波侦听系统；

(33) 支持每个数据包连接质量指示。

2. CC1100的引脚及功能说明

CC1100的引脚封装图如图6-10所示，各引脚功能说明如下：

SCLK：数字输入、连续配置接口、时钟输入。

SO(GDO1)：数字输出、连续配置接口、数据输出，当CSn为高时为可选的一般输出脚。

GDO2：数字输出，一般用途的数字输出脚，用于：① 测试信号；② FIFO状态信号；③ 时钟输出，从XOSC向下分割；④ 连续输入TX数据。

DVDD：功率(数字)、数字I/O和数字中心电压调节器的1.8～3.6 V数字功率供给输出。

DCOUPL：功率(数字)、对退耦的1.6～2.0 V数字功率供给输出。注意，这个引脚只对CC2500使用，不能用来对其他设备提供供给电压。

GDO0(ATEST)：数字I/O，一般用途的数字输出脚，用于：① 测试信号；② FIFO状态信号；③ 时钟输出，从XOSC向下分割；④ 连续输入TX数据；⑤ 原型/产品测试的模拟测试I/O。

CSn：数字输入，连续配置接口，芯片选择。

XOSC_Q1：模拟I/O，晶体振荡器引脚1，或外部时钟输入。

AVDD：功率(模拟)，1.8～3.6 V模拟功率供给连接。

XOSC_Q2：模拟I/O，晶体振荡器引脚2。

RF_P：RF I/O，接收模式下对LNA的正RF输入信号，发送模式下对LNA的正RF输出信号。

RF_N：RF I/O，接收模式下对LNA的负RF输入信号，发送模式下对LNA的负RF输出信号。

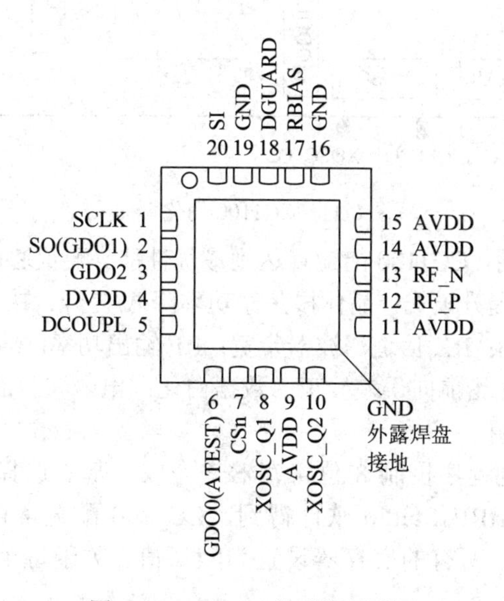

图6-10　CC1100的引脚封装图

GND：地(模拟)，模拟接地。

RBIAS：模拟 I/O，参考电流的外部偏阻器。

DGUARD：功率(数字)，对数字噪声隔离的功率供给连接。

GND：地(数字)，数字噪声隔离的接地。

SI：数字输入，连续配置接口，数据输入。

CC1100 简化框图如图 6-11 所示。CC1100 用做一个低 IF 接收器，接收的 RF 信号通过低噪声放大器(LNA)放大，再对中间频率(IF)求积分来向下转换。在 IF 下，I/Q 信号通过 ADC 被数字化。自动增益控制(AGC)、细微频率滤波和解调位/数据包同步均数字化地工作。CC1100 的发送器部分是基于 RF 频率直接合成的，而频率合成器包含一个完整的芯片 LC VCO，和一个对接收模式下的向下转换混频器产生 1 个 QLO 信号的 90° 相移装置。将晶体振荡器连接在 XOSC_Q1 和 XOSC_Q2 上，它用来产生合成器的参考频率，同时为数字部分和 ADC 提供时钟。一个 4 线 SPI 串联接口被用做配置和数据缓冲通路。数字基带包括频道配置支持、数据包处理及数据缓冲。

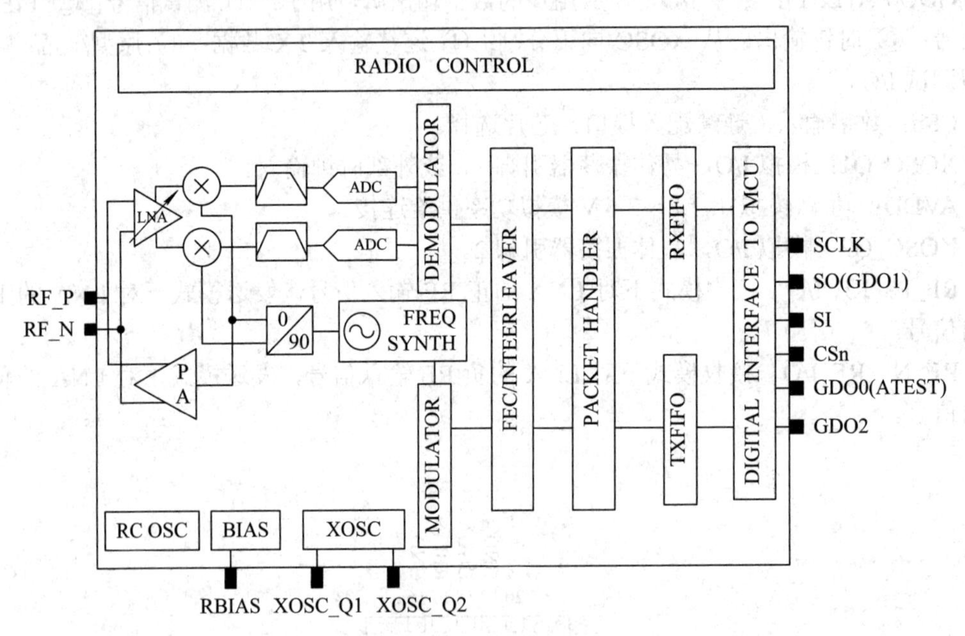

图 6-11　CC1100 简化框图

对于多种不同的应用，CC1100 能配置达到最优性能。配置通过 SPI 接口完成。关键参数设计如下：功率降低/提升模式；晶体振荡器功率降低/提升；接收/传输模式；RF 信道选择；数据率；调制格式化；RX 信道滤波器带宽；RF 输出功率；64 位传输 FIFO 数据缓冲；数据包通信硬件支持；交错前向误差校正；数据白化；电磁波激活(WOR)。

3. CC1100 配置说明

CC1100 的配置通过程序控制 8 位寄存器来完成。基于选择的系统参数的配置数据大多可容易地通过 SmartRF Studio 软件得到。CC1100 配置寄存器的完整描述如表 6-3 所示。在芯片重启之后，所有的寄存器设置为默认值。关于每个寄存器的具体说明可参考数据手册。

表 6-3 CC1100 配置寄存器

地址	寄存器	描 述	地址	寄存器	描 述
0x00 0x01 0x02 0x03	IOCFG2 IOCFG1 IOCFG0 FIFOTHR	GDO2 输出脚配置 GDO1 输出脚配置 GDO0 输出脚配置 RX FIFO 和 TX FIFO 门限	0x19 0x1A	FOCCFG BSCFG	频率偏移补偿配置 位同步配置
0x04 0x05	SYNC1 SYNC0	同步词汇	0x1B 0x1C 0x1D	AGCTRL2 AGCTRL1 AGCTRL0	AGC 控制
0x06	PKTLEN	数据包长度	0x1E 0x1F	WOREVT1 WOREVT0	时间 0 暂停
0x07 0x08	PKTCTRL1 PKTCTRL0	数据包自动控制	0x20 0x21 0x22	WORCTRL FREND1 FREND0	电磁波激活控制 前末端 RX 配置 前末端 TX 配置
0x09 0x0A	ADDR CHANNR	设备地址 信道数	0x23 0x24 0x25 0x26	FSCAL3 FSCAL2 FSCAL1 FSCAL0	频率合成器校准
0x0B 0x0C	FSCTRL1 FSCTRL0	频率合成器控制	0x27 0x28	RCCTRL1 RCCTRL0	RC 振荡器配置
0x0D 0x0E 0x0F	FREQ2 FREQ1 FREQ0	频率控制词汇	0x29 0x2A 0x2B	FSTEST PTEST AGCTEST	频率合成器校准控制 产品测试 AGC 测试
0x10 0x11 0x12 0x13 0x14	MDMCFG4 MDMCFG3 MDMCFG2 MDMCFG1 MDMCFG0	调制器配置	0x2C 0x2D 0x2E	TEST2 TEST1 TEST0	不同的测试设置
0x15	DEVIATN	调制器背离设置			
0x16 0x17 0x18	MCSM2 MCSM1 MCSM0	主通信控制状态机配置			

CC1100 通过 4 线 SPI 兼容接口(SI，SO，SCLK 和 CSn)配置，这个接口同时用做写和读缓存数据，其写和读操作时序如图 6-12 所示。SPI 通信起始头字节包含一个读/写位、一个突发访问位和一个 6 位地址。在地址和数据转换期间，CSn 脚(芯片选择，低电平有效)必须保持为低电平。如果在转换过程中 CSn 变为高电平，则转换取消。当 CSn 变低时，在开始转换头字节之前，MCU 必须等待，直到 SO 脚变低。这表明电压调制器已经稳定，晶体正在运作中。除非芯片处在 SLEEP 或 XOFF 状态，否则 SO 脚在 CSn 变低之后总会立即变低。

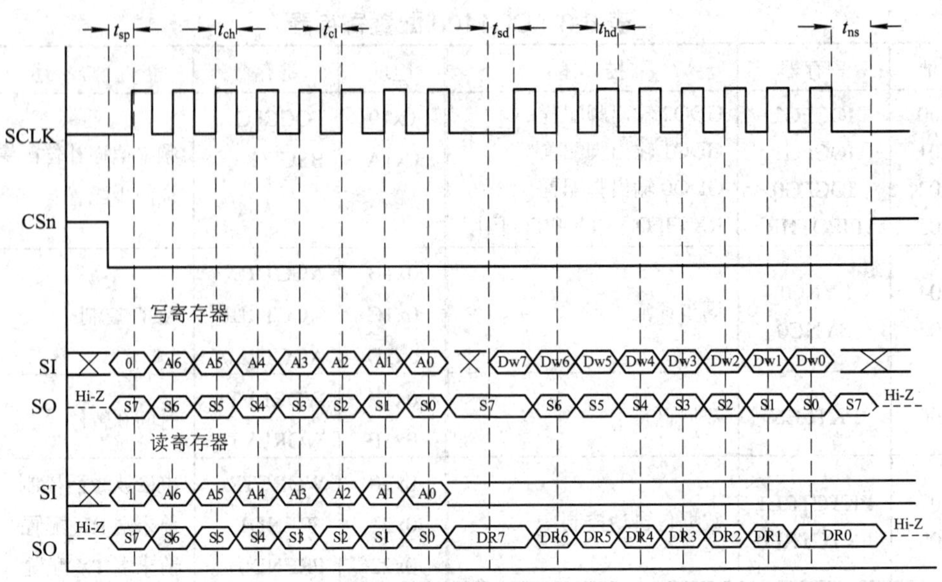

图 6-12　配置寄存器写和读操作

当头字节在 SPI 接口上被写入时，芯片状态字节在 SO 脚上被 CC1100 写入。状态字节包含关键状态信号，对 MCU 是有用的。第一位 S7，是 CHIP_RDYn 信号。在 SCLK 的第一个正边缘之前，这个信号必须变低。CHIP_RDYn 信号表明晶体正处于工作中，调节数字供给电压是稳定的。第 6，5 和 4 位由状态值组成，这个值反映了芯片的状态。当使 XOSC 空闲并使数字中心的能量开启时，所有其他模块处于功率降低状态。只有芯片处于此状态时，频率和信道配置才能被更新。当芯片处于接收模式时，RX 状态是活动的。同样的，当芯片处于传输模式时，TX 状态是活动的。状态字节中的后四位(3 : 0)包含 FIFO_BYTES_ AVAILABLE。为了进行读操作，这个区域包含可从 RX FIFO 读取的字节数；为了进行写操作，这个区域包含可写入 TX FIFO 的字节数。当 FIFO_BYTES_AVAILABLE=15 或者更多的字节时，是可用/自由的。

CC1100 配置寄存器位于 SPI 地址从 0x00～0x2F 之间。所有的配置寄存器均能读和写。读/写位控制寄存器是读或者写。当对寄存器写时，每当一个待写入的数据字节传输到 SI 引脚时，状态字节将被送至 SO 引脚。通过在地址头设置突发位，连续地址的寄存器能高效地被访问。这个地址在内部计数器内设置起始地址，每增加一个新的字节(每 8 个时钟脉冲)，计数器值增加 1。突发访问不管是读访问还是写访问，必须通过设置 CSn 为高来终止。

对 0x30～0x3D 间的地址来说，突发位用以在状态寄存器和命令滤波之间选择。状态寄存器只读。突发读取对状态寄存器是不可取的，故它们每次只能被读取一个。64 字节 TX FIFO 和 64 字节 RX FIFO 通过 0x3F 被访问。当读/写位为 0 时，TX FIFO 被访问；当读/写位为 1 时，RX FIFO 被访问。TX FIFO 是只写的，而 RX FIFO 是只读的。突发位用来决定 FIFO 访问是单字节访问还是突发访问。单字节访问方式期望地址的突发位为 0 及 1 数据字节。在数据字节之后等待一个新的地址，因此，CSn 继续保持低。突发访问方式允许一地址字节，然后是连续的数据字节，直到通过设置 CSn 为高来关断访问。

当对 TX FIFO 写时，状态字节对每个 SO 引脚上的新数据字节是输出量，如图 6-13 所示。这个状态位能用来侦测对 TX FIFO 写数据时的下溢。注意，状态字节包含在写入字节到 TX FIFO 的过程前空闲的字节数。当最后一个适合 TX FIFO 的字节被传送至 SI 引脚后，被 SO 引脚接收的状态位会表明在 TX FIFO 中只有一个字节是空闲的。

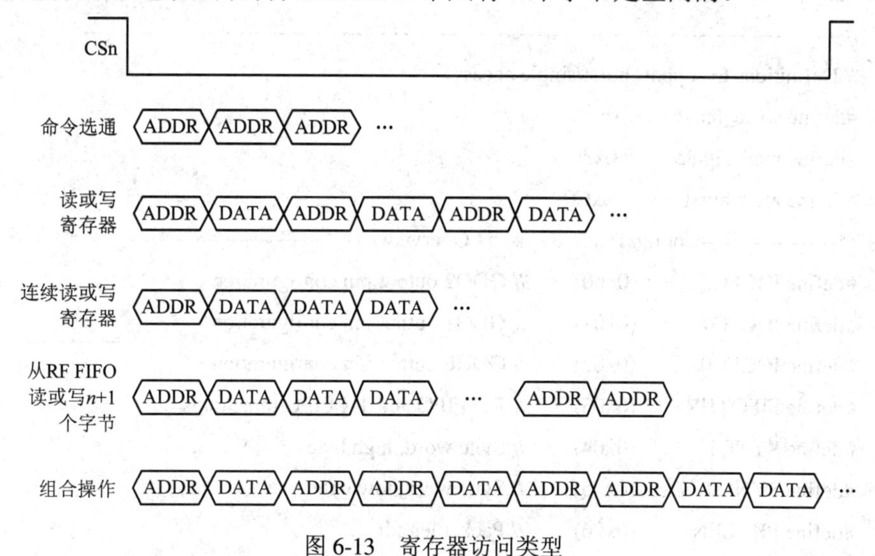

图 6-13 寄存器访问类型

传输 FIFO 可能会通过发布一个 SFTX 命令滤波而被淹没。相似的，一个 SFRX 命令滤波会淹没接收 FIFO。当进入休眠状态时，两个 FIFO 都被清空。

0x3E 地址用来访问 PATABLE。PATABLE 用来选择 PA 能量控制设置。在接收此地址之后，SPI 等待至少 8 个字节。通过控制 PATABLE，能实现可控的 PA 能量上升和下降，减少的带宽的 ASK 调制整形也如此。

CC1100 使用过程中需注意的设置较多，如微控制器接口和引脚结构、数据率设计、接收信道滤波带宽、解调器、符号同步装置和数据决定、数据包处理和硬件支持、调制格式化、已接收信号质量和连接质量信息、交错前向误差校正、通信控制、数据 FIFO、频率控制、VCO、电压调节、输出功率调节、晶体振荡器、天线接口、常规用途/测试输出控制引脚、异步和同步连续操作等，具体说明可参考 CC1100 数据手册。

6.4.2 CC1100 无线芯片控制子程序

预定义：定义通信端口。

```
#define CC1100_SET              BIT0            // P3.0
#define CC1100_SIMO             BIT1            // P3.1
#define CC1100_SOMI             BIT2            // P3.2
#define CC1100_UCLK             BIT3            // P3.3
#define OUT_CC1100_SET          P3DIR |= CC1100_SET
#define HIGH_CC1100_SET         P3OUT |= CC1100_SET
#define LOW_CC1100_SET          P3OUT &= ~CC1100_SET
#define MODULE_CC1100_SIMO      P3SEL |= CC1100_SIMO
#define MODULE_CC1100_SOMI      P3SEL |= CC1100_SOMI
#define MODULE_CC1100_UCLK      P3SEL |= CC1100_UCLK
```

```
#define MISO_LOW_WAIT()            while(P3IN & CC1100_SOMI)
#define MISO_HIGH_WAIT()           while(!(P3IN & CC1100_SOMI))
//-----------------------------------------------------------------------------------------------
// Definitions to support burst/single access:
#define write_burst       0x40
#define read_signle       0x80
#define read_burst        0xC0
/*------------------Configuration Registers Overview---------------------------------------*/
#define IOCFG2      (0x00)    // GDO2 output pin configuration
#define IOCFG1      (0x01)    // GDO1 output pin configuration
#define IOCFG0      (0x02)    // GDO0 output pin configuration
#define FIFOTHR     (0x03)    // RX FIFO and TX FIFO thresholds
#define SYNC1       (0x04)    // Sync word, high byte
#define SYNC0       (0x05)    // Sync word, low byte
#define PKTLEN      (0x06)    // Packet length
#define PKTCTRL1    (0x07)    // Packet automation control
#define PKTCTRL0    (0x08)    // Packet automation control
#define ADDR        (0x09)    // Device address
#define CHANNR      (0x0A)    // Channel number
#define FSCTRL1     (0x0B)    // Frequency synthesizer control
#define FSCTRL0     (0x0C)    // Frequency synthesizer control
#define FREQ2       (0x0D)    // Frequency control word, high byte
#define FREQ1       (0x0E)    // Frequency control word, middle byte
#define FREQ0       (0x0F)    // Frequency control word, low byte
#define MDMCFG4     (0x10)    // Modem configuration
#define MDMCFG3     (0x11)    // Modem configuration
#define MDMCFG2     (0x12)    // Modem configuration
#define MDMCFG1     (0x13)    // Modem configuration
#define MDMCFG0     (0x14)    // Modem configuration
#define DEVIATN     (0x15)    // Modem deviation setting
#define MCSM2       (0x16)    // Main Radio Control State Machine configuration
#define MCSM1       (0x17)    // Main Radio Control State Machine configuration
#define MCSM0       (0x18)    // Main Radio Control State Machine configuration
#define FOCCFG      (0x19)    // Frequency Offset Compensation configuration
#define BSCFG       (0x1A)    // Bit Synchronization configuration
#define AGCTRL2     (0x1B)    // AGC control
#define AGCTRL1     (0x1C)    // AGC control
#define AGCTRL0     (0x1D)    // AGC control
#define WOREVT1     (0x1E)    // High byte Event 0 timeout
```

```
#define WOREVT0    (0x1F)   // Low byte Event 0 timeout
#define WORCTRL    (0x20)   // Wake On Radio control
#define FREND1     (0x21)   // Front end RX configuration
#define FREND0     (0x22)   // Front end TX configuration
#define FSCAL3     (0x23)   // Frequency synthesizer calibration
#define FSCAL2     (0x24)   // Frequency synthesizer calibration
#define FSCAL1     (0x25)   // Frequency synthesizer calibration
#define FSCAL0     (0x26)   // Frequency synthesizer calibration
#define RCCTRL1    (0x27)   // RC oscillator configuration
#define RCCTRL0    (0x28)   // RC oscillator configuration
#define FSTEST     (0x29)   // Frequency synthesizer calibration control
#define PTEST      (0x2A)   // Production test
#define AGCTEST    (0x2B)   // AGC test
#define TEST2      (0x2C)   // Various test settings
#define TEST1      (0x2D)   // Various test settings
#define TEST0      (0x2E)   // Various test settings
/*------------------Command Strobes -------------------------------------------------------------------*/
#define SRES       (0x30)   // Reset chip.
#define SFSTXON    (0x31)   // Enable and calibrate frequency synthesizer
#define SXOFF      (0x32)   // Turn off crystal oscillator.
#define SCAL       (0x33)   // Calibrate frequency synthesizer and turn it off
#define SRX        (0x34)   // Enable RX. Perform calibration first if coming from
                            // IDLE and MCSM0.FS_AUTOCAL=1.
#define STX        (0x35)   // In IDLE state: Enable TX.
#define SIDLE      (0x36)   // Exit RX / TX, turn off frequency synthesizer and exit
                            // Wake-On-Radio mode if applicable.
#define SWOR       (0x38)   // Start automatic RX polling sequence (Wake-on-Radio)
                            // as described in section 19.5.
#define SPWD       (0x39)   // Enter power down mode when CSn goes high.
#define SFRX       (0x3A)   // Flush the RX FIFO buffer. Only issue SFRX in the IDLE,
                            // TXFIFO_UNDERFLOW or RXFIFO_OVERFLOW states.
#define SFTX       (0x3B)   // Flush the TX FIFO buffer. Only issue SFTX in the IDLE,
                            // TXFIFO_UNDERFLOW or RXFIFO_OVERFLOW states.
#define SWORRST    (0x3C)   // Reset real time clock.
#define SNOP       (0x3D)   // No operation. May be used to pad strobe commands to
                            // two bytes for simpler software.
/*------------------Status Registers Overview------------------------------------------------------------*/
#define PARTNUM    (0xF0)        // Part number for CC1100
#define VERSION    (0xF1)        // Current version number
```

```
#define FREQEST        (0xF2)    // Frequency Offset Estimate
#define LQI            (0xF3)    // Demodulator estimate for Link Quality
#define RSSI           (0xF4)    // Received signal strength indication
#define MARCSTATE      (0xF5)    // Control state machine state
#define WORTIME1       (0xF6)    // High byte of WOR timer
#define WORTIME0       (0xF7)    // Low byte of WOR timer
#define PKTSTATUS      (0xF8)    // Current GDOx status and packet status
#define VCO_VC_DAC     (0xF9)    // Current setting from PLL calibration module
#define TXBYTES        (0xFA)    // Underflow and number of bytes in the TX FIFO
#define RXBYTES        (0xFB)    // Overflow and number of bytes in the RX FIFO
```

SPI 端口初始化函数：在该程序中使用 SPI 内部模块功能，如在某些场合下没有 SPI 内部模块，可自行编写通信协议。

```
void Init_SPI(void)
{
    IE1 &= ~(URXIE0+UTXIE0);
    ME1 |= USPIE0;                          // Enable USART0 SPI mode
    UTCTL0 = CKPH+SSEL1+SSEL0+STC;          // CKPL+SMCLK, 3-pin mode
    UCTL0 = CHAR+SYNC+MM;                   // 8-bit SPI Master **SWRST**
    UBR00 = 0x02;                           // UCLK/30
    UBR10 = 0x00;                           // 0
    UMCTL0 = 0x00;                          // no modulation
    P3SEL |= CC1100_SIMO + CC1100_SOMI + CC1100_UCLK ; // P3.1-3 SPI option select
    P3DIR |= CC1100_SET + CC1100_SIMO + CC1100_UCLK ;  // P3.4 P3.0 output direction
}
```

读 CC1100 内部寄存器函数：读出所需地址对应的数据，由于该函数使用单片机内部 SPI 模块，因此不需要直接操作端口，只需控制模块寄存器即可实现。该函数先向 CC1100 发送需读寄存器标识 + 地址，并空操作一次，用于 CC1100 返回所读寄存器数据。

入口参数：address，需读出寄存器地址。

返回参数：i，需读出寄存器的值。

```
unsigned char read_cc1100(unsigned char address)
{
    char i ;

    LOW_CC1100_SET ;
    MISO_LOW_WAIT();
    while ((IFG1 & UTXIFG0) == 0);
    TXBUF0 = read_signle + address ;
    while ((IFG1 & URXIFG0) == 0);
    i = U0RXBUF ;
```

```
        while ((IFG1 & UTXIFG0) == 0);
        TXBUF0 = 0x00 ;
        while ((IFG1 & UTXIFG0) == 0);
        while ((IFG1 & URXIFG0) == 0);
        i = U0RXBUF ;
        HIGH_CC1100_SET ;
        return (i);
    }
```

读CC1100状态函数：读出相应地址寄存器的状态。该函数先向CC1100发送需读状态寄存器的地址，并空操作一次，用于CC1100返回所读寄存器状态。

入口参数：address，需读出状态寄存器地址。

返回参数：i，需读出状态寄存器的值。

```
    unsigned char read_cc1100_status(unsigned char address)
    {
        char i;

        LOW_CC1100_SET;
        MISO_LOW_WAIT();
        while ((IFG1 & UTXIFG0) == 0);
        TXBUF0 = address;
        while ((IFG1 & URXIFG0) == 0);
        i = U0RXBUF;
        while ((IFG1 & UTXIFG0) == 0);
        TXBUF0 = 0x00;
        while ((IFG1 & UTXIFG0) == 0);
        while ((IFG1 & URXIFG0) == 0);
        i = U0RXBUF;
        HIGH_CC1100_SET;
        return (i);
    }
```

向CC1100寄存器写入数值函数：该函数先向CC1100发送需写寄存器的地址，接着发送需写入的数据。

入口参数：address，需写入寄存器地址。

data，需写入的值。

```
    void write_cc1100(char address, char data)
    {
        char i ;
        LOW_CC1100_SET ;
        MISO_LOW_WAIT();
```

```
    while ((IFG1 & UTXIFG0) == 0);
    TXBUF0 = address ;
    while ((IFG1 & URXIFG0) == 0);
    i = U0RXBUF ;
    while ((IFG1 & UTXIFG0) == 0);
    TXBUF0 = data ;
    while ((IFG1 & UTXIFG0) == 0);
    while ((IFG1 & URXIFG0) == 0);
    i = U0RXBUF ;
    HIGH_CC1100_SET ;
}
```

CC1100 功率控制函数：用于控制 CC1100 输出功率的大小。不同输出功率的传输距离和所耗电量不同，应根据实际需要写入所需功率大小。不同数据代表的功率可参考数据手册。

入口参数：data，功率参数。

```
void write_cc1100_PATABLE(char data)
{
    char i ;

    LOW_CC1100_SET ;
    MISO_LOW_WAIT();
    while ((IFG1 & UTXIFG0) == 0);
    TXBUF0 = write_burst + 0x3e;
    while ((IFG1 & UTXIFG0) == 0);
    TXBUF0 = data ;
    while ((IFG1 & UTXIFG0) == 0);
    TXBUF0 = 0 ;
    while ((IFG1 & UTXIFG0) == 0);
    i = U0RXBUF ;
    while ((IFG1 & URXIFG0) == 0);
    HIGH_CC1100_SET ;
}
```

向 CC1100 写入需发送的数值函数：向 CC1100 写入需无线传输的数据。该函数中 tx_buffer[0]存储的是需发送数据的数据包大小，并根据该数据发送 tx_buffer[]中的数据。需注意，CC1100 一次最多发送 64 字节的数据包文件，大于该数值需分开发送。

```
void write_cc1100_tx(void)
{
    unsigned char i, k;
    if(tx_buffer[0] == 0)    { return; }
    LOW_CC1100_SET ;
```

```
        MISO_LOW_WAIT();
        while ((IFG1 & UTXIFG0) == 0);
        TXBUF0 = write_burst + 0x3f ;
        for(i=0; i<tx_buffer[0]+1; i++)
        {
            while ((IFG1 & UTXIFG0) == 0);
            TXBUF0 = tx_buffer[i];
            while ((IFG1 & URXIFG0) == 0);
            k = U0RXBUF ;
        }
        while ((IFG1 & UTXIFG0) == 0);
        P3OUT |= SET ;
        write_cc1100_command(STX);
        delay_ms(8);
        write_cc1100_command(SIDLE);
        write_cc1100_command(SRX);
    }
```

从 CC1100 读出接收到的数值函数：该函数从 CC1100 中读出该芯片接收到的数据，在读取数据之前需先判断状态寄存器的状态，如果接收溢出，则该数据无效。

```
    void read_cc1100_rx(void)
    {
        unsigned char j, test;
        unsigned char i = 0;

        test = read_cc1100_status(RXBYTES);
        if((test & BIT7) != 0)
        {
            write_cc1100_command(SFRX);            // RXFIFO_Overflow
        }
        if(test <= 65)
        {
            LOW_CC1100_SET ;
            MISO_LOW_WAIT();
            while ((IFG1 & UTXIFG0) == 0);
            TXBUF0 = read_burst + 0x3f ;
            while ((IFG1 & URXIFG0) == 0);
            rx_buffer[0] = U0RXBUF ;
            while ((IFG1 & UTXIFG0) == 0);
            TXBUF0 = 0x00;
```

```
            while ((IFG1 & URXIFG0) == 0);
            rx_buffer[0] = U0RXBUF ;
            if(rx_buffer[0] > 64)
            {
                HIGH_CC1100_SET ;
                write_cc1100_command(SIDLE);
                write_cc1100_command(SFRX);          // RXFIFO_Overflow
                return;
            }
            else
            {
                i = 0;
                do
                {
                    while ((IFG1 & UTXIFG0) == 0);
                    TXBUF0 = 0x00;
                    while ((IFG1 & URXIFG0) == 0);
                    i++;
                    rx_buffer[i] = U0RXBUF ;
                }while(i < rx_buffer[0] );
                HIGH_CC1100_SET ;
                write_cc1100_command(SFRX);          // RXFIFO_Overflow
            }
        }
        else                                         // 接收数据长度错
        {
            write_cc1100_command(SIDLE);
            write_cc1100_command(SFRX);              // RXFIFO_Overflow
        }
        return;
    }
```

CC1100 上电复位函数：该函数用于软件复位 CC1100，以保证该芯片可靠运行。

```
    void POWER_UP_RESET_CC1100(void)
    {
        unsigned char i;

        HIGH_CC1100_SET ;
        delay_ms(1);
        LOW_CC1100_SET ;
```

```
        delay_ms(1);
        HIGH_CC1100_SET ;
        delay_ms(1);
        write_cc1100_command(SRES);
        delay_ms(1);
    }
```

CC1100 寄存器设置函数：该函数配置 CC1100 内部所有需配置的寄存器，使其按照所需工作模式工作。

```
    void cc1100_register_set(void)
    {
        write_cc1100(FSCTRL1,0x08);
        write_cc1100(FREQ2,0x10);
        write_cc1100(FREQ1,0xA7);
        write_cc1100(FREQ0,0x62);
        write_cc1100(MDMCFG4,0xF5);
        write_cc1100(MDMCFG3,0x83);
        write_cc1100(MDMCFG2,0x1B);                //1B   03
        write_cc1100(MDMCFG1,0x22);
        write_cc1100(DEVIATN,0x15);                //15   47
        write_cc1100(FREND1,0x56);                 //56   B6
        write_cc1100(MCSM0,0x18);
        write_cc1100(FOCCFG,0x16);                 //16   1D
        write_cc1100(FSCAL3,0xE9);                 //E9   EA
        write_cc1100(FSCAL1,0x00);
        write_cc1100(FSCAL0,0x1F);                 //1F   11
        write_cc1100(IOCFG2,0x06);
        write_cc1100_PATABLE(0xC0);
        delay_ms(2);
        write_cc1100_command(SIDLE);
    }
```

CC1100 初始化函数：该函数初始化 CC1100，先复位该芯片，接着配置所有寄存器，然后发送启动工作命令。

```
    void Init_cc1100(void)
    {
        POWER_UP_RESET_CC1100();
        cc1100_register_set();
        write_cc1100_command(SRX);
        write_cc1100_command(SIDLE);
    }
```

第7章　控制输出

有些电子系统需要对外部机械进行控制，如缝纫机、洗衣机、电冰箱、空调、航模等，这就需要控制电机、电磁铁等机械部件。本章介绍了电机的控制方法，还介绍了微型打印机、日历时钟、存储器、DAC 的操作方法。

7.1　DAC

在实际的控制系统中，经常需要控制一些模拟信号，例如电流、显示器的亮度及激光二极管的偏置电压等。而一般的单片机外部总线接口为数字信号，无法直接产生需要的模拟信号，因此，需要将单片机的控制信号转换为期望的电压或电流等模拟信号，这便用到了 D/A 转换器(DAC)。D/A 转换器提供了良好的数字接口，可以和单片机的并行 I/O 口直接相连，由单片机来控制，使其输出要求的模拟电压或模拟电流等。

7.1.1　D/A 转换概述

D/A(Digital/Analog)转换也称为数/模转换，其进行的是数字量和模拟量之间的转换。一般来说，能够提供数字量转换为模拟量的器件，称为 D/A 转换器或数/模转换器。使用 D/A 转换技术可以利用成熟方便的数字处理技术，来精确产生各种模拟量。

随着半导体工艺的发展，各种类型的 D/A 转换器层出不穷。这些 D/A 转换芯片在精度、转换速度、可靠性和方便性等方面都日趋成熟，并且其特有的数字接口可以很方便地和单片机相连，便于控制，从而很好地满足了各种测控系统的需求。下面首先介绍 D/A 转换及 D/A 转换器的相关知识。

1. D/A 转换原理

D/A 转换的基本原理是将一个数字量按照一定比例转换成模拟量(电压或电流)。D/A 转换所采用的基本方法是将数字量转化成二进制数据，其每一位产生一个相应的电压或电流，而这个电压或电流的大小正比于相应的二进制位的权，最后将这些电压或电流相加并输出。

由于一个数字量是由数字代码按位组合而成的，每一位数字代表一定的“权”，一个数字与对应的权相结合，就代表一个具体的数值，把所有的数值相加，便得到该数的数字量。D/A 转换器正是利使用了这一点，它将各位数字量分别转换成相应的模拟量，然后将所有的模拟量相加，所得到的总和即是该数字量相对应的模拟量。

下面首先介绍一下 D/A 转换器的原理。以 8 位的电压型 D/A 转换器为例，其结构原理如图 7-1 所示。其主要由权电阻网络、电子开关组合和电流电压转换器三部分组成。

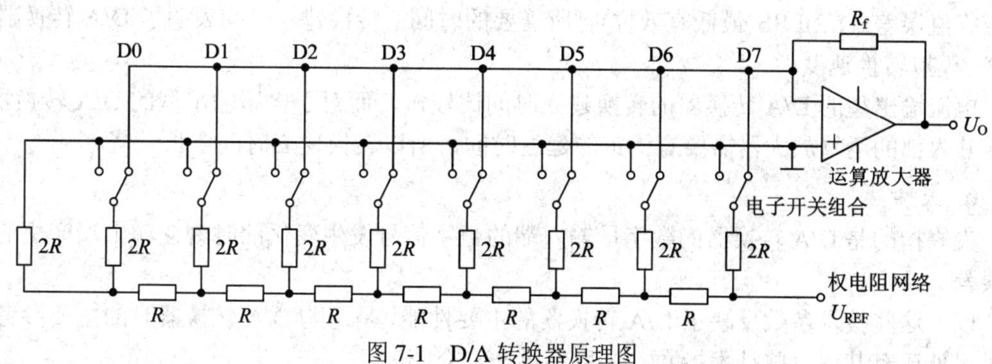

图 7-1 D/A 转换器原理图

在图 7-1 中，电子开关组合与输入二进制数 D0～D7 相对应，当某一位为 1 时，相应的电子开关闭合，基准电压 U_{REF} 连接权电阻网络，使某一个支路电阻上有电流通过；当某一位为 0 时，相应的电子开关断开，该支路电阻上无电流通过。

在权电阻网络中，各个分支的电阻值与输入的二进制数据 D0～D7 的权相对应，权大的电阻值小，权小的电阻值大。最后根据各个权位的情况，通过求和及电流电压转换电路，得到总和的模拟电压输出值。

2. D/A 转换器的技术参数

D/A 转换器的技术参数很多，如分辨率、量程、转换建立时间等。下面分别介绍这些技术参数的具体含义。

1) 分辨率

分辨率是 D/A 转换器对输入数字量变化的敏感程度，即当输入数字量发生单位数字变化(LSB 位产生一次变化)时，所对应的输出模拟量(电压或电流)的变化量。分辨率与输入数字量的位数有关。

如果 D/A 转换器输入数字量的位数为 n，则 D/A 转换器的分辨率为 2^{-n}，例如 8 位 D/A 转换器的分辨率为 1/256，10 位 D/A 转换器的分辨率为 1/1024，……。数字量的位数越多，分辨率就越高。

2) 精度

在理想情况下，D/A 转换器的精度与分辨率有关，即相当于分辨率的大小。D/A 转换器的转换精度是个比较复杂的问题，它不仅与 D/A 转换芯片的内部结构有关，还与接口电路的配置有关。当外电路中的接口器件或电源有比较大的误差时，会造成比较大的 D/A 转换误差，D/A 转换的精度也就相应地降低了。

3) 标称满量程

标称满量程(NFS)是指 D/A 转换器中，相应于数字量的标称值 2^n 的模拟输出量。

4) 实际满量程(AFS)

实际满量程(AFS)是指实际输出的模拟量。D/A 转换器的实际数字量为 2^n-1，要比标称值小一个 LSB，即实际满量程(AFS)要比标称满量程(NFS)小一个 LSB 的增量。

5) 转换建立时间

转换建立时间是描述 D/A 转换器运行快慢的一个参数，其值为数字量输入到模拟量输

出至终值误差±(1/2)LSB(最低有效位)时所需要的时间。转换建立时间表明了 D/A 转换器的数字–模拟转换速度。

电流输出型的 D/A 转换器的转换建立时间比较短，而对于电压输出型的 D/A 转换器，由于其内部的运算放大器需要有一定的延迟时间，所以转换建立时间要长一些。

6) 尖峰

尖峰指的是 D/A 转换器的数字量输入端的数字信号发生变化的时刻在输出端产生的瞬间误差。

以上这些技术参数反映了 D/A 转换器的主要性能，是选购 D/A 转换器时的主要参考标准。另外还有其他一些技术参数，这里不再一一介绍。

7.1.2 串行 D/A 转换器

DAC 在工业控制、电子仪器仪表等各个领域都得到了广泛应用，因为现实世界的控制都是模拟控制的，所以由此显得 DAC 作用非凡。不同的应用领域，所需求的 DAC 的性能是不同的，有的领域需要高速 DAC，如仪器仪表领域；有的领域需要高精度的 DAC，如医疗器械领域。针对不同的需求，选择适合的 DAC 芯片成为硬件工程师的重要工作。DAC 的性能也主要体现在精度和速度方面，一般并行 DAC 比串行 DAC 的转换速度要快，但是并行 DAC 所需的控制引脚较多，而串行 DAC 所需的控制引脚较少，下面分别介绍两种常用的串行 DAC。

1. DAC8532 简介

DAC8532 是一款双通道 16 位低功耗串行 D/A 转换器，每一通道都可以实现轨至轨的输出，工作电压为 2.7～5 V。在 5 V 时，3 线串行数据输入时钟频率可达 30 MHz。其特点如下：

(1) 16 位转换精度；

(2) 转换时间为 10 μs，转换速度为 100 kHz；

(3) 供电电压为 2.7～5.5 V；

(4) 低功耗，在 5 V 工作时的电流为 500 μA；

(5) 极低的色度干扰，一般典型值为 –100 dB；

(6) 串行控制接口；

(7) 两路输入，两路信号共用一个放大缓冲寄存器，通过程序进行设置选择；

(8) 可配置为同时输出或顺序输出；

(9) 8 引脚的微贴片封装。

DAC8532 的芯片引脚如图 7-2 所示。

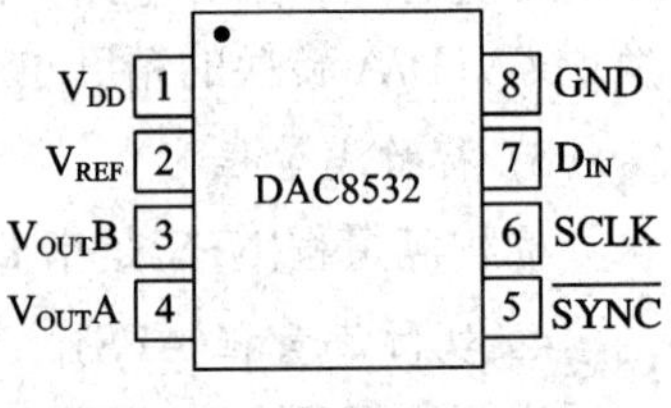

图 7-2 DAC8532 引脚封装

引脚功能说明如下：

V_{DD}：电源输入，2.7～5 V。

V_{REF}：参考电压输入。

$V_{OUT}B$：模拟输出通道 B。

$V_{OUT}A$：模拟输出通道 A。

$\overline{SYNC}$：同步输入信号。当同步信号变低时，在时钟信号(SCLK)下降沿时，移位寄存器工作，开始移位数据。

SCLK：串行输入时钟，最高为 30 MHz。

D_{IN}：串行数据输入，在每个时钟下降沿时，数据被保存在输入移位寄存器中。

GND：电源地。

DAC8532 的输出电压公式为

$$U_{OUT}=\frac{U_{REF}\times D}{65535}$$

式中：D 为程序中二进制码对应的十进制数；U_{REF} 为参考电压；U_{OUT} 为输出的模拟电压值。

从 DAC8532 的输出电压公式可以看出，参考电压的精度直接影响输出电压的精度，所以要提高 DAC8532 的精度首先应提高参考电压的精度。在电路中，利用 REF02 来产生高精度的 5 V 参考电压。参考电压设计电路如图 7-3 所示。

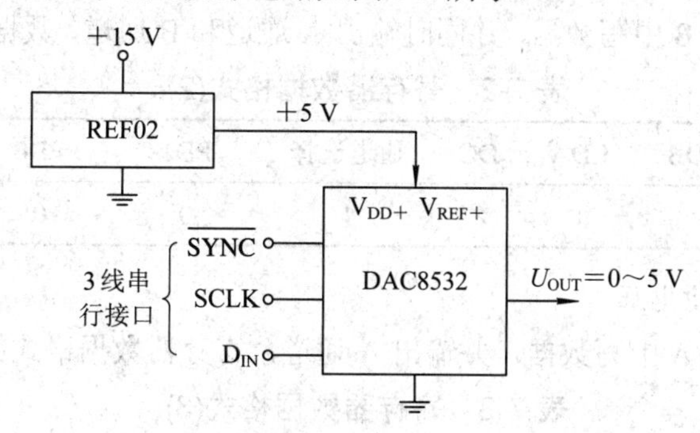

图 7-3 DAC8532 的参考电压设计电路

2. DAC8532 操作

DAC8532 有 3 根控制线 SCLK、$\overline{SYNC}$、D_{IN}，采用串行控制方式，其控制时序如图 7-4 所示。

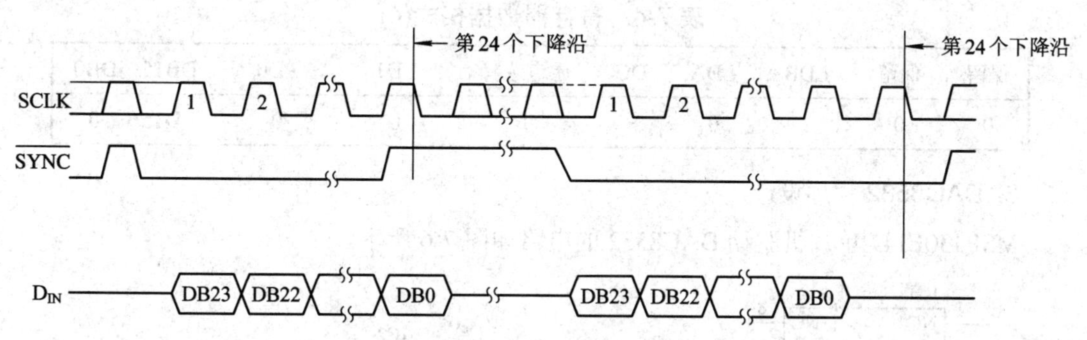

图 7-4 DAC8532 控制时序图

由图 7-4 可见，操作 DAC8532 需写入 24 位数据，该 24 位数据定义如图 7-5 所示。

DB23 … DB12

0	0	LDB	LDA	X	通道选择	PD1	PD0	D15	D14	D13	D12

DB11 … DB0

D11	D10	D9	D8	D7	D6	D5	D4	D3	D2	D1	D0

图 7-5 DAC8532 输入寄存器格式

DAC8532 的前 8 位为工作方式选择，后 16 位为数据位。DAC8532 有两路输出通道，这两路通道共用一个输入通道，那么 DAC 的输出方式就有两种：一种是同时输出模拟电压，另一种是顺序输出模拟电压。

1) 两通道同时输出电压

(1) 向数据缓冲器 A 中写数据，寄存器数据格式如表 7-1 所示。

表 7-1　寄存器数据格式(1)

保留	保留	LDB	LDA	DC	通道选择	PD1	PD0	DB15…DB0
0	0	0	0	×	0	0	0	D15…D0

注：× 号表示自身的取值对寄存器整体没有影响。

(2) 向数据缓冲器 B 中写数据，并同时输出 A 通道和 B 通道，数据格式如表 7-2 所示。

表 7-2　寄存器数据格式(2)

保留	保留	LDB	LDA	DC	通道选择	PD1	PD0	DB15…DB0
0	0	1	1	×	1	0	0	D15…D0

2) 两通道顺序输出电压

(1) 向数据缓冲器 A 中写数据，并输出 A 通道，寄存器数据格式如表 7-3 所示。

表 7-3　寄存器数据格式(3)

保留	保留	LDB	LDA	DC	通道选择	PD1	PD0	DB15…DB0
0	0	0	1	×	0	0	0	D15…D0

(2) 向数据缓冲器 B 中写数据，并输出 B 通道，数据格式如表 7-4 所示。

表 7-4　寄存器数据格式(4)

保留	保留	LDB	LDA	DC	通道选择	PD1	PD0	DB15…DB0
0	0	1	0	×	1	0	0	D15…D0

3. DAC8532 程序设计

MSP430F147 单片机驱动 DAC8532 的电路如图 7-6 所示。

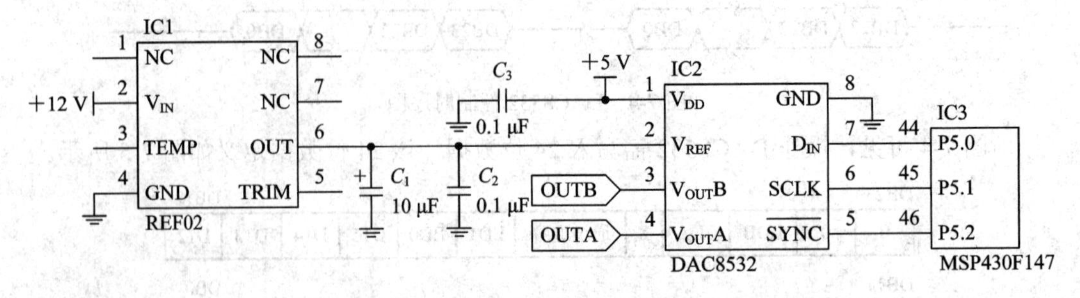

图 7-6　MSP430F147 单片机驱动 DAC8532 的硬件电路

程序如下：

预定义：

```
#define DAC8532_DIN                 BIT0
#define DAC8532_SCLK                BIT1
#define DAC8532_SYNC                BIT2
#define OutDAC8532_DIN              P5DIR |= DAC8532_DIN
#define WriteHighDAC8532_DIN        P5OUT |= DAC8532_DIN
#define WriteLowDAC8532_DIN         P5OUT &= ~DAC8532_DIN
#define OutDAC8532_SCLK             P5DIR |= DAC8532_SCLK
#define WriteHighDAC8532_SCLK       P5OUT |= DAC8532_SCLK
#define WriteLowDAC8532_SCLK        P5OUT &= ~DAC8532_SCLK
#define OutDAC8532_SYNC             P5DIR |= DAC8532_SYNC
#define WriteHighDAC8532_SYNC       P5OUT |= DAC8532_SYNC
#define WriteLowDAC8532_SYNC        P5OUT &= ~DAC8532_SYNC
```

DAC8532 写入一个字节函数：通过单片机端口向 DAC8532 写入数据，该函数写入 8 位(1 个字节)数据，而对 DAC8532 操作时需一次写入 24 位(3 个字节)数据。因此，在该函数中不控制$\overline{\text{SYNC}}$端口，在下面的 DAC8532_DA1()函数中连续调用本函数 3 次组成一个完整的操作时序。

输入参数：data，输入 8 位二进制数据。

```
void WriteDAC8532OneByte(unsigned char data)
{
    char i = 8;

    while(i--)
    {
        if((data & 0x80) == 0x80)
        {
            WriteHighDAC8532_DIN;
        }
        else
        {
            WriteLowDAC8532_DIN;
        }
        delay_us(10);
        data <<= 1;
        WriteHighDAC8532_SCLK;
        delay_us(10);
        WriteLowDAC8532_SCLK;
    }
}
```

通道 1 控制函数：控制通道 1 的输出，本函数是一个完整的操作 DAC8532 的程序，通过 3 次调用 WriteDAC8532Onebyte()函数完成 24 位数据的传输。

输入参数：data，输入 16 位二进制 D/A 转换数据。

```
void DAC8532_DA1(unsigned int data)
{
    unsigned char high_data, low_data;

    OutDAC8532_DIN;
    WriteLowDAC8532_DIN;
    OutDAC8532_SCLK;
    WriteLowDAC8532_SCLK;
    OutDAC8532_SYNC;
    WriteHighDAC8532_SYNC;
    high_data = data >> 8;
    low_data = data;
    delay_us(10);
    WriteLowDAC8532_SYNC;
    delay_us(10);
    WriteDAC8532OneByte(0x00);
    WriteDAC8532OneByte(high_data);
    WriteDAC8532OneByte(low_data);
    WriteHighDAC8532_SYNC;
}
```

通道 2 控制函数：控制通道 2 的输出，本函数是一个完整的操作 DAC8532 的程序，通过 3 次调用 WriteDAC8532Onebyte()函数完成 24 位数据的传输。

输入参数：data，输入 16 位二进制 D/A 转换数据。

```
void DAC8532_DA2(unsigned int data)
{
    unsigned char high_data, low_data;

    OutDAC8532_DIN;
    WriteLowDAC8532_DIN;
    OutDAC8532_SCLK;
    WriteLowDAC8532_SCLK;
    OutDAC8532_SYNC;
    WriteHighDAC8532_SYNC;
    high_data = data >> 8;
    low_data = data;
    delay_us(10);
```

```
        WriteLowDAC8532_SYNC;
        delay_us(10);
        WriteDAC8532OneByte(0x34);
        WriteDAC8532OneByte(high_data);
        WriteDAC8532OneByte(low_data);
        WriteHighDAC8532_SYNC;
    }
```

7.1.3　并行 D/A 转换器

并行 D/A 转换器以其速度快、操作简单而得到了广泛的应用，市场上的并行 D/A 转换器有很多种型号，在选择时需要考虑它的精度、量程以及转换建立时间等参数，同时还要注意使用的方便性。下面介绍一款由美国 ANALOG DEVICES 公司推出的，具有高的转换速度及简单方便的控制接口的电压输出型并行 D/A 转换芯片 AD558。

1. AD558 简介

AD558 的引脚分配图如图 7-7 所示。其主要性能指标如下：

(1) 8 位并行数字量输入宽度；

(2) 两种电压的输出范围，分别为 0～+10 V 和 0～+2.56 V；

(3) 相对精度为 ±(1/2) LSB；

(4) 高速 1 μs 输出转换建立时间；

(5) 单一电源供电，电源电压的范围为 +4.5～+16.5 V；

(6) 内部具有基准电压源，不用外接基准源；

(7) 内部集成有数据输入锁存器；

(8) 功耗低，仅为 75 mW。

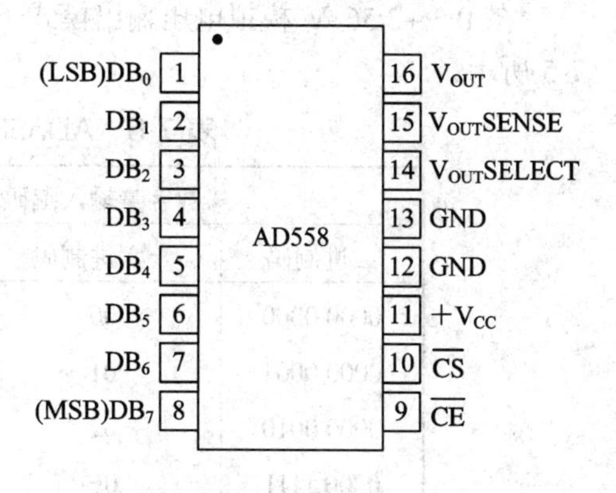

图 7-7　DIP 封装的 AD558

AD558 提供了非常简单的接口，下面分别介绍各个引脚的主要功能。

$+V_{CC}$：电源电压输入端，电压范围为 +4.5～+16.5 V；

GND：电源地线；

DB_0～DB_7：8 位并行 TTL 数字量的输入端；

$\overline{CE}$：使能信号输入端；

$\overline{CS}$：片选信号输入端；

V_{OUT}SELECT：输出电压选择端；

V_{OUT}SENSE：输出电压敏感端；

V_{OUT}：模拟电压输出端，可以输出 0～+10 V 或 0～+2.56 V 的模拟电压。

2. AD558 电压输出模式

AD558 提供了 0～+10 V 和 0～+2.56 V 两种模拟电压输出范围，供不同的场合使用。

其输出范围的选择依赖于简单的外部接线方式，使用起来很方便。AD558 无需外部调整便可以获得 ±1/2 LSB 精度的输出电压。下面分别介绍 AD558 的两种电压输出模式。

1) 0～+2.56 V 模拟电压输出

利用 AD558 可以获得 0～+2.56 V 的输出电压，其外部接线图如图 7-8 所示。此时芯片的电源供电电压范围很宽，为 +4.5～+16.5 V。AD558 无需再连接任何外部器件，无需做任何调整，便可以和 8 位数据总线连接以获得需要的模拟输出电压。

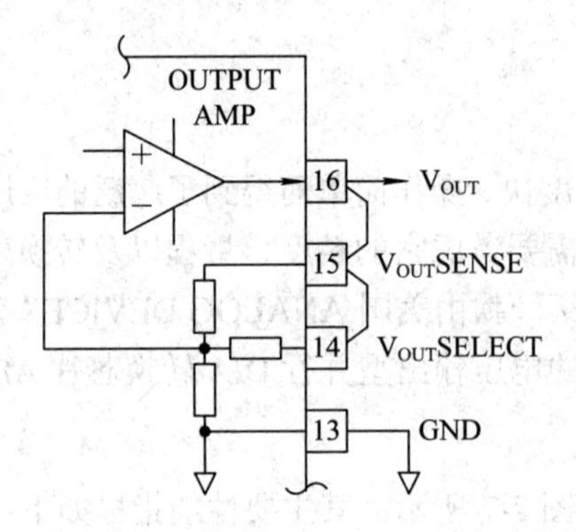

图 7-8　AD558 获得 0～+2.56 V 电压输出

在 0～+2.56 V 模拟电压输出模式下，AD558 的输入编码与模拟电压输出的关系如表 7-5 所示。

表 7-5　AD558 的输入编码与电压输出

数字量输入编码			0～+10 V 电压输出/V
二进制码	十六进制码	十进制码	
0000 0000	00	0	0
0000 0001	01	1	0.010
0000 0010	02	2	0.020
0000 1111	0F	15	0.150
0001 0000	10	16	0.160
0111 1111	7F	127	1.270
1000 0000	80	128	1.280
1100 0000	C0	192	1.920
1111 1111	FF	255	2.550

2) 0～+10 V 模拟电压输出

利用 AD558 可以获得 0～+10 V 的输出电压，其外部接线图如图 7-9 所示。此时芯片的电源供电电压范围为 +11.4～+16.5 V。同样，AD558 无需再连接任何外部器件，无需做任何外部调整，便可以和 8 位数据总线连接以获得需要的模拟输出电压。

在 0～+10 V 模拟电压输出模式下，AD558 的输入编码与模拟电压输出的关系如表 7-6 所示。

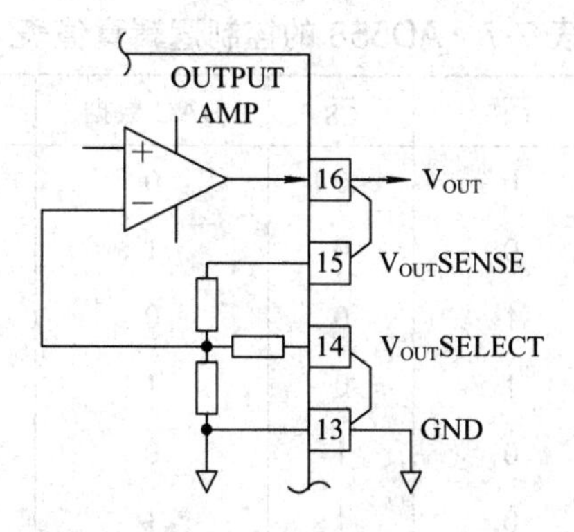

图 7-9　AD558 获得 0～+10 V 电压输出

表 7-6　AD558 的输入编码与电压输出

数字量输入编码			0～+10 V 电压输出/V
二进制码	十六进制码	十进制码	
0000 0000	00	0	0
0000 0001	01	1	0.039
0000 0010	02	2	0.078
0000 1111	0F	15	0.586
0001 0000	10	16	0.625
0111 1111	7F	127	4.961
1000 0000	80	128	5.000
1100 0000	C0	192	7.500
1111 1111	FF	255	9.961

3. AD558 的数据锁存

AD558 是一款内部集成数据输入锁存器的转换器，在数字量/模拟量转换时可以将输入数据锁存，减少干扰，而且可以方便地将多个 AD558 的数字输入端连接到 8 位数据总线上。

AD558 的数据锁存由片选信号 $\overline{CS}$ 和芯片使能信号 $\overline{CE}$ 来控制。AD558 的控制逻辑功能图如图 7-10 所示，其控制逻辑真值表如表 7-7 所示。

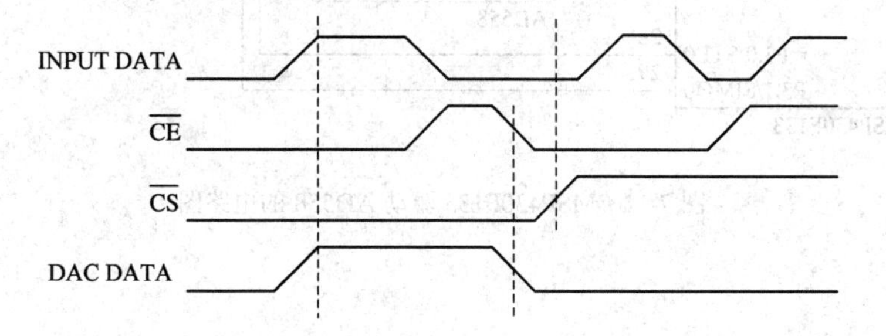

图 7-10　AD558 的控制逻辑功能图

表 7-7 AD558 的控制逻辑真值表

输入数据	$\overline{CE}$	$\overline{CS}$	DAC 数据	状态
0	0	0	0	透明
1	0	0	1	透明
0	↑	0	0	开始锁存
1	↑	0	1	开始锁存
0	0	↑	0	开始锁存
1	0	↑	1	开始锁存
X	1	X	数据保持	锁存
X	X	1	数据保持	锁存

从表 7-7 中可以看出，只有当$\overline{CS}$和$\overline{CE}$全部为低电平时，AD558 才可以接收数据总线上的数据，实现从数字量到模拟量的转换；而当$\overline{CS}$和$\overline{CE}$中有一个为高电平时，锁存器工作，将输入端的数据锁存到内部存储器，此时输出电压不再随数据总线上数据的变化而变化。

数/模转换芯片 AD558 的使用十分简单方便，覆盖了常用的电压输出范围，而且精度及可靠性也很高，转换速度也很快。更为重要的是，AD558 无需外接复杂的基准电压源，无需调试，便可以直接获得所需的模拟输出电压，能够适用于一般的控制系统的要求，性价比很高。使用 AD558 可以节约很多的电路设计调试时间，降低电路的复杂性，从而加快设计周期并减轻电子设计工程师的工作量。

4. AD558 程序设计

MSP430F133 单片机驱动 AD558 的电路如图 7-11 所示。

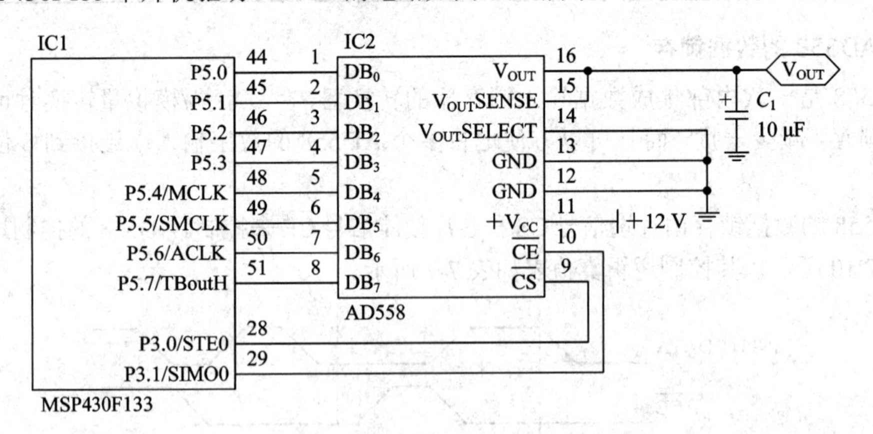

图 7-11 MSP430F133 驱动 AD558 的电路图

程序如下：

预定义：

```
#define AD558_CE            BIT0
```

```
#define AD558_CS              BIT1
#define OutAD558_CS                     P3DIR |= AD558_CS
#define WriteHighAD558_CS               P3OUT |= AD558_CS
#define WriteLowAD558_CS                P3OUT &= ~AD558_CS
#define OutAD558_CE                     P3DIR |= AD558_CE
#define WriteHighAD558_CE               P3OUT |= AD558_CE
#define WriteLowAD558_CE                P3OUT &= ~AD558_CE
#define WriteAD558                      P5OUT
```

AD558 控制函数：通过单片机端口向 AD558 写入数据，从而控制其输出信号的大小。输入参数：data，输入 8 位二进制数据。

```
void WriteAD558(unsigned char data)
{
    OutAD558_CS;
    WriteHighAD558_CS;
    OutAD558_CE;
    WriteHighAD558_CE;
    WriteAD558 = data;
    WriteLowAD558_CS;
    WriteLowAD558_CE;
}
```

7.1.4　单片机内部 DAC

目前，各大半导体公司推出的单片机都有一个内部自带 DAC 的系列，以提高单片机的附加值并节省用户成本。本书示例中所用单片机全部为 TI 公司的 MSP430 系列，在该系列产品中有部分单片机带有 DAC。DAC 在使用前首先应将其初始化。

DAC 初始化函数：用于初始化 DAC，在程序运行时只需更改 DAC12_0DAT 的值就可以改变输出电压，实现 D/A 转换功能。

初始化程序如下，具体各寄存器的设置可参考 TI 公司对应单片机系列的数据手册。

```
void Init_DAC(void)
{
    ADC12CTL0 |= REF2_5V + REFON;                          // Internal 2.5V ref on
    DAC12_0CTL = DAC12IR + DAC12AMP_5 + DAC12ENC;          // Int ref gain 1
    DAC12_0DAT = 0x0000;                                   // 0x0666    1.0V
    DAC12_1CTL = DAC12IR + DAC12AMP_5 + DAC12ENC;          // Int ref gain 1
    DAC12_1DAT = 0x0000;                                   // 0x0CCC    2.0V
}
```

7.2 微型打印机

应用电子产品时，经常需要将特定的信息打印输出，常见的如超市收银结算打印的清单、刷卡时打印的收据、各种票据打印机等。单片机可以通过外接的打印机来输出运行状态、测量结果及格式化输出数据等。目前，市场上的打印机有很多种，按照打印原理可以分为键式打印机、针式打印机、热敏打印机、喷墨打印机、激光打印机等；按照打印的行宽可以分为宽行打印机、窄行打印机、微型打印机等；按打印头是否能往返打印可以分为单向打印机和双向打印机；按打印的字符颜色可以分为单色打印机和彩色打印机。微型打印机体积小、接口简单、控制灵活，因此最适合与单片机相连接。

7.2.1　打印机概述

目前，常用的微型打印机均采用规范化的 Centronics 并行接口标准。Centronics 标准可以方便地和计算机及微处理器的并行端口连接。目前，市场上应用最为广泛的微型打印机有如下几种：

(1) LASER PP40 描绘器；

(2) TP-UP 系列智能点阵式打印机；

(3) GP16 微型打印机；

(4) XLF 嵌入式汉字微型打印机；

(5) WH 系列微型打印机。

这些微型打印机均提供了丰富的指令，具有多种打印模式，可支持字符及图形的打印。微型打印机作为智能外设，可用来方便地与各种并行端口连接，也可用来永久地保存数据，应用十分广泛。下面以 WH 系列中的热敏打印机为例，介绍如何使用 430 系列单片机来实现打印机控制。

1. 炜煌(WH)系列热敏微型打印机概述

炜煌系列热敏微型打印机采用 EPSON、FTP、SUMSUNG 等国内外知名品牌打印头，性能稳定耐用，结构功能设计新颖，具有以下特征：

(1) 打印开发命令有很强的兼容性；

(2) 带有缺纸检测，自动上纸功能；

(3) 可选配切刀，切刀包括全切刀、半切刀和全、半一体切刀；

(4) 带有多种格式汉字、字符设置和强大的图形自定义、字符自定义打印命令，可实现清晰、美观打印；

(5) 自带国标一、二级汉字库，多个西文字库，其中还包括了 ASCII 字符，德、法、俄文，日语片假名等；

(6) 具有面板式、台式、无模具打印机等多种系列；

(7) 提供标准的串、并接口，可以选配 485 接口、USB 接口、无线接口，可方便地与各种设备相连。

下面以炜煌系列 A9 热敏微型打印机为例来介绍。它与外部的接口有两种形式：一为并行接口，20 针插座，TTL 电平；二为串行接口，10 针插座，232 电平或 TTL 电平。其引脚定义分别如表 7-8 和表 7-9 所示。

表 7-8 并行接口引脚定义表

面板式引脚	信号	方向	说明
1	$\overline{STB}$	入	数据选通触发脉冲，上升沿时读入数据
3	DATA1	入	这些信号分别代表并行数据的第 1～8 位信号，每个信号当其逻辑为“1”时为“高”电平，逻辑为“0”时为“低”电平
5	DATA2	入	
7	DATA3	入	
9	DATA4	入	
11	DATA5	入	
13	DATA6	入	
15	DATA7	入	
17	DATA8	入	
18	$\overline{ACK}$	出	应答脉冲，“低”电平表示数据已被接收
19	BUSY	出	“高”电平表示打印机正“忙”，不能接收数据
20	PE	出	缺纸信号，有纸时为“低”电平，缺纸时为“高”电平
4	$\overline{ERR}$	出	打印机内部经电阻上拉“高”电平，表示无故障
2，6，8			2 为空脚，6、8 为保留引脚，禁止用户应用
10，12，14，16	GND	—	接地，逻辑“0”电平

注：① “入”表示输入到打印机；② “出”表示从打印机输出；③ 信号的逻辑电平为 TTL 电平。

表 7-9 串行接口引脚定义表

引脚	信号	方向	说明
3，13	TXD	出	通信方式为硬握手方式，此引脚不输出数据。其中 3 脚为 TTL 电平，13 脚为 232 电平
5，15	RXD	入	打印机从主 CPU 接收数据。其中 5 脚为 TTL 电平，15 脚为 232 电平
6，16	BUSY	出	该信号为“高”电平时，表示打印机正“忙”，不能接收数据；而当该信号为“低”电平时，表示打印机“准备好”，可以接收数据。其中 6 脚为 TTL 电平，16 脚为 232 电平
8，19	GND	—	信号地。其中 8 脚为 TTL 接口信号地，19 脚为 232 接口信号地

在串口通信时，存在通信波特率和通信模式问题，炜煌系列 A9 热敏微型打印机提供了两个按键用于修改波特率和通信模式。设置时由两个按键 LF 键与 SET 键完成。LF 键位于前面板左上角，SET 键位于打印机背部右上角的圆孔内。

(1) 按 SET 键不放手同时给打印机上电，然后松开按键，打印机打印出设置报告。

(2) 按 SET 键，打印机又打印出设置报告，进入此菜单后用户可以选择设置串口或打印方向。

(3) 按 LF 键，打印机进入串口设置状态。

(4) 由 LF 键设置切换打印机波特率，每按一次 LF 键即打印出串口设置状态报告，在 1200、2400、4800、9600 b/s 和 19 200 b/s 这几种波特率中选择需要的波特率，出厂时设定波特率为 9600 b/s。

(5) 由 SET 键切换设置串行口的工作方式，串行连接分为方式 1 或方式 3 两种，出厂时设定为方式 1。

串行连接采用异步传输格式，如表 7-10 所示。

表 7-10　串行传输格式

1 位	8 位	1 位	1 位
起始位 0	数据位	奇偶校验位	停止位 1

串行口工作方式 1：一帧信息为 10 位，其中 1 位为起始位，8 位为数据位，1 位为停止位。

串行口工作方式 3：一帧信息为 11 位，其中 1 位为起始位，8 位为数据位，1 位为校验位，1 位为停止位。

(6) 修改完之后需要重新上电启动。

2. 炜煌(WH)系列热敏微型打印机操作

WH 系列打印机的并行接口与标准并行接口 Centronics 兼容，既可以用各种单片机控制，也可以用微机并口控制。其操作时序如图 7-12 所示。

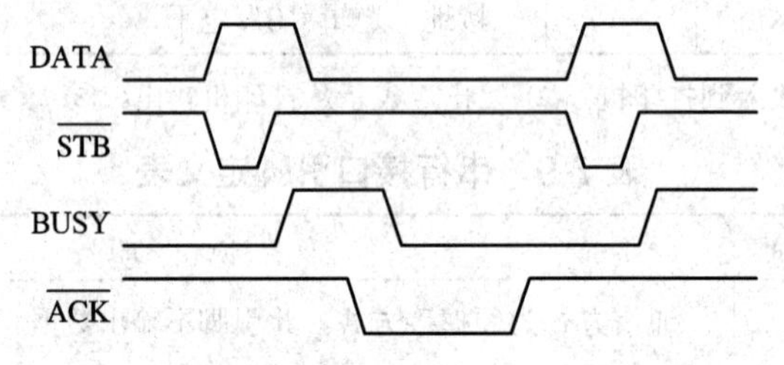

图 7-12　WH 系列打印机的并行接口工作时序

当 CPU 通过接口要求打印机打印数据时，先要查看忙信号 BUSY。如果 BUSY=0，即不忙才能向打印机输出数据，否则不能向打印机输出数据。在把数据送到 DATA 线上后，先发出选通信号通知打印机；打印机收到选通信号后，先发出“忙”信号，再从接口接收数据。当数据接收完并存入内部的打印缓冲器后，便送出 ACK 响应信号(宽度为 4 μs 的负脉冲)，表示打印机已准备好接收数据。同时在 ACK 脉冲的后沿使 BUSY 信号撤销。

3. 炜煌(WH)系列热敏微型打印机打印命令

WH 系列微型打印机提供众多的打印控制命令，控制 EPSON、SUMSUNG、FTP 公司的系列打印头完成各种功能。这些命令由一字节控制码或 ESC(或 FS)控制码序列组成，它们和市场上普通的微型打印机的控制命令兼容。WH 系列热敏微型打印机的打机命令如表 7-11 所示。

表 7-11　WH 系列热敏微型打印机的打印命令

命令		说明
ASCII	十六进制	
ESC 6	1B 36	选择字符集 1
ESC 7	1B 37	选择字符集 2
LF	0A	打印并换行
ESC J n	1B 4A n	换行 n 点行走纸
ESC O n	1B 6F n	执行 n 点行退纸
ESC 1 n	1B 31 n	设置 n 点行间距
ESC p n	1B 70 n	设置 n 点字符间距
ESC B n1 n2…NUL	1B 42 n1 n2…00	设置垂直造表值
VT	0B	执行垂直造表
ESC D n1 n2…NUL	1B 44 n1 n2…00	设置水平造表值
HT	09	执行水平造表
ESC f m n	1B 66 m n	打印空格或空行
ESC Qn	1B 51 n	设置右限
ESC 1n	1B 6C n	设置左限
ESC m n	1B 6D n	灰度打印
ESC U n	1B 55 n	横向放大
ESC V n	1B 56 n	纵向放大
ESC W n	1B 57 n	横向纵向放大
ESC — n	1B 2D n	允许/禁止下划线打印
ESC + n	1B 2B n	允许/禁止上划线打印
ESC i n	1B 69 n	允许/禁止反白打印
ESC c n	1B 63 n	允许/禁止反向打印
ESC &m n1 n2…n6	1B 26 m n1 n2…n6	定义用户自定义字符
ESC %m1 n1 m2 n2…mk nk NUL	25 m1 n1 m2 n2…mk nk 00	替换自定义字符
ESC :	1B 3A	恢复字符集中的字符
ESC K n1 n2…data…	1B 4B n1 n2…data…	打印点阵图形
ESC′ m1 m2 n1 n1′ n2 n2′…Data1 Data2′…CR	1B 27 m1 m2 n1 n1′ n2 n2′ … Data1 Data2′ …0D	打印曲线
ESC E nq nc n1 n2 n3...nk NUL	1B 45 nq nc n1 n2 n3...nk 00	打印条形码
FS &	1C 26	进入汉字方式
FS .	1C 2E	退出汉字方式
FS W n	1C 57 n	汉字横向纵向放大
FS SO	1C 0E	汉字横向放大一倍
FS DC4	1C 14	取消汉字横向放大
FS + n	1C 2B n	汉字允许/禁止上划线打印
FS — n	1C 2D n	汉字允许/禁止下划线打印
FS i n	1C 69 n	汉字允许/禁止反白打印
ESC @	1B 40	初始化打印机
CR	0D	回车
ESC k 1	1B 6B 1	自动切刀(适用带切刀的)

打印命令的详细说明可参考相关说明书。

7.2.2　打印机操作子程序

预定义：定义打印机操作端口。

```
#define PRINTER_BUSY          BIT0                 // 定义打印机忙信号引脚
#define PRINTER_nSTB          BIT1                 // 定义打印机 nSTB 信号引脚
#define PRINTER_PE            BIT2                 // 定义打印机纸状态检测信号引脚
#define PRINTER_nACK          BIT3                 // 定义打印机应答信号引脚
#define PRINTER_nERR          BIT4                 // 定义打印机错误检测信号引脚
#define PRINTER_nSEL          BIT6                 // 定义打印机在线检测信号引脚
#define OUT_PRINTER_DATA          P5DIR = 0xff     // 定义打印机数据线端口
#define WRITE_PRINTER_DATA        P5OUT
#define IN_PRINTER_BUSY           P3DIR &= ~PRINTER_BUSY
#define READ_PRINTER_BUSY         (P3IN & PRINTER_BUSY)
#define IN_PRINTER_PE             P3DIR &= ~PRINTER_PE
#define READ_PRINTER_PE           (P3IN & PRINTER_PE)
#define IN_PRINTER_nACK           P3DIR &= ~PRINTER_nAck
#define READ_PRINTER_nACK         (P3IN & PRINTER_nAck)
#define IN_PRINTER_nERR           P3DIR &= ~PRINTER_nERR
#define READ_PRINTER_nERR         (P3IN & PRINTER_nERR)
#define OUT_PRINTER_nSTB          P3DIR |= PRINTER_nSTB
#define HIGH_PRINTER_nSTB         P3OUT |= PRINTER_nSTB
#define LOW_PRINTER_nSTB          P3OUT &= ~PRINTER_nSTB
#define   CR   0x0d
#define   LF   0x0a
```

打印机端口初始化子函数：用于设置单片机与打印机连接端口的输入/输出方向。

```
void Init_Print (unsigned char byte_data)
{
    OUT_PRINTER_DATA;
    IN_PRINTER_BUSY;
    IN_PRINTER_PE;
    IN_PRINTER_nACK;
    IN_PRINTER_nERR;
    OUT_PRINTER_nSTB;
}
```

向打印机发送一个字节子函数：该函数发送一个字节数据给打印机，该字节数据既可作为打印机的命令字节，亦可作为需打印的数据。

```
void PrintByte(unsigned char byte_data)
{
```

```
        while(BUSY == 1);
        PRINTER_DATA = byte_data;
        LOW_PRINTER_nSTB;
        _NOP();                    // 调整 nSTB 信号脉宽
        HIGH_PRINTER_nSTB;
    }
```

向打印机发送多字节子函数：该函数向打印机发送多个字节数据，该数据既可作为打印机的命令，亦可作为需打印的数据。

入口参数：data_src，数据指针；N，打印数据个数。

```
    void PrintByteN( unsigned char *data_src, unsigned char N)
    {
        while(N--)
        {
            PrintByte(*(data_src++));
        }
    }
```

打印字符串子函数：该函数向打印机发送一个需打印的字符串，并由打印机打印输出。

```
    void PrintString(char* str)
    {
        while(*str)
        {
            PrintByte( *(str++));
        }
    }
```

打印机打印例程：如下程序为打印机打印时常见的程序写法。

```
    void WelcomePinter(void)
    {
        PrintString("您好：");
        PrintByte(CR);
        PrintString("      欢迎使用 XX 热能表! ");
        PrintByte(CR);
        PrintString("小区编号：");
        PrintByte(CR);
        PrintString("用户号：");
        PrintByte(CR);
        PrintString("热量：");
        PrintByte(CR);
        PrintString("金额：");
```

```
        PrintByte(CR);
        PrintString("抄表日期：");
    }
```

输出打印结果如下：

```
    您好：
        欢迎使用 XX 热能表!
    小区编号：
    用户号：
    热量：
    金额：
    抄表日期：
```

7.3 直流电机

7.3.1 直流电机概述

直流电机是最早出现的电机，也是最早能实现调速的电机。长期以来，直流电机一直占据着速度控制和位置控制的统治地位。由于它具有良好的线性调速特性、简单的控制性能、高质高效平滑运转的特性，因此尽管近年来不断受到其他电机(如交流变频电机、步进电机等)的挑战，但到目前为止，就其性能来说仍然无其他电机能比。在欧美等国家，大型成套生产装置和成套生产线仍然多用直流调速电机。

近年来，直流电机的结构和控制方式都发生了很大的变化。随着计算机进入控制领域，以及新型的电力电子功率元器件的不断出现，采用全控型的开关功率元件进行脉宽调制(Pulse Width Modulation，PWM)的控制方式已成为绝对主流，这种控制方式也已作为直流电机数字控制的基础。

随着永磁材料和工艺的发展，直流电机的励磁部分已用永磁材料代替，进而产生永磁直流电机。由于这种直流电机体积小、结构简单、省电，所以目前已在中小功率范围内得到了广泛的应用。

在直流调速控制中，可以采用各种控制器，MCU 是其中一种最常用的选择。由于 MCU 具有高速运算性能，因此可以实现例如模糊控制等复杂的控制算法。另外，它可以自己产生有死区的 PWM 输出，所以可以使外围硬件最少。

7.3.2 直流电机的工作原理

根据图 7-13 他励直流电机的等效电路，可以得到直流电机的数学模型。

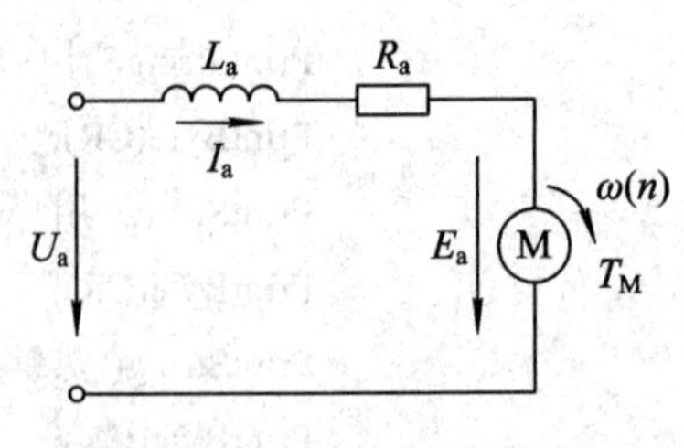

图 7-13 直流电机等效电路

电压平衡方程为

$$U_a = E_a + R_a I_a + L_a \frac{dI_a}{dt} \tag{7.3.1}$$

式中：U_a为电枢电压；I_a为电枢电流；R_a为电枢电路总电阻；E_a为感应电动势；L_a为电枢电路总电感。

其中感应电动势为

$$E_a = K_e \Phi n \tag{7.3.2}$$

式中：K_e为感应电动势计算常数；Φ为每极磁通；n为电机转速。

将式(7.3.2)代入式(7.3.1)可得

$$n = \frac{U_a - \left(I_a R_a + L_a \dfrac{\mathrm{d}I_a}{\mathrm{d}t} \right)}{K_e \Phi} \tag{7.3.3}$$

直流电机的电磁转矩为

$$T_M = K_T I_a \tag{7.3.4}$$

转矩平衡方程为

$$T_M = T_L + J \frac{\mathrm{d}\omega}{\mathrm{d}t} \tag{7.3.5}$$

式中：J为折算到电机轴上的转动惯量；T_M为电机的电磁转矩；T_L为负载转矩；ω为电机角速度；K_T为电机转矩常数。

由式(7.3.3)可得，直流电机的转速控制方法可分为两类：对励磁磁通Φ进行控制的励磁控制法和对电枢电压U_a进行控制的电枢电压控制法。

励磁控制法是在电机的电枢电压保持不变时，通过调整励磁电流来改变励磁磁通，从而实现调速。这种方法的调速范围小，在低速时受磁极饱和的限制，在高速时受换向火花和换向器结构强度的限制，并且励磁线圈电感较大，动态响应较差，所以这种控制方法用得很少。

电枢电压控制法是在保持励磁磁通不变的情况下，通过调整电枢电压来实现调速。在调速时，保持电枢电流不变，即保持电机的输出转矩不变，可以得到具有恒转矩特性的大的调速范围，因此大多数应用场合都使用电枢电压控制法。

对电机的驱动离不开半导体功率器件。在对直流电机电枢电压的控制和驱动中，对半导体功率器件的使用又可分为两种方式：线性放大驱动方式和开关驱动方式。

线性放大驱动方式是使半导体功率器件工作在线性区，这种方式的优点是控制原理简单、输出波动小、线性好、对邻近电路干扰小。但是功率器件在线性区工作时会将大部分功率用于产生热量，因而效率低、散热问题严重，因此这种方式只用于数瓦以下的微小功率直流电机的驱动。

绝大多数直流电机采用开关驱动方式。开关驱动方式是使半导体功率器件工作在开关状态，通过脉宽调制(PWM)来控制电机电枢电压来实现调速。

图 7-14 是利用开关管对直流电机进行 PWM 调速控制的原理图和输入/输出电压波形。在图 7-14(a)中，当开关管 MOSFET 的栅极输入高电平时，开关管导通，直流电机电枢绕组两端有电压U_s。t_1时间后，栅极输入变为低电平，开关管截止，电机电枢两端电压为零；t_2时间后，栅极输入重新变为高电平，开关管的动作重复前面的过程。这样，对应着输入

电平的高低，直流电机电枢绕组两端的电压波形如图 7-14(b)所示。电机的电枢绕组两端的电压平均值 U_a 为

$$U_a = \frac{t_1 U_s + 0}{t_1 + t_2} = \frac{t_1}{T} U_s = \alpha U_s \tag{7.3.6}$$

$$\alpha = \frac{t_1}{T} \tag{7.3.7}$$

式中：α 为占空比。

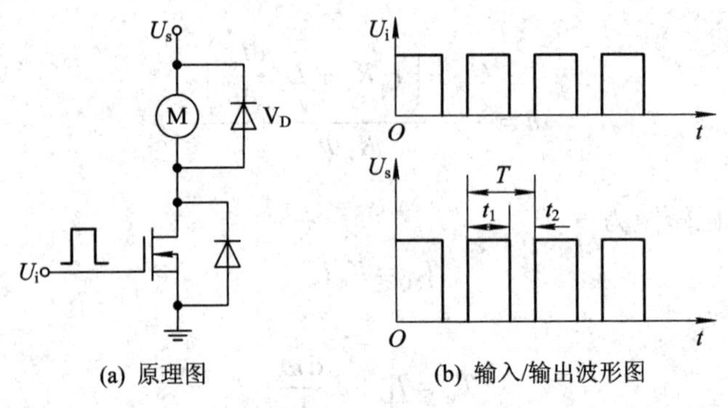

(a) 原理图　　(b) 输入/输出波形图

图 7-14　PWM 调速控制原理和电压波形图

占空比 α 表示了在一个周期 T 里，开关管导通的时间长短与周期的比值。α 的变化范围为 $0 \leqslant \alpha \leqslant 1$。由式(7.3.6)可知，在电源电压 U_s 不变的情况下，电枢的端电压的平均值 U_a 取决于占空比 α 的大小，改变 α 值就可以改变端电压的平均值，从而达到调速的目的，这就是 PWM 的调速原理。

在 PWM 调速时，占空比 α 是一个重要参数，以下三种方法都可以改变占空比的值：

(1) 定宽调频法：这种方法是保持 t_1 不变，只改变 t_2，这样使周期 T(或频率)也随之改变。

(2) 调宽调频法：这种方法是保持 t_2 不变，而改变 t_1，这样使周期 T(或频率)也随之改变。

(3) 定频调宽法：这种方法是使周期 T(或频率)保持不变，而同时改变 t_1 和 t_2。

前两种方法由于在调速时改变了控制脉冲的周期(或频率)，当控制脉冲的频率与系统的固有频率接近时，将会引起振荡，因此这两种方法用得很少。目前，在直流电机的控制中，主要使用定频调宽法。

7.3.3　直流电机的驱动

直流电机通常要求工作在正反转的场合，这时需要使用可逆 PWM 系统。可逆 PWM 系统分为单极性驱动和双极性驱动，下面分别介绍单极性驱动和双极性驱动可逆 PWM 系统。

1. 直流电机单极性驱动可逆 PWM 系统

单极性驱动是指在一个 PWM 周期里，电机电枢的电压极性呈单一性(或者正、或者负)变化。单极性驱动电路有两种，一种称为 T 型，它由两个开关管组成，采用正负电源，相当于两个不可逆系统的组合，由于形状像横放的“T”，所以称为 T 型。T 型单极性驱动由于电流不能反向，并且两个开关管动态切换(正反转切换)的工作条件是电枢电流等于零，因此动态性能较差，很少采用。另一种称为H型，其形状像“H”，也称桥式电路。H型单极性驱动应用较多，因此在这里将详细介绍。

图7-15是H型单极可逆PWM驱动系统。它由4个开关管和4个续流二极管组成，单电源供电。当电机正转时，V_1开关管根据PWM控制信号同步导通或关断，而V_2开关管则受PWM反相控制信号控制，V_3保持常闭，V_4保持常开。当电机反转时，V_3开关管根据PWM控制信号同步导通或关断，而V_4开关管则受PWM反相控制信号控制，V_1保持常闭，V_2保持常开。

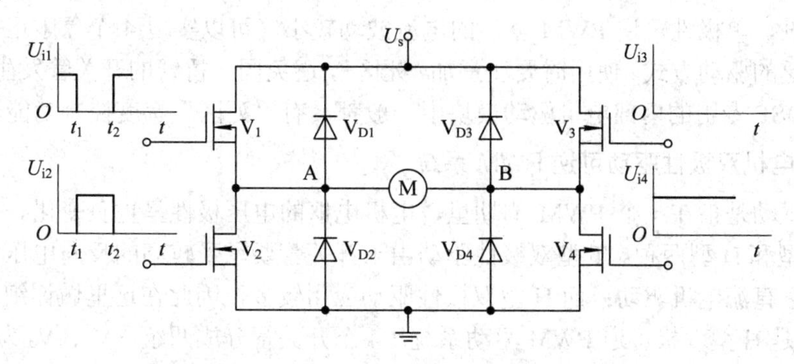

图7-15 H型单极可逆PWM驱动系统

当要求电机在较大负载情况下正转工作时，平均电压 U_a 大于感应电动势 E_a。在每个PWM周期的0～t_1区间，V_1导通，V_2截止，电流I_a经V_1、V_4从A到B流过电枢绕组。在每个PWM周期的t_1～t_2区间，V_2导通，V_1截止，电源断开，在感应电动势的作用下，电机内线圈经二极管 V_{D2} 和开关管 V_4 进行续流，使电枢中仍然有电流流过，方向维持从A到B。这时由于二极管V_{D2}的钳位作用，V_2实际不能导通。电流波形如图7-16(a)所示。

当电机在进行减速运行时，平均电压 U_a 小于感应电动势 E_a。在每个PWM周期的0～t_1区间，在感应电动势和自感电动势共同作用下，电流经二极管 V_{D4}、V_{D1}流向电源，方向是从B到A，电机处在再生制动状态。在每个PWM周期的t_1～t_2区间，V_2导通，V_1截止，在感应电动势的作用下，电流经V_{D4}、V_2仍然是从B到A流过绕组，电机处在耗能制动状态。电机减速时的电流波形如图7-16(b)所示。

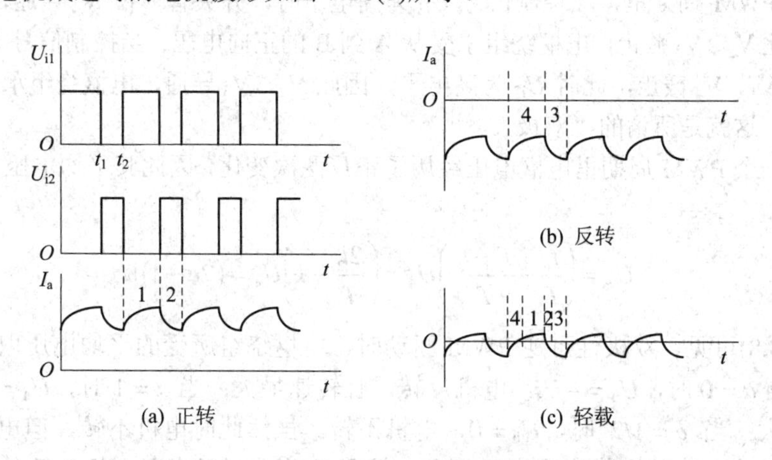

图7-16 H型单极性可逆PWM驱动电流波形

当电机轻载或空载运行时，平均电压 U_a 与感应电动势 E_a 几乎相等。在每个 PWM 周期的 0～t_1 区间，V_2 截止，电流经二极管 V_{D4}、V_{D1} 流向电源，当减小到零后，V_1 导通接通电源，电流改变方向，从 A 到 B，经 V_4 到地。在每个 PWM 周期的 t_1～t_2 区间，V_1 截止，电流经二极管 V_{D2} 和开关管 V_4 进行续流，当续流电流减小到零后，V_2 导通，在感应电动势的作用下，电流改变方向，从 B 到 A，经 V_2 到地。因此，在一个 PWM 周期中，电流交替呈现再生制动、电动、续流电动、耗能制动 4 种状态，电流围绕着横轴上下波动，如图 7-16(c)所示。

由此可见，单极性可逆 PWM 驱动的电流波动较小，可以实现 4 个象限运行，是一种应用非常广泛的驱动方式。使用时要注意加“死区”，避免同一桥臂的开关管发生直通短路。在 MCU 或 DSP 专用的内部电机驱动模块中一般都具有“死区”宽度控制功能。

2. 直流电机双极性驱动可逆 PWM 系统

双极性驱动是指在一个 PWM 周期里，电机电枢的电压极性呈正负变化。双极性驱动电路也有 T 型和 H 型两种。T 型双极性驱动由于开关管要承受较高的反向电压，因此只用于低压小功率直流电机驱动；而 H 型双极性驱动应用较多，因此在这里做详细介绍。

图 7-17 是 H 型双极可逆 PWM 驱动系统。4 个开关管分成两组，V_1、V_4 为一组，V_2、V_3 为另一组。同一组的开关管同步导通或关断，不同组的开关管的导通与关断正好相反。

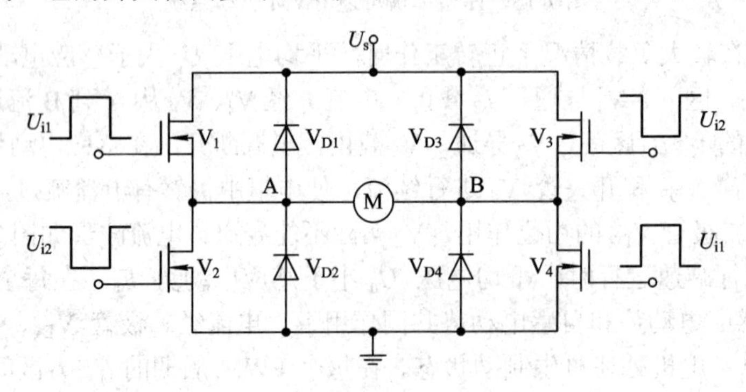

图 7-17　H 型双极可逆 PWM 驱动系统

在每个 PWM 周期里，当控制信号 U_{i1} 为高电平时，开关管 V_1、V_4 导通，此时 U_{i2} 为低电平，因此 V_2、V_3 截止，电枢绕组承受从 A 到 B 的正向电压；当控制信号 U_{i1} 为低电平时，开关管 V_1、V_4 截止，此时 U_{i2} 为高电平，因此 V_2、V_3 导通，电枢绕组承受从 B 到 A 的反向电压，这就是所谓的“双极”。

由于在一个 PWM 周期里电枢电压经历了正反两次变化，因此其平均电压 U_a 的计算公式为

$$U_a=\left(\frac{t_1}{T}-\frac{T-t_1}{T}\right)U_s=\left(\frac{2t_1}{T}-1\right)U_s=(2a-1)U_s \tag{7.3.8}$$

由式(7.3.8)可见，双极性可逆 PWM 驱动时，电枢绕组所受的平均电压取决于占空比 α 的大小。当 $\alpha=0$ 时，$U_a=-U_s$，电机反转，且转速最大；当 $\alpha=1$ 时，$U_a=U_s$，电机正转，转速最大；当 $\alpha=1/2$ 时，$U_a=0$，电机不转。虽然此时电机不转，但电枢绕组中仍然有交变电流流动，使电机产生高频振荡，这种振荡有利于克服电机负载的静摩擦，提

高动态性能。

下面讨论电机电枢绕组的电流。电枢绕组中的电流波形如图 7-18 所示，分以下三种情况。

(1) 当要求电机在较大负载情况下正转工作时，平均电压 U_a 大于感应电动势 E_a。在每个 PWM 周期的 0～t_1 区间，V_1、V_4 导通，V_2、V_3 截止，电枢绕组中电流的方向是从 A 到 B。在每个 PWM 周期的 t_1～t_2 区间，V_2、V_3 导通，V_1、V_4 截止，虽然电枢绕组加反向电压，但由于绕组的负载电流较大，电流的方向仍然不变，只不过电流幅值的下降速率比前面介绍的单极性系统的要大，因此电流的波动较大。

(2) 当电机在较大负载情况下反转工作时，情形正好与正转时相反，电流波形如图 7-18(b)所示，这里不再介绍。

(3) 当电机在轻载下工作时，负载使电枢电流很小，电流波形基本上围绕横轴上下波动(如图 7-18(c)所示)，电流的方向也在不断地变化。在每个 PWM 周期的 0～t_1 区间，V_2、V_3 截止。开始时，由于自感电动势的作用，电枢中的电流维持原流向，从 B 到 A，经二极管 V_{D4}、V_{D1} 到电源，电机处于再生制动状态。由于二极管 V_{D4}、V_{D1} 的钳位作用，此时 V_1、V_4 不能导通。当电流衰减到零后，在电源电压的作用下，V_1、V_4 开始导通，电流经 V_1、V_4 形成回路。这时电枢电流的方向从 A 到 B，电机处于电动状态。在每个 PWM 周期的 t_1～t_2 区间，V_1、V_4 截止。电枢电流在自感电动势的作用下继续从 A 到 B，电机仍处于电动状态。当电流衰减为零后，V_2、V_3 开始导通，电机处于耗能制动状态。所以，在轻载下工作时，电机的工作状态呈电动和制动交替变化。

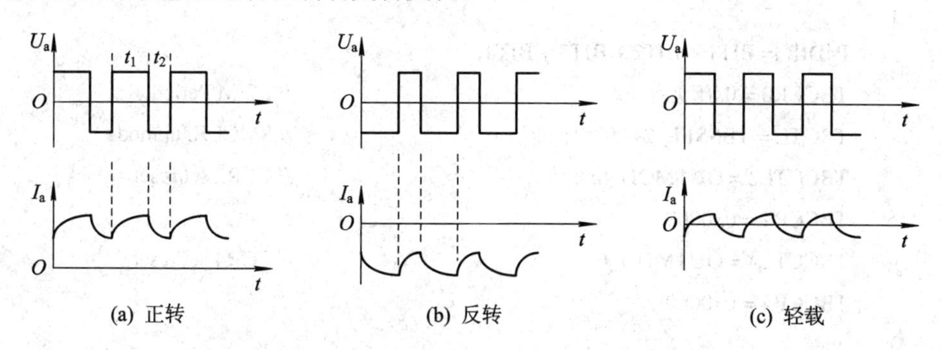

图 7-18　H 型双极性可逆 PWM 驱动电流波形

双极性驱动时，电机可在 4 个象限上工作，低速时的高频振荡有利于消除负载的静摩擦，低速平稳性好。但在工作的过程中，由于 4 个开关管都处在开关状态，功率损耗较大，因此双极性驱动只适用于中小功率直流电机。使用时也要加“死区”，防止开关管直通。

7.3.4　直流电机的驱动实例

MSP430F135 驱动直流电机电路如图 7-19 所示。利用 PNP 三极管 2N3906 作为上桥连接电源 V_{CC} 与直流电机，目的是减少三极管导通的电压降；利用 NPN 三极管 2N3904 作为下桥连接直流电机到地。当控制 V_1 与 V_4 导通时，电机向一个方向旋转；当控制 V_2 与 V_3 导通时，电机向另一个方向旋转。通过控制 V_3、V_4 的导通脉冲宽度即可控制电机转速。

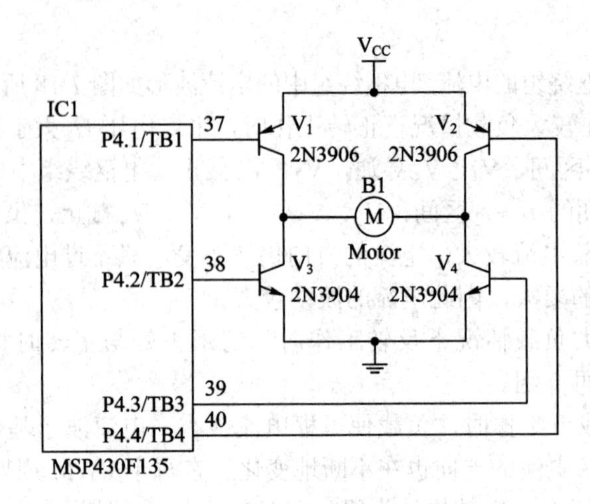

图 7-19　MSP430F135 驱动直流电机电路图

驱动程序如下：

电机端口初始化函数：用于初始化控制电机的 4 个 I/O 口，两个 PNP 的上桥作为普通 I/O 口，在需要工作时使其导通即可；两个 NPN 的下桥在需要工作时作为 TimeB 模块，用于调节速度。

```
void InitMotor(void)
{
    P4DIR |= BIT1 + BIT2 + BIT3 + BIT4;
    TBCCR0 = 0xfff0;                        // PWM Period
    TBCTL = TBSSEL_2+MC_1;                  // SMCLK, upmode
    TBCCTL2 = OUTMOD_6;                     // CCR2 set/reset
    TBCCR2 = 0x0000;
    TBCCTL4 = OUTMOD_6;                     // CCR4 set/reset
    TBCCR4 = 0x0000;
}
```

电机控制函数：用于控制电机的运转方向和运转速度。

输入参数：direct，电机运转方向；data，电机运转速度对应的 TimeB 值。

```
void Motor(unsigned char direct, unsigned int data)
{
    if(direct == 1)
    {
        P4OUT |= BIT1;
        P4OUT &= ~BIT3;
        P4SEL &= ~BIT4;
        P4OUT &= ~BIT4;
        P4SEL |= BIT2;
        TBCCR2 = data;
```

```
        }
        else
        {
            P4OUT &= ~BIT1;
            P4OUT |= BIT3;
            P4SEL |= BIT4;
            TBCCR4 = data;
            P4SEL &= ~BIT2;
            P4OUT &= ~BIT2;
        }
    }
```

7.4　步 进 电 机

7.4.1　步进电机概述

步进电机是纯粹的数字控制电机。它将电脉冲信号转变成角位移，即给一个脉冲信号，步进电机就转动一个角度。近三十年来，数字技术、计算机技术和永磁材料的迅速发展，推动了步进电机的发展，为步进电机的应用开辟了广阔的前景。

步进电机有如下特点：

(1) 步进电机的角位移与输入脉冲数严格地成正比，因此，当它转一圈后，没有累计误差，具有良好的跟随性。

(2) 由步进电机与驱动电路组成的开环数控系统，既非常简单、廉价，又非常可靠。同时，它也可以与角度反馈环节组成高性能的闭环数控系统。

(3) 步进电机的动态响应快，易于启停、正反转及变速。

(4) 速度可在相当宽的范围内平滑调节，低速下仍能保证获得大转矩。因此，一般可以不用减速器而直接驱动负载。

(5) 步进电机只能通过脉冲电源供电才能运行，它不能直接使用交流电源和直流电源。

(6) 步进电机存在振荡和失步现象，必须对控制系统和机械负载采取相应的措施。

(7) 步进电机自身的噪声和振动较大，带惯性负载的能力较差。

7.4.2　步进电机的工作原理

1. 步进电机的分类和结构

1) 步进电机的分类

步进电机可分为三大类：

(1) 反应式步进电机(Variable Reluctance，VR)。

反应式步进电机的转子是由软磁材料制成的，转子中没有绕组。它的结构简单、成本

低，步距角可以做得很小，但动态性能较差。

(2) 永磁式步进电机(Permanent Magnet，PM)。

永磁式步进电机的转子是用永磁材料制成的，转子本身就是一个磁源。它的输出转矩大、动态性能好，转子的极数与定子的极数相同，所以步距角一般较大，需供给正负脉冲信号。

(3) 混合式步进电机(Hybrid，HB)。

混合式步进电机综合了反应式和永磁式两者的优点，它的输出转矩大、动态性能好、步距角小，但结构复杂、成本较高。

2) 步进电机的结构

图 7-20 是一个三相反应式步进电机的结构图。从图中可以看出，它分转子和定子两部分。定子是由硅钢片叠成的，其上有六磁极(大极)，每两个相对的磁极(N、S 极)组成一对，共有三对；每对磁极都缠有同一绕组，也即形成一相，这样三对磁极有三个绕组，形成三相。可以得出，四相步进电机有四对磁极、四相绕组；五相步进电机有五对磁极、五相绕组；依此类推。每个磁极的内表面都分布着多个小齿，它们大小相同，间距也相同。

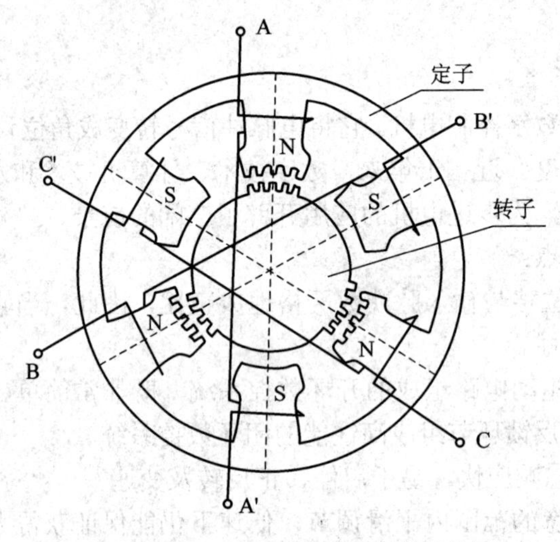

图 7-20　三相反应式步进电机的结构图

转子是由软磁材料制成的，其外表面也均匀分布着小齿，这些小齿与定子磁极上的小齿的齿距相同，形状相似。

由于小齿的齿距相同，所以不管是定子还是转子，它们的齿距角都可以由下式来计算

$$\theta_Z = \frac{2\pi}{Z} \tag{7.4.1}$$

式中：Z 为转子的齿数。

反应式步进电机运动的动力来自于电磁力。在电磁力的作用下，转子被强行推动到最大磁导率(或者最小磁阻)的位置，即定子小齿与转子小齿对齐的位置，并处于平衡状态。对三相步进电机来说，当某一相的磁极处于最大磁导位置时，另外两相必须处于非最大磁导位置，即定子小齿与转子小齿不对齐的位置。

把定子小齿与转子小齿对齐的状态称为对齿，把定子小齿与转子小齿不对齐的状态称

为错齿。错齿的存在是步进电机能够旋转的前提条件。所以，在步进电机的结构中必须保证有错齿存在，也就是说，当某一相处于对齿状态时，其他相必须处于错齿状态。

定子的齿距角与转子相间，所不同的是，转子的齿是圆周分布的，而定子的齿只分布在磁极上，属于不完全齿。当某一相处于对齿状态时，该相磁极上定子的所有小齿都与转子上的小齿对齐。

2. 步进电机的工作方式

1) 步进电机的步进原理

如果给处于错齿状态的相通电，则转子在电磁力的作用下，将向磁导率最大(或磁阻最小)的位置转动，即向趋于对齿的状态转动。步进电机就是基于这一原理转动的。

步进电机步进的过程也可通过图 7-20 进一步说明。当 A 相绕组通电时，使 A 相磁场建立。A 相定子磁极上的齿与转子的齿形成对齿，同时，B 相、C 相上的齿与转子形成错齿。

将 A 相断电，同时使处于错 1/3 个齿距角的 B 相通电，并建立磁场。转子在电磁力的作用下，向与 B 相成对齿的位置转动。其结果是：转子转动了 1/3 个齿距角，B 相与转子形成对齿；C 相与转子错 1/3 个齿距角；A 相与转子错 2/3 个齿距角。

相似的，在 B 相断电的同时给 C 相通电，建立磁场，转子又转动了 1/3 个齿距角，与 C 相形成对齿，并且 A 相与转子错 1/3 个齿距角，B 相与转子错 2/3 个齿距角。

当 C 相断电，再给 A 相通电时，转子又转动了 1/3 个齿距角，与 A 相形成对齿，与 B、C 两相形成错齿。至此，所有的状态与最初时的一样，只不过转子累计转过了一个齿距。

可见，由于按 A—B—C—A 顺序轮流给各相绕组通电，磁场按 A—B—C 方向转过了 360°，转子则沿相同方向转过一个齿距角。

同样，如果改变通电顺序，即按与上面相反的方向(A—C—B—A 的顺序)通电，则转子的转向也改变。

如果把对绕组通电一次的操作称为一拍，那么前面所述的三相反应式步进电机的三相轮流通电就需要三拍。转子每拍走一步，转一个齿距角需要三步。

转子走一步所转过的角度称为步距角 θ_N，可用下式计算

$$\theta_N = \frac{\theta_Z}{N} = \frac{2\pi}{NZ} \tag{7.4.2}$$

式中：N 为步进电机工作拍数。

2) 单三拍工作方式

三相步进电机如果按 A—B—C—A 方式循环通电工作，就称这种工作方式为单三拍工作方式。其中“单”指的是每次对一个相通电；“三拍”指的是磁场旋转一周需要换相三次，这时转子转动一个齿距角。对多相步进电机来说，如果每次只对一相通电，要使磁场旋转一周就需要多拍。

以单三拍工作方式工作的步进电机，其步距角按式(7.4.2)计算。

在用单三拍方式工作时，各相通电的波形如图 7-21 所示。其中，电压波形是方波，而电流波形则由两段指数曲线组成。这是因为受步进电机绕组电感的影响，当绕组通电时，电感阻止电流的快速变化；当绕组断电时，存储在绕组中的电能通过续流二极管放电。电

流的上升时间取决于回路中的时间常数。我们希望步进电机绕组中的电流也能像电压一样突变，这一点与其他电机不同，因为这样会使绕组在通电时能迅速建立磁场，断电时不会干扰其他相磁场。

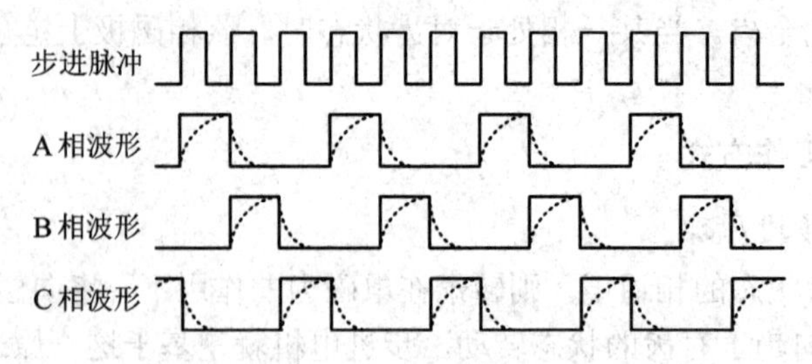

图 7-21　单三拍工作方式时的相电压、电流波形

为了达到这一目的可以有许多方法。在续流二极管回路中串联一个电阻是其中一种有效的方法。它可以在绕组断电时，通过续流二极管将存储在绕组中的电能消耗在电阻上，表现为电流波形下降的速度加快，下降时间减小。

3) 双三拍工作方式

三相步进电机的各相除了采用单三拍通电方式工作外，还可以有其他通电方式。双三拍是其中之一。

双三拍的工作方式是每次对两相同时通电，即所谓“双”；磁场旋转一周需要换相三次，即所谓“三拍”，转子转动一个齿距角，这与单三拍是一样的。在双三拍工作方式中，步进电机正转的通电顺序为 AB—BC—CA，反转的通电顺序为 BA—AC—CB。

因为在双三拍工作方式中，转子转动一个齿距角需要的拍数也是“三拍”，所以它的步距角与单三拍时的一样，仍然用式(7.4.2)计算。

在用双三拍方式工作时，各相通电的波形如图 7-22 所示。由图可见，每一拍中都有两相通电，每一相通电时间都持续两拍。所以，双三拍通电的时间长，消耗的电功率大，当然，获得的电磁转矩也大。

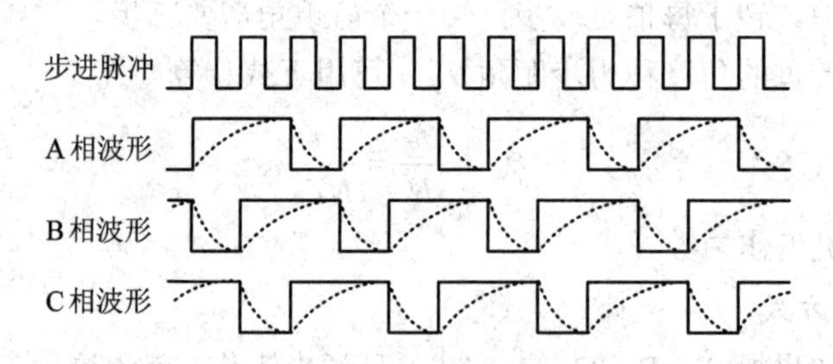

图 7-22　双三拍工作方式时的相电压、电流波形

双三拍工作时，所产生的磁场形状与单三拍时不一样。与单三拍另一个不同之处是，双三拍工作时的磁导率最大位置并不是转子处于对齿的位置。当某两相通电时，最大磁导率的位置是转子齿与两个通电相磁极的齿分别错 ±1/6 个齿距角的位置，而此时转子齿与另一未通电相错 1/2 个齿距角。也就是说，在最大磁导率位置时，没有对齿存在。在这个位置上，两个通电相的磁极所产生的磁场使定子与转子相互作用的电磁转矩大小相等、方向相反，使转子处于平衡状态。

双三拍方式还有一个优点，就是不易产生失步。这是因为当两相通电后，两相绕组中的电流幅值不同，产生的电磁力作用方向也不同。所以，其中一相产生的电磁力起了阻尼作用。绕组中电流越大，阻尼作用就越大。这有利于步进电机在低频区工作。而单三拍由于是单相通电励磁，不会产生阻尼作用，因此当工作在低频区时，由于通电时间长而使能量过大，易产生失步现象。

4) 六拍工作方式

六拍工作方式是三相步进电机的另一种通电方式。这是单三拍与双三拍交替使用的一种方法，也称做单双六拍或 1—2 相励磁法。

步进电机的正转通电顺序为 A—AB—B—BC—C—CA，反转通电顺序为 A—AC—C—CB—B—BA。可见，磁场旋转一周，通电需要换相六次(即六拍)，转子才转动一个齿距角，这是与单三拍和双三拍最大的区别。

由于转子转动一个齿距角需要六拍，根据式(7.4.2)，六拍工作时的步距角要比单三拍和双三拍时的步距角小一半，所以步进精度要高一倍。

六拍工作时，各相通电的电压和电流波形如图 7-23 所示。可以看出，在使用六拍工作方式时，有三拍是单相通电，有三拍是双相通电；对任一相来说，它的电压波形是一个方波，周期为六拍，其中有三拍连续通电，有三拍连续断电。

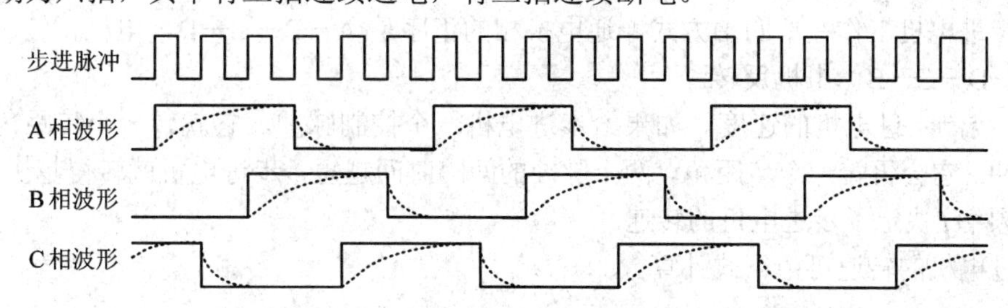

图 7-23　六拍工作方式的相电压、电流波形

单三拍、双三拍、六拍这三种工作方式的区别如表 7-12 所示。

表 7-12　三种工作方式的比较

工作方式	单三拍	双三拍	六拍
步进周期	T	T	T
每相通电时间	T	$2T$	$3T$
走齿周期	$3T$	$3T$	$6T$
相电流	小	较大	最大
高频性能	差	较好	较好
转矩	小	中	大
电磁阻尼	小	较大	较大
振荡	易	较易	不易
功耗	小	大	中

由表 7-12 可以看出，这三种工作方式的区别较大，一般来说，六拍工作方式的性能最

好，单三拍工作方式的性能较差。因此，在步进电机控制的应用中，选择合适的工作方式非常重要。

以上介绍了三相步进电机的工作方式。对于多相步进电机，也可以有多种工作方式。例如四相步进电机，有单四拍(A—B—C—D)、双四拍(AB—BC—CD—DA)、八拍(A—AB—B—BC—C—CD—D—DA，或者 AB—ABC—BC—BCD—CD—CDA—DA—DAB)。同样，读者可以自己推出五相步进电机的工作方式。

7.4.3　步进电机的驱动

步进电机的驱动电路是根据控制信号工作的。在步进电机的 MCU 控制中，控制信号是由 MCU 产生的。其基本控制作用如下：

(1) 控制换相顺序。步进电机的通电换相顺序是严格按照步进电机的工作方式进行的。通常把通电换相这一过程称为“脉冲分配”。例如，三相步进电机的单三拍工作方式，其各相通电的顺序为 A—B—C，通电控制脉冲必须严格地按照这一顺序，分别控制 A、B、C 相的通电和断电。

(2) 控制步进电机的转向。通过前面介绍的步进电机的原理我们已经知道，如果按给定的工作方式正序通电换相，步进电机就正转；如果按反序通电换相，则电机就反转。例如四相步进电机工作在单四拍方式，通电换相的正序是 A—B—C—D，电机正转；如果按反序 A—D—C—B，电机反转。

(3) 控制步进电机的速度。如果给步进电机一个控制脉冲，它就转一个步距角，再给一个脉冲，它会再转一个步距角。两个脉冲的间隔时间越短，步进电机就转得越快。因此，脉冲的频率 f 决定了步进电机的转速。

步进电机的转速可由下式计算

$$\omega = \theta_N f \tag{7.4.3}$$

当步进电机的工作方式确定之后，调整脉冲的频率 f，就可以对步进电机进行调速。下面介绍如何使用 MCU 实现上述控制。

1. 步进电机的脉冲分配

实现脉冲分配(也就是通电换相控制)的方法有两种：软件法和硬件法。

1) 通过软件实现脉冲分配

软件法是完全用软件的方式，按照给定的通电换相顺序，通过 MCU 的 PWM 输出口向驱动电路发出控制脉冲。图 7-24 所示就是用这种方法控制四相步进电机的硬件接口的例子。该例子利用 MCU 的 I/O 口，向四相步进电机各相传送控制信号。

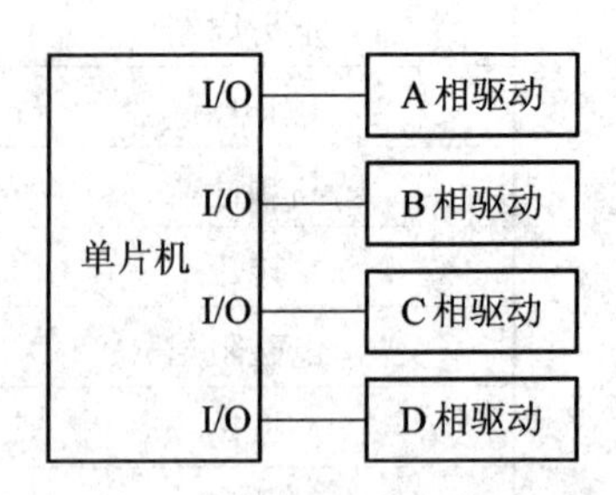

图 7-24　用软件实现脉冲分配的接口示意图

下面以四相步进电机工作在八拍方式为例，来说明如何设计软件。四相八拍工作方式通电换相的正序为 AB—ABC—BC—BCD—CD—CDA—DA—DAB，共有 8 个通电状态。

2) 通过硬件实现脉冲分配

所谓硬件法，实际上是指使用脉冲分配器芯片来进行通电换相控制。脉冲分配器有很多种，如 CH250、CH224、PMM8713、PMM8714、PMM8723 等。这里介绍一种 8713 集成电路芯片。8713 有几种型号，如三洋公司生产的 PMM8713、富士通公司生产的 MB8713、国产的 5G871 等，它们的功能一样，可以互换。

8713 属于单极性控制，用于控制三相和四相步进电机，可以选择以下不同的工作方式：

三相步进电机：单三拍、双三拍、六拍；

四相步进电机：单四拍、双四拍、八拍。

8713 可以选择单时钟输入或双时钟输入，具有正反转控制、初始化复位、工作方式和输入脉冲状态监视等功能，所有输入端内部都设有斯密特整形电路，以提高抗干扰能力。8713 采用 4～18 V 直流电源，输出电流为 20 mA。其引脚封装如图 7-25 所示。

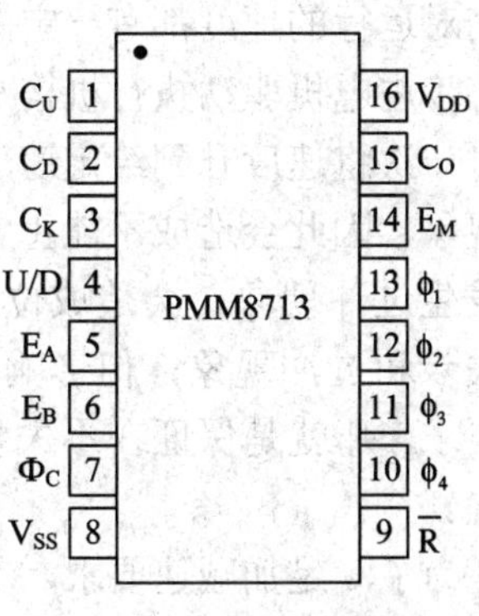

图 7-25　8713 引脚封装图

各引脚功能说明如下：

C_U：正转脉冲输入端，1、2 脚为双时钟输入端。

C_D：反转脉冲输入端。

C_K：脉冲输入端，3、4 脚为单时钟输入端。

U/D：转向控制端。0 为反转，1 为正转。

E_A、E_B：工作方式选择。00 为双二(四)拍，01、10 为单三(四)拍，11 为六(八)拍。

$Φ_C$：三/四相选择。0 为三相，1 为四相。

V_{SS}：电源地。

$\overline{R}$：复位端，低电平有效。

ϕ_4、ϕ_3、ϕ_2、ϕ_1：输出端。四相用 13、12、11、10 脚，分别代表 A、B、C、D；三相用 13、12、11 脚，分别代表 A、B、C。

E_M：工作方式监视。0 为单三(四)拍，1 为双三(四)拍，脉冲为六(八)拍。

C_O：输入脉冲状态监视，与时钟同步。

V_{DD}：电源。

8713 脉冲分配器与 MCU 的接口例子如图 7-26 所示。本例选用单时钟输入方式，8713 的 3 脚为步进脉冲输入端，4 脚为转向控制端，这两个输入引脚均可由 MCU 的 I/O 口控制。选用对四相步进电机进行八拍方式控制，所以 5、6、7 脚均接高电平。

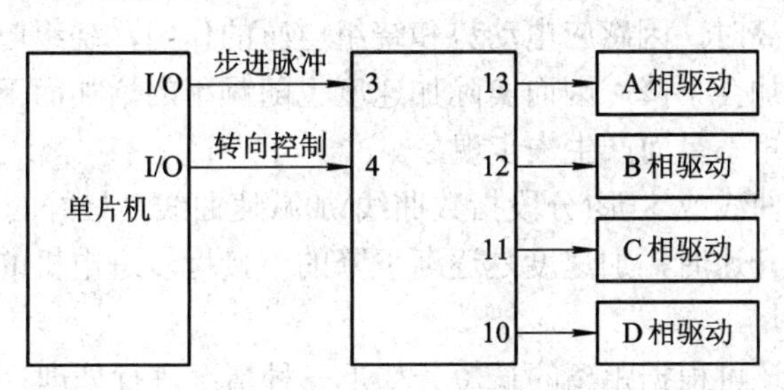

图 7-26　8713 脉冲分配器与 MCU 接口

硬件法节约了 MCU 的时间和资源，因此利用单片机可以实现多台步进电机的多轴联动控制，其中对转向控制可利用单片机的 I/O 口输出高电平实现正转和输出低电平实现反转。

2. 步进电机的速度控制

步进电机的速度同样也可通过上述脉冲分配的两种方法进行控制。

(1) 在通过软件实现时，根据需要的电机速度，计算出每次换相的间隔时间，根据此间隔时间进行定时，定时时间到，换下一相通电，即可实现电机速度的控制。

(2) 在通过硬件实现时，根据需要的电机速度，计算出每次换相的间隔时间，根据此间隔时间进行定时，定时时间到，发送一个步进脉冲，即可实现电机速度的控制。

实际上，多数步进电机用于开环控制，因此没有速度调节环节。所以在速度控制中，速度并不是一次升到位。另外，在位置控制中，执行机构的位移也不总是在恒速下进行的。它们对运行的速度都有一定的要求。

步进电机驱动执行机构从 A 点到 B 点移动时，要经历升速、恒速和减速过程。如果启动时一次将速度升到给定速度，由于启动频率超过极限启动频率 f_q，步进电机就会发生失步现象，因此会造成不能正常启动。如果到终点时突然停下来，由于惯性作用，步进电机会发生过冲现象，会造成位置精度降低。如果非常缓慢地升降速，步进电机虽然不会产生失步和过冲现象，但影响了执行机构的工作效率。所以对步进电机的加减速要有严格的要求，那就是保证在不失步和过冲的前提下，用最快的速度(或最短的时间)移动到指定位置。

为了满足加减速要求，步进电机运行通常按照加减速曲线进行。图 7-27 是加减速运行曲线。加减速运行曲线没有一个固定的模式，一般是根据经验和试验得到的。

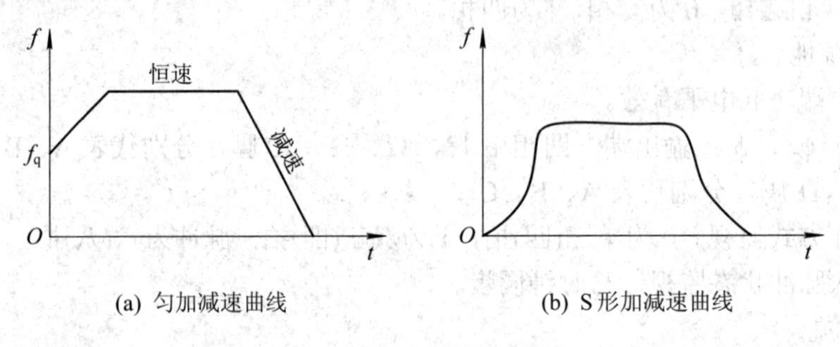

(a) 匀加减速曲线　　(b) S形加减速曲线

图 7-27　加减速运行曲线

最简单的是匀加速和匀减速曲线，如图 7-27(a)所示，其加减速曲线都是直线，因此容易编程实现。在按直线加速时，加速度是不变的，因此要求转矩也应该是不变的。但是，当步进电机的转速升高时，因感应电动势和绕组电感的作用，绕组电流会逐渐减少，所以电磁转矩随转速的增加会下降，因而实际加速度也随频率的增加而下降。所以按直线加速时，有可能造成因转矩不足而产生失步现象。

采用指数加减速曲线或 S 形(分段指数曲线)加减速曲线是最好的选择，如图 7-27(b)所示。因为按指数规律升速时，加速度是逐渐下降的，接近步进电机的输出转矩随转速的变化规律。

步进电机的运行还可根据距离的长短分如下三种情况进行处理：

(1) 短距离。由于距离较短，来不及升到最高速，因此在这种情况下步进电机以接近启动频率运行，运行过程中没有加减速。

(2) 中短距离。在这样的距离里，步进电机只有加减速过程，而没有恒速过程。

(3) 中、长距离。不仅有加减速过程，还有恒速过程。由于距离较长，要尽量缩短用时，保证快速反应性，因此在加速时，尽量按启动频率启动；在恒速时，尽量工作在最高速。

7.4.4　步进电机的驱动实例

PMM8713 与 L298N 配合驱动步进电机的电路如图 7-28 所示。PMM8713 的 1、2 与 3、4 脚构成本电路的两种时钟脉冲输入模式，前者采用正反转两种脉冲分别输入，后者则仅需一个脉冲输入，正反转用开关控制，本例使用后者。L298N 是双 H 桥式驱动器，这种电路的优点是需要的元件很少、可靠性高，且利用单片机控制、应用方便。

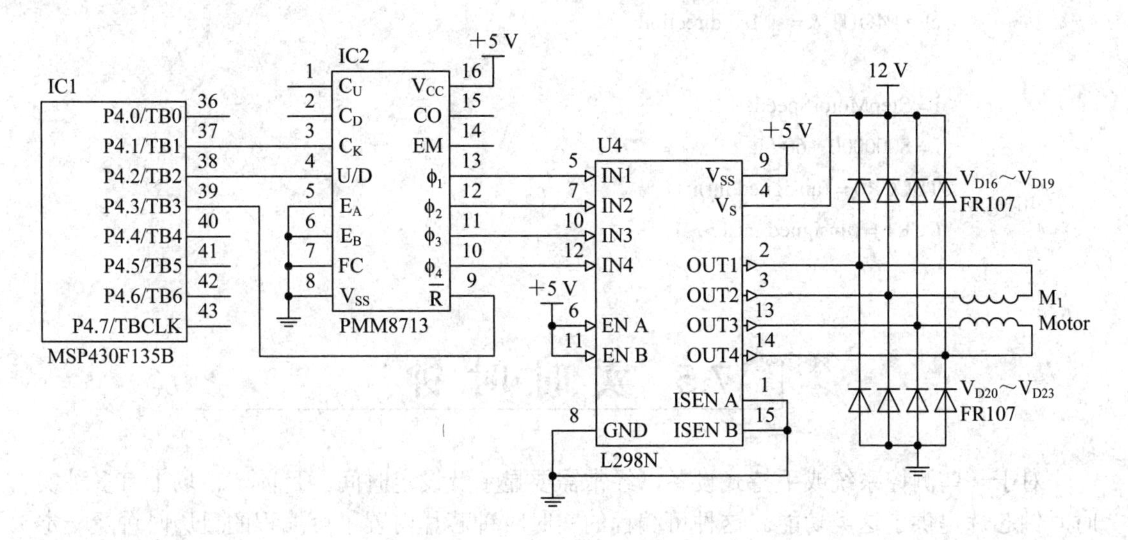

图 7-28　步进电机驱动电路

预定义：

```
#define MA_speed          BIT1        // 速度    P4
#define MA_direction      BIT2        // 方向    P4
#define MA_enable         BIT3        // 使能    P4
```

步进电机初始化函数：设置控制步进电机引脚的输入输出方向，在此电机速度输入引脚使用 TimeB 模块功能。

```
void InitStepMotor(void)
{
    P4DIR |= MA_speed + MA_direction + MA_enable;
    P4SEL |= MA_speed;
    P4OUT &= ~MA_enable;
    TBCCR0 = 0x0000;                    // PWM Period
    TBCTL = TBSSEL_2+MC_1;              // SMCLK, upmode
```

```
        CCR1 = 0x0000;
    }
```

步进电机控制子函数：控制电机的运转方向、电机的运转速度。

入口参数：direction，电机的运转方向；StepMotorSpeed，电机的运转速度(每分钟步进的步数)。在此，TimeB 的计数频率为 8 MHz。

```
    void ControlStepMotor(unsigned char direction, unsigned int StepMotorSpeed)
    {
        double i;

        P4OUT |= MA_enable;
        if(direction != 0) P4OUT |= MA_direction;
        else P4OUT &= ~MA_direction;

        i = StepMotorSpeed;
        i = 8000000 * 60 / i;
        TBCCR0 = (unsigned int)i;
        CCR1 = (unsigned int)i >> 1;
    }
```

7.5 实时时钟

对于一些测控系统或手持式设备，经常需要显示及设定时间。目前，市场上有多种实时时钟芯片提供了这类功能。这种可编程的实时时钟芯片内置了可编程的日历时钟及一定的 RAM 存储器，用于设定及保存时间。另外，实时时钟芯片一般内置闰年补偿系统，计时很准确；其采用备份电池供电，在系统断电时仍可以工作。实时时钟芯片的这些优点，使得其广泛应用于需要时间显示的场合。

7.5.1 实时时钟芯片 DS1302 概述

DS1302 是 DALLAS 公司推出的涓流充电时钟芯片，内含一个实时时钟/日历和 31 字节静态 RAM，通过简单的串行接口与单片机进行通信。实时时钟/日历电路提供秒、分、时、日、日期、月、年的信息，每月的天数和闰年的天数可自动调整，时钟操作可通过 AM/PM 指示决定采用 24 h 或 12 h 格式。DS1302 与单片机之间能简单地采用同步串行的方式进行通信，仅需用到三个口线：$\overline{RST}$(复位)、I/O(数据线)和 SCLK(串行时钟)。时钟/RAM 的读/写数据以一个字节或多达 31 个字节的字符组方式通信。DS1302 工作时的功耗很低，保持数据和时钟信息时功率小于 1 mW。

DS1302 芯片自身还具有对备份电池进行涓流充电功能，可有效延长备份电池的使用寿命。实时时钟芯片 DS1302 以其计时准确、接口简单、使用方便、工作电压范围宽和低功耗等优点，得到了广泛的应用。其主要特点如下：

(1) 实时时钟具有能计算 2100 年之前的秒、分、时、日、日期、星期、月、年的能力，还有闰年调整的能力。

(2) 31 × 8 位暂存数据存储 RAM。

(3) 串行 I/O 口方式使得管脚数量最少。

(4) 宽范围工作电压(2.0～5.5 V)。

(5) 工作电压为 2.0 V 时，工作电流小于 300 nA。

(6) 读/写时钟或 RAM 数据时有单字节传送和多字节传送字符组方式。

(7) 具有 8 脚 DIP 封装或可选的 8 脚 SOIC 封装。

(8) 简单 3 线接口，与 TTL 兼容 V_{CC} = 5 V。

(9) 对 V_{CC1} 有可选的涓流充电能力；双电源管用于主电源和备份电源供应；备份电源管脚可由电池或大容量电容输入。

实时时钟芯片 DS1302 的引脚排列如图 7-29 所示。

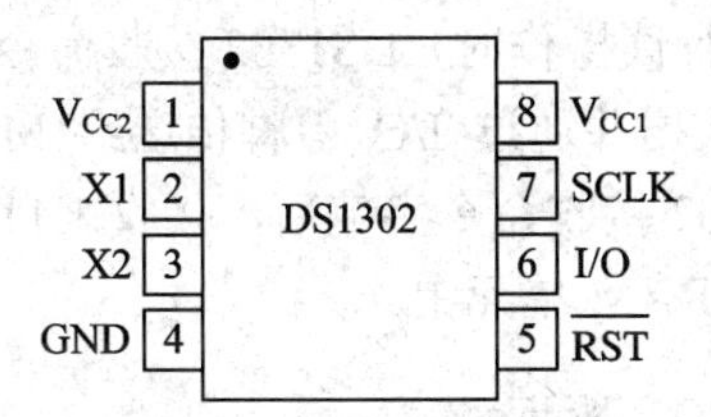

图 7-29　DS1302 引脚图

引脚功能说明如下：

V_{CC1}：电源输入引脚。单电源供电时接 V_{CC1} 脚，双电源供电时用于接备份电源。

V_{CC2}：电源输入引脚，双电源供电时用于接主电源。

GND：接地引脚。

X1、X2：时钟输入引脚，外接 32.768 kHz 石英晶振。

$\overline{RST}$：复位引脚。

I/O：数据输入/输出引脚。

SCLK：串行时钟输入引脚。

外部控制器可以通过 $\overline{RST}$、SCLK 和 I/O 引脚来实现数据传送。其中，$\overline{RST}$ 为通信允许信号，低电平有效，即 $\overline{RST}=0$ 允许通信，$\overline{RST}=1$ 禁止通信。SCLK 为串行数据的位同步脉冲信号，I/O 为双向串行数据传送信号。

实时时钟芯片 DS1302 芯片的 X1 和 X2 引脚外接 32.768 kHz 石英晶振，用于提供振荡源，供内部电路计时使用。

V_{CC1} 和 V_{CC2} 除了外接电源之外，还可以为备份电池充电。此时，可选用可充电镍镉电池或 1 μF 以上的超容量电容，内部涓流充电器在主电压工作正常时向备份电池充电，这样可以延长电池的使用时间。这里需要注意的是，备份电池电压应略低于主电源的工作电压。

7.5.2　实时时钟芯片 DS1302 命令字节

实时时钟芯片 DS1302 为从器件，由外部微处理器来控制数据传输。每次传送时由

MSP430 向 DS1302 写入一个命令字节开始，后面是数据字节。实时时钟芯片 DS1302 命令字节的格式如表 7-13 所示。

表 7-13　DS1302 写入命令字节的格式

位序	D7	D6	D5	D4	D3	D2	D1	D0
定义	1	RAM/CK	A4	A3	A2	A1	A0	$RD/\overline{W}$

其中，命令字节各位的含义如下：

(1) 命令字节的最高位 D7 为 1；

(2) RAM/CK：DS1302 片内 RAM 时钟选择位，当 RAM/CK = 1 时，为 RAM 操作；当 RAM/CK = 0 时，为时钟操作；

(3) A4～A0：片内日历时钟寄存器或 RAM 的地址选择位；

(4) $RD/\overline{W}$：DS1302 读写控制位。当 $RD/\overline{W} = 1$ 时，为读操作；当 $RD/\overline{W} = 0$ 时，为写操作。

实时时钟芯片 DS1302 执行读操作时，DS1302 接收命令字节后，按指定的选择对象及寄存器(或 RAM)地址，读取数据并通过 I/O 引脚传送给 MSP430 单片机；实时时钟芯片 DS1302 执行写操作时，DS1302 接收命令字节后，接收来自于 MSP430 单片机的数据并写入到 DS1302 相应的寄存器或 RAM 单元中。

7.5.3　实时时钟芯片 DS1302 数据格式

实时时钟芯片 DS1302 数据格式分为时钟和 RAM 两种操作，下面分别进行介绍。

1．时钟操作

选择时钟操作时，与日期有关的 DS1302 数据格式如图 7-30 所示。下面分别介绍各个寄存器的定义。

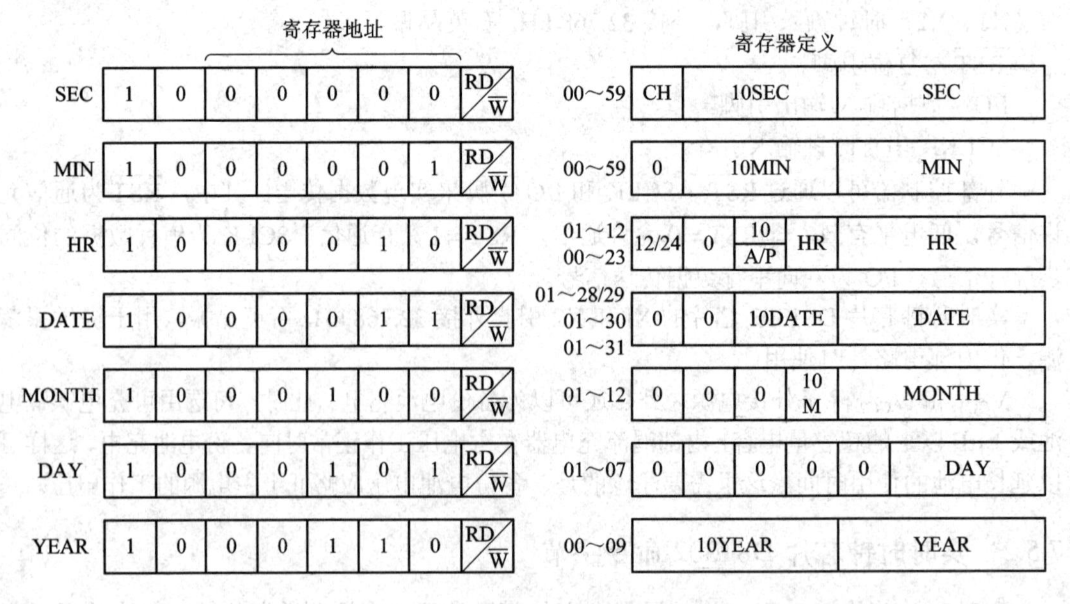

图 7-30　DS1302 的日期数据格式

秒寄存器：地址为 00H，其中以 BCD 码形式分别存放秒信息。秒寄存器的最高位为时钟暂停控制位，该位为 0 时时钟振荡器暂停，DS1302 进入低功耗状态；该位为 1 时启动时钟。

分寄存器：地址为 01H，其中以 BCD 码形式分别存放分钟信息。

小时寄存器：地址为 02H，其中以 BCD 码形式分别存放小时信息。

日寄存器：地址为 03H，其中以 BCD 码形式分别存放日期信息。

月寄存器：地址为 04H，其中以 BCD 码形式分别存放月信息。

星期寄存器：地址为 05H，其中以 BCD 码形式分别存放星期信息。

年寄存器：地址为 06H，其中以 BCD 码形式分别存放年信息。

与控制有关的 DS1302 数据格式如图 7-31 所示。下面分别介绍各个寄存器的定义。

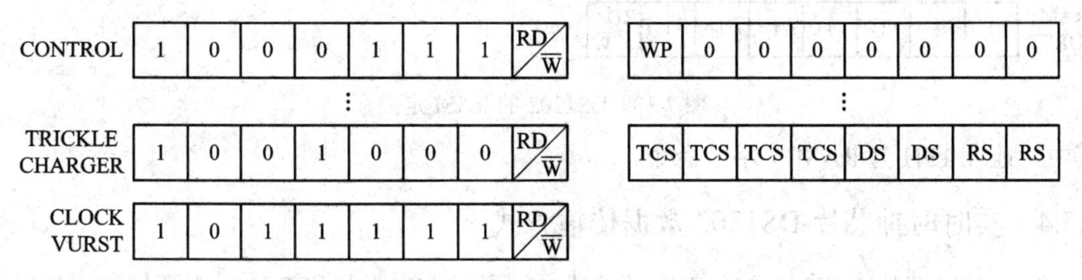

图 7-31 DS1302 的控制数据格式

控制寄存器：地址为 07H，用于写保护控制，只有当该寄存器的最高位 WP = 0 时，才可以对日历时钟或 RAM 的内容进行写操作。

涓流充电控制寄存器：地址为 08H，控制内部涓流充电过程及充电电路的连接方式，该字节各位数据与涓流充电控制寄存器的关系如图 7-32 所示。

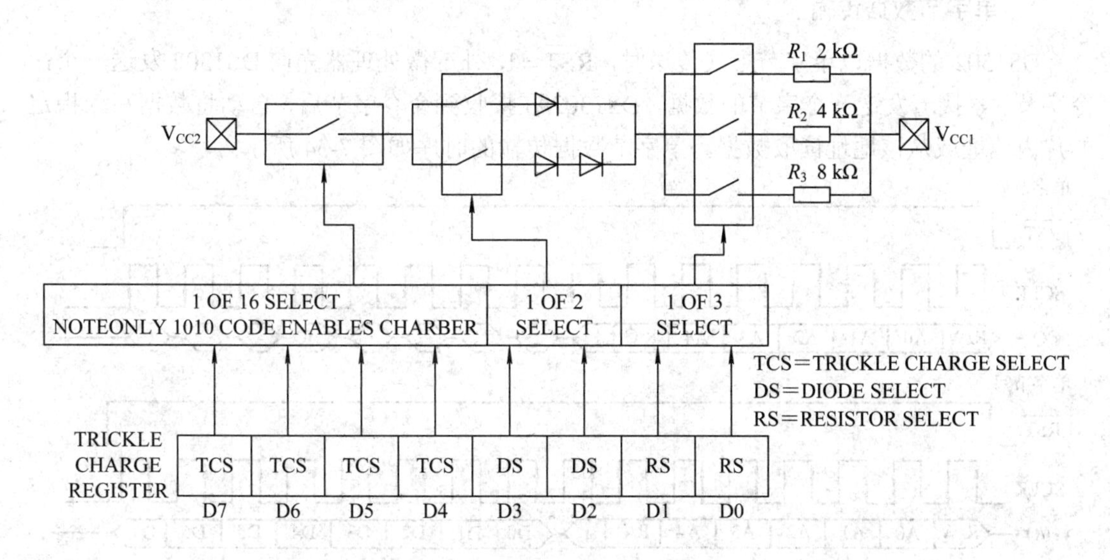

图 7-32 DS1302 的涓流充电控制

多字节突发方式(BURST)控制寄存器：地址为 1FH，通过对该寄存器寻址，可以使用多字节方式对日历时钟或 RAM 进行读写操作。采用多字节突发方式写时钟寄存器时，必须按照数据传送的次序写入最先的 8 个寄存器；而以多字节方式写 RAM 操作时，为了传

送数据，不必写入全部的 31 个 RAM 字节。

2．RAM 操作

当选择片内 RAM 操作时，A4～A0 用于表示片内 RAM 单元地址，地址范围为 00H～1EH。DS1302 的 RAM 定义如图 7-33 所示。

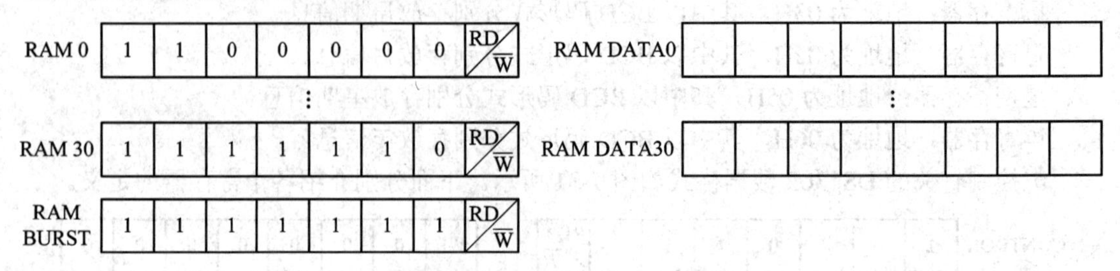

图 7-33　DS1302 的 RAM 定义

其中，地址 1FH 为 RAM 多字节命令。

7.5.4　实时时钟芯片 DS1302 数据传输方式

实时时钟芯片 DS1302 与外部微处理器之间通过 I/O 引脚和 SCLK 引脚传送同步串行数据。其中，SCLK 为串行通信时的位同步时钟，一个 SCLK 脉冲传送一位数据。DS1302 在每次数据传送时以字节为单位，先发送低位，再发送高位，因此传送一个字节需要 8 个 SCLK 脉冲。

DS1302 的数据传输可采用单字节或多字节突发方式进行，下面分别进行介绍。

1．单字节数据传输

DS1302 的数据以单字节方式传送时，$\overline{RST}=1$，外部微处理器先向 DS1302 发送一个命令字节，紧接着发送一个字节的数据，DS1302 在接收到命令字节后，自动将数据写入指定的片内地址或从该地址读取数据。单字节数据传输的时序如图 7-34 所示。

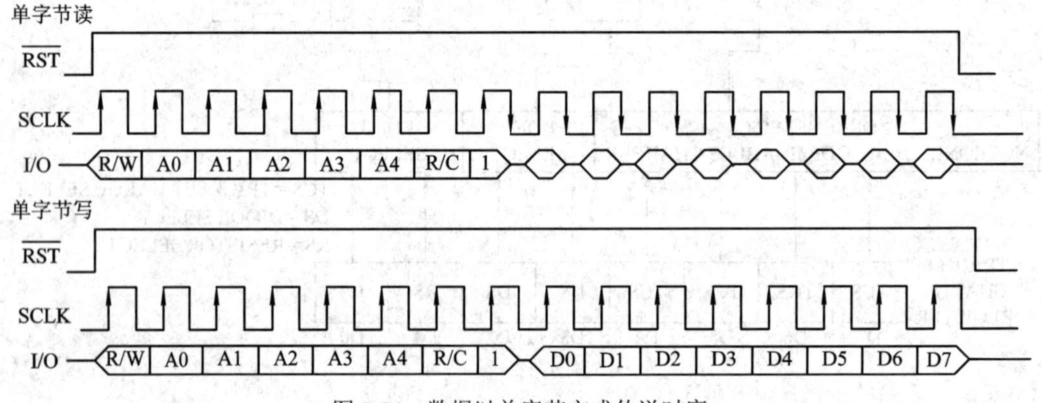

图 7-34　数据以单字节方式传送时序

2．多字节数据传输

DS1302 的数据以多字节方式传送时，$\overline{RST}=1$，外部微处理器先向 DS1302 发送的命令字节中 A4～A0 全为 1，则 DS1302 在接收到命令字节后，可以一次完成 8 个字节日历时钟寄存器数据或是片内 31 个字节 RAM 单元数据的读写操作。多字节数据传输时，只需保持 $\overline{RST}=1$，连续发送 SCLK 时钟信号，DS1302 会自动在完成一个字节的读写功能后，使地址指针加一，连续读写下一地址数据。

从上面的介绍可知，DS1302 的单字节方式传送一次数据需要 16 个 SCLK 脉冲，如果要写满 8 个日历时钟寄存器，则需要 $16\times8=128$ 个 SCLK 脉冲；如果要写满片内 31 个字节的 RAM，则需要 $16\times31=496$ 个 SCLK 脉仲。多字节方式下，完成对 8 个日历时钟寄存器的读写需要 $8+8\times8=72$ 个 SCLK 脉冲；而对片内 RAM 单元读写时，则最多需要 $8+8\times31=256$ 个 SCLK 脉冲。

以上两种方式各有优势，单字节数据传输方式可保证数据传送时的安全性和可靠性，多字节数据传输方式则可提高数据传送速度。在使用时，可根据需要灵活选用。

7.5.5　实时时钟芯片 DS1302 操作子程序

预定义：定义 DS1302 操作端口。

```
#define    DS1302_CE          BIT5          // P4.5
#define    DS1302_DATA        BIT6          // P4.6
#define    DS1302_SCLK        BIT7          // P4.7
#define OUT_DS1302_CE              P4DIR |= DS1302_CE
#define HIGH_DS1302_CE             P4OUT |= DS1302_CE
#define LOW_DS1302_CE              P4OUT &= ~DS1302_CE
#define OUT_DS1302_DATA            P4DIR |= DS1302_DATA
#define IN_DS1302_DATA             P4DIR &= ~DS1302_DATA
#define HIGH_DS1302_DATA           P4OUT |= DS1302_DATA
#define LOW_DS1302_DATA            P4OUT &= ~DS1302_DATA
#define READ_DS1302_DATA           (P4IN & DS1302_DATA)
#define OUT_DS1302_SCLK            P4DIR |= DS1302_SCLK
#define HIGH_DS1302_SCLK           P4OUT |= DS1302_SCLK
#define LOW_DS1302_SCLK            P4OUT &= ~ DS1302_SCLK
```

写 DS1302 函数：向 DS1302 写入一个字节的数据。该子程序只操作时钟和数据端口，不操作使能端口。该子程序结合使能端口的控制即可实现写入一个字节，也可实现写入多个字节的操作。

入口参数：DS1302_data，待写入的字节。

```
void write_DS1302_byte (char DS1302_data)
{
    char i, j, k;
    char data = DS1302_data;

    OUT_DS1302_DATA;
    _NOP(); _NOP(); _NOP();
    for (i = 0 ; i < 8; i++ )
```

```
    {
        j = (data & 0x01);
        if (j == 1 )
        {
            HIGH_DS1302_DATA;
        }
        else
        {
            LOW_DS1302_DATA;
        }
        HIGH_DS1302_SCLK;
        for (k = 16; k > 0; k--);
        LOW_DS1302_SCLK;
        for (k = 16; k > 0; k--);
        data >>= 1;
    }
    return ;
}
```

读 DS1302 函数：从 DS1302 中读出一个字节的数据。该子程序只操作时钟和数据端口，不操作使能端口。该子程序结合使能端口的控制即可实现读出一个字节，也可实现读出多个字节的操作。

出口参数：读出的字节。

```
char read_DS1302_byte (void)
{
    char i, k;
    char data = 0;

    IN_DS1302_DATA;
    _NOP(); _NOP(); _NOP();
    for (i = 0; i < 8; i++ )
    {
        LOW_DS1302_SCLK;
        if (READ_DS1302_DATA)
        {
            data |= (0x01 << i) ;
        }
        for(k = 16; k > 0; k--);
        HIGH_DS1302_SCLK;
        for(k = 16; k > 0; k--);
```

```
    }
    return data;
}
```

写 DS1302 函数：向 DS1302 中写入一个字节的数据。该子程序结合使能端口实现单字节写入操作。

入口参数：address，待写入数据的地址；value，待写入的数据。

```
void write_DS1302(char address, char value)
{
    LOW_DS1302_CE;
    LOW_DS1302_SCLK;
    HIGH_DS1302_CE;
    write_DS1302_byte(address);
    write_DS1302_byte(value);
    LOW_DS1302_CE;
}
```

读 DS1302 函数：从 DS1302 中读出一个字节的数据。该子程序结合使能端口实现单字节数据读出操作。

入口参数：address，待读出数据的地址。

出口参数：读出的数据。

```
char read_DS1302(char address)
{
    char data;

    LOW_DS1302_CE;
    LOW_DS1302_SCLK;
    HIGH_DS1302_CE;
    write_DS1302_byte(address);
    data = read_DS1302_byte();
    LOW_DS1302_CE;
    return (data);
}
```

初始化 DS1302 日历数据函数：向 DS1302 中写入需要的时间数据，使 DS1302 从写入的数据开始计时。

入口参数：time_sec，秒；time_min，分；time_hour，小时；time_wday，星期；time_mday，日；time_moon，月；time_year，年。

```
void Init_calendar (char time_sec, char time_min, char time_hour,
                    char time_wday, char time_mday, char time_moon,
                    char time_year)                    // 秒，分，小时，星期，日，月，年
{
```

```
        write_DS1302(0x8e, 0x00);                          // WP = 0，写操作
        write_DS1302(0x80, time_sec);
        write_DS1302(0x82, time_min);
        write_DS1302(0x84, time_hour);
        write_DS1302(0x86, time_mday);
        write_DS1302(0x88, time_moon);
        write_DS1302(0x8a, time_wday);
        write_DS1302(0x8c, time_year);
        write_DS1302(0x8e, 0x80);                          // WP = 1，写保护
        return;
    }
```

读出 DS1302 日历数据函数：从 DS1302 中读出需要的时间数据。

入口参数：point，需读出数据标识。

出口参数：读出的秒、分、小时、星期、日、月、年等值。根据 point 的值返回需要的值。

```
    int read_calendar (char point)
    {
        unsigned char data;
        switch (point)
        {
            case 1:                 // time_sec     秒
                data = read_DS1302(0x81);
                break;
            case 2:                 // time_min     分
                data = read_DS1302(0x83);
                break;
            case 3:                 // time_hour    小时
                data = read_DS1302(0x85);
                break;
            case 4:                 // time_wday    星期
                data = read_DS1302(0x8b);
                break;
            case 5:                 // time_mday    日
                data = read_DS1302(0x87);
                break;
            case 6:                 // time_moon    月
                data = read_DS1302(0x89);
                break;
            case 7:                 // time_year    年
                data = read_DS1302(0x8d);
```

```
            break;
        default:
            data = 0xff;
    }
    return (data);
}
```

7.6　EEPROM

在一些工程设计中，常常需要保存某些设置参数或测量结果，为了保存这些数据，必须使用非易失性存储器。近年来，非易失性存储器技术发展很快，EEPROM 就是其中的一种。和 RAM 相比，EEPROM 的缺点是不能够无限次的擦除和写入(一般可以做到 100 万次，也有可以做到 1000 万次的)，但其优点是断电之后不需要特殊的断电保护措施，即断电后也能够保存数据长达 100 年。

常见的 EEPROM 有三线制 Microware 串行总线的 EEPROM(例如 National Semiconductor 公司、Microchip 公司、Atmel 公司等推出的 93C46/56/57/66 等产品)，I^2C 总线的 EEPROM(例如 National Semiconductor 公司、Microchip 公司、Atmel 公司等推出的 24C01/02/32/64 等产品)，还有其他衍生产品如 X5045。X5045 是一种集看门狗、电压监控和串行 EEPROM 三种功能于一身的可编程控制电路，特别适合应用在需要少量存储器，并对电路板空间需求较高的场合。X5045 具有电压监控功能，可以保护系统免受低电压的影响，当电源电压降到允许范围(4.2 V)以下时，系统将复位，直到电源电压返回到稳定值为止。X5045 的存储器与 CPU 通过串行通信方式接口(SPI)，可以存放 512 个字节数据，可擦写 100 万次数据，可保存 100 年。

I^2C 总线是 Philips 公司推出的一种双向二线制总线，全称为芯片间总线(Inter Integrate Circuit Bus)。其在芯片间使用两根连线，一条数据线(SDA)和一条串行时钟线(SCL)实现全双工同步数据传送，可以很方便地构成外围器件扩展系统。

I^2C 总线是很简单方便的芯片间串行扩展总线。使用 I^2C 总线可以直接和具有 I^2C 总线接口的控制器件进行通信，也可以和各种类型的外围器件如存储器、A/D、D/A、键盘、LCD 等进行通信。目前 Philips、Atmel、MAXIM 及其他集成电路制造商推出了很多基于 I^2C 总线的单片机和外围器件，如 24 系列 EEPROM、串行实时时钟芯片 DS1302、USB2.0 芯片 CY7C68013A 等。

7.6.1　I^2C 总线概述

I^2C 总线对数据通信进行了严格的定义。要进行 I^2C 总线的接口设计，就得要首先了解 I^2C 总线的工作原理图、寻址方式和数据传输协议等。

1. I^2C 总线的工作原理

典型的 I^2C 总线系统结构如图 7-35 所示。其采用两线制，由数据线 SDA 和时钟线 SCL

构成。总线上挂接的主控制器件或外围器件(从器件)，其接口电路都应具有I^2C总线通信能力。

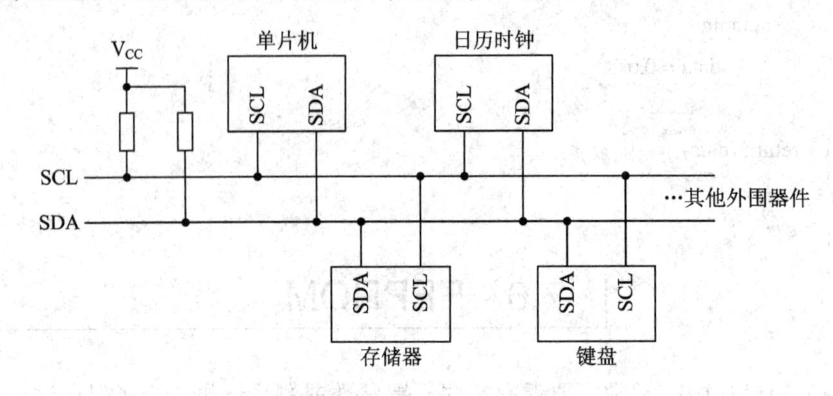

图 7-35　典型的I^2C总线应用系统结构

I^2C总线上的数据信号完全与时钟同步，为同步传输串行总线结构。其数据传输采用主从方式即主控制器寻址从器件(被控制器)，启动总线数据传输，并产生时钟脉冲。总线传输中的所有状态及操作都有相应的编码，主器件依照这些协议编码自动地进行总线控制与管理。被寻址的器件即从器件，接收主器件的请求并应答。数据传输结束后，主从器件将释放总线。

当总线空闲时，SCL 和 SDA 均为高电平。连到总线上器件的输出端口必须是漏极开路。如果任一器件输出低电平，都将使该总线的信号变低，即总线 SCL 及 SDA 上的信号都是线“与”的关系。

I^2C总线协议允许总线接入多个器件，总线中的器件既可作为主控制器，也可作为被控制器；既可以是发送器，也可以是接收器。I^2C总线在进行数据交换时，作为主控制器的器件需通过总线竞争获得主控权，然后才可以启动数据传输。系统中每个器件都具有唯一的芯片地址，数据传输时通过寻址可以确定数据接收方。

I^2C总线不允许同时存在多个主器件。如果有几个主器件同时企图启动总线传送数据，I^2C总线要通过总线裁决，来决定由哪一个主器件控制总线，这样避免了数据传输产生混乱。总线裁决的机制是，当一个主器件送“1”，而另一个(或多个)送“0”时，送“1”的主器件退出竞争。在总线竞争过程中，时钟信号是各个主器件产生的异步时钟信号线“与”的结果。

I^2C总线上的主控制器可以是带有I^2C总线接口的单片机或其他类型的微控制器，也可以不带有I^2C总线接口，而采用软件模拟I^2C总线的接口功能。

2. I^2C协议

I^2C是由 Philips 公司开发的一种用于内部芯片控制的简单双向两线串行总线。I^2C总线支持任何一种芯片制造工艺，并且 Philips 公司和其他厂商提供了种类非常丰富的I^2C兼容芯片。作为一个专利的控制总线，I^2C已经成为世界性的工业标准。

I^2C 总线支持任何芯片(NMOS、CMOS、双极型)的生产过程。采用两线：串行数据线(SDA)和串行时钟线(SCL)，在连接到总线的器件间传递信息。每个器件都有一个唯一的识别地址，而且都可以作为一个发送器或接收器(由器件的功能决定)。除了发送器和接收器外，器件在执行数据传输时也可以被看做主机或从机。作为主机时它是初始化总线的数据传输并产生允许传输的时钟信号的器件，此时任何被寻址的器件都被认为是从机。I^2C总线是一个多主机的总线，这就是说可以连接多于一个能控制总线的器件到总线。SDA和SCL都是双向线路，都通过一个电流源或上拉电阻连接到正的电源电压，当总线空闲时，这两条线路都是高电平，连接到总线的器件输出级必须是漏极开路或集电极开路才能执行线“与”的功能。下面讲述I^2C总线的特征：

(1) 只需要两线的总线线路：一条串行数据线(SDA)和一条串行时钟线(SCL)；

(2) 每个连接到总线的器件都可以通过唯一的地址和一直存在的简单主/从机关系软件设定地址，主机可以作为主机发送器或主机接收器；

(3) 它是一个真正的多主机总线，如果两个或更多主机同时初始化数据传输，可以通过冲突检测和仲裁来防止数据被破坏；

(4) 串行的8位双向数据传输位速率在标准模式下可达100 kb/s，快速模式下可达400 kb/s，高速模式下可达3.4 Mb/s；

(5) 片上的滤波器可以滤去总线数据线上的毛刺波，保证数据完整；

(6) 连接到相同总线的IC数量只受总线的最大电容400 pF的限制。

由于连接到I^2C总线的器件有不同种类的工艺(CMOS、NMOS、双极型)，逻辑“0”(低电平)和“1”(高电平)的电平不是固定的，它由U_{CC}的相关电平决定，每传输一个数据位就产生一个时钟脉冲。SDA线上的数据必须在时钟的高电平周期保持稳定。数据线的高电平或低电平状态只有在SCL线的时钟信号是低电平时才能改变。

I^2C的时序必须包括起始条件、数据传输、确认和停止条件。下面对这几个部分进行简要介绍。

1) 起始条件和停止条件

在I^2C总线中唯一出现的是被定义的起始和停止条件。其中一种情况是在SCL线是高电平时，SDA线从高电平向低电平切换，这个情况表示起始条件，所有操作均必须由起始条件开始。当SCL是高电平时，SDA线由低电平向高电平切换表示停止条件。在连续读时，如接收到一个“停止条件”，则所有读操作将终止，芯片将进入等待模式。起始和停止条件一般由主机产生。总线在起始条件后被认为处于忙的状态，在停止条件的某段时间后总线被认为再次处于空闲状态。

2) 数据传输

发送到SDA线上的每个字节必须为8位。每次传输可以发送的字节数量不受限制，每个字节后必须跟一个响应位。数据传输的顺序是：首先传输的是数据的最高位MSB；从机在完成一些其他功能后(如一个内部中断服务程序)才能接收或发送下一个完整的数据字节；可以使时钟线SCL保持低电平迫使主机进入等待状态；当从机准备好接收下一个数据字节并释放时钟线SCL后，可继续传输数据。

3) 确认

数据传输必须带确认信号，相关的确认时钟脉冲由主机产生，在确认的时钟脉冲期间发送器释放SDA线(高)。在确认的时钟脉冲期间，接收器必须将SDA线拉低，使它在这个时钟脉冲的高电平期间保持稳定的低电平，当然必须考虑建立和保持时间。通常被寻址的接收器在接收到每个字节后必须产生一个确认。当从机不能确认从机地址时(如它正在执

行一些实时函数不能接收或发送)，从机必须使数据线保持高电平，然后主机产生一个停止条件终止传输或者产生重复起始条件开始新的传输。如果从机接收器确认了从机地址，但是在传输了一段时间后不能接收更多数据字节，则主机必须再一次终止传输。这个情况用从机在第二个字节后没有产生确认来表示，从机使数据线保持高电平，主机产生一个停止或重复起始条件。如果传输中有主机接收器，主机必须在从机发送完最后一个字节并且未产生确认信号后才会向从机发送器通知数据结束，从机发送器必须释放数据线，允许主机产生一个停止或重复起始条件。

3. I^2C 总线的电气结构和负载能力

I^2C 总线的 SCL 和 SDA 端口输出为漏极开路，因此使用时必须连接上拉电阻。不同型号的器件对上拉电阻的要求不同，可参考具体器件的数据手册。上拉电阻的大小与电源电压、传输速率等有关系。

I^2C 总线的传输速率可以支持 100 kHz 和 400 kHz 两种，对于 100 kHz 的速率一般采用 10 kΩ 的上拉电阻，对于 400 kHz 的速率一般采用 2 kΩ 的上拉电阻。

I^2C 总线上的外围扩展器件都是属于电压型负载的 CMOS 器件，因此总线上的器件数量不是由电流负载能力决定的，而是由电容负载能力确定的。I^2C 总线上每一个节点器件的接口都有一定的等效电容，这会造成信号传输的延迟。通常 I^2C 总线的负载能力为 400 pF(通过驱动扩展可达 4000 pF)，据此可计算出总线长度及连接器件的数量。

另外，总线上每个外围器件都有一个地址，扩展外围器件时也要受到器件地址空间的限制。

4. I^2C 总线器件的寻址方式

I^2C 总线上的所有器件连接在一个公共的总线上，因此，主器件在进行数据传输前选择需要通信的从器件，即进行总线寻址。

I^2C 总线上所有外围器件都需要有唯一的地址，该地址由器件地址和引脚地址两部分组成，共 7 位。器件地址是 I^2C 器件固有的地址编码，器件出厂时就已经给定，不可更改；引脚地址是由 I^2C 总线外围器件的地址引脚(A2、A1、A0)决定的，根据其在电路中接电源正极、接地或悬空的不同，形成不同的地址代码。引脚地址数也决定了同一种器件可接入总线的最大数目。

地址位与一个方向位共同构成 I^2C 总线器件寻址字节。寻址字节的格式如表 7-14 所示。方向位($R/\overline{W}$)规定了总线上的主器件与外围器件(从器件)的数据传输方向。当方向位 $R/\overline{W}=1$ 时，表示主器件读取从器件中的数据；当 $R/\overline{W}=0$ 时，表示主器件向从器件发送数据。

表 7-14　寻址字节的格式

位序	D7	D6	D5	D4	D3	D2	D1	D0
定义	器件地址				引脚地址			方向位
	DA3	DA2	DA1	DA0	A2	A1	A0	$R/\overline{W}$

7.6.2　24CXX 系列概述

24 系列是 EEPROM 中应用广泛的一类，该系列芯片仅有 8 个引脚，采用 2 线制 I^2C

接口。生产24系列EEPROM的厂家很多，产品根据存储容量的大小从24C01到24C512不等。在此以国产复旦微电子生产的FM24CXX为例，介绍I^2C系列EEPROM的使用方法。FM24C02/04/08/16是2048/4096/8192/16384位的串行电可擦除只读存储器，内部组织为256/512/1024/2048个字节，每个字节8位，该芯片被广泛应用于低电压及低功耗的工业和商业领域。其封装形式有多种，它不单可用在常见的电路板设计中，亦可用于IC卡，作为IC卡的存储芯片。该元件的特点如下：

(1) 工作电压，2.2～5.5 V；

(2) 内部结构，256×8(2 KB)、512×8(4 KB)、1024×8(8 KB)、2048×8(16 KB)；

(3) 两线串行接口；

(4) 输入引脚经施密特触发器滤波抑制噪声；

(5) 双向数据传输协议；

(6) 兼容100 kHz(2.2 V)和400 kHz(5 V)操作；

(7) 支持硬件写保护；

(8) 支持8字节(02)、16字节(04、08、08A、16)页写模式；

(9) 支持部分页写；

(10) 写周期内部定时(小于5 ms)；

(11) 高可靠性，写次数为100万次，数据保存期为100年。

1. 封装及引脚功能

24CXX引脚如图7-36所示，引脚说明如下：

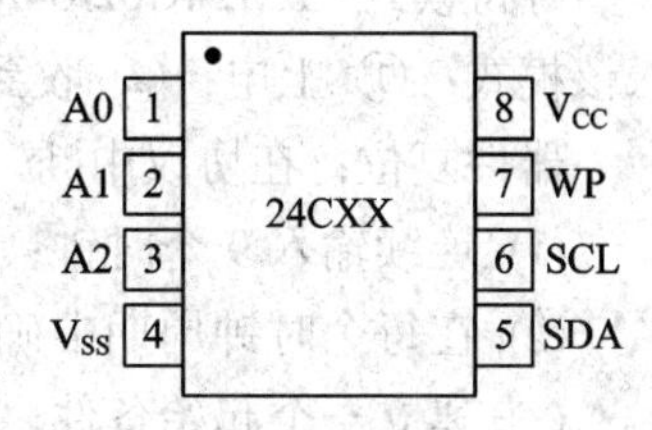

图7-36　24CXX引脚图

(1) A0～A2：FM24C02的硬件连接的器件地址输入引脚。在一个总线上最多可寻址8个2 KB器件。FM24C04以A2和A1作为硬件连接的器件地址输入时，在一个总线上最多可寻址4个4 KB器件，A0引脚内部未连接。FM24C08仅使用A2作为硬件连接的器件地址输入引脚时，在一个总线上最多可寻址两个8 KB器件，A0和A1引脚内部未连接。FM24C16无器件地址引脚时，在一个总线上只能寻址一个16 KB器件，A0、A1和A2引脚内部均未连接。具体其他24CXX系列器件可参考相关数据手册。

(2) SDA：串行数据输入输出，可实现双向串行数据传输。该引脚为开漏输出，可与其他多个开漏输出器件或开集电极器件线或连接。

(3) SCL：串行时钟输入。在SCL输入时钟信号的上升沿将数据送入EEPROM器件，并在时钟的下降沿将数据读出。

(4) WP：写保护。FM24C02/04/08/16具有用于硬件数据写保护功能的引脚。当该引脚接GND时，允许正常的读/写操作；当该引脚接V_{CC}时，芯片启动写保护功能。

(5) V_{CC}：电源。

(6) V_{SS}：地。

2. 存储器结构

FM24C02：2 KB串行电可擦除存储器；内部分为32页，每页8字节，以8位地址寻址。

FM24C04：4 KB串行电可擦除存储器；内部分为32页，每页16字节，以9位地址寻址。

FM24C08：8 KB 串行电可擦除存储器；内部分为 64 页，每页 16 字节，以 10 位地址寻址。

FM24C16：16 KB 串行电可擦除存储器；内部分为 128 页，每页 16 字节，以 11 位地址寻址。

3. 器件操作

时钟及数据传输：SDA 引脚通常被外围器件拉高。SDA 引脚的数据应在 SCL 为低时变化；若数据在 SCL 为高时变化，将视为下文所述的一个起始或停止命令。

起始命令：当 SCL 为高时，SDA 由高到低的变化被视为起始命令，必须以起始命令作为任何一次读/写操作命令的开始。

停止命令：当 SCL 为高时，SDA 由低到高的变化被视为停止命令。在一个读操作后，停止命令会使 EEPROM 进入低功耗等待模式。

应答：所有的地址和数据字节都是以 8 位为一组串行输入和输出的。每收到一组 8 位的数据后，EEPROM 都会在第 9 个时钟周期时返回应答信号。每当主控器件接收到一组 8 位的数据后，应当在第 9 个时钟周期向 EEPROM 返回一个应答信号。收到该应答信号后，EEPROM 会继续输出下一组 8 位的数据。若此时没有得到主控器件的应答信号，EEPROM 会停止读出数据，直到主控器件返回一个停止命令来结束读周期。

等待模式：FM24C02/04/08(A)/16 有一个特殊的低功耗等待模式。可以通过以下方法进入该模式：① 上电；② 收到停止位并且结束所有的内部操作后。

器件复位：在协议中断、下电或系统复位后，器件可通过以下步骤复位：

(1) 连续输入 9 个时钟；

(2) 在每个时钟周期中确保当 SCL 为高时 SDA 也为高；

(3) 建立一个起始条件。

4. 器件寻址

在接到起始命令后，FM24 系列芯片需要一个 8 位的器件地址来启动一次读/写操作，如表 7-15 所示。

表 7-15　器 件 地 址

	MSB							LSB
2 KB	1	0	1	0	A_2	A_1	A_0	R/W
4 KB	1	0	1	0	A_2	A_1	P_0	R/W
8 KB	1	0	1	0	A_2	P_1	P_0	R/W
16 KB	1	0	1	0	P_2	P_1	P_0	R/W

地址字节的前 4 位最重要，这 4 位是由一个固定的 1、0 顺序组成的，如表 7-15 所示，所有这些 EEPROM 器件地址的前 4 位都相同。

随后的 3 位对于 2 KB 容量的 EEPROM 而言就是 A2、A1 和 A0 引脚所对应的器件地址位。这3位必须与相应器件地址引脚的逻辑电平保持一致。

4 KB容量的EEPROM只使用A2和A1器件地址位(第三个地址位作为存储器页地址位)。这两个地址位必须与相应器件地址引脚的逻辑电平保持一致，A0引脚内部没有连接。

8 KB容量的EEPROM只使用A2器件地址位(后两个地址位作为存储器页地址位)。A2地址位必须与相应器件地址引脚上的逻辑电平保持一致，A1和A0引脚内部没有连接。

16 KB容量的EEPROM不使用任何器件地址位，因此这3位都用来作为存储器页地址位，A0、A1和A2引脚内部均没有连接。

4、8 KB和16 KB EEPROM器件地址作为页地址的位应该作为整个数据地址的最高位。

器件地址的第8位是读/写选择位，该位为高则启动读操作，为低则启动写操作。

如果器件地址匹配正确，EEPROM将应答一个“0”；否则，芯片将返回等待模式。

5. 写操作

字节写：在输入器件地址并得到EEPROM应答后，需要一个8位数据地址来进行写操作；EEPROM收到数据地址并再次返回应答信号后，时钟会把前8位数据送入EEPROM；接到这8位数据后，EEPROM返回应答信号，并且主控器件在收到停止命令后结束写操作。这时，EEPROM进入内部走时的写周期，所有的输入操作在该写周期内均无效，而且只有在写周期结束后，EEPROM才会对操作指令做出应答，如图7-37所示。

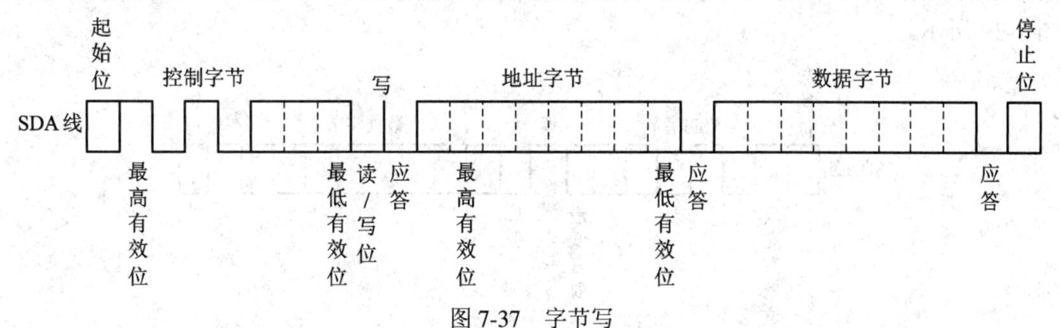

图7-37 字节写

页写：2 KB器件能够实现8字节页写，而4、8 KB和16 KB器件能实现16字节页写。页写操作与字节写操作的启动方式基本相同。不同的是，在时钟送入第一组数据并得到EEPROM应答后，主控器件不是发出停止命令，而是继续发送其余7组(2 KB)或15组(4、8、16 KB)数据。每收到一组数据，EEPROM都会返回应答信号。主控器件必须以停止命令来结束页写操作，如图7-38所示。

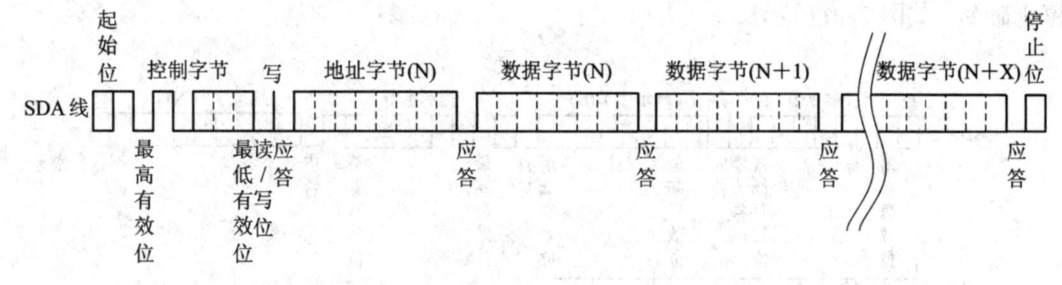

图7-38 页写

每接收一组数据，数据地址的低三位(2 KB)或低四位(4、8、16 KB)会在内部自动递加。数据地址的高几位将不会变化，保持存储器的页地址不变。当内部产生的数据地址达到页

边界时，数据地址将会翻转，接下来的数据的写入地址将被置为同一页的最小地址。如果有超过 8 组(2 KB)或 16 组(4、8、16 KB)数据被送入 EEPROM，数据地址将回到最先写入的地址，先前写入的数据将被覆盖。

应答轮询：一旦主控器件启动内部定时写周期并且 EEPROM 输入被禁止，便可进行应答轮询。该过程包括发送一个带有器件地址的起始命令。读/写位由需要进行的操作决定。当内部写周期结束，EEPROM 返回应答信号后，主控器件即可执行下一个读/写命令。

6. 读操作

除了器件地址中的读/写位被置为“1”外，读操作与写操作基本相同。共有三种读操作：当前地址读、自由读和连续读。

当前地址读：内部数据地址计数器保留最后一次访问的地址，并自动加 1。只要芯片处于上电状态，这个地址在操作运行期间始终有效。在读操作中，如果从存储器的最后一页的最后一个字节开始读，则读下一个字节时地址将会翻转到整个 EEPROM 的最小地址；在写操作中，如果从当前页面的最后一个字节开始写，则写下一个字节时地址将会翻转到同一页内的最小地址。

一旦时钟将读/写位为“1”的器件地址送入，并得到 EEPROM 应答，就会串行输出当前地址的数据。主控器件不对 EEPROM 返回应答信号，而是产生一个紧随的停止命令，如图 7-39 所示。

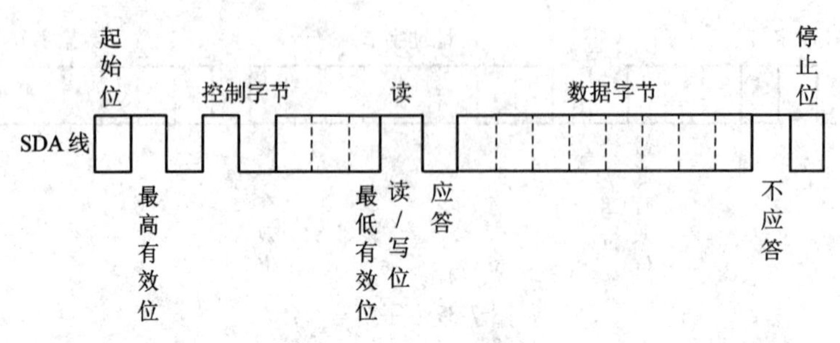

图 7-39　当前地址读

自由读：自由读需要通过假的字节写操作来获得数据地址。一旦器件地址和数据地址字节被时钟送入并得到 EEPROM 的应答，主控器件必须产生另一个起始命令。主控器件通过发送一个读/写选择位为高的器件地址来开启一次当前地址读。EEPROM 对器件地址做出应答后由时钟串行输出数据。主控器件不对数据传输返回应答信号，而是产生一个紧随的停止命令，如图 7-40 所示。

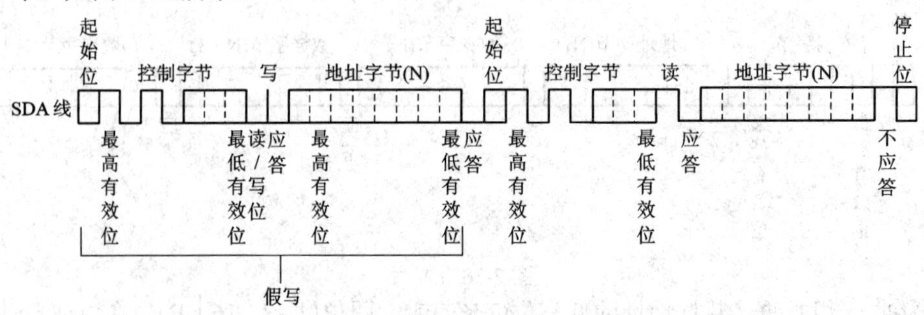

图 7-40　自由读

连续读：连续读由一个当前地址读或自由读启动。主控器件收到一组数据后应当返回应答信号。EEPROM 每接收到一个应答信号，数据地址将被自动加 1，并且将串行输出下一组数据。当 2、8、16 KB 器件达到存储器的最大地址时，数据地址将翻转到最小地址，并且继续进行连续读操作。主控器件不发出应答信号，而是产生一个紧随的停止命令来结束连续读操作，如图 7-41 所示。

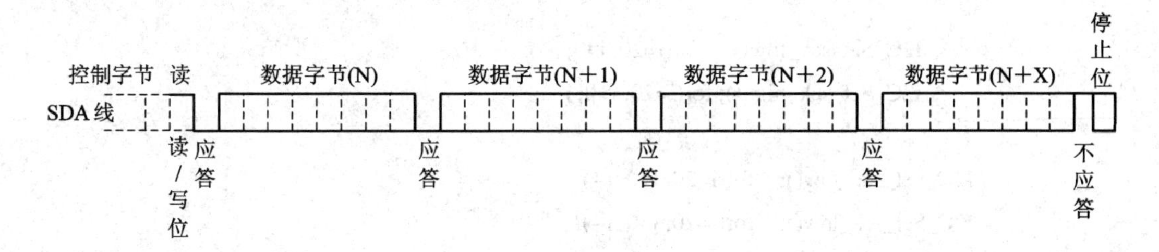

图 7-41　连续读

7.6.3　24CXX 系列操作子程序

预定义：定义 I²C 总线端口。

```
#define E2SCL             BIT2          // P1.2   EPROM SCL
#define OutE2SCL          P1DIR |= E2SCL
#define InE2SCL           P1DIR &= ~E2SCL
#define WriteHighE2SCL    P1OUT |= E2SCL
#define WriteLowE2SCL     P1OUT &= ~E2SCL
#define E2SDA             BIT7          // P3.7   EPROM SDA
#define OutE2SDA          P3DIR |= E2SDA
#define InE2SDA           P3DIR &= ~E2SDA
#define WriteHighE2SDA    P3OUT |= E2SDA
#define WriteLowE2SDA     P3OUT &= ~E2SDA
#define ReadE2SDA         (P3IN & E2SDA)
```

I²C 初始化函数：用于初始化 I²C 总线操作。

```
void I2C_Initial(void)
{
    OutE2SCL;
    I2C_Set_sck_low();
    I2C_STOP();
    delay_ms(10);
    return;
}
```

复位 I²C 总线操作函数：该函数将 I²C 总线元件进行软件复位，在数据无法进行正常读写或写入数据出错时，可能是因为发生时序操作错误，建议复位 I²C 总线。

```
void ResetI2C(void)
```

```
{
    int i, j;

    I2C_Set_sda_high();   for(i=20; i>0; i--);
    for(j=0; j<9; j++)
    {
        I2C_Set_sck_low();    for(i=20; i>0; i--);
        I2C_Set_sck_high(); for(i=20; i>0; i--);
    }
    I2C_Set_sda_low();   for(i=20; i>0; i--);
    I2C_Set_sck_low();   for(i=20; i>0; i--);
}
```

SDA 引脚输出高电平函数：使 SDA 引脚输出高电平，用于通信时产生所需信号逻辑电平。

```
void I2C_Set_sda_high(void)
{
    OutE2SDA;
    WriteHighE2SDA;
}
```

SDA 引脚输出低电平函数：使 SDA 引脚输出低电平，用于通信时产生所需信号逻辑电平。

```
void I2C_Set_sda_low(void)
{
    OutE2SDA;
    WriteLowE2SDA;
}
```

SCL 引脚输出高电平函数：使 SCL 引脚输出高电平，用于通信时产生变化的时钟脉冲。

```
void I2C_Set_sck_high(void)
{
    OutE2SCL;
    WriteHighE2SCL;
}
```

SCL 引脚输出低电平函数：使 SCL 引脚输出低电平，用于通信时产生变化的时钟脉冲。

```
void I2C_Set_sck_low(void)
{
    OutE2SCL;
    WriteLowE2SCL;
}
```

读取 I^2C 应答信号函数：在一个字节数据发送完毕后需读取访问器件的应答信号，该子程序就是用于读取被访问器件的应答信号。_NOP() 指令用于延时，保证高低电平的保持时间。

出口参数：读取的应答信号。

```
int I2C_GetACK(void)
{
    int nTemp = 0;

    I2C_Set_sck_low();
    InE2SDA;                            //将 SDA 设置为输入方向
    _NOP();  _NOP();  _NOP();  _NOP();
    I2C_Set_sck_high();
    _NOP();  _NOP();  _NOP();  _NOP();
    nTemp = ReadE2SDA;                  //获得数据
    I2C_Set_sck_low();
    _NOP();  _NOP();  _NOP();  _NOP();
    return(nTemp);
}
```

发送应答信号函数：在接收到被访问器件返回的数值后，主控器件需发送一应答信号给被访问器件，告诉被访问器件发送的数据已收到。

```
void I2C_SetACK(void)
{
    I2C_Set_sck_low();  _NOP();  _NOP();  _NOP();  _NOP();
    I2C_Set_sda_low();  _NOP();  _NOP();  _NOP();  _NOP();
    I2C_Set_sck_high();  _NOP();  _NOP();  _NOP();  _NOP();
    I2C_Set_sck_low();  _NOP();  _NOP();  _NOP();  _NOP();
    return;
}
```

I^2C 通信起始信号函数：用于 I^2C 通信起始，即告诉被访问器件，将要进行 I^2C 通信。

```
void I2C_START(void)
{
    I2C_Set_sda_high();  _NOP();  _NOP();  _NOP();  _NOP();
    I2C_Set_sck_high();  _NOP();  _NOP();  _NOP();  _NOP();
    I2C_Set_sda_low();  _NOP();  _NOP();  _NOP();  _NOP();
    I2C_Set_sck_low();  _NOP();  _NOP();  _NOP();  _NOP();
    return;
}
```

I^2C 通信结束信号函数：用于 I^2C 通信结束，即告诉被访问器件，将要结束 I^2C 通信。

```
void I2C_STOP(void)
{
```

```
        I2C_Set_sda_low();   _NOP();   _NOP();   _NOP();   _NOP();
        I2C_Set_sck_low();   _NOP();   _NOP();   _NOP();   _NOP();
        I2C_Set_sck_high();   _NOP();   _NOP();   _NOP();   _NOP();
        I2C_Set_sda_high();   _NOP();   _NOP();   _NOP();   _NOP();
        I2C_Set_sck_low();   _NOP();   _NOP();   _NOP();   _NOP();
        delay_ms(1);
        return;
    }
```

发送一个字节函数：向被访问器件发送一个字节的数据。

```
    void I2C_TxByte(int nValue)
    {
        int i;

        for(i=0; i<8; i++)
        {
            if(nValue & 0x80) {I2C_Set_sda_high();}
            else {I2C_Set_sda_low();} _NOP();   _NOP();   _NOP();   _NOP();
            I2C_Set_sck_high(); _NOP();   _NOP();   _NOP();   _NOP();
            I2C_Set_sck_low();
            nValue <<= 1;
        }
        return;
    }
```

接收一个字节函数：接收来自被访问器件发送的一个字节数据。

```
    int I2C_RxByte(void)
    {
        int nTemp = 0;
        int i;

        InE2SDA;                        //将 SDA 设置为输入方向
        for(i=0; i<8; i++)
        {
            I2C_Set_sck_high(); _NOP();   _NOP();   _NOP();   _NOP();
            if(ReadE2SDA != 0){nTemp |= (0x80 >> i);}
            I2C_Set_sck_low();   _NOP();   _NOP();   _NOP();   _NOP();
        }
        return nTemp;
    }
```

多字节写入函数：向被访问器件发送多个字节的数据。在此需注意不同容量的存储器地址不同，如 24C02 只需一个字节的地址即可；而 24C32 需要 10 位的地址才能被完全访问，则此时的高两位地址在写命令里的 A1、A0 位置；而如果是 24C256 则需要 16 位的地址，这时发送的地址不再是一个字节而是一个字。该程序无法实现跨页写，如需跨页，则要略加改动。

入口参数：nAddr，待写入一组数据的起始地址；num，待写入数据的个数。

注：待写入的数据存放在 I2C_EEPROM.WriteBuffer 数组中。

```
int I2CA_WriteData(int nAddr, int num)    // I2C_PageWrite
{
    int i, nTemp;
    unsigned char WrCommod = 0xa0;
    /*
    if((nAddr & 0x0400) != 0) {WrCommod |= BIT3;}
    if((nAddr & 0x0200) != 0) {WrCommod |= BIT2;}
    if((nAddr & 0x0100) != 0) {WrCommod |= BIT1;}
    */
    ResetI2C();
    I2C_START();                          // 启动数据总线
    I2C_TxByte(WrCommod);                 // 写命令，发送控制字节
    nTemp = I2C_GetACK();                 // 等待 ACK
    if(nTemp == 1) return 0;
    I2C_TxByte(nAddr>>8);                 // 发送地址字节
    nTemp = I2C_GetACK();                 // 等待 ACK
    I2C_TxByte(nAddr);                    // 发送地址字节
    nTemp = I2C_GetACK();                 // 等待 ACK
    if(nTemp == 1) return 0;
    for(i=0; i<num; i++)                  // 发送数据字节
    {
        I2C_TxByte(I2C_EEPROM.WriteBuffer[i]);
        nTemp = I2C_GetACK();             // 等待  ACK
        if(nTemp == 1) return 0;
    }
    I2C_STOP();                           // 停止总线
    delay_ms(100);
    return(1);
}
```

多字节读出函数：从被访问器件读出多个字节的数据，在此同样需要注意地址范围的问题。该程序也无法实现跨页读，如需跨页，则要略加改动。

入口参数：nAddr，读出的一组数据的起始地址；num，读出数据的个数。

注：读出的数据存放在 I2C_EEPROM.ReadBuffer 数组中。

```
int I2CA_ReadData(int nAddr, int num)
{
    int i, nTemp;
    unsigned char WrCommod = 0xa0;
    unsigned char ReCommod = 0xa1;
    /*
    if((nAddr & 0x0400) != 0) {WrCommod |= BIT3; ReCommod |= BIT3;}
    if((nAddr & 0x0200) != 0) {WrCommod |= BIT2; ReCommod |= BIT2;}
    if((nAddr & 0x0100) != 0) {WrCommod |= BIT1; ReCommod |= BIT1;}
    */
    ResetI2C();
    I2C_START();                                    // 启动数据总线
    I2C_TxByte(WrCommod);                           // 写命令，发送控制字节
    nTemp = I2C_GetACK();                           // 等待 ACK
    if(nTemp == 1) return 0;
    I2C_TxByte(nAddr >> 8);                         // 发送地址字节
    nTemp = I2C_GetACK();                           // 等待 ACK
    I2C_TxByte(nAddr);                              // 发送地址字节
    nTemp = I2C_GetACK();                           // 等待 ACK
    if(nTemp == 1) return 0;
    I2C_START();                                    // 启动数据总线
    I2C_TxByte(ReCommod);                           // 发送控制字节
    nTemp = I2C_GetACK();                           // 等待 ACK
    if(nTemp == 1) return 0;
    for(i=0; i<num-1; i++)                          // 读取数据
    {
        I2C_EEPROM.ReadBuffer[i] = I2C_RxByte();    // 读一个字节数据
        I2C_SetACK();                               // 发送 ACK
    }
    I2C_EEPROM.ReadBuffer[num-1] = I2C_RxByte();
    // I2C_SetNAK();
    I2C_STOP();                                     // 停止总线
    return(1);
}
```

7.7 NAND

存储器是计算机或单片机的记忆部件。CPU 将执行的程序、处理的数据及中间结果等

都存放在存储器中。

目前常用的存储器芯片几乎全部采用半导体存储器。其有以下两个指标：

(1) 存储容量，反映了存储记忆信息的多少；

(2) 存取时间，反映了工作速度的快慢。

在工程设计中常常需要存储大量的数据，如在热能表抄表系统中由于有大量读取自用户的数据信息需要存储，而如果将其存储于 RAM 中则存在掉电数据丢失的风险，因此需将数据存储入 FLASH 存储器中。本系统使用 NAND FLASH(K9F1G08U0A)存储器作为数据存储芯片。

7.7.1 K9F1G08U0A 概述

K9F1G08U0A 是采用 NAND 技术实现的 FLASH，它提供按页方式进行读/写等多种数据访问方法。它只有 8 根数据线，没有专门的地址线，主要通过不同的控制线和发送不同的命令来实现不同的操作。

K9F1G08U0A 的框图如图 7-42 所示。

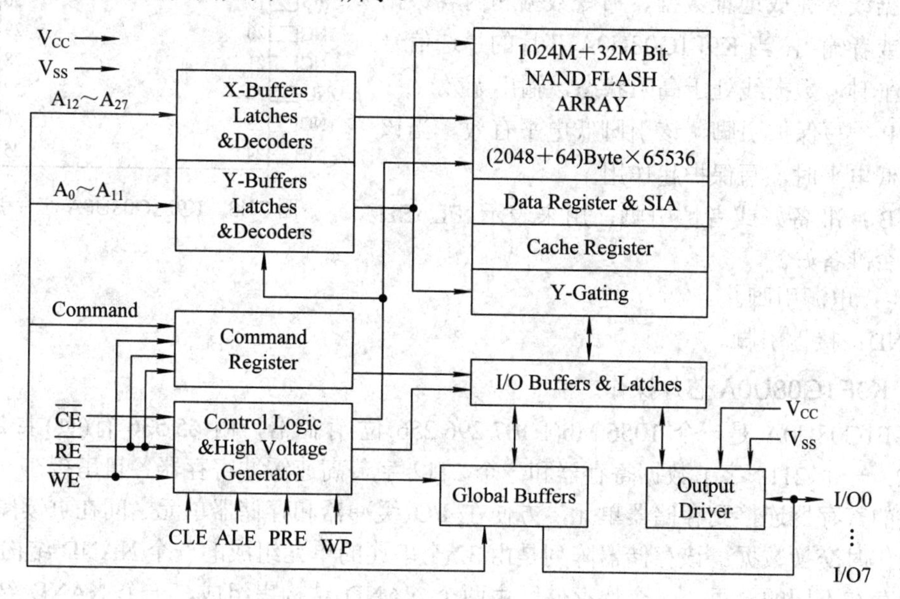

图 7-42 K9F1G08U0A 芯片框图

由图 7-42 可以看出，K9F1G08U0A 主要由控制逻辑单元、缓存和译码单元、NAND FLASH 存储阵列以及输出驱动等几个部分组成。

1. K9F1G08U0A 引脚功能说明

K9F1G08U0A 芯片引脚如图 7-43 所示。该芯片共有 48 个引脚，为了便于了解后面的电路设计，下面对具体的引脚进行介绍。

引脚功能说明如下：

CLE：命令锁存使能引脚。该引脚用来表示输入的数据为命令，高电平有效。当该引脚为高电平时，在 $\overline{WE}$ 信号的上升沿，命令通过 I/O 口锁存到命令寄存器中。

ALE：地址锁存使能引脚。该引脚用来表示输入的数据为地址，高电平有效。当该引脚为高电平时，在$\overline{\text{WE}}$信号的上升沿时输入的数据为地址数据。

$\overline{\text{CE}}$：K9F1G08U0A 芯片选择引脚，该引脚低电平有效。当该引脚为低电平时，选通 K9F1G08U0A 芯片，否则 K9F1G08U0A 芯片不工作。

$\overline{\text{RE}}$：K9F1G08U0A 芯片读使能引脚，该引脚低电平有效。当该引脚为低电平时，对 K9F1G08U0A 芯片进行读操作。

$\overline{\text{WE}}$：K9F1G08U0A 芯片写使能引脚，该引脚低电平有效。当该引脚为低电平时，对 K9F1G08U0A 芯片进行写操作。

I/O0～I/O7：K9F1G08U0A 芯片的数据线，用这些数据线来完成地址数据、命令数据和内容数据的输入或者输出。当 K9F1G08U0A 芯片的片选信号为高电平时，数据线处于高阻状态，输出无效。

$\overline{\text{WP}}$：写保护引脚，该引脚低电平有效。当该引脚为低电平时，写保护起作用。

R/$\overline{\text{B}}$：准备好或者忙引脚，用来表示 FLASH 芯片是否准备好。

V_{CC}：电源引脚。

GND：接地引脚。

引脚	编号	编号	引脚
NC	1	48	NC
NC	2	47	NC
DNU	3	46	DNU
NC	4	45	NC
NC	5	44	I/O7
NC	6	43	I/O6
R/$\overline{\text{B}}$	7	42	I/O5
$\overline{\text{RE}}$	8	41	I/O4
$\overline{\text{CE}}$	9	40	NC
DNU	10	39	DNU
NC	11	38	NC
V_{CC}	12	37	V_{CC}
V_{SS}	13	36	V_{SS}
NC	14	35	NC
DNU	15	34	DNU
CLE	16	33	NC
ALE	17	32	I/O3
$\overline{\text{WE}}$	18	31	I/O2
$\overline{\text{WP}}$	19	30	I/O1
NC	20	29	I/O0
NC	21	28	NC
DNU	22	27	DNU
NC	23	26	NC
NC	24	25	NC

图 7-43　K9F1G08U0A 芯片引脚

2. K9F1G08U0A 芯片操作

K9F1G08U0A 是一个 1056 Mb(1 107 296 256 位)存储器，由 65 536 行(页)乘 2112 × 8 列组成。一个 2112 字节数据寄存器和一个 2112 字节高速缓冲寄存器各自串接在一起。这些串接的寄存器连接到存储器单元，方便在 I/O 缓冲器和存储器单元之间在页读操作和页编程操作时交换数据。该存储器阵列是由 32 个串连的单元组成的一个 NAND 结构，每 32 个单元存在不同的页里。一个块存储区由两个 NAND 结构串组成，一个 NAND 结构包含 32 个单元，总共 1 081 344 个 NAND 单元存在一个块内。编程和读操作都是基于页执行的，擦除操作则是基于块执行的。该存储器由 1024 个分离的可擦除的 128 KB 块组成，它表示位擦除操作在 K9F1G08U0A 是不允许的。

K9F1G08U0A 芯片通过不同的控制引脚完成对芯片内部数据的读、写和擦除功能，借助不同的控制引脚可以使 K9F1G08U0A 芯片有不同的操作模式。K9F1G08U0A 芯片具有写模式、读模式、命令模式和地址输入等模式。表 7-16 给出了 K9F1G08U0A 芯片的几种工作模式下引脚的控制情况。

K9F1G08U0A 地址共用了 8 个 I/O 口，减少引脚数目的同时还允许系统在线升级更大容量密度时保持连贯性。命令、地址和数据在$\overline{\text{CE}}$为低时，拉低$\overline{\text{WE}}$，通过 I/O 端口写入，它们在$\overline{\text{WE}}$的上升沿时被锁存住。命令锁存使能 CLE 和地址锁存使能 ALE 使命令和地址通过 I/O 口用来作各自的复用。有些命令例如复位命令、状态读命令等，仅要求一个周期总线；一些其他的命令，如页读、块擦除和页编程，要求两个周期，一个周期用来建立，另一个用来执行。这 132 MB 物理空间需要 28 个地址，因此需要 4 个周期用来寻址：2 个周期用来作列地址，2 个周期作行地址。页读和页编程需要相同的 4 个地址周期。在块擦除操作中，仅 2 个行地址需要用到。器件的操作是通过进入到命令寄存器中的规定的指令选择的。表 7-17 定义了 K9F1G08U0A 规定的指令。

表 7-16　K9F1G08U0A 芯片的模式选择

CLE	ALE	$\overline{CE}$	$\overline{WE}$	$\overline{RE}$	$\overline{WP}$	模　式	
H	L	L	↑	H	X	读模式	命令输入
L	H	L	↑	H	X		地址输入(4clock)
H	L	L	↑	H	H	写模式	命令输入
L	H	L	↑	H	H		地址输入(4clock)
L	L	L	↑	H	H	数据输入	
L	L	L	H	↓	X	数据输出	
X	X	X	X	H	X	读(忙)期间	
X	X	X	X	X	H	编程(忙)期间	
X	X	X	X	X	H	擦除(忙)期间	
X	X	X	X	X	L	写保护	
X	X	H	X	X	0V/V_{CC}	备用状态	

表 7-17　命 令 设 置

功　能	第一个周期	第二个周期	忙期间可得的命令
读	00h	30h	
读用做 copy-back	00h	35h	
读 ID	90h	—	
复位	FFh	—	O
页编程	80h	10h	
高速缓冲编程	80h	15h	
copy-back 编程	85h	10h	
块擦除	60h	D0h	
随机输入数据	85h	—	
读状态	70h		O

器件在每个块存储区中提供高速缓冲编程。在高速缓冲编程模式下，当数据存储在数据寄存器准备被编程时，可将数据写入到高速缓冲寄存器。当有很多页数据准备编程时，通过高速缓冲编程模式，编程性能也许会得到引人注目的提高。除增强型的体系结构和接口外，器件具有 copy-back 编程特征，能将一页数据复制到另一页上，而无需和外部缓冲

存储器之间传输数据。由于这个耗费时间的连续访问和数据输入周期不再需要，因此作为固态磁盘应用的系统表现明显增强了。

3. K9F1G08U0A 数据传输方式

1) 页读

页读操作通过连同5个地址周期一起写00h～30h到命令寄存器来开始。开始上电以后，00h 命令锁存，因此在上电之后仅需要 5 个地址周期和 30h 命令就可以开始页读操作。选中页内的2112个字节的数据在少于25 μs时间内被传输到数据寄存器内。系统控制器通过分析 $R/\overline{B}$ 的输出来检测数据传输是否完成。一旦某页内的数据下载到数据寄存器内，它们可能在30 ns周期时间内被连续的 $\overline{RE}$ 脉冲读出。重复的从高到低转变的 $\overline{RE}$ 时钟使器件从选中的列地址开始到最后一个列地址输出数据，如图7-44所示。

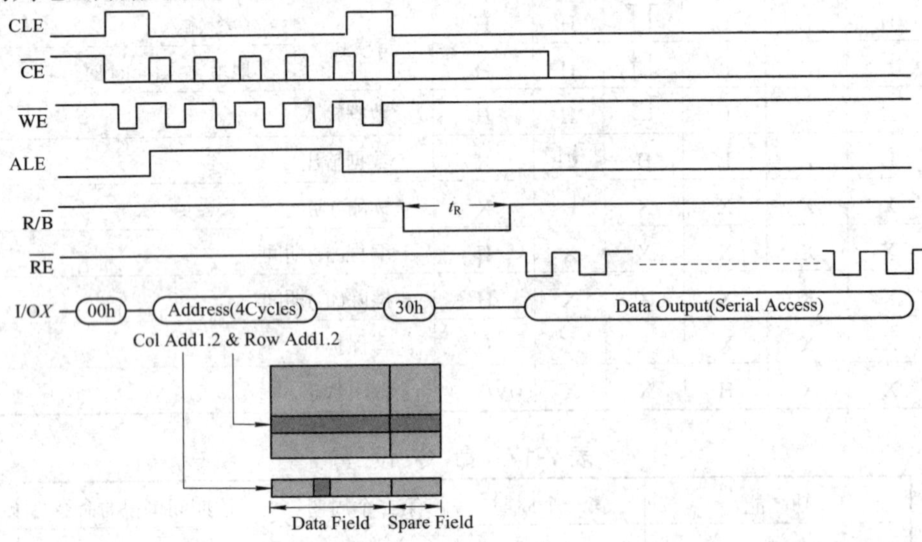

图7-44　读操作

器件也可以通过写入随机数据输出指令，来在某页内取代输出连续顺序数据而输出随机数据。准备输出的下个数据的列地址，可能会在随机数据输出命令后改变。随机数据输出可以被执行多次，而不管它是否已经在某页内执行了很多次，如图7-45所示。

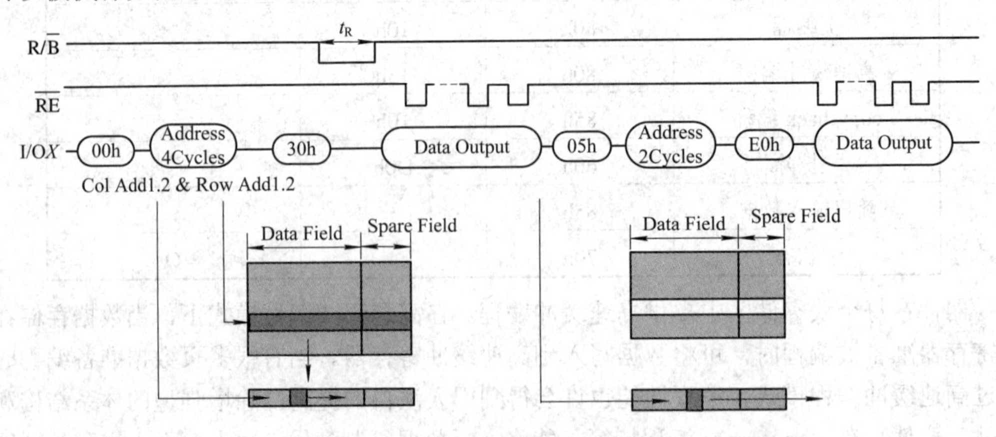

图7-45　页内的随机数据输出

2) 页编程

K9F1G08UOA 芯片基于最少一页编程，但在一个单页编程周期中，它允许多个局部的字或者连续多达 2112 字节的页编程。在没有擦除操作介入的情况下，同一页内连续局部页编程操作的最大数目为：主阵列(1 time/512 字节)不能超过 4 次，备用阵列(1 time/16 字节)不能超过 4 次，块内寻址必须为连续的顺序。一个页编程周期由一个连续的多达 2112 字节的可能会下载到数据寄存器内的数据下载周期，与一个下载数据编程到相应的单元内的非易失的编程周期构成。

连续数据下载周期由输入连续数据输入指令(80h)开始，即以 4 个周期的地址输入，然后连续数据就被下载进去。除了那些将被编程的字以外，其余的不需要被下载，如图 7-46 所示。器件支持页内随机数据输入。将被输入的下一个数据的列地址，可能会在随机数据输入命令(85h)后被改变。随机数据输入可以被执行多次，而不管它是否已经在某页内执行了很多次，如图 7-47 所示。

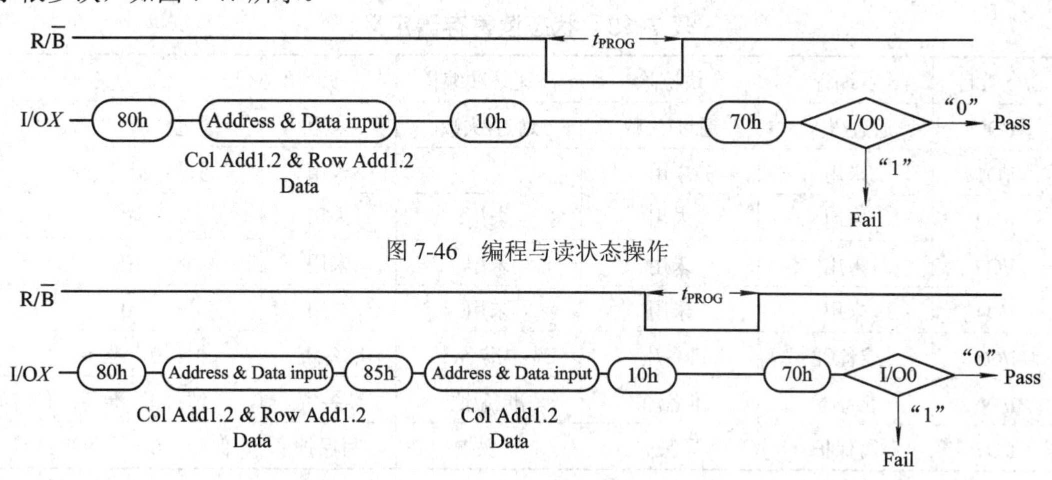

图 7-46　编程与读状态操作

图 7-47　页内随机数据输入

页编程确认指令(10h)指示了编程过程。若单独写 10h 而先前并没有输入连续的数据，将不会显示出这个编程过程。内部的写状态控制器自动地执行编程和校验所需的算法和时序，因此可以释放系统控制器去做其他的任务。一旦编程过程开始，读状态寄存器命令会去读取状态寄存器。系统可以通过监视 R/$\overline{\text{B}}$ 的输出或状态寄存器的状态位(I/O6)来检测编程周期是否完成。如果编程正在进行，则仅仅只有读状态命令和复位命令有效。当页编程完成时，写状态位(I/O0)可能会被检查(见图 7-46)。成功编程为“0”。命令寄存器保持在读状态命令模式，直到另一个有效命令写入到命令寄存器。

3) 块擦除

块擦除操作基于块进行，块地址下载通过开始块建立命令(60h)在两个周期内完成。仅有地址 A18 到 A27 是有效的，而 A12 到 A17 被忽略掉。在块地址下载之后的擦除确认命令(D0h)开始内部擦除进程。只有按照上述指令格式执行，程序才能完成块擦除操作，确保存储器内容不会因为外部噪声条件而产生偶然的误擦除。

在擦除确认命令输入后的 $\overline{\text{WE}}$ 的上升沿，内部写控制器处理擦除和擦除校验。当擦除操作完成后，写状态位(I/O0)可能会被检查。图 7-48 详细描述了这个序列。

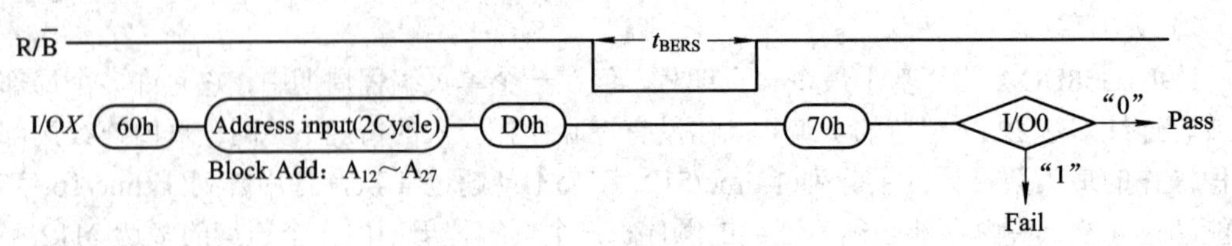

图 7-48　块擦除操作

4) 状态读

K9F1G08UOA 芯片包含一个可读的状态寄存器，用来发现编程或擦除操作是否成功完成。在写入 70h 命令到命令寄存器后，一个读周期在$\overline{CE}$或$\overline{RE}$的下降沿，将把状态寄存器的内容输出到 I/O 引脚上。表 7-18 给出了状态寄存器的定义。假如无其他命令输入，则命令寄存器维持在状态读模式。因此，要读出状态寄存器，则应该在读周期开始前给出读命令(00h)。

表 7-18　状态读寄存器定义

I/O 数目	页编程	块擦除	高速缓冲编程	读	定　义
I/O0	通过/失败	通过/失败	通过/失败	未用	通过：0，失败：1
I/O1	未用	未用		未用	通过：0，失败：1
I/O2	未用	未用	未用	未用	0
I/O3	未用	未用	未用	未用	0
I/O4	未用	未用	未用	未用	0
I/O5	准备/忙	准备/忙	选中准备/忙	准备/忙	忙：0，准备：1
I/O6	准备/忙	准备/忙	准备/忙	准备/忙	忙：0，准备：1
I/O7	写保护	写保护	写保护	写保护	保护：0，未保护：1

5) 复位

K9F1G08UOA 芯片提供一个复位特征，通过写 FFh 到命令寄存器来执行。当在随机读、编程或擦除模式时，器件处于忙状态，复位操作将使这些操作作废；存储器单元内改变的内容不再有效，数据将会被部分编程或擦除；命令寄存器被清空，等待下一个命令，并且状态寄存器在$\overline{WP}$为高时清空到 C0h 值。假如器件已经处在复位状态，一个新的复位命令也会被命令寄存器所接受。在复位命令写入之后，R/$\overline{B}$引脚转换为低，持续 t_{RST}。具体可参考图 7-49。

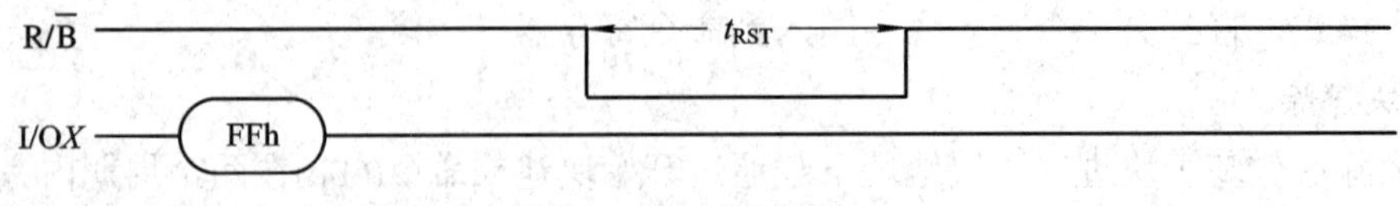

图 7-49　复位操作

7.7.2　K9F1G08U0A 操作实例

MSP430 单片机没有数据总线，因此利用 MSP430 单片机的一般 I/O 口模拟总线。由于 MSP430 单片机通过端口的方向寄存器设置端口的输入/输出方向，因此能很好地完成总线的数据读写功能。MSP430 单片机与 K9F1G08U0A 芯片的接口电路如图 7-50 所示。

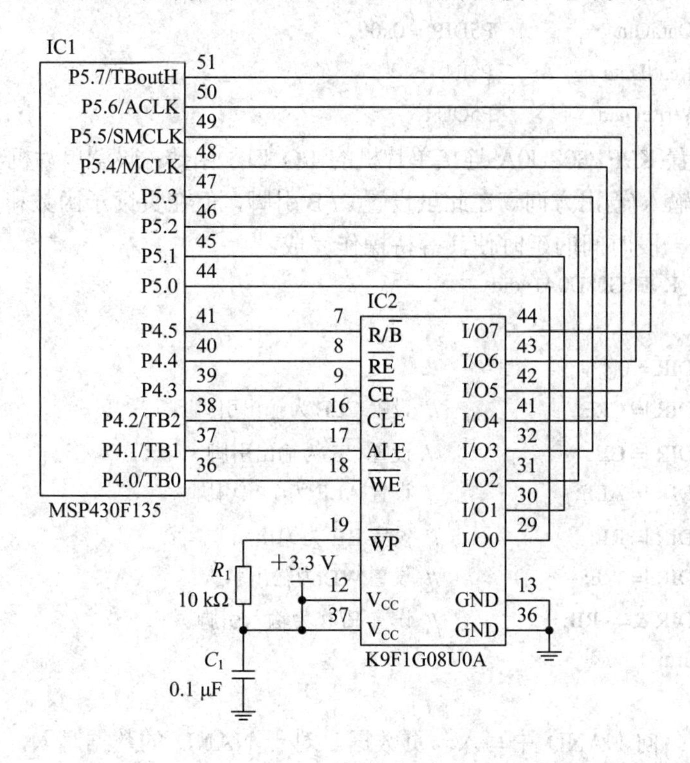

图 7-50　MSP430 单片机与 K9F1G08U0A 芯片的接口电路

预定义。

```
#define RB        BIT5
#define RE        BIT4
#define CE        BIT3
#define CLE       BIT2
#define ALE       BIT1
#define WE        BIT0
#define ALE_Enable          P4OUT |= ALE
#define ALE_Disable         P4OUT &= ~ALE
#define CLE_Enable          P4OUT |= CLE
#define CLE_Disable         P4OUT &= ~CLE
#define RE_Enable           P4OUT |= RE
#define RE_Disable          P4OUT &= ~RE
#define WE_Enable           P4OUT |= WE
#define WE_Disable          P4OUT &= ~WE
#define CE_Enable           P4OUT |= CE
#define CE_Disable          P4OUT &= ~CE
#define ReadRB              (P4IN & RB)
```

```
#define DataIn          P5DIR = 0xff
#define DataOut         P5DIR = 0x00
#define ReadData        P5IN
#define WriteData       P5OUT
```

初始化与设置 K9F1G08U0A 连接单片机的 I/O 口子函数：设置单片机与 K9F1G08U0A 连接的 I/O 口的输入/输出方向。在此虽设置 $R/\overline{B}$ 引脚，但在页读子函数和页写子函数中未使用，而是加入一段时间的延时使其等待操作完成。

```
void Init_K9F1G08U0A(void)
{
    P4DIR = 0;
    P4DIR |= CLE;              // 设置 CLE 为输出引脚
    P4DIR |= CE;               // 设置 CE 为输出引脚
    P4DIR |= ALE;              // 设置 ALE 为输出引脚
    P4DIR |= RE;               // 设置 RE 为输出引脚
    P4DIR |= WE;               // 设置 WE 为输出引脚
    P1DIR &= ~RB;              // 设置 R/B 为输入引脚
    return;
}
```

页写子函数：向 NAND 中写入一页数据。对于 NAND 的数据写入，亦可以按字节进行操作，具体程序写法可参考 K9F1G08U0A 的数据手册。

入口参数：nCol，待写入行的起始地址；nRow，待写入行的地址；pBuf，待写入数据的指针。

返回参数：正确返回 1，错误返回 0。

```
int PageWrite(int nCol, unsigned long nRow, char *pBuf)
{
    int nTemp = 0;
    int i;
    int j;
    unsigned nADD1;
    unsigned nADD2;
    unsigned nADD3;

    // 处理最高地址时必须注意的是其余没有用的位必须是 0
    nADD1 = nRow & 0x00ff;
    nADD2 = (nRow >> 8) & 0x00ff;
    nADD3 = (nRow >> 16) & 0x00ff;

    CE_Enable;
    DataOut;
```

```
CLE_Enable;
WE_Enable;
WriteData = 0x80;                          // 页写命令
WE_Disable;
CLE_Disable;

ALE_Enable;
WE_Enable;
WriteData = (unsigned char)(nCol);         // 行的起始地址
WE_Disable;
WE_Enable;
WriteData = nADD1;
WE_Disable;
WE_Enable;
WriteData = nADD2;
WE_Disable;
WE_Enable;
WriteData = nADD3;
WE_Disable;
ALE_Disable;

for(j = 0; j < 528; j++)
{
    WE_Enable;
    WriteData = pBuf[j];
    WE_Disable;
}
CLE_Enable;
WE_Enable;
WriteData = 0x10;
WE_Disable;
CLE_Disable;

for(i = 100; i > 0; i--);

CLE_Enable;
WE_Enable;
WriteData = 0x70;
WE_Disable;
```

```
        CLE_Disable;

        CLE_Enable;
        WE_Enable;
        WriteData = 0x70;
        WE_Disable;
        CLE_Disable;
        DataIn;                              // 设置P5口为输入方向
        for(i = 1000; i > 0; i--)
        {
            RE_Enable;
            nTemp = ReadData;
            RE_Disable;
            if(nTemp == 0xc0) break;
        }
        if(nTemp == 0xc0) return 1;
        else return 0;
    }
```

页读子函数：从 NAND 中读出一页数据。对于 NAND 的数据读出，亦可以按字节进行操作，具体程序写法可参考 K9F1G08U0A 的数据手册。

入口参数：nCol，待读出行的起始地址；nRow，待读出行的地址；pBuf，待读出数据的指针。

返回参数：正确返回 1，错误返回 0。

```
    int PageRead(int nCol, unsigned long nRow, char *pBuf)
    {
        int nTemp = 0;
        int i;
        int j;
        unsigned char nADD1;
        unsigned char nADD2;
        unsigned char nADD3;

        nADD1 = nRow & 0x00ff;
        nADD2 = (nRow >> 8) & 0x00ff;
        nADD2 = (nRow >> 16) & 0x00ff;

        CE_Enable;
        DataOut;                         // 设置P5口为输出方向
        CLE_Enable;
```

```
        WE_Enable;
        WriteData = 0x00;                    // 输出读命令代码 0x00
        WE_Disable;
        CLE_Disable;

        ALE_Enable;
        WE_Enable;
        WriteData = (unsigned char)(nCol);
        WE_Disable;
        WE_Enable;
        WriteData = (unsigned char)(nADD1);
        WE_Disable;
        WE_Enable;
        WriteData = (unsigned char)(nADD2);
        WE_Disable;
        WE_Enable;
        WriteData = (unsigned char)(nADD3);
        WE_Disable;
        ALE_Disable;

        for(i = 100; i > 0; i--);

        CLE_Enable;
        WE_Enable;
        WriteData = 0x70;
        WE_Disable;
        CLE_Disable;
        DataIn;                              // 设置 P5 口为输入方向
        for(j = 0; j < 528; j++)
        {
            RE_Enable;
            pBuf[j] = ReadData;
            RE_Disable;
        }
        CE_Disable;
        return nTemp;
    }
```

块擦除子函数：将 NAND 中一块空间中的数据全部擦除。

入口参数：nAddr，待擦除空间的地址。

返回参数：正确返回 1，错误返回 0。

```
int BlockErase(unsigned long nAddr)
{
    int nTemp = 0;
    int i;
    unsigned char nADD1;
    unsigned char nADD2;
    unsigned char nADD3;

    nADD1 = nAddr & 0x00ff;
    nADD2 = (nAddr >> 8) & 0x00ff;
    nADD3 = (nAddr >> 16) & 0x00ff;

    CE_Enable;
    DataOut;                          // 设置 P5 口为输出方向
    CLE_Enable;
    WE_Enable;
    WriteData = 0x60;                 // 输出块擦除命令
    WE_Disable;
    CLE_Disable;

    ALE_Enable;
    WE_Enable;
    WriteData = (unsigned char)(nADD1);
    WE_Disable;
    WE_Enable;
    WriteData = (unsigned char)(nADD2);
    WE_Disable;
    WE_Enable;
    WriteData = (unsigned char)(nADD3);
    WE_Disable;
    ALE_Disable;

    CLE_Enable;
    WE_Enable;
    WriteData = 0xd0;
    WE_Disable;
    CLE_Disable;
```

```
        for(i = 200; i > 0; i--);                           // 等待R/B̄中断

        CLE_Enable;
        WE_Enable;
        WriteData = 0x70;
        WE_Disable;
        CLE_Disable;

        DataIn;                                     // 设置P5口为输入方向

        RE_Enable;
        nTemp = ReadData;
        RE_Disable;

        CE_Disable;
        if(nTemp & 0x01) return 0;
        else return 1;
    }
```

7.8 舵　　机

舵机是一种位置伺服驱动器。它接收一定的控制信号，输出一定的角度，适用于那些角度需要不断变化并可以保持的控制系统。在微机电系统和航模中，它是一个基本的输出执行机构。

舵机广泛应用于飞机、车、船等设备中，此处所讲的舵机是指航模、小型玩具机器人使用的舵机。舵机是由外壳、电路板、马达、齿轮与位置检测器组成的一套机电部件。其工作原理是由接收机发出讯号给舵机，经由电路板上的 IC 判断转动方向，再驱动电机开始转动，通过齿轮减速机构将动力传至摆臂，同时由位置检测器送回讯号，判断是否已经到达指定位置，其实物如图 7-51 所示。

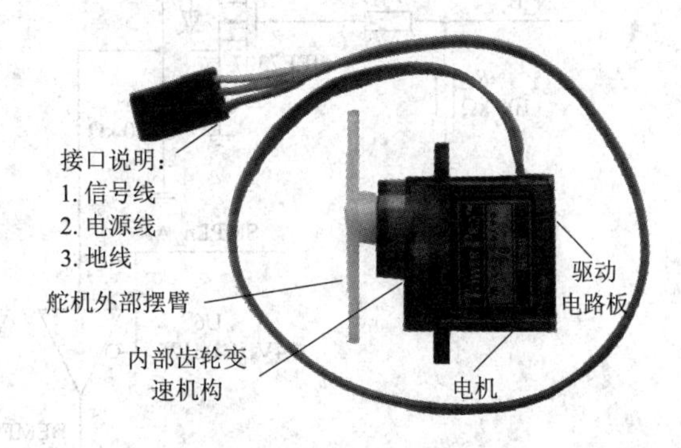

图 7-51　舵机实物图

7.8.1　舵机的工作原理

图 7-52 给出了舵机内部驱动电路图，该电路集成在舵机内部，无需使用者关心，笔者给出内部电路的目的是使读者对电机的驱动有一定的、深入的了解，图中驱动的电机即为一普通直流电机。

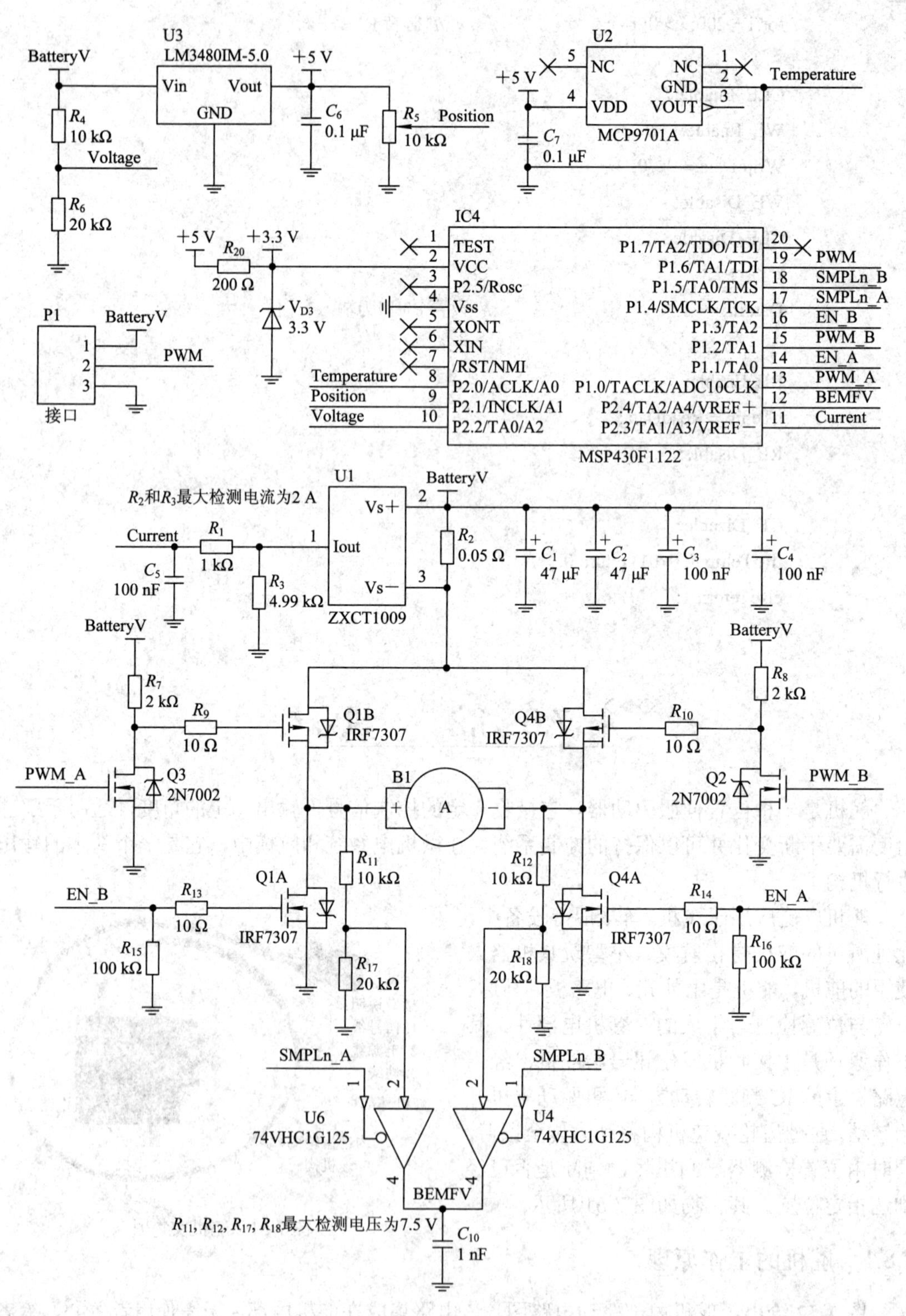

图 7-52　舵机内部驱动电路图

图 7-52 中，MCU(MSP430F1122)接收外部接口 P1 输入的 PWM 信号(该接口即为图 7-51 中的接口)，根据信号的脉宽，输出 PWM_A、PWM_B、EN_A、EN_B 信号，控制电机 B1 正转或反转；电机 B1 经过机械减速机构，输出到舵机外部摆臂，使摆臂正转或反转一定角度；电流传感器 U1 检测电机电流，防止电机因外部堵转而过载损毁。

7.8.2 舵机的控制方法

舵机的驱动要比舵机内部驱动简单许多，标准的舵机有三条线，分别为电源线、地线及控制信号线。电源线与地线用于提供内部的直流电机及控制线路所需的能源，电压通常介于 4～6 V 之间，该电源应尽可能与处理系统的电源隔离(因为舵机内部使用的直流电机会产生噪声，甚至小的直流电机在重负载时也会拉低放大器的电压，因此整个系统电源供应的比例必须合理分配)。

在驱动舵机时，需给控制信号线送入一个周期性的正向脉冲信号，这个周期性脉冲信号的高电平时间通常在 1～2 ms 之间，而低电平时间应在 5～20 ms 之间，并不很严格，表 7-19 表示一个典型的 20 ms 周期性脉冲的正脉冲宽度与舵机的输出臂位置的关系。

表 7-19 周期性脉冲的正脉冲宽度与舵机的输出臂位置的关系

输入正脉冲宽度(周期为 20 ms)	舵机输出臂位置
0.5 ms	≈−90°
1 ms	≈−45°
1.5 ms	≈0°
2 ms	≈45°
2.5 ms	≈90°

舵机的控制程序比较简单，就是使 MCU 的引脚输出一个脉冲宽度可调的波形，程序如下：

```
void pwm(void)
{
    P1DIR |= 0x04;                    // P1.2  输出
    P1SEL |= 0x04;                    // P1.2  TA1/2 模式
```

```
        TACCR0 = 512 - 1;                  // PWM 周期
        TACCTL1 = OUTMOD_7;                // TACCR1 reset/set
        TACCR1 = 384;                      // TACCR1 PWM 周期占空比
        TACTL = TASSEL_1 + MC_1;           // ACLK，增计数模式
    }
```

7.9 电　调

电调即为驱动电机用的调速器。无刷电机的驱动相对来说较为复杂，需要单独的 MCU 控制三相桥驱动；有刷电机一般用一个功率器件去驱动，通过调节 PWM 信号的脉冲宽度来控制各个电机的转速。电调实物图如图 7-53 所示。无刷电机因为没有碳刷、使用寿命长、无需维护等优点，因此在小型无人机飞行器中得到了广泛的应用，故在此只介绍无刷电机电调。

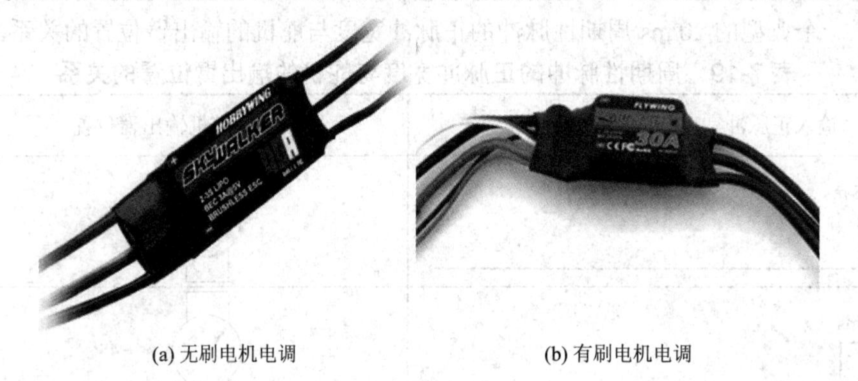

(a) 无刷电机电调　　　　(b) 有刷电机电调

图 7-53　电调实物图

7.9.1　电调的认知与选择

对于无刷电机的电调，使用者一般无需设计其内部电路，只需要会选择使用即可，下面从以下几点介绍电调的选择。

1) 什么需要电调

电调的作用就是将飞控板的控制信号转变为电流的大小，以控制电机的转速。因为电机的电流是很大的，通常每个电机正常工作时平均有 3 A 左右的电流，如果没有电调的存在，飞控板 I/O 根本无法承受这样大的电流。

2) 需要多大的电调

电调都会标上多少安(如 20、40 A)，这个数字就是电调能够提供的电流。大电流的电调可以兼容用在小电流的地方。小电流电调不能超标使用。例如，常见的新西达 2212 加 1045 桨最大电机电流有可能达到 5 A。为保险起见，建议这样的配置用 30 A 或 40 A 电调(用 20 A 电调的也比较多)，这样以后还可以用到其他地方去。

3) 什么是四轴专用电调

因为四轴飞行要求电调快速响应，而电调有快速响应和慢速响应的区别，所以四轴需要快速响应的电调。常见电调是可以通过编程来设置响应速度的，所以其实并不存在“专用”一说。

4) 什么是电调编程

电调有很多的功能模式，选择不同的功能就需要对电调进行编程。编程的途径可以是直接将电调连接至遥控接收机的油门输出通道(通常是 3 通道)，按照说明书在遥控器上通过扳动摇杆进行设置。这个方法比较麻烦，但成本较低。另外，还可以通过厂家的编程卡来进行设置(需要单独购买)，该方法简单，也不需接遥控器。为保险起见，一定要将购买的几个电调设置成一致的参数，否则难以控制。如果电调的启动模式不一样，就会出现有些都转得很快了，有些还很慢的情况，从而产生问题。需要说明的是，通过遥控器进行电调设置，一定要接上电机，因为说明书上提到的“滴滴”声是通过电机发出来的。

7.9.2　电调的控制方法

电调的控制方法与舵机的相似，除了两根电机驱动电源线外(这两根电源线比较粗，比如 40A 的电调，则这两根电源线必须保证有 40A 的电流能力)，还有三根信号线，分别为+5 V、GND 和 PWM 信号线，这三根线接到飞控的电调驱动接口。飞控驱动板通过控制 PWM 信号线的占空比控制电机的转速。其控制程序与舵机的相似，在此不再给出。

第8章　系统供电

本章主要介绍电子系统的供电，供电方式通常选择电池供电或外接电源供电。电池供电时需考虑电池电量的监控，同时需考虑电池的充放电管理；外接电源供电时需考虑电子系统的整体负载大小，根据负载的要求选择不同功率的电源。本章中介绍的电源都是以电源模块形式组成的中小功率开关电源，这类电源有利于工程人员简化设计，降低设计难度。对于大功率电源可参考相关书籍，对于系统内部各种电压的转换则需要考虑压差、电流、可调、可控等问题。

8.1　稳　压　器

电源稳压器件是电子产品中最常用的一种电压转换芯片，根据工作方式的不同可分为线性稳压器和开关模式升压降压稳压器。

8.1.1　线性稳压器

线性稳压器是电压转换电路中最常用也最易用的一种IC器件，根据输出方式的不同可分为固定式线性稳压器、可调式线性稳压器和可关断式线性稳压器。

1. 固定式线性稳压器

1) 78L××和79L××系列

78L××和 79L××系列三端稳压器一直是最常用的稳压器件，各大电子厂商都有生产。其典型应用电路如图8-1所示。在这些电路中，三端稳压器作固定电压稳压器用，旁路电容器经常可以省去。因此，三端稳压器的特点是非常明显的，只需用少量外加元件，就能实现稳压功能。78L××系列输出电压为正电压，如78L05为+5 V电压；而79L××系列输出电压为负电压，如79L05为 −5 V电压。

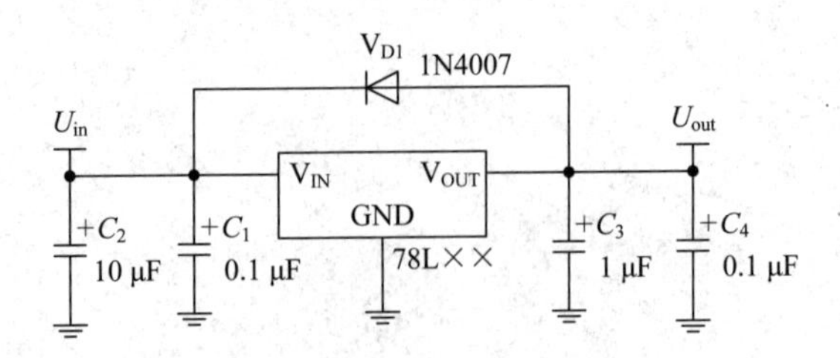

图8-1　集成三端稳压器电路图

2) LC1117系列

LC1117是上海岭芯电子公司生产的一款低压差线性稳压器，输出电流为1 A时，压差小于 1.5 V。LC1117 采用了双极型制造工艺，确保其工作电压达到 12 V。其输出电压有固定电压的 1.2、1.8、2.5、3.3、5 和 12 V，以及可编程版本；通过内部精密电阻网络的修正，实现输出电压的精度为 ±1.5%。LC1117 内部有过热保护功能，以确保其本身和所带负载的安全。LC1117 采用 SOT223 和 TO252 两种封装形式，用户可根据使用功率和散热要求来选择合适的封装形式。

LC1117 是一款性价比特别高，输入电压和输出电流可满足绝大多数电子系统的需求，可广泛应用于各种电子系统中的 IC 稳压芯片，特别是在 PC 主板、显卡、LCD 显示器、LCD TV、数码相框、通信系统、无绳电话、ADSL 适配盒、DVD 播放器、机顶盒、硬盘盒、读卡器等系统中都有大量应用。LC1117 的连接电路图与图 8-1 一样，其主要技术参数如下：

(1) 输出电压：ADJ/1.2/1.8/2.5/3.3/5.0/12 V；

(2) 最大输出电流：1 A；

(3) 输出电压精度：±1.5%；

(4) 输入电压：12 V；

(5) 输入线性度：0.5%；

(6) 负载线性度：20 mV@1A；

(7) 工作环境温度：−20～85℃。

上海岭芯电子公司生产的部分低压差线性稳压器如表 8-1 所示，读者可根据设计要求选择合适的线性稳压器。

表 8-1　低压差线性稳压器

型号	输出电流/mA	输入电压/V	输出电压/V	输出压降	封装
LC1117	1000	15	1.2～5.0/ADJ	1.3V@1A	SOT223/TO252
LC1085	3000	12	1.8/2.5/3.3/ADJ	1.4V@3A	TO252/TO263
LC1084	5000	12	1.8/2.5/3.3/ADJ	1.4V@5A	TO252/TO263
LC1455	150	8	1.2～5.0	0.22V@120mA	SOT23-5/SC70-5
LC1458	500	8	1.2～4.5	0.46V@500mA	SOT23-5
LC1463	300	6	1.2～4.5	0.16V@300mA	SOT23-5/SC70-5
LC1466	2000	6	1.2～3.6	0.45V@1.5A	SOT23-3
LC1206	300	8	1.2～3.6	0.25V@150mA	SOT23-3/SOT89-3
LC1207	300	12	2.5～5.0	0.6V@300mA	SOT23-3/SOT89-3
LC1265	400	8	1.5～4.5	0.6V@300mA	SOT89-3
LC1760	双 150	8	1.2～5.0	0.22V@120mA	SOT23-6
LC1761	双 300	6	1.5～4.5	0.16V@300mA	SOT23-6

2. 可调式线性稳压器

由于在某些场合需要特定的电源电压，这时固定式线性稳压器虽然可以通过改变外部电路设计实现电压调节，但是专门为这种用途而设计的可调式三端线性稳压器能得到更好的效果。

1) LM317 和 LM337

LM317 是一种用途广泛的三端可调式正电压调节器，具有较高的输入电压、较大的输出电流以及较高的性能参数，广泛地应用于各种直流稳压电源、开关电源、可编程电源及高精度恒流源等电子设备中。同样的，LM317 输出电压为正电压，而 LM337 输出电压为负电压。其应用电路如图 8-2 所示，需注意的是，在 LM337 应用电路中，电容正极接地。

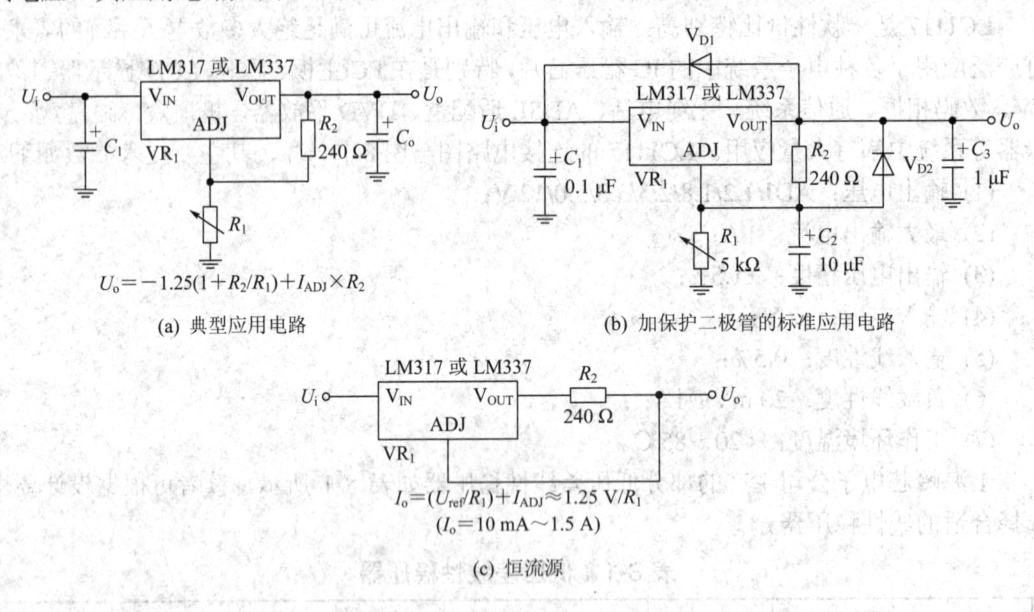

(a) 典型应用电路

(b) 加保护二极管的标准应用电路

(c) 恒流源

图 8-2 LM317 和 LM337 常用电路

在要求电压可调的应用中，LM317 具有极好的性能，而且它的输出电流又可达到 1.5 A，输出电压在 1.2～37 V 之间连续可调，所以就不需要储备许多固定电压稳压器。当它用做整个系统的主要稳压器时，不仅能简化系统，而且设计的灵活性很大。该器件内部含有限流、过热关机和安全工作区保护等电路，即使调整端 ADJ 没有与外电路连接，这些保护功能仍能正常工作。

2) LC1117ADJ

上海岭芯电子公司生产的 LC1117、LC1085、LC1084 都有可调电压输出版本，该系列元器件的使用方法与 LM317 的一样。

3. 可关断式线性稳压器

在某些场合为了降低系统功耗，需要关断部分不用的电路，这时就需要使用可关断式线性稳压器。下面以上海岭芯电子公司生产的 LC1458 为例介绍其用法。

LC1458 是一款输出 500 mA、在无需旁路电容的情况下，PSRR 在 100 Hz 处实现 70 dB、噪声小于 50 μVRMS 的低压差线性稳压器。LC1458 采用了 CMOS 工艺，其在保持了高性能的同时，自身静态电流只有 75 μA，关断后电流更是小于 1 μA，保证了客户极低的待机功耗。LC1458 的输出电压在 1.2～4.8 V 范围内每隔 0.1 V 可定制。LC1458 提供了一个使能端，可用于对负载供电的开关。其内部包含了一个高精度的电压基准、误差放大器、限流和反折式的短路保护、功率驱动晶体管和输出放电管，同时内部的高精度电阻网络确保输出电压精度为 ±2%。LC1458 在 500 mA 负载时，最小工作压差约 0.46 V，温度系数

小于 ±100 ppm/℃。LC1458 采用 SOT23-5 封装，其典型应用电路如图 8-3 所示。

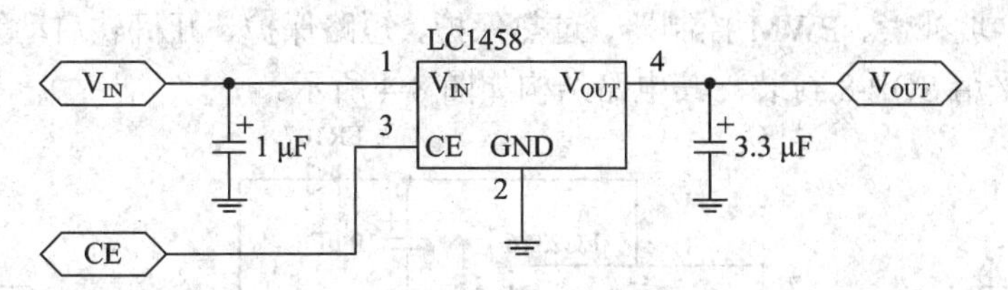

图 8-3 LC1458 的典型应用电路

LC1458 可广泛应用于各种需要低压差、负载电流小于 500 mA，并需要关断和极低待机功耗的电子系统中，主要应用于手机、小灵通、数字无绳电话、数码相机、无线网卡等电池供电或 USB 供电的可移动的手持电子设备或者其他(如数码相框等)家用电器，特别是需要输出电流较大，或者在输出电压和输出电压压差较小时仍要输出一定电流的应用。

LC1458 的主要技术参数如下：

(1) 输出电压：1.2～4.5 V，每隔 0.1 V 可定制；

(2) 最大输出电流：500 mA；

(3) 输出电压精度：±2%；

(4) 输入电压：8 V；

(5) PSRR 70 dB @ 100 Hz；

(6) 静态电流：75 μA。

8.1.2 开关模式升压降压稳压器

线性稳压器电路设计较简单，但是当输入和输出电压压差较大时，器件发热较大，且输出电压要低于输入电压(以正电压输出为例)。为了在较大压差情况下实现较大电流输出且器件发热较小，或实现输出电压大于输入电压的功能，可选择使用开关模式升压、降压器件。以上海岭芯电子公司生产的系列开关模式升压、降压器件为例介绍其应用，如表 8-2 所示。

表 8-2 开关模式升压、降压器件

型号	输入电压/V	输出电压/V	工作频率/kHz	效率	封装
LC2316	3.6～20	ADJ	500	88%	SOP-8
LC2319	3.6～20	ADJ	1200	97%	SOP-8
LC3000	0.8～5.5	2.5～6.0 0.1V 步进	150	N/A	SOT23-3/5 SOT89-3
LC3030	0.8～5.5	2.5～6.0 0.1 V 步进	350	N/A	SOT23-3/5 SOT89-3
LC3401	0.85～5.0	可编程	1000	N/A	SOT23-5

1. 开关模式降压器件

LC2316 是一款性价比较高的 DC/DC 降压稳压器，采用开关频率为 1.2 MHz 的 PWM

控制方式，其耐压大于 20 V，输出电流为 1.2 A，反馈电压为 1.25 V；内部包含振荡器、误差放大器、斜坡补偿、PWM 控制器、过热保护、短路保护、开机软启动等功能模块以及输出功率管；采用 SOP-8 封装。其电路结构如图 8-4 所示。

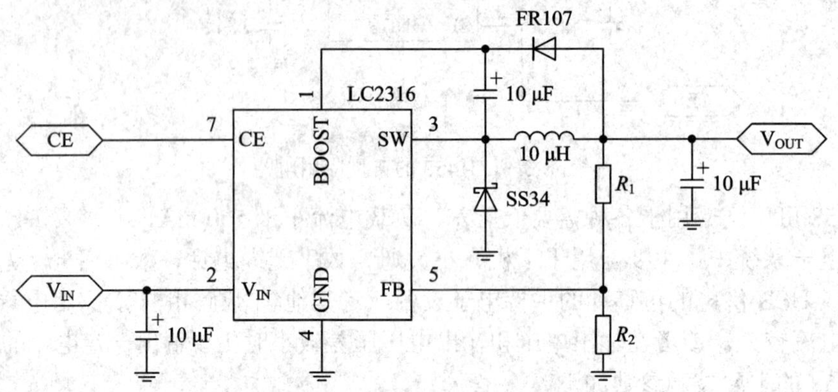

图 8-4　LC2316 应用电路图

LC2316 有很宽的输入电压范围，适合各种将电压 9/12/15 V 降至 3.3/5 V 的应用，例如车载充电器或其他需要车载供电的电子设备(如 GPS、车载 MP3、其他 9/12 V 供电的 ADSL、路由器等产品)。其主要技术参数如下：

(1) 输入电压：3.6～20 V；

(2) 输出电流：1.2 A；

(3) 反馈电压：1.25 V ± 2%；

(4) PWM 控制开关频率：1.2 MHz；

(5) 转换效率：85%；

(6) 静态电流：2 mA；

(7) 最大占空比：88%；

(8) 过热保护：150℃。

LC2316 的开关频率为 1.2 MHz，因此可以在外围电感和电容值都非常小的情况下，既实现了客户整个系统的低成本，又实现了 10 mV 的纹波，领先于业界。

与目前流行的 20 V / 2 A 开关型降压稳压器相比，LC2316 不需要 CAMP 端补偿的一个电阻和两个电容，外围电容均可用便宜的贴片陶瓷电容，电容值最大为 10 μF，不需要使用昂贵的钽电容，而且纹波小。

与便宜的 34063 相比，LC2316 的外围电感电容值都小一个数量级。LC2316 的体积都非常小，可贴片实现，纹波很小，且效率高，整体系统成本与 34063 的相当。

而与 LDO 相比，因 LDO 在高压差下工作时，输出大电流，自身发热非常厉害，需要昂贵的 TO263 等散热封装和大容值的输出电容，整体系统成本与 LC2316 的相当；而且 LC2316 的输出纹波只有 10 mV，也已经接近 LDO 的水平。

2. 开关模式升压器件

LC3030 是一款 DC/DC 升压控制芯片，采用开关频率为 350 kHz 的 PFM 控制方式，最低 0.8 V 的启动电压，输出电压覆盖范围为 2.5～6 V。LC3030 内置功率 MOSFET，可用最少 3 个外围器件构成一个完整的升压电路，且有着极低的空载消耗电流(< 20 μA)。LC3030

有 SOT23-3/5 和 SOT89-3 等封装形式供灵活选择。其产品应用电路如图 8-5 所示。

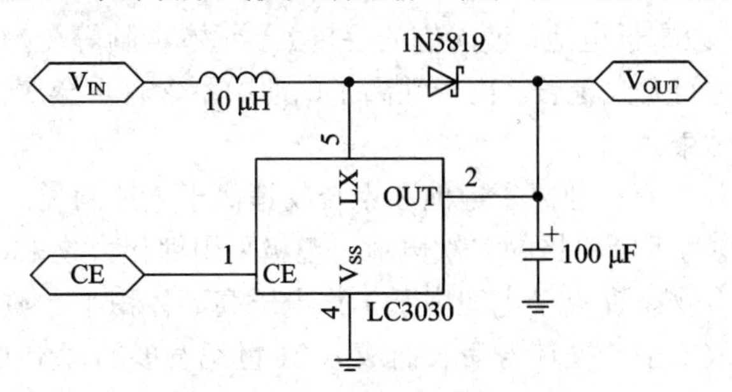

图 8-5 LC3030 应用电路图

LC3030 以其超低的启动电压适合应用于单节或双节碱性电池供电的场合，例如电子玩具、MP3、无线鼠标、应急充电器等。其输出负载既可以是 MCU，也可以是直流马达，或者锂电池和 LED 等。其主要特点如下：

(1) LC3030 采用 PFM 控制，无须反馈环路补偿，最大开关频率为 350 kHz；

(2) 输入电压 1.5 V 时，可以提供 3.3 V / 200 mA 的功率输出；

(3) 外围仅需 3 个贴片器件；

(4) 逐周期电流限制，快速的瞬态响应能力；

(5) 即使没有使能端控制关闭，空载电流也可以低于 20 μA。

8.2 锂离子电池充电管理

随着微电子技术的发展，各种小型化的便携式设备日益增多，例如手机、数码相机、笔记本电脑等。为了能够更加有效地使用这些电子产品，可充电电池得到快速发展。常见的可充电电池包括镍氢电池、镍镉电池、锂离子电池和聚合物电池等。其中，锂离子电池以其高的能量密度、无记忆性和使用寿命长等优点得到了广泛的应用。目前绝大部分的手机、数码相机等均使用锂离子电池。

锂离子电池对充电器的要求比较高，为了有效地控制锂离子电池的充电，需要对其充电过程进行密切的监控。目前，一般使用单片机配合一定的充电管理芯片来实现锂电池充电的智能管理。

8.2.1 锂离子电池及其充电概述

锂离子电池以其特有的性能优势已在便携式电器如笔记本、数码相机、摄像机、手机中得到普遍应用。下面首先介绍锂离子电池及其智能充电的要求。

1. 锂离子电池概述

锂离子电池是 20 世纪开发成功的新型高能电池。它是一类由锂金属或锂合金为负极材料、使用非水电解质溶液的电池。锂离子电池的正极可以采用 MnO_2、$SOCl_2$、$(CFx)n$ 等。

最早出现的锂离子电池来自于发明家爱迪生。由于锂金属的化学特性非常活泼，使得

锂金属的加工、保存、使用对环境要求非常高，所以锂离子电池长期没有得到应用。1992年Sony公司成功开发锂离子电池，使人们的手机、笔记本电脑等便携式电子设备的重量和体积大大减小，使用时间大大延长。由于锂离子电池中不含有重金属铬，与镍铬电池相比，大大减少了对环境的污染。

锂离子电池目前分为液态锂离子电池和聚合物锂离子电池两类。其中，液态锂离子电池是指Li^{+}嵌入化合物为正、负极的二次电池，正极采用锂化合物$LiCoO_2$或$LiMn_2O_4$，负极采用锂－碳层间化合物。锂离子电池由于工作电压高、体积小、质量轻、能量高、无记忆效应、无污染、自放电小、循环寿命长而成为21世纪发展的理想能源。

锂离子电池的主要特点如下：

(1) 高能量密度。锂离子电池的重量是相同容量的镍镉或镍氢电池的一半，体积是镍镉电池的40%～50%，镍氢电池的20%～30%。因此，锂离子电池具有更高的重量能量比、体积能量比。

(2) 高电压。单节锂离子电池电压平均为3.6 V，等于三只镍镉或镍氢充电电池的串联电压。

(3) 自放电小，可长时间存放。

(4) 无记忆效应。锂离子电池不存在镍镉电池的所谓记忆效应，所以锂离子电池充电前无须放电。

(5) 寿命长。正常工作条件下，锂电池充放电循环次数远大于500次。

(6) 多个锂离子电池可以随意并联使用。

(7) 无污染。由于锂离子电池中不含镉、铅等重金属元素，对环境无污染，是理想的绿色电池。

(8) 快速充电。如果使用额定电压为4.2 V的恒流恒压充电器，可以使锂离子电池在1～2 h内充满。

锂离子电池与其他可充电电池相比，其价格相对较高。但是随着技术的发展，锂离子电池的性价比越来越高，目前已广泛应用在各类便携式移动设备上。

2. 锂离子电池充电概述

锂离子电池对充电器的要求比较高，为了保护电池和最大化地延长其使用寿命，在充电时需要注意如下事项：

(1) 对锂离子电池需要进行热保护，防止发热太大而损害锂离子电池；

(2) 锂离子电池充电需要严格控制充电电压和充电电流；

(3) 为了有效地利用电池容量，需将锂离子电池充电至最大电压；

(4) 防止过压充电，过压充电对锂离子电池有损害，严重影响电池的使用寿命；

(5) 充电结束后应及时关断电源。

为了达到更好的充电效果，一般首先采用预充，然后用大电流进行快充。当充电达到满容量的90%后，进行满充，采用小电流涓流充电。在充电过程中，需要采用专业的充电检测芯片来对充电过程进行检测，在充电电路中使用单片机来综合进行管理，可以做到精确的智能控制。使用单片机和充电管理芯片相结合的方法可以有效地保护电池、缩短充电时间并延长电池的使用寿命。

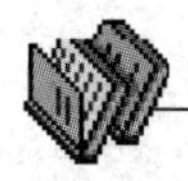

8.2.2 智能充电管理芯片 BQ24025

锂电池智能充电的核心是使用合适的充电管理芯片。目前市场上存在大量的电池充电芯片，它们可直接用于进行充电器的设计。在选择具体的电池充电芯片时，需要注意如下几点：

(1) 可充电池的数目。有的充电管理芯片可以对多节锂电池进行充电，有的则只可以对一节锂电池进行充电。

(2) 充电电压和电流值。充电电流的大小决定了充电的时间，而充电电压不应超过锂电池所规定的充电电压。

(3) 充电方式。确定充电过程是快充、慢充还是可控充电过程。

下面介绍一款高性能的锂电池充电管理芯片 BQ24025，其可以对单节锂电池进行充电管理。

1. BQ24025 概述

BQ24025 是常用的锂电池充电管理芯片。它采用小体积的 3 mm × 3 mm MLP 封装，可以采用 AC 电源适配器或者 USB 电源充电，并能够自主选择。在 USB 电源充电下，可以选择 100、500 mA 两种充电电流；它具有低压差比的特点，在低功耗情况下自动进入睡眠模式；工作时允许结温 −40～125℃，存储温度为 −60～150℃，广泛应用于 PDA、MP3、数码相机、网络产品、智能电话等电子设备中。其特点如下：

输入电压范围：−0.3～7.0 V；

功耗：40℃以下为 1.5 W；

AC 输入电压范围：最低为 4.5 V，最高为 6.5 V；

USB 输入电压范围：最低为 4.35 V，最高为 6.5 V；

AC 输入电流 I_{CC}：典型值为 1.2 mA，最大值为 2.0 mA；

输出电压：4.2 V；

AC 充电时输出电流：最小为 50 mA，最大为 1 A；

USB 充电时输出电流：100 mA 时最小为 80 mA，最大为 100 mA；500 mA 时最小为 400 mA，最大为 500 mA；

控制信号低电平：≤0.4 V；

控制信号高电平：≥1.4 V。

BQ24025 引脚封装图如图 8-6 所示。

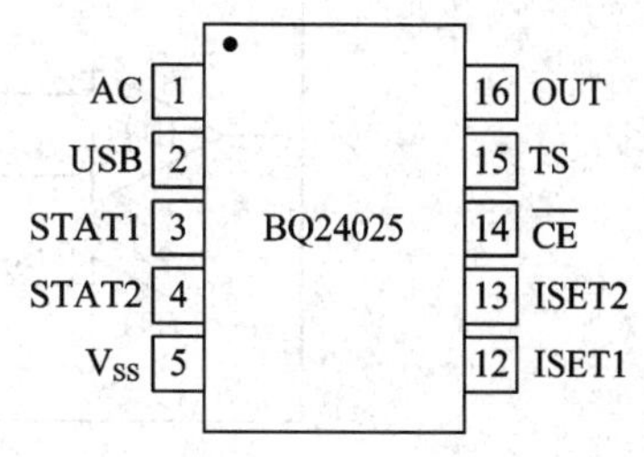

图 8-6 BQ24025 引脚功能图

引脚功能说明如下：

AC：AC 适配器电源输入端；

USB：USB 电源输入端；

STAT1、STAT2：充电状态；

V_{SS}：电源、信号地；

ISET1：设置 AC 适配器供电时的充电电流，设置 AC 充电或 USB 充电时的终止电流；

ISET2：设置 USB 充电时的充电电流；

$\overline{CE}$：充电使能；

TS：温度检测输入；

OUT：充电电流输出。

BQ24025 的应用电路如图 8-7 所示，该芯片既可由 AC 适配器供电，又可由 USB 端口供电，当这两者同时接通时，AC 适配器提供的电源优先。

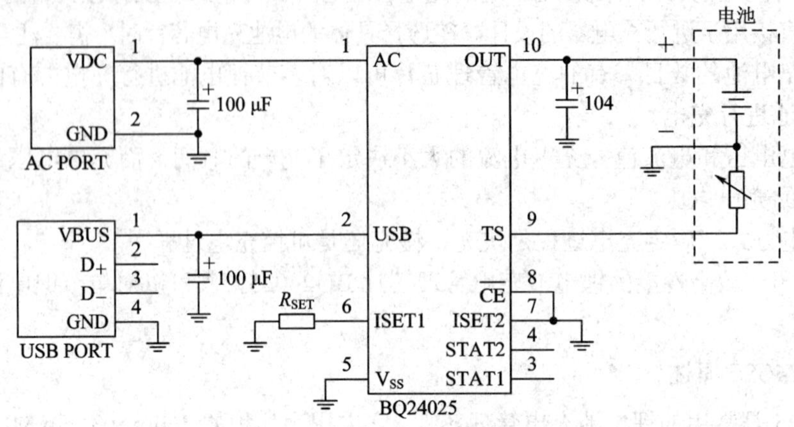

图 8-7　BQ24025 的应用电路

2. BQ24025 功能

BQ24025 芯片具有温度保护功能，电池内部采用温敏电阻检测蓄电池的温度，将得到的电压信号输入到 TS 引脚，电路如图 8-8 所示。芯片内部有两个比较电压 U_{LTF}(典型值 2.5 V)和 U_{HTF}(典型值 0.5 V)，当 TS 引脚的电压在这两个电压值之间时，可以正常充电；一旦超出这个范围，立即通过内部的功率 FET 停止充电并暂停充电定时器(不复位)，当温度回到正常范围时恢复充电。采用一个 103AT 系列的温敏电阻时，温度保护范围是 0～45℃，用户可以通过增加两个电阻来修改温度保护范围。图 8-8 中，I_{TS} = 102 μA。

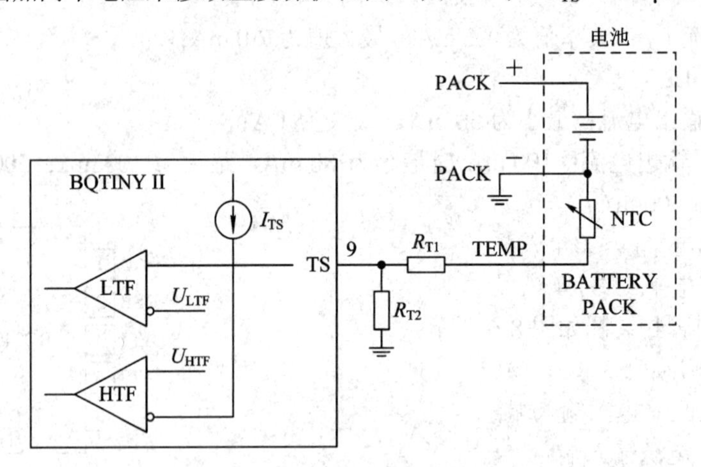

图 8-8　BQ24025 芯片温度保护示意图

BQ24025 芯片充电过程可分为 4 个阶段：预充阶段、恒流充电阶段、恒压充电阶段和充电终止判断阶段。

(1) 预充阶段：蓄电池经过深度放电后，电压降到非常低，当 $U_O < U_{Low}$ 时，需要先对其以一个较小的电流进行预充电，唤醒蓄电池。在 AC 适配器供电的情况下，预先充电电流的大小均按以下公式设置：

$$I_{O_{PRECHG}}=\frac{U_{PRECHG}\times K_{SET}}{2\alpha} \tag{8.2.1}$$

查参数表格得：$U_{PRECHG}=255\,mV$，$K_{SET}=322$。预充电时，会自动启动内部定时器，如果在时间$T_{PRECHG}(1800\,s,\ 30\,min)$到达后，电压仍然没有上升到$U_{LOW}$门槛值，芯片会终止充电并在充电状态输出引脚输出一个出错信号。

(2) 恒流充电阶段：电池电压在预充时间段内到达U_{LOW}门槛值后，进入恒流充电阶段，在 AC 适配器供电情况下，充电电流大小按以下公式设置

$$I_{O_{OUT}}=\frac{K_{SET}\times U_{SET}}{R_{SET}},\ U_{SET}=2.5\ V \tag{8.2.2}$$

USB 供电情况下，充电电流大小由 I_{SET} 引脚的电位决定，低电平时为 100 mA，高电平时为 500 mA。

(3) 恒压充电阶段：电池电压上升到 U_{OREG} 门槛值后，开始恒压充电，随着电池电荷的增多，充电电流下降。恒流、恒压两阶段的安全充电时间 T_{CHG} 为 25 200 s(7 h)，时间到达后若电流仍未下降到门槛值，芯片最终会终止充电并在充电状态输出引脚输出一个出错信号。

(4) 充电终止判断阶段：电池充电是否结束以充电电流的大小决定，当电流下降到门槛值 I_{TAPER} 后，启动定时器，时间达到 T_{TAPER}(1800 s，30 min)，充电被终止。电流门槛值 I_{TAPER} 也可以由电阻 R_{SET} 设置，公式为

$$I_{TAPER}=\frac{U_{TAPER}\times K_{SET}}{R_{SET}},\ U_{TAPER}=250\ mV \tag{8.2.3}$$

若电流又上升到门槛值 I_{TAPER}，将终止定时器。此外，芯片还设置了另一个门槛电流值 I_{TERM}，电流降到该值以下时，会立即停止充电。这个功能可以用来判断电池是否与充电电路脱离或者充电输出端是否接上一个充满电的电池。电流门槛值 I_{TERM} 也可以由电阻 R_{SET} 设置，公式为

$$I_{TARM}=\frac{U_{TARM}\times K_{SET}}{R_{SET}},\ U_{TERM}=18\ mV \tag{8.2.4}$$

一个充电周期完成后，若电池电压降到 $U_{REG}=4.1$ V，则会自动进入下一个充电周期。

BQ24025 芯片具有睡眠功能，既无 AC 适配器供电也无 USB 供电时，进入睡眠模式，防止电池在充电回路无输入时放电。

BQ24025 芯片具有充电状态显示功能，引脚 STAT1、STAT2 的状态可以表示芯片的工作状态，这是两个漏极开路输出，需要接上拉电阻，具体的状态表示如下(ON 表示 FET 开通，OFF 表示 FET 断开)：

充电状态	STAT1	STAT2
预充电阶段	ON	ON
快速充电阶段	ON	OFF
充电完成	OFF	ON
充电终止(温度)	OFF	OFF
定时器错误	OFF	OFF
睡眠模式	OFF	OFF

BQ24025 芯片具有定时器出错的恢复功能，一种情况为当出现充电电压在充电门槛值 U_{REG} 以上时，定时器出错，该错误的恢复方法是等待电池电压降到 U_{REG} 以下，清除出错状态进入下一个充电周期，这种情况发生在电池带负载、自放电或电池被移去时。另一种情况为当充电电压在充电门槛值 U_{REG} 以下时，定时器出错，该错误的恢复方法是输出一个小电流 I_{FAULT}，直到电池电压上升到 U_{REG}，然后按照上一种情况进行恢复。

8.2.3 BQ24025 的单片机控制

BQ24025 芯片可独立构成充电系统，使用单片机可更好地实现智能控制，如自动断电、充电完成报警等。图 8-9 所示为单片机控制的 BQ24025 芯片构成的充电系统。

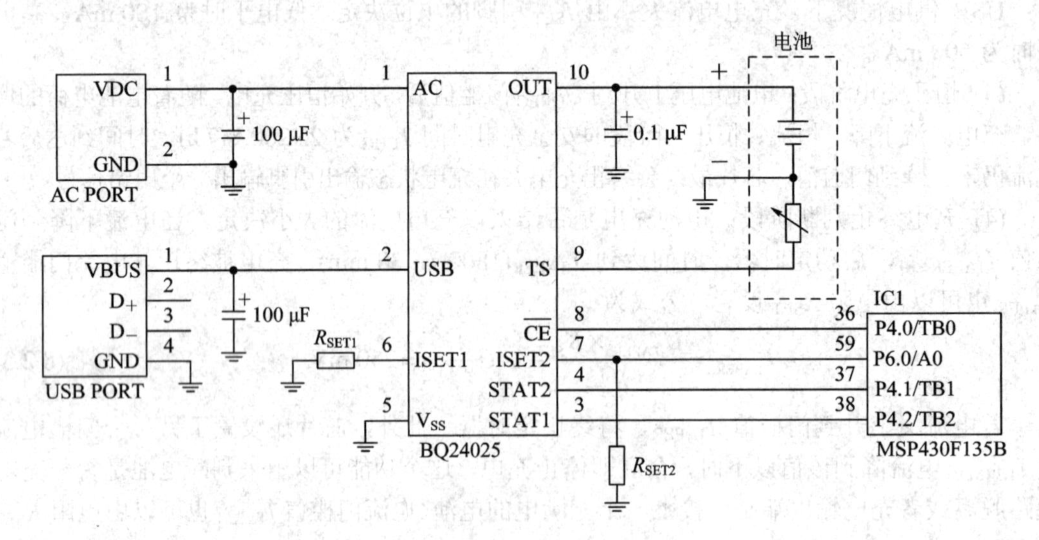

图 8-9　单片机控制 BQ24025 芯片电路图

8.3 电源监控

8.3.1 电源监控概述

在系统上电时或由于电源短时间断电导致系统电源波动时，可能会导致微控制器件程序跑飞或系统死机。为了保证系统正常可靠运行，必须对系统电源进行实时监控，在监测到可能会导致系统不能正常运行的情况时对系统进行复位。电源监控器件就是实现这种功能的芯片，它广泛应用于微处理器系统、计算机、嵌入式控制器、PDA 和手持式设备、电池供电系统、无线电通信系统等。

8.3.2 常用电源监控芯片

电源监控芯片种类繁多，各大半导体厂商都有其电源监控系列芯片，在此以 Sipex 公司生产的电源监控元件(如表 8-3 所示)为例进行讲解。

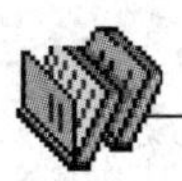

表 8-3 Sipex 公司电源监控芯片一览表

型号	静态电流/μA	输入电压/V	复位门限/V	复位输出状态	复位压差/mV	功能特点	管脚兼容/功能兼容
SP690R	40	1～5.5	2.625	low	75	可切换电池的低功耗微处理器监控电路，为 CMOS RAM、CMOS 微处理器或其他逻辑部件选择供电，复位输出，1.25 V 阈检测	MAX690R
SP690S			2.925				MAX690S
SP690T			3.075				MAX690T
SP802R	40	1～5.5	2.625	low	60		MAX802R
SP802S			2.925				MAX802S
SP802T			3.075				MAX802T
SP804R	40	1～5.5	2.625	high	60		MAX804R
SP804S			2.925				MAX804S
SP804T			3.075				MAX804T
SP805R	40	1～5.5	2.625	high	75		MAX805R
SP805S			2.925				MAX805S
SP805T			3.075				MAX805T
SP705	60	1～5.5	4.65	low	125	低功耗处理器监控电路，独立的看门狗定时器，复位脉冲宽度 200 ms，可低电平手动复位，1.25 V 阈检测	MAX705
SP706	60	1～5.5	4.40	low	125		MAX706
SP707	60	1～5.5	4.65	low/high	125		MAX707
SP708	60	1～5.5	4.40	low/high	125		MAX708
SP813L	60	0～5.5	4.65	high	125		MAX813L
SP813M			4.40				
SP706P	40	1～5.5	2.630	high low	75	低功耗处理器监控电路，精密低电压检测，独立看门狗输出，可低电平手动复位，1.25 V 阈检测	MAX706P
SP706R			2.630				MAX706R
SP706S			2.930				MAX706S
SP706T			3.080				MAX706T
SP708R	40	1～5.5	2.630	high/low	75		MAX708R
SP708S			2.930				MAX708S
SP708T			3.080				MAX708T
SP690A	60	0～5.5	4.65	low	125	可切换电池的低功耗微处理器监控电路,为 CMOS RAM、CMOS 微处理器或其他逻辑部件选择供电，复位输出，1.25 V 阈检测	MAX690A
SP692A	60	0～5.5	4.40	low	125		MAX692A
SP802L	60	0～5.5	4.65, 4.40	low	75		MAX802L
SP802M							MAX802M
SP805L	60	0～5.5	4.65, 4.40	high	125		MAX805L
SP805M							ADM805M
SP691A	60	0～5.5	4.65	low/high	125	可切换电池的低功耗微处理器监控电路，200 ms 或其他可调复位时钟	MAX691A

续表

型号	静态电流/μA	输入电压/V	复位门限/V	复位输出状态	复位压差/mV	功能特点	管脚兼容/功能兼容
SP693A	60	0～5.5	4.40	low/high	125	可切换电池的低功耗微处理器监控电路，200 ms 或其他可调复位时钟	MAX693A
SP800L	60	0～5.5	4.65, 4.40	low/high	50		MAX800L
SP800M							MAX800M
SP703	60	0～5.5	4.65	low	125	可切换电池的低功耗微处理器监控电路，为 CMOS RAM、CMOS 微处理器或其他逻辑部件选择供电，复位输出，1.25 V 阈检测	MAX703
SP704	60	0～5.5	4.40	low	125		MAX704
SP809	3	0.9～6.0	2.3, 2.6, 2.9, 3.1, 4.0, 4.4, 4.6	low		处理器监控电路，超低输出电流，3 脚 SOT-23 封装	MAX809
SP809N	3	0.9～6.0		low			MAX809
SP810	3	0.9～6.0		high			MAX810

表 8-3 为 Sipex 公司生产的电源监控芯片，该系列芯片的使用方法大致相同，在此以最常用的 SP809 为例讲解芯片的使用方法。

SP809 是一种单一功能的微处理器复位芯片，用于监控微控制器和其他逻辑系统的电源电压，它可以在上电、掉电和节电情况下向微控制器提供复位信号。当电源电压低于预设的门槛电压时，器件会发出复位信号，在电源电压恢复到高于门槛电压一段时间(230 ms 典型值)后，这个复位信号才会结束。

SP809 有效的复位输出为低电平。其主要特性如下：

(1) 精确监控 2.3、2.6、2.9、3.1、4.0、4.4、4.6 V 电源；

(2) 复位延时时间最小为 140 ms，典型为 230 ms；

(3) 低电平有效的 RESET 输出；

(4) 低至 0.9 V 电源时仍能产生有效的复位信号；

(5) 小型的三引脚 SOT-23 封装；

(6) 无需外部配件。

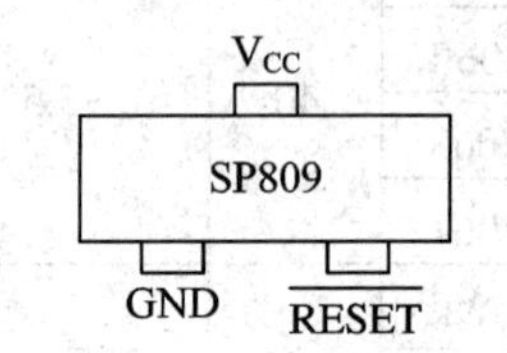

图 8-10　SP809 引脚封装图

SP809 引脚封装如图 8-10 所示。

引脚功能说明如下：

V_{CC}：电源端；

GND：接地端；

$\overline{RESET}$：复位电平输出端。

其典型应用电路如图 8-11 所示，当电源电压 U_{CC} 从低于 SP809 的监控复位电压到高于 SP809 的监控复位电压时，SP809 的 $\overline{RESET}$ 端口输出低电平信号并维持 230 ms，

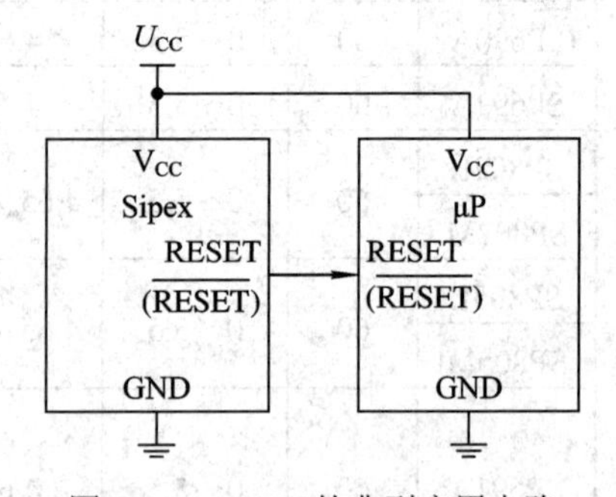

图 8-11　SP809 的典型应用电路

该信号输出到微控制器的复位引脚，从而使微控制器重新复位，保证微控制器系统上电时可靠复位。

8.3.3 单片机内部电源监控模块

在单片机应用系统中，对供电电源的电压进行监控是非常重要的。MSP430 系列单片机中某些型号的单片机集成有供电电压监控模块(SVS)，在此介绍 SVS 模块的应用。

SVS 模块用来监控 AV_{CC} 电压或者外部输入电压。当 AV_{CC} 电压或者外部输入电压小于用户设定的门限时，SVS 将产生一个标志或者产生自动复位信号。SVS 具有以下特点：

(1) 监控 AV_{CC} 电压；

(2) 可选择是否产生复位信号；

(3) SVS 比较器的输出可以通过软件进行访问；

(4) 低电压条件为锁存方式，并能通过软件进行访问；

(5) 可以设置 14 个可选的门限电平；

(6) 由于有外部输入引脚，因此可以监控外部电压。

为了能够正确设置 SVS 模块，现对 SVS 模块的寄存器进行简单介绍。SVS 模块只有一个寄存器：SVSCTL。下面对 SVSCTL 寄存器的位分配进行简单介绍，如图 8-12 所示。

D_7	D_6	D_5	D_4	D_3	D_2	D_1	D_0
VLDx				PORON	SVSON	SVSOP	SVSFG

图 8-12 SVSCTL 寄存器的位分配示意图

SVSCTL 寄存器主要包括以下 5 个有效的位字段。

VLDx：门限电平设置位字段。该位字段由 4 个位组成，可以设置 14 个门限电平，具体的门限电平如表 8-4 所示。

表 8-4 VLDx 的设置值

VLDx	门限电平(状态)/V	VLDx	门限电平(状态)/V
0000	SVS 处于关闭状态	1000	2.8
0001	1.9	1001	2.9
0010	2.1	1010	3.05
0011	2.2	1011	3.2
0100	2.3	1100	3.35
0101	2.4	1101	3.5
0110	2.5	1110	3.7
0111	2.65	1111	将 SVSIN 引脚的输入电压与 1.2 V 相比

PORON：复位信号产生控制位。当该位为 1 时，检测到 SVSFG 标志后产生复位信号；当该位为 0 时，检测到 SVSFG 标志后不产生复位信号。

SVSON：SVS 模块工作状态位。该位为只读位，当该位为 1 时，SVS 模块处于打开状态；当该位为 0 时，SVS 模块处于关闭状态。

SVSOP：SVS 比较器输出位。当该位为 1 时，SVS 比较器输出高电平；当该位为 0 时，

SVS 比较器输出低电平。

SVSFG：低电压检测标志位。当该位为 1 时，检测到低电压；当该位为 0 时，没有检测到低电压。

使用 SVSCTL 模块时，首先设置门限电平，然后根据需要设置是否产生复位信号。如果产生复位信号，则系统会进行复位；如果不产生复位信号，则程序需要查询 SVSFG 标志，一旦检测到该标志为 1，说明检测到低电压情况发生，则要进行相应的处理。由于 SVSFG 是被锁存的，因此软件在访问后需要清除该标志。

8.4 开关电源

对于一个系统而言，通常情况下需要将我们日常生活中使用的市电转换为系统所需的电压，这就需要用到电源。一般情况下，小功率场合(< 10 W)线性电源的成本低于开关电源的且设计简单，从这方面考虑可以应用线性电源。随着功率的增大，开关电源的成本低于线性电源的，因此，在中大功率场合一般使用开关电源。如果从节能环保方面考虑，则应使用开关电源。本节重点介绍开关电源的简便设计方法。

8.4.1 开关电源概述

开关电源是利用现代电力电子技术，控制开关晶体管开通和关断的时间比率，维持稳定输出电压的一种电源。开关电源一般由脉冲宽度调制(PWM)控制 IC 和 MOSFET 构成。开关电源和线性电源相比，二者的成本都随着输出功率的增加而增长，但二者增长速率各异。线性电源的成本在某一输出功率点上，反而高于开关电源的，这一点称为成本反转点。随着电力电子技术的发展和创新，开关电源技术也在不断地创新，而成本反转点日益向低输出电力端移动，这为开关电源提供了广阔的发展空间。

开关电源高频化是其发展的方向，高频化使开关电源小型化，并使开关电源进入更广泛的应用领域，特别是在高新技术领域的应用，推动了高新技术产品的小型化、轻便化。另外，开关电源的发展与应用在节约能源、节约资源及保护环境方面都具有重要的意义。

本节根据工程开发的实际需要，分别介绍小功率开关电源与中功率开关电源的快速设计方法，对于大功率开关电源由于涉及比较专业的技术，感兴趣的读者可参考相关手册。

8.4.2 小功率开关电源

对于小功率开关电源的设计，通常采用单片开关电源集成芯片进行设计，目前能够提供单片开关电源集成芯片的厂商很多，如美国电源集成(Power Integrations，PI)公司推出的 TinySwitch 系列及该系列的升级系列 TinySwitch-Ⅱ和 TinySwitch-Ⅲ系列等，意-法半导体有限公司(简称 ST 公司)开发出的 VIPer12A、VIPer22A 等小功率单片开关电源系列产品，荷兰飞利浦(Philips)公司开发的 TEA1510、TEA1520、TEA1530、TEA1620 等系列单片开关电源集成电路，美国安森美半导体(ON Semiconductor)公司开发的 NCP1000、NCP1050、NCP1200 系列单片开关电源集成电路，中国无锡芯朋(Chipown)公司生产的 AP8022 系列单片开关电源集成芯片。本节以 PI 公司的 TinySwitch-Ⅱ系列的 TNY268 为例，利用其设计软件PI Expert介绍小功率开关电源的设计方法及过程。

1. PI Expert的主要特点

PI Expert是美国PI公司推出的隔离式AC/DC变换器和DC/DC电源变换器设计系统。其主要特点如下：

(1) PI Expert是基于PC的设计软件，它能根据设计人员输入的技术指标来确定开关电源的最佳拓扑电路，包括元器件选择(确定输入滤波电容、钳位保护电路、高频变压器、输出整流管等关键元器件的型号和参数值)和高频变压器结构设计，帮助用户迅速完成一个低成本、高效率、隔离式开关电源或DC/DC电源变换器的设计。单片开关电源可选择连续模式或不连续模式，最大输出功率可达300 W。

(2) 该软件采用交互式设计模式，具有直观的图形界面(包括产品选择指南、设计结果和设计提示)，引导用户完成设计；它可帮助用户设置PI器件所提供的先进电源特性，例如过电压和欠电压保护、过热保护、外部电流限制等；在设计结果中还包含各种电路的示意图。

(3) 新增加了多路输出式开关电源的优化设计功能，最多可支持六路输出(允许有一路负压输出)，并可选择低成本优化设计或高效率优化设计。优化过程是首先生成多种设计方案，然后与PI公司编译专家设计的规范数据库进行比较，并给每种设计方案打分，最后以分数最高的作为最佳设计方案。

(4) 新版本中将专供设计高频变压器使用的辅助工具软件PI Transformer Designer作为PI Expert的一部分，从而可在PI Expert中快速、方便地完成高频变压器的全部设计。在PI Expert中更改设计时，高频变压器参数也会相应更新，这是其显著特点。最新版本中支持最新出品的器件系列，如果读者使用的版本不支持需使用的器件，可登录http://www.powerint.cn/网站下载最新软件包。

(5) 能根据输出功率选择钳位电路的类型，计算所需元件值并给出元件编号。

(6) 能提供输入级EMI(电磁干扰)滤波器的建议，可根据输出功率选择合适的EMI滤波器，并给出滤波元件值及元件编号。

(7) 能自动生成开关电源的结构框图、部分单元电路和数据表格，所增加的恒压/恒流(CV/CC)输出选项以及对设计反馈电路的支持，能为设计电池充电器提供方便。

(8) 支持选用LinkSwitch-CV和LinkSwitch-Ⅱ，完成隔离式LED驱动器的设计功能。

2. PI Expert的典型设计步骤

PI Expert系统是采用图形用户界面(Graphical User Interfaces，GUI)、面向初学者和专业技术人员、能快速完成单片开关电源优化设计的实用工具软件。它通过接受用户输入的开关电源规格参数，自动生成由PI器件构成的单片开关电源设计方案。利用该程序中的“产品选择指南”，可帮助对PI器件还不太熟悉的用户，根据输入电源的规格来选择最适合的PI系列产品及外围元件，计算所选PI器件在指定的最低输入电压下提供满载功率所需输入滤波电容的最小值，得到经过优化的高频变压器完整的数据表格，并根据所指定的输出功率选择最小尺寸的磁芯和骨架，以降低成本和体积。

下面通过一个设计实例来介绍PI Expert用户界面的主要特点及快速设计方法。设计一个常用电源，总输出功率为8 W，两路输出分别为12 V / 0.3 A、5 V / 1 A。

(1) 打开PI Expert，其主菜单如图8-13所示。主菜单包括文件(File)菜单、视图(View)

菜单、工具(Tools)菜单和帮助(Help)菜单。用鼠标左键单击图中每个菜单的名称，即可看到该菜单的选项。

图 8-13　PI Expert 的主菜单

工具栏主要按钮的功能如下：

——新建一个设计文件，运行 PI Expert 设计向导，使用 PI Expert 系统的设计向导，可为简化单片开关电源设计提供另一种解决方案。单击该按钮，即可利用 PI Expert 设计向导，帮助用户进行开关电源设计。

——运行产品选择指南。

——打开一个设计文件，运行 PI Expert 设计向导。

——将设计结果保存为带有.UDS 扩展名的文件。

——打印设计结果(仅对设计结果面板有效)。

——PI Viewer 浏览器。

——PI Xls Designer 电子数据表格。

——网上的高频变压器供应商列表。

——PI 公司的网上样品库。

(2) 单击新建设计按钮，运行 PI Expert 设计向导，首先弹出的设计选项面板如图 8-14 所示。该面板有 6 个可更改的设计选项，每个选项都有一个下拉菜单。拓扑结构选择反激式(Flyback)，PI 器件选择 TinySwitch-Ⅱ，采用 DIP-8 无铅封装，开关频率选 120 kHz。

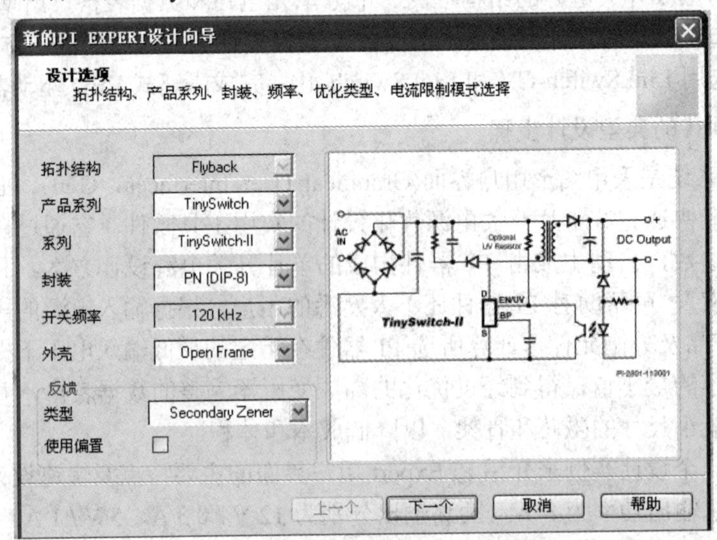

图 8-14　设计选项面板

(3) 单击“下一个”按钮，进入如图 8-15 所示的输入面板。交流默认值为世界通用的交流输入范围“Universal(85～265 V)”。

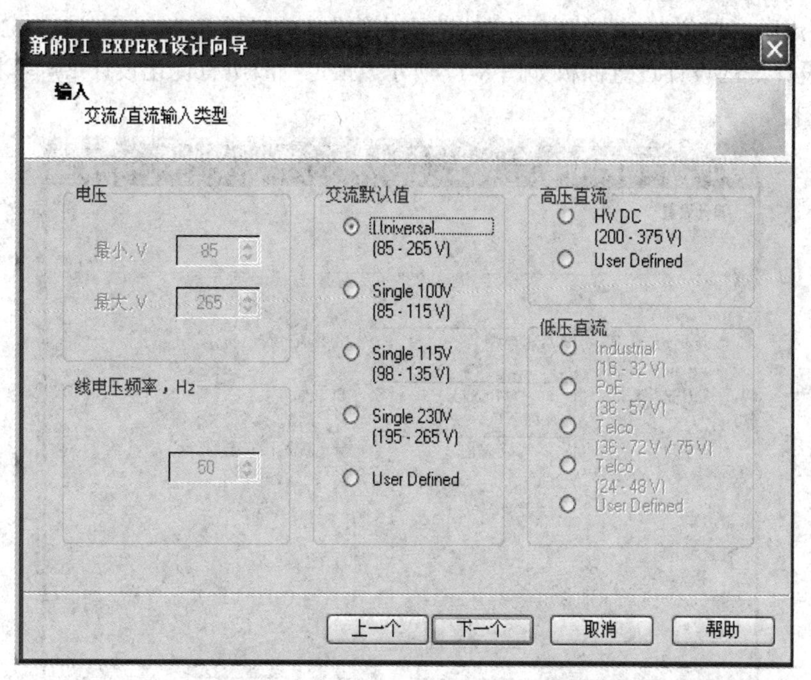

图 8-15　输入面板

(4) 单击“下一个”按钮，进入输出面板。单击“添加”按钮，在输出编辑对话框内设定第一路输出为 12 V / 0.3 A，再用添加方式设定第二路输出为 5 V / 1 A。设置好的输出面板如图 8-16 所示。

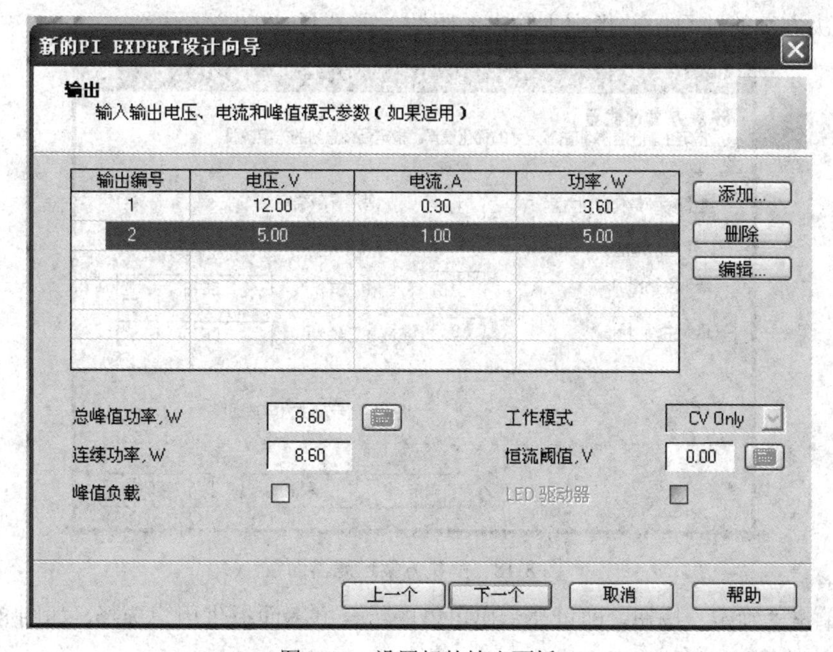

图 8-16　设置好的输出面板

(5) 单击“下一个”按钮，进入设计设置面板。输入新设计的文件名“8 W 实验电源”，进行优化时的元件集使用全部记录(All Records)，选择“使用屏蔽绕组”(Use Shield Winding)复选框，采用国际单位制(SI 单位)，并选择“显示新设计的设置”(Show Setting for New Design)复选框。设计好的设计设置面板如图 8-17 所示。指定完成所有优化设计后屏幕将要显示的为结构框图。

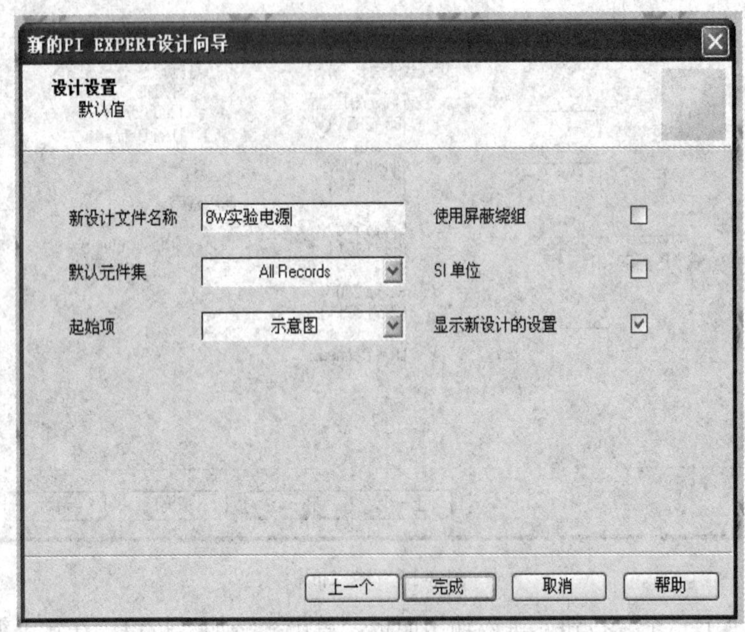

图 8-17　设计好的设计设置面板

(6) 单击“完成”按钮，显示解决方案过滤器面板，如图 8-18 所示。利用该面板可设置最佳解决方案的数目，并指定主输出的匝数、磁芯尺寸的优化设置。

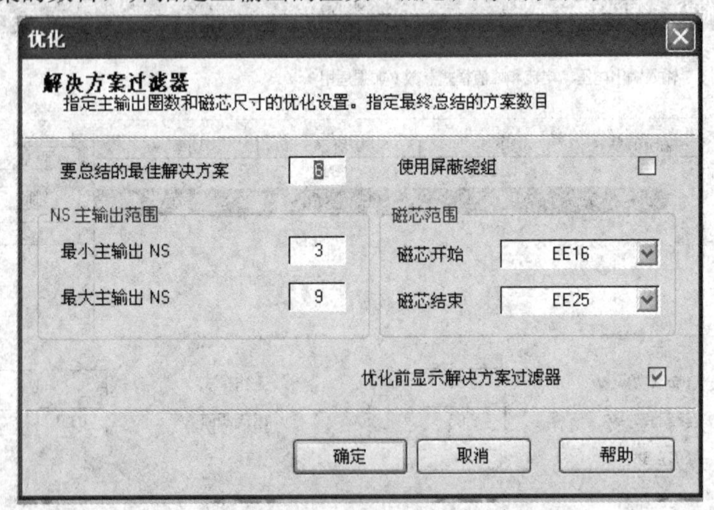

图 8-18　解决方案过滤器面板

(7) 单击“确定”按钮，即可显示出可能的组合方案面板供用户选择，如图 8-19 所示。现选择默认的解决方案 1(Solution 1)。

总共6个可能的组合中最佳的16784个方案

Solution	Output Spec	Actual Voltage	Accuracy	Number of Turns	Stack Configuration	Normalized Output Tolerances	Core Size	Device	Diode Part No	Diode Rated Voltage
Solution 1	12.00	12.00	1.000	7	AC-Stack		EE16	TNY267PN	1N4934	100
	5.00	5.00	1.000	5	AC-Stack				SB130	30
Solution 2	12.00	12.00	1.000	7	AC-Stack		EE16	TNY267PN	1N4934	100
	5.00	5.00	1.000	5	AC-Stack				SB140	40
Solution 3	12.00	12.00	1.000	7	AC-Stack		EE16	TNY267PN	1N4935	200
	5.00	5.00	1.000	5	AC-Stack				SB130	30
Solution 4	12.00	12.00	1.000	7	AC-Stack		EE16	TNY267PN	1N4935	200
	5.00	5.00	1.000	5	AC-Stack				SB140	40
Solution 5	12.00	12.00	1.000	7	AC-Stack		EE16	TNY267PN	1N914	75
	5.00	5.00	1.000	6	AC-Stack				UF4001	50
Solution 6	12.00	12.00	1.000	7	AC-Stack		EE16	TNY267PN	1N914	75
	5.00	5.00	1.000	6	AC-Stack				UF4002	100

字段　　打开　取消　帮助

图 8-19　可能的组合方案面板

(8) 单击“打开”按钮，即可获得 8 W 实验电源的结构框图，如图 8-20 所示，窗口提示为“设计通过(优化已完成)”。

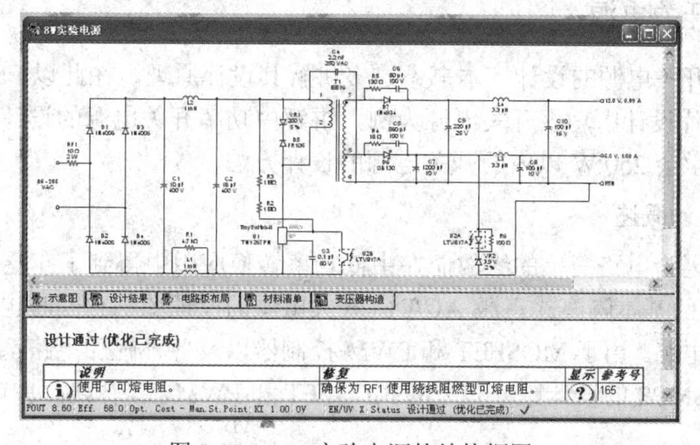

图 8-20　8 W 实验电源的结构框图

(9) 单击“设计结果”按钮，可得到 8 W 实验电源的全部设计结果表格。图 8-21 中仅显示出 EMI 滤波器和一次侧钳位保护电路的设计结果表格。

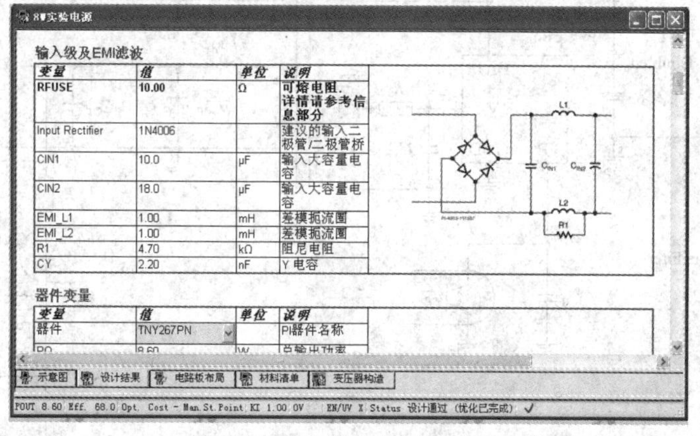

8W实验电源

输入级及EMI滤波

变量	值	单位	说明
RFUSE	10.00	Ω	可熔电阻.详情请参考信息部分
Input Rectifier	1N4006		建议的输入二极管/二极管桥
CIN1	10.0	μF	输入大容量电容
CIN2	18.0	μF	输入大容量电容
EMI_L1	1.00	mH	差模扼流圈
EMI_L2	1.00	mH	差模扼流圈
R1	4.70	kΩ	阻尼电阻
CY	2.20	nF	Y 电容

器件变量

变量	值	单位	说明
器件	TNY267PN		PI器件名称

图 8-21　EMI 滤波器和一次侧钳位保护电路的设计结果表格

(10) 最后单击“变压器构造”按钮，得到高频变压器的设计结果(包括电特性原理图和绕组结构图)，如图 8-22 所示。

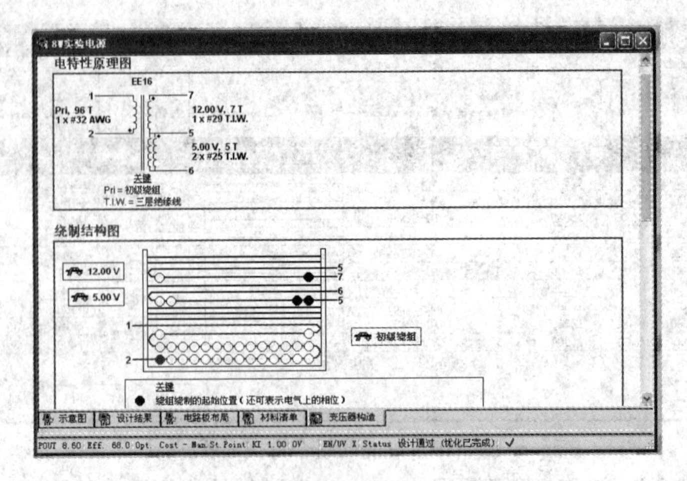

图 8-22　高频变压器的设计结果

8.4.3　中功率开关电源

对于中功率开关电源的设计，本书不过多讲解其设计原理，在此以 Fairchild 公司生产的 FS7M0880 芯片设计中功率开关电源为例，讲解中功率开关电源的设计方法。通过本节的学习，读者可学会 250 W 以内的开关电源的设计方法。

1. SMPS 设计概述

正激式电源因为电路简单的缘故而在中低功率转换应用中得到了广泛的使用。图 8-23 所示为采用 FPS 的基本隔离式正激 AC/DC 开关电源的原理图，它同时也是本文所描述的设计程序的参考电路。由于 MOSFET 和 PWM 控制器以及各种附加电路都被集成在了一个封装中，因此，SMPS 的设计比分立型的 MOSFET 和 PWM 控制器解决方案要容易得多。

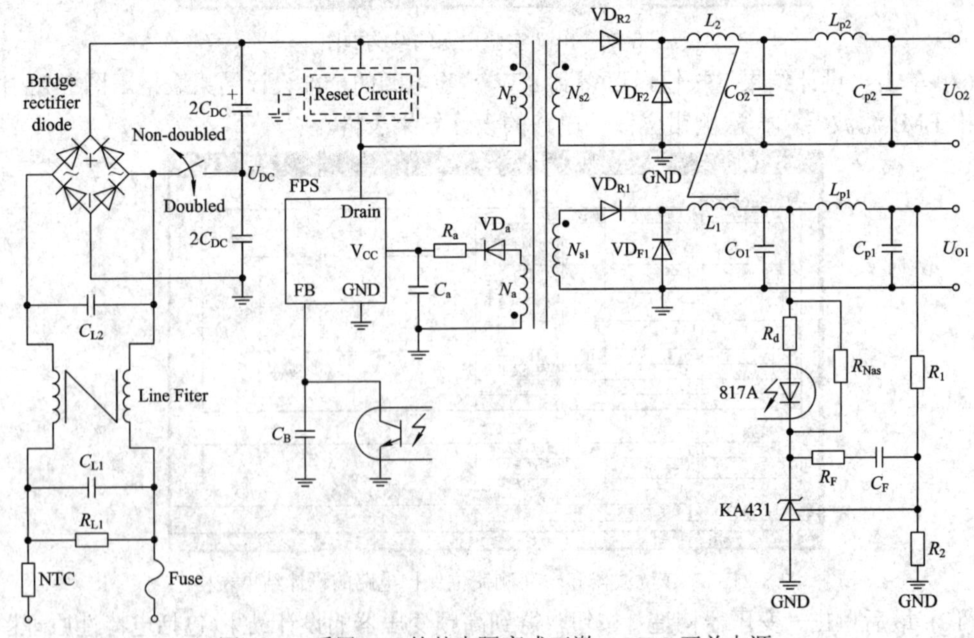

图 8-23　采用 FPS 的基本隔离式正激 AC/DC 开关电源

本节提供了针对基于 FPS 的隔离式正激 AC/DC 开关电源的步进式设计程序，包括变压器设计、复位电路设计、输出滤波器设计、元件选择和反馈环路设计。这里描述的设计步骤具有足够的通用性，可适用于不同的应用。本节介绍的设计程序还可以由一个软件设计工具(FPS 设计助手 FPS Design Assistant)来实现，从而使得设计师能够在一个很短的时间内完成 SMPS 设计。

2. 设计步骤

下面以图 8-23 所示的原理图为参考来介绍中功率开关电源的设计程序。一般而言，对图 8-23，大多数 FPS 从引脚 1 到引脚 4 的引脚配置都是相同的。

第一步：确定系统规格。

(1) 输入电压范围(U_{line}^{min} 和 U_{line}^{max})：图 8-23 中所示的倍压电路通常是用于通用型输入的。于是，最小线路电压比实际最小线路电压大一倍。

(2) 输入电压频率(f_L)。

(3) 最大输出功率(P_O)。

(4) 估计效率(E_{ff})：需要估计功率转换效率以计算最大输入功率。如果没有参考数据可供使用，则对于低压输出应用和高压输出应用，应分别将 E_{ff} 设定为 0.7～0.75 和 0.8～0.85。

利用估计效率，可由下式求出最大输入功率：

$$P_{in}=\frac{P_O}{E_{ff}} \tag{8.4.1}$$

根据最大输入功率来选择合适的 FPS。由于对正激式转换器而言，MOSFET 上的电压约为输入电压的两倍，因此，对于通用型输入电压，建议采用具有额定电压为 800 V 的 MOSFET 的 FPS。具有合适额定功率的 FPS 系列产品也包含于软件设计工具中供选用。

第二步：确定输入整流滤波电容(C_{DC})和 DC 电压范围。

最大 DC 电压纹波由下式得出：

$$\Delta U_{DC}^{max}=\frac{P_{in}\cdot(1-D_{ch})}{\sqrt{2}U_{line}^{min}\cdot 2f_L\cdot C_{DC}} \tag{8.4.2}$$

式中：D_{ch} 为规定的输入整流滤波电容充电占空比(如图 8-24 所示)，其典型值为 0.2。

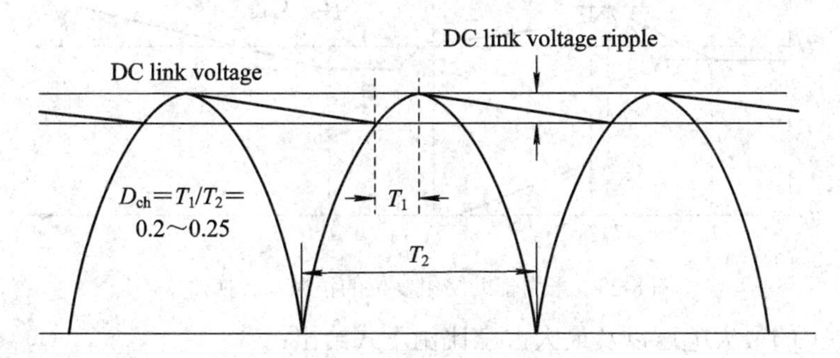

图 8-24 DC 耦合线电压波形

一般将 ΔU_{DC}^{max} 设定为 $\sqrt{2}U_{line}^{min}$ 的 10%～15%。对于倍压电路，采用了两个串联电容器，

它们的电容值均为由式(8.4.2)所决定的电容值的两倍。利用求得的最大电压纹波，可由下式来计算最小和最大 DC 电压：

$$U_{\mathrm{DC}}^{\min}=\sqrt{2}U_{\mathrm{line}}^{\min}-\Delta U_{\mathrm{DC}}^{\max} \tag{8.4.3}$$

$$\Delta U_{\mathrm{DC}}^{\max}=\sqrt{2}U_{\mathrm{line}}^{\max} \tag{8.4.4}$$

第三步：确定变压器复位方法和最大占空比($D_{\max}$)。

正激式转换器的一个固有局限是必须在 MOSFET 关断期间对变压器进行复位，因此应采用附加复位方案。两种最常用的复位方案是辅助绕组复位和 RCD 复位。根据复位方案的不同，设计方法可稍做改动。

(1) 辅助绕组复位：图 8-25 给出了采用辅助绕组复位的正激式转换器的基本电路图。该方案在效率方面具有优势，原因是存储在磁化电感器中的能量返回到输入端。不过，变压器的构造由于复位绕组的增加而变得更加复杂。

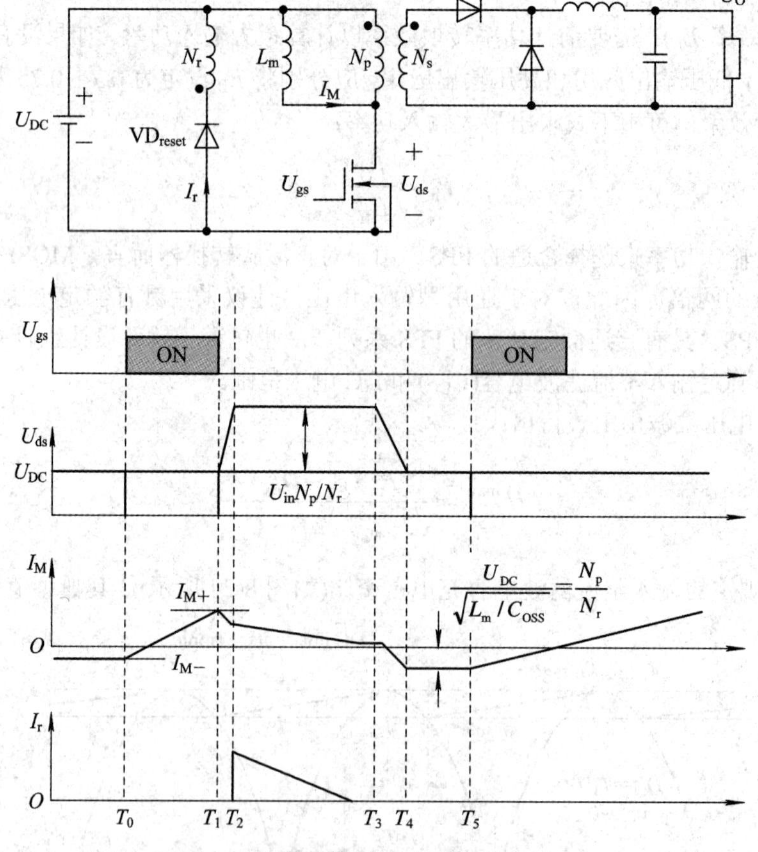

图 8-25　采用辅助绕组复位的正激式转换器

MOSFET 上的最大电压以及最大占空比由下式给出：

$$U_{\mathrm{ds}}^{\max}=U_{\mathrm{DC}}^{\max}\left(1+\frac{N_{\mathrm{p}}}{N_{\mathrm{r}}}\right) \tag{8.4.5}$$

$$D_{max} \leqslant \frac{N_p}{N_p + N_r} \tag{8.4.6}$$

式中：N_p 和 N_r 分别为初级绕组和复位绕组的匝数。

由式(8.4.5)和式(8.4.6)可见，可通过减小 D_{max} 的方法来降低 MOSFET 上的最大电压。然而，减小 D_{max} 会导致次级侧上的电压增大。因此，正确的设置是 $D_{max}=0.45$ 且 $N_p=N_r$。对于辅助绕组复位，建议采用其占空比在内部被限制在 50%以下的 FPS，以防止在瞬变过程中发生磁芯饱和。

(2) RCD 复位：图 8-26 所示为采用 RCD 复位的正激式转换器的基本电路图。该方案的一个缺点是存储在磁化电感器中的能量在 RCD 缓冲器中被消耗掉了，这一点与采用复位绕组法的场合是不同的。但是，它却因为简单而被广泛应用于许多对成本敏感的 SMPS 中。

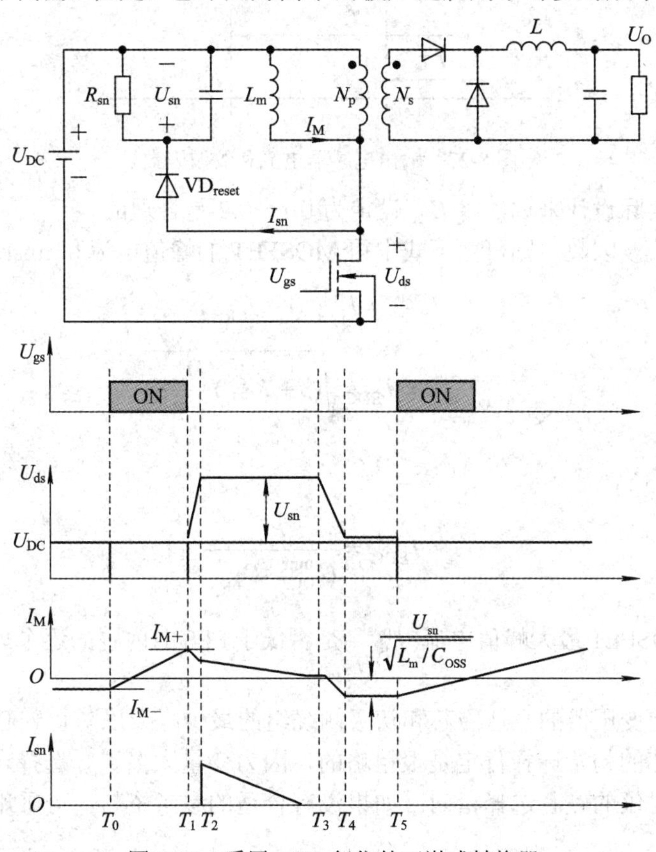

图 8-26　采用 RCD 复位的正激式转换器

最大电压和缓冲电容器标称电压由下式得出：

$$U_{ds}^{max} = U_{DC}^{max} + U_{sn} \tag{8.4.7}$$

$$U_{sn} = \frac{U_{DC}^{min} \cdot D_{max}}{1 - D_{max}} \tag{8.4.8}$$

由于缓冲电容器电压是固定的且几乎与输入电压无关，因而与复位绕组法(此时转换器工作于一个很宽的输入电压范围内)相比，MOSFET 电压减小了。

为了避免发生谐波振荡，建议将 D_{max} 设定在 0.5 以下。考虑到初级侧和次级侧的电压，正确的做法是将 D_{max} 设定为 0.45。

第四步：确定输出电感器电流的纹波因数。

图 8-27 所示为输出电感器的电流波形。纹波因数被定义为

$$K_{RF} = \frac{\Delta I}{2I_O} \tag{8.4.9}$$

式中：I_O 为最大输出电流。

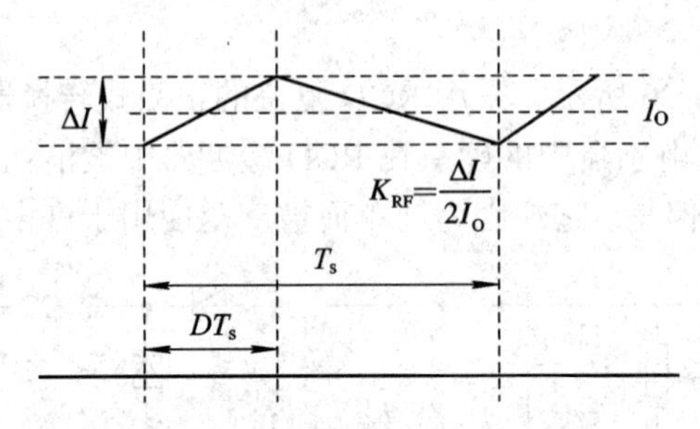

图 8-27　输出电感器电流和纹波因数

对于大多数实际设计来说，将 K_{RF} 设定为 0.1～0.2 是合理的。

一旦确定了纹波因数，则可由下式求得 MOSFET 的峰值电流和 rms(均方根)电流：

$$I_{ds}^{peak} = I_{EDC}(1 + K_{RF}) \tag{8.4.10}$$

$$I_{ds}^{rms} = I_{EDC}\sqrt{(3 + K_{RF}^2)\frac{D_{max}}{3}} \tag{8.4.11}$$

式中：

$$I_{EDC} = \frac{P_{in}}{U_{DC}^{min} \cdot D_{max}} \tag{8.4.12}$$

检查一下 MOSFET 最大峰值电流(I_{ds}^{peak})是否低于 FPS 的内置的逐个周期的漏极电流限制值(I_{lim})。

第五步：确定变压器的合适磁芯和初级侧绕组的最少匝数以防止磁芯饱和。

实际上，磁芯的初始选择肯定是很粗略的，因为变量太多了。选择合适磁芯的方法之一是查阅制造商提供的磁芯选择指南。如果没有合适的参考资料，可采用下面的公式作为一个起点。

$$A_p = A_w A_e = \left[\frac{11.1 \times P_{in}}{0.141 \cdot \Delta B \cdot f_s}\right]^{1.31} \times 10^4 \ (\text{mm}^2) \tag{8.4.13}$$

式中：A_w 为窗口面积；A_e 为磁芯的截面积(单位：mm^2)，如图 8-28 所示；f_s 为开关频率；ΔB 为正常操作状态下的最大磁通密度增量(单位：T)。如果是正激式转换器，则对于大多数功率铁氧体磁芯来说，ΔB 通常为 0.2～0.3 T。可以看到，由于剩余磁通量密度的缘故，其最大磁通量密度摆幅要比反激式转换器的小。

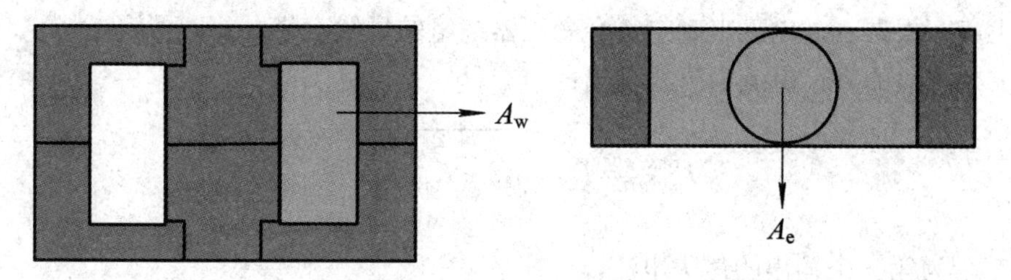

图 8-28 窗口面积和截面积

确定了磁芯之后，即可由下式得出变压器初级侧为避免磁芯饱和而应具有的最少匝数：

$$N_p^{min} = \frac{U_{DC}^{min} \cdot D_{max}}{A_e \cdot f_s \cdot \Delta B} \times 10^6 \quad (turns) \tag{8.4.14}$$

第六步：确定变压器每个绕组的匝数。

首先将初级侧绕组与受反馈控制的次级侧绕组(主输出绕组)之间的匝数比作为一个参考值：

$$n = \frac{N_p}{N_{s1}} = \frac{U_{DC}^{min} \cdot D_{max}}{U_{O1} + U_{F1}} \tag{8.4.15}$$

式中：N_p 和 N_{s1} 分别为初级侧绕组和次级侧基准输出绕组(主输出绕组)的匝数；U_{O1} 为输出电压；U_{F1} 为基准输出的二极管正向压降。

然后确定正确的 N_{s1} 整数值，使得最终的 N_p 大于由式(8.4.14)获得的 N_p^{min} 。初级侧的磁化电感由下式得出：

$$L_m = A_l \times N_p^2 \times 10^{-9} \quad (H) \tag{8.4.16}$$

式中：A_l 为无间隙的 A_l 值(单位：nH/匝数 ^{2})。

另一个输出(第二输出)的匝数由下式来决定：

$$N_{s2} = \frac{U_{O2} + U_{F2}}{U_{O1} + U_{F1}} \cdot N_{s1} \quad (turns) \tag{8.4.17}$$

式中：U_{O2} 为输出电压；U_{F2} 为第二输出的二极管正向压降。

下一步是确定 U_{CC} 绕组的匝数，U_{CC} 绕组匝数的确定因复位方法的不同而不同。

(1) 辅助绕组复位。对于辅助绕组复位，U_{CC} 绕组的匝数由下式获得：

$$N_a = \frac{U_{CC}^* + U_{Fa}}{U_{DC}^{min}} \cdot N_r \quad (turns) \tag{8.4.18}$$

式中：U_{CC}^* 为 U_{CC} 的标称电压；U_{Fa} 为二极管正向压降。由于 U_{CC} 与输入电压成正比，因此，正确的做法是将 U_{CC}^* 设定为 U_{CC} 起始电压，以避免在正常操作期间出现过压保护。

(2) RCD 复位。对于 RCD 复位，U_{CC} 绕组的匝数由下式获得：

$$N_a = \frac{U_{CC}^* + U_{Fa}}{U_{sn}} \cdot N_p \quad (turns) \tag{8.4.19}$$

式中：U_{CC}^* 为 U_{CC} 的标称电压。由于 U_{CC} 在正常操作中几乎是恒定的，所以，正确的做法是将 U_{CC}^* 设定得比 U_{CC} 起始电压高 2～3 V。

第七步：根据 rms 电流来确定每个变压器绕组的导线直径。

第 n 个绕组的 rms 电流由下式求出：

$$I_{\mathrm{sec}(n)}^{\mathrm{rms}} = I_{\mathrm{O}(n)}\sqrt{(3+K_{\mathrm{RF}}^{2})\frac{D_{\max}}{3}} \tag{8.4.20}$$

式中：$I_{\mathrm{O}(n)}$ 为第 n 个输出的最大电流。

当采用辅助绕组复位时，复位绕组的 rms 电流为

$$I_{\mathrm{reset}}^{\mathrm{rms}} = \frac{U_{\mathrm{DC}}^{\min} D_{\max}}{L_{\mathrm{m}} f_{\mathrm{s}}}\sqrt{\frac{D_{\max}}{3}} \tag{8.4.21}$$

当导线很长时(超过 1 m)，电流密度通常为 5 A/mm^2；当导线较短且匝数较少时，6～10 A/mm^2 的电流密度也是可以接受的。应避免使用直径大于 1 mm 的导线，以防产生严重的涡电流损耗并使卷绕更加容易。对于大电流输出，最好采用由多股较细的导线组成的并联绕组，以便最大限度地减轻集肤效应。

检查一下磁芯的绕组窗口面积是否足以容纳导线。所需的窗口面积由下式给出：

$$A_{\mathrm{w}} = \frac{A_{\mathrm{c}}}{K_{\mathrm{F}}} \tag{8.4.22}$$

式中：A_{c} 为实际的导体面积；K_{F} 为填充系数。在使用骨架的场合，填充系数通常为 0.2～0.3。

第八步：确定输出电感器的合适磁芯和匝数。

如图 8-29 所示，当正向转换器具有一个以上的输出时，将采用耦合电感器以改善交叉电压调节，这是通过将其各自的绕组缠绕于一个共用磁芯上来实现的。

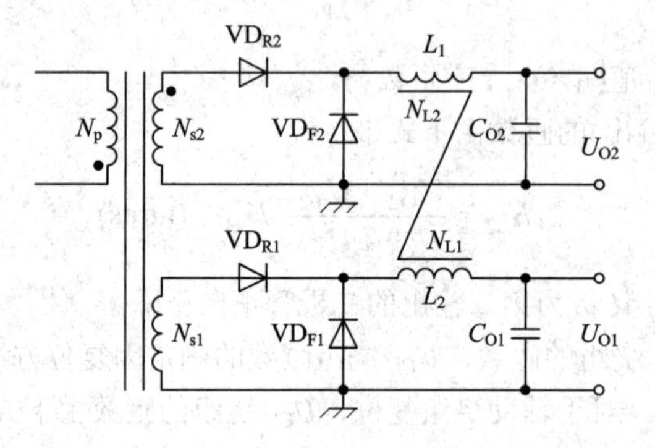

图 8-29　耦合输出电感器

首先，确定该耦合电感器的两个绕组之间的匝数比。该匝数比应与变压器的两个输出绕组的匝数比相同，如下式所示：

$$\frac{N_{\mathrm{s2}}}{N_{\mathrm{s1}}} = \frac{N_{\mathrm{L2}}}{N_{\mathrm{L1}}} \tag{8.4.23}$$

然后，按下式计算主输出电感器的电感：

$$L_1 = \frac{U_{\mathrm{O1}}(U_{\mathrm{O1}}+U_{\mathrm{F1}})}{2K_{\mathrm{RF}}\cdot P_{\mathrm{O}}}(1-D_{\min})T_{\mathrm{s}} \tag{8.4.24}$$

式中：

$$D_{\min} = D_{\max} \cdot \frac{U_{\mathrm{DC}}^{\min}}{U_{\mathrm{DC}}^{\max}} \tag{8.4.25}$$

L_1为避免发生磁芯饱和而需具有的最少匝数，由下式得出：

$$N_{\mathrm{L1}}^{\min} = \frac{L_1 P_{\mathrm{O}} (1 + K_{\mathrm{RF}})}{U_{\mathrm{O1}} B_{\mathrm{sat}} A_{\mathrm{e}}} \times 10^6 \quad \text{(turns)} \tag{8.4.26}$$

式中：A_e为磁芯内截面积(单位：mm^2)；B_{sat}为饱和磁通量密度(单位：T)。如果没有参考数据，则采用$B_{sat} = 0.35 \sim 0.4$ T。一旦确定了N_{L1}，就可由式(8.4.23)求出N_{L2}。

第九步：根据rms电流来确定每个电感器绕组的导线直径。

第n个电感器绕组的rms电流由下式获得：

$$I_{\mathrm{L}(n)}^{\mathrm{rms}} = I_{\mathrm{O}(n)} \sqrt{\frac{(3 + K_{\mathrm{RF}}^2)}{3}} \tag{8.4.27}$$

第十步：根据额定电压和额定电流来确定次级侧的二极管。

第n个输出的整流二极管最大电压和rms电流由下式获得：

$$U_{\mathrm{D}(n)} = U_{\mathrm{DC}}^{\max} \frac{N_{\mathrm{s}(n)}}{N_{\mathrm{p}}} \tag{8.4.28}$$

$$I_{\mathrm{D}(n)}^{\mathrm{rms}} = I_{\mathrm{O}(n)} \sqrt{(3 + K_{\mathrm{RF}}^2) \frac{D_{\max}}{3}} \tag{8.4.29}$$

第十一步：根据电压和电流纹波来确定输出电容器。

第n个输出电容器的纹波电流由下式得出：

$$I_{\mathrm{C}(n)}^{\mathrm{rms}} = \frac{K_{\mathrm{RF}} I_{\mathrm{O}(n)}}{\sqrt{3}} \tag{8.4.30}$$

该纹波电流值应等于或小于电容器的纹波电流规格值。

第n个输出上的电压纹波由下式获得：

$$\Delta U_{\mathrm{O}(n)} = \frac{I_{\mathrm{O}(n)} K_{\mathrm{RF}}}{4 C_{\mathrm{O}(n)} f_{\mathrm{s}}} + 2 K_{\mathrm{RF}} I_{\mathrm{O}(n)} R_{\mathrm{O}(n)} \tag{8.4.31}$$

式中：$C_{O(n)}$和$R_{O(n)}$分别为第n个输出电容器的电容值和有效串联电阻(ESR)。

由于电解电容器具有较高的ESR，所以有的时候只采用一个输出电容器是不可能满足纹波规格要求的。因而可以使用附加LC滤波器(后置滤波器)。在使用附加LC滤波器时，应注意不要将转折频率设置得过低，因转折频率过低有可能导致系统不稳定或限制控制带宽，而正确的做法是将滤波器的转折频率设定为开关频率的1/10～1/5。

第十二步：设计复位电路。

(1) 辅助绕组复位：对于辅助绕组复位，复位二极管的最大电压和rms电流由下式给出：

$$U_{\mathrm{D\,reset}} = U_{\mathrm{DC}}^{\max} \left(1 + \frac{N_{\mathrm{r}}}{N_{\mathrm{p}}}\right) \tag{8.4.32}$$

$$I_{\mathrm{D\,reset}}^{\mathrm{rms}}=\frac{U_{\mathrm{DC}}^{\min}D_{\max}}{L_{\mathrm{m}}f_{\mathrm{s}}}\sqrt{\frac{D_{\max}}{3}} \tag{8.4.33}$$

(2) RCD 复位：对于 RCD 复位，复位二极管的最大电压和 rms 电流由下式给出：

$$U_{\mathrm{DR}}=U_{\mathrm{DC}}^{\max}+U_{\mathrm{sn}} \tag{8.4.34}$$

$$I_{\mathrm{DR}}^{\mathrm{rms}}=\frac{U_{\mathrm{DC}}^{\min}D_{\max}}{L_{\mathrm{m}}f_{\mathrm{s}}}\sqrt{\frac{D_{\max}}{3}} \tag{8.4.35}$$

正常操作状态下缓冲网络的功耗由下式获得：

$$\mathrm{Loss}_{\mathrm{sn}}=\frac{U_{\mathrm{sn}}^{2}}{R_{\mathrm{sn}}}=\frac{1}{2}\left[\frac{(nU_{\mathrm{O1}})^{2}}{L_{\mathrm{m}}f_{\mathrm{s}}}-\frac{2nU_{\mathrm{O1}}U_{\mathrm{sn}}}{\sqrt{L_{\mathrm{m}}/C_{\mathrm{oss}}}}\right] \tag{8.4.36}$$

式中：U_{sn} 为正常操作状态下的缓冲电容器电压；R_{sn} 为缓冲电阻；n 为 $N_{\mathrm{p}}/N_{\mathrm{s1}}$；$C_{\mathrm{oss}}$ 为 MOSFET 的输出电容。应根据功耗选择具有合适额定瓦特数的缓冲电阻器。正常操作状态下的缓冲电容器电压纹波由下式获得(参见图 8-30)：

$$\Delta U_{\mathrm{sn}}=\frac{U_{\mathrm{sn}}D_{\max}}{C_{\mathrm{sn}}R_{\mathrm{sn}}f_{\mathrm{s}}} \tag{8.4.37}$$

一般而言，5%～10%的纹波在实际情况下是合理的。

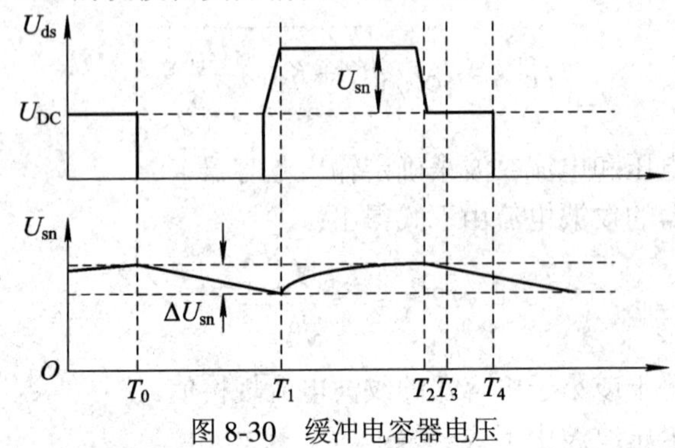

图 8-30　缓冲电容器电压

第十三步：设计反馈环路。

如图 8-31 所示，鉴于 FPS 采用的是电流模式控制，因此反馈环路只需采用一个单极点和单零点补偿电路即可实现。

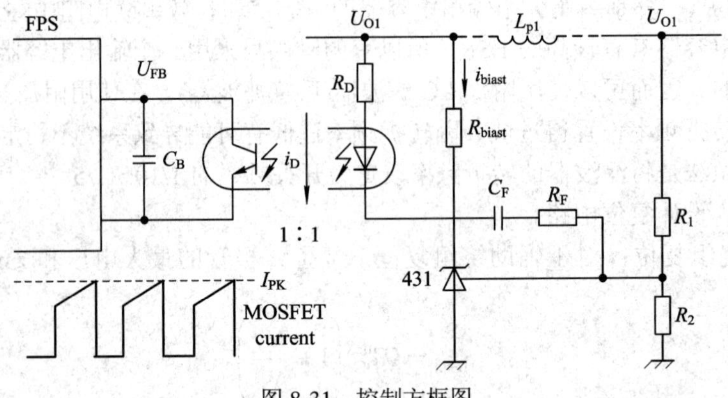

图 8-31　控制方框图

对于连续导通模式(CCM)操作，采用 FPS 的正激式转换器的控制输出传递函数由下式给出：

$$G_{vc}=\frac{\hat{u}_{O1}}{\hat{u}_{FB}}=K\cdot R_L\cdot\frac{N_p}{N_{s1}}\cdot\frac{1+s/w_z}{1+s/w_p} \tag{8.4.38}$$

式中：$w_z=\dfrac{1}{R_{c1}C_{O1}}$；$w_p=\dfrac{1}{R_L C_{O1}}$。

而且，R_L 为受控输出的总有效负载电阻，被定义为 U_{O1}^2/P_O。

当转换器具有一个以上的输出时，DC 和低频控制输出转换函数与全部负载电阻的并联值成正比(由匝数比的平方来调节)。于是，在式(8.4.38)中用总有效负载电阻替代了 U_{O1} 的实际负载电阻。

FPS 的电压-电流转换比 K 被定义为

$$K=\frac{I_{PK}}{U_{FB}}=\frac{I_{lim}}{3} \tag{8.4.39}$$

式中：I_{PK} 为峰值漏电流；U_{FB} 为某给定工作条件下的反馈电压。

图 8-32 所示为 CCM 正激式转换器的控制输出传递函数随负载的变化情况。由于 CCM 正激式转换器先天具有良好的线路电压调节性能，因此传递函数与输入电压的变化无关。不过，系统极点以及 DC 增益则随负载条件而改变。

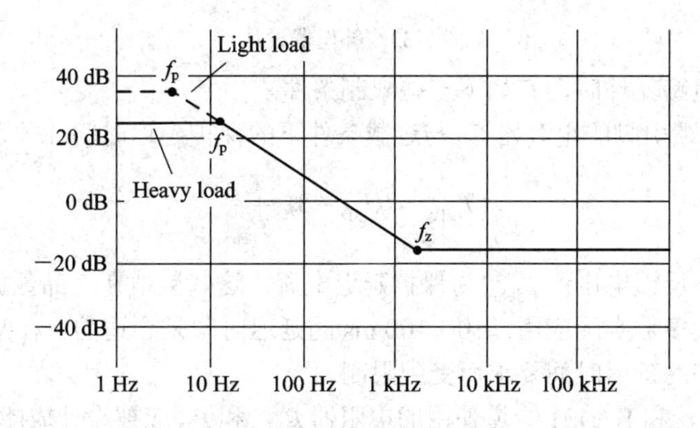

图 8-32 CCM 正激式转换器控制输出转移函数随负载的变化情况

图 8-31 的反馈补偿网络转换函数由下式获得：

$$\frac{\hat{u}_{FB}}{\hat{u}_{O1}}=-\frac{w_i}{s}\cdot\frac{1+s/w_{zc}}{1+1/w_{pc}} \tag{8.4.40}$$

式中：$w_i=\dfrac{R_B}{R_1R_DC_Fs}$；$w_{zc}=\dfrac{1}{(R_F+R_1)C_F}$；$w_{pc}=\dfrac{1}{R_BC_B}$

由图 8-32 可见，在为 CCM 正激式转换器设计反馈环路的过程中，最坏的情况发生在满载条件。因此，通过设计在低线路电压和满载条件下具有正确的相位和增益余量的反馈环路，即可保证整个工作范围内的稳定性。

反馈环路的设计程序如下(参见图 8-33)：

(1) 确定穿越频率 f_c。当采用附加 LC 滤波器(后级滤波器)时，应将穿越频率设定在低

于三分之一后级滤波器转折频率的地方，因为它会导致 −180° 的相位差。绝对不要将穿越频率设定得高于后级滤波器的转折频率。如果穿越频率过于靠近转折频率，那么，为了抵消后级滤波器的影响，就应当把控制器设计得具有 90° 以上的足够相位余量。

(2) 确定校正电路的直流增益 w_i / w_{zc}，以抵消 f_c 频率上的控制输出增益。

(3) 将校正电路零点 f_{zc} 设置在 $f_c / 3$ 附近。

(4) 将校正电路极点 f_{pc} 设置在 $3f_c$ 以上。

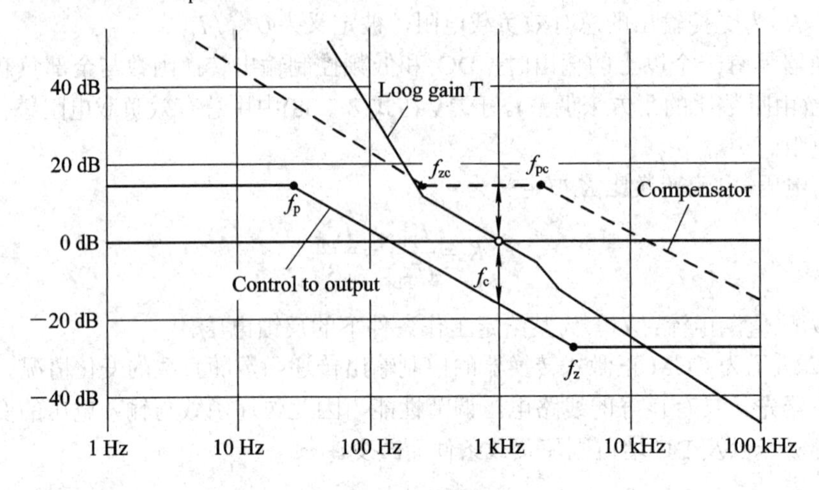

图 8-33　补偿器设计

在确定反馈电路元件时，有如下一些限制条件：

(1) 连接至反馈引脚的电容器 C_B 与过载条件下的保护延迟时间的关系式为

$$T_{delay} = (U_{SD} - 3) \cdot \frac{C_B}{I_{delay}} \tag{8.4.41}$$

式中：U_{SD} 为保护反馈电压；I_{delay} 为保护延迟电流，这些数值在产品数据表里都有提供。一般来说，对于大多数实际应用，10～100 ms 的延迟时间是合适的。在某些场合，带宽有可能因为过载保护的延迟时间要求而受到限制。

(2) 与光耦合器和 KA431 一道使用的电阻器 R_{bias} 和 R_D 应被设计成能够为 KA431 提供合适的工作电流并确保 FPS 反馈电压的完整工作变化范围。一般而言，KA431 的最小阴极电压和电流分别为 2.5 V 和 1 mA。因此，R_{bias} 和 R_D 的设计应能满足以下条件：

$$\frac{U_O - U_{OP} - 2.5}{R_D} > I_{FB} \tag{8.4.42}$$

$$\frac{U_{OP}}{R_{bias}} > 1\,\text{mA} \tag{8.4.43}$$

式中：U_{OP} 为光二极管正向压降(通常为 1 V)；I_{FB} 为 FPS 的反馈电流(通常为 1 mA)。例如，当 $U_{O1} = 5$ V 时，$R_{bias} < 1$ kΩ 且 $R_D < 1.5$ kΩ。

3. 设计示例

图 8-34 所示为一输入为市电(AC 220 V / 50 Hz)，输出为 DC 5 V / 26 A、DC 12 V / 10 A 的电源，采用 7M0880 正激式设计。

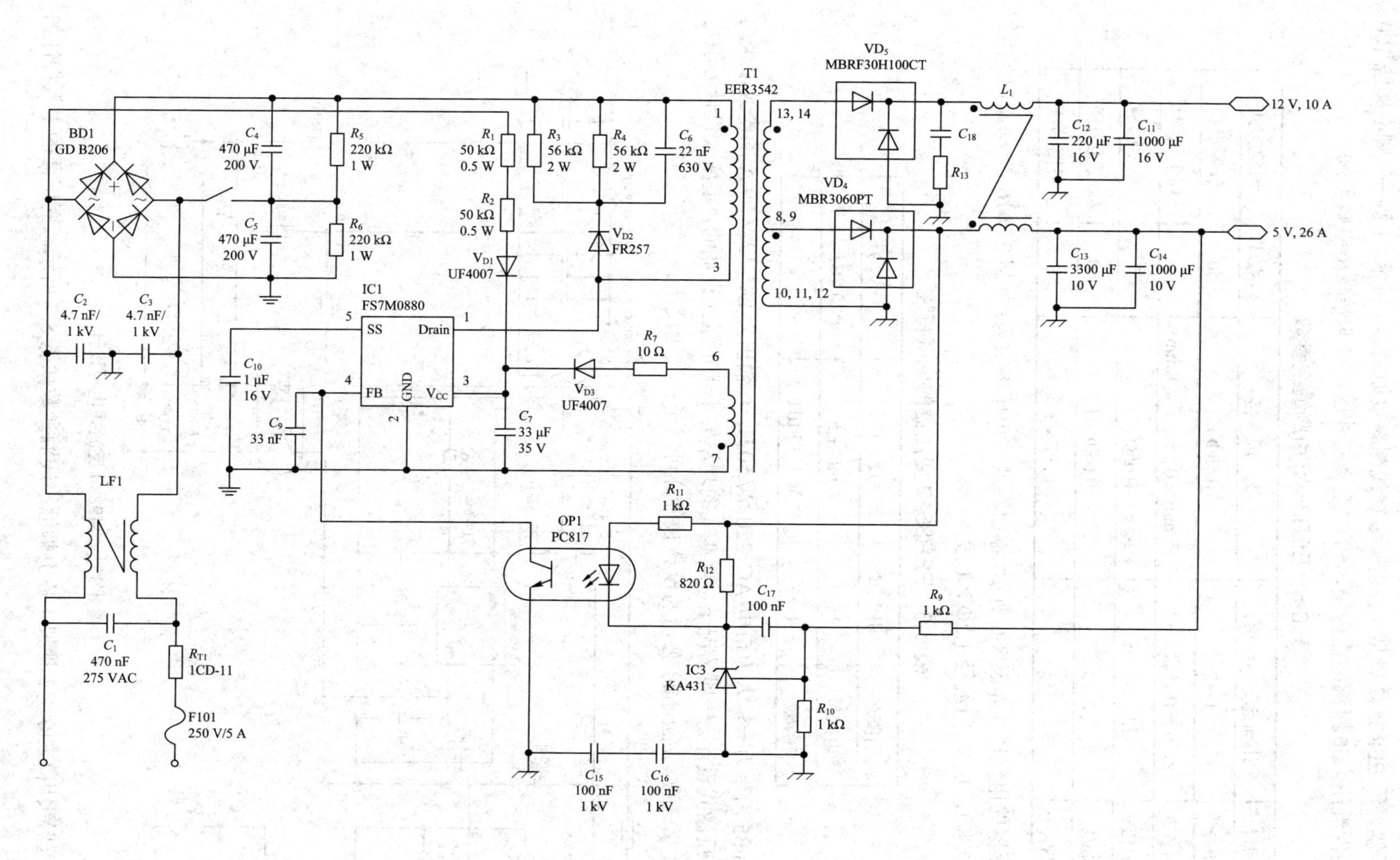

图 8-34　7M0880 正激式电源设计

变压器采用 EER3542 骨架，各引脚缠绕线圈参数如表 8-5 所示。1 脚→3 脚应缠绕 100 匝，分两次缠绕，50 匝缠绕在内层，50 匝缠绕在外层，目的是减小电磁干扰。

表 8-5　EER3542 引脚缠绕参数

引脚名	引脚(起始→结束)	线　规　格	匝数/T	缠绕方式
Np/2	1→2	0.65Φ × 1	50	线圈缠绕
N + 5V	8，9→10，11，12	15 mm × 0.15 mm × 1 mm	4	扁平线缠绕
N + 12V	13，14→9	0.65Φ × 3	5	线圈缠绕
Np/2	2→3	0.65Φ × 1	50	线圈缠绕
NV_{CC}	7→6	0.6Φ × 1	6	线圈缠绕

变压器的电气特性如表 8-6 所示。输出端滤波电感参数为：骨架 27Φ16，5 V 端 12 匝(线径 1Φ × 2 股)，10 V 端(线径 1.2Φ × 1 股)。

表 8-6　EER3542 变压器的电气特性

引脚名	引　脚	规　格	备　注
电感量	1→3	6 mH ± 5%	@70 kHz，1 V
漏感	1→3	最大 15 μH	

图 8-35 所示为一输入为市电(AC 220 V / 50 Hz)，输出为 DC 12 V / 9 A 的电源，采用 7M0880 反激式设计。一般情况下，反激式的功率要小于正激式设计的，正激式设计方法与反激式几乎一致，Fairchild 公司的设计软件亦可用于正激式设计。

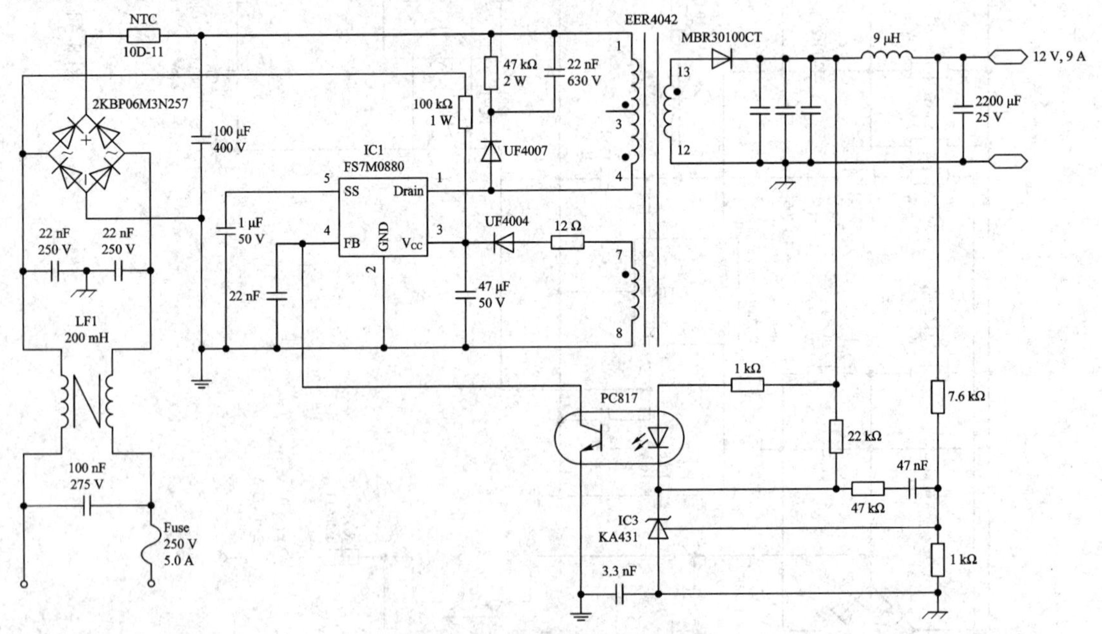

图 8-35　7M0880 反激式电源设计

变压器采用 EER4042 骨架，各引脚缠绕线圈参数如表 8-7 所示。变压器的电气特性如表 8-8 所示。

表 8-7　EER4042 引脚缠绕参数

引脚名	引脚(起始→结束)	线规格	匝数/T	缠绕方式
Np/2	1→3	0.4Φ × 1	42	线圈缠绕
N + 12 V	12→13	14 mm × 0.15 mm × 1 mm	8	扁平线缠绕
NB	8→7	0.3Φ × 1	9	线圈缠绕
Np/2	3→4	0.4Φ × 1	42	线圈缠绕

表 8-8　EER4042 变压器的电气特性

引脚名	引　脚	规　格	备　　注
电感量	1→4	700 μH ± 10%	@1 kHz，1 V
漏感	1→4	最大 10 μH	

8.4.4　变压器

在开关电源设计过程中，电路的参数大部分都可以通过设计软件计算得出，根据计算出的参数直接向电子元件厂商购买即可。只有变压器需设计人员自己试制，成功后由变压器生产厂家根据设计人员给出的参数进行生产。虽然开关电源设计软件都给出了变压器设计参考参数，但是这些参数必须经过具体实验才可确定其实用性。因此，在此介绍变压器设计的有关内容。

1. 变压器结构

对于反激式变压器的结构有两种主要的设计方法，它们是：

(1) 边沿空隙法(Margin Wound)，方法是在骨架边沿留有空余以提供所需的漏电和安全要求。

(2) 3 层绝缘法(Triple Insulated)，次级绕组的导线被做成 3 层绝缘以便任意两层结合都满足电气强度要求。

安全要求、漏电和电气强度要求以适当的标准列出，例如对于 ITE，在美国包含在 UL1950 中，在欧洲包含在 EN60950(IEC950)中。5～6 mm 的漏电距离通常就足够了，因此在边沿的应用中初、次级间通常留有 2.5～3 mm 的空间。图 8-36 给出了边沿空隙法结构和 3 层绝缘法结构。边沿空隙法结构是最常用的类型，其由于材料成本低因而具有很高的性价比；3 层绝缘法结构变压器体积可以做得很小，因为绕组可以利用骨架的全部宽度，边沿不需要留空隙，但是其材料成本和绕组成本比较高。

图 8-36(a)给出了边沿空隙法结构，此例中边沿空间由被切割成所想要边沿宽度的带子实现，这种带子通常需要 1/2 爬电距离(如 6 mm 爬电距离时为 3 mm)。边沿带子绕的层数与绕组高度相匹配；磁芯的选择应是可利用的绕组宽度至少是所需爬电距离的 2 倍，以维持良好的耦合和使漏感减到最小；初级绕组是骨架中的第一个绕组，绕组的起始端(和初级紧密相连)是和功率管的漏极引脚相连的末端。这就使通过其他绕组使最大电压摆动点得到保护，进而使能耦合到印制板上其他元件的 EMI 最小。如果初级绕组多于一层，则在两绕组层之间加一层绝缘层(用绝缘胶带缠绕一圈即可)，可以减小两层之间可能出现的击穿现

象，也能减小两层之间的电容。另一绝缘层放在初级绕组的上面，辅助绕组在此绝缘层之上。在辅助绕组上放置 3 层胶带(切割成充满整个骨架宽度)以满足初、次级之间的绝缘要求。在此层之上放置另一边沿空隙，次级绕在它们之间，所以在初、次级之间就有 6 mm 的有效爬电距离和完全电压绝缘。最后在次级绕组上缠 3 层胶带(整个骨架宽度)以紧固次级绕组和保证绝缘。

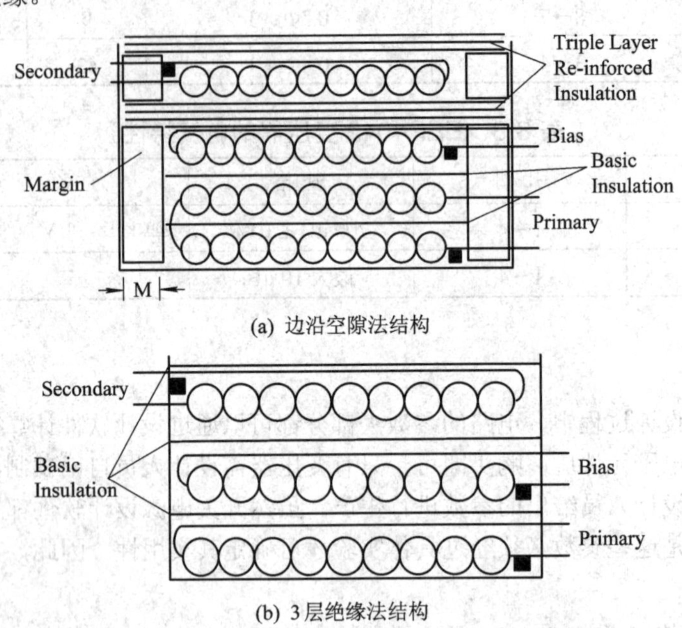

(a) 边沿空隙法结构

(b) 3 层绝缘法结构

图 8-36　边沿空隙法和 3 层绝缘法类型的变压器结构

图 8-36(b)给出了 3 层绝缘法结构。可以看出，初级充满整个骨架宽度，和辅助绕组之间仅有一层胶带，在辅助绕组上缠一层胶带以防止损坏次级绕组导线的 3 倍绝缘层。次级绕组缠在其上，最后缠一单层胶带进行保护。注意绕线和焊接时绝缘不被损坏。

1) 变压器材料

(1) 磁芯。有许多形状的磁芯可用，但变压器一般用 E 型磁芯，原因是它成本低、易使用。其他类型的磁芯如 EF、EFD、ETD、EER 和 EI 应用在对高度等有特殊要求的场合。RM、toroid 和罐型磁芯由于安全绝缘要求的原因不适合使用。低外形设计时 EFD 较好，大功率设计时 ETD 较好，多路输出设计时 EER 较好。

(2) 骨架。对骨架的主要要求是确保满足安全爬电距离，初、次级穿过磁芯的引脚距离要求以及初、次级绕组面积距离的要求。骨架要用能承受焊接温度的材料制作。

(3) 绝缘胶带。聚酯和聚酯薄膜是绝缘胶带最常用的形式，它能定做成所需的基本绝缘宽度或初、次级全绝缘宽度(例如 3M#1296 或 1P801)。边沿胶带通常较厚，少数几层就能达到要求，它通常是聚酯胶带如 3M#44 或 1H860。

(4) 励磁导线。励磁导线的护套首选尼龙/聚亚安酯，它在和熔化的焊料接触时阻燃，这样就允许变压器浸泡在焊料锅中。不建议使用标准的瓷釉导线，因为在焊接前要剥去绝缘层。

(5) 3 层绝缘导线。在 3 层绝缘结构中次级绕组导线使用 3 层绝缘导线，和励磁导线相似，其主导线是单芯的，但是它有不同的 3 个绝缘层，即使 3 层中任意 2 层接触都满足绝缘要求。

(6) 护套。边沿空隙结构变压器绕组的首、尾端需要护套。护套必须经相关安全机构认证，至少有 0.41 mm 壁厚以满足绝缘要求。由于热阻要求通常使用热缩管，要确保在焊接温度时不被熔化。

(7) 浸漆。通常使用浸漆锁定绕组和磁芯间的空间，可以防止噪声和湿气进入变压器。它有助于提高耐压能力和热传导性能。

2) 绕线方式

(1) C 型绕线。这是最常用的绕线方式。图 8-37 所示为有 2 层初级绕组的 C 型绕线。C 型绕线容易实现且成本低，但是会导致初级绕组间电容增加。可以看出，初级绕组从骨架的一边绕到另一边再绕回到起始边，这是一个简单的绕线方法。

(2) Z 型绕线。图 8-38 所示为有 2 层初级绕组的 Z 型绕线方式。可以看出，这种方法比 C 型绕线复杂，其制造价格较贵，但是减小了绕组间的电容。

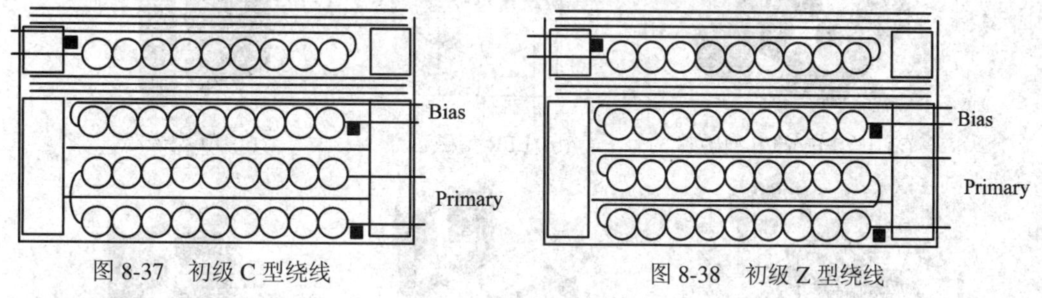

图 8-37　初级 C 型绕线　　图 8-38　初级 Z 型绕线

3) 绕组顺序

初级绕组一般绕在最里层，这样能使每匝长度最小，并能减小初级电容。如前面讨论的把初级绕组放在最里层的方式可以使它受到其他绕组的保护，减小耦合到印制板上其他元件的噪音。通过使绕组的始端(初级最里层的末端)成为和 IR40xx 的漏极相连的末端也可以减小耦合噪音，该连接点(具有最大电压波动)也受到其他绕组的保护。在初级绕组两层之间缠绕一层胶带对初级绕组的电容(作为 4 个要素中之一尽可能减小它)有很大影响。

辅助绕组和次级绕组的放置依赖于所用的调节方式。如果是次边调节，则次级绕组在最外层；相反，如果是辅助绕组调节，则辅助绕组在最外层。边沿空隙设计时，为了减小所需边沿和绝缘层数，可将次级绕组作为最外层。如果辅助绕组作为最外层绕组，则对初级的耦合将减弱，对次级的耦合将增强，这不仅改善了输出调节性能，同时通过漏电感减小了辅助源电容的峰值充电电流。

4) 多路输出

高功率的多路输出设计相对初级绕组来说次级应当是闭合的，从而能够减小漏电感和确保最佳耦合。次级应尽可能地充满可绕线的宽度，这样如前面所讨论的使多路次级制作较容易，它也改善了高频时导线的使用率。

使用前面所讲的次级叠加技术能够改善辅助输出的负载调节性能，可以减少次级总匝数和骨架引脚数。

5) 漏电感

变压器结构对初级绕组的漏电感有很大影响。漏电感会导致 MOSFET 关断时产生感应电压，使漏电感最小，能够使感应电压降低，甚至不需要初级缓冲电路。变压器绕组的顶

部互相之间应同轴以便使耦合最强，减小漏电感。由于此原因，不使用平板和分段骨架。

另一把初级绕组分开绕制的方法也可以减小漏电感(参见图 8-39)。分开的初级绕组是最里边第一层绕组，第二层初级绕在外边。这需要骨架有空余引脚使初级绕组的中心点连接其上，但是对改善耦合有意义。

图 8-39　变压器初级分开绕制

2. 变压器磁芯类型

图 8-40 所示为可用做变压器的不同类型的磁芯。

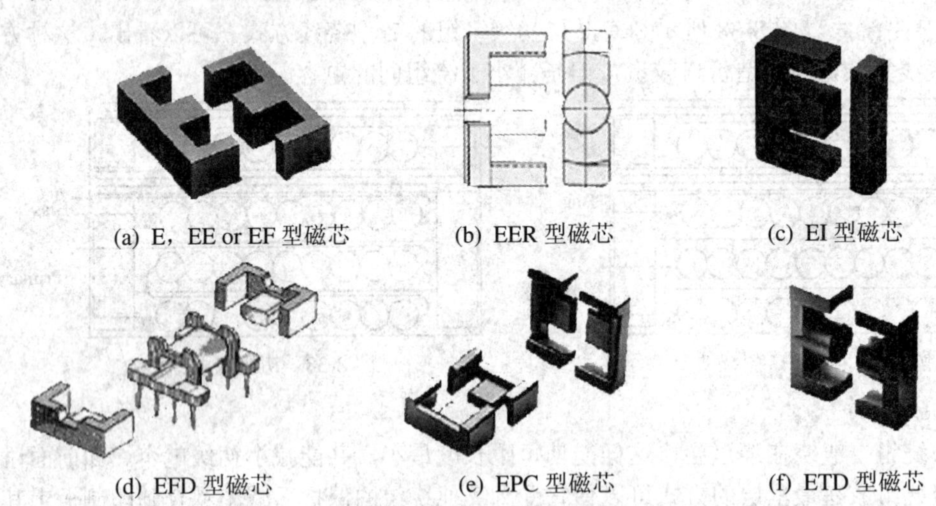

(a) E，EE or EF 型磁芯　(b) EER 型磁芯　(c) EI 型磁芯

(d) EFD 型磁芯　(e) EPC 型磁芯　(f) ETD 型磁芯

图 8-40　反激式电源变压器的磁芯类型

磁芯类型的选择主要受尺寸限制。EFD 和 EPC 磁芯应用在需要低外形的场合，应用垂直或水平骨架 E、EE 和 EI 磁芯较好；ETD 和 EER 磁芯通常较大，但有较大的绕线区域，它们对大功率或多路输出设计有显著的好处；谨记边沿空隙类型的变压器比 3 层绝缘类型的变压器需要较大的磁芯，以便留出边沿空间。磁芯表 8-9 有助于工程人员对磁芯尺寸和类型的选择。

表 8-9　变压器磁芯表

输出功率/W	推荐磁芯型号			
0～10	EFD15 EE19	SEF16 EF(D)20	EF16 EPC25	EPC17 EF(D)25
10～20	EE19 EF(D)25	EPC19 EPC25	EF(D)20	EE, EI22
20～30	EI25 EF(D)30	EF(D)25 ETD29	EPC25 EER28(L)	EPC30
30～50	EI28 EER35	EER28(L)	ETD29	EF(D)30
50～70	EER28L	ETD34	EER35	ETD39
70～100	ETD34	EER35	ETD39	EER40

3. 线规表

线规表对于计算是一个良好的开始，但是要从生产商处查出由于不同绝缘厚度所用导线的实际外径。表 8-10 包含标准单层绝缘励磁导线外径，不包括 3 层绝缘导线，详细资料可咨询供应商。

表 8-10　线　规　表

AWG	类似的	类似的公制	Bare 导通面积		外尺寸	
线径	SWG 线径	线径/mm	$cm^2 \times 10^{-3}$	cir-mil	cm	inch
14	16	1.6	20.82	4109	0.171	0.0675
15	17	1.4	16.51	3260	0.153	0.0602
16		1.32	13.07	2581	0.137	0.0539
17	18	1.12	13.39	2052	0.122	0.0482
18	19	1.00	8.228	1624	0.109	0.0431
19	20	0.9	6.531	1289	0.098	0.0386
20	21	0.8	5.188	1024	0.0879	0.0346
21	22	0.71	4.116	812.3	0.0785	0.0309
22		0.63	3.243	640.1	0.0701	0.0276
23	24	0.56	2.588	510.8	0.0632	0.0249
24	25	0.5	2.047	404.0	0.0566	0.0223
25	26	0.45	1.623	320.4	0.0505	0.0199
26		0.4	1.280	252.8	0.0452	0.0178
27	29	0.355	1.021	201.6	0.0409	0.0161
28	30	0.315	0.8046	158.8	0.0366	0.0144
29	31	0.3	0.647	127.7	0.033	0.013
30	33	0.25	0.5067	100.0	0.0294	0.0116
31	34	0.236	0.4013	79.21	0.0267	0.0105
32		0.2	0.3242	64.00	0.0241	0.0095
33		0.18	0.2554	50.41	0.0216	0.0085
34		0.16	0.2011	39.69	0.0191	0.0075
35		0.14	0.1589	31.36	0.017	0.0067
36	39	0.132	0.1266	25.00	0.0152	0.006
37	41	0.112	0.1026	20.25	0.014	0.0055
38	42	0.100	0.08107	16.00	0.0124	0.0049
39	43	0.090	0.06207	12.25	0.0109	0.0043
40	44	0.08	0.04869	9.61	0.0096	0.0038
41	45	0.071	0.03972	7.84	0.00863	0.0034
42	46	0.060	0.03166	6.25	0.00762	0.003
43	47	0.05	0.02452	4.84	0.00685	0.0027
44			0.0202	4.00	0.00635	0.0025

第9章　系 统 设 计

一个电子产品的可靠性、实用性、易用性直接决定了电子产品的生命周期。本书只讲述了有关电子系统的电路实现，未就具体系统的整体进行设计。在实际工程设计中，需考虑外观结构、使用人群、使用习惯、现有产品对比、市场推广能力等各类因素。本章就第1章提出的三个系统的设计给出电路实现原理及程序设计流程图，具体程序未给出，读者可根据前几章的讲解自行设计。

9.1　超声波流量计、热量计系统

超声波流量计、热量计系统结构示意图如图9-1所示。该系统采用Altera公司MAXII系列的EPM570GT和TI公司MSP430F系列的MSP430F4618作为整个系统的控制核心，完成信号的采集、处理、控制和通信接口的设计。

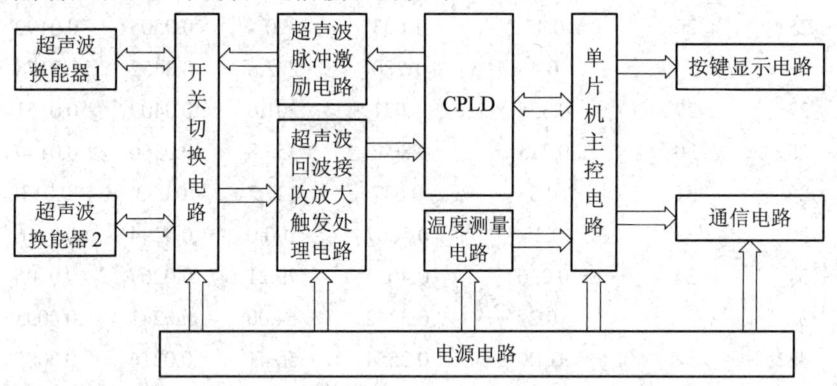

图9-1　超声波流量计、热量计系统结构示意图

由图9-1可知，该系统主要分为电源电路、按键显示电路、通信电路、微时间测量电路(CPLD)、单片机主控电路(计算模块)、开关切换电路(信号检测模块)和温度测量电路7部分。本系统通过开关切换电路使超声波换能器工作在发射和接收信号状态。发射信号由CPLD产生,并通过超声波脉冲激励电路驱动该信号到超声波换能器1。超声波换能器2接收回波信号，回波信号经放大电路放大后接入滤波处理电路，去除噪声信号，滤波后的信号接入触发处理电路，产生过零触发信号，触发CPLD内部的微时间测量电路进行时间测量。单片机主控电路处理来自按键的输入信号，并将信号输出显示到显示器；单片机还负责接收CPLD测量出的微时间信号，并计算出流速、流量、信号强度等信息。温度测量电路将采集到的温度信号送入单片机，并由单片机算出热量值。通信电路完成信号与其他从机或主机的通信任务，并兼容各种常用的通信协议。电源电路主要完成对各模块的供电任务，产生各种需要电压。

9.1.1　电路原理

1．电源模块的硬件设计

电源模块的主要任务是产生各模块所需的供电电压。该电路中需要的电压有 –5、3.3、5、12 V。本系统可通过 RS-485 供电，供电电压为 +24 V。因此本系统先将市电转换为 24 V 供电电压，再将 24 V 供电电压转换为 5 V 电压，由 5 V 电压再转换为 –5、3.3 和 12 V。

由于超声波流量计、热量计应用场合复杂，在很多场合下采用自发电，造成电压波动范围较大，所以对系统的电源提出了较高的要求。为了适应各种电压环境，设计基于 AP8022 芯片的反激式开关电源，以满足产品大规模应用的需要。

图 9-2 所示的电路为采用光耦 TL431 型反馈电路的高频反激式开关电源。该电路输出功率约为 15 W，输出直流电压为 24 V，可在 150～250 V 输入电压范围内自动稳压。交流电源经整流滤波后产生的直流脉动电压，输入到变压器初级线圈的一端和 AP8022 的漏极，变压器初级线圈的另一端接 AP8022 的源极。R_3(100 kΩ / 0.5 W)、C_7(1.5 nF / 1 kV)和 V_{D5}(FR107)用来抑制开关尖峰，减少变压器漏感引起的漏极电压冲击，以保护 AP8022。V_{D6} 用做输出整流管，C_9～C_{11} 用做储能电容。辅助绕组两端电压经 V_{D8}、C_{43} 整流滤波后，得到 AP8022 所需的偏置电压。TL431 并联稳压器内部集成了一个 2.5 V 的精密基准电压、运算放大器和驱动器，作次级基准误差放大器用。输出电压经 R_{19}、R_{20} 分压取样后与 TL431 的内部基准电压相比较，控制光耦的输入电流。光耦 IC1 不仅对输入/输出起隔离作用，而且通过控制 AP8022 控制极电流比的大小，来控制输出脉冲宽度，达到稳压的目的。R_7 在电路空载时提供最小负载，以提高电路的负载调整率，稳定输出电压。电容器 C_9 和共模扼流圈 L_1 一起用来衰减共模辐射电流，减少 EMI。C_{45} 和 R_{15} 决定了误差放大器的频率响应。高频电容 C_{44} 用来减少输入电源引进的高频干扰。C_{43} 用来滤掉来自光耦的噪声电流，并设定了自动重新再启动的时间。R_6 限定了光耦二极管的电流和控制回路的直流增益。

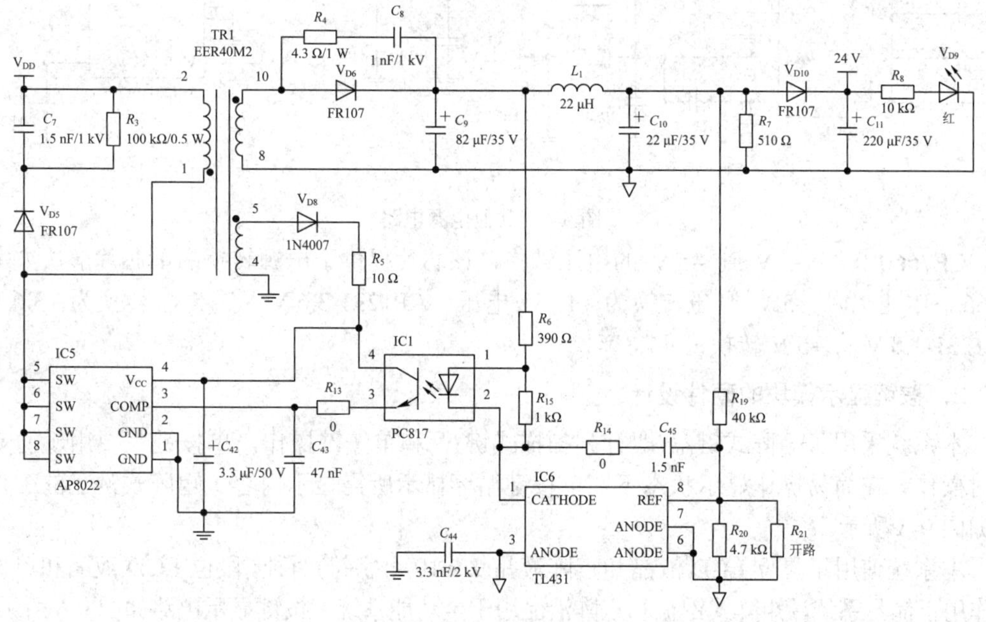

图 9-2　反激式开关电源原理图

AP8022 芯片是一款国产芯片，它是无锡芯朋(chipown)公司生产的反激式开关电源芯片，它采用先进的高低压兼容工艺，将 PWM 控制电路和耐压高达 700 V 以上的 MOSFET 完美地集成在同一颗芯片上。AP8022 具有如下主要特征：电流控制模式，内置高压 MOSFET (> 700 V)，U_{DD} 输入范围为 10～39 V，内置频率为 55 kHz，振荡器集成了过压、欠压、过流、短路、过温等完整的保护方案，空载时芯片静态功耗小于 100 mW，可自动重启。

将市电变为 24 V 后，再从 24 V 转换为 5 V 电压，该转换采用金升阳公司生产的 B2405LM-1W 电源模块。转换电路如图 9-3 所示。

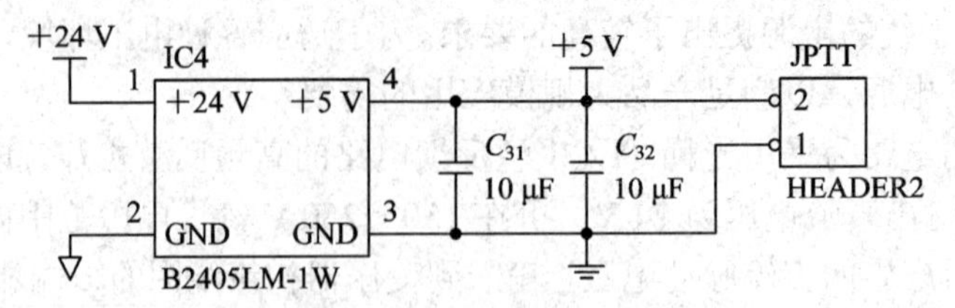

图 9-3　24 V 转换为 5 V 的电路

各模块中还需要的电源由图 9-4 所示的电路提供。

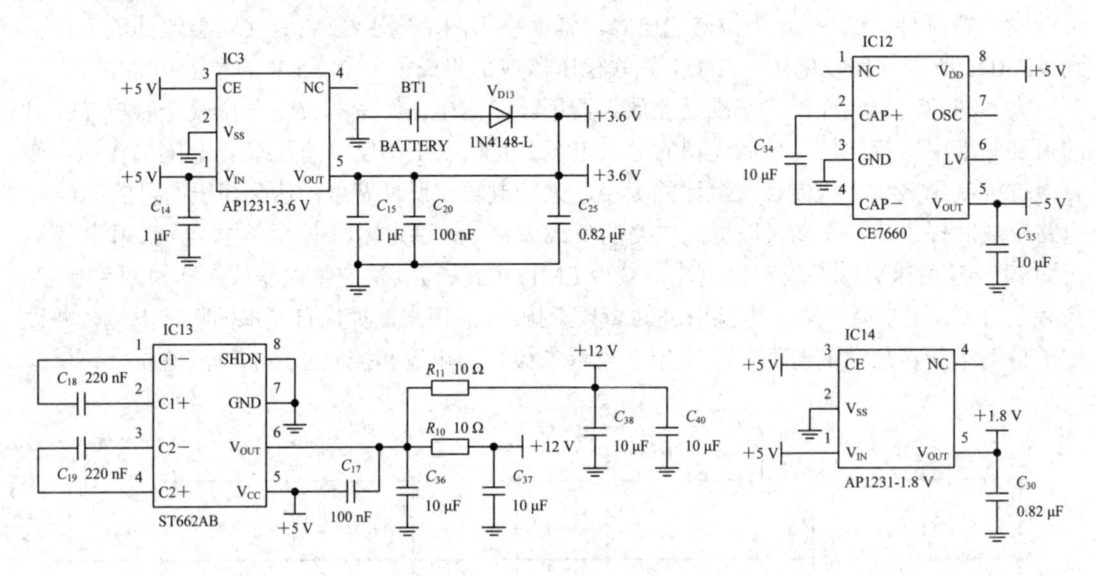

图 9-4　其他电源电路

CE7660 产生 +5 V 到 −5 V 的电压转换，该芯片提供了电源转换的单芯片解决方案；ST662AB 芯片将 +5 V 电压转换为 +12 V 电压；AP1231-3.6 V 将 +5 V 转换为 +3.6 V；AP1231-1.8 V 将 +5 V 转换为 +1.8 V。

2. 按键显示模块的硬件设计

本系统采用了矩阵式键盘(即行列扫描式键盘)和单按键操作，单按键主要用于简易显示时操作。在简易操作显示状态下，单按键循环显示所需显示内容。矩阵式键盘的工作原理如图 9-5 所示。

本系统使用了段位 LCD 液晶和点阵液晶(2 × 10 个字符)两种。段位 LCD 液晶和单按键操作用于简易系统，矩阵式键盘和点阵液晶用于全功能系统。按键显示电路如图 9-6 所示。

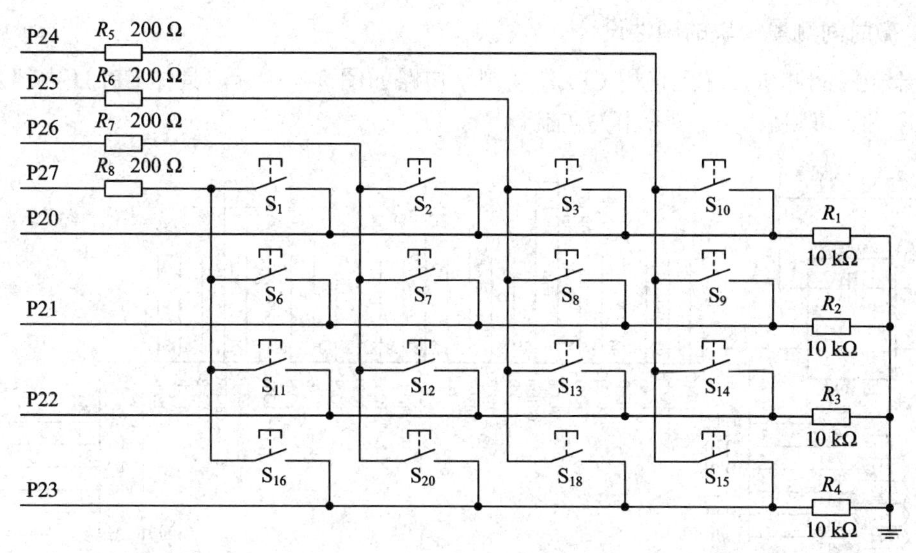

图 9-5　矩阵式键盘的工作原理

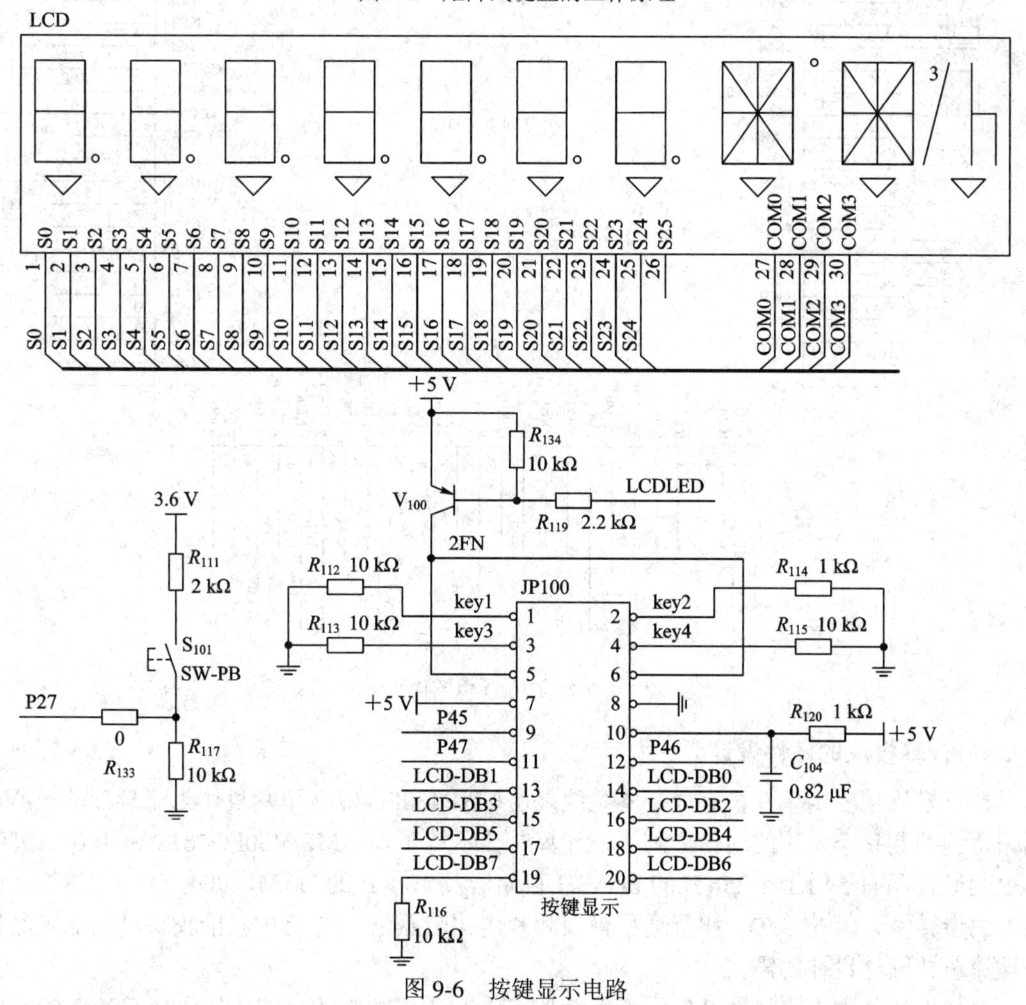

图 9-6　按键显示电路

显示 RAM 子程序大大节省了程序运行时间，特别是在仪器处于测量状态时。

3. 微时间测量模块的硬件设计

对于微时间测量，在此使用 CPLD 实现，电路如图 9-7 所示。具体 CPLD 内部实现方法在此不做过多讲解，可参考相关文献。

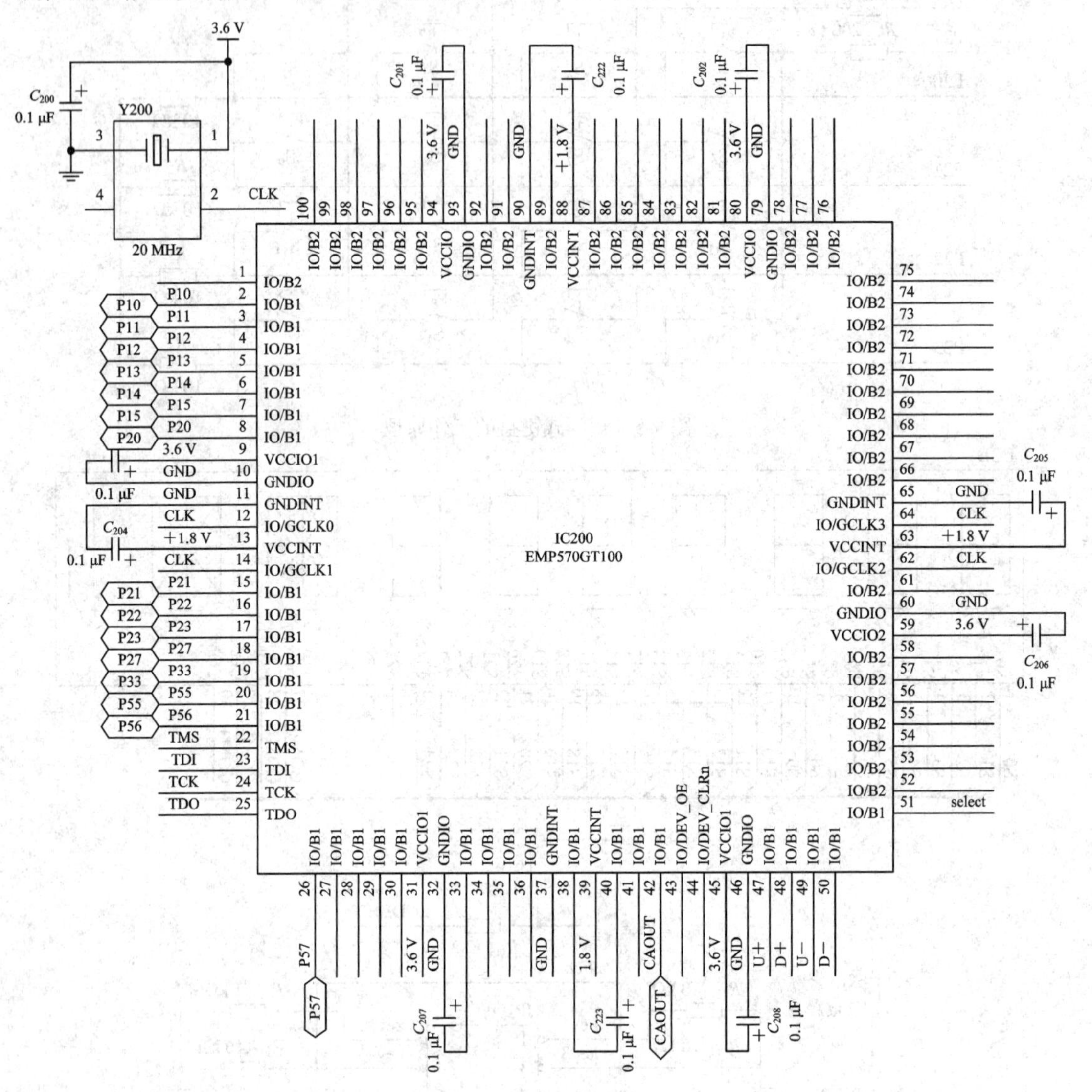

图 9-7　CPLD 电路图

4. 计算模块的硬件设计

计算模块主要由单片机完成。本系统采用 MSP430FG4618 单片机作为流量计的核心，用来协调控制整个系统的通信、测量、计算、显示等工作。MSP430FG4618 为 100 引脚的 QFP 封装，具有 54 KB + 256 B 的 FLASH 存储器及 10 KB 的 RAM，并有 DMA、双 12 位 D/A 同步转换、12 位 A/D、串行通信模块和片内比较器 A 等丰富的功能模块，完全满足超声波流量计硬件设计的需要。

单片机的外围电路如图 9-8 所示。其中：P1.0～P1.7、P2.0～P2.3 作为与 CPLD 的通信端口，用于与 CPLD 之间的数据通信，如单片机启动 CPLD 测量流量计时、启动 CPLD 内部校准，CPLD 将测量值返回给单片机；P2.4 和 P2.5 作为 RS-485 通信端口，用于与其他流量设备或控制设备之间的数据交换；P3.0～P3.7 作为计数输出端口，用于给其他设备提供测量数据；P4、P7 作为按键显示端口；P6.0～P6.5 作为 A/D 转换端口，用于采集温度；P6.6 和 P6.7 作为 D/A 转换端口，用于控制比较触发电平和运放增益控制。

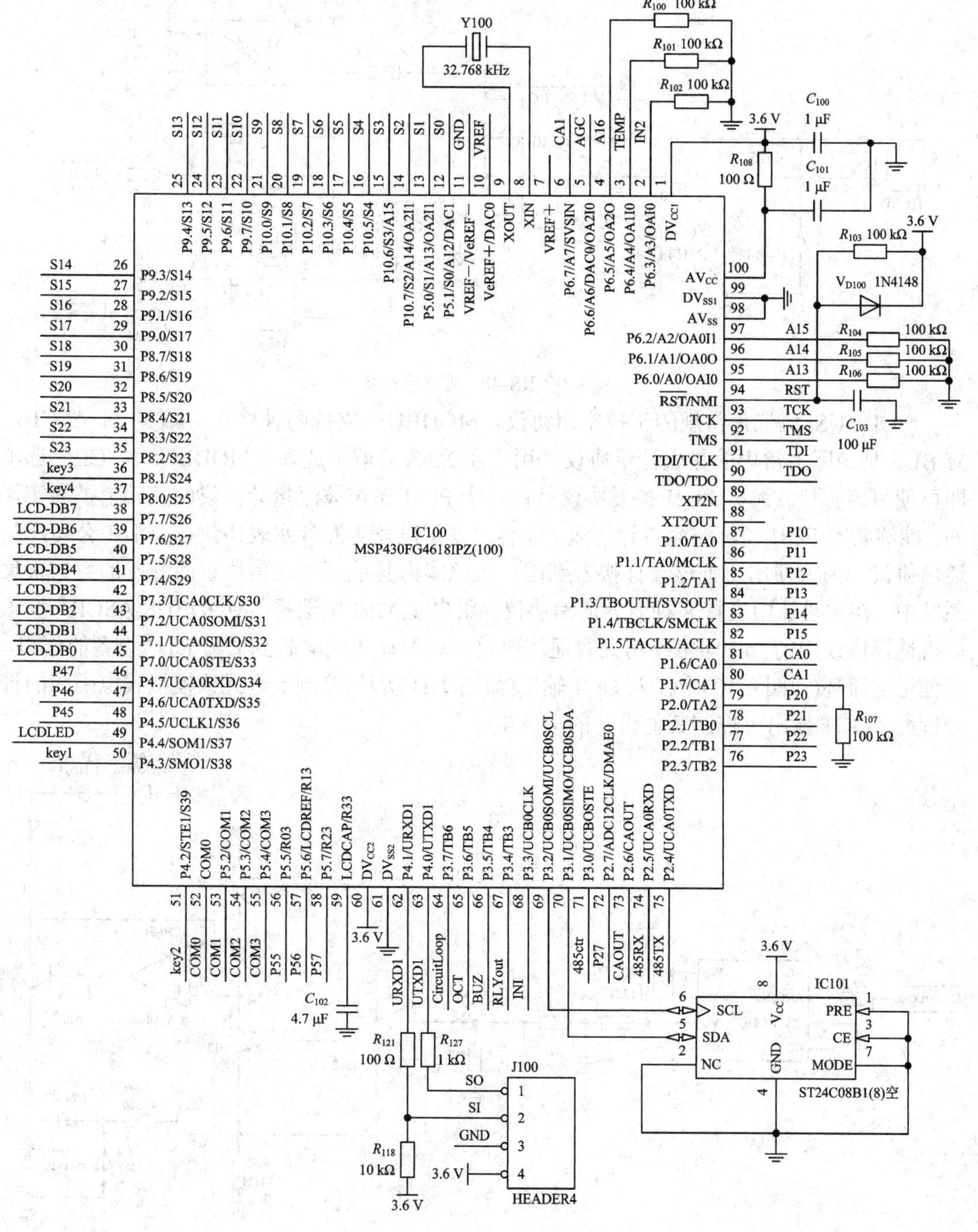

图 9-8　单片机的外围电路

5．通信模块的硬件设计

通信模块设计带有隔离的 RS-485 接口，电路如图 9-9 所示，它可以同时支持多种常用的通信协议，包括 MODBUS 协议、M-BUS、海峰 FUJI 扩展协议、汇中公司产品通信协议。

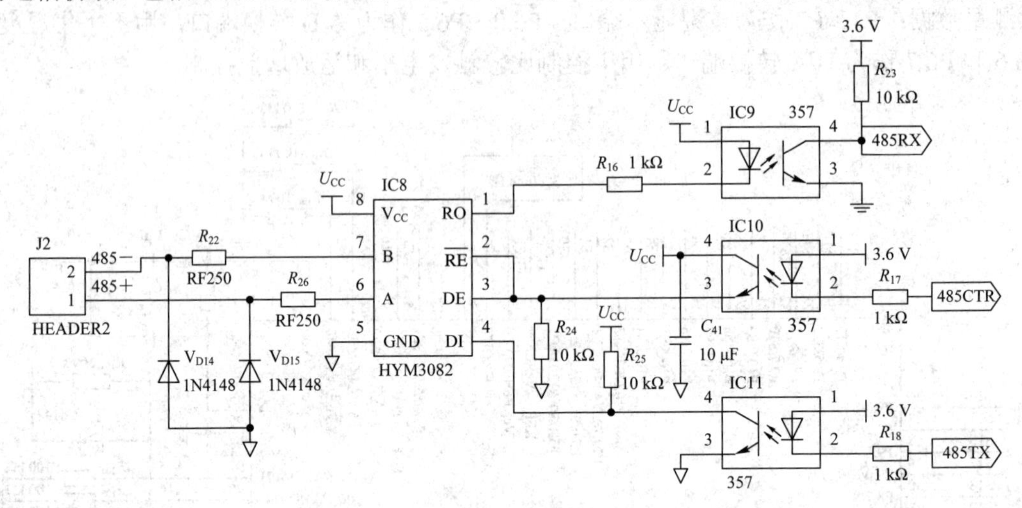

图 9-9　RS-485 通信原理图

MODBUS 协议是常规的工控常用协议。MODBUS 支持两种格式：RTU 和 ASCII。M-BUS 是国际上常用的热表计量协议，用户在 M63 菜单中选择“MODBUS-ASCII”选项即可使用该协议。海峰 FUJI 扩展协议是在日本 FUJI 超声波流量计协议的基础上扩展实现的，能够兼容 FUJI 超声波流量计协议。兼容协议可以兼容海峰水表协议以及汇中公司产品通信协议，为方便用户把该设计接入到用户按照国内其他厂家通信协议而开发的数据采集系统中，在本设计中支持 8 种兼容通信协议。用户在 M63 中选择“MODBUS-ASCII”选项后再选择协议中的一种即可使用兼容通信协议。该设计还能够起到简易 RTU 设备的作用，可使用电流环(如图 9-10 所示)及 OCT 输出(如图 9-11 所示)控制步进式或模拟式电磁阀的打开程度，OCT 输出可控制其他设备的上下电。

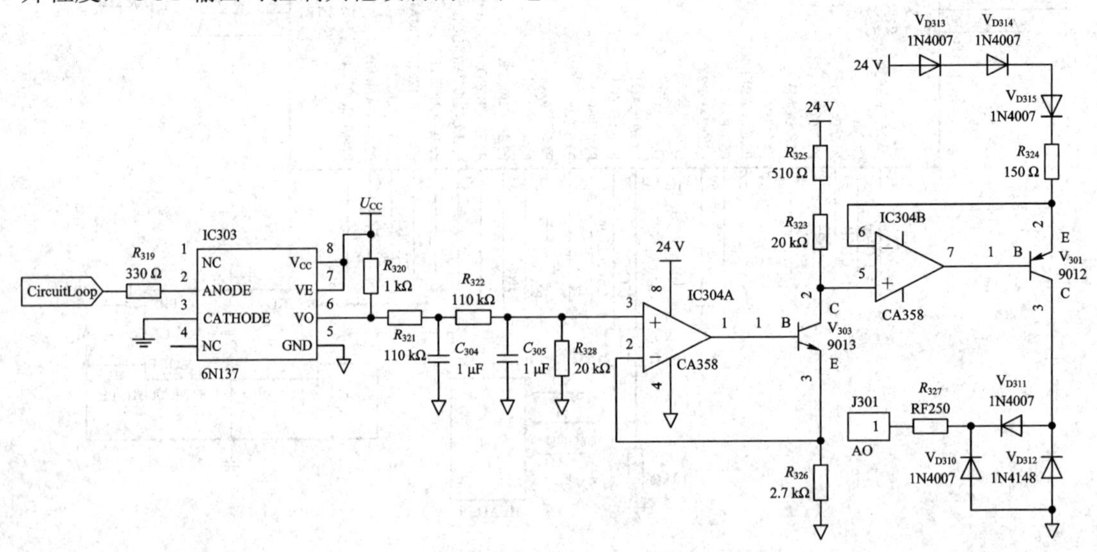

图 9-10　电流环输出图

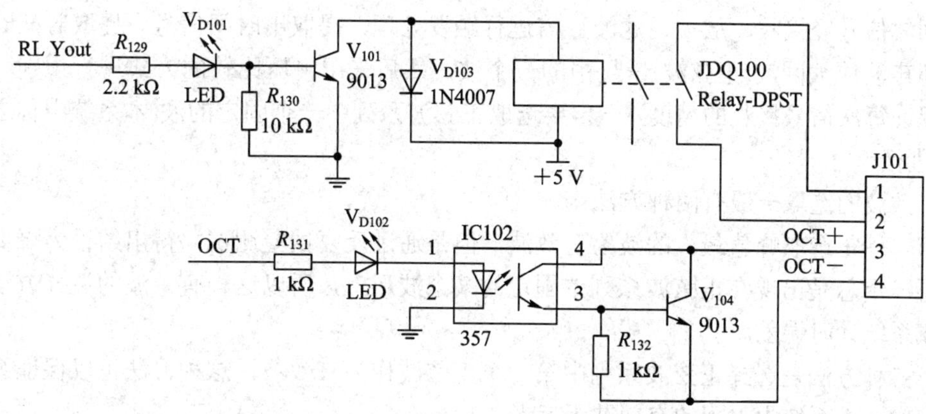

图 9-11　OCT、继电器输出控制

当将本设备作为计量设备的一个模块使用时，电流环可将流量信号转换为 0～20 mA 的电流信号输出，上位机测量该电流信号的大小即可算出流量。OCT 或继电器输出也是一样，在累计流量达到一定值时输出脉冲信号告知上位机。

6．信号检测模块的硬件设计

超声波换能器检测的回波信号都十分微弱(mV 级)，因此，传感器输出的数据在滤波之后必须通过放大处理才能进行比较触发。本系统采用 DG403DY 模拟开关对超声波换能器进行收发切换，切换的接收信号通过增益可编程仪用放大器 MC1350 对其进行放大。只要控制 MC1350 的 AGC 控制端口的电压，就可以在 1～10 000 的范围内选择闭环增益。由于 MC1350 增益误差的典型值小于 0.02%，增益的温度系数在 5×10^{-6} 之下，因而增益的精度和温度系数完全由外部控制电压决定，该电压由单片机 D/A 转换端口产生，并经过 LMH6647 放大输出控制。放大后的信号经过变压器选频网络选出超声波换能器的工作频率。该频率信号即为检测到的回波放大信号，电路如图 9-12 所示。

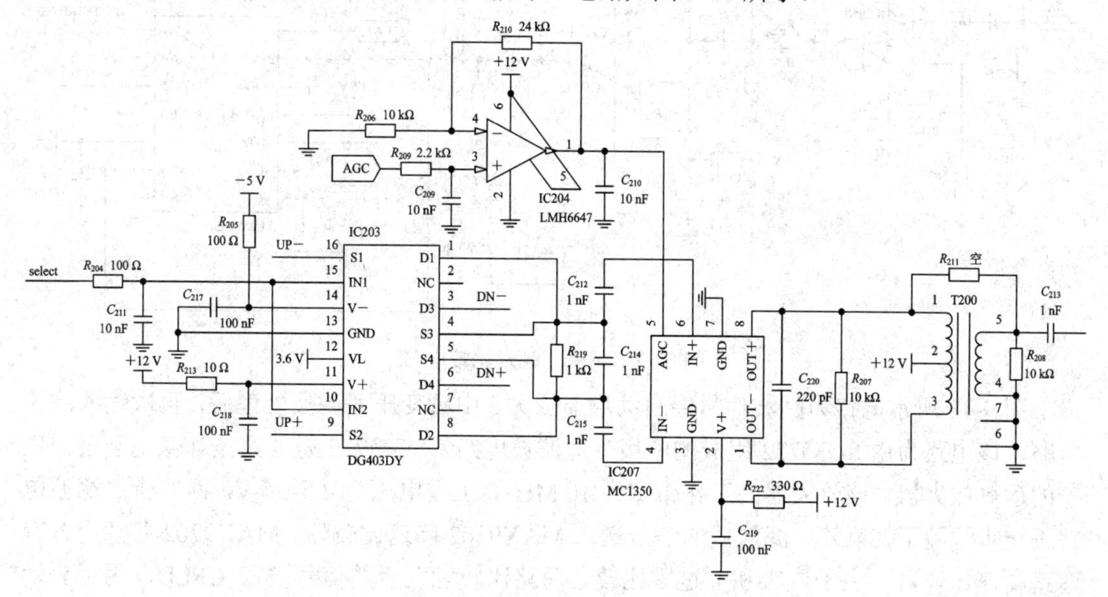

图 9-12　信号回波接收放大图

回波信号经接收、放大、滤波后需进行触发处理，提取出时间信号。提取时间时一般选取超声波放大回波(正弦波)信号中的一个波，然后采用电压比较的方式进行识别，所以为了保证每次信号接收的精度，一定要选取正弦波系列中一个固定的波(本系统中称之为有效波)进行计时。

有效波的选取一般有两种方法：

第一种是选取峰值最大的波为有效波，但是通过反复试验测试，得出结论为峰值最大的波不一定总是出现在正弦波系列中固定的某个波形上，所以这种有效波的选择方法很可能造成系统计时误差。

第二种方法是选择正弦波系列中第一个正弦波作为有效波，这种方法可以保证系统计时的精度。本系统中采用的有效波为后者。

选用正弦波系列第一个波形为有效波的电压比较计时波形时，电压 U 为比较电压，为了保证每次计时结束触发信号的精度，理想的比较电压应设置为 0 V，这样可以保证每次触发信号都在有效正弦波的零相位上，但是实际中存在噪声信号，如将比较电压设定为 0 V，则无法进行测量。因此，在此设计了两路比较电压：一路比较电压由单片机 D/A 转换产生，该电压根据回波信号的强弱，自动调整，使触发信号保证在第一个回波脉冲上；另一路比较电压设定为 0 V，在第一路产生比较脉冲输出后，打开第二路比较，此时的过零比较才为真正的回波信号过零。

滤波、触发比较电路如图 9-13 所示。

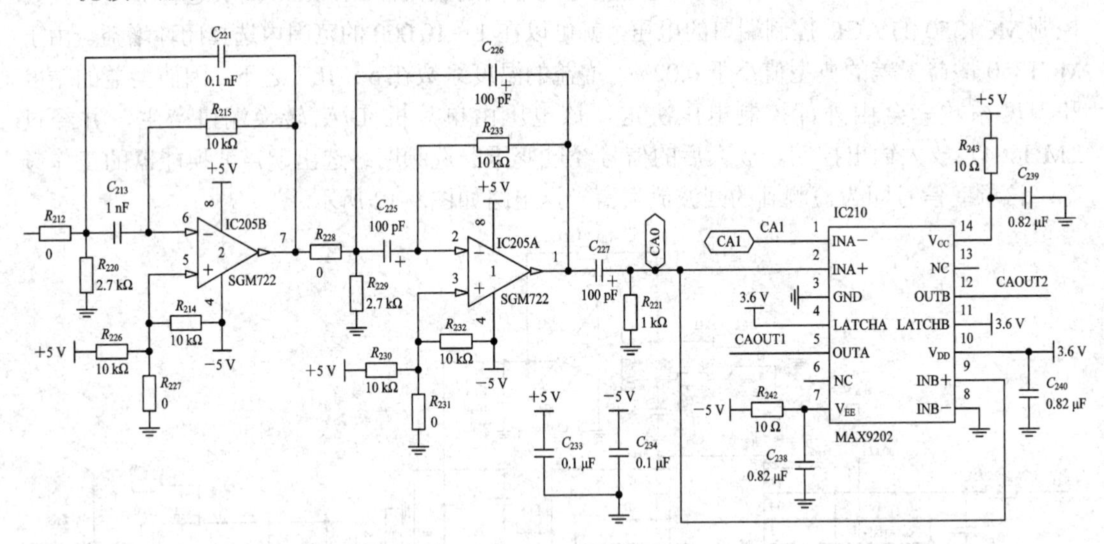

图 9-13 滤波、触发比较电路

图 9-13 所示电路为回波信号经自动增益放大、中频变压器滤波处理后，再次输入滤波电路，该电路为由 SGM722 组成的两级带通滤波电路。SGM722 是北京圣邦微电子公司生产的运算放大器，该放大器的工作带宽为 10 MHz，工作电压为 2.5～5 V。两级带通滤波电路进一步滤除干扰噪声，滤波后的信号送入 MAX9202 高速比较器。MAX9202 芯片内含有两路高速比较器，用于过零和非过零比较。两路比较触发后的信号送入 CPLD，用于启动 CPLD 内部微时间测量电路计时。

7. 温度测量模块的硬件设计

选取合适的温度传感器后，要对温度信号进行采集和处理。这里可选择 Pt1000、Pt500、Pt100 三种铂电阻温度传感器，这三种传感器的选择可通过操作面板菜单输入确定。考虑铂电阻阻值远大于导线电阻且连接导线长度不足 1 m，因而可以忽略导线电阻的影响，采用两线制的连接方式。

温度测量电路如图 9-14 所示。

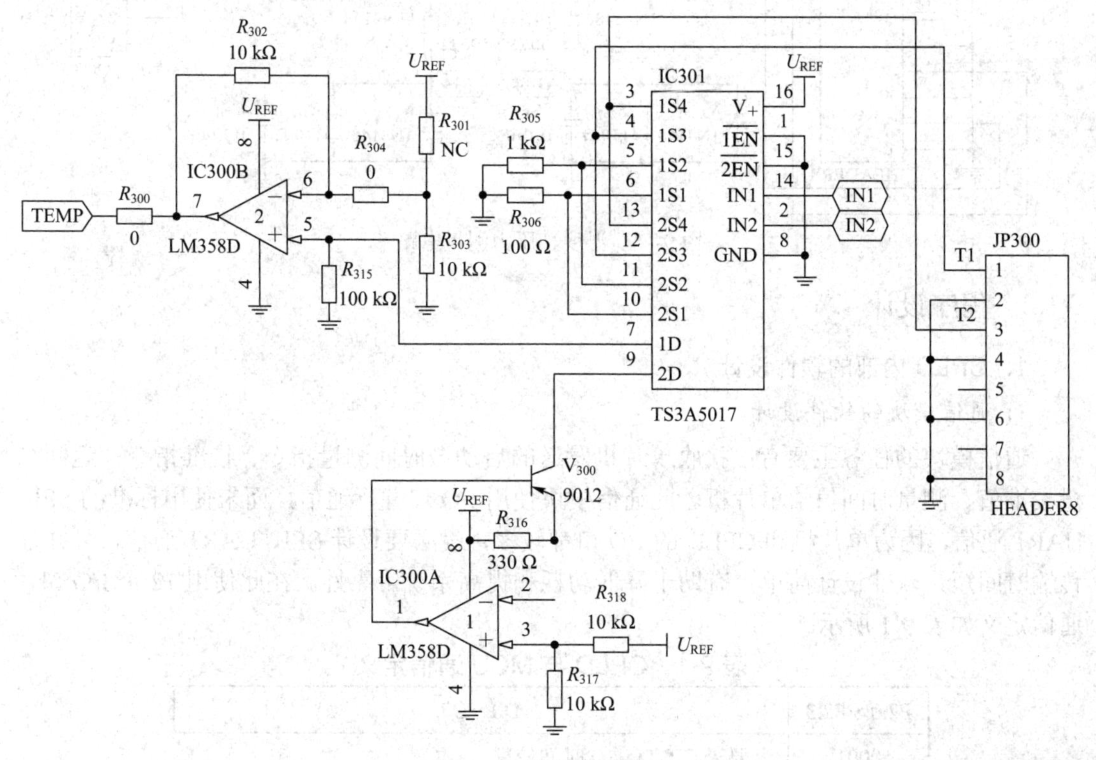

图 9-14　温度测量电路

将铂电阻温度传感器接入 JP300 端口，在操作面板上输入所加的电阻阻值，系统即可进行温度测量。

图 9-14 所示电路中 IC300A 与 V_{300} 组成恒流源电路，电流 $I = (3.6 - 2.5)/100 = 11$ mA。通过 IN1、IN2 选通测量 T1、T2、R_{305}、R_{306} 的电阻，R_{305}、R_{306} 为标准参考电阻，用做 Pt1000、Pt500、Pt100 的参考；恒流源的电流流入 T1、T2、R_{305}、R_{306} 的任意一个电阻，则得到相应的电压值，通过单片机内部的 A/D 转换可得出电压值。因使用同一恒流源，R_{305}、R_{306} 的阻值已知，则可计算出 T1、T2 相应的电阻值，通过电阻值计算出温度值。在此使用两个标准电阻的原因是，在 Pt100 时选用 R_{306} (100 Ω)，则两个电阻阻值相近，得出的阻值精度高；如使用 R_{305} (1 kΩ)，则两个电阻阻值相差较大，计算得出的阻值精度下降。因此，在选择不同温度传感器时，系统自动选择参考电阻。

图 9-15 所示为温度、压力测量电路传输到本系统的信号，该信号通常为 4～20 mA 的电流信号，信号经电阻(如 R_{308})后转换为电压信号，通过单片机 A/D 转换可得出相应的温度、压力信号。

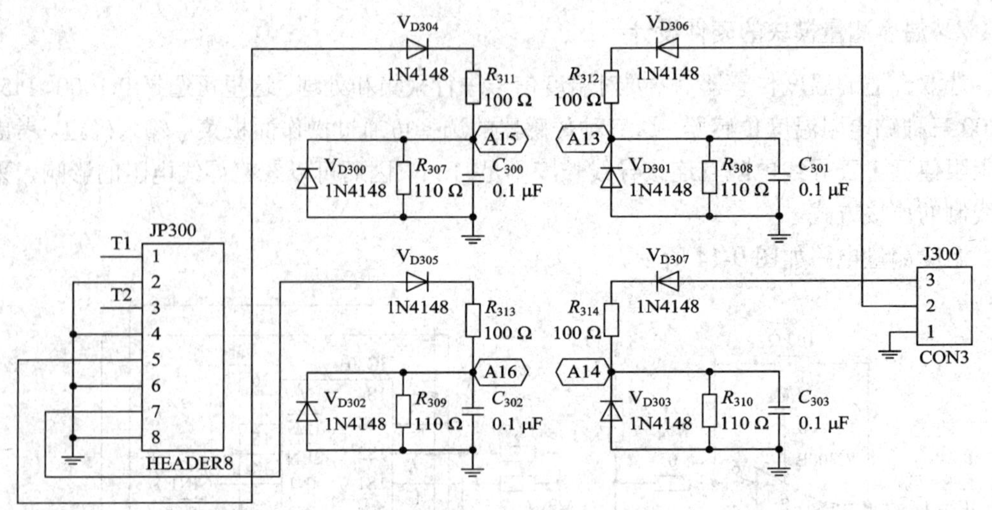

图 9-15 温度、压力测量电路

9.1.2 程序设计

1. CPLD 内部的软件设计

1) 通信模块的软件设计

通信模块的任务主要有：接收单片机发送的启动微时间测量指令、校准指令；返回测量校准值、测量时间值给单片机。此通信模块使用 I/O 口并行通信，而未使用标准的 SPI、UART 通信，因为单片机和 CPLD 的 I/O 口都较多，没必要设计 SPI、UART 通信，且并行传输时间短，软件设计简单，有助于降低功耗和提高系统可靠性。在此使用 12 个 I/O 口，通信定义如表 9-1 所示。

表 9-1 CPLD 与 MCU 通信定义

P2.0～P2.3	D0～D7
0001	要求 CPLD 进行时间校准
0010	要求 CPLD 进行时间测量
1000	发送时间校准值 D7～D0 位给单片机
1001	发送时间校准值 D15～D8 位给单片机
1010	发送时间校准值 D23～D16 位给单片机
1011	发送时间校准值 D31～D24 位给单片机
1100	发送时间测量值 D7～D0 位给单片机
1101	发送时间测量值 D15～D8 位给单片机
1110	发送时间测量值 D23～D16 位给单片机
1111	发送时间测量值 D31～D24 位给单片机

图 9-16 所示是 CPLD 通信流程图。当 CPLD 接收到校准信号时，内部启动时间校准测量，测量完毕后自动启动通信，将校准值送给单片机；当 CPLD 接收到测量信号时，内部启动时间测量，测量完毕后自动启动通信，将时间测量值送给单片机。

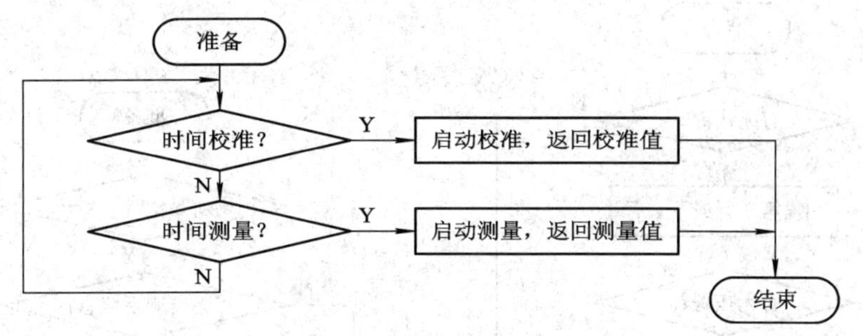

图 9-16　CPLD 通信流程图

2) 测量模块的软件设计

时间测量模块是由多个非门组成的高频振荡器，测量结束时读出振荡器的计数值和非门的当前状态。微时间测量流程图如图 9-17 所示。

3) 校准模块的软件设计

校准模块主要用于对振荡器进行时间校准，具体功能、目的已在硬件部分介绍过，在此仅给出程序流程图，如图 9-18 所示。

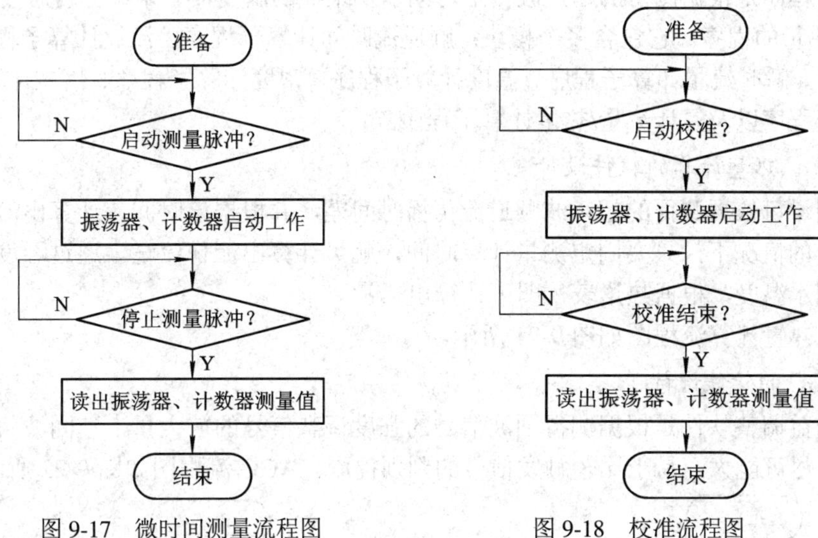

图 9-17　微时间测量流程图　　　　图 9-18　校准流程图

2．按键显示模块的软件设计

1) 按键显示信息简介

本系统设置信息较多，信息设置量、显示量大。通过设置菜单可以看出，本系统的按键显示部分的程序难度虽相对较小但编写量却很大，编写时需注意尽量使用公共程序，以减小程序的占用空间。

2) 按键检测的软件设计

按键检测为标准 4×4 键盘检测程序，在此不作过多解释。按键检测流程图如图 9-19 所示。

3) 显示输出的软件设计

显示输出用于显示按键设置后需要显示的相应信息。显示流程图如图 9-20 所示。

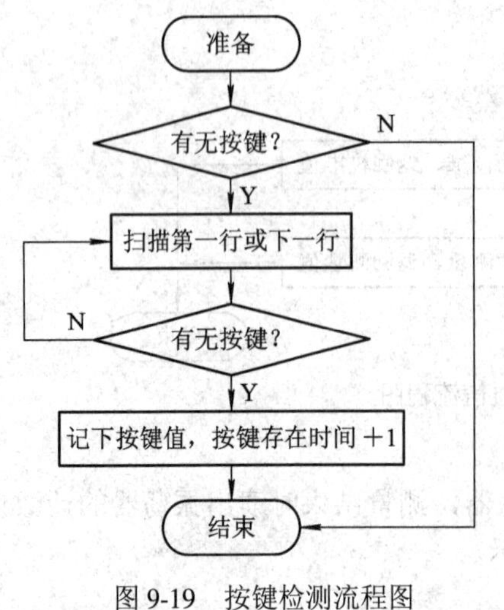

图 9-19　按键检测流程图

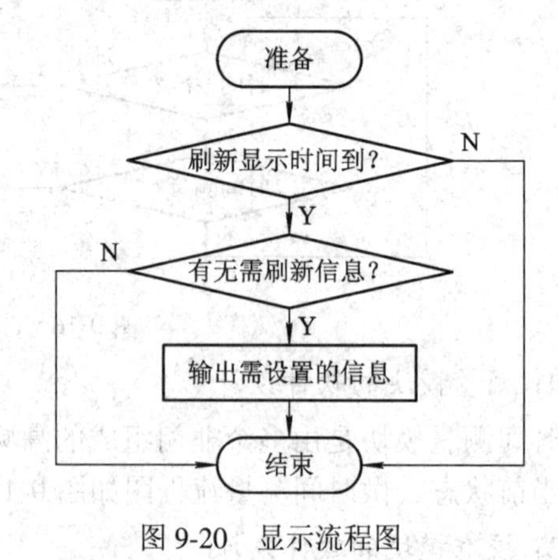

图 9-20　显示流程图

3．计算模块的软件设计

计算子程序是根据测得的超声波传播时间以及采样的温度信号来计算瞬时/累计流量、瞬时/累计热量的程序。它包含多个模块：顺逆流时间计算子程序、流速计算子程序、流速修正子程序、瞬时流量计算子程序、温度计算子程序、密度计算子程序、焓差计算子程序、热量计算子程序以及累计流量/热量计算子程序。

1) 流量、热量计算的软件设计

流量测量可依据测得的超声波顺逆流传播时间差，并根据该时间差计算出流体速度。在已知管径的情况下，只要固定测量计算时间，就可计算出流体流量。通过温度测量传感器测出供回水温度，根据热焓表，即可计算出热量。

流量、热量计算流程图如图 9-21 所示。

2) AGC 的软件设计

自动增益调整软件是根据测得回波信号的强度调整信号的放大量，使回波信号在不失真的情况下尽可能大，易于比较触发信号的判别提取。AGC 流程图如图 9-22 所示。

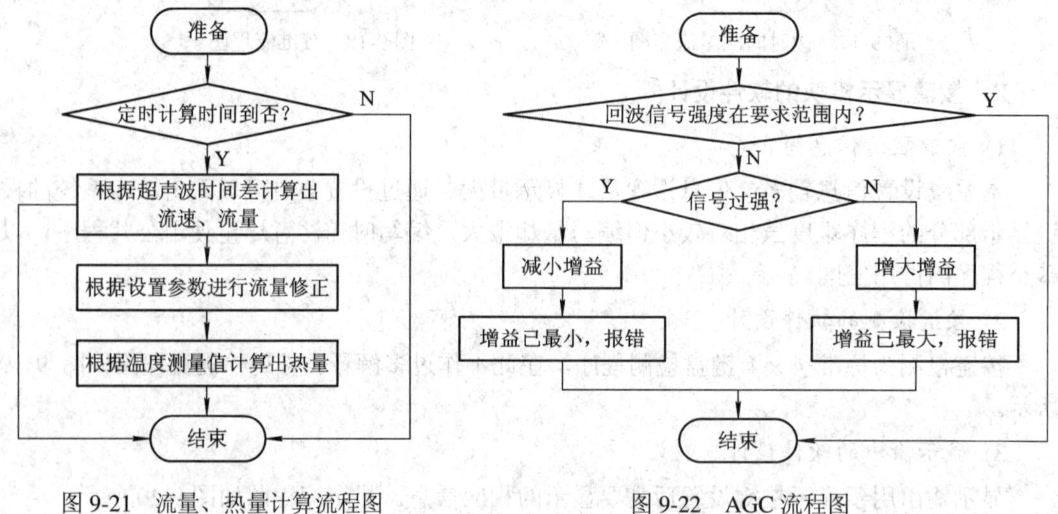

图 9-21　流量、热量计算流程图　　　图 9-22　AGC 流程图

4．通信模块的软件设计

本系统为了与其他流量计兼容共存于测量场合，设计了多种通信协议，主要兼容协议有 MODBUS 协议、海峰 FUJI 扩展协议、汇中公司产品通信协议等。

1）系统所用通信协议简介

MODBUS 协议支持两种格式。在菜单窗口 M63 中，可选择使用 MODBUS-RTU 或 MODBUS-ASCII 格式。默认状态下支持 MODBUS-ASCII 格式。本系统只能支持 MODBUS 功能代码 03 和 06 以及 16，分别是读寄存器和写单个寄存器以及数据块写入功能。

在默认状态下，通信的设置速率一般是 9600、无校验、8 位数据位、1 个停止位。

海峰 FUJI 通信协议所传输的数据都是 ASCII 码，便于调试查看。在只能发送一次命令需要多种数据的系统中应用时，可以使用“&”符号把多个基本命令连接起来形成一个可以一次发送的复合命令。

2）系统所用通信协议的软件设计

本系统兼容通信协议格式较多，需大量通信数据；本系统中除了显示程序量外，通信协议的程序量也较大。系统通信协议流程图如图 9-23 所示。

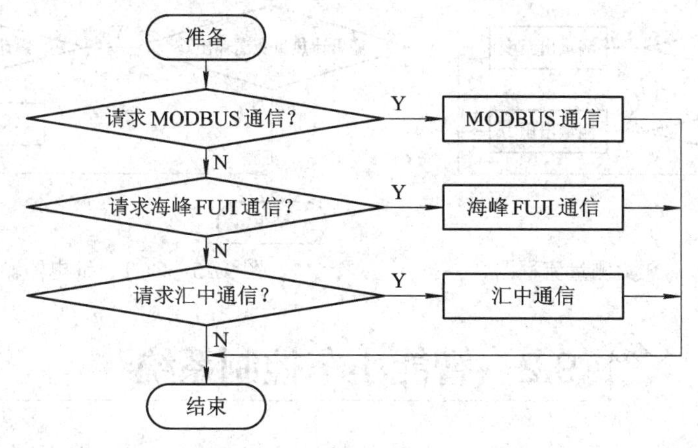

图 9-23 系统通信协议流程图

5．温度、压力模块的软件设计

温度可有两种输入方式：一为 Pt 输入；二为温度变送器输入。Pt 输入时，恒流源电流流入 Pt 电阻，得到电压值，通过 A/D 转换算出温度值；温度变送器输入时，将变送器电流输入标准电阻，得到电压值，通过 A/D 转换算出温度值。

压力由压力变送器输入，即将变送器电流输入标准电阻，得到电压值，通过 A/D 转换算出压力值。

1）温度、压力测量的软件设计

温度测量时，恒流源流经铂电阻后，将输出电压经放大后送到单片机 A/D 转换器输入端，根据 A/D 转换的值计算出铂电阻的阻值，然后进行故障判断，如无故障，则由铂电阻的温度分度表查出对应的温度值并存储，退出子程序。故障判断：首先判断供水温度传感器开路故障，如果供水传感器电阻值大于最大设置值，则表示开路，并且存储第一次出现故障时的日期，以后出现故障，不修改故障日期；如果供水传感器电阻值小于最小设置值，

则判断供水传感器短路故障，并存储第一次出现故障的日期，以后出现故障，不修改故障日期；接着判断回水传感器的开短路故障，回水传感器的开短路故障判断与供水传感器的类似。温度、压力测量流程图如图 9-24 所示。

压力测量时，将压力变送器输入 AI 端口，并在相应设置窗口设置相应值。将变送器电流输入标准电阻，得到电压值，通过 A/D 转换算出压力值。根据 A/D 转换的值同样可以判断有无压力。

2) OCT、继电器输出的软件设计

OCT、继电器主要用于累计流量、累计热量的单位输出。OCT、继电器输出流程图如图 9-25 所示。

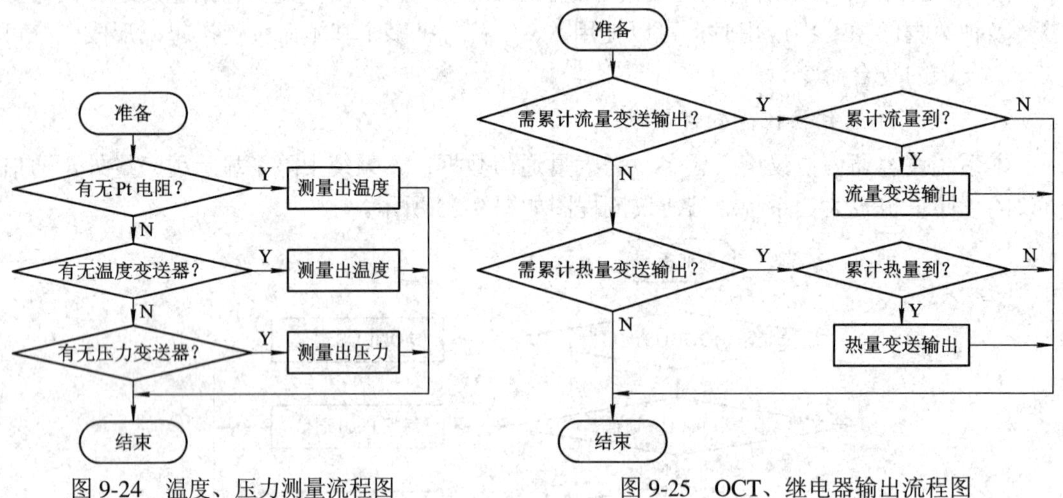

图 9-24　温度、压力测量流程图　　　　图 9-25　OCT、继电器输出流程图

9.2　智能小车控制系统

根据竞赛题目要求，结合考虑各种方案，经性能参数的理论分析与计算，充分利用模拟和数字系统各自的优点，设计出如图 9-26 所示的智能小车控制系统。

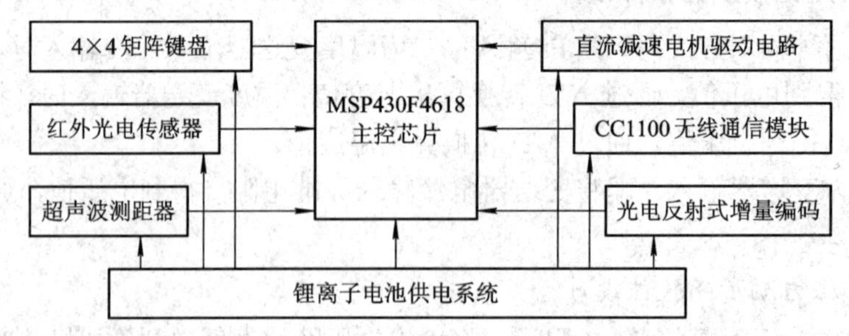

图 9-26　智能小车控制系统结构框图

9.2.1　方案及其论证

1. 精度要求的选择

设车轮的最大速度为 200 r/min、边距黑胶带为 2 cm、选用的车轮外径为 8 cm、车体为

30 cm × 30 cm，则电机每转一周所运行的距离为

$$80 \times 3.14 = 251.2 \text{ mm}$$

小车每秒运行的距离为

$$\frac{200 \times 251.2}{6} = 8373.3 \text{ mm}$$

如果在采用 PWM 调速的情况下，$\Delta v = 1$ mm/s，其 PWM 应达到 10 位，为了保证边界光电传感器检测到 2 cm 边界后有足够的时间转弯或停止，要求光电传感器的响应速度应达到 $1/4 \times 2 \div 8373.3 = 59.7$ μs，运行距离精度要达到 6 mm，其车轮应标志的光栅数为 251.2/6≈41.87。为了能与车轮每转一周(360°)成整数倍关系，取 45 条光栅。

最快速度运行时每检测 1 条光栅所消耗的时间为 $200 \div 60 \div 45 = 74$ ms，PWM 应达到 10 位，每检测 1 条光栅完成 4 个完整的调制周期，其最大计数器的脉冲周期应小于

$$74 \times 10^{-3} \div 1024 \div 4 = 18 \text{ μs}$$

测距时，为了不丢失目标，最大作用距离应大于 40 cm；为了在最高速时两车不至于相撞，超声波传感器的响应速度应小于 $2 \div 8373.3 = 239$ μs。

2．通信码率的计算

车辆在超车之前，两车应交换车距信息、速度信息、位置信息、允许超车指令、开始超车指令、超车完成指令。如果后面的车以最快速度前进，而前车静止不动，为了防止两车相撞，其所要求的最小通信码长为 $239 \div 8 \div 2 \approx 15$ μs，通信码率为 $1 \div (15 \times 10^{-6}) \approx 66$ kb/s。

3．电源功率的计算与电池的选择

考虑到小车支架、电路板、传感器、电池重量等因素，小车的总重量可能达到 1.5 kg，地面滚动摩擦系数为 0.3，最大线速度为 0.837 m/s，则在匀速运动时所需的牵引力为

$$F = 1.5 \times 0.3 = 0.45 \text{ kg}$$

在匀速运动时电机输出的功率为

$$P = F \cdot v = 0.45 \times 0.837 \text{ kg} \approx 0.38 \text{ W}$$

如果在 0.4 s 内加速到最大线速度为 0.837 m/s，则其加速度为

$$a = \frac{v_{\max} - v_{\min}}{\Delta t} = \frac{0.837}{0.4} \approx 2.09 \text{ m/s}^2$$

所需的牵引力为

$$F = ma^2 = 1.5 \times 2.09^2 \approx 6.55 \text{ N}$$

加速运动时电机输出的功率为

$$P = Fv = 6.55 \times 0.837 \approx 5.5 \text{ W}$$

如果直流电机的输出效率为 80%，其所需电池功率为 6.875 W，选用 3 节 3.7 V 的锂离子电池，所需输出电流为

$$I = 6.875 \div 3.7 \div 3 \approx 0.6 \text{ A}$$

考虑到购买电池时可能会遇到虚标电池容量的情况，选用输出电流为 1.5 A，容量高于 1500 mAh 的锂离子电池做电机驱动的主电池。由于控制、检测、显示电路的电流较大，但电压较小，如果直接用主电池降压供电，功率消耗较大，影响电池寿命，故选用独立供电。

9.2.2　电路原理

1．红外光电传感器

红外光电传感器电路如图 9-27 所示。该电路采用红外发光二极管发射红外线，经地面反射后由红外接收器接收，然后经单片机 MSP430F1122 处理识别后，由 P403 输出至主处理器，并由 LED403 发光二极管指示。为了节省功耗，采用脉冲发射方式，IC403 发出的脉冲信号经 R_{407} 控制 PNP 型三极管 V_{401} 导通，使红外发光二极管 LED402 发出脉冲调制的红外光经红外接收头接收。电位器 R_{405} 为限流电阻，调整其阻值可控制发光管的发光强度，C_{407}、C_{408}、C_{412}、R_{406} 组成去耦滤波电路，以提高接收器的抗干扰能力。

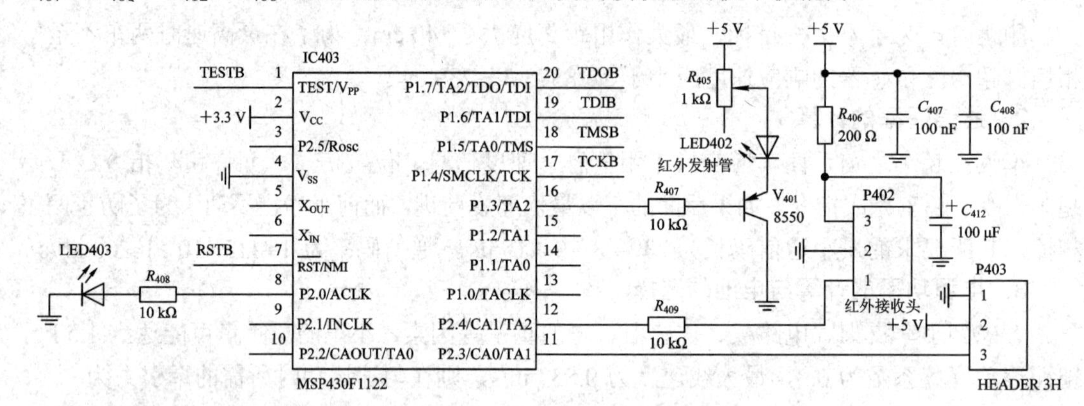

图 9-27　红外光电传感器电路

2．光电反射式增量编码

光电反射式增量编码原理电路如图 9-28 所示。+5 V 电源经 R_{420} 限流后流经一体化红外接收对管的发射端，光敏三极管接收后由 U400A、U400B 放大比较和缓冲后送到主控单片机处理。为了保证计数的计算简单且满足精度要求，汽车轮子的径向分别有 45 个角度相等、黑白相间的扇形区域。

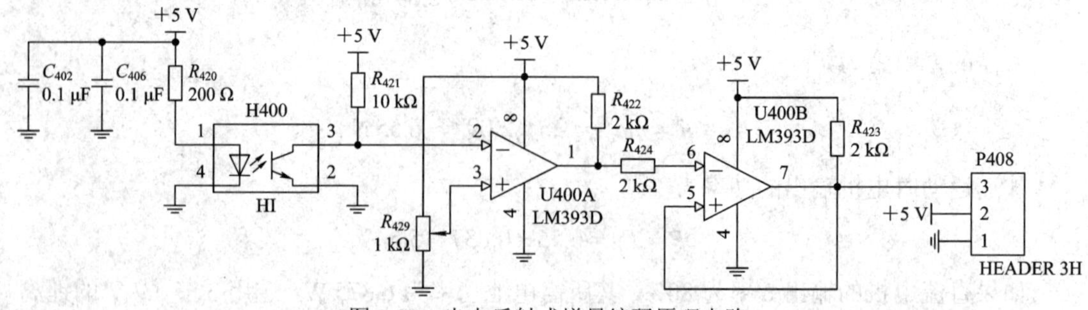

图 9-28　光电反射式增量编码原理电路

3．超声波测距器

超声波测距器电路如图 9-29 所示。

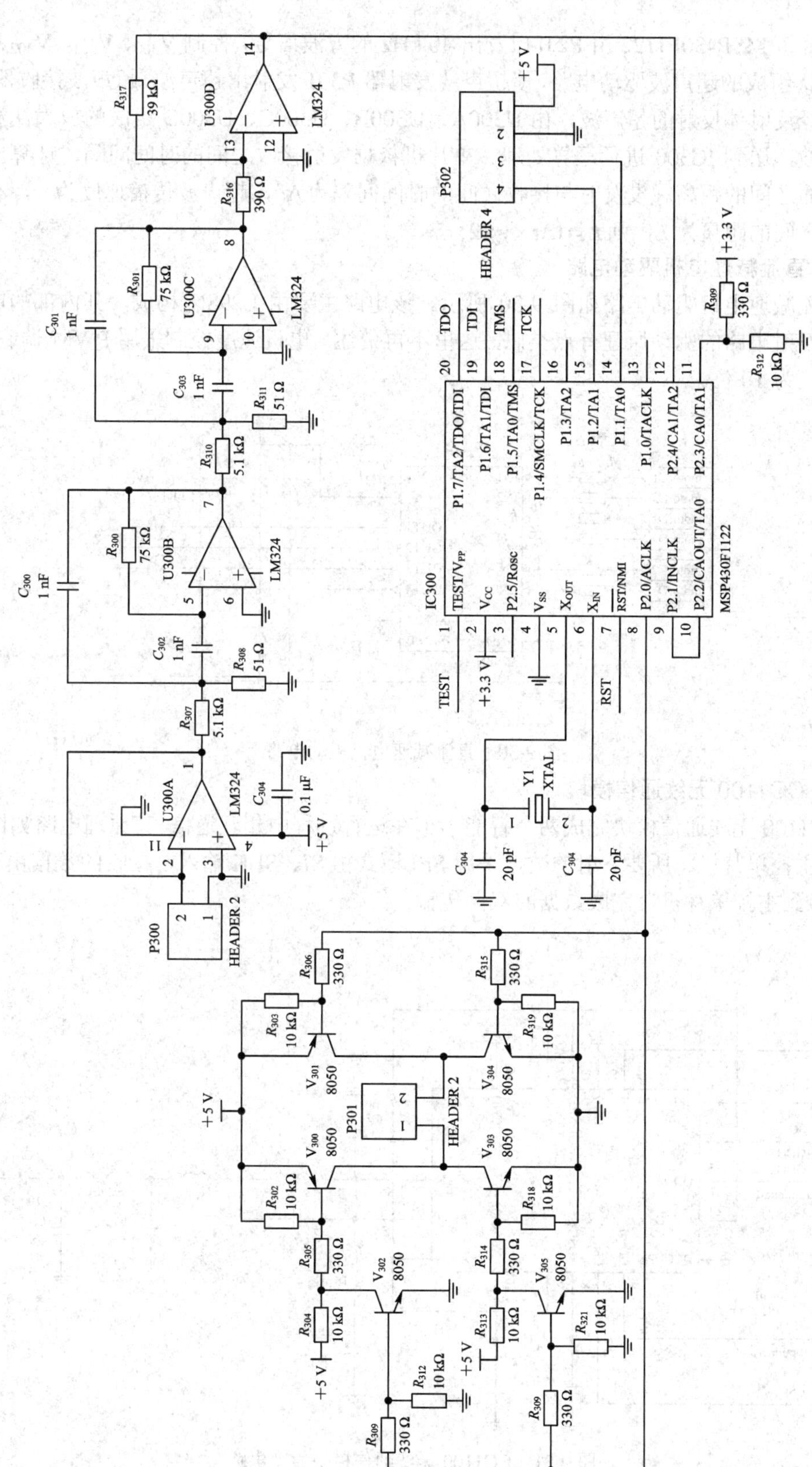

图 9-29 超声波测距器电路原理图

单片机 MSP430F1122 由 P2.0 口发出 40 kHz 的方波信号，控制 V_{300}、V_{301}、V_{302}、V_{303}、V_{304}、V_{305} 组成的超声波驱动电路，使超声波发射器 P301 发射出超声波，超声波接收器 P300 接收到经反射体反射的超声波，由 U300A、U300B、U300C、U300D 组成的放大滤波电路滤除杂波，送到 IC300 进行运算处理。单片机依据发射接收之间的时间间隔，计算出自身与反射面之间的距离。设发射与接收之间的时间间隔为 Δt，超声波传播速度为 v，小车与反射面之间的距离为 L，则 $L=(\Delta t\times v)/2$。

4．直流减速电机驱动电路

直流减速电机驱动电路如图 9-30 所示。该电路主要由 L298N 构成，其内部的电路与超声波发射电路的驱动原理有点类似，这里不再赘述。电机速度控制采用 PWM 调制方式，调节精度为 10 位。

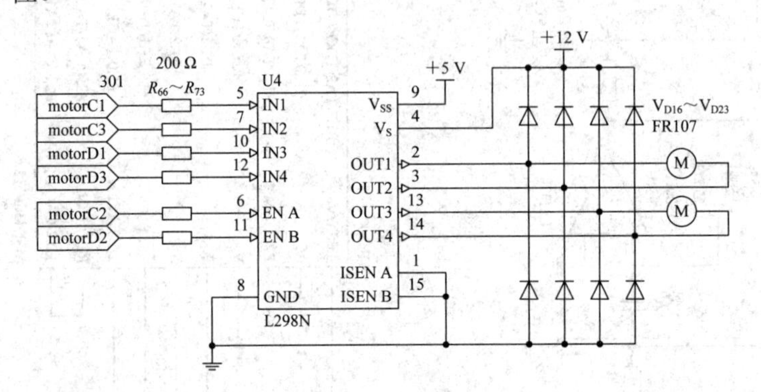

图 9-30　直流减速电机驱动电路

5．CC1100 无线通信模块

CC1100 无线通信模块完成两个智能小车在运行过程中相互通信。其原理电路如图 9-31 所示，主控单片机将所要发射的数据采用 SPI 模式由 SI、SLK 输入，接收的数据由 SLK、SO 送入到主控单片机，完成数据的双向传输。

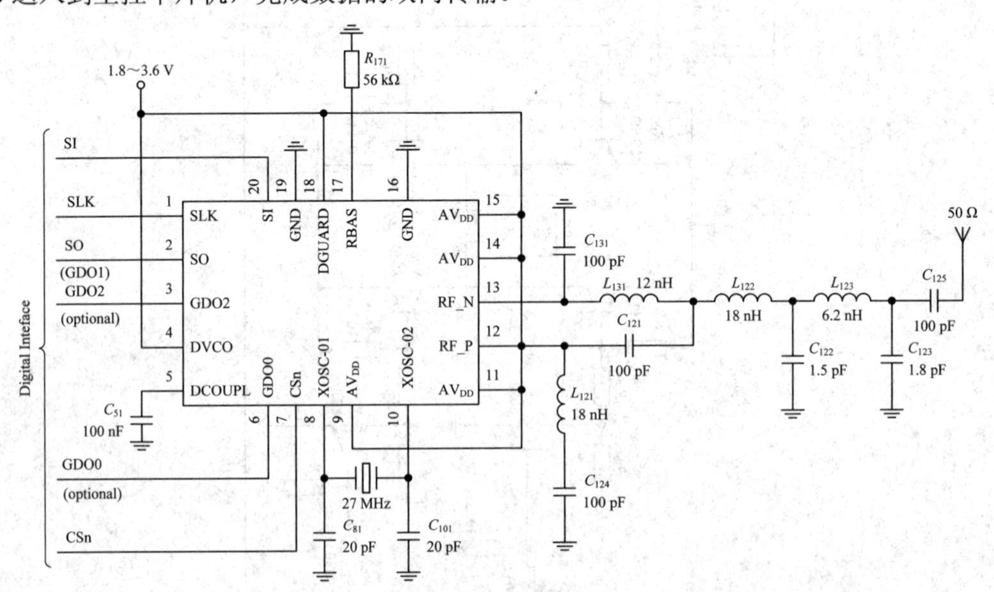

图 9-31　CC1100 无线通信模块原理电路

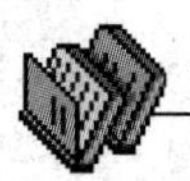

6. 锂离子电池供电系统

由于电路主要的耗电元件为执行电机及其驱动电路，MSP430F4618 及其检测电路所消耗的电流较小，供电电压分别为 5.0、3.3 V，故供电电路采用 78L05、AMS117-3.3 V 的线性稳压电源供电，电路如图 9-32 所示。如果将 78L05 和 AMS117-3.3 V 用 DC-DC 电压转换模块代替，可进一步提高电源利用率，由于竞赛时间有限，未作过多处理。

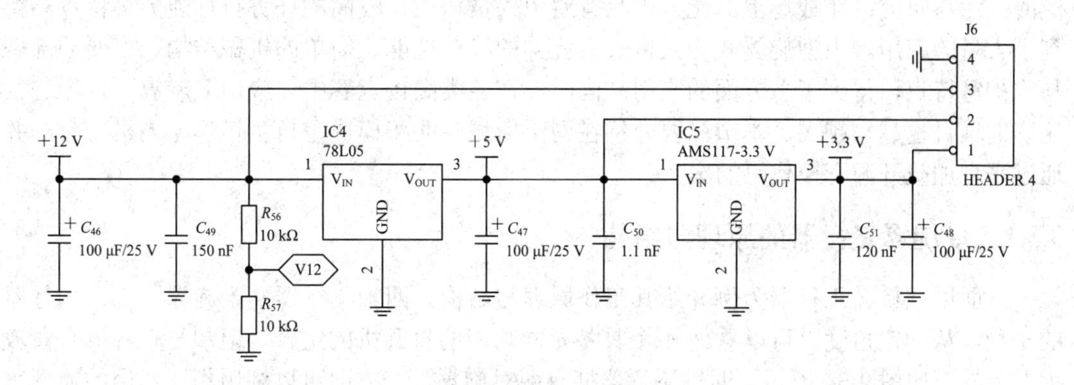

图 9-32 锂离子电池供电电路

9.2.3 程序设计

主程序流程图如图 9-33 所示，根据按键设置要求决定是跑单圈还是交替领跑，小车启动后，进行拐弯标识识别，检测到拐弯线后进入拐弯程序，检测到超车线后进入超车程序，超车完成后新的领跑小车无线通知后车跟随。

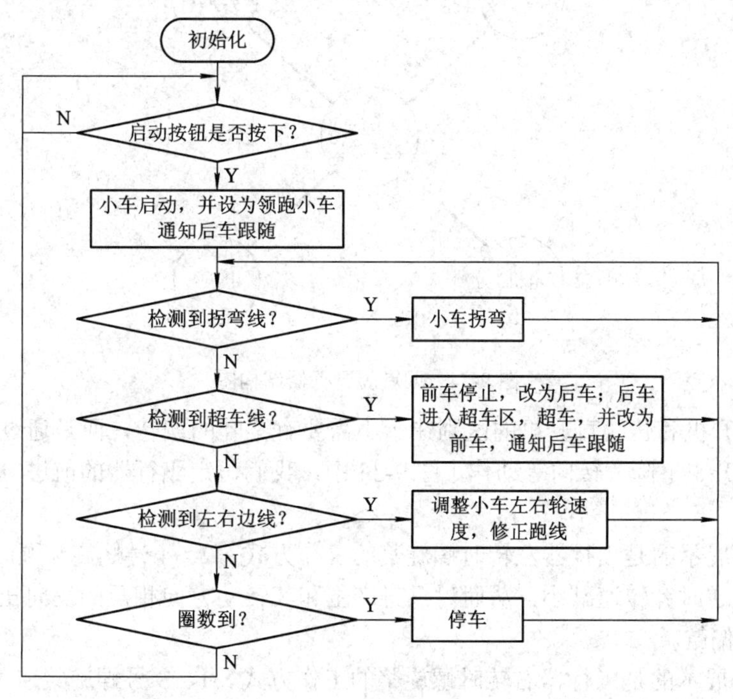

图 9-33 主程序流程图

9.3 多旋翼飞行器

近年来，在民用领域，无人机技术在救灾、航拍、农业、侦查等各个领域内取得了广泛的关注与研究；在战场上，无人机具有避免人员伤亡，较高的任务执行能力等特点，得到了大量的应用。小型旋翼式无人机具有优异的机动性能、简单的机械结构、方便的部署与维护等特点，得到了多方面的应用。同时，在各类高校竞赛中，应用多旋翼飞行器进行比赛的项目也越来越多。本节简要介绍在网上商城中购买模块，自主搭建无人机平台，并通过平台加载开源飞控代码的案例。

9.3.1 多旋翼飞行器的原理与结构

下面以四旋翼飞行器为例介绍其工作原理与结构。四轴飞行器属于旋翼式无人飞行器的一种，从一定角度上可以看做 4 个具备相同功能的直升机的组合，但却与直升机有着较大的差异，如图 9-34 所示。四轴飞行器拥有两对旋翼，一方面可以利用相互作用的原理来抵消掉各个旋翼产生的反桨矩，而不用像直升机那样需要特殊的尾桨来消除反桨矩；另一方面还可以通过调节两对旋翼所产生的扭矩和升力大小，来控制飞行器的飞行姿态，而不需要调节桨叶间的桨矩角，这样简化了控制方式，也减少了控制部件，从而减轻了飞行器的重量，也减少了能耗。

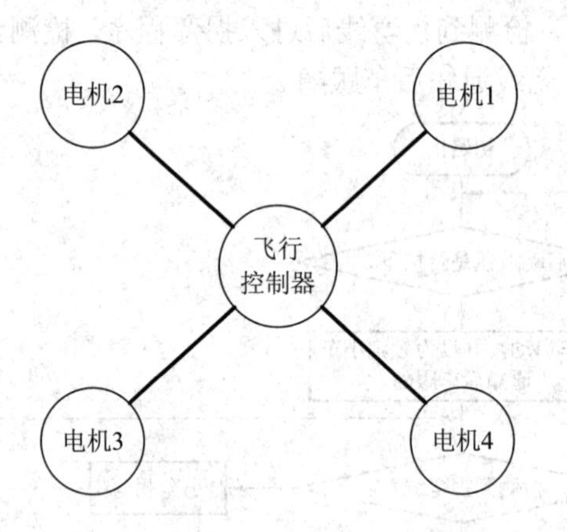

图 9-34 四旋翼飞行器结构图

四旋翼直升机和传统直升机的区别在于不需要有桨叶的偏转，而是通过不同螺旋桨间的差速实现上升、下降、转向等动作。图 9-35 中，我们假定飞行器的前进方向为图中箭头方向。

图 9-35(a)展示的是飞行器左转时螺旋桨的工作方式。2、4 号螺旋桨顺时针转速增大，1、3 号螺旋桨逆时针转速减小，从而对机身产生和其转动方向相反的反向扭力使机身逆时针旋转，向左偏航。

图 9-35(b)展示的是飞行器右转时螺旋桨的工作方式。1、3 号螺旋桨逆时针转速增大，2、4 号螺旋桨顺时针转速减小，从而对机身产生和其转动方向相反的反向扭力使机身顺时

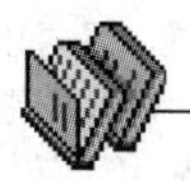

针旋转，向右偏航。

图 9-35(c)展示的是飞行器上升时螺旋桨的工作方式。4 个螺旋桨同时增大转速，从而对机身产生向上的升力使飞行器向上升起。同理，4 个螺旋桨同时减小转速，从而使飞行器降落。

图 9-35(d)展示的是飞行器向右滚动时螺旋桨的工作方式。由于飞行器自身反向扭力受到 4 个螺旋桨的共同作用，因此通过合理地调节 4 个螺旋桨的转速，可以使飞行器的反向扭力为零，而只使飞行器向某个方向翻滚。同对角线的一对螺旋桨中的一个增大一定转速，另一个减少一定的转速将会使飞行器翻滚或者俯仰从而引发翻滚角或俯仰角的变化。

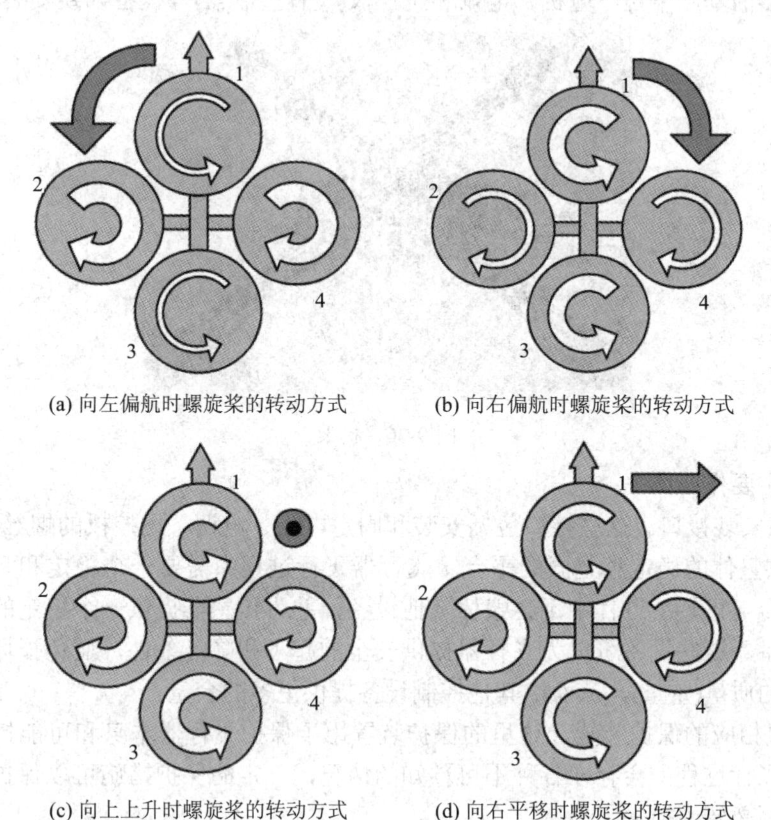

(a) 向左偏航时螺旋桨的转动方式　(b) 向右偏航时螺旋桨的转动方式

(c) 向上上升时螺旋桨的转动方式　(d) 向右平移时螺旋桨的转动方式

图 9-35　四旋翼飞行器的工作方式

相比较传统的直升机系统，四(多)旋翼飞行器结构主要有以下一些特点：

(1) 4 个螺旋桨能产生较大的升力。相比较直升机产生的升力，四旋翼飞行器无疑可使飞行器负载能力有所提高，当然更多桨翼(如六轴)飞行器的负载会更大，但是桨翼越多也会带来控制上的复杂性，所以这里选择四轴旋翼的结构形式。

(2) 四轴结构对称，各通道之间耦合小。具有对称结构的四旋翼飞行器，其上下运动与其他运动之间无耦合，同时在理想情况下，前后运动与横滚运动之间无耦合，这就给系统分析和设计带来了很大的方便。

(3) 四轴的结构易于实现姿态控制。飞行器在空中运动中，将进行 4 种运动，即上下飞行、前后飞行、侧向飞行、水平转动，这 4 种飞行姿态都可以通过控制 4 个螺旋桨各自

的旋转速度来实现。

9.3.2　多旋翼飞行器的部件与组装

一套完整的多旋翼飞行器需要有飞控、遥控器、分电板、电调、电机、桨叶、桨叶保护圈、机架、支架、GPS、电池、充电器等部件，下面按组装过程简要介绍各部件的用途。

1. 飞行器的安装平台

在四轴飞行器中机架相当于人体的骨骼，它决定了飞行器的主体结构，如图 9-36 所示。机架是飞行器的基础平台，电机、电调和飞控板(飞行控制器)等设备都要安装在机架上面。

图 9-36　机架

机架的主要作用如下：

(1) 提供安装接口。这些接口包括安装和固定电机、电调、飞控板的螺丝孔。

(2) 提供整体的稳定和坚固的平台。飞行器飞行过程中需要一个稳定和坚固的平台，这样可以使得电机转动过程中不会毁坏其他设备，并为传感器提供一个稳定的平台、起落架等缓冲装备。这些设备可以为飞行器提供安全的起飞和降落条件，避免损坏其他仪器，保证足够低的质量(重量)，从而给其他控制设备提供更多的余量。

(3) 提供相应的保护装置。这里的保护装置用于保护飞行器本身和可能接触到的操作人员。因为飞行过程中会存在各种不可预知的情况，一定的保护措施可以保护器械和其他人员，减少不必要的损失。

在飞行器组装过程中，首先需要将空的机架组装起来。把机架组装完整可以给制作者一些具象化的体验。有了这种体验，制作者可以先在头脑中对电机、电调和飞控的安装位置有一个整体的了解，并可实践安装及布线方式。

机架安装完成后应该考虑的问题如下：

(1) 飞控的安装位置(可以同时考虑飞控飞行方向的朝向)，以飞控为中心考虑其他部件的安装。

(2) 电调的安放位置，此时需要考虑电调的电源线和信号线的走线方式。

(3) 电机的安装位置，此时要注意机架上固定电机的螺孔及螺丝是否符合规定。同时，还要注意电机安装桨后两桨是否会有交叉(这应该是在制作机架时考虑的问题，这时需要实际比对一下，确定确实不会出现两桨交叉的情况)。

(4) 其他设备的安装位置。例如，安装接收器或 GPS，需要考察是否有安装这些部件的位置，要既不影响原本的走线方式，也不会妨碍桨的旋转，同时不受其他部件的电磁干扰。

安装过程不进行具体的讲解，相信只要具有一定机电常识的读者都有能力完成安装。

2. 动力系统

四旋翼飞行器的动力系统主要由电机、电子调速器(下称电调)、桨、电池组成。动力系统为飞行器进行各种动作提供动力，是飞行器必不可少的一部分。

动力系统设计要满足以下几点：

(1) 所有电机提供的总升力必须大于飞行器总重量的 80%；

(2) 电机扭力和桨大小必须匹配；

(3) 电机和电调必须匹配。

1) 电调、电机和桨片的作用

电调全称为电子调速器(Electronic Speed Controller，ESC)，是连接飞控板和电机的部件，其主要功能是接收飞控板发出的信号，并根据此信号调节电机的转速，从而影响飞行器的飞行状态。电调外形如图 2.1 所示。

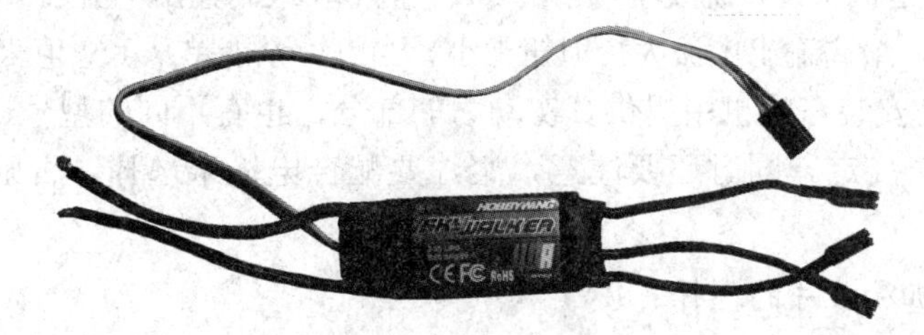

图 9-37　电调外形

电机(Electric Machinery)是四轴飞行器的动力来源，并且可以通过改变转速来改变飞行器的飞行状态，电机外形如图 9-38 所示。

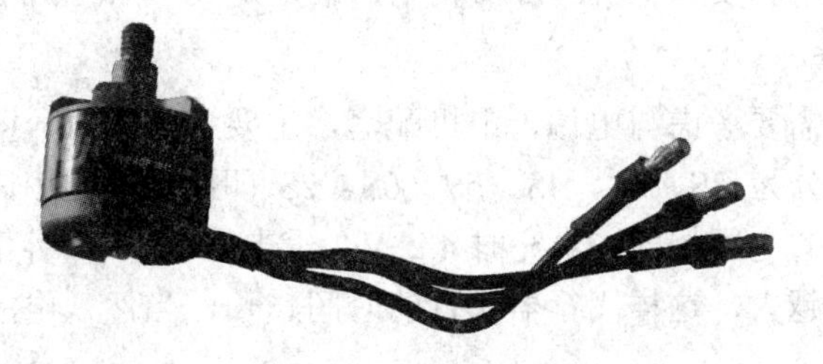

图 9-38　电机外形

桨片是战斗在动力源第一线的部件，四轴飞行器启动后处于高速旋转状态，所以对桨片的要求比较高。桨片外形如图 2.39 所示。

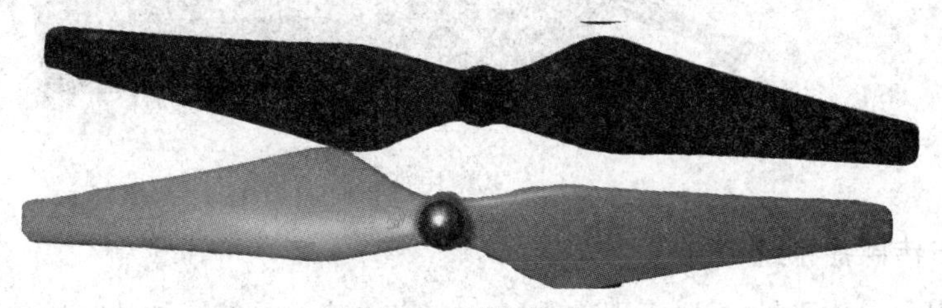

图 9-39　桨片外形

2) 电调、电机和桨片的种类

对于不同的电机，可以将电调分为有刷电调和无刷电调，分别针对于有刷和无刷电机的使用。四轴飞行器需要用到无刷电机，所以应该选用无刷电调。

无刷电调的输入是直流，可以接稳压电源，或者锂电池；输出是三相交流，直接与电机的三相输入端相连。如果上电后，电机反转，只需要把这三根线中的任意两根对换位置即可。电调还有三根信号线连出，用来与接收机连接，控制电机的运转。

按品牌，无刷电调有常用的好盈电调、新西达电调(其他的读者可以自己查找)，还有一些较为昂贵的电调，如蝎子和凤凰等；按照功率，可分为20、30、40、50、60、80 A和120 A 电调等。不同功率的电调要对应不同的电机，否则会出现电机转速不足，或烧坏电调的情况。

在这里我们需要的是无刷电机。无刷电机是采用半导体开关器件(电调)来实现电子换向的，具有可靠性高、无换向火花、机械噪声低等优点。电机产品的型号一般以 KV 值为准，KV 值是指转速/V，意思为输入电压增加 1 V，无刷电机空转转速增加的转速值。对于同尺寸规格的无刷电机来说，绕线匝数多的，KV 值低，最高输出电流小，但扭力大；绕线匝数少的，KV 值高，最高输出电流大，但扭力小。当然，不能单从 KV 值来评价电机的好坏。

桨片，也就是安装在电机中提供真实动力的部分，也有不同的型号，一般以桨片的长度和桨片的角度来决定。同时还要注意，桨片要配合电机来选择，否则电机和电调都会烧掉。

3) 电调、电机和桨片的选择

市面上的电调比较多，各个品牌都有，但是选择一款性能好的电调会比较安全。就笔者来看，使用好盈的电调比较不错，但是如果资金不足，可以使用新西达电调(需要注意市面上新西达电调有山寨货，应选择合适的商家购买)。在选择电调时还要注意电调要和电机配套，原则是电调的电流要和电机的峰值相同，最好是大一点(但不能过大)。

4) 电池组的选择

选择电池组时，需要考虑与电调、电机配套，主要考虑两点，即电压和容量。电池组根据组成的电池块数分为 2S、3S、4S、5S、6S，2S 即两块电池串联组成电池组，一块电池的电压与手机电池的电压相同，满充时 4.2 V，没电时 3.7 V。容量的大小决定电池的体积，体积越大，容量越大，这样飞行器飞行的时间越长，当然，电池会越重、越贵。电池组如图 9-40 所示。

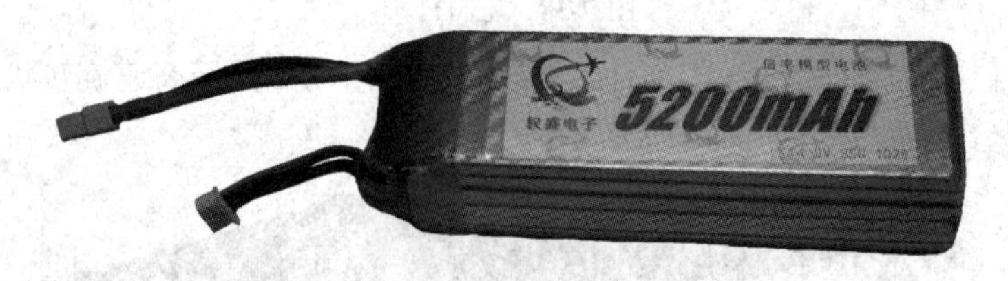

图 9-40　电池组

3. 飞控与传感器系统

飞行控制器(也称飞控)是飞行器的大脑，它将传感器系统感知的位置信号、姿态信号、高度信号进行信号融合，并接收遥控器的遥控指令，修正电机的转速，从而使飞行器按要求平稳飞行。因此，飞控的选择十分重要。一个好的飞控应满足以下要求：

(1) 运算速度高，输出稳定，可靠性好；

(2) 可以接收多种 RC 控制输入信号；

(3) 可以进行二次开发。

具体来说，飞控的功能有两点：第一，接收来自遥控器的信号，通过控制电调的输出，调整螺旋桨的转速，从而调节飞行器起飞、悬停、俯仰、滚转、偏航、降落等动作；第二，通过板载的一系列测量元件，在无控制的情况下，通过控制电调的输出确保四轴飞行器飞行稳定，并保证一定的高度。

飞控板可以购买现成的完整板，同样也可以自己制作，但是需要懂得相应编程和电子电路知识。网上有开源的 PIXHAWK 飞控板(如图 9-41 所示)，读者可以在淘宝网站上搜索购买，其开源的原理图和程序源码也可在开源网站下载。

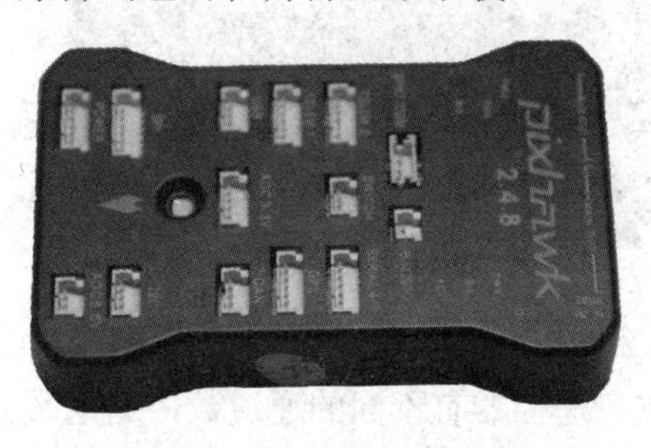

图 9-41　PIXHAWK 飞行控制器

传感器是飞行器感知世界的仪器，若希望飞行器达到很好的飞行姿态，就必须有一个或多个传感器。飞行器上安装的传感器是陀螺仪，如图 9-42 所示。陀螺仪可以提供飞行时的平衡参数，这里的平衡参数可以告知飞控飞行器当前的平衡状态，或者可以说是告知飞控飞行器的机架与水平面的关系。通过这些参数，飞控可以控制飞行器平稳飞行。如果希望四轴飞行器有更好、更稳定的飞行状态，还需要加速度传感器提供额外的参数以抵消陀螺仪参数计算时的误差。目前，已经有集合了陀螺仪和加速度传感器的装置，如图 9-43 所示就是其中的一种，这更加方便了对飞控板的开发，而且也节省了更多空间。

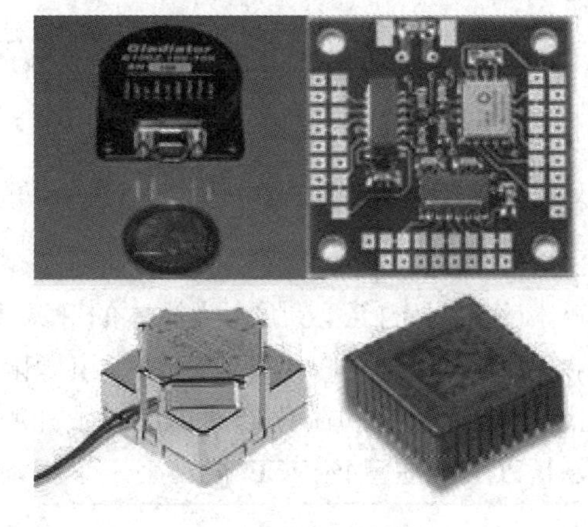

图 9-42　陀螺仪

图 9-43　MPU-6050

4. 遥控器

常见的遥控器如图 9-44 所示。目前对于四轴飞行器来说，最为流行的是 2.4 GHz 的遥控器。就笔者所知的遥控器国产品牌有天地飞、华科尔、JR 和 Futaba 等。

图 9-44　常见的遥控器

除了生产商，还需要注意遥控器有不同的通道数，通道数决定了飞行器完成的功能。对于四轴飞行器来说，至少需要 4 个通道的遥控器，当然通道数多一些，可以完成更多的功能。航模遥控器常见的有 6 通道、7 通道、8 通道、9 通道和 12 通道，每一个通道在遥控器上都能找到相应的控制部分。这些通道用于控制飞行器实现不同的功能。需要注意的是，通道数越多，遥控器越贵，因此建议读者按需选择。

首先，需要确定遥控器需要几个通道来控制。在判断飞行器通道时，可以从飞控板的功能入手。例如只需要飞行功能，即需要升降舵、俯仰舵、偏航和翻滚(旋转)，也就是说需要 4 个通道控制。这是制作四轴飞行器必需的 4 个动作，所以选择的遥控器至少应该是 4 通道的。但是很多情况下，4 个通道的遥控器不能满足我们的要求，所以一般选择 6 通道以上的遥控器，建议最好选择 8 通道遥控器。

接下来就是要根据经济能力，选择合适的遥控器。建议入门时可以选择天地飞的遥控器，这款遥控器相对来说比较便宜。

9.3.3　飞控板电路原理

图 9-45～图 9-50 是以开源飞控 PIXHAWK 的飞控板原理图为基础，简化了电源和逻辑驱动部分的设计，类似淘宝上的 2.4.8 版本(淘宝上的 2.4.6 版本为原本的开源飞控板，未简化)。对于普通使用者而言，飞控板损坏后，很难维修，即使增加了电源隔离保护电路，减小损坏部件，也无法维修，因此这里做了一定的简化修改，加载了开源飞控程序，可正常运行。如果读者按此原理图设计 PCB，注意该 PCB 很难手工焊接，需使用机器焊接。

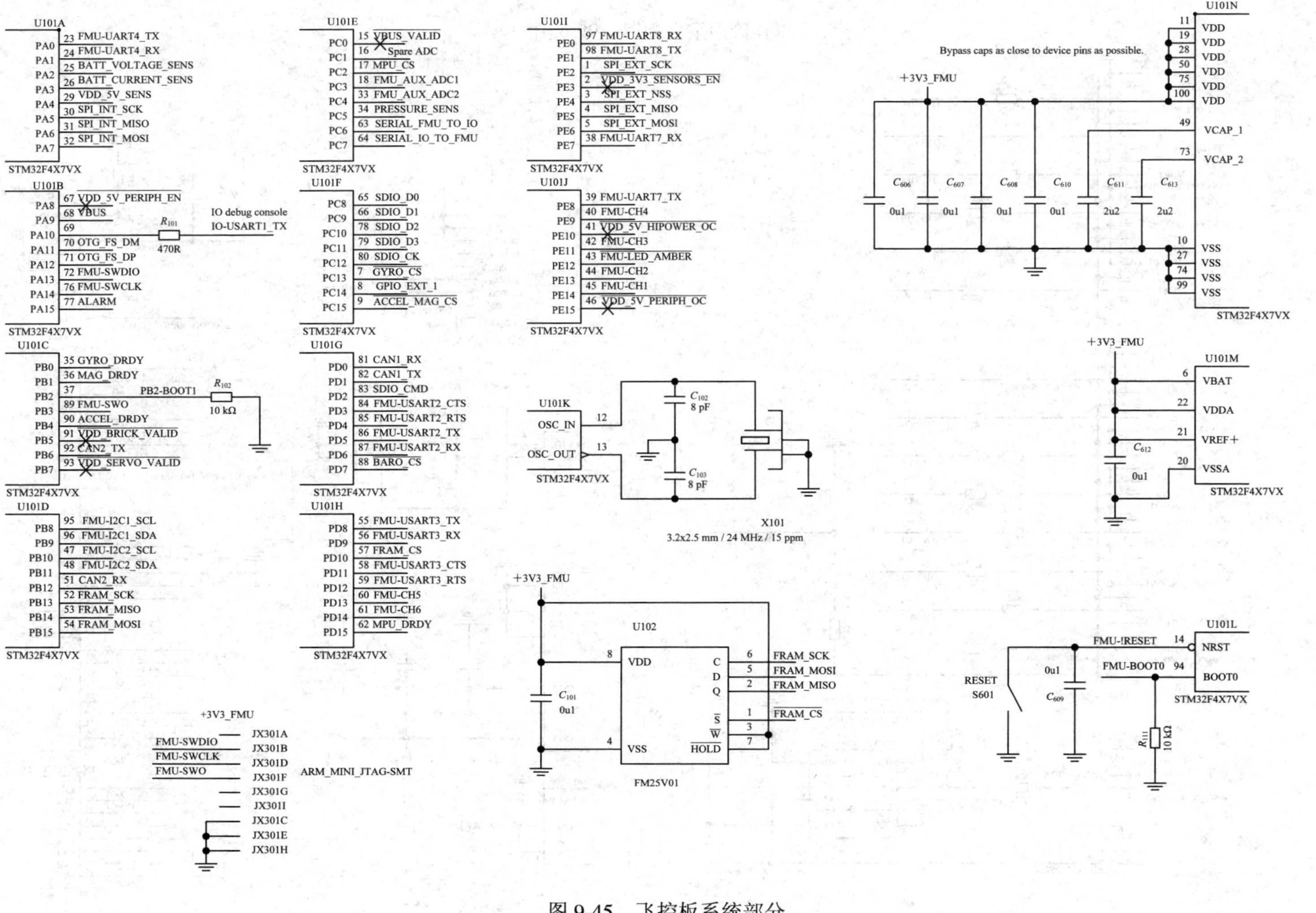

图 9-45　飞控板系统部分

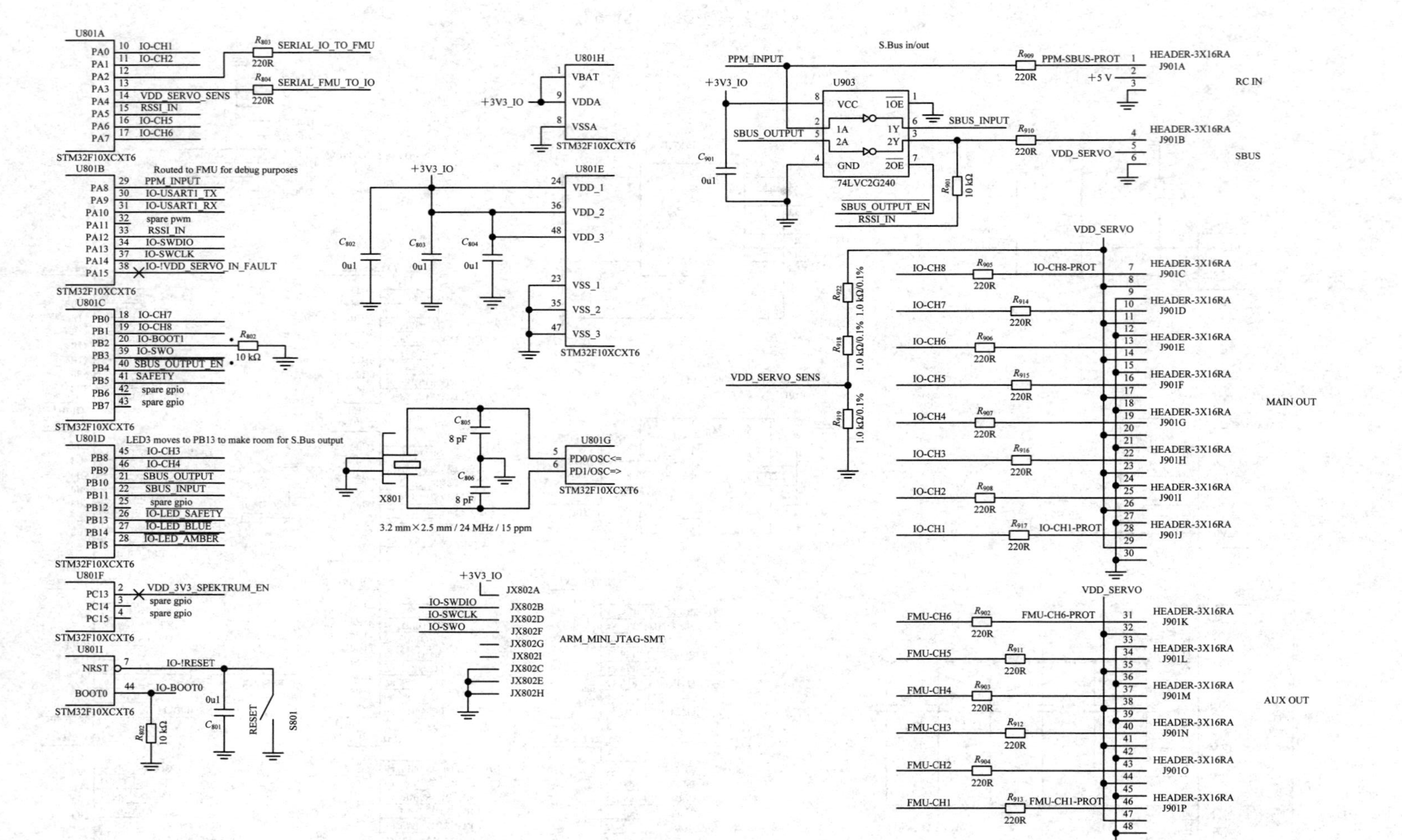

图 9-46　伺服马达控制引脚定义

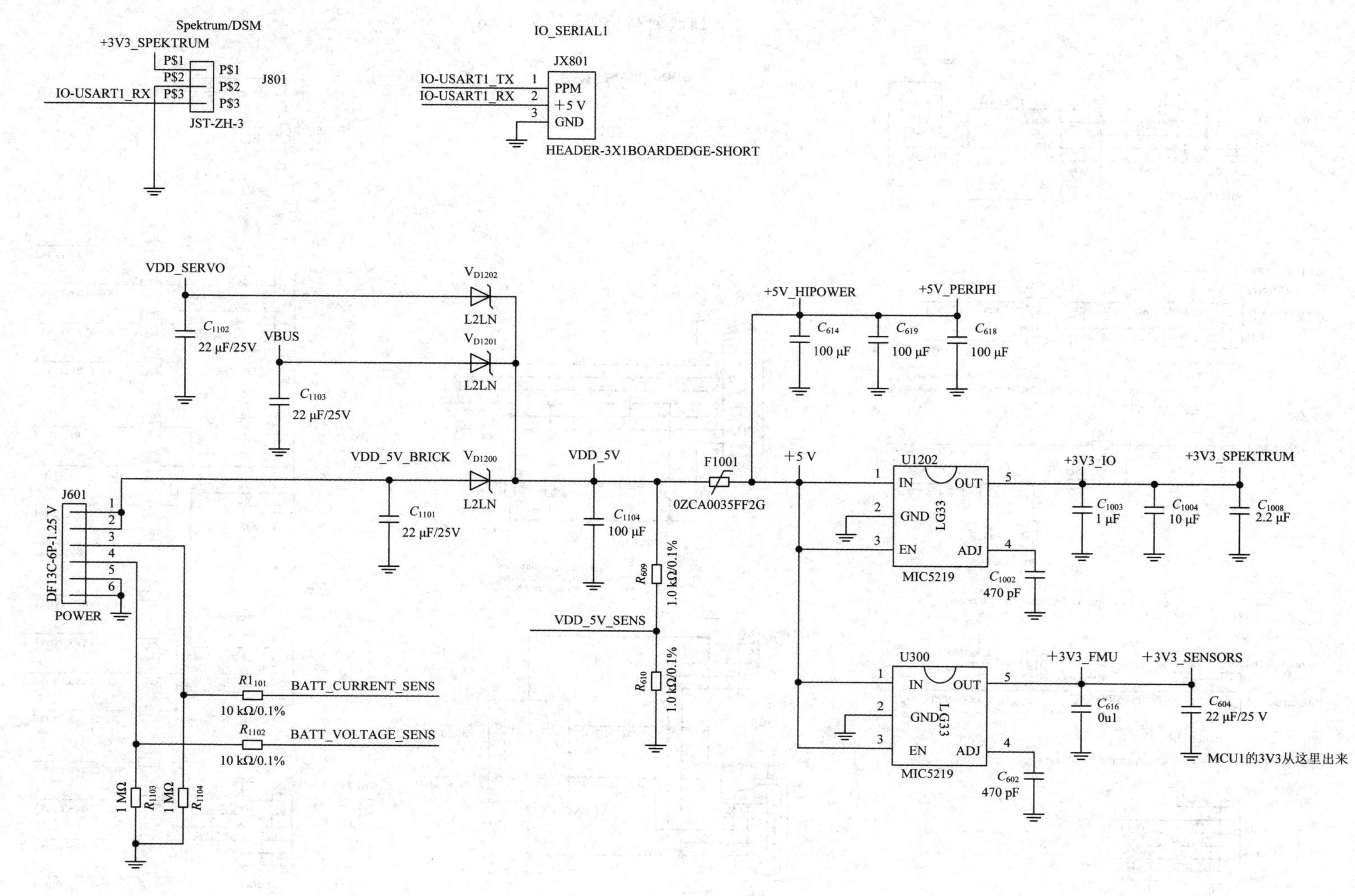

Spektrum/DSM
+3V3_SPEKTRUM
P$1
P$2
P$3
J801
IO-USART1_RX
JST-ZH-3
IO_SERIAL1
JX801
IO-USART1_TX
IO-USART1_RX
PPM
+5 V
GND
HEADER-3X1BOARDEDGE-SHORT
VDD_SERVO
C1102
22 μF/25V
VBUS
C1103
22 μF/25V
VD1202
VD1201
VD1200
L2LN
VDD_5V_BRICK
C1101
22 μF/25V
J601
DF13C-6P-1.25 V
POWER
VDD_5V
C1104
100 μF
R609
1.0 kΩ/0.1%
VDD_5V_SENS
R610
1.0 kΩ/0.1%
F1001
0ZCA0035FF2G
+5V_HIPOWER
+5V_PERIPH
C614
C619
C618
100 μF
+5 V
U1202
IN
GND
EN
OUT
ADJ
LG33
MIC5219
C1002
470 pF
+3V3_IO
+3V3_SPEKTRUM
C1003
1 μF
C1004
10 μF
C1008
2.2 μF
U300
C602
470 pF
+3V3_FMU
+3V3_SENSORS
C616
0u1
C604
22 μF/25 V
MCU1的3V3从这里出来
R1101
10 kΩ/0.1%
BATT_CURRENT_SENS
R1102
10 kΩ/0.1%
BATT_VOLTAGE_SENS
1 MΩ
R1103
1 MΩ
R1104

图 9-47　电源管理

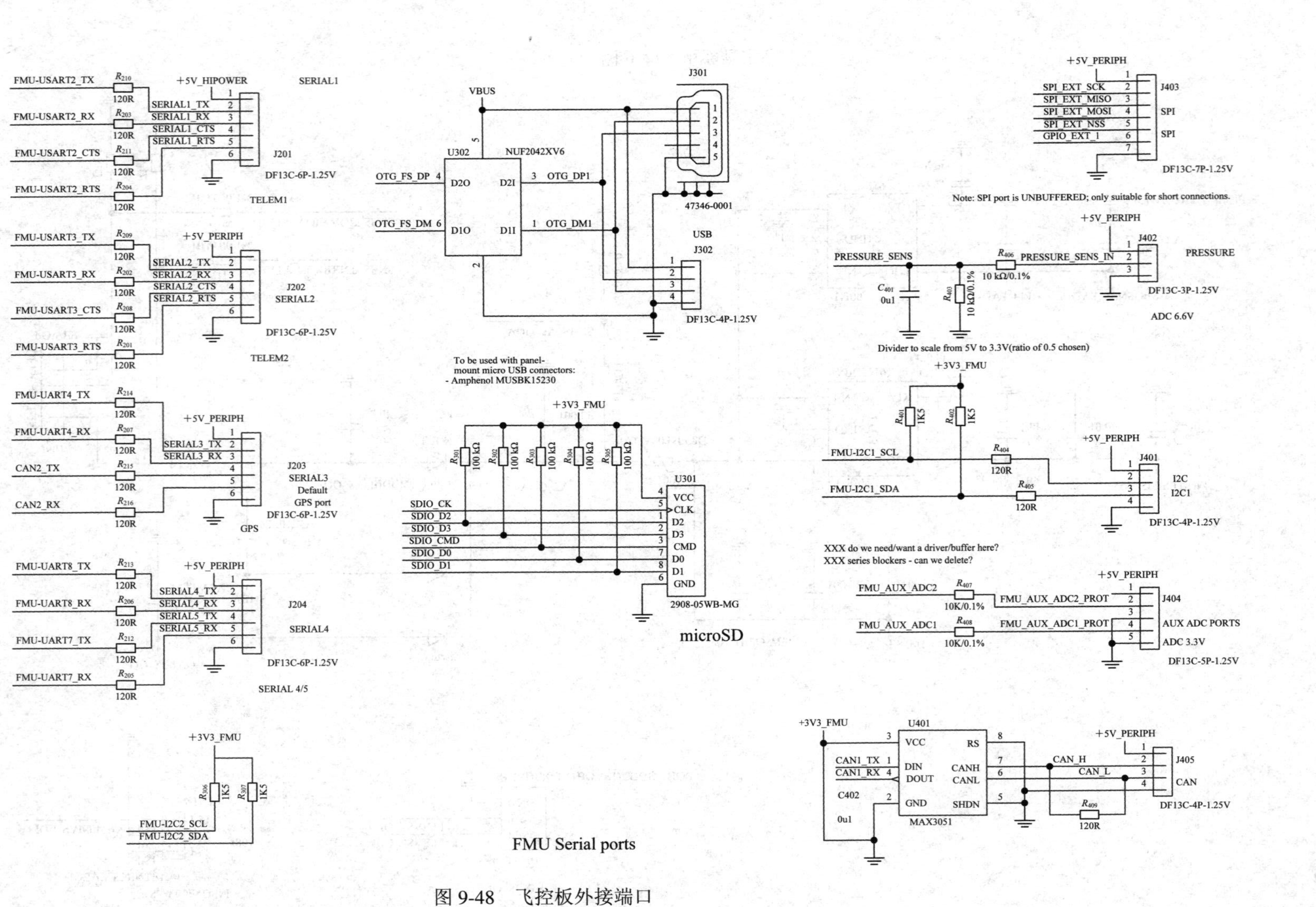

图 9-48　飞控板外接端口

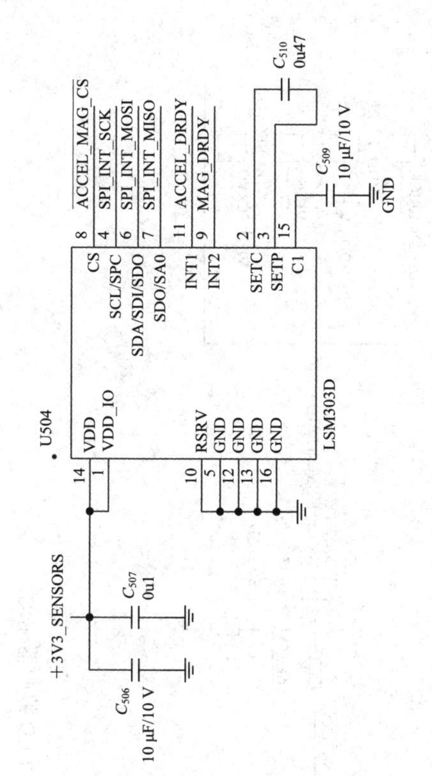
U504
+3V3_SENSORS
C_{506}
10 μF/10 V
C_{507}
0u1
14 VDD
1 VDD_IO
10 RSRV
5 GND
12 GND
13 GND
16 GND
LSM303D
CS 8 ACCEL_MAG_CS
SCL/SPC 4 SPI_INT_SCK
SDA/SDI/SDO 6 SPI_INT_MOSI
SDO/SA0 7 SPI_INT_MISO
INT1 11 ACCEL_DRDY
INT2 9 MAG_DRDY
SETC 2
SETP 3
C1 15
C_{510}
0u47
C_{509}
10 μF/10 V
GND
Stuff option 4: onboard accel/mag

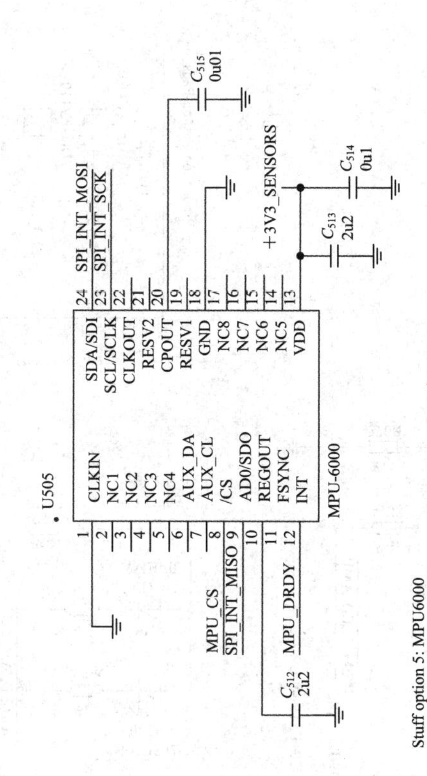
U505
1 CLKIN
2 NC1
3 NC2
4 NC3
5 NC4
6 AUX_DA
7 AUX_CL
8 /CS
9 AD0/SDO
10 REGOUT
11 FSYNC
12 INT
MPU-6000
MPU_CS
SPI_INT_MISO
MPU_DRDY
C_{512}
2u2
SDA/SDI 24 SPI_INT_MOSI
SCL/SCLK 23 SPI_INT_SCK
CLKOUT 22
RESV2 21
CPOUT 20
RESV1 19
GND 18
NC8 17
NC7 16
NC6 15
NC5 14
VDD 13
C_{515}
0u01
+3V3_SENSORS
C_{513}
2u2
C_{514}
0u1
Stuff option 5: MPU6000
Sensors

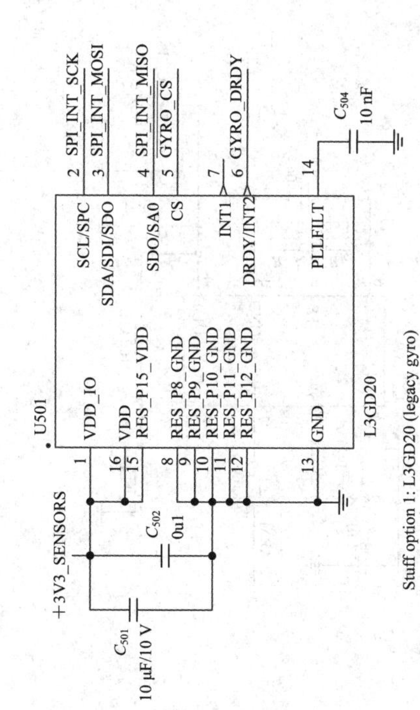
U501
+3V3_SENSORS
C_{501}
10 μF/10 V
C_{502}
0u1
1 VDD_IO
16 VDD
15 RES_P15_VDD
8 RES_P8_GND
9 RES_P9_GND
10 RES_P10_GND
11 RES_P11_GND
12 RES_P12_GND
13 GND
L3GD20
SCL/SPC 2 SPI_INT_SCK
SDA/SDI/SDO 3 SPI_INT_MOSI
SDO/SA0 4 SPI_INT_MISO
CS 5 GYRO_CS
INT1 7
DRDY/INT2 6 GYRO_DRDY
PLLFILT 14
C_{504}
10 nF
Stuff option 1: L3GD20 (legacy gyro)
U506
+3V3_SENSORS
C_{508}
0u1
4 CSB1
1 VDD
2 PS
3 GND
MS5611-01BA
CSB2 5 BARO_CS
SDI/SDA 7 SPI_INT_MOSI
SDO 6 SPI_INT_MISO
SCLK 8 SPI_INT_SCK

图 9-49 传感器

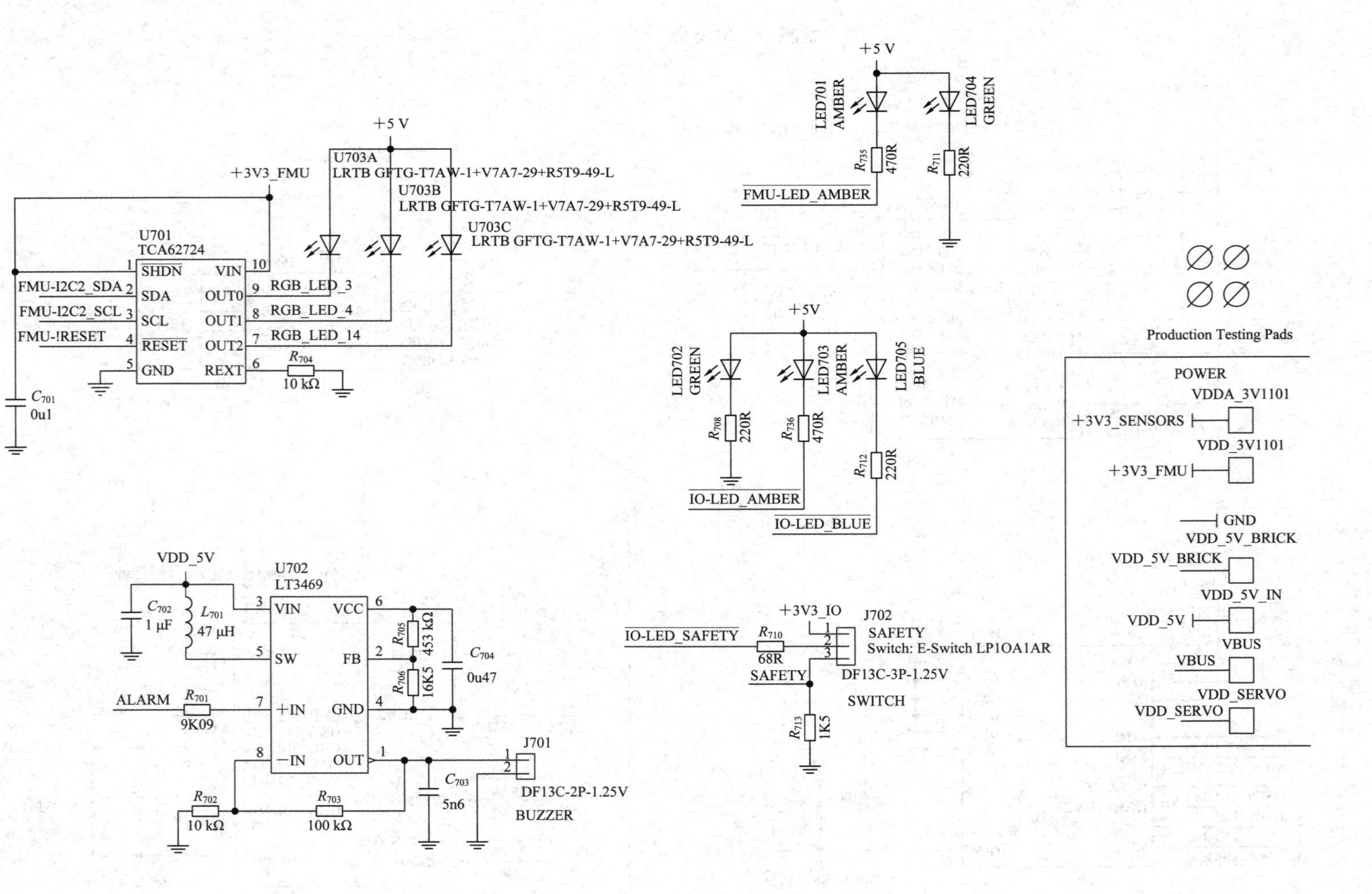

图 9-50　LED 蜂鸣器驱动

对于原理图各部件的工作原理，部分可参考书本前面章节的讲解，其他的可上网下载相关数据手册学习，在此不做详细介绍。

9.3.4 多旋翼飞行器的固件源码下载、编译、加载

不同的飞控有其各自的固件，大部分都是不公开源代码的商业飞控(例如大疆的飞控)。在此介绍一款比较流行且较全面的开源飞控 PIXHAWK(PIXHAWK 是 PX4 的开源飞控升级版，以下统称为 PX4)，并简要讲解其源码下载、编译方法。

对于刚开始接触 PX4 源码的读者，应该从下面两个软件入手：

(1) PX4 Toolchain。从名称上可以看出，这是一个 PX4 项目的软件工具集，集成了 PX4 调试(Console)、编译环境(Eclipse)、驱动等。该软件可从以下地址下载：http://www.inf.ethz.ch/personal/lomeier/downloads/px4_toolchain_installer_v13_win.exe。

(2) GIT 工具。这是一个专门应用于从 GitHub 网站上下载源代码的工具。Github 是国外一个专门发布开源代码的网站，在网站中可以找到很多的开源项目。当然，PX4 项目的源码也在它上面发布，所以如果要获取 PIXHAWK 的源码，就必须在计算机里安装 GIT 工具。下载链接 https://github.com/msysgit/msysgit/releases/download/Git-1.9.4-preview 20140929/Git-1.9.4-preview20140929.exe。

这两个软件安装完后，就可以下载 PX4 的源码了。打开已安装 PX4 Toolchain 工具时创建的 C:\\px4 文件夹，在文件夹的空白处单击鼠标右键选择“Git Bash”选项，如图 9-51 所示。

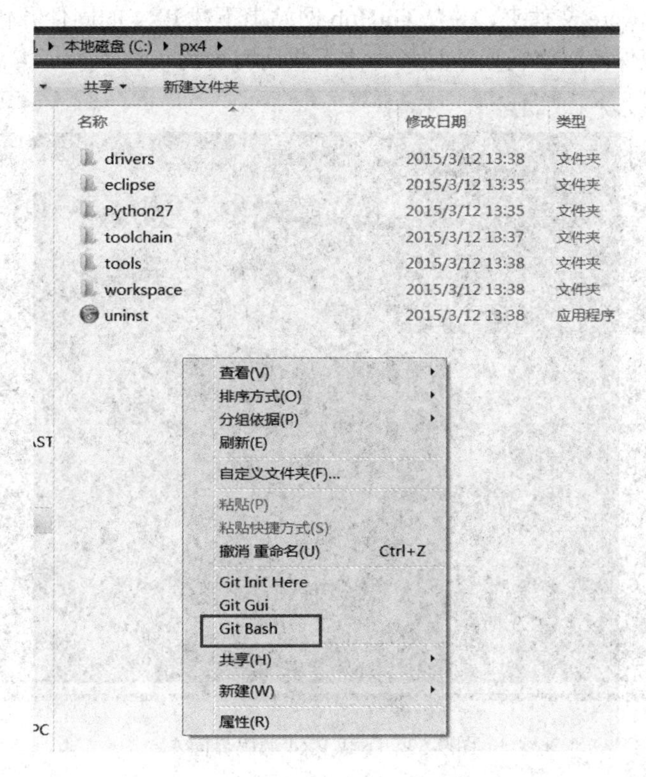

图 9-51 下载 PX4 源码界面 1

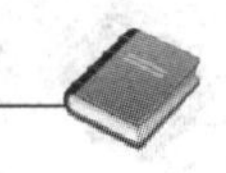

单击后会跳出一个命令行窗口，如图 9-52 所示。

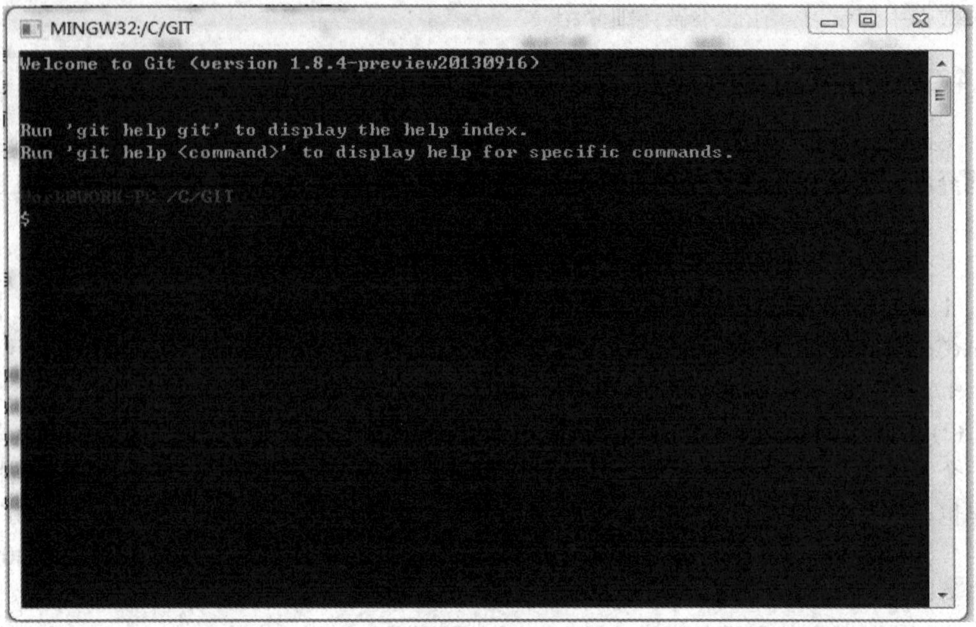

MINGW32:/C/GIT
Welcome to Git (version 1.8.4-preview20130916)
Run 'git help git' to display the help index.
Run 'git help <command>' to display help for specific commands.
$

图 9-52　下载 PX4 源码界面 2

输入以下命令回车：git clone git://github.com/px4/firmware.git，程序会自动在 px4 文件夹内新建一个 firmware 文件夹，并从 GitHub 网站上下载 PX4 的固件源代码，如图 9-53 所示。下载过程中应保持网络畅通，且第一次下载用时会比较长。

MINGW32:/C/px4
Welcome to Git (version 1.9.4-preview20140929)
Run 'git help git' to display the help index.
Run 'git help <command>' to display help for specific commands.
$ git clone git://github.com/px4/firmware.git
Cloning into 'firmware'...
remote: Counting objects: 129880, done.
remote: Compressing objects: 100% (4/4), done.
Receiving objects: 1% (1567/129880), 220.01 KiB | 117.00 KiB/s

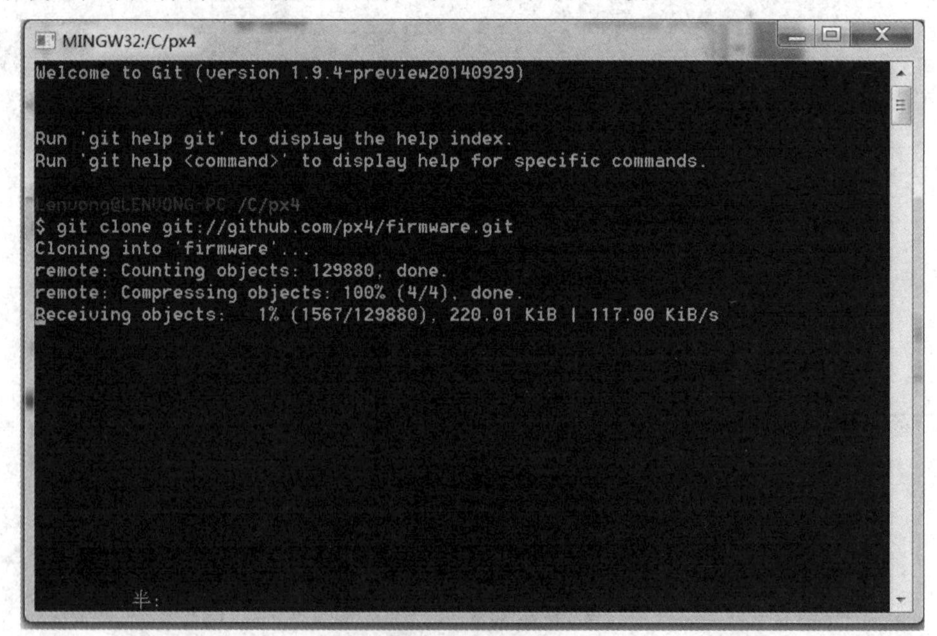

图 9-53　下载 PX4 源码界面 3

下载完成后提示如图 9-54 所示。

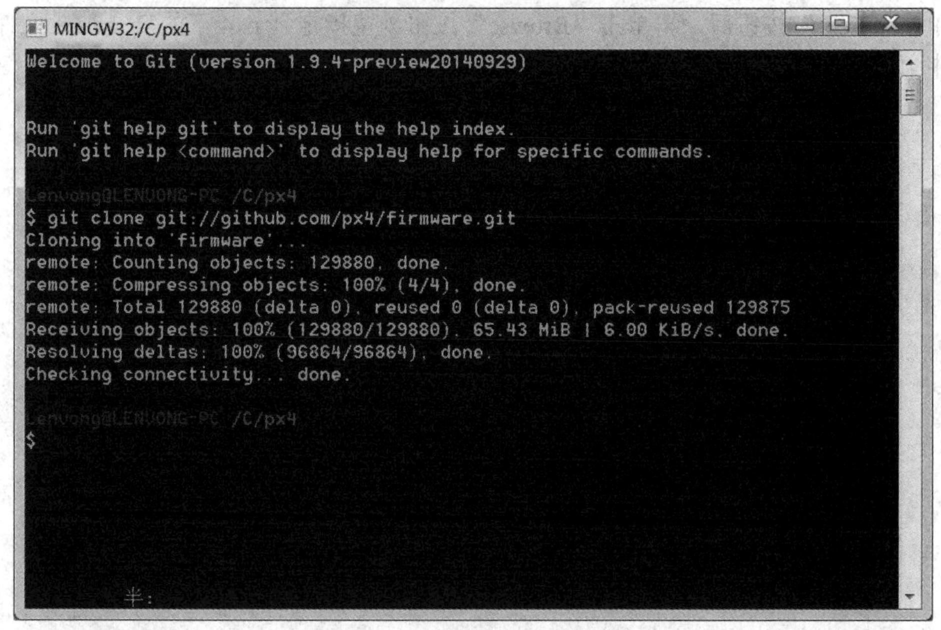

图 9-54　下载 PX4 源码界面 4

至此，PX4 的 firmware 固件源码下载完成，接下来可以用 Eclipse 打开源码。应注意，Eclipse 的运行需要 Jave 环境的支持，所以运行前应先安装 Java，下载地址：http://java.com/zh_CN/ download/manual.jsp?locale=zh_CN。

安装完 Java 后，单击开始菜单，找到 PX4 Toolchain 下的 Eclipse 并运行，软件启动后选择“File”→“Import”→“C/C++”→“Existing Code as Makefile Project”选项，如图 9-55 所示。

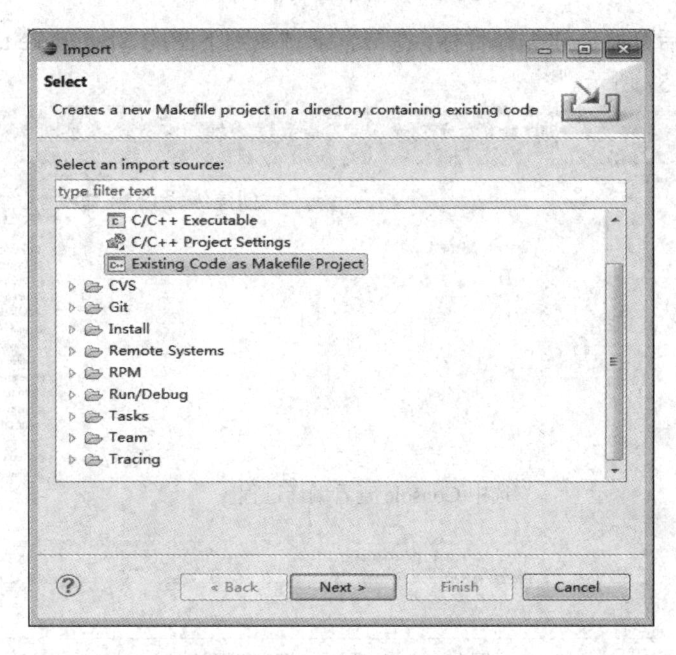

图 9-55　下载 PX4 源码界面 5

单击“Next”按钮后，再单击“Browse”按钮浏览指定到px4下的firmware文件夹，并选中“Cross GCC”选项，然后单击“Finish”按钮完成源码载入，如图9-56所示。

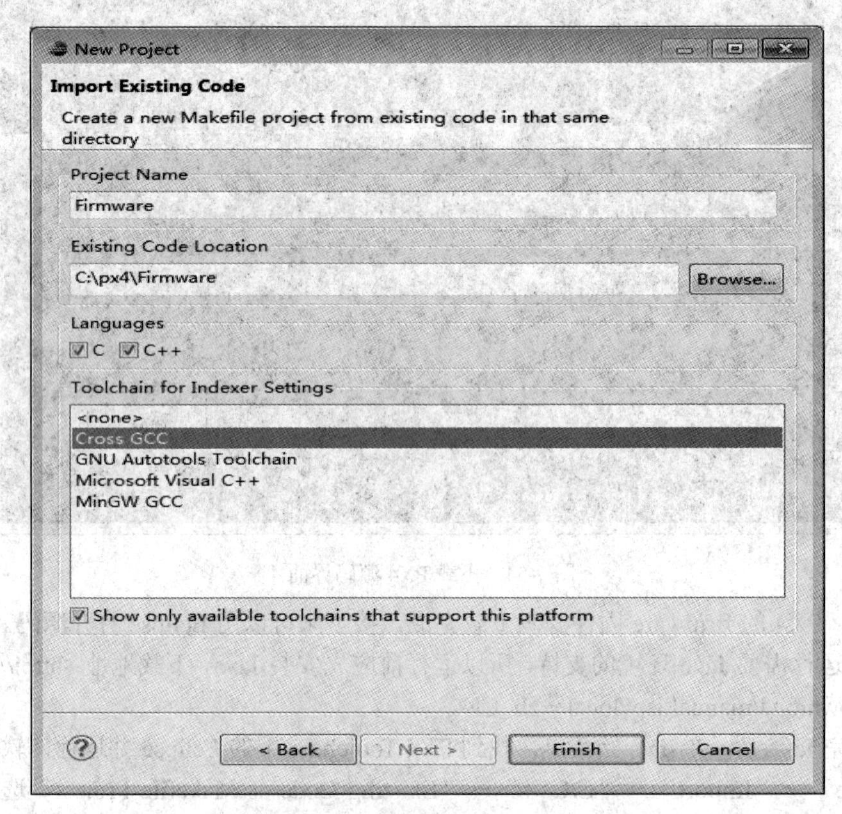

图9-56　下载PX4源码界面6

源码载入以后开始创建编译目标，在屏幕下方找到下图的New make target(创建编译目标)按钮，如图9-57所示。

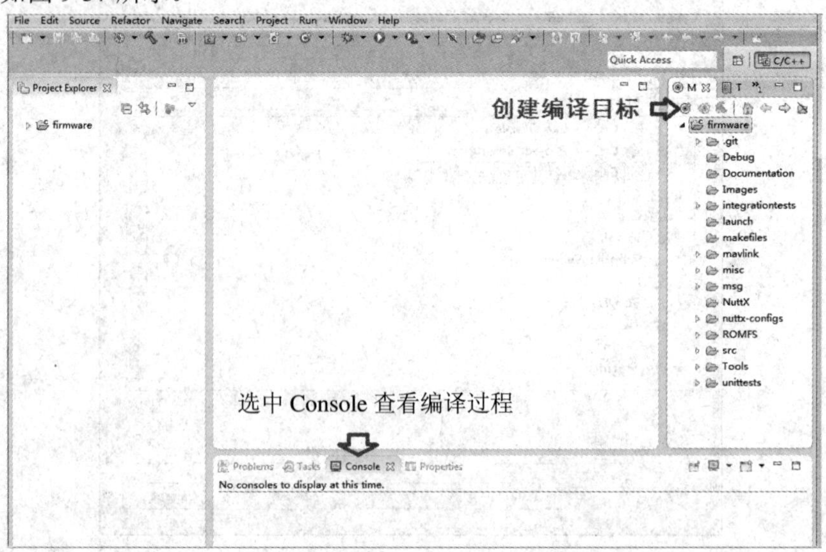

图9-57　下载PX4源码界面7

在弹出的窗口中依次建立以下目标(Target)，如图 9-58 所示。

(1) archives：编译 NuttX OS。

(2) all：基于 NuttX OS 编译 Autopilot 软件。

(3) distclean：清除已编译文件，包括 NuttX OS。

(4) clean：仅清除已编译的程序部分(Autopilot)。

(5) upload px4fmu-v1_default：上传固件到 PX4FMU v1.x 主板(PX4)。

(6) upload px4fmu-v2_default：上传固件 PX4FMU v2.x 主板(PIXHAWK，PIXRAPTOR)。

图 9-58　下载 PX4 源码界面 8

建立完成后，其显示如图 9-59 所示。

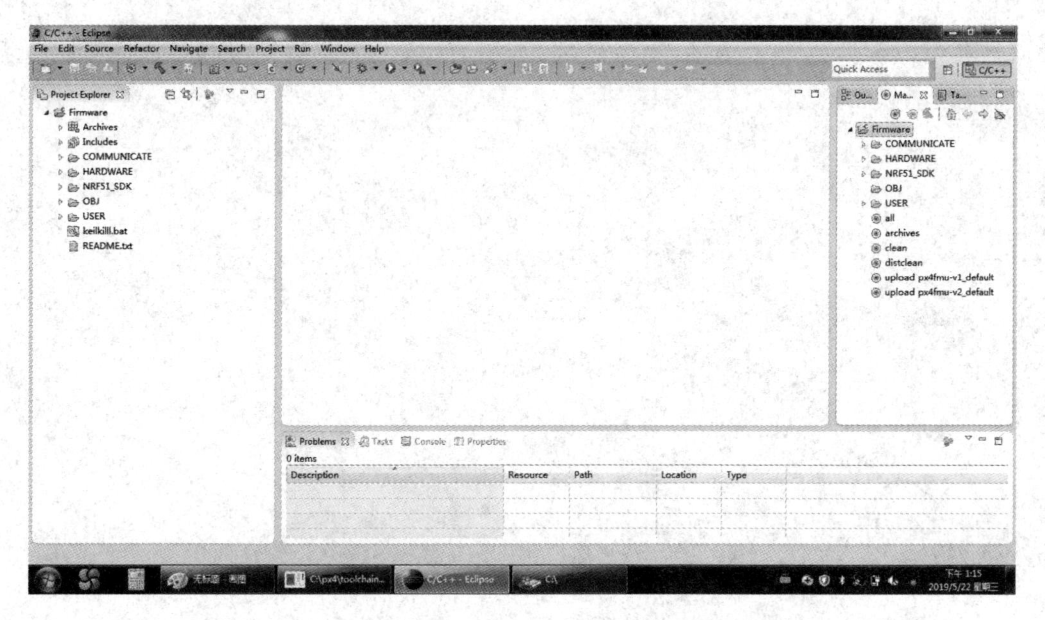

图 9-59　下载 PX4 源码界面 9

创建好编译目标后，首先双击“distclean”选项清除所有的编译文件，然后双击“archives”选项开始编译 NuttX OS 系统。编译过程中，软件会自行从 GIT 下载 NuttX OS 源码编译，编译过程可在 Console 中查看，如图 9-60 所示。NuttX OS 的编译耗时较长，需耐心等待。

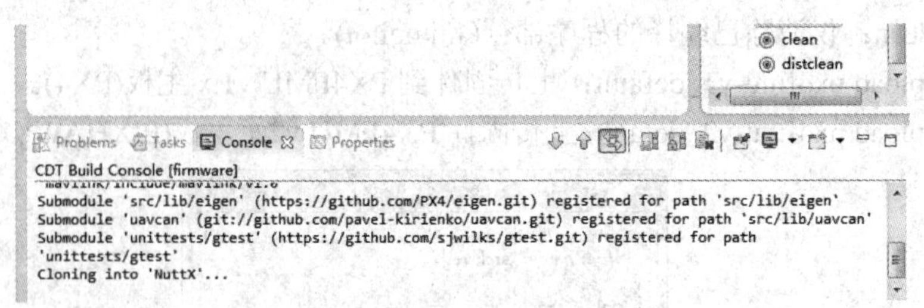

图 9-60　下载 PX4 源码界面 10

NuttX OS 编译完成会提示“buid finished”。接下来就可以双击“all”选项编译飞控固件，编译完后，双击“upload px4fmu-v2_default”选项开始上传固件，并将编译好的固件加载到飞控板中。初学者如果无法完成编译，可使用网上编译好的固件进行加载，以便熟悉整个飞控板的操作流程。

参考文献

[1] 刘金琨．先进 PID 控制 MATLAB 仿真．2 版．北京：电子工业出版社，2004.

[2] [日]森荣二．LC 滤波器设计与制作．薛培鼎，译．北京：科学出版社，2005.

[3] [美]HANSELMAN D，LITTLEFIELD B．精通 MATLAB 7．朱仁峰，译．北京：清华大学出版社，2006.

[4] 夏长亮．无刷直流电机控制系统．北京：科学出版社，2009.

[5] 刘刚，王志强，房建成．永磁无刷直流电机控制技术与应用．北京：机械工业出版社，2008.

[6] 黄根春，周立青，张望先．全国大学生电子设计竞赛教程：基于 TI 器件设计方法．北京：电子工业出版社，2011.

[7] 陈杰，等．MATLAB 宝典．北京：电子工业出版社，2011.

[8] LUTOVAC M D，等．信号处理滤波器设计：基于 MATLAB 和 Mathematica 的设计方法．朱义胜，等译．北京：电子工业出版社，2004.

[9] 黄智伟．无线数字收发电路设计：电路原理与应用实例．北京：电子工业出版社，2003.

[10] 刘征宇．大学生电子设计竞赛指南．福州：福建科学技术出版社，2009.

[11] 赵建领，薛圆圆．51 单片机开发与应用技术详解．北京：电子工业出版社，2009.

[12] [美]CILETTI M D. Verilog HDL 高级数字设计．张雅绮，等译．北京：电子工业出版社，2005.

[13] 王毓银．数字电路逻辑设计．2 版．北京：高等教育出版社，2005.

[14] [美]MANO M M．Digital Design. 3th ed．Prentice Hall，2002.

[15] 李东生．电子设计自动化与 IC 设计．北京：高等教育出版社，2004.

[16] 张永瑞，等．电子测量技术基础．西安：西安电子科技大学出版社，1994.

[17] 薛栋樑．EM78P447 SA/SB 单晶片微电脑实作．台湾：全华科技图书股份有限公司，2001.

[18] 李远文，胡筠．有源滤波设计．北京：人民邮电出版社，1984.

[19] 许晓峰．电机及拖动．3 版．北京：高等教育出版社，2007.

[20] 伍宏，聂建飞，刘显芳．电器元件与电工基本技能(插图本)．广州：广东科技出版社，2007.

[21] 乔恩明．电源系统电磁兼容设计与应用．北京：中国电力出版社，2007.

[22] 王以真．实用磁路设计．2 版．北京：国防工业出版社，2008.

[23] 刘胜利．现代高频开关电源实用技术．北京：电子工业出版社，2001.

[24] 王成安，毕秀梅．电子产品工艺与实训．北京：机械工业出版社，2007.

[25] 周润景，袁伟亭．Cadence 高速电路板设计与仿真．北京：电子工业出版社，2006.

[26] Holtek. HT1621. RAM Mapping 32_4 LCD Controller for I/O μC. http://www.holtek.com.tw.

[27] KYDZ320240D. 液晶显示模块使用手册 版本:1.0 型. http://kydz.jonweb.net.

[28] Dallas. DS18S20. High Precision 1-Wire Digital Thermometer. http://www.dalsemi.com.

[29] Analog Device. AD654. Low Cost Monolithic Voltage-to-Frequency Converter. http://www.analog.com.

[30] Fairchild Semiconductor. 6N137. HIGH SPEED-10 MBit/s LOGIC GATE OPTOCOUPLERS. http://www.fairchildsemi.com.

[31] Texas Instruments. TLV2541. 2.7-V TO 5.5-V, LOW-POWER, 12-BIT, 140/200 KSPS, SERIAL ANALOG-TO-DIGITAL CONVERTERS WITH AUTOPOWER DOWN. http://www.ti.com.

[32] Texas Instruments. ADS8412. 16-BIT, 2 MSPS, UNIPOLAR DIFFERENTIAL INPUT, MICROPOWER

SAMPLING ANALOG-TO-DIGITAL CONVERTER WITH PARALLEL INTERFACE AND REFERENCE. http://www.ti.com.

[33] Sipex. SP3232E. True +3.0V to +5.5V RS-232 Transceivers. http:// www.SIPEX.com.

[34] Sipex. SP3485. +3.3V Low Power Half-Duplex RS-485 Transceivers with 10Mbps Data Rate. http:// www.SIPEX.com.

[35] Hewlett Packard. HSDL3201. IrDA Data 1.2 Low Power Compliant 115.2 kb/s Infrared Transceiver. http:// www.hp.com/go/ir.

[36] Hewlett Packard. HDSL7001. IR 3/16 Encode/Decode IC. http:// www.hp.com/go/ir.

[37] Texas Instruments. CC1100. Single Chip Low Cost Low Power RF Transceiver. http://www.ti.com.

[38] Texas Instruments. DAC8532. Dual Channel, Low Power, 16-Bit, Serial Input DIGITAL-TO-ANALOG CONVERTER. http://www.ti.com.

[39] Texas Instruments. AD558. DACPORT Low Cost,Complete Mp-Compatible 8-Bit DAC. http://www.ti.com.

[40] 炜煌热敏打印机说明书. http://www.brightek.com.cn.

[41] STMicroelectronics. L298. STEPPER MOTOR CONTROLLERS. http://www.st.com.

[42] Dallas Semiconductor. DS1302. Trickle Charge Timekeeping Chip. http://www.maxim-ic.com.

[43] 复旦微电子. FM24CXX. 两线制串行 EEPROM. http://www.fmsh.com.

[44] Samsung Electronics K9F1G08X0A. 64M x 8 Bit NAND Flash Memory http://www.ti.com.

[45] Fairchild Semiconductor. FS7M0880 Fairchild Power Switch. http://www.fairchildsemi.com.

[46] Texas Instruments. SLAU049F. MSP430x1xx Family User's Guide. http://www.ti.com.

[47] Texas Instruments. SLAU144C. MSP430x2xx Family User's Guide. http://www.ti.com.

[48] Texas Instruments. SLAU056F. MSP430x4xx Family User's Guide. http://www.ti.com.

[49] Texas Instruments. SLAS272F. MSP430x13x,MSP430x14x,MSP430x14x1 Mixed Signal Microcontroller. http://www.ti.com.

[50] Texas Instruments. SLAS344E. MSP430x43x1,MSP430x43x,MSP430x44x Mixed Signal Microcontroller. http://www.ti.com.

[51] Texas Instruments. SLAS491B. MSP430x20x1,MSP430x20x1,MSP430x20x3 Mixed Signal Microcontroller. http://www.ti.com.

[52] Texas Instruments. SLAS504B. MSP430x22x2,MSP430x22x4 Mixed Signal Microcontroller. http:// www.ti.com.

[53] Texas Instruments. SPRS230J. TMS320F2809, TMS320F2808, TMS320F2806, TMS320F2802, TMS320F2801, TMS320C2802, TMS320C2801, and TMS320F2801x DSPs Data Manual. http://www.ti.com.

[54] Texas Instruments. SPRS230F. TMS320F2808, TMS320F2806, TMS320F2801, UCD9501, Digital Signal Processors Data Manual. http://www.ti.com.

[55] Texas Instruments. SPRU566B. TMS320x281x, 280x DSP Peripheral Reference Guide. http://www.ti.com.

[56] Texas Instruments. ZHCU008. TINA-TI 快速入门指南. http://www.ti.com.

[57] International Rectifier. AN1024. 应用 IRIS40xx 系列单片集成开关 IC 开关电源的反激式变压器设计. http://www.ir.com.

[58] 王加祥，等．基于 CPLD 的高精度时间间隔测量系统的设计．电子技术应用，2010，11：62-65.